AF411182

DICTIONNAIRE

DES

SCIENCES NATURELLES.

TOME LIII.

TEM = THÉOR.ᴱ - F.

Le nombre d'exemplaires prescrit par la loi a été déposé. Tous les exemplaires sont revêtus de la signature de l'éditeur.

DICTIONNAIRE

DES

SCIENCES NATURELLES,

DANS LEQUEL

ON TRAITE MÉTHODIQUEMENT DES DIFFÉRENS ÊTRES DE LA NATURE, CONSIDÉRÉS SOIT EN EUX-MÊMES, D'APRÈS L'ÉTAT ACTUEL DE NOS CONNOISSANCES, SOIT RELATIVEMENT A L'UTILITÉ QU'EN PEUVENT RETIRER LA MÉDECINE, L'AGRICULTURE, LE COMMERCE ET LES ARTS.

SUIVI D'UNE BIOGRAPHIE DES PLUS CÉLÈBRES NATURALISTES.

Ouvrage destiné aux médecins, aux agriculteurs, aux commerçans, aux artistes, aux manufacturiers, et à tous ceux qui ont intérêt à connoître les productions de la nature, leurs caractères génériques et spécifiques, leur lieu natal, leurs propriétés et leurs usages.

PAR

Plusieurs Professeurs du Jardin du Roi, et des principales Écoles de Paris.

TOME CINQUANTE-TROISIÈME.

F. G. LEVRAULT, Éditeur, à STRASBOURG, et rue de la Harpe, N.º 81, à PARIS.

LE NORMANT, rue de Seine, N.º 8, à PARIS.

1828.

Liste des Auteurs par ordre de Matières.

Physique générale.

M. LACROIX, membre de l'Académie des Sciences et professeur au Collège de France. (L.)

Chimie.

M. CHEVREUL, membre de l'Académie des sciences, professeur au Collège royal de Charlemagne. (C.)

Minéralogie et Géologie.

M. ALEXAND. BRONGNIART, membre de l'Académie royale des Sciences, professeur de Minéralogie au Jardin du Roi. (B.)

M. BROCHANT DE VILLIERS, membre de l'Académie des Sciences. (B. DE V.)

M. DEFRANCE, membre de plusieurs Sociétés savantes. (D. F.)

Botanique.

M. DESFONTAINES, membre de l'Académie des Sciences. (DESF.)

M. DE JUSSIEU, membre de l'Académie des Sciences, professeur au Jardin du Roi. (J.)

M. MIRBEL, membre de l'Académie des Sciences, professeur à la Faculté des Sciences. (B. M.)

M. HENRI CASSINI, associé libre de l'Académie des sciences, membre étranger de la Société Linnéenne de Londres. (H. CASS.)

M. LEMAN, membre de la Société philomatique de Paris. (LEM.)

M. LOISELEUR DESLONGCHAMPS, Docteur en médecine, membre de plusieurs Sociétés savantes. (L. D.)

M. MASSEY. (MASS.)

M. POIRET, membre de plusieurs Sociétés savantes et littéraires, continuateur de l'Encyclopédie botanique. (POIR.)

M. DE TUSSAC, membre de plusieurs Sociétés savantes, auteur de la Flore des Antilles. (DE T.)

Zoologie générale, Anatomie et Physiologie.

M. G. CUVIER, membre et secrétaire perpétuel de l'Académie des Sciences, prof. au Jardin du Roi, etc. (G. C. ou CV. ou C.)

M. FLOURENS. (F.)

Mammifères.

M. GEOFFROY SAINT-HILAIRE, membre de l'Académie des Sciences, prof. au Jardin du Roi. (G.)

Oiseaux.

M. DUMONT DE S.TE CROIX, membre de plusieurs Sociétés savantes. (CH. D.)

Reptiles et Poissons.

M. DE LACÉPÈDE, membre de l'Académie des Sciences, prof. au Jardin du Roi. (L. L.)

M. DUMÉRIL, membre de l'Académie des Sciences, professeur au jardin du Roi et à l'École de médecine. (C. D.)

M. CLOQUET, Docteur en médecine. (H. C.)

Insectes.

M. DUMÉRIL, membre de l'Académie des Sciences, professeur au jardin du Roi et à l'École de médecine. (C. D.)

Crustacés.

M. W. E. LEACH, membre de la Société roy. de Londres, Correspond. du Muséum d'histoire naturelle de France. (W. E. L.)

M. A. G. DESMAREST, membre titulaire de l'Académie royale de médecine, professeur à l'école royale vétérinaire d'Alfort, membre correspondant de l'académie des Sciences, etc.

Mollusques, Vers et Zoophytes.

M. DE BLAINVILLE, membre de l'Académie des Sciences, professeur à la Faculté des Sciences. (DE B.)

———

M. TURPIN, naturaliste, est chargé de l'exécution des dessins et de la direction de la gravure.

MM. DE HUMBOLDT et RAMOND donneront quelques articles sur les objets nouveaux qu'ils ont observés dans leurs voyages, ou sur les sujets dont ils se sont plus particulièrement occupés. M. DE CANDOLLE nous a fait la même promesse.

M. PRÉVOT a donné l'article *Océan*; M. VALENCIENNES plusieurs articles d'Ornithologie; M. DESPORTES l'article *Pigeon domestique*, et M. LESSON l'article *Pluvier*.

M. F. CUVIER, membre de l'académie des Sciences, est chargé de la direction générale de l'ouvrage, et il coopérera aux articles généraux de zoologie et à l'histoire des mammifères. (F. C.)

DICTIONNAIRE

DES

SCIENCES NATURELLES.

TEM

Tema. (*Bot.*) Voyez Tenna. (J.)

TEMAM. (*Bot.*) Nom arabe, cité par Delile, de son *pen-nisetum dichotomum*, qui étoit le *panicum dichotomum* de Forskal, nommé par lui *tummam*. Il a encore un *thummum*, qui est son *panicum setigerum*. (J.)

TEMAPARA. (*Erpét.*) Voyez Téguixin. (H. C.)

TEMARE. (*Bot.*) Dans les forêts voisines de l'Orénoque, près d'Esmeraldas, on donne ce nom à un arbre que MM. de Humboldt et Kunth nomment *lucuma temare*. (J.)

TE-MARIKUA. (*Bot.*) M. Thunberg cite ce nom japonois du *viburnum dentatum*. (J.)

TEMBIRI. (*Bot.*) Nom brame du *panitsjikamaram* du Malabar, espèce d'*embryopteris*. (J.)

TEMBUL. (*Bot.*) Avicenne citoit ce nom pour une espèce de poivre, suivant C. Bauhin. On en trouve aussi un cité par Mentzel, sous celui de *tembus*. (J.)

TEMELO. (*Ichthyol.*) Nom italien du thymalle. Voyez Corégone. (H. C.)

TEMEMAÇAME. (*Mamm.*) Voyez l'article Mazame. (Desm.)

TÉMIA. (*Ornith.*) Il a déjà été question du témia de M. Levaillant, pl. 56, dans ce Dictionnaire, au mot Crypsirina, tom. XII, p. 81, et au mot Phrenotrix, tom. XL, p. 57. Les caractères génériques ayant été exposés d'après MM. Cuvier,

53.   1

Vieillot et Horsfield, on ne les reproduira pas ici; mais, d'après les motifs indiqués sous le mot *crypsirina*, il auroit paru préférable de ne pas chercher un autre nom latin que *temia*, et l'on auroit pu se borner à donner à l'espèce la dénomination de *temia fuliginosa*, témia fuligineux. Ce que l'on sait de plus par la description de l'auteur anglois, dans le 13.ᵉ volume des Transactions philosophiques de Londres, pag. 162, c'est que l'oiseau dont Levaillant ignoroit l'origine, se trouve à Java, où les habitans le nomment *chekitut* et *benteot*. Du reste, l'espèce antérieurement décrite par Levaillant, a le corps de la grosseur de la grive-mauvis, mais plus alongé; la queue très-étagée, fort longue et composée de dix pennes, dont les quatre du centre sont égales et les autres successivement plus courtes. Toutes les plumes du corps sont fort longues, fines, à barbes soyeuses et douces au toucher. Quoiqu'elles paroissent noires à faux jour, elles présentent, sous certains aspects, un reflet verdâtre ou purpurin; le front et la gorge sont couverts de plumes si serrées qu'elles paroissent d'un noir mat et imitent le velours; les pennes alaires sont noirâtres; la queue, noirâtre en dessous, est d'un vert sombre en dessus; le bec, les pieds et les ongles sont noirs. (Cʜ. **D.**)

TEMNODON, *Temnodon*. (*Ichthyol.*) M. Cuvier a donné ce nom à un genre de la troisième tribu de ses poissons squamipennes, et offrant les caractères suivans :

Chaque mâchoire armée d'une rangée de dents espacées, comprimées, tranchantes et pointues; des dents en velours au vomer et aux palatins; corps oblong et écailleux; ni épines ni dentelures à la tête; première nageoire dorsale frêle, peu élevée, soutenue par des rayons très-flexibles; seconde nageoire dorsale et nageoire anale écailleuses; ouïes à sept rayons.

Ce genre ne renferme encore qu'une espèce, laquelle habite la mer des Indes : c'est le chéilodiptère heptacanthe de Lacépède. Voyez Cʜéɪʟoᴅɪᴘᴛèʀᴇ. (H. C.)

TEMO, *Temus*. (*Bot.*) Genre de plantes dicotylédones, à fleurs complètes, polypétalées, de la *polyandrie digynie* de Linné, offrant pour caractère essentiel : Un calice à trois divisions; dix-huit pétales linéaires, très-longs; vingt étamines et plus, plus courtes que les pétales; les anthères globuleuses; deux ovaires supérieurs; deux styles; deux stigmates; une baie à deux coques; les semences arillées.

Temo du Chili; *Temus moschata*, Molin., Hist. natur. du Chili, page 153. Arbre toujours vert, dont les rameaux sont garnis de feuilles nombreuses, alternes, pétiolées, ovales, très-lisses, persistantes, longues de deux pouces, vertes et luisantes. Les fleurs répandent une odeur très-agréable ; elles sont pédonculées, situées à l'extrémité des rameaux. Leur calice se divise en trois découpures obtuses; la corolle est jaune ou blanche, composée de dix-huit pétales étroits, longs de deux ou trois pouces : les étamines nombreuses; les filamens sétacés, une fois plus courts que la corolle; les anthères globuleuses; deux ovaires supérieurs; deux styles; les stigmates simples. Le fruit est une baie à deux coques, assez semblable à celle du café , d'une saveur très-amère. Cet arbre croît au Chili. La dureté de son bois le rend propre à être employé dans un grand nombre d'ouvrages. Ses feuilles ont l'odeur de la muscade. (Poir.)

TEMPATLAHOAC. (*Ornith.*) L'oiseau dont Fernandez parle sous ce nom au chapitre 78, est le canard souchet, *anas clypeata*. (Ch. D.)

TEMPÉRATURE. (*Phys.*) Dans son acception générale ce mot indique l'état relatif des corps par rapport à la chaleur. Nous en jugeons par la sensation de froid ou de chaud qu'ils nous font éprouver, et nous la mesurons par la condensation ou la raréfaction que leur contact opère sur d'autres corps, choisis à cet effet. Voyez Thermomètre. (L. C.)

TEMPÉRATURE DES DIVERSES RÉGIONS. (*Géogr. phys.*) Cet ordre de phénomènes répond en grande partie à ce qu'on appelle *climat*; mais, pour compléter l'acception que l'on donne aujourd'hui à ce mot, il faut joindre à la considération de la chaleur ou du froid, celle de l'humidité ou de la sécheresse, celle des vents, en un mot, toutes les circonstances météorologiques locales.

Les anciens géographes, ne s'occupant que des alternatives de froid et de chaud, occasionées par les changemens de situation du soleil par rapport à l'équateur (voyez Système du monde, tom. LII page 9 et 15), ont établi sur son cours une division de la surface terrestre en *climats*, en prenant pour base la durée du plus long jour de l'année à chaque latitude. Ils ont placé l'origine de cette division au parallèle où le plus long jour est de 13 heures; ce qui répondoit alors à 16 degrés et demi de latitude environ, qu'ils attribuoient à la ville de Méroé.

Les géographes modernes ont modifié cette division, en indiquant, de l'équateur au pôle, 30 climats, savoir : 24 pour chacun desquels le jour croît d'une demi-heure, ce qui conduit au cercle polaire, où la durée du jour est de 24 heures au solstice d'été; puis viennent 6 climats de mois, ainsi nommés parce qu'à leur limite, la plus longue durée de la présence du soleil sur l'horizon s'est accrue d'un mois; elle est de six mois à la fin du dernier climat, qui se termine au pôle.

Paris, où le plus long jour est de 16 heures, se trouve à la fin du 8.ᵉ climat.

La détermination des parallèles qui sont les limites des climats, est un problème de trigonométrie sphérique très-facile; et nous renvoyons aux traités de la sphère, contenus dans la plupart des élémens de géographie, pour les détails de cette division, qui n'a plus d'importance ni pour indiquer la position des contrées, ni pour faire connoître leur température.

En effet, celle-ci dépend encore d'une manière très-marquée de plusieurs circonstances, autres que la distance du lieu à l'équateur. L'élévation du sol, la direction des grandes chaînes de montagnes et les vents dominans, la font beaucoup varier. On sait que dans la zone torride même on trouve, sans changer de latitude, toutes les températures, depuis la plus chaude jusqu'à la congélation permanente, en passant des bords de la mer aux pentes des montagnes.

Sur le même parallèle et au même niveau, les températures des saisons semblables sont souvent très-différentes; les hivers sont bien plus rigoureux et les étés bien plus chauds sur la côte des États-Unis, du Canada, etc., que sur les côtes opposées de l'Europe.

A New-York, par exemple, situé au bord de la mer, à 41 degrés environ de latitude, l'hiver est plus rigoureux qu'à Paris, qui est plus avancé de 8 degrés vers le nord, et les étés y sont beaucoup plus chauds. La même différence a lieu entre Pekin, dont la latitude est au-dessous de 40 degrés, et Paris, situé vers le 49.ᵉ Les navigateurs ont rencontré beaucoup plus tôt des glaces flottantes dans l'hémisphère austral que dans le nôtre. Cook a trouvé la mer fermée dès le 71.ᵉ degré de latitude australe, à 19 degrés du pôle, tandis qu'elle est ouverte jusqu'à près de 80 degrés de latitude nord, à 10 degrés du pôle arctique. D'après ce qui précède, on a pensé qu'en général l'hémisphère austral étoit plus froid que le boréal ; mais la perfection acquise de nos jours par les instrumens météorologiques, en fournissant aux physiciens sédentaires et aux voyageurs les moyens de déterminer avec précision les changemens de température et les hauteurs relatives des lieux, a fait prendre à ce sujet une marche plus scientifique et plus féconde.

Des températures moyennes.

Long-temps on s'est borné à prendre le milieu entre la plus grande et la plus petite hauteur du thermomètre, pour évaluer la température moyenne d'un lieu ; mais on a reconnu ensuite que ce procédé étoit défectueux, parce qu'on n'y tenoit pas compte de la durée de chaque température, et, par conséquent, le résultat n'indiquoit point la quantité de chaleur dont ce lieu avoit joui pendant le temps écoulé entre les époques des températures extrêmes.

En effet, dans un pays où la température varieroit peu de l'hiver à l'été, le milieu entre la plus petite et la plus grande hauteur du thermomètre pourroit ne pas surpasser celui qu'on trouveroit dans un autre pays, où il y auroit de grands froids pendant un hiver très-long, mais aussi de grandes chaleurs pendant un été très-court ; et, néanmoins, on sent bien que la quantité de chaleur distribuée sur le premier point pendant toute l'année, l'emporteroit beaucoup sur celle qu'a reçue le second. L'exemple suivant, quoique fictif, fera bien comprendre ce qui précède.

Si dans le premier lieu le thermomètre restoit constamment à 5 degrés au-dessus de zéro pendant 3 mois et se tenoit à 15 degrés pendant 9 mois, le milieu entre ces deux températures seroit 10 degrés. Que l'on suppose maintenant un autre lieu, où le thermomètre soit pendant 9 mois à 5 degrés au-dessous de zéro et à 25 degrés au-dessus pendant 3 mois, le milieu sera encore 10 degrés, quoiqu'il soit très-évident que le second lieu est dans le fait bien plus froid que le premier. Pour redresser ces évaluations, on a égard au temps qu'a duré chaque température, en multipliant le nombre qui marque la hauteur du thermomètre par celui qui indique la durée de cette hauteur, et en divisant la somme de ces produits par la somme des durées, qui est ici de 12 mois. De cette manière on trouve pour le premier lieu, les produits de 5 par 3 et de 15 par 9, dont la somme 150, divisée par 12, donne une température moyenne de $12\frac{1}{2}$ degrés.

En opérant de même pour le second lieu, on a les produits 5 par 9 et 25 par 3, dont il faut prendre la différence à cause que la première température est au-dessous de zéro, et il vient 30 à diviser par 12, d'où il résulte seulement $2\frac{1}{2}$ degrés.

Ce que je viens de faire pour deux cas hypothétiques doit s'appliquer à toutes les évaluations de température qui ne sont pas instantanées. Ainsi, pour déterminer la température moyenne d'un jour, il faudroit, à la rigueur, observer à chaque instant ou au moins à des intervalles très-courts, comme de 5 minutes ou d'un quart d'heure, la hauteur du thermomètre, faire la somme de tous les nombres obtenus et la diviser par 288 ou par 96, nombres qui expriment combien 24 heures contiennent de fois 5 minutes ou de quarts d'heure. Un tel procédé seroit bien pénible à mettre en pratique, mais il n'est pas toujours indispensable ; parce que la petitesse des degrés du thermomètre le plus sensible fait que pendant des intervalles assez considérables la température ne paroit pas changer, et que d'ailleurs ces déterminations ne sauroient comporter une très-grande exactitude. Ces circonstances ont permis de se borner à chercher, par quelques séries d'observations faites dans un petit nombre de jours convenables, de quelles températures particulières on pouvoit déduire la température moyenne de la journée ; et l'on a trouvé qu'ordinairement elle différoit fort peu de la demi-somme du *maximum* et du *minimum* de température de cette même journée, qui ont lieu en général vers 2 heures après midi et au lever du soleil. M. de Humboldt a reconnu que ce résultat étoit sensiblement représenté, entre 46 et 49 degrés de la latitude dans notre hémisphère, par la hauteur du thermomètre au coucher du soleil, ou entre 8 et 9 heures du matin.

Les températures moyennes de chaque jour étant connues, leur somme, divisée par 365 ou 366, selon que l'année est *commune* ou *bissextile*, donne la température moyenne de l'année. On a trouvé aussi que dans notre hémisphère, jusqu'à des latitudes très-élevées, elle étoit représentée assez exactement par la température moyenne du mois d'Octobre. Il n'est pas difficile d'apercevoir que le calcul d'une seule année ne donneroit le plus souvent qu'un résultat fautif, parce qu'il ne représenteroit que la constitution particulière de cette année. Ce n'est qu'en embrassant un grand nombre d'années qu'il s'opère des compensations entre les plus froides et les plus chaudes, que les irrégularités, se répartissant sur la totalité, deviennent à peu près insensibles, et qu'on obtient une valeur moyenne digne de quelque confiance; ce que l'on reconnoît lorsque le résultat ne reçoit plus de changement notable, quand on y fait entrer de nouvelles observations.

Les nombres suivans, extraits d'un article inséré par M. Arago dans l'*Annuaire* publié par le Bureau des longitudes, en 1823 (p. 166), donneront une idée de la marche des températures moyennes de l'année, pour Paris, exprimées en divisions du thermomètre centigrade.

Années.	Temp.	Années.	Temp.	Années.	Temp.	Années.	Temp.
1803	10°,6	1807	10°,8	1811	11°,5	1815	10°,5
1804	11 ,1	1808	10 ,3	1812	9 ,9	1816	9 ,3
1805	9 ,7	1809	10 ,5	1813	9 ,9	1817	10 ,5
1806	11 ,9	1810	10 ,5	1814	9 ,7	1818	11 ,3
	43°,3		42°,1		41°,0		41°,6

On voit que les sommes placées au bas des colonnes de température, étant divisées par 4, nombre des années de chaque colonne, donneroient pour la moyenne :

10°,8   10°,5   10°,2   10°,4.

Si on réunit les quatre sommes pour les diviser par 16. nombre total des années, on trouve 10°,5.

Pour montrer comment la diversité des constitutions de chaque année s'efface, il suffira de dire que pendant l'intervalle compris dans le tableau précédent, les différences entre les moyennes du mois de Janvier, le plus froid de l'année, ont été jusqu'à 7 degrés, et celles du mois d'Août, ordinairement le plus chaud, ont rarement atteint 4 degrés.

Voici maintenant, pour trois années, les températures moyennes des mois, comparées aux milieux pris entre les observations faites à 9 heures du matin.

MOIS.	1816.		1817.		1818.	
	Moyenn. des mois.	Moyenn. de 9 heures.	Moyenn. des mois.	Moyenn. de 9 heures.	Moyenn. des mois	Moyenn. de 9 heures.
Janvier	2°,6	2°,4	5°,0	4°,2	4°,3	4°,2
Février	2 ,0	1 ,4	6 ,9	6 ,7	3 ,9	3 ,2
Mars	5 ,6	5 ,6	6 ,3	6 ,5	6 ,5	6 ,7
Avril............	9 ,9	11 ,1	7 ,3	8 ,4	11 ,4	11 ,7
Mai.............	12 ,7	13 ,7	12 ,4	13 ,2	13 ,7	15 ,1
Juin.............	14 ,8	15 ,8	17 ,8	19 ,6	19 ,2	20 ,9
Juillet..........	15 ,6	16 ,3	17 ,1	18 ,8	20 ,1	21 ,9
Août	15 ,5	17 ,0	16 ,4	17 ,7	18 ,2	19 ,4
Septembre........	14 ,1	14 ,5	16 ,9	17 ,1	15 ,7	16 ,7
Octobre..........	11 ,8	11 ,2	7 ,3	6 ,7	11 ,7	10 ,8
Novembre	4 ,1	3 ,7	9 ,6	8 ,0	9 ,1	8 ,1
Décembre........	3 ,7	3 ,0	2 ,6	1 ,5	2 ,1	1 ,5
Moyennes....	9°,3	9°,6	10°,5	10°,7	11°,3	11°,7

On y voit que les moyennes de l'année, prises de l'une et de l'autre manière, diffèrent très-peu, parce que si les résultats mensuels tirés des observations de 9 heures du matin, sont en excès dans les temps chauds, ils sont en défaut dans les saisons froides.

Dans un tableau que nous ne rapporterons point ici, parce qu'il renferme encore des irrégularités qui ne disparoîtront qu'après un plus grand nombre d'années, M. Arago a rassemblé les températures moyennes pour un intervalle de 5 jours, pendant les 16 années indiquées ci-dessus. Il a trouvé que la température la plus basse de l'année a lieu du 1 au 5 Janvier, et que sa valeur moyenne est de $1°,33$; tandis que la température la plus élevée, dont la valeur moyenne est de $19°,15$, répond du 4 au 8 Août, et que la température moyenne, égale à $10°,55$, a lieu le 25 Avril et le 20 Octobre, c'est-à-dire qu'on l'observe très-près de ces époques, et presque aussi fréquemment avant qu'après.

Voici maintenant la comparaison des températures moyennes de l'année, en divers lieux, avec celles du mois d'Octobre, dans le tableau qui suit.

| LIEUX. | Latitude. | TEMP. MOYENNE | | LIEUX. | Latitude. | TEMP. MOYENNE | |
		de l'année.	d'Oct.			de l'année.	d'Oct.
Caire........	$30°. 2'$	$22°,4$	$22°,4$	Dublin......	$53°.21'$	$9°,5$	$9°,3$
Alger........	$36 .48$	$21 ,1$	$22 ,3$	Édimbourg..	$55 .57$	$8 ,8$	$9 ,0$
Natchez.....	$31 .28$	$18 ,2$	$20 ,2$	Göttingue...	$51 .32$	$8 ,3$	$8 ,4$
Rome.......	$41 .53$	$15 ,8$	$16 ,7$	Stockholm...	$59 .20$	$5 ,7$	$5 ,8$
Cincinnati ..	$39 . 6$	$12 ,1$	$12 ,7$	Québec	$46 .47$	$5 ,6$	$6 ,0$
New-York...	$40 .40$	$12 ,1$	$12 ,5$	Abo........	$60 .27$	$4 ,6$	$5 ,0$
Pékin.......	$39 .54$	$12 ,7$	$13 ,0$	Uméo.......	$63 .50$	$0 ,7$	$3 ,2$
Paris........	$48 .50$	$10 ,6$	$11 ,3$	Cap Nord...	$71 . 0$	$0 ,0$	$0 ,0$
Londres.....	$51 .30$	$10 ,2$	$11 ,3$	Énontékies...	$68 .30$	[1]$-2 ,8$	$-2 ,5$
Genève......	$46 .12$	$9 ,6$	$9 ,6$	Nain........	$57 . 8$	$-3 ,1$	$0 ,6$

Avant de passer à la comparaison des températures avec les latitudes, il convient de chercher l'influence de l'élévation du sol, pour avoir égard, autant qu'il est possible, à cette circonstance, qui modifie beaucoup l'état du thermomètre.

Voici ce qu'une discussion très-étendue d'observations nombreuses, faites en Amérique, sur les Andes, et en Europe, sur les Alpes et les Pyrénées, a donné à M. de Humboldt, pour le décroissement de la chaleur par l'élévation :

| HAUTEURS. | | ZONE TORRIDE. | ZONE TEMPÉRÉE. |
| | | Latit. $0°$ à $10°$; | Latit. $45°$ à $47°$; |
MÈTRES.	TOISES.	TEMPÉRATURE MOYENNE.	TEMPÉRATURE MOYENNE.
0	0	$27°,5$	$12°,0$
974	500	$21 ,8$	$5 ,0$
1949	1000	$18 ,4$	$— 0 ,2$
2923	1500	$14 ,3$	$— 4 ,8$
3900	2000	$7 ,0$	
4872	2500	$1 ,5$	

[1] Les nombres précédés de — sont au-dessous de zéro.

Le décroissement des températures indiquées ci-dessus n'est pas proportionnel à l'augmentation de la hauteur, quand elle devient très-grande ; mais il ne diffère pas encore trop dans les deux zones, à 500 toises ou 974 mètres de hauteur ; l'une donne 5°,7, et l'autre 7°,0. En prenant le milieu, 6,3, de ces nombres, on trouve que 1° de diminution dans la température, répond à 154 mètres d'élévation. Les différences 26° et 16°,8 des températures extrêmes dans les deux zones, conduisent à 1° pour 187 mètres dans la première, et pour 174 dans la seconde.

On a aussi des observations sur la température des hautes régions de l'air, faites au moyen de ballons. La première est due à Charles. Son thermomètre, à la hauteur de 3270 mètres (1677 toises), marqua 5° au-dessous de 0, quand il étoit à 7° sur la terre. Ces nombres répondent à — 6°,2 et 8°,7 sur l'échelle centésimale, et donnent 1° de diminution pour 218 mètres d'élévation.

M. Gay-Lussac, le 29 Fructidor an 12 (16 Août 1804), dans une ascension aérostatique, où il s'est élevé jusqu'à 6980 mètres (3580 toises), a vu le thermomètre à 9°,5 au-dessous de 0, quand on avoit à terre 27°,7, et de là résulte la diminution de 1° pour 187 mètres de hauteur, ce qui s'accorde avec le nombre analogue déduit ci-dessus des températures de la zone torride. Il ne faut pas néanmoins perdre de vue que ce sont deux circonstances assez diverses, de s'élever sur une pente qui est un prolongement de la masse du globe, ou dans une colonne d'air entièrement isolée.

Comparaison des températures et des latitudes.

Venons maintenant à la comparaison de la température avec la position géographique des lieux. Pour cela nous placerons ici un extrait du tableau que M. de Humboldt a inséré dans le troisième volume des *Mémoires de la Société d'Arcueil*, pag. 602. Les lieux y sont rangés suivant la température moyenne de l'année ; celles de l'hiver et de l'été sont calculées, la première depuis le 1.er Décembre jusqu'au 1.er Février, et la seconde depuis le 1.er Juin jusqu'au 1.er Août.

La position géographique est indiquée par les latitudes et les longitudes : les premières sont toujours boréales ; les secondes sont à l'*est* ou à l'*ouest* du méridien de Paris, selon qu'elles sont suivies d'un *E* ou d'un *O*. Ces deux élémens ne déterminant encore que la projection du lieu sur une surface de niveau, on a senti le besoin d'y joindre la hauteur du lieu au-dessus du niveau de la mer. La troisième colonne du tableau contient celles qui sont connues, et je rappellerai à ce sujet qu'une longue suite d'observations barométriques bien discutées peut suppléer, dans beaucoup de cas, aux nivellemens géométriques, presque toujours impraticables pour les points très-éloignés des mers. (Voyez à l'article Baromètre, tom. IV, p. 85.)

Tableau des températures moyennes de divers points de l'hémisphère boréal du globe.

NOMS DES LIEUX.	POSITION.			TEMPÉR. MOY. DE		
	Latitude	Longitude.	Hauteur en mètres.	l'ann.	l'hiver.	l'été.
Cumana.................	10°.27′	67°.35′O		27°,7	26°,8	28°,7
La Havane..............	23 .10	84 .33 O		25 ,6	21 ,8	28 ,5
Véracruz...............	19 .11	98 .21 O		25 ,4	22 ,2	27 ,5
Le Caire...............	30 . 2	28 .58 E		22 ,4	14 ,7	29 ,5
Alger..................	36 .48	0 .41 E		21 ,1	16 ,4	26 ,8
Funchal (île de Madère).	32 .37	19 .16 O		20 ,3	18 ,0	22 ,5
Natchez (Louisiane)....	31 .28	93 .50 O	58	18 ,2	9 ,2	26 ,2
Nangasacki (Japon)....	32 .45	127 .35 E		16 ,0	4 ,1	28 ,3
Rome..................	41 .53	10 . 7 E		15 ,8	7 ,7	24 ,0
Montpellier............	43 .36	1 .32 E		15 ,2	6 ,7	24 ,3
Marseille..............	43 .17	3 . 2 E		15 ,0	·7 ,6	22 ,5
Bordeaux	44 .50	2 .54 O		13 ,6	5 ,6	21 ,6
Milan	45 .28	6 .51 E	128	13 ,2	2 ,4	22 ,8
Pékin.................	39 .54	114 . 7 E		12 ,7	-3 ,1	28 ,1
Cincinnati (États-Unis)..	39 . 6	85 . 0 O	164	12 ,1	0 ,5	22 ,7
New-York..............	40 .40	76 .18 O		12 ,1	-1 ,2	26 ,2
Philadelphie	39 .56	77 .36 O		11 ,9	0 ,1	23 ,3
Franecker (Frise)......	52 .36	4 . 2 E		11 ,0	2 ,6	19 ,6
Bruxelles..............	50 .50	2 . 2 E		11 ,0	2 ,6	19 ,0
Amsterdam	52 .22	2 .30 E		10 ,9	2 ,7	18 ,8
Paris..................	48 .50	0 . 0	65	10 ,6	3 ,7	18 ,1
Bude..................	47 .29	16 .41 E	154	10 ,6	-0 ,6	21 ,4
Vienne	48 .12	14 . 2 E	156	10 ,3	0 ,4	20 ,7
Londres...............	51 .30	2 .25 O		10 ,2	4 ,2	17 ,3
Cambridge (États-Unis)...	42 .25	73 .23 O		10 ,2	1 ,1	21 ,5
Manheim	49 .29	6 . 8 E	140	10 ,1	1 ,0	19 ,5
Clermont	45 .46	0 .45 E	411	10 ,0	1 ,4	18 ,0
Prague................	50 . 5	12 . 4 E		9 ,7	-0 ,3	20 ,5

NOMS DES LIEUX.	POSITION.			TEMPÉR. MOY. DE		
	Latitude	Longitude.	Hauteur en mètres.	l'ann.	l'hiver.	l'été.
Genève.....................	46°.12′	3°.48′E.	396	9°,6	1°,5	18°,3
Dublin....................	53 .21	8 .39 O		9 ,5	4 ,0	15 ,3
Varsovie..................	52 .14	18 .42 E		9 ,2	-1 ,8	20 ,6
Édimbourg...............	55 .57	5 .30 O		8 ,8	3 ,7	14 ,6
Zurich....................	47 .22	6 .12 E	437	8 ,8	-1 ,3	17 ,8
Göttingue................	51 .32	7 .33 E	134	8 ,3	-0 ,9	18 ,2
Kendal...................	54 .17	5 . 6 O		7 ,9	2 ,7	13 ,8
Copenhague..............	55 .41	10 .15 E		7 ,6	-0 ,7	17 ,0
Couvent de Peyssemberg (Bavière)...............	47 .47	8 .14 E	996	6 ,1	-1 ,9	14 ,7
Christiania	59 .55	8 .28 E		6 ,0	-1 ,8	17 ,0
Stockholm	59 .20	15 .43 E		5 ,7	-3 ,6	16 ,6
Québec..................	46 .47	73 .30 O		5 ,6	-9 ,9	20 ,0
Upsal	59 .51	15 .18 E		5 ,6	-3 ,9	15 ,7
Abo (Finlande).........	60 .27	19 .58 E		4 ,6	-6 ,2	16 ,6
Moskou..................	55 .45	35 .12 E	300	4 ,6	-11 ,8	19 ,5
Drontheim...............	63 .24	8 . 2 E		4 ,4	-4 ,6	16 ,3
Pétersbourg	59 .56	27 .59 E		3 ,8	-8 ,3	16 ,7
Uméo (Laponie)........	63 .50	17 .56 E		0 ,7	-10 ,6	12 ,7
Uléo (Laponie).........	65 . 3	23 . 6 E		0 ,6	-11 ,2	14 ,3
Cap Nord................	71 . 0	23 .30 E		0 ,0	-4 ,6	6 ,3
Hospice du Saint-Gothard.	46 .30	6 . 3 E	2075	-0 ,9	-7 ,6	7 ,2
Énontékies (Laponie)....	68 .30	18 .27 E	433	-2 ,8	-17 ,6	12 ,7
Nain (Labrador).......	57 . 8	63 .40 O		-3 ,1	-18 ,0	9 ,1

La première chose qui frappe dans ce tableau , c'est l'irrégularité de la marche des latitudes par rapport à celle des températures : on y voit, ainsi qu'on l'a dit plus haut (p. 4), que des points situés à la même latitude diffèrent beaucoup pour leur température : tels sont, par exemple, Québec et Genève , situés tous les deux entre 46° et 47° de latitude, et dont les températures moyennes sont 5°,6 et 9°,6 ; sur quoi il faut encore observer que l'élévation de Genève au-dessus de la mer étant de 396 mètres, la température moyenne seroit augmentée d'au moins 2°, si elle étoit ramenée au niveau de la mer. Réciproquement, à des températures égales répondent quelquefois des latitudes très-différentes. Québec et Stockholm en offrent un exemple ; leurs températures ne diffèrent que de $\frac{1}{10}$ de degré , et leurs latitudes de plus de 12 degrés.

Il suit de là que si l'on joignoit, sur un globe ou sur une mappemonde (particulièrement sur celle de la projection de Mercator) , par une ligne , tous les points où la température est la même , comme on fait pour la déclinaison et l'inclinaison de l'aiguillle aimantée (voyez à l'article Magnétisme, tom. XXVIII, p. 51), on formeroit des courbes qui ne suivroient point les parallèles à l'équateur, mais qui présenteroient des sommets convexes vers le pôle, et d'autres concaves, selon que la température correspondante à ces lignes s'étendroit plus du côté du Nord ou du côté du Midi.

Telles sont les *lignes isothermes* déterminées pour la première fois par M. de Humboldt, dans le mémoire cité précédemment. Les sinuosités de ces lignes sont beaucoup moindres dans la zone torride, où elles sont à peu près parallèles à l'équateur, du moins si l'on en juge par les suivantes :

Lieux :	Sénégambie,	Madras,	Antilles,	Cumana.
Latitude...	14°.40′,	13°.5′,	16°.0′,	10°.28′.
Temp. moy.	26°,5 ,	26°,9 ,	27°,5 ,	27°,5.

qui sont prises dans les deux continens. Mais lorsqu'on s'élève vers le Nord , les variations de température sont différentes dans les deux continens : on trouve pour les latitudes de

0° à 20°,	dans l'ancien,	2°,	dans le nouveau,	2°.
20 à 30	— —	4	— —	6.
30 à 40	— —	4	— —	7.
40 à 50	— —	7		
50 à 60	— —	5,7.		

Ce tableau, de même que les précédens, n'est pas rempli, sans doute à cause que les observations ont manqué ; mais nous l'avons encore rapporté, parce que le but principal de cet article est de concourir à répandre les vues de MM. de Humboldt et Arago , qui doivent, lorsqu'elles auront été suivies, procurer beaucoup de lumière sur la distribution de la chaleur à la surface terrestre. Pour achever d'éclaircir ce qui regarde les lignes isothermes, voici comme elles sont indiquées dans l'*Annuaire* de 1823 (pag. 170), en allant du nord au midi.

« La ligne correspondante à 0° de température passe 3° 54′
« au sud de *Nain*, dans le *Labrador*, et 1° au nord d'*Uléo*,
« par *Solikamskay* (*Laponie*).

« La ligne de 5° passe $\frac{1}{2}$ degré au nord de *Québec*, 1° au
« nord de *Christiania*, $\frac{1}{2}$ degré au sud d'*Upsal*, par *Pétersbourg*
« et *Moscou*.

« La ligne de 10° passe par $42°\frac{3}{4}$ dans les *États-Unis*, 1° au
« sud de *Dublin*, $\frac{1}{2}$ degré au nord de *Paris*, $1°\frac{1}{2}$ au sud de
« *Franecker*, $\frac{1}{2}$ degré au sud de *Prague*, $1°\frac{1}{2}$ au nord de *Bude*,
« $2°\frac{3}{4}$ au nord de *Pékin*.

« La ligne de 15° passe $4°\frac{1}{2}$ au nord de *Natchez*, par *Mont-*
« *pellier*, 1° au nord de *Rome*, $1°\frac{1}{2}$ au nord de *Nangasacki*.

« La ligne de 20° passe $2°\frac{1}{2}$ au sud de *Natchez*, $\frac{1}{2}$ degré
« au nord de *Funchal* (île *Madère*), et, autant qu'on en
« peut juger par les matériaux que nous avons, par $33°\frac{1}{2}$ sur
« le méridien de *Chypre*. Nous ne tenons pas compte ici des
« températures moyennes du *Caire* et d'*Alger*, que les sables
« environnans rendent, à ce qu'il paroît, trop fortes de 1
« ou 2 degrés. »

Au moyen de ces indications il sera bien aisé de prendre, sur
la carte, une idée du cours des principales lignes isothermes.

La température moyenne de l'année n'indique pas encore
complétement la distribution de la chaleur dans les divers
points du globe; il faut en outre considérer les températures
extrêmes dans chaque lieu, c'est-à-dire non-seulement les
moyennes de l'hiver et de l'été, mais celles du mois le plus
froid et du mois le plus chaud. On manque encore d'un nombre d'observations suffisant pour tracer aussi sur les cartes ces
températures; mais on peut déjà voir que la marche des courbes sur lesquelles règnent les mêmes températures, soit *hié-*
males, soit *estivales*, différeroit beaucoup de celle des lignes
isothermes : la première s'écarteroit encore plus des parallèles
à l'équateur que la dernière. On en jugera par le petit tableau ci-dessous.

Sur les LIGNES ISOTHERMES de	ENTRE LES LONGITUDES.					
	3°O — 15°E TEMPÉRAT. MOYENNE DE		Différence.	60°O — 74°O TEMPÉRAT. MOYENNE DE		Différence.
	l'hiver.	l'été.		l'hiver.	l'été.	
20°	15°	27°	12°	12°	27°	15
15	7	23	16	4	26	22
10	2	20	18	— 1	22	23
5	— 4	16	20	— 10	19	29
0	— 10	14	22	— 17	13	30

On voit que la différence entre les températures de l'hiver et de l'été est moindre dans les points où les lignes isothermes s'élèvent le plus vers le nord, c'est-à-dire à leurs sommets convexes.

Cette circonstance est remarquable par rapport à la végétation. Une température moyenne assez élevée ne suffit pas toujours pour amener les végétaux à leur maturité; il faut que la chaleur y atteigne, même pour un temps très-court, un certain degré. C'est ce que montrent bien les lignes que M. De Candolle, d'après les idées d'Arthur Young, a tracées sur la carte de France, comme marquant les limites de la culture des oliviers, du maïs et de la vigne. Ces lignes s'élèvent en allant de l'ouest à l'est, quoique dans les parties orientales de la France les hivers soient plus rigoureux que sur ses côtes occidentales, parce que les étés y sont aussi plus chauds. Ceci n'est qu'un seul des nombreux rapports que peut avoir le sujet qui nous occupe avec l'histoire des végétaux. Pour les autres, nous sommes forcés de renvoyer le lecteur à l'article Géographie botanique, inséré par M. De Candolle dans ce Dictionnaire tom. XVIII, p. 559, et aux *Recherches sur la distribution géographique des plantes*, par M. Mirbel, dans les *Mémoires du Muséum d'histoire naturelle* (tome 14).

La table des températures moyennes dans l'hémisphére boréal (page 11) ne contient point celles qui ont lieu aux limites de cet hémisphére, c'est-à-dire à l'équateur et au pôle. M. de Humboldt a cherché la première en tâchant de dégager les observations des effets de la nature et des formes du terrain; et il croit que $27°,5$ est le terme le plus élevé auquel arrive la température moyenne sous l'équateur.

N'ayant pu jusqu'ici atteindre au pôle, ce n'est que par des conjectures et des inductions qu'on a essayé de déterminer sa température moyenne. Le célèbre astronome Tobie Mayer la supposoit de $0°$; mais M. Scoresby, dans ses navigations hardies vers les régions polaires, a reconnu que cette évaluation étoit très-éloignée de la vérité, ce que les voyages de MM. Parry et Franklin, à la baie de Baffin et à l'extrémité nord de l'Amérique, ont pleinement confirmé. Le premier a trouvé qu'à la côte méridionale de l'île Melville, où il a hiverné en 1819, par $75°$ de latitude nord seulement

et 113° de longitude ouest, la température moyenne est de
— 18°,5.

En liant cette observation avec plusieurs autres, faites
dans le cours des mêmes voyages, et avec la température déterminée pour Nain, M. Arago a formé le tableau ci-dessous :

LIEUX.	LATITUDE.	TEMP. MOYENNE.
Cumberlandhouse...........	54°	— 0°,5
Nain......................	57 $\frac{1}{7}$	— 3 ,0
Fort Entreprise............	64 $\frac{1}{2}$	— 9 ,2
Winter-Island	66 $\frac{1}{5}$	— 12 ,5
Ingloolik-Island...........	69 $\frac{1}{2}$	— 13 ,9
Melville-Island	75	— 18 ,5

duquel il a conclu, pour 90° de latitude, c'est-à-dire pour
le pôle, une température moyenne de — 32° (*Annuaire* de
1825, p. 188).

Mais, comme le décroissement des températures moyennes
sur la côte orientale de l'Amérique est plus grand que sur la
côte occidentale de l'Europe, le même physicien a cherché
le résultat que donneroit la comparaison des déterminations
les plus septentrionales obtenues sur la dernière de ces côtes;
et formant ce tableau :

LIEUX.	LATITUDE.	TEMP. MOYENNE.
Édimbourg.................	55°. 57′	8°,4
Christiania................	59 . 55	4 ,9
Eyafjord (Islande)..........	66 . 30	0 ,6
En mer sous le méridien de Londres..................	76 . 45	— 7 ,5
En mer (*idem*).............	78	— 8 ,3

il en a déduit — 18° pour le pôle. Ce résultat, qui diffère
beaucoup du précédent, prouve au moins que la température moyenne du pôle est bien au-dessous de 0. En prenant le milieu entre les deux déterminations, qui peuvent
bien s'écarter du vrai en sens contraire l'une de l'autre, on
trouve — 25°.

M. de Humboldt a aussi examiné la question relative à la
différence de température entre les deux hémisphères. Il

prouve d'abord , par la comparaison des températures moyennes pour des latitudes peu élevées, de chaque côté de l'équateur, que près de la limite qui les sépare, la différence de température entre les deux hémisphères ne peut pas être considérable. Legentil n'a pas trouvé la chaleur plus grande à Pondichéry, par 12° de latitude nord, qu'à la baie d'Antongil (dans l'île de Madagascar), par une latitude australe de 15°½ ; le même rapprochement a lieu entre l'Isle-de-France (ou Maurice) et la Jamaïque ou Saint-Domingue. Le port Jackson, dans la Nouvelle-Hollande, le cap de Bonne-Espérance, à la pointe de l'Afrique, Buénos-Ayres, sur la côte orientale de l'Amérique , situés vers 33 à 34° de latitude australe, présentent, à très-peu près, la même température moyenne; celle de Buénos-Ayres , le plus méridional de ces trois points, est même la plus forte.

En s'éloignant beaucoup plus de l'équateur, on a des observations faites aux îles Malouines, par 51° 25′ de latitude sud, et d'où il résulte une température moyenne de 8°,5, bien supérieure à celle de Québec, qui , dans l'hémisphère boréal, n'est encore qu'à 46° 47′ de latitude , et dont la température moyenne n'est que de 5°,4 ; mais la différence est en sens inverse par rapport à l'Europe , où les températures moyennes sont encore de 10 à 11° sur le parallèle correspondant à celui des îles Malouines. Ce qui caractérise le climat de ces dernières, et probablement aussi ceux de la plupart des régions de l'hémisphère austral, c'est que les différences des températures extrêmes y sont plus petites ; les hivers sont moins froids , les étés moins chauds : aux îles Malouines la température moyenne de l'hiver est encore de 4°,2.

Mais si l'on quitte ces îles , presque attachées au continent, pour s'avancer au milieu de l'océan Atlantique, on rencontre, par 54 et 58° de latitude, la Géorgie et la terre de Sandwich, où les neiges perpétuelles descendent jusque dans les plaines, tandis qu'à 71° de latitude nord elles sont encore à 700 mètres au-dessus du niveau de la mer.

Voici, d'après M. de Humboldt, un tableau indiquant le terme inférieur des neiges perpétuelles, déterminé avec soin sur cinq points du globe :

33. 2

LATITUDE.	HAUTEUR DU terme inférieur des neiges perpétuelles.	TEMPÉRATURE moyenne de la plaine.
$0°$	4800^m	$27°$
20	4600	26
45	2550	12,7
62	1750	4
65	950	0

Il faut observer que le terme inférieur des neiges perpétuelles peut différer de celui de la congélation ; parce que sur les montagnes il tombe de la neige par une température de 1 à 2 degrés au-dessus de zéro, et dans une quantité égale au moins à celle qui peut être fondue dans les intervalles.

Des plus grands froids, des chaleurs les plus fortes, et du changement de climat.

Après avoir vu ce qu'on sait sur les températures moyennes, on peut désirer connoître quels sont les plus grands froids et les chaleurs les plus excessives auxquels l'homme se soit exposé ; on peut aussi demander si les diverses régions du globe n'ont pas changé de température dans la suite des siècles dont l'histoire est connue.

Les voyages en Sibérie, et surtout ceux qui ont été exécutés de nos jours à la partie la plus septentrionale de l'Amérique, fournissent une réponse bien curieuse à la première question.

C'est à Yeniseisk, en Sibérie, par $58°\frac{1}{2}$ de latitude nord, qu'on a vu pour la première fois geler le mercure. Cette observation, qui indique une température de $39°,5$ au-dessous de 0, a été faite en Décembre 1734 par Gmelin. Ce froid est à peu près deux fois plus intense que les plus grands qu'on éprouve quelquefois à Paris. Mais, en 1817, le capitaine Parry, dans son hivernage à l'île Melville, a vu que *le mercure exposé à l'air se geloit naturellement durant cinq mois de l'année ;* d'où il faut conclure que la température descendoit à — $40°$ et même encore au-dessous de ce point. En effet, dans la première expédition du capitaine Parry, le thermomètre est descendu, en Février 1819, jusqu'à — 47° ; le capitaine Franklin, au fort *Entreprise*, a observé — 50°.

En cherchant à nous faire une idée de ce froid par celui que nous éprouvons en France, nous serions portés à croire qu'il doit éteindre la vie. Néanmoins le capitaine Parry nous apprend que les chasseurs de ses équipages ont rencontré un assez grand nombre de quadrupèdes et d'oiseaux, et « qu'un « homme bien vêtu pouvoit se promener sans inconvénient « à l'air libre, par une température de 46° au-dessous de o, « pourvu que l'atmosphère fût parfaitement tranquille : mais « il n'en étoit plus de même dès qu'il souffloit le plus petit « vent, car alors on éprouvoit sur la face une douleur cui- « sante, suivie bientôt d'un mal de tête insupportable. »

Ces horribles contrées sont habitées, même dans la saison la plus froide, par de nombreuses peuplades d'Eskimaux, dont les huttes sont bâties avec des blocs de neige taillés comme des pierres, et rangés par assises en forme de dôme : l'entrée en est fort basse et circulaire ; la lumière y pénètre par une ouverture pratiquée vers le sommet et fermée par un morceau de glace bien diaphane.

Le maximum de chaleur, observé à l'ombre et assez loin de toute réverbération, soit du sol, soit des objets environnans, n'a pas passé 46°. Les lieux où le thermomètre s'est approché le plus de ce terme, sont les suivans :

LIEUX.	LATITUDE.	MAXIMUM de chaleur.	LIEUX.	LATITUDE.	MAXIMUM de chaleur.
Madras........	13°.13′ N	46°	Le cap de Bonne-		
Le Caire.....	30 . 2	50 ,2	Espérance...	33°.55′ S	43°,7
Paramatta			Manille.......	14 .36 N	43 ,7
(Nouv. Holl.).	33 .49 S	41 ,1	Pondichéry....	11 .55	44 ,7
			Bassora	30 .45	45

Pour avoir une idée de l'effet produit par un long séjour du soleil au-dessus de l'horizon, il faut remarquer qu'à Pétersbourg, situé à 59° 56′ de latitude nord, le thermomètre monte jusqu'à 30°,6.

Enfin, en Égypte, à Philoë, au-dessus des cataractes, le thermomètre, exposé au soleil, s'est élevé jusqu'à 70° (*Expédition d'Égypte, Histoire naturelle*, pages 334 et 341). Si on ajoute les 50° au-dessous de o, observés au fort Entreprise par M. Franklin, la somme 120° surpassera de 20° l'intervalle du terme de la congélation à celui de l'eau bouillante.

Il ne seroit pas moins curieux de connoître les changemens que le temps et les travaux de l'homme, comme la destruction des forêts, les défrichemens, le desséchement des lacs, etc., ont produits sur les températures des diverses régions de la terre. Il paroît bien évident, par les récits des historiens, que certaines contrées, la Gaule, par exemple, ont eu autrefois des hivers bien plus rigoureux qu'à présent. Mais l'invention des thermomètres, reculée le plus qu'il est possible, ne date que de l'année 1590, et à peine y a-t-il un siècle qu'ils sont devenus des instrumens un peu exacts et comparables les uns avec les autres. On trouve dans l'*Annuaire* de 1825 (p. 157) une liste des époques mentionnées par les historiens pour des froids extraordinaires : elle commence un siècle avant notre ère ; mais quand on arrive au 18.ᵉ siècle, où l'on a des mesures assez précises, on voit reparoître des froids comparables à ceux des premiers temps ; et M. Arago, en se fondant sur les faits relatifs à la Provence, conclut que, « soit que l'on considère l'intensité du froid, soit qu'on exa- « mine après quels intervalles les froids extraordinaires se « reproduisent, on ne voit aucune raison d'admettre que, « dans une période de 1400 ans, le climat de la Provence « ait varié. » C'est donc aux temps à venir qu'il faut remettre la décision de ce point d'histoire naturelle. Cependant il est bien difficile, d'après les narrations des anciens, de ne pas croire que les hivers que nous remarquons de loin en loin, en France, ne fussent, au temps de César, les hivers ordinaires de la Gaule. A défaut d'évaluations thermométriques, on pourroit s'appuyer sur les productions du pays, sur les espèces d'animaux qui l'habitoient alors et qu'on n'y trouve plus à présent. Dans les *Annales de chimie et de physique* (tom. 6 , pag. 437), on cite, d'après le *Journal de l'institution royale* (de Londres), une dissertation contenant des documens historiques tendant à prouver que le climat des îles Britanniques s'est détérioré sensiblement depuis quelques siècles. Suivant des chroniques anciennes, la vigne y étoit

cultivée en plein champ ; on faisoit du vin : et à présent,
même en espalier et à l'exposition du Midi, à peine quelques
petites grappes de raisin peuvent-elles mûrir. L'auteur dit
aussi que le pommier paroit devoir cesser de se mettre à fruit
dans les vergers en plein vent. Ces faits, s'ils sont bien avérés,
ne prouveroient pas que les hivers soient devenus plus rigoureux, mais que les étés sont moins chauds ; et cela ne con-
trarieroit pas l'opinion de quelques naturalistes, qui croient
que la France nourrissoit autrefois des animaux des régions
plus septentrionales.

De la température des souterrains.

La chaleur que le soleil communique à la surface terrestre, et qui est si sensible dans les soirées d'été, pénétre peu
dans l'intérieur. Ce point, très-important pour la théorie de
la végétation, a été examiné de bonne heure par les physiciens. Mariotte, dès la fin du 17.ᵉ siècle, compara la température des caves avec celle du dehors, et reconnut que la
première étoit presque constante et n'éprouvoit que bien
lentement et bien peu l'effet des variations qui avoient lieu
à la surface. Mais nous laisserons de côté ces expériences,
faites avec des thermomètres qui étoient encore fort peu
exacts, pour nous arrêter sur celles de Hales, rapportées par
Kirwan (*Estimation de la température*, etc., pag. 48 de la traduction par M. Adet), qui sont plus précises et vont plus
directement au but.

Au mois d'Août 1724, lorsque la température de l'air
touchant à la surface terrestre étoit de 51°,1, Hales plaça
trois thermomètres à 0ᵐ,05 (2 pouces), 0ᵐ,43 (16 pouces),
0ᵐ,65 (24 pouces), au-dessous de cette surface. Le premier
descendit à 29°.4, le second à 21°.1, et le troisième à 20°.
Les deux derniers conservèrent ces températures la nuit
comme le jour, jusqu'à la fin du mois, et ensuite leur plus
grand abaissement fut à 17°,2 pour l'un, et 16°,1 pour
l'autre. La même expérience, répétée le 26 Octobre, montra
les thermomètres placés dans l'intérieur de la terre, plus élevés que celui de la surface. Enfin, du 1.ᵉʳ au 12 Novembre,
le thermomètre enfoncé de 0ᵐ,65 (24 pouces), étoit à 6°.5,
et celui de la surface — 2°,2. Dans l'automne et dans l'hiver,

l'air extérieur fut plus chaud que la terre à la profondeur de 16 à 24 pouces; et le contraire eut lieu depuis le mois de Mars jusqu'au mois de Septembre suivant. Les observations faites par Van Swinden, en Hollande, ont montré qu'un froid supérieur au o du thermomètre de Farenheit, c'est-à-dire à — 17°,7 , ne pénètre pas plus de 20 pouces dans la terre, quand il ne dure que quelques jours, et ne va pas même à 10 pouces, si elle est recouverte de neige.

Saussure a fait, en divers lieux de la Suisse et de l'Italie, beaucoup d'expériences de ce genre sur lesquelles on peut consulter son Voyage dans les Alpes. Je rapporterai seulement ici un des résultats qu'il obtint à sa maison de campagne de Conches, près Genéve, à 419 mètres (215 toises) au-dessus du niveau de la mer. Dans un tube de bois d'environ 10 mètres (30 pieds) de longueur, noyé dans une argile compacte, il avoit introduit trois thermomètres, placés, le premier à $3^m,57$ (11 pieds) au-dessous du sol, le second à $6^m,82$ (21 pieds), le troisième à $9^m,42$ (29 pieds). Le maximum d'élévation du dernier fut de 11°,2 de la division centésimale, et le minimum de 9°,7. Ces observations, continuées pendant trois années, ont fait voir qu'il falloit environ six mois pour que les variations de la température extérieure parvinssent au fond du tube : ce n'étoit qu'au solstice d'hiver que le thermomètre inférieur arrivoit au maximum d'élévation.

Les expériences précédentes diffèrent de ce qui a lieu dans les caves. Les thermomètres étoient enterrés sans communication avec l'air extérieur qui peut s'introduire dans les caves, les puits et les mines; mais on a bientôt vu que ce fluide conduit assez mal la chaleur pour qu'une profondeur qui n'est pas très-considérable rende presque insensibles les altérations du dehors. Ainsi, dans les caves de l'observatoire, dont la profondeur est de 28 mètres (86 pieds), deux années d'observations faites par M. Cassini (*Mém. de l'Acad. des sciences*, 1786. p. 514), ont donné, pour la température moyenne, 9°,16 de Réaumur. Les plus grands écarts de cette moyenne ne passent pas 6 centièmes de degré, soit au-dessus, soit au-dessous; et il s'écoule trois à quatre mois entre l'époque du maximum et du minimum de la température extérieure, et l'époque de ceux de la température intérieure. Ces observations ont été continuées, et M. Arago a rapporté, dans les *Annales de chimie et de physique* (tom. 6, pag. 436), le résultat de celles des années 1816 et 1817. Les températures moyennes qu'il en déduit, sont 12°,086 et 12°,092, qui ne diffèrent d'une année à l'autre que de 6 millièmes de degré centésimal : les extrêmes sont 12°,100 et 12°,072. En s'arrêtant à 12°,09, on ne s'écartera pas de la vérité ; mais il faudra retrancher de ce nombre 0°,38, à cause d'une erreur dans la graduation du thermomètre, et il restera 11°,71. La détermination de M. Cassini conduit seulement à 11°,45, résultat peu différent : observons, d'ailleurs, que ces deux nombres excèdent la température moyenne donnée par les observations faites au dehors.

On a trop multiplié les observations de la température des souterrains, pour qu'il soit possible d'en faire connoître ici tous les résultats. Saussure, comme nous l'avons déjà dit, s'en est fort occupé, et dans des localités très-diverses qui lui ont présenté beaucoup d'anomalies. Dans cet article, je me bornerai à rapporter un petit nombre des déterminations qui sont les plus propres à indiquer des lois générales. L'Égypte est la contrée la plus chaude où l'on ait fait des expériences de ce genre. Au château du Caire, par 30° 2′ de latitude, dans l'eau du puits de Joseph, à 90 mètres (277 pieds) au-dessous du sol, le thermomètre s'est tenu à 21°,5, et la température moyenne du lieu est 22°,4.

Dans son *Estimation de la température*, Kirwan (pag. 52 de la traduction françoise) rapporte des observations faites au fond des mines de Wieliczka près de Cracovie, de Saint-Jean du Harz, de Joachims-Stadt en Bohème, par des physiciens connus, qui ont trouvé, pour des profondeurs de 200 à 500 mètres (600 à 1500 pieds), des températures de 10 à 11°. D'un autre côté, la situation des lieux à une latitude qui surpasse 50°, fait présumer que la température moyenne de la surface doit être entre 8 et 9° ; par conséquent plus basse que celle du fond des mines, mais encore assez peu différente.

De nouvelles déterminations, obtenues par MM. de Humboldt, d'Aubuisson et des minéralogistes allemands et anglois, ont présenté des différences bien plus considérables et croissant avec les profondeurs. Elles ont été rassemblées et discutées par M. Cordier, inspecteur divisionnaire des mines, dans un mémoire lu à l'Académie des sciences et faisant partie de ceux du *Muséum d'histoire naturelle* (t. 15, p. 161). Parmi celles qui ont été faites sur la température de l'eau des sources dans les mines, nous choisirons les deux suivantes, comme les plus remarquables : M. W. Fox, dans la mine de cuivre de Dolcoath (en Cornouailles), par une profondeur de 439 mètres (1551 pieds), a trouvé 27°,8; la température moyenne de la surface n'étant que de 10". M. de Humboldt a vu le thermomètre s'élever à 36°,8, par 522 mètres (1607 pieds) de profondeur, dans la mine d'argent de Guanaxato au Mexique, la température moyenne de la surface étant de 16°. Voilà des différences de 17°,8 à 20°,8.

M. Cordier rapproche ensuite les observations faites sur l'eau des puisards, puis sur celles que fournissent les grandes inondations. Parmi ces dernières observations, il s'en trouve une que M. d'Aubuisson a faite en Saxe, où, dans une mine de plomb, par 318 mètres (979 pieds) de profondeur, il a trouvé 17°,2; tandis que la température moyenne alloit seulement à 8°.

On a cherché aussi la température du roc de la mine; et dans les observations de ce genre réunies par M. Cordier, celle de la mine de cuivre déjà citée a donné, par une profondeur de 421 mètres (1296 pieds), 24°,2, la température moyenne de la surface étant à 10°; et quoique les résultats intermédiaires de quatre tableaux formés par l'auteur du mémoire, offrent bien quelques discordances, néanmoins l'accroissement de la température y est constamment indiqué. Il l'est pareillement par les observations qu'à l'invitation de M. Arago, M. le maréchal-de-camp Baudrand et M. le lieutenant-colonel Bergère, officiers du génie, ont faites sur des sources jaillissantes, qui, traversant un sol très-profond, en prennent la température. [1]

Toutes ces observations n'ont point semblé suffisamment exactes à M. Cordier, qui a recherché avec détail les altéra-

---

[1] Voyez l'article Eau, tome XIV, page 30. On les nomme aussi *puits artésiens,* parce que c'est dans l'*Artois* qu'ils ont été connus d'abord.

tions que la température des mines pouvoit éprouver par des circonstances étrangères à l'état thermométrique du sol, et dont la principale est la chaleur développée par les hommes et les lumières, dans des galeries ordinairement très-resserrées, où l'air circule peu. L'auteur a tenté d'évaluer ces altérations, en s'appuyant des expériences de plusieurs physiciens sur la chaleur dégagée par les animaux et par la combustion, et il en a conclu « qu'aucune des observations re-« cueillies sur la température de l'air des mines , ne re-« présente exactement la température propre de la zone de « terrain au niveau de laquelle elle a été faite. » M. Cordier n'est pas satisfait non plus des déterminations obtenues par l'état thermométrique des eaux contenues dans les mines.

Pour échapper aux différentes causes d'erreur qu'il a remarquées, il a multiplié les précautions accessoires sur l'emploi des thermomètres, et les a placés dans un trou fait le plus promptement possible dans la masse encore intacte, avec un fleuret conduit suivant une direction inclinée de haut en bas, quand il y avoit à craindre que l'air de la mine , étant plus chaud que la masse solide, ne s'introduisit dans le trou, s'il eût été ascendant. Lorsque le contraire avoit lieu, on inclinoit le trou de bas en haut. Sa profondeur étoit d'environ 60 à 65 centimètres. On le bouchoit aussitôt qu'on y avoit introduit le thermomètre , qu'on ne retiroit pas avant trois quarts d'heure.

C'est ainsi que M. Cordier a opéré dans les mines de houille de Littry, département du Calvados, de Decise, département de la Nièvre, de Carmeaux, département du Tarn , en observant à diverses profondeurs dans chaque mine. Tous les résultats qu'il a obtenus indiquent un accroissement dans la température, à mesure que l'on descend dans la mine. En voici deux : il a trouvé $4°,2$ de différence, en passant de $6^m,2$ à $181^m,9$, dans la mine de Carmeaux, et $4°,3$, en passant de 107^m à 171^m, dans celle de Decise. Suivant le premier de ces résultats, l'abaissement de $1°$ dans la température, répond à une augmentation de $41^m,8$ dans la profondeur, et à $14^m,8$ pour le second. On voit dans le même tableau une combinaison qui donne $43^m,1$; mais, comme elle est déduite de deux points très-peu distans, elle pourroit bien être affectée de quelque circonstance étrangère. Il est remarquable que la comparaison des températures moyennes de la surface et des caves de l'observatoire, donne un résultat qui ne diffère pas beaucoup du milieu des précédens. C'est $1°,1$ pour une profondeur de 28 mètres, d'où il suit que $1°$ répond à $25^m,5$.

De la température de la mer et des lacs.

Ce sujet a déjà été traité à l'article Océan (tom. XXXV, pag. 307) ; nous y ajouterons quelques déterminations numériques : on en trouve beaucoup dans les relations des navigateurs du dernier siècle ; mais nous nous bornerons à deux journaux rapportés dans les *Annales de chimie et de physique*. Le tome 4 (pag. 414) contient une suite d'observations faites en 1816, pendant la traversée de France au Brésil, qui comprend les mois d'Avril et de Mai : le point de départ étant à $45°42'$ de latitude nord, $11°55'$ de longitude ouest, et le point d'arrivée à $23°10'$ de latitude sud et $44°0'$ de longitude ouest. La température de la mer a été tantôt plus élevée, tantôt moins que celle de l'air ; mais la différence n'a été qu'une seule fois à $2°,8$: le plus souvent il n'y avoit que quelques dixièmes de degré. Au retour, fait dans les mois de Septembre, Octobre et Novembre, il y a une différence de $4°,1$: c'est, comme pour la précédente, la température de l'air qui est communément la plus forte, et en général elle varie plus que celle de l'Océan. Le maximum de cette dernière a été de $29°,1$, le 18 Octobre, par $9°57'$ de latitude nord, et $20°30'$ de longitude ouest.

Le tome 7 du même recueil (p. 49) contient les observations faites dans une traversée d'Angleterre à Ceilan, commençant en Février et finissant en Août ; le point de départ étant à $49°1'$ de latitude nord, $6°50'$ de longitude ouest, et le point d'arrivée à $6°24'$ de latitude nord et $77°22'$ de longitude est, après avoir coupé deux fois l'équateur. La plus grande différence de température a eu lieu au départ, où celle de l'air étant seulement de $4°,4$, celle de la mer s'élevoit à $8°,9$. Cette dernière a eu son maximum le 16 Mars, par $4°2'$ de latitude nord, $21°4'$ de longitude ouest : il étoit de $28°,6$.

La diminution de la température de la mer sur les bas-fonds a été bien constatée par les observations faites aux approches des côtes de l'Amérique septentrionale ; dans quelques heures de navigation, la température de la mer varie de 4 à 5°, à cause de l'élévation du fond (*Annales de chimie et de physique*, tom. 5 , pag. 597).

C'est dans les mêmes parages qu'on a reconnu, par sa température, ce courant si remarquable, qui, partant du golfe du Mexique, s'élève jusqu'auprès de Terre - Neuve. Il est, pour ainsi dire, comme un grand fleuve d'eau chaude qui coule au milieu de l'Océan ; les Anglois le nomment *gulph-stream* (courant du golfe). Sa température en hiver a surpassé de 12° celle des eaux extérieures, en été de 9° seulement. (*Tableau du climat et du sol des États-Unis*, par Volney, tom. 1 , pag. 235.)

Après avoir considéré la température de la surface de la mer, il est naturel d'étudier comment elle varie par la profondeur. Ces expériences, tentées par beaucoup de navigateurs, sont peu certaines, parce qu'il est fort difficile de faire descendre un corps à une grande profondeur. Des diverses expériences que je connois, celle qui a présenté la plus grande différence de la surface au fond, a été faite par Péron le 2 Ventôse de l'an 12 (22 Février 1804), à 11 heures du matin, par 4° de latitude nord. Ce navigateur, dans son retour de la Nouvelle-Hollande en France, fit descendre à 695 mètres (2144 pieds) un thermomètre qui indiqua 7°.5. lorsque la surface de la mer étoit à 31°, et l'air à 31°,25 ; l'abaissement de la température de l'eau , en raison de la profondeur, fut donc de 23°,5 , et il y a lieu de croire que ce résultat est plutôt trop foible que trop fort. De semblables expériences avoient été faites à de hautes latitudes par Forster , dans l'hémisphère austral , et par Irving, dans l'hémisphère boréal. Les différences entre le thermomètre placé à la surface et celui qui a été plongé dans la mer, sont beaucoup moindres, ce qui se conçoit aisément, et sont quelquefois en sens contraire. Un assez grand nombre d'observations de ce genre, faites dans les expéditions récentes à la baie de Baffin, sont rapportées dans les *Annales de chimie et de physique*, (tom. 7, p. 324), ainsi que celles de M. Scoresby (t. 18, p. 27), desquelles il résulte, comme l'avoient remarqué le capitaine

Ross et le lieutenant Franklin, que « dans la baie de Baffin « la température de la mer est moindre au fond qu'à la sur- « face, tandis que dans le voisinage du Spitzberg, aux mêmes « époques et sous des circonstances toutes pareilles, c'est la « surface au contraire qui est plus froide que le fond. » Voici un exemple du dernier cas : par 78° 2′ de latitude nord et 2° 30′ de longitude ouest, à la profondeur de 1393 mètres (4288 pieds), M. Scoresby a trouvé une température de 3°,3, celle de la surface étant 0, et celle de l'air, 2°,2.

De pareilles expériences ont été faites dans des lacs de la Suisse (*Annales de chimie et de physique*, tom. 5, pag. 403) : le thermomètre, plongé à des profondeurs variées depuis 70 jusqu'à 308 mètres (217 jusqu'à 950 pieds), a toujours été beaucoup plus bas qu'à la surface, excepté, le 5 Février 1777, dans le lac de Genève, où de Saussure a trouvé 5°,4 au fond, et 5°,6 à la surface. Compris dans la zone tempérée, le mini-mum de température observé dans les lacs, a été de 4°,3 ; tandis que dans la baie de Baffin on l'a vu descendre au-dessous de 0 et même jusqu'à — 3°,9. Il faut observer que le degré de congélation de l'eau s'abaisse, lorsqu'elle est plus salée : celle de l'eau de mer ordinaire n'a lieu que vers — 2°. (*Annales de chimie et de physique*, tom. 12, pag. 318.)

Hypothèses imaginées pour expliquer la variété des températures.

J'ai tâché, dans ce qui précède, de rassembler les prin-cipaux faits concernant la distribution de la chaleur sur le globe, parce que les faits sont toujours des vérités, lorsqu'ils ont été bien observés, et qu'en se bornant à leur seule coor-dination, on en peut composer une science aussi utile que réelle et simple. Je voudrois qu'il y eût des traités de phy-sique rédigés dans cet esprit ; car il est bien difficile de pren-dre quelque confiance dans la plupart des théories, lorsqu'on a assez vécu pour assister au triomphe, puis à la chute et quelquefois à la renaissance de celles qui ont été reçues avec le plus d'enthousiasme et rejetées ensuite avec le plus de mé-pris. Les seules qui paroissent dignes d'être étudiées, sont celles qui, se fondant sur un petit nombre de faits susceptibles d'une évaluation précise, comme la tendance réciproque des corps célestes, la loi de la réflexion et celle de la réfraction de la lumière, conduisent à représenter les phénomènes, non point par une indication vague de la *manière* dont ils peuvent se produire, mais par la mesure exacte de leur *quantité.*

Le sujet qui nous occupe ne pouvoit donner lieu qu'à un petit nombre de conjectures, qui ont été admises et rejetées alternativement. Il est naturel de penser que l'origine de la chaleur a été d'abord attribuée tout entière à l'action du soleil; mais on a donné ensuite au froid une existence propre, au lieu de le regarder comme un état relatif, et l'on a imaginé, en conséquence, des particules frigorifiques, des nitres, des sels, répandus dans l'air et sur la terre, au moyen desquels on prétendoit expliquer pourquoi les hivers du Canada, par exemple, étoient plus rigoureux que ceux de la France, quoique les deux contrées soient situées à peu près de même, par rapport à l'équateur.

Lorsqu'on eut remarqué que les températures moyennes dans l'hémisphère austral ne correspondent pas dans tous les points avec celles de l'hémisphère boréal, on crut d'abord en trouver la raison dans la durée plus longue de la présence du soleil sur la partie septentrionale de la zone torride que sur sa partie méridionale. En effet, le mouvement annuel de la terre n'étant pas uniforme, de l'équinoxe de Mars à celui de Septembre, il s'écoule $186\frac{1}{2}$ jours, et seulement $178\frac{3}{4}$ de ce dernier à l'équinoxe de Mars suivant; ainsi l'hiver des contrées placées au sud de l'équateur est plus long que leur été.

Mais la considération du temps n'est pas la seule à laquelle il faille avoir égard; on doit encore tenir compte de la variation de la distance de la terre au soleil. La terre, passant par son aphélie vers le mois de Juin, est plus éloignée du soleil, entre les équinoxes de Mars et de Septembre, que pendant le reste de l'année. Cette circonstance doit rendre notre été moins chaud, notre hiver moins froid et produire les effets contraires dans l'hémisphère austral. La différence entre la plus grande et la plus petite distance de la terre au soleil est à peu près $\frac{1}{15}$ de la distance moyenne (voyez Sys-

TÈME DU MONDE, **t.** LII , p. 12 , 26, et le tableau, p. 41). Quelle
est, d'après cette donnée, l'augmentation de la chaleur pendant l'été austral, et du froid pendant l'hiver? c'est ce qu'il
ne paroit pas facile de déterminer; mais le peu d'étendue des
terres, comparé à celle de la mer dans l'hémisphère austral,
semble bien propre à expliquer comment les températures
extrêmes, dans les hautes latitudes de cet hémisphère, diffèrent moins que dans l'autre : ce qui est rigoureusement le
fait observé.

Les éruptions volcaniques, en indiquant l'existence de feux
souterrains, ont paru à des physiciens, pressés de généraliser
les observations particulières, des preuves suffisantes que
l'intérieur de la terre pouvoit recéler une grande quantité de
chaleur; et plusieurs, à la tête desquels il faut placer Mairan
(Mém. de l'Acad. des sciences, 1719, p. 104, et 1765, p. 143),
se sont emparés de cette idée pour expliquer la température
constante, observée à une petite distance au-dessous de la
surface. Il ne donne à l'action du soleil d'autre emploi que
de produire les variations de température que cette surface
éprouve de l'hiver à l'été; et il affirme que le premier seroit
bien plus rigoureux sans la chaleur qui émane de la terre. En
terminant, Mairan ajoute, que son système augmente beaucoup la probabilité que les planètes peuvent être habitées
par des êtres semblables à nous. Prenant pour exemple Mercure et Saturne, qui, par leur position, semblent devoir
éprouver, la première une très-forte chaleur, la seconde
un froid rigoureux, il dit : « Rétablisssons le feu central dans
« l'une et dans l'autre. Les hivers de Saturne ne seront pas
« plus froids que les nôtres; les étés de Mercure ne seront
« pas plus chauds, parce que les couches supérieures de Sa-
« turne, moins desséchées, moins durcies par les rayons so-
« laires, en seront d'autant plus perméables à l'émanation
« (de la chaleur) centrale, et celles de Mercure rendues
« plus compactes par la force et la densité des rayons so-
« laires qui les frappent de plus près, d'autant moins per-
« méables à cette émanation. »

Ce physicien, qu'on n'accusera pas de s'être trop refusé
aux conjectures, s'est néanmoins abstenu de rien prononcer
sur l'origine de la chaleur centrale; mais Buffon y a bien

amplement suppléé. En faisant détacher les planètes du soleil, par le choc d'une comète (voyez Système du monde,
tome LII, page 57), il les douoit de l'immense chaleur attribuée à cet astre, supposé alors dans l'ignition la plus ardente; s'appuyant ensuite d'expériences faites sur le refroidissement des boulets rougis à la forge, il calcula sérieuse-
ment combien il falloit d'années pour que chaque planète
fût refroidie au point qu'on pût en toucher la surface? Quel
temps devoit encore s'écouler avant que des êtres semblables à nous pussent y vivre? et à quelle époque le refroidissement seroit assez grand pour faire cesser la vie et la
végétation? Il trouva qu'il avoit fallu 2956 ans pour que la
terre, d'abord fluide, fût consolidée jusqu'au centre; $34270\frac{1}{2}$
ans pour que sa surface pût être touchée; 74852 ans pour
être refroidie à la température actuelle; enfin, 93291 ans à
partir de ce jour (celui où Buffon écrivoit), pour la cessa-
tion de l'existence organisée (*Preuves de la théorie de la terre*).
Ajoutez à cela qu'il doit encore se passer 40791 ans avant
que Jupiter soit réduit à un degré de chaleur compatible
avec la vie, tandis qu'elle est prête à s'éteindre sur quelques-
uns des satellites, et en pleine activité sur d'autres.

Des calculs si hardis ne furent pas goûtés par tous les physiciens. Beaucoup, et Laplace a été long-temps de ce nombre,
regardoient la présence continuelle du soleil sur la zone torride, depuis un grand nombre de siècles, comme ayant suffi
pour échauffer la terre de proche en proche par son intérieur, jusqu'à ce que la perte faite à la surface, et principalement par les régions polaires, ait été égale à l'augmentation reçue immédiatement du soleil.

On doit mettre aussi au rang des hypothèses les formules
construites *à priori* pour représenter les diverses températures,
et *à posteriori*, pour lier ensemble les observations thermométriques. Halley et Fatio de Duillier en ont proposé du premier genre (voyez un *Mémoire sur la chaleur proportionnelle
du soleil dans toutes les latitudes, Transactions philosophiques*,
n.° 203, année 1693, et le traité anglois *Des murs inclinés
à l'horizon pour les arbres fruitiers*). Ces auteurs ne s'accordent
pas même sur le principe fondamental, et leurs formules ne
satisfont pas bien aux phénomènes. Le célèbre astronome

Mayer a laissé, dans ses papiers, une formule *à posteriori* dont il n'a point indiqué l'origine, mais avec laquelle Kirwan, dans l'ouvrage déjà cité plusieurs fois, a calculé, au moyen de deux observations, une table des chaleurs moyennes propres à toutes les latitudes depuis le pôle jusqu'à l'équateur, pour le milieu de l'océan Atlantique et du grand Océan, espaces qui ne sont pas soumis aux variations que les circonstances locales produisent sur les continens. Cette formule, établie sur les températures moyennes, aux latitudes de 40° à 50°, donne à l'équateur 29° et au pôle — 0°,4. Le premier résultat ne s'écarte pas beaucoup de la vérité; mais il n'en est pas de même du second (voyez p. 16). M. d'Aubuisson (*Journ. de phys.*, pour 1806, t. 62, p. 443) a proposé une autre formule, qui représente assez bien les observations faites dans des lieux peu élevés, depuis le Caire, par 30° de latitude, jusqu'à Wadso, par 70°; mais toutes ces formules, n'embrassant qu'un seul des élémens qui déterminent les températures, ne sauroient convenir qu'à des lignes particulières et non pas à toute la surface du globe.

Lorsque M. Fourier eut (en 1807) soumis à l'analyse mathématique le problème général de la distribution de la chaleur dans les corps, la question des températures terrestres fut la première dont il s'occupa; il publia dans divers journaux scientifiques les résultats qu'il avoit obtenus successivement, et en a donné, dans le tome 7 des *Nouveaux mémoires de l'Académie des sciences*, un résumé dont je vais présenter ici un extrait.

La manière dont les rayons du soleil échauffent l'air, paroît bien indiquée dans une expérience faite par de Saussure, et répétée par beaucoup d'autres physiciens. Une boîte, tapissée intérieurement avec du liége noirci et recouverte par plusieurs lames de verre, placées à quelque distance les unes des autres, étant exposée au soleil, la température s'élève de plus en plus dans les séparations de ces lames et monte très-haut dans l'intérieur de la boîte. On a vu le thermomètre s'y élever jusqu'à 137°, même dans nos contrées. On conclut de cette expérience que la chaleur produite par les rayons solaires se fixe en partie dans l'air qui sépare les lames de verre, et, enfin, dans le fond de la boîte, ce qui la convertit en chaleur obscure, et que dans cet état elle ne peut traverser librement les plaques transparentes, comme elle le faisoit dans son état lumineux elle ne se dissipe que peu à peu, et elle devient constante dans la boite, lorsque l'accroissement égale la perte par les parois. C'est ainsi qu'on rend raison de l'échauffement de la surface terrestre et des couches de l'atmosphère qui l'enveloppent. On voit que ces couches, qui produisent à peu près le même effet que les lames de verre sur la boite, doivent retenir d'autant plus de chaleur qu'elles sont plus denses et moins éloignées de la terre.

Le refroidissement qui croît avec l'élévation, a conduit M. Fourier à supposer d'environ — 5o° la température de l'espace qui contient la terre et son atmosphère, et vers lequel elle rayonne d'autant plus que l'air est plus transparent. (Voyez Météores, tome XXX, page 315.)

M. Fourier donne comme une conséquence de la théorie, que si la chaleur constante des couches terrestres auxquelles les viscissitudes annuelles ne parviennent pas, avoit été acquise par l'action du soleil, qui s'exerce du dehors au dedans, elle augmenteroit avec les profondeurs, ce qui est contraire à un grand nombre d'observations. Il y a donc dans l'intérieur de notre globe une chaleur dont l'origine est inconnue, mais qui est indépendante de l'action du soleil, laquelle ne produit, du moins maintenant, que les alternatives des saisons et la variété des climats.

Il suit de là que la chaleur de la terre vient de trois sources, qui sont: 1.° l'action des rayons solaires; 2.° la température commune des espaces planétaires, dont elle éprouve l'influence par de continuelles irradiations; 3.° la partie de chaleur primitive qu'elle a conservée dans l'intérieur de sa masse. Ici se présentent deux questions : celle du mouvement périodique de la chaleur solaire, et celle du refroidissement successif du globe. L'auteur a traité la première dans les *Nouveaux mémoires de l'Académie des sciences* (tom. 5, p. 15). La solution de la seconde question dépend de l'intensité de la chaleur des couches intérieures, de la faculté conductrice (ou *conducibilité*) des matières dont elles sont composées, et de l'énergie du rayonnement vers l'espace extérieur.

Suivant M. Fourier (*Nouveaux mémoires de l'Académie des*

sciences, t. 7, p. 593), « quoique l'effet de la chaleur inté-
« rieure ne soit plus sensible à la surface de la terre, la
« quantité totale de cette chaleur, qui se dissipe dans un
« temps donné, est mesurable.... Celle qui traverse, durant
« un siècle, un mètre carré de superficie, et se répand dans
« les espaces célestes, pourroit fondre une colonne de glace
« qui auroit pour base ce mètre carré et une hauteur d'envi-
« ron 3 mètres. » Plus loin (p. 603), on lit que « l'accroisse-
« ment d'environ 1° pour 32 mètres (dans la température sou-
« terraine) a eu précédemment une valeur beaucoup plus
« grande; qu'il diminue insensiblement, et qu'il s'écoulera
« plus de trente mille années avant qu'il soit réduit à la
« moitié de sa valeur actuelle.... La chaleur pénètre si len-
« tement les masses solides, et surtout celles dont l'enveloppe
« terrestre est formée, qu'un intervalle d'un très-petit nom-
« bre de lieues suffiroit pour rendre inappréciable, pendant
« vingt siècles, l'impression de la chaleur la plus intense. »
Auparavant l'auteur avoit dit (p. 592) : « La même théorie
« nous montre que la température excédante, qui est presque
« nulle à la dernière surface, peut être énorme à la distance
« de quelques myriamètres ; en sorte que la chaleur des
« couches intermédiaires pourroit surpasser beaucoup celle
« des matières incandescentes. [1] »

M. Cordier n'hésite pas à regarder l'accroissement de
température, depuis la surface jusqu'au centre, comme proportionnel à la profondeur; et partant du résultat moyen de
ses observations, il trouve que l'intérieur de la terre est
fluide, à moins de 10 myriamètres (20 lieues) au-dessous de
sa surface; il tire encore de nombreuses conséquences, pour
lesquelles nous renvoyons à son Mémoire.

Nous ferons seulement remarquer que la plus grande pro-

---

[1] Laplace avoit adopté les bases de cette dernière théorie, en renon-
çant à celle qu'il avoit approuvée d'abord (p. 31); et il a cherché l'influence que la condensation de la terre, par son refroidissement, pouvoit exercer sur la vîtesse de son mouvement de rotation, et par conséquent sur la durée du jour. Il n'a trouvé aucun résultat sensible depuis Hipparque jusqu'à nos jours, espace de 2000 ans, qui comprend
toutes les observations astronomiques bien constatées. (Voyez la *Connoissance des tems*, pour 1823, pag. 245, et le 5.ᵉ volume de la *Mécanique céleste*, pag. 72.)

fondeur à laquelle les observations ont été faites, n'allant guère qu'à 600 mètres (300 toises), elle n'est qu'environ la dix-millième partie du rayon terrestre, et que, dans une couche aussi mince, où même l'on n'a encore pénétré que par un assez petit nombre de points, il peut se passer des phénomènes physiques ou chimiques qui développent accidentellement de la chaleur ou qui en absorbent. Ajoutons que la densité de la terre étant près de cinq fois plus considérable que celle de l'eau (voyez l'article ATTRACTION), il s'ensuit que les substances qui forment l'intérieur de cette planète, doivent être fort différentes de celles que l'on rencontre au-dessous de sa surface. (L.C.)

TEMPÊTE. (*Phys.*) C'est le nom que l'on donne aux violentes agitations de l'air, causées par un vent impétueux. Elles sont souvent accompagnées de pluie, de grêle ou de neige. Pour les marins, c'est la force du vent et l'élévation des *lames* ou vagues de la mer qui caractérisent particulièrement l'*ouragan* ou la *tempête;* car ces deux mots sont presque synonymes: cependant le second emporte avec lui l'idée d'une plus longue durée que le premier. Voyez VENT. (L. C.)

TEMPLETONIA. (*Bot.*) Voyez RAFNIE. (POIR.)

TEMPS VRAI, TEMPS MOYEN, ÉQUATION DU TEMPS, TEMPS SIDÉRAL. (*Astron.*) Expressions qui se rapportent à la mesure du temps, et que nous allons expliquer successivement. Quant à ce qu'est le *temps* en lui-même, nous renverrons le lecteur aux mots MATIÈRE et MOUVEMENT.

C'est par le mouvement que l'on parvient à mesurer le temps. La révolution que le soleil paroît accomplir autour de la terre, dans l'intervalle comprenant le jour et la nuit, a sans doute été la première mesure du temps. Le lever et le coucher de l'astre se présentent naturellement comme les termes de cet intervalle. En le prenant entre deux levers ou deux couchers consécutifs, et si on lui donne, comme on le fait aujourd'hui, le nom de *jour*, ce mot présente alors deux acceptions qu'il ne faut pas confondre, puisqu'il signifie tantôt la durée de la présence du soleil sur l'horizon, et tantôt la durée totale d'une révolution de cet astre.

On a divisé cette durée en parties appelées *heures*, dont on a d'abord placé le commencement au lever du soleil; on a distingué les heures du jour de celles de la nuit, ces dernières commençant au coucher du soleil; mais, en laissant de côté les diverses manières de diviser le jour, qui ne sont pas de notre sujet, nous nous bornerons à faire observer que l'usage établi par les astronomes, de prendre pour les termes de la durée du jour, deux passages consécutifs du soleil par le Méridien (voyez ce mot), est préférable; parce que, suivant les saisons, les levers et les couchers du soleil avancent ou retardent de plus en plus chaque jour, à mesure qu'on s'éloigne davantage de l'équateur (voyez Système du monde, t. LII, pag. 9). Lors donc qu'on met toujours le même nombre de parties du lever au coucher, par exemple, ces parties deviennent très-inégales. A Paris, où le jour le plus long est double du plus court, la 12.ᵉ partie du premier seroit double de celle du second. L'intervalle compris entre deux passages consécutifs du soleil au méridien, n'offre pas de si grandes inégalités; il a pu être regardé comme constant, lorsqu'on manquoit d'instrumens propres à mesurer le temps avec quelque précision, et que l'on supposoit uniformes tous les mouvemens célestes.

Mais dès qu'on eut de ces instrumens, on s'aperçut que la durée de la révolution diurne du soleil, comptée entre deux passages au méridien, varioit aussi avec les saisons; qu'il n'en étoit pas de même de la révolution diurne des étoiles fixes, et que celle-ci étoit toujours plus courte que l'autre. Les causes de ces différences sont maintenant connues, et leur explication sera en même temps celle des dénominations placées en tête de cet article.

1.° L'intervalle compris entre deux passages d'une étoile fixe au méridien d'un lieu quelconque, n'est autre chose que le temps qu'emploie ce méridien à revenir une seconde fois à l'étoile, temps qui exprime par conséquent la durée exacte d'une révolution de la terre autour de son axe.

2.° Par l'effet du mouvement annuel de la terre, le soleil paroit chaque jour s'avancer vers l'orient : le méridien d'un lieu doit donc faire plus que le tour entier pour atteindre de nouveau le soleil; et l'intervalle compris entre deux passages de cet astre au méridien est, par conséquent, plus long que le temps de la rotation de la terre.

3.° La différence de ces deux intervalles n'est pas toujours la même, parce que, le mouvement annuel de la terre n'étant pas uniforme et ne s'exécutant pas dans le plan de l'équateur, le déplacement apparent du soleil est tantôt plus grand et tantôt moindre, et qu'il s'écoule par conséquent plus ou moins de temps depuis l'achèvement du tour entier fait par un méridien jusqu'au moment où il revient au soleil.

Les deux causes d'inégalité indiquées ci-dessus, dans la durée de la révolution diurne apparente du soleil, se combinent d'une manière assez compliquée. En effet, à présent c'est vers la fin de Juin que le mouvement apparent du soleil est le plus lent, et c'est vers la fin de Décembre qu'il est le plus rapide : c'est donc près des solstices que l'inégalité du mouvement du soleil doit avoir le plus d'effet sur la durée du jour ; mais d'un autre côté c'est aux environs des équinoxes que les portions de l'écliptique se présentent le plus obliquement par rapport à l'équateur, et diffèrent, par conséquent, le plus des portions qui leur correspondent sur ce dernier cercle : la seconde cause a donc alors sa plus grande influence. Cependant si l'on embrasse le cours entier d'une révolution annuelle de la terre, l'espace parcouru en apparence par le soleil, dans le sens de l'équateur, sera égal à la circonférence entière de ce cercle : la valeur moyenne du chemin fait en un jour par le soleil s'obtiendroit donc en divisant cette circonférence par le nombre qui exprime la durée de la révolution annuelle ; et le temps employé par un méridien terrestre pour faire le tour entier augmenté de ce chemin, composeroit un intervalle qui seroit le même dans toute l'année. Si on le suppose partagé en 24 heures, on ne trouvera que $23^h \, 56^m \, 4^s$ pour le temps de la rotation de la terre ou de la révolution diurne apparente des étoiles, et, en conséquence, leur passage au méridien aura lieu chaque jour $3^m \, 56^s$ plus tôt que le précédent.

Voilà donc deux manières de définir la durée du jour, savoir :

1.° Par le temps écoulé réellement entre deux passages consécutifs du soleil par le méridien : c'est le *jour vrai* ; et le temps mesuré par ce jour et ses parties, est le *temps vrai* ;

2.° Par une valeur résultante d'un pur calcul, et exprimant la durée qu'auroient les jours, s'ils étoient tous égaux : c'est le *jour moyen;* et le temps qui s'y rapporte, est le *temps moyen.*

Les différences entre ces deux évaluations, s'accumulant d'un jour à l'autre, forment ce qu'on appelle l'*équation du temps.*

La *Connoissance des tems* et l'*Annuaire* publié par le Bureau des longitudes contiennent, dans une colonne intitulée *tems moyen au midi vrai*, l'heure que doit marquer chaque jour, quand le soleil passe au méridien, une pendule qui suit le temps moyen. La différence entre cette heure et 12^h ou 0^h, si, comme les astronomes, on commence à compter les heures à midi, exprime l'équation du temps[1]. En parcourant cette colonne, on voit que le temps moyen et le temps vrai coïncident quatre fois dans l'année, savoir, vers le milieu des mois d'Avril et de Juin et vers la fin des mois d'Août et de Décembre ; que leur plus grand écart va jusqu'à $16^m 17^s$, au commencement de Novembre ; enfin, que la plus grande variation qui ait lieu d'un jour à l'autre, et par conséquent la plus grande différence entre la durée du jour moyen et celle du jour vrai, est 29 à 30″, environ une demi-minute.

Il est évident qu'une pendule dont le mouvement est bien uniforme, ne peut suivre que le temps moyen ; et, par cette considération, on a, depuis quelques années, réglé sur ce temps les horloges publiques du département de la Seine. Connoissant d'ailleurs, comme on vient de le dire, la différence qui a lieu chaque jour entre le *midi vrai* et le *midi moyen*, on peut conclure l'un de l'autre, et remettre par conséquent à l'heure du temps moyen une pendule, lorsque l'on a observé l'heure qu'elle marquoit au midi vrai. De plus, beaucoup de cadrans solaires contiennent une courbe qui indique les points sur lesquels doit tomber le centre de la plaque du style à chaque midi moyen : c'est *la méridienne du temps moyen;* elle ressemble un peu au chiffre 8.

---

1 C'est pour faire tomber l'origine du jour le plus possible en dehors des affaires, qu'on a placé à minuit le commencement du jour civil : on le partage en deux moitiés, de 12 heures chacune ; mais les astronomes comptent les heures jusqu'à 24.

Le temps compris entre deux passages de la même étoile au méridien, étant divisé en 24 heures, forme ce que les astronomes appellent *jour sidéral;* et, comme il est invariable, on peut l'employer à régler une pendule, qui marque, tous les jours, la même heure, au passage de la même étoile au méridien. C'est là le *temps sidéral,* qui, après une année, avance d'un jour sur le *temps moyen.* (L. C.)

TEMUS. (*Bot.*) Voyez TEMO. (POIR.)

TENA. (*Bot.*) Nom africain de la datte, cité dans un voyage. (J.)

TENAGODE, *Tenagodus.* (*Conch.*) Nom sous lequel Guettard, Mém., tom. 3, pag. 128, dont en général on n'a pas assez apprécié et respecté les travaux, a établi d'une manière parfaite le genre de coquilles que l'on connoît aujourd'hui, d'après M. de Lamarck, sous la dénomination de SILIQUAIRE. Voyez ce mot. (DE B.)

TENAILLE. (*Ichthyol.*) On donne ce nom à un poisson des Indes mal déterminé, et qui, selon Ruysch, qui en fait mention, a la bouche en forme de tenailles. (H. C.)

TENAILLES, *Forficula.* (*Entom.*) On a donné ce nom aux crochets recourbés qui terminent l'abdomen dans les *labidoures* ou *perce-oreilles* et chez les mâles de certaines *libellules* ou demoiselles. D'autres insectes ont aussi été désignés sous les noms triviaux ou spécifiques de *forficatus* ou de *forcipatus,* ce qui signifie à ciseaux, à tenailles, à pinces. (C. D.)

TENAW-WOUT. (*Ornith.*) Nom arabe, cité par Kazwini aux pages 31 et 111, de la traduction des extraits du livre des Merveilles de la nature, comme étant celui du toucnamcourvi, *loxia philippina,* Linn., remarquable par la structure de son nid. (CH. D.)

TENCA. (*Ichthyol.*) Nom usité aux environs de Nice pour désigner le labre paon, *labrus pavo,* et le *labrus quadrimaculatus* de Risso. (LESSON.)

TENCA. (*Ichthyol.*) Nom italien de la tanche. (H. C.)

TENCH. (*Ichthyol.*) Nom anglois de la tanche. (H. C.)

TENCHE. (*Ichthyol.*) Ancien nom françois de la tanche. (H. C.)

TENCKANTIGA SPIGGEN. (*Ichthyol.*) Nom suédois de la grande épinoche. Voyez GASTRÉ. (H. C.)

TENCO. (*Ichthyol.*) Nom nicéen du L\ABRE VARIÉ, décrit dans ce Dictionnaire, tom. XXV, p. 29. (H. C.)

TENDALI. (*Bot.*) Voyez TINDALI. (J.)

TENDARIDEA. (*Bot.*) Genre de la famille des algues, établi par M. Bory de Saint-Vincent sur le *conferva stellina* de Muller et le *conjugata pectinalis.* Ce genre fait partie de la troisième section, celle des *conjuguées*, de la famille des arthrodiées, dans la classification de M. Bory de Saint-Vincent, et qui comprend des êtres dont la nature est encore un sujet de discussion. Certains naturalistes les considèrent comme des végétaux; d'autres comme des animaux; plusieurs, enfin, comme des êtres intermédiaires, végétaux-animaux.

Le *tendaridea* est en filamens articulés, et chaque article est un tube rempli intérieurement d'une matière colorante assez homogène, qui en occupe d'abord la totalité, mais qui bientôt s'agglomère en figures diverses plus ou moins voisines de la forme d'un astérisque d'imprimerie; et, dans cet état, passant d'un tube dans l'autre pour l'accouplemeut, laisse l'un de ces tubes totalement vide, pour se réunir en une seule gemme dans des articles de celui qu'on pourroit considérer comme un tube femelle. (LEM.)

TENDE-LOBER. (*Ornith.*) Ce nom désigne, en Norwége, la grande hirondelle de mer ou sterne, *sterna hirundo*, selon Muller, n.° 170. Cet oiseau est aussi nommé *tenne* en Islande, tom. 3, p. 302, du Voyage d'Olafsen et Povelsen. (CH. D.)

TENDONS. (*Chim.*) Ces organes, à l'état frais, sont souples, et d'un blanc satiné.

Les expose-t-on à l'air, ou même encore dans le vide sec, ils se dessèchent, diminuent beaucoup de volume, surtout dans le sens de leur épaisseur; ils perdent leur blancheur, leur éclat, leur extrême souplesse; ils acquièrent la demi-transparence de la corne et une couleur jaune un peu rougeâtre; ils deviennent roides; les courbe-t-on légèrement, ils reprennent leur première forme dès qu'on cesse de les presser; mais les courbe-t-on beaucoup, ils conservent leur courbure; enfin, si on les tortille suffisamment, ils se divisent en faisceaux fibreux, qui sont blanchâtres dans les endroits où l'air a pénétré entre les fibres.

J'ai démontré que les propriétés physiques qui distinguent

les tendons frais des tendons desséchés, sont le résultat de l'union des premiers avec l'eau ; car si on plonge les tendons desséchés dans l'eau distillée, ils absorbent ce liquide, et après 12 ou 24 heures, suivant leur épaisseur, ils présentent toutes les propriétés des tendons frais.

La dessiccation les prive de ces propriétés, qu'ils reprennent ensuite par l'absorption de l'eau. Des tendons d'éléphans, après 4 ans de dessiccation, ont repris leur fraicheur en les plongeant dans l'eau. Voici le résultat de plusieurs expériences que j'ai faites à ce sujet :

	Parties d'eau absorbées par 100 parties des matières ci-contre, après une immersion de :
100 p. d'un gros tendon d'éléphant frais se sont réduites : A l'air, à............ 51,56 Au vide sec à........ 50,00	12 à 24 heures environ 102,00 8 jours au moins..... 147,00
100 p. d'un tendon mince d'éléphant frais se sont réduites : A l'air, à............ 46,91 Au vide sec à........ 43,56	12 à 24 heures environ 130,30 8 jours au moins..... 147,68
100 p. d'un gros tendon de bœuf frais se sont réduites : A l'air, à............ 52,96 Au vide sec à........ 49,61	12 à 24 heures environ 100,34 8 jours au moins..... 146,58
100 p. d'un tendon de bœuf mince, frais, se sont réduites : A l'air, à............ 44,15 Au vide sec à........ 42,34	12 à 24 heures environ 132,00 8 jours au moins..... 148,00
100 p. d'un tendon de femme mince se sont réduites : A l'air, à............ 43,13 Au vide sec à........ 37,98	12 à 24 heures environ 147,87 5 jours 271,79

Conséquences. Les gros tendons d'éléphant et de bœuf contiennent sensiblement la même proportion d'eau dans l'animal vivant.

Il en est de même des tendons minces ; mais ceux-ci contiennent plus d'eau que les premiers.

Il est remarquable que les quatre échantillons absorbent la même proportion d'eau pour être saturés ; mais le terme de saturation est plutôt atteint par les tendons minces que par les gros. J'ai regardé ces substances comme saturées, lorsque leur poids n'augmentoit plus pendant une immersion de quarante-huit heures. Cependant je ne doute pas que, si j'avois prolongé l'immersion, je serois parvenu à faire absorber à la matière une plus grande quantité d'eau.

Les tendons de femme que j'ai examinés, contiennent plus d'eau que les précédens.

Les tendons à l'état frais ou sec sont insolubles dans l'eau froide; mais après une ébullition vive ils sont dissous par ce liquide, et leur solution évaporée laisse un poids de GÉLATINE SÈCHE (voyez tome XVIII, page 293), égal, ou à très-peu près, au poids du tendon, pesé sec, qui a été soumis à l'expérience.

Ils sont insolubles dans l'alcool et l'éther. Ces liquides en extraient simplement de l'oléine et de la stéarine.

Abandonnés dans l'eau avec le contact de l'air, ils donnent entre autres produits un acide volatil remarquable par son odeur, qui a beaucoup d'analogie avec l'acide acétique. Quand ils ont été préalablement traités par l'alcool, ils ne donnent pas sensiblement d'adipocire par la putréfaction.

L'acide nitrique les dissout en les décomposant. S'ils ont été préalablement soumis à l'action de l'éther et de l'alcool, il ne se sépare pas de matière grasse. (CH.)

TENDRAC. (*Mamm.*) Nom d'une espèce de petit mammifère insectivore épineux, qui appartient au genre TENREC. Voyez ce mot. (DESM.)

TENDRE-A-CAILLOU. (*Bot.*) Espèce d'acacia. Voyez BOIS TENDRE - A - CAILLOU. (J.)

TENDRETTE. (*Bot.*) Nom donné par quelques cultivateurs, suivant le Dictionnaire économique, à l'espèce de raifort plus connue sous celui de radis long. (J.)

TENDUE. (*Avicept.*) On appelle ainsi les piéges et filets qui se tendent pour prendre les petits oiseaux. (CH. D.)

TENÉ. (*Bot.*) Nom tamoul du *panicum italicum*, suivant M. Leschenault. (J.)

TÉNÉBRICOLES ou LYGOPHILES. (*Entom.*) Noms sous lesquels nous avons désigné une famille d'insectes coléoptères hétéromérés à élytres durs, non soudés, à antennes grenues et en masse alongée, tels que les ténébrions, opatres, pédines, etc. Voyez Lygophiles, tome XXVII, page 435, de ce Dictionnaire. (C. D.)

TÉNÉBRION, *Tenebrio*. (*Entom.*) Nom d'un genre d'insectes coléoptères hétéromérés ; à élytres durs, non soudés ; à antennes grenues, en masse alongée ; de la famille des ténébricoles ou lygophiles ; caractérisés de plus parce que leur abdomen est libre sous les élytres ; par la manière dont les antennes grossissent vers le bout, et en outre parce que leur corselet est carré, plat, de la largeur des élytres, et parce que leurs cuisses antérieures sont renflées et supportent des jambes simples.

Ce nom a été employé comme générique par Linnæus, qui l'a emprunté du latin de Varron, *De re rustica*, et des autres auteurs romains : *Tenebriones interpretantur lucifugos quasi in tenebris delitescentes*, dit Afranius.

Nous avons fait représenter une espèce de ténébrion sur la planche 13 de l'atlas de ce Dictionnaire, fig. 2, avec sa larve, fig. 2, *a*, qui est le ver de la farine.

Voici en quoi ce genre diffère de tous ceux de la même famille et de celles qui en sont le plus voisines.

D'abord les élytres ne sont pas soudés, ce en quoi il diffère d'un grand nombre de genres, réunis par la considération inverse sous le nom de famille de photophyges ou lucifuges ; ensuite, dans les upides le corselet est cylindrique ; puis, chez les sarrotries, les antennes sont dirigées en avant, comme perfoliées, et dans les opatres et les pédines les jambes antérieures sont aplaties, triangulaires et propres à fouir la terre.

Les ténébrions, réduits par ces caractères de genre à peu d'espèces, sont des coléoptères de couleur obscure, de forme alongée, qui vivent le plus ordinairement dans l'obscurité. La plupart ne volent que le soir : on les rencontre souvent dans les lieux habités, entre les fentes des planchers et des boiseries basses. Leur larve est alongée, cylindrique, le plus ordinairement d'un blanc jaunâtre. On les désigne, comme nous l'avons dit, sous le nom de vers de la farine ; on les recherche comme appât pour la pêche et pour prendre des rossignols vivans.

L'espéce la plus commune est celle que nous avons figurée pl. 13 ; c'est :

Le Ténébrion meunier , *Tenebrio molitor.*

Ténébrion à neuf stries lisses de Geoffroy, pag. 349, n.° 6, tome 1.

Car. Noir, brun ou marron, plus ou moins foncé, plus pâle en dessous ; les élytres ont neuf ou dix stries longitudinales.

Une autre espéce, décrite sous le nom d'*obscur*, ne différe que par le peu d'évidence des stries.

Toutes les autres espéces, rapportées à ce genre par les auteurs modernes, sont étrangères à la France. (C. D.)

TÉNÉBRIONITES. (*Entom.*) M. Latreille désigne sous ce nom, comme troisième tribu dans la 1.re famille des coléoptères hétéromérés, qu'il appele mélasomes, une division qui correspond à la famille que nous avons nommée ténébricoles ou lygophiles. Elle comprend les espèces qui ont des ailes membraneuses sous des étuis libres, et les genres qui y sont inscrits, sont les suivans : Cryptique, Épitrage, Opatre, Toxique, Sarrotrie, Cortique, Chiroscéle, Calcar, Boros, Upis et Ténébrion. (C. D.)

TENELLE. (*Bot.*) Nom donné dans le Cotentin, suivant le Dictionnaire économique, à une variété de l'orge distique, à épi plus court, plus large et très-garni de grains. (J.)

TENGA. (*Bot.*) Nom malabare, cité par Rhéede , du cocotier, *cocos nucifera.* Suivant Clusius, c'est le nom du fruit, et l'arbre porte celui de *tengamaran* ou *trican* dans la langue malaise, qui nomme le fruit *nihor.* (J.)

TENGAI-FANNA. (*Bot.*) Voyez Dsjo-gikf. (J.)

TENGERI - NYUL. (*Mamm.*) Nom du lapin en Hongrie. (Desm.)

TENGYRE, *Tengyris.* (*Entom.*) M. Latreille avoit désigné sous ce nom un genre d'insectes hyménoptères, voisin des tiphies, auxquelles il les a réunis par la suite dans le Règne animal de M. Cuvier et pour le reproduire dans ses familles naturelles du Règne animal, page 454, sans en donner le caractère. (C. D.)

TÉNIA , *Taenia.* (*Entomoz.*) Genre établi par Linné et par Pallas pour comprendre un grand nombre de vers in-

testinaux qui, par leur grande compression, par leur longueur, présentent l'aspect d'une bandelette, comme l'indique
le nom de ταινία, *vitta*, employé même chez les anciens pour
désigner deux espèces de vers auxquelles l'homme est sujet.
Cependant dans les ouvrages des zoologistes modernes ce
genre, auquel Zeder a proposé de donner les noms de *Rhytis*
et de *Rhytelminthis*, qui n'ont pas été adoptés, a été un peu
réduit, parce que M. Rudolphi en a retiré successivement
les animaux qu'il a nommés tricuspidaires ou triænophores et
bothriocéphales; en sorte qu'aujourd'hui il peut être ainsi
défini : Corps mou, extrêmement alongé, déprimé, composé
d'un grand nombre d'articulations bien distinctes, avec un
renflement céphalique, pourvu de deux paires de suçoirs ou
d'oscules et d'une sorte de trompe courte ou de rostre,
garni souvent d'une ou deux couronnes de crochets. Malgré
les travaux nombreux qui ont été faits sur les ténias et surtout sur les espèces qui se trouvent dans le canal intestinal
de l'homme, il faut convenir que leur organisation, leur
physiologie et leur histoire naturelle ne sont pas encore complétement éclaircies. Les auteurs qui s'en sont le plus occupés,
en les rangeant par ordre d'ancienneté, sont : Redi, Tyson, Leclerc, Andry, de Heide, Coulet, Vallisnieri, Hill,
Linné, Dionis, Bonnet, Pallas, Othon-Fréderic Muller,
Batsch, Carlisle, Rudolphi et Bremser. Nous allons extraire
de leurs observations ce qui a été confirmé par le temps, en
y joignant ce que nous avons observé nous-même.

Le corps des ténias est presque constamment d'une longueur considérable et quelquefois même extraordinaire, surtout proportionnellement avec sa grosseur. En effet, sans
parler des ténias auxquels on a supposé trois cents et même
huit cents aunes de long, mais certainement en supputant la
longueur des morceaux rendus dans un laps de temps un peu
étendu, et admettant qu'ils venoient d'un même animal, il
est certain qu'on en a trouvé qui avoient trente pieds de
long et qui occupoient au moins toute la longueur du canal
intestinal. Il est constamment fort aplati ou déprimé, surtout
dans les parties postérieures, au point que le diamètre vertical n'est souvent pas le sixième du diamètre transverse,
principalement lorsqu'il n'est pas gonflé par les œufs. Le plus

ordinairement il est d'une égale largeur dans une très-grande partie de sa longueur, si ce n'est immédiatement après le renflement céphalique, où il est quelquefois d'une finesse extrême et complétement filiforme. D'après cela, et en ajoutant qu'il est extrêmement mou, il est aisé de voir qu'il étoit naturel de comparer ces animaux à des bandes étroites, fort alongées, d'une substance un peu coriace et demi-transparente, comme du parchemin mouillé.

Le renflement céphalique, par lequel commence le corps des ténias, et plus ou moins considérable, suivant les espèces, n'est jamais régulièrement carré, mais bien parallélogrammique, le grand côté étant suivant la largeur du corps, et le petit suivant son épaisseur. Il en résulte que les orifices ou suçoirs, qui occupent les quatre angles antérieurs du parallélogramme, sont plus écartés en dessus que latéralement, et forment ainsi deux paires, une supérieure et l'autre inférieure. Du milieu de la face antérieure de cette masse céphalique s'élève un tubercule plus ou moins saillant, simulant quelquefois une sorte de trompe, et le plus ordinairement armé dans sa circonférence d'une ou deux couronnes de crochets, que nous verrons servir à l'animal de moyen d'adhérence aux parois de l'intestin de celui qu'il attaque. Après un ressaut plus ou moins marqué et une partie plus ou moins longue, et souvent très-filiforme, qui constitue une sorte de cou, articulé ou continu, c'est-à-dire, sans traces d'articulations, vient le corps, constamment composé d'un très-grand nombre d'articulations, en nombre probablement très-variable. Ces articulations présentent des formes très-variées, suivant les parties où on les examine, et surtout, à ce qu'il paroît, suivant les espèces, au point que c'est sur cette considération que M. Rudolphi, le zoologiste qui s'est le plus occupé de la distinction des espèces de ce genre, a le plus insisté. Suivant la proportion relative de leurs quatre côtés, elles peuvent être longues ou très-longues, linéaires, carrées, subcarrées, et, enfin, transverses et presque linéaires, lorsque le diamètre d'avant en arrière l'emporte plus ou moins sur le diamètre transverse, ou qu'ils sont égaux ou subégaux, ou, qu'enfin, celui-ci devient beaucoup plus long que celui-là. Suivant, en outre, la proportion des deux côtés extrêmes, qui peuvent être égaux ou inégaux, l'antérieur plus petit ou plus grand que le postérieur, il en résulte que les articulations sont cunéiformes, infundibuliformes ou même cratériformes, lorsque les angles postérieurs, par exemple, sont plus ou moins prolongés et rendent le bord postérieur excavé. Enfin, il se peut que ces articulations soient arrondies ou ovales, lorsque les côtés sont plus ou moins convexes; les extrémités adhérentes étant très-étroites: c'est ce qui constitue les articulations moniliformes ou cucurbitaines, par comparaison avec les grains d'un chapelet ou avec les graines d'une courge. Outre leur forme, qui varie suivant les parties du corps de la même espèce, les antérieures étant ordinairement longues, les médianes transverses et les postérieures carrées, subcarrées et même un peu alongées, on remarque que souvent elles sont pourvues d'un côté, soit à droite, soit à gauche, mais jamais que je sache des deux à la fois, d'un tubercule, ou éminence, plus ou moins prononcé, qui est percé d'un orifice ou pore latéral. La disposition de ces pores dans la longueur du corps, régulièrement ou irrégulièrement alternes d'une à une, de deux en deux articulations, paroît être fixe, du moins jusqu'à un certain point, et quelques auteurs s'en sont servis pour caractériser les espèces.

On remarque en outre à l'extérieur que les articulations, et surtout les médianes et les postérieures, ont des espèces de taches blanches ramifiées, que nous verrons n'être que les ovaires. Il n'est pas probable que leur forme donne rien de bien spécifique; mais encore cela se conçoit.

Le corps des ténias est terminé en arrière par une articulation ordinairement plus grande que les autres, ou du moins que celles qui la précèdent, et dont le bord postérieur est arrondi, sans trace d'ouverture.

L'organisation des ténias est beaucoup plus difficile à connoître que celle de beaucoup d'autres animaux, à cause de la grande mollesse dont ils sont, quand on les dissèque vivans ou frais, et parce que les parties semblent se convertir en un tissu parenchymateux uniforme, quand ils ont été mis dans l'esprit de vin.

A l'état vivant ou tout frais, la substance des ténias est

d'un blanc légèrement opalin et comme gélatineuse. M. Ant. Carlisle la compare à la lymphe coagulable du sang de l'homme. Elle est cependant assez consistante et difficile à rompre, à cause de sa grande élasticité, si ce n'est toutefois vers les articulations, et surtout quand les ovaires sont arrivés à leur succession de développement.

L'enveloppe générale ou la peau n'est pas distincte du tissu sous-jacent; mais cependant on y distingue une sorte d'épiderme fort mince et très-difficile à séparer. Au-dessous de lui est une couche contractile fort épaisse, constituant réellement la plus grande partie du corps de l'animal. On y distingue extérieurement une couche mince de fibres parallèles entre elles et longitudinales. Elles sont interrompues à chaque articulation et commencent à une sorte d'anneau de substance blanche, dure et opaque, qui réunit les articulations entre elles. Le reste de l'épaisseur du corps est formé par un tissu cellulaire ou parenchyme, dans les mailles duquel se développent les œufs et les canaux gastro-vasculaires.

La tête est composée, comme l'enveloppe générale, d'un tissu évidemment contractile. Nous avons vu que dans le milieu de sa face antérieure est un tubercule ou quelquefois un orifice, d'où sort une sorte de trompe ou de rostre ordinairement conique. Dans certaines espèces il paroît être percé à son extrémité et traversé par un canal; mais dans d'autres on n'aperçoit rien de semblable. Il en est de même des couronnes de crochets qui existent d'une manière certaine dans un assez grand nombre d'espèces et qui paroissent n'exister nullement dans d'autres. Ces crochets, d'après ce que j'ai observé sur un ténia de l'homme, sont élargis à la base par une sorte d'empâtement, auquel s'attachent sans doute les fibres contractiles, et se terminent par une partie recourbée assez forte. Leur nature est mucoso-cornée. Ils offrent une disposition bien parfaitement radiaire. Les suçoirs sont à peu près dans le même cas, quoique le renflement céphalique ne soit pas carré, puisqu'ils en occupent les angles. Chaque suçoir ou ventouse, observé sur un ténia vivant, m'a paru ne pouvoir être mieux comparé qu'à une fleur de muguet, c'est-à-dire, qu'il est urcéolé. Il est contenu dans une sorte de calice, dont il peut sortir plus ou moins, et son ouverture, qui m'a semblé plus dure et plus cornée que le reste, est un peu triangulaire, comme la bouche d'une sangsue.

Il paroît qu'il n'y a pas de canal intestinal proprement dit dans les ténias, c'est-à-dire, un tube qui commenceroit à l'orifice de la trompe ou du rostre et qui occuperoit la ligne médiane du corps jusqu'à l'extrémité, où il se termineroit par un orifice anal. Il me semble cependant que plusieurs auteurs, et entre autres M. Rudolphi, ont aperçu dans quelques espèces un trait coloré médian, commençant à la racine de la trompe et se continuant plus ou moins loin dans le milieu du corps; mais je n'ai jamais rien vu de semblable dans les espèces de ténias que j'ai disséquées. J'ai, au contraire, remarqué aisément les deux canaux latéraux qui régnent dans toute la longueur du corps sans interruption, et qui servent, pour ainsi dire, à la fois d'intestins et de vaisseaux : chacun d'eux commence en avant par une bifurcation en forme d'Y aux deux suçoirs de son côté; mais la longueur des branches de l'Y est très-variable, suivant qu'entre le renflement céphalique et le corps proprement dit il y a un cou plus ou moins alongé. Une fois les canaux latéraux formés, ils se placent de chaque côté de la masse parenchymateuse des articulations, sans offrir de renflemens à chacune d'elles, mais bien une branche de communication d'un canal à l'autre, et occupant le bord postérieur de chaque anneau. Cette disposition, qui rappelle assez bien celle du système vasculaire des sangsues, n'a pas été observée dans toutes les espèces de ténias; mais M. Anthony Carlisle l'a mise hors de doute dans le ténia de l'homme par une injection de près de trois pieds de long. M. Rudolphi l'a également vue dans la même espèce et dans le *T. calycina;* mais il dit formellement que ces canaux transverses n'existent pas dans le *T. expansa.* Quoi qu'il en soit, dans toutes les espèces les deux canaux latéraux, arrivés à la dernière articulation, se recourbent en dedans et se réunissent en un seul, qui se termine par un orifice commun, placé à l'extrémité du corps, suivant M. Rudolphi, qui assure avoir fait cette observation sur le *T. solium* et le *T. expansa,* contradictoirement avec

53.   4

ce que dit Carlisle de l'absence totale de pore au dernier anneau des ténias. L'analogie me paroît être pour cette dernière opinion ; mais je ne puis l'appuyer sur le fait, n'ayant pas encore examiné de *T. solium* absolument complet.

L'appareil de la circulation n'existe dans aucune espèce de ténia, à moins d'admettre, comme je le fais, que les deux canaux latéraux sont réellement des espèces de vaisseaux, servant à la fois de canal intestinal et d'organes de circulation oscillatoire.

Un appareil spécial de respiration n'existe pas davantage dans ce groupe d'animaux, et cette fonction ne peut avoir lieu que par la surface cutanée.

L'appareil de la génération offre cette singularité, qui ne se trouve, à ce qui me semble, dans aucun animal, c'est qu'il est partagé en autant d'organes semblables qu'il y a d'articulations au corps du ténia. Il ne se compose cependant que de la partie femelle, ou d'un ovaire, quoique quelques auteurs aient voulu qu'il y eût aussi des organes excitateurs. Les ovaires sont constitués, à ce qu'il me semble, par une partie plus ou moins étendue du tissu cellulaire, qui remplit l'intérieur de l'enveloppe musculo - dermoïde de chaque anneau. Je ne crois pas qu'ils soient circonscrits par des parois sensibles et distinctes, et cependant il paroît qu'ils affectent une forme particulière pour chaque espèce. Leur disposition est en général lobée et ramifiée d'une manière assez irrégulière, et d'autant plus, à ce qu'il m'a paru, que les œufs sont plus avancés. Je ne pense pas que ces ovaires aient réellement aucune espèce d'oviducte, du moins sur un ténia de l'homme que j'ai pu disséquer très-frais, puisque, peu de momens avant, il étoit encore vivant, et chez lequel les ovaires étoient distendus par une immense quantité d'œufs, les uns mûrs et les autres très-petits, il m'a été absolument impossible de faire sortir aucun de ceux-ci par une ouverture naturelle. Carlisle décrit cependant comme orifices naturels des ovaires, un grand nombre de pores qui occupent le bord postérieur de chaque anneau : c'est en effet, à ce qu'il m'a semblé, par ce bord que les œufs sortent, quand l'articulation qui est pleine se sépare spontanément ou autrement ; mais je ne crois pas que ce soit par de véritables

orifices. Plusieurs auteurs, et entre autres M. Rudolphi,
ont regardé comme les oviductes, des canaux qui se terminent aux pores latéraux, que nous avons décrits plus haut.
Suivant ce dernier, ces canaux commencent à l'intérieur de
l'articulation, par deux branches; l'une, plus grande, flexueuse
et transverse, qui naît au milieu des ramifications de l'o-
vaire, mais sans qu'on puisse assurer qu'elle ait aucune communication directe avec lui; l'autre, plus grêle et droite,
qui vient obliquement du milieu du bord supérieur ou inférieur de l'articulation, et qui est terminée par un petit
sac ou par une bulle fermée. La première branche est molle
et spongieuse; la seconde est, au contraire, plus dure; mais
toutes deux peuvent être aisément séparées du tissu environ-
nant et continuées jusqu'à l'orifice marginal. M. Rudolphi
avoue qu'il n'a jamais vu d'œufs dans aucun de ces canaux,
mais Werner dit en avoir fait sortir par expression de l'orifice marginal. Goëze dit, en outre, que dans le ténia lancéolé il a vu en sortir de petits tubes, et les œufs sortir de
ceux-ci. Je n'ai pas été aussi heureux, et quoique le dernier
individu de ténia de l'homme que j'ai observé, eût ses articulations gorgées d'œufs libres et flottans dans l'ovaire, il
m'a été absolument impossible d'en faire sortir par la pression la plus forte et la mieux réglée, ni des pores latéraux,
ni même des pores marginaux postérieurs, si ce n'est quand
je détachois une articulation; alors un grand nombre d'œufs
sortoient par ceux-ci seulement. J'ai même observé que la
plupart de ces prétendus oviductes étoient remplis par une
matière noirâtre, absolument comme on le voit quelquefois
sur les vaisseaux partant des suçoirs céphaliques; ce qui
pourroit confirmer, jusqu'à un certain point du moins, l'opinion de M. Carlisle, qui ne voit dans ces orifices latéraux et
dans leurs canaux que des espèces de suçoirs vasculaires,
limités à chaque articulation et servant à la nutrition. Quoi
qu'il en soit, on observe dans certaines espèces de ténias,
sur le bord antérieur ou postérieur des orifices, et quelquefois naissant du bord même de l'articulation, sur l'un ou
sur l'autre côté, de petits appendices, de forme extrêmement variable, qui ont reçu le nom de lemnisques, *lem-
nisci*, et dont l'usage est encore moins connu. Quoique

ces organes soient absolument semblables, qu'ils naissent ou non des orifices latéraux. M. Rudolphi paroît porté à croire que ce pourroient bien être des organes mâles, analogues à ceux qu'on trouve dans plusieurs autres vers intestinaux, et entre autres dans les porocéphalés ou trématodes. A l'appui de cette opinion il fait observer qu'on a trouvé dans la même espèce d'animal deux ténias, qui ne paroissent différer que par l'absence ou la présence des lemnisques, comme les *T. filamentosa* et *bacillaris*, qui existent dans la taupe ; les *T. villosa* et *infundibuliformis*, dans l'outarde. Il dit avoir vu dans le *T.* denticulé du bœuf, les parties qu'il a nommées des cornes, être creuses et leur cavité se prolonger en un canal transverse. Werner, lui-même, avoit déjà eu l'idée que le petit canal terminé par une ampoule pourroit être l'organe mâle. M. Rudolphi paroît avoir cette opinion, admettant que le canal flexueux seroit l'oviducte, le lemnisque pouvant être regardé comme un organe destiné à transmettre le fluide spermatique et les œufs. Tout cela nous paroît bien hypothétique, pour ne pas dire plus.

Je n'ai jamais pu rien apercevoir du système nerveux dans les ténias, et aucun auteur n'en a encore reconnu dans ce genre d'animaux.

D'après ce qui vient d'être dit de l'organisation des ténias, il est évident que leur physiologie est bien simple. N'ayant aucun organe spécial des sens, ils sont réduits à ne sentir que le contact des corps, et la mollesse de leur enveloppe pourroit faire croire que le sens du contact est très-délicat chez eux, si l'absence de système nerveux distinct ne prouvoit le contraire, et, en effet, le contact d'un corps étranger les fait à peine se contracter.

Leur contractilité musculaire paroît n'être pas non plus très-vive, et, en effet, leurs mouvemens ne sont pas très-étendus ; mais il n'est pas un point de leur corps qui n'en soit susceptible ; aussi les suçoirs et le rostre sont dans une agitation continuelle, tant que l'animal est vivant, se contractant et se dilatant dans tous les sens sous les yeux de l'observateur.

On peut dire qu'il n'y a pas de digestion proprement dite dans les ténias, qu'ils absorbent par toute leur enveloppe,

et plus spécialement par les suçoirs céphaliques, et, peut-
être, par les orifices latéraux, les fluides à moitié animalisés,
au milieu desquels ils vivent dans le canal intestinal de l'animal qui les porte. Les canaux latéraux sont réellement plutôt des vaisseaux que des intestins. Le fluide qui a été ab-
sorbé, y subit les mêmes changemens que le chyle dans les
vaisseaux chylifères des animaux vertébrés à la suite des mouvemens irréguliers d'oscillation, que la contraction de l'enveloppe musculo-cutanée y produit. Il en est ensuite extrait
par résorption et employé à la nutrition par la force assi-
milatrice des parties, presque immédiatement en contact
avec ces vaisseaux, sans qu'il y ait de féces rejetées.

On peut donc assurer qu'il n'y a point de circulation proprement dite, et encore moins de respiration; l'absorption
ayant lieu sur des fluides déjà saturés de l'air nécessaire, ou
bien la peau agissant immédiatement sur l'air contenu dans
le canal intestinal que le ténia habite.

D'après cela, les fonctions d'excrétion dans ce genre d'animaux se bornent sans doute à l'exhalation d'une matière
muqueuse à la surface de la peau, encore paroît-elle fort
peu abondante, et à la sécrétion reproductrice.

Quoi qu'on en ait dit, la reproduction dans les ténias ne
peut se faire guère autrement que par des gemmes oviformes
ou par des œufs. Il n'est pas encore bien certain, quoique
cela soit probable, que ces animaux puissent pousser par
l'extrémité postérieure du tronçon qui a conservé le renflement céphalique; mais il est certain qu'une partie séparée
de celui-ci, et à plus forte raison un tronçon très-petit et
une articulation, ne peuvent se compléter en un animal parfait. Quoique quelques auteurs aient voulu regarder les ténias
comme des animaux composés, enchaînés les uns aux autres,
chaque articulation, étant un animal distinct, je ne connois
aucune observation certaine qui prouve qu'une articulation
ait poussé en avant et en arrière, de manière à produire un
ténia complet.

Les ténias se reproduisent donc tout-à-fait par des œufs,
comme les autres vers intestinaux. Ils naissent, sans doute,
attachés dans les loges ou cellules qui constituent l'ovaire
des articulations qui en sont pourvus; ils prennent un cer-

tain accroissement ainsi adhérens : mais il me paroît certain que, quand ils sont parfaits, ils sont contenus librement dans un fluide.

Le système nerveux n'existant point d'une manière spéciale dans ces animaux, toutes les fonctions qui en dépendent doivent être complétement nulles.

L'histoire naturelle des ténias est à peu près aussi simple que leur organisation et leur physiologie.

On trouve des ténias dans toutes les parties du monde, dans les pays chauds comme dans les pays froids, comme on en peut juger d'après le nom des animaux dans lesquels ils étoient. Ainsi on en a vu dans le tigre, dans le lion, la giraffe, le zèbre, qui sont des animaux des parties les plus chaudes de l'Asie et de l'Afrique, et dans le renne, l'ours blanc, etc., qui sont des animaux des contrées boréales.

Jusqu'à présent les différentes espèces de ténias connues ont été rencontrées dans l'intérieur des animaux vertébrés. Je ne connois pas encore un seul exemple d'un de ces animaux dans les invertébrés, qui ne sont cependant pas entièrement exempts de vers intestinaux.

Toutes les classes d'ostéozoaires sont sujettes à être infestées de ténias. Il est difficile d'assurer positivement laquelle en contient un plus grand nombre ; mais il est certain cependant qu'il y en a eu davantage d'observées dans celle des oiseaux. En effet, en considérant comme espèces distinctes toutes celles dont M. Rudolphi a parlé dans son ouvrage, ce que je suis assez loin d'accorder, j'en trouve trente-trois dans les mammifères, cinquante-neuf dans les oiseaux, une dans les amphibiens, et treize dans les poissons. Ainsi jusqu'ici on n'en connoît pas dans les reptiles proprement dits, et une seule commune aux crapauds, aux grenouilles et même aux salamandres, dans la classe des amphibiens. Parmi les trente-trois observées dans les mammifères, il y en a une dans l'homme, douze dans les carnassiers, dont moitié pour le genre Chien ; quatre chez les rongeurs, deux dans les chevaux, et cinq ou six dans les ruminans. Des cinquante-neuf trouvées chez les oiseaux, il y en a dans presque tous les genres ; mais celui des canards en offre neuf ou à peu près le sixième,

Les treize espèces propres aux poissons appartiennent à peu près également aux différentes familles.

Les ténias habitent constamment le canal intestinal, et surtout les parties supérieures de l'intestin grêle, où existent en plus grande abondance les fluides récrémentitiels. On cite cependant un ou deux exemples de ténias trouvés libres dans la cavité péritonéale ; mais ce fait est-il à l'abri de toute contestation ?

A en juger par les observations les plus exactes et faites sur des animaux encore vivans, il paroît que les ténias, dans l'état normal, sont fixés aux parois de l'intestin de l'animal auquel ils appartiennent, à l'aide des crochets dont le rostre est armé dans un grand nombre d'espèces, et des suçoirs seulement dans celles dont le rostre est nu. Il est cependant probable qu'il leur est possible de vivre sans être fixés ; mais on conçoit qu'alors leur expulsion devient beaucoup plus facile.

Ainsi plongés, du moins par leur partie antérieure, dans la substance mucoso-chyleuse, qui est toujours plus ou moins abondante dans l'intestin grêle des animaux vertébrés, les ténias s'en nourrissent sans doute en l'absorbant par les suçoirs de leur renflement céphalique. Il paroît même qu'il peut s'y accumuler un peu de fluide coloré, ce qui pourroit faire croire à de véritables féces.

Les mouvemens des ténias ne sont sans doute pas suffisans pour exécuter une locomotion bien considérable, et qui permettroit à l'animal de parcourir la longueur de l'intestin qu'il habite ; cependant, d'après ce qu'en dit Bremser, il paroît que ses contractions, ses ondulations, sont encore assez rapides, et qu'elles se font dans toutes les parties du corps. Il a remarqué que les mouvemens des suçoirs sont surtout fort considérables, et qu'ils se contractent, se dilatent alternativement par paires diagonalement opposées.

Les phénomènes de la reproduction ne présentent rien que la séparation des articulations fécondées par les contractions même du corps du ténia lui-même ou par celles du canal intestinal dans lequel il est contenu, s'il est vrai que ces animaux soient réellement hermaphrodites, comme je le pense. Alors les œufs, disséminés irrégulièrement dans la mucosité du canal intestinal, y éclosent et s'y développent. S'il étoit vrai qu'il y eût des mâles et des femelles, il faudrait admettre qu'il y auroit un accouplement, et alors il seroit à peu près impossible de deviner comment il se fait. Cela ne seroit pas beaucoup plus aisé à concevoir, dans le cas où l'on admettroit que chaque individu est androgyne ou porte à la fois les deux sexes.

D'après le peu qu'on sait, les articulations qui sont le plus avancées dans le développement de l'ovaire, et ce sont généralement les plus postérieures, à force d'être distendues par l'augmentation du nombre et du volume des œufs, se déchirent irrégulièrement dans une partie quelconque de leurs parois, ou bien se détachent par leur bord antérieur. Alors les lobules de l'ovaire, qui s'étoient approchées de plus en plus de ce bord, sont eux-mêmes déchirés et crevés, ce qui donne issue aux œufs. Suivant Goëze, Werner et Rudolphi, ce seroit, comme nous l'avons dit plus haut, par les orifices latéraux que les œufs sortiroient.

Ces œufs, qui sont globuleux, bien formés, paroissent être composés d'une enveloppe et d'un germe intérieur ; mais ont-ils aussi un véritable vitellus ? C'est ce qui est fort douteux. Quoi qu'il en soit, il est certain que le petit animal qui en sort est complet dans toutes ses parties, ayant un renflement céphalique avec ses quatre suçoirs, son rostre et un corps terminé ; mais celui-ci est proportionnellement beaucoup plus petit qu'il ne sera par la suite, et il n'offre aucune trace d'articulations : c'est ce qu'assure positivement M. Bremser, et ce que j'ai vu moi-même pour le bothriocéphale du turbot. A mesure que l'animal s'accroît, les articulations se prononcent peu à peu et s'alongent de manière à arriver à la forme et à la grandeur qui leur conviennent pour chaque espèce. Enfin, un certain nombre des dernières se fécondent ; il se forme des œufs, et elles se détachent pour les répandre. Bréra supposoit que l'accroissement des ténias avoit lieu par le bourgeonnement de nouvelles articulations, qui peu à peu s'intercaloient entre les anciennes, de manière à donner au corps sa longueur normale ; mais Bremser a montré que cela ne pouvoit être. D'autres auteurs ont dit que l'accroissement avoit lieu par de nouvelles articulations, qui se formoient soit en avant, soit en arrière ; mais cette manière de voir n'est appuyée non plus sur aucun fait, et n'est pas admissible. C'étoit cependant sur elle que reposoit l'assertion que le ténia poussant toujours en arrière, sa grandeur augmentoit continuellement. Comme on ne rencontre pas souvent les ténias complets, on ne sait pas encore positivement si le nombre des articulations du corps de ces vers a quelque chose de fixe, au moins dans certaines limites, comme cela a lieu dans les chétopodes et les autres animaux articulés. Si cela étoit, il seroit alors démontré que leur corps ne pousse pas d'une manière pour ainsi dire indéfinie. Mais après qu'un certain nombre d'articulations ont été détachées, s'en reproduit-il d'autres? C'est ce qu'on ignore ; c'est pourtant ce qui n'est pas improbable.

Long-temps les animaux de ce genre, et surtout l'espèce qui habite le canal intestinal de l'homme, ont été regardés comme des hôtes parasites extrêmement dangereux pour les animaux dans le canal intestinal desquels ils vivent. Aujourd'hui on est bien revenu de cette idée, et l'on est plus porté à croire que souvent les traitemens variés et barbares que l'on fait subir aux malades, sont plus dangereux que le ver lui-même. L'on a acquis la certitude que des individus de l'espèce humaine, dans lesquels on ne soupçonnoit pas pendant leur vie la présence du ténia, et qui pourtant en étoient affectés, ont vécu aussi long-temps et dans un état de santé aussi parfait que ceux qui en étoient exempts. Cependant il ne faut pas disconvenir que quelquefois il résulte de la diathèse vermineuse, plus peut-être que de la présence du ver lui-même, des accidens qu'il est utile de combattre avec la prudence convenable. Généralement les animaux qui ont un ou plusieurs ténias dans leur canal intestinal, éprouvent quelques phénomènes qui indiquent un certain affoiblissement, comme une coloration moins vive des parties nues de la peau, la mollesse des chairs, la maigreur, la dilatation des pupilles, la dispepsie ou la boulimie, etc.; mais rarement ces phénomènes sont assez intenses pour que la présence des ténias puisse jamais déterminer des accidens véritablement graves. On sait d'ailleurs qu'il existe un véritable spécifique contre les ténias, l'huile animale de Dippel ou l'huile empyreumatique, employée pour la première fois par le vétérinaire Chabert sur le cheval, et dont le docteur Bremser a montré l'efficacité sur l'espèce humaine, comme on peut le voir dans l'excellent Traité de ce dernier sur les vers intestinaux de l'homme.

Un assez grand nombre d'auteurs se sont occupés de la distinction des espèces de ténias, comme Linné, Pallas, Bloch, Werner, Goëze, Zeder, etc. ; mais c'est M. Rudolphi qui y a apporté le plus de critique et de soins, comme on peut le voir dans son grand ouvrage *Entozoorum sive vermium intestinorum historia naturalis*, et depuis dans son *Synopsis*. Nous avons déjà eu l'occasion de remarquer qu'il en a séparé, pour de bonnes raisons, les *T. nodulosa*, qui constituent le genre Tricuspidaire (voyez ce mot), et les *T. anguillœ, salmonis, rugosa, rectangulum, scorpii, lanceolata, solida*, etc., qui forment le genre Bothriocéphale, comprenant actuellement, d'après la découverte de Bremser, le *T. lata*, le ténia large des médecins. Le nombre des espèces qu'il a laissées sous la dénomination de Ténia, étoit, dans son premier ouvrage, de cent seize, dont soixante-douze qu'il regardoit comme bien connues et quarante-quatre douteuses. Dans son *Synopsis*, le nombre total a été porté à cent quarante-six, dont cinquante-trois douteuses. Les parties de l'animal desquelles M. Rudolphi tire ses principaux caractères distinctifs, sont : 1.° l'absence ou la présence des crochets à la racine de la trompe ; 2.° l'absence ou la présence de la trompe elle-même ; 3.° la forme de la tête ; 4.° celle des oscules ou suçoirs ; 5.° l'absence ou la présence d'un intervalle plus étroit ou d'un cou entre le renflement céphalique et le corps proprement dit ; 6.° l'absence ou l'existence, et, dans ce cas, la forme des lemnisques des pores latéraux ; 7.° mais surtout la forme générale et particulière des articulations dans les différentes parties du corps. N'ayant eu l'occasion d'observer qu'un assez petit nombre de ténias, il me seroit impossible d'apprécier l'emploi de ces différentes parties comme fournissant des caractères pour la distinction des espèces de ce genre. Je me bornerai à faire observer, avec Bremser, que la forme de la tête, celle de la trompe qui la termine, et même, jusqu'à un certain point, la figure générale des articulations, sont susceptibles d'un assez grand nombre de variations, suivant que l'animal est observé frais ou qu'il a été mis dans la liqueur conservatrice mort ou vivant ; en sorte que c'est une chose dont il est bon d'être averti avant de signaler une espéce de ténia. La variation des oscules est telle, que l'auteur cité assure avoir vu un ténia de l'homme qui avoit six oscules au lieu de quatre. Quant aux crochets dont la trompe est armée, le même observateur s'est assuré que, dans le ténia de l'homme, ces crochets tombent avec l'âge. Nous allons cependant donner la caractéristique des espèces désignées par M. Rudolphi dans son grand ouvrage.

La place du genre Ténia dans la série animale n'est peutêtre pas plus aisée que la distinction des espèces. Blumenbach et quelques autres auteurs, qui croyoient que c'étoit un animal composé, ne l'en ont pas moins placé parmi les vers, comme Linné et ses sectateurs. M. de Lamarck a fait de même. M. G. Cuvier, guidé sans doute par la disposition subradiaire des parties de la bouche, en a fait, comme Linné autrefois, un ordre de zoophytes, en y plaçant aussi tous les autres vers intestinaux, parmi lesquels il y en a dont les sexes sont séparés. M. de Blainville, pensant que les vers intestinaux n'appartiennent pas aux mêmes types d'organisation, place les ténias dans son sous-type des subannélidaires, entre les véritables entomozoaires et les actinozoaires. (Voyez VERS.)

A. *Espèces sans crochets et sans rostre.*

LE TÉNIA DES MOUTONS : *Tænia ovina*, Linn., Gmel., p. 3074, n.° 55 ; T. *expansa*, Rud., Goëze, *Naturg.*, p. 369, tab. 28, fig. 1 — 12 ; cop. dans l'Encycl. méth., pl. 45, fig. 1 — 12. Corps de longueur extrêmement variable, d'un pouce de long jusqu'à cent pieds et plus, sur une largeur d'un pouce au moins ; à tête obtuse, petite ; à articulations antérieures très-courtes, les postérieures subcarrées, avec les orifices marginaux opposés.

Cette espèce, qui se trouve très-commmunément dans les intestins grêles des moutons, mais surtout dans les agneaux encore au lait, a offert d'une manière manifeste à Goëze, à Bloch et même à M. Rudolphi, une petite papille sortant de chaque orifice latéral des articulations, et, en outre, le double canal latéral que l'on regarde comme intestinal, d'une manière très-évidente.

Le Ténia denticulé : *T. denticulata*, Rud.; *T. ovina*, *T. bovis*, Linn., Gmel., p. 3074, n.° 55; Carlisle, *Trans. soc. linn.*, 2, tab. 25, fig. 15 et 16. Corps de quinze à seize pouces de long sur cinq lignes de large en avant, et près d'un pouce en arrière; à tête tétragone, à cou nul, à articulations très-courtes, avec les orifices marginaux opposés, donnant issue à des lemnisques en forme de dents.

En général très-commun dans le canal intestinal du bœuf, de la vache et du veau.

Le T. pectiné : *T. pectinata*, Linn., Gmel., p. 3073, n.° 54; Goëze, *Naturg.*, p. 363, tab. 27, fig. 7—13; cop. dans l'Encycl. méth., pl. 44, fig. 7—11. Corps d'un à huit pouces de long sur une à quatre lignes de large, à tête obtuse, assez épaisse, déprimée, à cou et articulations très-courts, avec les orifices marginaux opposés et papilleux.

Dans les intestins grêles du lièvre, du lapin et de la marmotte.

Le T. lancéolé : *T. lanceolata*, Linn., Gmel., p. 3075, n.° 63; Goëze, *Naturg.*, p. 377, tab. 29, fig. 3—12; copié dans l'Encycl. méth., pl. 45, fig. 15—24. Corps de trois à six pouces de long sur trois à six lignes de large, ayant la tête petite, subglobuleuse; le cou et les articulations très-courts; les postérieures comme noduleuses sur les angles.

Cette espèce, confondue à tort par quelques auteurs parmi les bothriocéphales, se trouve dans les intestins grêles du canard domestique, chez lequel il est fort commun. M. Rudolphi dit positivement n'avoir jamais observé le vaisseau longitudinal médian que Goëze a représenté fig. 10 et 11.

Le T. du cheval : *T. plicata*, Rud.; *T. magna*, Linn., Gmel., p. 3069, n.° 87; *T. equina*, Pallas, *Nord. Beyträge*, 1, p. 73, tab. 3, fig. 20; cop. dans l'Encycl. méth., pl. 43, fig. 13 et 14. Corps de six à trente pouces de long sur trois à huit lignes de large, à tête tétragone, fort large et dépassant beaucoup, de chaque côté, les articulations du cou, qui sont fort courtes, ainsi que celles du reste du corps, dont les angles latéraux sont aigus; orifices marginaux alternes.

Cette espèce, qui est assez rare, se trouve dans l'estomac

et les intestins grêles du cheval et même peut-être du zèbre.

Le Ténia perfolié : *T. perfoliata*, Goëze ; *T. quadriloba*, Linn., Gmel., p. 3069, n.° 38, et *T. equina, id.*, p. 5074, n.° 56 ; Goëze, *Naturg.*, p. 353, tab. 25, fig. 11 — 13 ; copié dans l'Encycl. méth., pl. 43, fig. 6—12. Corps d'un à trois pouces de long sur une à quatre lignes de large, assez épais, à tête tétragone, presque cubique, pourvue en arrière de quatre lobules obtus ; cou nul ; articulations extrêmement larges, proportionnellement avec leur longueur, se débordant beaucoup les unes les autres, de manière à paroître perfoliées.

Des gros intestins du cheval, où il est fort commun, du moins en France ; car en Angleterre il paroit qu'il n'en est pas de même, M. Bracy Clarke, vétérinaire anglois, m'en ayant envoyé dernièrement un individu comme une chose rare à Londres.

Le T. anthocéphale : *T. phocæ*, Linn., Gmel., pag. 3073, n.° 52 ; Fabricius, *in Dansk. Selsk. Skrivt.*, 1, 2, pag. 153 — 155, tab. 10, fig. 3 ; *T. antocephala*, Rudolphi. Ver de trois pieds et demi de long sur deux lignes de large, à tête très-grande, subtétragone, verruqueuse et pourvue à chaque angle d'un lobe obtus, lancéolé, plus long qu'elle ; cou court ; corps très-aplati, formé d'articulations annulaires, imbriquées.

Du rectum du phoque barbu, d'après Fabricius, qui en a observé plusieurs individus.

Le T. omphalode ; *T. omphalodes*, Hermann, *in Naturforsch.*, 19, pag. 24, tab. 2, fig. 1 *a, d*. Ver d'environ six pouces de long, d'une ligne de large, à tête subtétragone, grande, rétrécie en arrière ; à cou nul ; les articulations antérieures du corps très-courtes ; les autres un peu en coin, avec les angles aigus.

Dans le canal intestinal du campagnol (*mus arvulis*, L.).

Le T. platycéphale ; *T. platycephalus*, Rud., *loc. cit.*, n.° 10. Ver de deux pouces de long sur une demi-ligne de large, à tête disciforme, tétragone ; à cou court, plus large en avant ; à articulations subcunéiformes, très-courtes et obtuses.

Un seul individu de cette espèce a été trouvé par M. Rudolphi dans l'intestin d'un rossignol.

Le T. sphénocéphale : *T. sphenocephala*, Rud. ; *T. serpenti-*

formis turturis, Linn., Gmel., pag. 3070, n.° 40. Ver de six pouces de long sur une demi-ligne de large, à tête cunéiforme, tronquée, avec une tache antérieure obscure, d'où divergent des stries ; cou fort long, capillaire ; les articulations du corps très-courtes et obtuses.

De l'intestin de la tourterelle.

Le Ténia perlé : *T. perlata*, Linn., Gmel, p. 3075, n.° 59 ; Goëze, *Naturg.*, pag. 403, tab. 32 *B*, fig. 17—21 ; cop. dans l'Encycl. méthod., pl. 48, fig. 5—11. Ver d'un pied et plus de long sur trois quarts de ligne de large, de couleur de perle ; tête tétragone ; cou assez long : articulations courtes, subcunéiformes, c'est-à-dire plus étroites en avant qu'en arrière.

Des intestins de la buse (*falco buteo*, L.).

Le T. crénelé : *T. crenata*, Linn., Gmel., pag. 3075, n.° 62 ; Goëze, *Naturg.*, pag. 395, tab. 31 *B*, fig. 14 et 15 ; cop. dans l'Encycl. méthod., pl. 47, fig. 3 et 4. Ver de trois à neuf pouces de long ; tête hémisphérique, avec un nodule antérieur ; cou très-long, pointu et continu avec elle ; articulations transverses, courtes, et formant un angle obtus, de chaque côté, en arrière, de manière à créneler le corps.

Des intestins du grand pic (*picus major*, L.).

Le T. nasique ; *T. nasuta*, Rud., *loc. cit.*, n.° 14. Ver d'un à quatre pouces de long sur la moitié d'une ligne de large ; tête subhémisphérique, avec un tubercule médian, appointi ; cou court ; les premières articulations très-courtes ; les autres subinfundibuliformes et difformes. La dernière obtuse et le plus souvent grande.

Des intestins de la mésange charbonnière (*parus major*, L.).

Le T. triponctué ; *T. tripunctata*, Braun, Rud., *loc. cit.*, n.° 15, tab. 10, fig. 3 et 4. Ver de trois à neuf pouces de long, presque capillaire en avant, d'une à une ligne et demie de large en arrière ; tête obconique ; cou court ; les articulations antérieures capillaires ; les postérieures plus larges et obtuses : couleur blanche, avec trois stries longitudinales de taches orbiculaires plus foncées, formées par les ovaires.

Des intestins du hérisson d'Europe (*erinaceus europœus*, L.).

Le T. parallélipipède ; *T. parallelipipedœ*, Rudolphi, t. 2, p. 377. Ver de quatre à six pouces de long sur un de large en arrière ; tête déprimée, subovale ; cou **médiocre**, augmentant en avant, continu ; articulations antérieures très-courtes, égales, formant comme de simples rugosités ; les suivantes subcampanulées, et les autres parallélipipèdes.

Trouvé par M. Krépelin au mois d'Avril dans les intestins de la pie-grièche cendrée (*lanius collaris*, L.).

Le Ténia du chien ; *T. cucumerina*, Bloch, *Abh.*, p. 17, tab. 5, fig. 67 ; *T. cateniformis, canina*, Linn., Gmel., p. 3066, n.° 4 ; *T. canina*, Wagler, *apud* Goëze, *Naturg.*, pag. 324, tab. 23, fig. *D*, *E*; cop. dans l'Encycl. méthod., pl. 41, fig. 21 et 22. Ver d'un pied de long sur une ligne et plus de large en arrière, blanc ou roussâtre ; tête atténuée en avant et obtuse ; cou court et continu ; les articulations antérieures très-courtes ; les autres plus longues : les postérieures très-longues, quelquefois de plus de trois lignes, de forme assez variable, mais en général elliptique, avec les ouvertures latérales opposées.

Cette espèce, que l'on trouve communément dans le canal intestinal du chien domestique, a reçu un grand nombre de noms différens, et a été confondue à tort avec le ténia du chat, qui a la tête armée. C'est sur elle que Pallas a fait la curieuse observation du développement de ses œufs dans le ventre d'un chien, où ils avoient été introduits.

Le T. litturé: *T. litterata*, Batsch, *Bandw.*, pag. 128, fig. 36; *T. cateniformis*, var. *litterata*, Linn., Gmel., p. 3067, n.° 4. Ver d'un pied de long au plus, sur une ligne de large ; tête obconique, tronquée, pourvue de suçoirs oblongs et marqués d'une ligne en croix ; cou court ; articulations subelliptiques, à ouvertures latérales alternes.

Le nom qui a été donné à cette espèce, qui se trouve dans les intestins grêles du renard, lui vient de la forme des ovaires, dont les ramifications simulent un peu des lettres écrites.

Le T. dendritique: *T. dendritica*, Goëze, *Naturg.*, p. 332, tab. 23, fig. 1—4 ; cop. dans l'Encycl. méthod., t. 41, fig. 23 — 26; *T. cateniformis*, var. *sciuri*, Linn., Gmel., p. 3067, n.° 4. Ver de quatre à sept pouces de long sur deux tiers de ligne de large ; tête semi-globuleuse, à suçoirs orbiculaires, profonds ; cou court, presque linéaire ; articulations postérieures très-longues, très-peu adhérentes entre elles, à orifices latéraux alternant d'une manière irrégulière; ovaires rameux, en forme de dendrites.

Des intestins grêles de l'écureuil vulgaire.

Le Ténia de l'épinoche: *T. gasterostei*, Linn., Gmel., p. 3079, n.° 81; Goëze, *apud* Zed., *Nachträge*, pag. 255, tab. 3, fig. 1 — 4; *T. filicollis*, Rud., n.° 19. Ver de deux à trois pouces de long sur une ligne de large, très-blanc; tête subglobuleuse, non distincte; cou très-long, filiforme; articulations et ovaires de forme carrée.

Des intestins de l'épinoche (*gast. aculeatus*, L.).

Le T. a long col: *T. longicollis*, Rud.; *T. Frœlichii*, Linn., Gmel., pag. 3080, n.° 91; Froëlich, *in Naturforsch.*, 24, pag. 124, tab. 4, fig. 20 et 21. Ver d'un à sept pouces de long sur une demi-ligne ou une ligne de large; tête tronquée, petite et déprimée; cou très-long; articulations subcarrées; ovaires rameux.

Des intestins de différentes espèces du genre *Salmo*, L.

Le T. de la perche: *T. percœ*, Linn., Gmel., pag. 3079, n.°s 77 et 79; Muller, *Zool. Dan.*, vol. 2, pag. 5, tab. 44, fig. 1—4; *T. ocellata*, Rud., n.° 21. Ver de deux à huit pouces de long; tête petite, hémisphérique, à suçoirs profonds; cou assez long, rugueux, ainsi que le corps; articulations subcarrées et marquées de quelques petites lignes.

Des intestins de plusieurs espèces du genre *Perca*, L.: *P. fluviatilis, cernua, marina.*

Le T. toruleux: *T. torulosa*, Linn., Gmel., pag. 3081, n.° 85; Batsch, *Bandw.*, pag. 181, n.° 27, fig. 105—108. Ver de sept à huit lignes de long, suivant Zeder, et de deux pieds sur une ligne de large, d'après Bloch; tête tronquée, déprimée, à suçoirs orbiculaires, marginés; cou médiocre; articulations assez épaisses, subcarrées, et quelquefois un peu arrondies.

De l'estomac et des intestins de différentes espèces de cyprins.

Le T. du crapaud: *T. dispar*, Goëze, *Naturg.*, pag. 425—429, tab. 35, fig. 1 — 6; *T. Bufonis*, cop. dans l'Encycl. méthod., pl. 50, fig. 1 — 6; Gmel., *Syst. nat.*, pag. 3077, n.° 73. Ver de trois à six pouces de long sur une largeur d'une demi-ligne à une ligne; tête obtuse, se continuant en un cou fort long ; articulations antérieures moniliformes ; les postérieures oblongues et plus étroites.

Cette espèce, qui provient des différentes parties du canal intestinal de plusieurs espèces de crapauds, soit terrestres, soit aquatiques, et même de la salamandre noire, offre cela de remarquable, d'après Zeder, que son corps est enveloppé dans une membrane commune, qui ne se remarque dans aucune autre espèce.

B. *Espèces sans crochets, mais pourvues d'une sorte de rostre exsertile et rétractile.*

Le Ténia calice ; *T. calycina*, Rud., *Entoz.*, tom. 2, part. 2, p. 115. Ver de quelques pouces jusqu'à plus d'un pied et demi de long, sur une ligne et demie au plus de large ; tête subglobuleuse, pourvue d'un rostre et de suçoirs concaves au centre ; cou nul ; articulations antérieures très-courtes, les autres subcarrées, déprimées ; le bord des plus grandes pellucide et crénelé.

Du canal intestinal du silure glanis.

Le T. du silure : *T. osculata*, Goëze, *Naturg.*, p. 415, tab. 33, fig. 9 et 10 ; cop. Enc. méth., pl. 49, fig. 4 et 5 ; *T. siluri*, Linn. Gmel., p. 3080, n.° 82 ; *T. percæ*, *ib.*, p. 3079, n.° 77. Ver d'un pouce à plus d'un pied de long, capillaire en avant, d'une à une ligne et demie de large en arrière ; tête petite, subglobuleuse, à rostre et suçoir excavés au sommet ; corps capillaire en avant, à articulations carrées, plates ; le bord des plus grandes très-entier.

Cette espèce, qui, comme la précédente, existe dans le canal intestinal du silure glanis, en diffère-t-elle réellement ? C'est ce dont on pourroit douter. Cependant M. Rudolphi, qui les a vues l'une et l'autre, assure que la seconde est très-distincte de la première, parce que la tête est petite, que la partie antérieure du corps est capillaire, et que les articulations carrées sont très-entières sur les bords.

Le T. sphérophore ; *T. sphærophora*, Rud., *loc. cit.*, n.° 26. Ver de deux à trois pouces de long, sur près d'une ligne de large en arrière ; tête subcordiforme, avec un très-grand rostre subglobuleux au sommet ; cou long et capillaire ; arti-

53.   5

culations antérieures très-courtes, les suivantes subcarrées et les postérieures alongées.

Des intestins grêles du courlis de terre, *scolopax arcuata*, Linn.

Le Ténia du vanneau : *T. vannelli*, Zeder; *T. serpentiformis*, var. *vanelli*, Linn., Gmel., p. 3070, n.°40 ; *T. variabilis*, Rud., n.° 27. Ver de quatre à huit pouces de long et à peine d'une ligne de large en arrière; tête subarrondie, discrète ; à rostre petit, obtus; cou très-court; articulations variables, d'abord moniliformes, puis infundibuliformes, et enfin, cyathiformes et oblongues.

Des intestins du vanneau, *Tringa vanellus*, L.

Le T. de l'hirondelle : *T. cyathiformis*, Froëlich, *Naturf.*, 25, pag. 55 — 58, tab. 3, fig. 1 — 3; *T. hirundinis*; Linn., Gmel., pag. 3072, n.° 49. Ver d'un demi à cinq pouces de long, sur une ligne à peine de large; tête subcordiforme, égale, avec un rostre obtus; cou très-court; articulations antérieures très-courtes, les postérieures cyathiformes.

Du canal intestinal de plusieurs espèces d'hirondelles et même du martinet, *H. apus*, L.

Le T. infundibuliforme : *T. infundibuliformis*, Linn., Gmel., p. 3071, n.° 46; *T. cuneata*, p. 3076, n.° 67 ; d'après Goëze, *Naturg.*, p. 386, t. 3, *A*, fig. 1 — 6; cop. Enc. méth., pl. 46, fig. 4 — 9. Ver long de quelques pouces jusqu'à un pied, d'environ une ligne de large en arrière, très-déprimé; tête subarrondie, à rostre cylindrique, obtus; cou très-court; les premières articulations très-courtes, les autres infundibuliformes.

Cette espèce paroît être très-commune à différentes époques de l'année dans les intestins du coq, de l'outarde, et même dans ceux du canard sauvage et de l'oie.

Scopoli a fait sous le nom de *Globus* un genre particulier des articulations séparées de cette espèce.

Le T. de l'outarde : *T. villosa*, Bloch, *Abh.*, p. 12, tab. 2, fig. 5 — 9; cop. Enc. méth., tab. 44; fig. 2 — 6; *T. tardæ*, Linn., Gmel., p. 3077, n.° 70. Ver d'un à quatorze pieds de long, à peine d'une ligne dans sa partie la plus large; tête subarrondie; rostre oblong; cou très-court; les premières articulations très-courtes, les suivantes un peu alongées, et enfin,

les dernières infundibuliformes, avec un des angles postérieurs prolongé en une sorte de ligule.

Des intestins de l'outarde commune, *otis tarda*, L.

Le Ténia sétigère : *T. setigera*, Linn., Gmel., p. 3076, n.° 90;
d'après Froëlich, *Naturf.*, 24, p. 106 — 111, tab. 3, fig. 1 — 4.
Corps de quelques pouces à trois pieds de long, extrêmement
fin en avant et grossissant peu à peu en arrière, jusqu'à
deux ou trois lignes de large; tête subcordiforme, rostre pyriforme, très-court, ainsi que le cou et les articulations antérieures et postérieures; les intermédiaires infundibuliformes, ayant un de leurs angles postérieurs tronqué et l'autre
un peu prolongé en ligule.

Des intestins grêles de l'oie se nourrissant d'herbes.

Le T. filamenteux : *T. filamentosa*, Linn., Gmel., p. 3068,
n.° 35 ; d'après Goëze, *Naturg.*, p. 360, tab. 27, fig. 6 : cop.
Enc. méth., tab. 44, fig. 1. Ver assez alongé, mince, plat;
tête subarrondie ; rostre pyriforme ; cou très-court ; articulations un peu en coin; le disque des postérieures prolongé
en bandelette, percé par un pore.

Des intestins grêles de la taupe d'Europe.

Le T. bacillaire : *T. bacillaris*, Linn., Gmel., pag. 3075,
n.° 53 ; d'après Goëze, *Naturg.*, p. 359, tab. 27, fig. 4 et 5 ;
cop. dans l'Enc. méth., tab. 43, fig. 18 et 19. Corps de deux
à huit pouces de long sur une ligne de large en arrière, et
extrêmement fin en avant; tête subarrondie; rostre pyriforme, robuste; cou alongé; articulations très-courtes, subcunéiformes et obtuses sur les côtés.

Des intestins grêles de la taupe d'Europe.

Le T. maculé : *T. maculata*, Linn., Gmel., p. 3677, n.° 72 ;
d'après Bloch, *Abh.*, p. 44, n.° 10, tab. 14, fig. 1 — 3; et
Batsch, *Bandw.*, p. 193, n.° 32, fig. 124 et 125. Ver d'un
pied de long environ, capillaire en avant, d'une ligne de
large en arrière; tête subglobuleuse; rostre petit et également
subglobuleux; cou très-long; articulations très-courtes, subcunéiformes, aiguës et noduleuses au milieu : couleur blanche,
avec les ovaires noirs.

Des intestins du *turdus iliacus*, L.

Le T. anguleux; *T. angulata*, Rud., *loc. cit.*, n.° 35. Ver
d'un à trois pouces de long, sur une ligne et demie de large

en arrière; tête subglobuleuse; rostre épais et très-obtus; cou très-court ou nul; articulations subcunéiformes et aiguës.

Dans deux espèces d'oiseaux du genre Merle, *T. pilaris* et *T. iliacus.*

Le Ténia lisse : *T. lœvis*, Linn., Gmel., p. 3076, n.º 66; d'après Bloch, *Abh.*, p. 15, n.º 11, tab. 4, fig. 4. Ver d'un pied environ de long, capillaire en avant, à peine large d'une demi-ligne en arrière; tête cylindrique; rostre pyriforme; cou très-long; articulations très-courtes et aiguës.

Des intestins des *anas clangula* et *clupeata* de Linné.

Le T. égal; *T. æqualis*, Rud., n.º 37. Ver d'un demi-pied ou d'un pied et plus de long, sur une ligne et demie de long en arrière; tête subarrondie; rostre obovale, obtus; cou et articulations très-courts; quelques-unes de celles-ci aiguës; les postérieures subobtuses.

Cette espèce, qui provient des intestins grêles du canard sauvage, diffère-t-elle beaucoup de la précédente?

Le T. a trois lignes : *T. trilineata*, Bloch, *in Beschäft. der Berl. Ges. naturf. Fr.*, 4, p. 555, tab. 14, fig. 5 — 7; *T. anatis, T. lineata*, Linn., Gmel., p. 3076, n.º 65. Ver de quatre à sept pouces de long, assez épais, d'un à deux lignes de large en arrière; tête subglobuleuse; rostre cylindrique, obtus; cou et articulations très-courts; celles-ci aiguës. Couleur blanche, avec trois lignes noires à partir du cou.

Des intestins de plusieurs espèces de canards.

Le T. capillaire; *T. capillaris*, Rud., n.º 39. Ver de deux à quatre pouces de long, extrêmement fin en avant et large d'un tiers de ligne en arrière; tête subglobuleuse; rostre subovale; cou très-long; articulations très-courtes, les premières inégales.

Des intestins du grèbe cornu, *colymbus auritus*, L.

Le T. capitellé: *T. capitellata*, Rud., Abilg., *in Dansk. Selsk. Skrivt.*, I, 1, p. 59 et 62; Vers, p. 54 — 56, tab. 5, fig. 2, *a, b.* Ver de cinq pouces environ de long, large d'un dixième de ligne en avant et d'une ligne en arrière; tête globuleuse; rostre filiforme, terminé en tête; cou annelé; articulations campanulées.

Des intestins du grand plongeon, *colymbus immer*, L.

Le T. fascié: *T. fasciata*, Rud., n.º 41. Ver de quatre à six pouces de long, sur une demi-ligne à une ligne et plus de large ; tête hémisphérique, comprimée ; rostre cylindrique, aigu, perforé au sommet ; cou très-long ; articulations très-courtes et obtuses : couleur blanche, avec une bande longitudinale obscure au milieu.

Dans les intestins d'une oie grasse.

Le Ténia fil: *T. filum*, Linn., Gmel., p. 3071, n.° 45 ; d'après Goëze, *Naturg.*, p. 398, tab. 32, fig. 1 — 7 ; cop. dans l'Enc. méth., pl. 47, fig. 11 — 17. Ver de deux à sept pouces de long, d'une ligne au plus de large en arrière ; tête globuleuse ; rostre cylindrique, un peu épaissi au sommet ; cou très-long, capillaire ; articulations très-étroites, surtout en avant, subcunéiformes et un peu aiguës.

Des intestins de la bécasse, *scolopax rusticola*, L., et de ceux de la *S. gallinula*.

Le T. ligne : *T. linea*, Linn., Gmel., pag. 3077, n.° 71 ; d'après Goëze, *Naturg.*, p. 399, tab. 32, *A*, fig. 8 — 12 ; cop. dans l'Enc. méthod., pl. 47, fig. 18 — 22. Ver de quatre à douze pouces de long, sur une ligne de large en arrière ; tête subglobuleuse ; rostre obtus ; cou capillaire ; plusieurs articulations subinfundibuliformes ; les postérieures campanulées.

Des intestins de la perdrix grise, *tetrao perdix*, L.

Le T. cunéicèpe ; *T. cuneiceps*, Zeder, *Nachträge*, p. 253. Ver de deux à trois pouces de long, sur une demi-ligne de large en arrière ; tête cunéiforme ; rostre obconique ; cou assez peu long ; articulations antérieures très-courtes ; les médianes subcunéiformes ou carrées ; les postérieures moniliformes.

Dans les intestins grêles d'un chat domestique.

Le T. globifère : *T. globifera*, Linn., Gmel., pag. 3074, n.° 58 ; d'après Goëze, *Naturg.*, pag. 401, tab. 32, *A*, fig. 13 — 16 ; cop. dans l'Enc. méth., pl. 48, fig. 1 — 4. Ver d'un pied de long sur une largeur d'un tiers de ligne au plus ; tête subglobuleuse ; rostre obtus ; cou presque nul ; articulations antérieures alongées, avec le bord postérieur renflé ; les suivantes subcunéiformes, et les autres pyriformes ou globuleuses.

Des intestins des *falco lanarius* et *buteo*, L., ainsi que de la draine, *turdus viscivorus*.

Le T. nymphé ; *T. nymphæa*, Schrank, *Naturh. Samml.*, p. 325 — 331, tab. 5, fig. 14 et 15. Ver de la même grandeur que le précédent , du moins d'après la figure ; tête sub-globuleuse; rostre cylindrique , obtus; cou nul; articulations antérieures oblongues, les autres très-courtes.

Cette espèce, qui provient des intestins du *scolopax phœo-pus*, L., paroît fort peu différer de la précédente.

Le TÉNIA GRÊLE; *T. gracilis*, Bloch, *Abh.*, p. 14 , n.°8 , tab. 3 , fig. 3 et 4. Ver d'environ dix pouces de long et à peine d'une ligne de large; tête globuleuse ; rostre mince; cou extrême-ment court; articulations antérieures infundibuliformes; les autres subcarrées.

Cette espèce, qui se trouve dans les intestins des *anas Boschas* et *Penelops*, ne paroît différer du ténia infundibuli-forme que par la ténuité de son extrémité antérieure et par la forme de ses articulations ; aussi quelques auteurs, et entre autres Goëze, Batsch et Gmelin, ne l'en distinguent-ils pas.

Le T. TRÈS-PETIT : *T. pusilla*, Goëze, *Naturg.*, p. 335 , t. 23 , fig. 5 et 6; cop. dans l'Enc. méth., pl. 42 , fig. 1 et 2. Ver d'un à six pouces de long sur un tiers à trois quarts de ligne de large; tête et rostre arrondis; cou court, rétréci en avant; articulations oblongues ; les postérieures subparaboliques.

Dans les intestins de la souris et du rat; mais, à ce qu'il paroît, assez rarement.

Le T. CANDÉLABRE : *T. candelabraria*, Linn. Gmel., p. 3075 , n.° 61; d'après Goëze, *Naturg.*, p. 405 , tab. 32 , *B*, fig. 24 — 27; cop. dans l'Enc. méth., pl. 48 , fig. 12 — 15. Ver de la taille du T. infundibuliforme : tête atténuée en avant; rostre obtus; cou très-long; articulations antérieures très-courtes, obtuses; les médianes campanulées, les autres oblongues et rétrécies au milieu.

Des intestins du *strix Aluco*, L.

Le T. DE L'ÉTOURNEAU : *T. farciminalis*, Goëze, *Naturg.*, pag. 397 , tab. 31 , fig. 19 — 21; cop. dans l'Enc. méthod., pl. 47 , fig. 8 — 10; *T. sturni*, Linn., Gmel., pag. 3071 , n.° 47. Ver très-délié, de cinq pouces de long ; tête tétragone; rostre cylindrique à la base, ovale au sommet; cou et articulations antérieures très-courtes; les intermédiaires subcunéiformes; les suivantes ovales et les terminales alongées et épanouies.

Des intestins de l'étourneau vulgaire.

Le T. DU GEAI : *T. stylosa*, Rud.; *T. serpentiformis*, Linn.,

Gmel., p. 3069, n.° 40. Ver très-grêle, d'un demi-pied de long; tête subglobuleuse; rostre cylindrique, styliforme; cou nul; articulations antérieures très - courtes : les suivantes linéaires; les postérieures subinfundibuliformes.

Des intestins du geai, *corvus glandarius*, L.

Le Ténia paradoxal : *T. paradoxa*, Rud., *in* Wied., *Arch.*, 3, 1, pag. 121, tab. 2, fig. 10; *Entoz.*, n.° 52, tab. 10, fig. 2. Ver d'un à quatre lignes de long, sur un quart ou un tiers de ligne de large; tête subcordiforme; rostre subclaviforme, avec une gaine à sa base; cou très-court; articulations antérieures très-courtes et très-larges; les autres plus longues, étroites et subcunéiformes; la dernière, et souvent l'avant-dernière, orbiculaire et deux ou trois fois plus grande que les autres.

Des intestins, et surtout des gros, de la bécasse, *S. rusticola*, L.

Le T. interrompu : *T. interrupta*, Rud., *in* Wied., *Arch.*, 3, 1, pag. 122; *Entoz.*, n.° 53. Ver de quelques lignes de long, à peine aussi grand que le précédent; tête globuleuse; rostre subclaviforme, non vaginé; cou très-court; articulations antérieures très-étroites, séparées; les suivantes plus larges par un rétrécissement; la dernière arrondie et très-grande.

Des intestins du même oiseau que le précédent.

Le T. fouet; *T. flagellum*, Goëze, *Naturg.*, p. 406, tab. 32, B, fig. 28 — 31. Ver de deux pouces de long, sur une demi-ligne de large en arrière; tête subglobuleuse; cou très-long; corps capillaire en avant, puis s'accroissant subitement; articulations antérieures subcunéiformes, les autres très-courtes; la dernière arrondie et échancrée au milieu.

Cette espèce, qui ressemble un peu aux trichocéphales, et dont on ne connoît pas le rostre, a été trouvée enveloppée de mucosités dans les intestins d'un milan, *falco milvus*, L.

Le T. marteau : *T. malleus*, Linn., Gmel., p. 3076, n.° 65; d'après Goëze, *Naturg.*, pag. 383, tab. 30, fig. 1 — 3; cop. dans l'Encycl. méthod., pl. 46, fig. 1 — 3. Ver de quatre lignes à dix-sept pouces de long, déprimé et large d'une demi-ligne à deux lignes; tête subglobuleuse; rostre cylindrique, avec une gaine à sa base; cou très-court; articulations également très-courtes et obtuses; les antérieures beaucoup plus larges que les autres et formant, par leur réunion, une masse transverse plus atténuée à une extrémité qu'à l'autre, et imitant une sorte de marteau dont le reste du corps seroit le manche.

Dans les intestins de plusieurs espèces de canards, et principalement dans ceux du canard domestique, très-rarement de l'oie et du harle.

C. *Espèces à tête armée.*

Le Ténia de l'homme : *T. solium*, Linn., Gmel., p. 3064, n.° 1 ; Goëze, *Naturg.*, p. 269 — 296, tab. 21, fig. 1, 7, 9, 12 ; cop. dans l'Encycl. méthod., pl. 40, fig. 15 — 22, et pl. 41, fig. 1 — 4 ; *T. solium*, Rud., *Entoz.*, tom. 3, p. 2, p. 160, n.° 56 ; *T. cucurbitacea* de Pallas et de Bloch ; vulgairement en françois le Ver solitaire, le T. sans épines, le T. a anneaux longs. Ver de quatre à dix pieds et beaucoup plus de long, selon quelques auteurs, plus ou moins mince, et de trois à quatre lignes de diamètre dans la partie la plus large : tête petite, subhémisphérique, non distincte ; rostre obtus ; cou augmentant un peu de largeur en avant ; articulations en général assez obtuses ; les antérieures très-courtes, les suivantes subcarrées ; les autres oblongues ; orifices marginaux irrégulièrement alternes.

Cette grande espèce de ténia, qui se trouve assez fréquemment dans les intestins grêles de l'espèce humaine, a été le sujet de beaucoup d'observations depuis un grand nombre de siècles qu'elle est connue. En effet, Hippocrate, Pline, Galien, en parlent. Son corps, dont l'étendue paroît extrêmement variable, puisqu'on en cite depuis quatre pieds jusqu'à une longueur telle qu'un individu, trouvé par Robin, occupoit tout le canal intestinal depuis le pylore jusqu'à sept pouces de l'anus, est plus ou moins déprimé, surtout en arrière ; car à sa partie antérieure il est quelquefois subcylindrique ou du moins assez épais. Sa largeur varie également beaucoup, et cela sur le même individu : en effet, en avant elle est à peine d'un quart ou d'un tiers de ligne, tandis qu'en arrière elle atteint jusqu'à trois ou quatre lignes. Lorsque le ver est vivant ou qu'il est récemment mort et n'a été que dans l'eau, il est d'une couleur blanche opaline, transparente et comme

gélatineuse , qui se change en un blanc opaque presque aussitôt qu'il a été mis dans l'esprit de vin. Le nombre des articulations varie autant que la longueur de l'animal. La tête
est fort petite , mais cependant bien distincte , à cause de
l'extrême étroitesse du cou : elle est parallélogrammique,
c'est-à-dire plus large transversalement que verticalement.
Les suçoirs, qui occupent les angles, sont parfaitement égaux
et ont quelque chose d'une fleur de muguet qui sortiroit
d'une sorte de capsule dont le bord est plus coloré, plus solide peut-être que le reste. J'ai quelquefois observé une espèce
de bouche ou d'orifice triangulaire à ces suçoirs. Au milieu
de la tête est un rostre très-court, très-obtus, dont le limbe
est divisé en onze ou douze parties par autant de lignes brunes,
comme cornées, mais réellement sans crochets. Ceux-ci, occupant les intervalles de onze ou douze autres rayons plus
petits, marginaux, sont pourvus d'une plaque basilaire servant de support, et sont assez fortement recourbés dans le
reste de leur étendue. Les auteurs en décrivent deux rangs; je
n'en ai vu qu'un : il me semble également que le rostre n'est
nullement percé dans son milieu. Bremser dit cependant positivement le contraire. Le cou, qui suit ce renflement céphalique, est très-court, quoiqu'il soit cinq à six fois plus
long que lui; d'abord plus large, il se rétrécit jusqu'à n'avoir
plus qu'un quart de ligne de largeur, au point de paroître
à peine déprimé. Au-delà commence la première partie du
corps, qui, d'abord de la largeur du cou, augmente graduellement, mais fort lentement; les articulations, d'abord peu
distinctes, au point de ressembler à de simples rides transverses, le deviennent peu à peu, mais sans que les angles se
prononcent. Dans le second tiers du corps elles sont bien formées; mais elles sont subcarrées, la longueur dépassant à peine
la largeur; plus étroites en avant, le bord postérieur est presque
droit, souvent assez épais et formant une sorte de bourrelet.
Dans le reste du corps les articulations se sont successivement alongées, au point d'être deux ou trois fois plus longues
que larges; leur forme est alors parallélipipède; leurs extrémités à peu près droites; leurs côtés renflés au milieu et souvent l'un ou l'autre élargi par une papille plus ou moins saillante et percée d'un orifice arrondi. Dans cette partie le

corps du ténia de l'homme a quelquefois trois ou quatre et même six lignes de large.

La description qui vient d'être donnée du *T. solium* a été faite d'après un individu presque vivant, qui avoit été tué dans l'eau froide et qui n'avoit pas encore été mis dans la liqueur conservatrice. Il étoit réellement presque transparent, avec les ovaires d'un blanc mat. Mais il paroît, d'après les observations de M. Bremser, que ce ver varie considérablement, non-seulement dans ses dimensions générales de longueur, de largeur et d'épaisseur, mais encore dans la forme du renflement céphalique, de ses oscules, de ses crochets, dans la longueur et l'étroitesse du cou, et enfin, dans la forme des articulations. Il parle en effet d'individus qui avoient la tête alongée et deux couronnes de crochets, tandis que d'autres n'en avoient pas du tout, ce qu'il attribue à l'âge. Il a vu quelquefois les quatre suçoirs remplis par une matière noire, ce qui simuloit des yeux, d'où il tire l'explication des quatre yeux qu'Andry et quelques auteurs anciens attribuoient aux ténias. Il a trouvé des individus sur lesquels des articulations plus larges que longues étoient suivies d'articulations plus longues que larges, ce qui lui paroit provenir des contractions inégales de quelques parties du corps. Il parle même d'un ténia très-mince et transparent, qui n'étoit pourvu que d'un seul canal alimentaire médian. Enfin, il dit que la position des ouvertures latérales n'est pas soumise à un ordre certain et que quelquefois il y en a trois, quatre ou même davantage du même côté, placées l'une après l'autre, sans interruption, tandis qu'il n'y en a qu'une ou deux de l'autre côté. Il paroît qu'on trouve en outre des individus qui sont monstrueux, en cela que quelques anneaux sont rétrécis et comme cicatrisés, ou bien sont percés, déchirés et comme fenêtrés. On cite des ténias qui étoient bifurqués dans une assez grande partie de leur étendue. Enfin, M. Bremser parle d'un morceau de plusieurs pieds de long, qui étoit composé de deux ténias fortement unis au bord d'une articulation.

Le *tænia solium* ne se trouve que dans le canal intestinal, surtout dans la partie supérieure des intestins grêles de l'homme, dans toutes les parties de l'Europe, si ce n'est en

Suisse, en Pologne, en Russie et dans quelques contrées de la France, où il est remplacé par le bothriocéphale large. Jamais jusqu'ici on n'a rencontré ces deux vers à la fois sur le même individu, ni même sur deux individus différens de la même nation.

On a cru pendant long-temps qu'il n'y avoit jamais qu'un seul ténia à la fois dans le canal intestinal, ce qui lui a valu le nom de *ver solitaire*; mais il est bien prouvé aujourd'hui que cette assertion est fausse; en effet, De Haën en a fait rendre, dans l'espace de quelques jours, dix-huit à une femme de trente ans : ils étoient tous très-minces ou filiformes à l'une de leurs extrémités, ce qui prouve que c'étoient des individus distincts. Bremser en a vu lui-même deux ou trois dans la même malade, et moi-même j'ai vu et étudié deux individus presque complets, qui venoient d'être rendus par la même personne.

On a eu long-temps une idée encore plus fausse, puisqu'on regardoit comme autant d'animaux distincts les articulations séparées du corps du ténia de l'homme; et comme elles ressemblent alors assez bien, à cause de la contraction des deux extrémités, à une graine de cucurbitacée, on leur donnoit le nom de vers cucurbitains. Andry étoit plus près de la vérité, en regardant ces articulations séparées comme des œufs du ténia.

Le ténia a été accusé de déterminer, par sa présence dans le canal intestinal de l'homme, des accidens fort graves; on a supposé surtout que, se nourrissant, disoit-on, des fluides chyleux qui existent dans les parties supérieures, il enlevoit ainsi les principaux matériaux de la nutrition, d'où le marasme et la mort. Mais tout cela est aujourd'hui regardé comme fort douteux.

Les symptômes qui caractérisent la présence du ténia proprement dit n'ont pas encore été suffisamment spécifiés et séparés de ceux qui indiquent la diathèse vermineuse en général; aussi peut-on assurer avec M. Bremser, que le seul signe certain est l'évacuation de morceaux de ténias avec les selles; tous les autres pouvant aussi bien provenir de la présence d'ascarides et de bothriocéphales que de ténias.

La gravité que l'on attribuoit autrefois aux maladies vermineuses, et surtout à la présence du ténia, a sans doute été la cause du grand nombre de moyens thérapeutiques successivement proposés et employés pour expulser cet animal. Aujourd'hui on est d'accord sur ce point, qu'avant de chercher à le faire rendre, il faut combattre la diathèse vermineuse par des moyens appropriés, comme les amers, le quinquina et les toniques en général. Après quoi, si le ver n'est pas détruit par ce seul moyen, on doit chercher à le tuer par l'emploi de l'écorce de racine de grenadier, de l'éther, et surtout de l'huile empyreumatique de Chabert ou de l'huile animale de Dippel. Un purgatif, comme l'huile de ricin, suffira ensuite pour le détacher et l'entraîner avec les selles en morceaux plus ou moins considérables.

Le Ténia bordé : *Tæn. marginata*, Batsch ; *T. cateniformis*, β *lupi*, Linn., Gmel., p. 3066, n.° 4 ; d'après Goëze, *Naturg.*, page 307, tab. 22, *A*, fig. 1 — 6, copié dans l'Enc. méth., pl. 41, fig. 10 — 14. Ver de deux pieds de long sur près de deux lignes de large ; tête subarrondie, distincte, rostre obtus, armé de deux couronnes de crochets robustes ; cou strié, court, plat et égal ; articulations antérieures très-courtes ; les suivantes subcarrées ; les postérieures oblongues, à angles obtus ; orifices latéraux irrégulièrement alternes.

Cette espèce, qui habite le canal intestinal du loup, paroît être intermédiaire, à cause de la forme de ses articulations, aux *T. solium* et au *T. intermedium*. Elle diffère du premier, avec lequel Pallas l'a confondue, par la forme de sa tête et l'égalité du cou, et du second, par l'état obtus des articulations, ainsi que par la tête.

Le T. intermédiaire : *T. intermedia*, Rud. ; *T. serrata*, Goëze ; *T. mustelæ*, Linn., Gmel., page 3068, n.° 34. Ver de six pouces de long, large d'une ligne en arrière, mince et plat ; tête subhémisphérique ; rostre court, très-épais, garni de deux couronnes de crochets ; cou plat, égal ; articulations antérieures très-courtes ; les médianes subcunéiformes, plus étroites en arrière ; les autres deux à trois fois plus longues que larges et à bords presque droits ; orifices latéraux irrégulièrement alternes.

Cette espèce, que Goëze a confondue avec le *T. serrata*, dont elle diffère par la tête plus longue, le rostre épais, le

corps grêle, et surtout par la longueur des articulations postérieures, a été trouvée par M. Rudolphi dans les intestins
grêles d'une marte.

Le TÉNIA SERRÉ : *T. serrata*, Goëze, *Naturg.*, p. 337, tab. 25,
B, fig. *A*, *D*; *T. cucurbitacea* (*exclus. synon. Redii*), Linn.,
Gmel., page 3067, n.° 30, et *T. serrata*, n.° 31. Ver de
deux à quatre pieds de long, sur deux à trois lignes de
large en arrière; tête subhémisphérique; rostre obtus et
très-court; cou très-court, droit, mince, à peine plus
étroit que le corps; articulations antérieures très-courtes;
les autres cunéiformes et aiguës de chaque côté en arrière;
orifices latéraux irrégulièrement alternes.

Ce ténia, qui habite communément dans les intestins grêles
de toutes les variétés du chien domestique, a beaucoup de rapports avec le *T. solium;* mais il en diffère sensiblement parce
que la tête est beaucoup plus grande, le corps plus petit,
le cou égal, et que les articulations sont subcunéiformes et
aiguës en arrière.

Le *T.* TÊTE ÉPAISSE : *Tæn. crassiceps*, Rud.; *T. cateniformis*,
γ *vulpis*, Linn., Gmel., page 3067, n.° 4; d'après Goëze,
Naturg., page 310, tab. 32, *A*, fig. 6 — 9. Ver de deux à
huit pouces de long, sur une à une ligne et demie de large
en arrière; tête discrète, grande, déprimée, subcunéiforme;
rostre obtus, court; cou subatténué, très-court, plat, dé-
croissant en avant; articulations antérieures très-courtes; les
autres subcarrées et obtuses; orifices latéraux irrégulièrement alternes et rarement visibles.

Des intestins grêles du renard.

Le T. A COL ÉPAIS : *Tæn. crassicollis*, Rud.; *T. moniliformis*, Linn., Gmel., page 3068, n.° 32, et *T. serrata*, β *felis*,
page 3067, n.° 31; d'après Goëze, *Naturg.*, page 337, tab.
24, fig. 1 — 6, et tab. 25, *A*, fig. 1 — 5, copié dans l'Enc.
méth., pl. 42, fig. 4 — 15; Bremser, *Icones*, tab. 16, fig. 1 — 6.
Ver épais, de quelques pouces à deux pieds de long, sur
deux à trois lignes de large; tête assez épaisse, hémisphérique, continue avec un cou très-court et assez épais; rostre
grand, cylindrique, obtus, armé de deux rangs de crochets
très-forts; six suçoirs; corps plus large que la tête en avant;
les articulations antérieures transverses; les suivantes cunéi-

formes, aiguës en arrière; les autres oblongues, quelquefois arrondies; ce qui produit la variété nommée *T. globulata* par Goëze, et *T. moniliformis* par Batsch et Gmel.; orifices latéraux irréguliérement alternes.

Du canal intestinal du chat sauvage et du chat domestique.

Le Ténia compacte : *T. compacta*, Rud.; *T. erinacei*, Linn., Gmel., page 3069, n.° 36; Bloch, *Abh.*, page 19, n.° 10, fig. 4 et 5. Ver de trois à quatre pouces de long, plat et de deux lignes au moins de large en avant; tête assez épaisse et continue avec le cou très-court; rostre? corps plus étroit en arrière qu'en avant, et formé d'articulations cunéiformes.

Trouvé par Bloch dans les intestins du hérisson d'Europe.

Le T. macrorhynque; *T. macrorhyncha*, Rud., *Entoz.*, tab. 10, fig. 5. Ver de trois pouces de long sur deux lignes de large; tête transverse; rostre cylindrique, très-grand, très-obtus, presque tronqué, et pourvu d'une couronne simple de crochets courts et très-larges à leur base; cou nul; articulations très-courtes, très-larges, avec les angles latéraux alongés et réfléchis; ce qui les rend presque semi-lunaires.

Des intestins grêles du *colymbus minor* et du *col. cristatus*.

Le T. huit-lobes : *T. erythrini*, Linn., Gmel., pag. 3079, n.° 78; d'après Fabricius, *Faun. Groënl.*, page 317, n.° 297; *T. octolobata*, Rud., *loc. cit.*, n.° 64. Ver de six pieds de long sur quatre lignes de large, très-plat; tête tétragone; chaque angle pourvu d'un double lobe; ce qui la rend octolobée; rostre cylindrique; cou grêle comme un fil; articulations très-courtes, très-nombreuses, terminées de chaque côté par une papille réfléchie en arrière.

Cette espèce, qui a été trouvée dans les appendices pyloriques de la perche de Norwége, s'y fixe d'une manière tellement forte, qu'il est souvent fort difficile de l'arracher sans la mutiler. Elle est si vivace, qu'elle peut vivre plusieurs semaines dans de l'eau de mer.

Le T. straminal : *T. straminea*, Linn., Gmel., pag. 3069, n.° 37, d'après Goëze, *Naturg.*, pag. 357, tab. 27, fig. 1 — 3, copié dans l'Enc. méth., pl. 45, fig. 15 — 17. Ver d'un à huit pouces de long, large d'une demi-ligne à une ligne en arrière; tête subglobuleuse ou subrhomboïdale; rostre pyriforme assez long, et pourvu d'une couronne de crochets très-fins et difficiles à voir; cou très-long, égal; articulations très-courtes, à angles postérieurs un peu aigus.

Des intestins du hamster. Son nom lui vient de l'apparence d'un filtre dans l'intérieur.

Le Ténia du perroquet : *T. psittaci*, Linn., Gmel., p. 3069, n.° 38; *T. filiformis*, Rud., *loc. cit.*, page 182, n.° 66. Ver de quatorze pieds de long sur un quart de ligne au plus dans sa partie la plus large; tête arrondie; rostre? cou très-long; corps filiforme, à articulations très-courtes.

Des intestins du perroquet gris, *P. erithacus*, Linn., où il a été trouvé une seule fois par Goëze.

Le T. multistrié : *T. multistriata*, Rud., *id.*, page 183, tab. 10, fig. 6, et Bremser, *Icon.*, tab. 16, fig. 7 — 9. Ver d'un pouce et demi à deux pouces de long, sur une demi-ligne de large au plus en arrière. Tête pyriforme, atténuée en arrière; rostre court, obtus, pourvu d'un simple rang de crochets; cou long et ondulé; corps composé d'articulations très-courtes, à angles obtus et rayé de cinq lignes longitudinales brunes; des lemnisques unilatéraux et subclaviformes, si ce n'est au cou.

Des intestins du petit plongeon, *colymbus minor*, Linn., et peut-être du plongeon huppé, *C. cristatus*, Linn.

Le T. a collier : *T. torquata*, Linn., Gmel., page 3070, n.° 43; *T. sinuosa*, Rud., page 184, n.° 68; *T. collari nigri*, Bloch, *Abh.*, page 16, n.° 13, tab. 4, fig. 11 — 13. Ver de six à douze pouces de long; capillaire en avant, déprimé et large d'une ligne en arrière. Tête subarrondie; rostre obtus, avec une couronne simple de crochets, assez long, ainsi que le cou, qui est crénelé; articulations très-courtes, à angles aigus et à lemnisques unilatéraux très-courts et tronqués.

Cette espèce, qui se trouve, à ce qu'il paroît, assez communément dans le canal intestinal du canard domestique et de quelques autres espèces, a été nommée T. à collier par Bloch, à cause de quelques points noirs, probablement accidentels, qu'il avoit remarqués sous la tête des individus qu'il a observés; aussi M. Rudolphi a-t-il cru devoir changer son nom; ce que nous n'imiterons pas, pour éviter la confusion.

Le Ténia serpentiforme : *T. serpentiformis*, α et γ, Linn., Gmel. , pag. 3069, n.º 40; Goëze, *Naturg.*. pag. 391, tab. 31, *A*, fig. 7 — 9, et tab. 31, *B*, fig. 12 et 13, copié dans l'Enc. méth., pl. 46, fig. 10 — 12; *T. undulata*, Rud. Ver de quatre à huit pouces de long, sur une ligne de large. Tête plus épaisse en avant, tantôt tronquée, tantôt arrondie; rostre globuleux à son sommet, avec une double couronne de crochets; cou nul; articulations très-courtes, obtuses sur les angles et avec des lemnisques unilatéraux et sétacés.

Dans les intestins de la corneille, *corvus corone*, Linn.

Le T. petit serpent : *T. serpentulus*, Schrank; *T. serpentiformis*, β, Linn., Gmel., page 3070. Ver de trois à neuf pouces de long sur à peine une ligne de large. Tête atténuée en avant; rostre conique, armé d'une simple couronne de crochets grêles; cou assez long; articulations antérieures très-courtes; les médianes infundibuliformes; les postérieures subcampanulées.

Des intestins de plusieurs espèces du genre *Corvus*, Linn.

Le T. poreux : *T. porosa*, Rud., pag. 190, n.º 71, tab. 10, fig. 1, et Brems., *Icon. Helm.*, tab. 16, fig. 10 — 14. Ver d'un à trois pouces de long, très-grêle. Tête subglobuleuse; suçoirs très-grands; rostre conique, fort long, pourvu d'un simple rang de crochets longs et grêles; cou très-court, large et pointu; articulations antérieures très-courtes et larges; les postérieures plus étroites et plus longues.

Dans les parties supérieures du canal intestinal de la mouette cendrée, *larus cinerarius*, Linn.

Le T. scolécin : *T. scolecina*, Rud., *Synops.*, 169, 93; Bremser, *Icon.*, tab. 16, fig. 8 — 18. Ver très-petit, de cinq à six lignes de long au plus, sur une demi-ligne de large. Tête globuleuse, très-grosse, subconique, élargie en arrière; rostre très-court, avec une simple couronne de crochets; quatre oscules assez grands; corps inarticulé, court, marginé et lacinié.

Cette espèce singulière, qui est à peine un ténia, a été trouvée dans l'intestin du cormoran, *pelecanus carbo*, Linn.

Le T. cratériforme : *T. crateriformis*, Linn., Gmel., **page** 3070, n.º 42; d'après Goëze, *Naturg.*, page 396, tab. 31, *B*, fig. 16 — 18; copié dans l'Enc. méth., pl. 47, fig. 5, *A*, *B*.

Ver de deux à trois pouces de long sur une largeur d'un tiers à deux tiers de ligne. Tête globuleuse, obtuse ; rostre subsagitté, pourvu d'une simple couronne de crochets ; cou assez long, égal ; articulations antérieures très-courtes ; les suivantes infundibuliformes et campanulées ; les postérieures cratériformes.

Dans les intestins de plusieurs espèces de pics et dans ceux du torcol, *yunx torquilla*, Linn.

Espèces douteuses.

Ces espèces sont malheureusement très-nombreuses. M. Rudolphi leur a conservé le nom de l'animal dans lequel elles ont été trouvées. Nous les distribuerons d'après l'ordre que celui-ci occupe dans la série animale.

A. *Dans les Mammifères.*

Le Ténia du renard lagopode : *T. canis lagopodis*, Viborg, *Ind. Mus. veterin. Hafn.*, page 237, n.ºs 69 et 70.

Cette espèce, trouvée par Viborg dans les intestins de cette espèce de renard, a été regardée comme le *T. cucumerina* par Abilgaard, comme le *T. canina* par Goëze et Linné ; mais M. Rudolphi, à cause du rapport qu'il y a entre le renard ordinaire et le lagopode, suppose que ce doit être le *T. litterata*.

Le T. du léopard, *T. felis pardalis*. Ver de trois pieds de long environ, composé d'articulations planes, subcarrées en avant, plus grandes et plus larges que longues en arrière, avec les bords latéraux inégaux, et à angles aigus. Trouvé sans tête par M. Cuvier dans le canal intestinal d'un léopard.

Le T. du chat sauvage : *T. lineata*, Linn., Gmel., p. 3068, n.° 33 ; d'après Goëze, *Naturg.*, page 352, tab. 25, *A*, fig. 6 — 10 ; copié dans l'Enc. méth., pl. 43, fig. 1 — 5. Ver de six pouces de long sur une ligne à peine de large, à articulations un peu plus longues que larges, subcarrées et tronquées, avec une bande longitudinale blanche et des ovaires sacciformes, disposés en séries.

Des intestins du chat sauvage.

Le T. du chat domestique : *T. elliptica*, Batsch ; *T. cateni-*

formis, var. *ε felis*, Linn., Gmel., page 3066, n.° 4 ; Goëze, *Naturg.*, page 311, tab. 22, *B*, fig. 13 — 22 ; copié dans l'Enc. méth., pl. 41, fig. 15 — 20. Grandeur et aspect du *T. cucumerina.* Tête distincte, obtuse ; rostre claviforme ou pyriforme ; cou très-court ; articulations antérieures très-courtes ; les suivantes subcarrées, puis moniliformes, passant peu à peu à être elliptiques ; ovaires globuleux.

M. Rudolphi pense que ce pourroit bien n'être que le *T. lineata.*

Le Ténia du putois : *T. mustelæ*, Linn., Gmel., p. 3068, n.° 34 ; *T. serrata*, Goëze, *Naturg.*, page 350.

Des intestins du putois. M. Rudolphi pense que ce pourroit bien n'être que le *T. intermedia*, qui vient aussi de la marte, ou mieux le *T. serrata.*

Le T. de la marte : *T. mustelæ*, Linn., Gmel., pag. 3068, n.° 34 ; *T. pusilla*, Goëze, *Naturg.*, page 336. Ver d'un pouce de long sur un sixième de ligne de large. Tête subarrondie, avec un rostre et des crochets peu marqués.

Le T. de l'ours blanc ; *T. ursi maritimi*, Rud., page 197, n.° 79. Ver de cinq à six pieds de long, presque capillaire en avant ; large de quelques lignes en arrière. Tête ? corps aplati ; quelques articulations antérieures moniliformes ; les suivantes d'abord linéaires, très-étroites, puis cunéiformes, et enfin plus larges que longues, et les dernières subcarrées ; orifices des ovaires irrégulièrement alternes.

Cette espèce, dont il n'a pas vu la tête, lui paroît voisine du *T. pardi*, mais elle est plus épaisse, et la forme des articulations n'est pas la même.

Le T. de la chauve-souris : *T. vespertilionis*, *T. cateniformis*, var. *η glirium*, Linn., Gmel., pag. 3067, n.° 4.

Goëze, qui le premier a parlé de ce ver, se borne à dire qu'il en a trouvé deux fois des fragmens dans les intestins d'une chauve-souris.

Le T. de la souris : *T. musculi*, Rud., pag. 198, n.° 81 ; Pallas, *N. nord. Beytr.*, I, 1, pag. 71 ; *sub T. tenella.* Pallas dit qu'il a trouvé dans la cavité abdominale d'une souris des vers blancs, déprimés, très-finement rugueux, à peine d'une ligne de large et de six de long, et qui, mis dans l'eau froide, se sont étendus jusqu'à quatre pouces de long, et dont la forme et la proportion des articulations étoient semblables à ce qui existe dans le *T. tenella*. Du reste, il n'a vu ni ovaire ni orifices latéraux.

Étoit-ce bien un *tœnia?* Son existence dans la cavité abdominale est assez extraordinaire. M. Rudolphi soupçonne que ce pourroit bien être le *ligula soricis*, observé par Guldenstedt.

Le Ténia du Lemming ; *T. muris Lemmi*, d'après Muller, *Zool. Dan.*, vol. 2, p. 4, qui se borne à dire qu'il a trouvé un ténia dans les intestins du lemming, mais sans le décrire.

Le T. du daman : *T. hyracis*, Rud. ; *T. suis*, Linn., Gmel., p. 3074, n.° 57 ; Pallas, *Spec. zool.*, fasc. 2, pag. 32, tab. 3, fig. 13. C'est à tort que Gmelin a rapporté au sanglier du Cap ce ver intestinal. Pallas en a trouvé seulement quelques fragmens dans les intestins du daman, et dont les articulations, toutes ponctuées, sans oscules ni autres parties distinctes, avoient environ deux lignes de large sur une de long, et étoient cunéiformes.

Le T. du chevreuil ; *T. capreoli*, Viborg, *Ind. Mus. veterin. Hafn.*, pag. 238, n.° 87 b, sous le nom de *T. ovina expansa*, d'où M. Rudolphi pense qu'il peut avoir des rapports avec celui-ci.

Le T. de la chèvre ; *T. capræ*, Rud., n.° 84, d'après des fragmens de quatre à cinq pouces de long, composés d'articulations, les unes plus étroites, très-courtes, à angles latéraux assez aigus, et les autres plus grandes, à bords crénelés, à angles arrondis, avec le bord postérieur un peu plissé.

De l'intestin iléon d'un bouc.

Le T. du zèbre ; *T. zebræ*, Rud., n.° 85, d'après Sander. Ténia plus large que celui des chevaux, et denticulé sur les bords.

B. *Dans les Oiseaux.*

Le T. de l'aigle doré ; *T. falconis chrysaëtai*, Viborg, *Ind. Mus. veter. Hafn.*, p. 239, n.° 106, qui se borne à dire qu'il n'a pas encore été décrit.

Le T. du freux ; *T. corvi frugilegi*, id., ibid., n.° 101. Il paroît qu'il se borne à dire que c'est le *T. infundibuliformis* de Goëze. ce dont doute beaucoup M. Rudolphi.

Le Ténia de la corneille : *T. corvi cornicis*, Linn., Gmel., p. 3069, n.º 39; *T. glirium*, Encycl. méthod., pl. 42, fig. 3. Ver dont les articulations antérieures sont infundibuliformes et les postérieures elliptiques. Peut-être n'est-ce que le *T. serpentulus*, qui se trouve en effet dans les intestins de la corneille.

Le T. du loriot : *T. orioli galbulæ*, Rud., n.º 89; *T. serpentiformis, var. d'orioli*, Linn., Gmel., p. 3070, n.º 40. Ver d'un pouce de long sur une demi-ligne de large en arrière; articulations antérieures très-grêles, infundibuliformes, et se détachant aisément.

Cette espèce diffère-t-elle du *T. serpentulus?*

Le T. du pic moyen; *T. pici medii*, Rud., n.º 90, d'après quelques articulations moniliformes de grandeur variable, trouvées dans le canal intestinal et une partie d'extrémité antérieure semblable à ce qu'elle est dans le *T. malleus*.

Le T. de la tadorne : *T. anatis tadornæ*, Rud., n.º 91; d'après Viborg, *Ind. Mus. veter. Hafn.*, pag. 239, n.º 107, qui se borne encore à dire que cette espèce n'a pas été décrite; mais cela est-il bien certain?

Le T. de l'alque : *T. alcæ*, Linn., Gmel., pag. 3076, n.º 68; d'après Othon Fabr., *Faun. Groenl.*, p. 318, n.º 297 *b*. Ver de neuf pouces de long sur près de trois lignes de large en arrière, blanc, composé de cent quatre-vingt-quatre articulations, formant comme des bandes transverses, et dont les antérieures s'atténuent de manière à ce que ce corps semble commencer par un tube très-grêle, tandis que la postérieure, ample, plus grande que les autres, est subcrénelée en arrière.

Cette espèce, dont plusieurs individus ont été trouvés nageant sur la mucosité intestinale de *l'alca pica* par Fabricius, paroît être très-vivace. Malheureusement elle n'est pas suffisamment connue, puisque la tête n'est pas décrite. Il se pourroit même, comme le pense M. Rudolphi, que ce fût une espèce de bothryocéphale.

Le T. du pingouin : *T. tordæ*, Linn., Gmel., page 3077, n.º 69; d'après Fabr., *Faun. Groenl.*, pag. 319, n.º 298; *T. armillaris*, Rud., n.º 93. Ver de trois pouces de long sur deux tiers de ligne de large, un peu arrondi, composé de quatre-vingt-sept articulations cordiformes, ce qui lui donne un peu l'apparence d'un collier, commençant antérieurement par une partie filiforme acuminée.

Ce ver, encore incomplétement connu, a été trouvé avec le précédent dans les intestins de l'*alca pica;* il est donc étonnant que Fabricius lui ait donné le nom de *T. tordæ:* aussi M. Rudolphi a-t-il changé ce nom en celui de *T. armillaris.*

Le Ténia du plongeon : *T. colymbi Troile,* Rud., n.° 94; d'après Viborg, *Ind. Mus. veter. Hafn.,* pag. 239, n.° 111, qui se borne à donner ce nom.

Le T. du grèbe cornu; *T. colymbi cristati,* Rudolph., n.° 95. D'après le dessin d'un ver trouvé par M. Braun dans le grèbe cornu, et dont la tête étoit subrhomboïdale, plus épaisse en avant, presque ovale, avec des oscules orbiculaires petits, éloignés, un rostre cylindrique, garni de crochets au sommet; le cou long et grêle, et les trois articulations antérieures alongées; le reste inconnu.

Le T. de la mouette cendrée; *T. lari cani,* Rud., n.° 96. D'après le dessin incomplet du même Braun, d'un ver trouvé dans la mouette cendrée, dont la tête discrète, subglobuleuse, est pourvue d'un rostre cylindrique à la base, globuleux au sommet, d'une couronne de crochets, et d'oscules orbiculaires et assez grands; articulations postérieures du cou subcunéiformes et obtus.

Le T. onguicule ; *T. unguicula, id.,* n.° 97. Également d'après un dessin incomplet de Braun, fait sur des fragmens de quelques pouces de long; tête subovale, avec un nodule médiocre, des oscules elliptiques, marginés, le cou court, continu, et les articulations antérieures subcunéiformes, les autres subinfundibuliformes, alongées, ou subcampanulées.

Le T. de la bécassine; *T. scolopacis gallinaginis,* Rud., n.° 98, d'après un dessin de M. Braun. Tête alongée, plus large en arrière, continue, avec un cou long et grêle, atténué en avant, perforé au sommet; oscules elliptiques et petits; articulations postérieures très-courtes et très-larges, avec les angles postérieurs obtus.

Le T. du chevalier: *T. totani; T. silicula,* Schrank, *Vetensk. akad. Handl.,* 1790, pag. 125, n.° 31, qui se borne à donner cette phrase : T. à tête suborbiculaire, tétrastome ; rostre rond, percé au sommet; articulations cunéiformes.

Des intestins du *scolopax totanus*, L.

Le Ténia de l'échasse : *T. charadrii himantopodis*, Rud., n.° 100; *T. serpentiformis, var. η charadrii*, Linn., Gmel., p. 3070, n.° 40; d'après Goëze, *Naturg.*, pag. 394, qui suppose qu'il se rapproche du *T. undulata* et du *T. serpentulus*.

Le T. du pluvier a collier : *T. charadrii hiaticulæ*, Rud., n.° 101 ; d'après Viborg, *Ind. Mus. vet. Hafn.*, p. 139, n.° 10, qui se borne à en rapporter le nom.

Le T. de la foulque : *T. fulicæ*, Rud., n.° 103; *T. serpentiformis, var. ζ fulicarum*, Linn., Gmel., p. 3070, n.° 40; d'après Goëze, *Naturg.*, p. 394, qui le rapporte au ténia des corbeaux, *T. undulata* et *serpentulus*.

Le T. du rale; *T. ralli*, Rud., n.° 103. D'après des fragmens d'un ver trouvé dans les intestins grêles d'un râle de terre, et qui avoit la tête subarrondie, inerme, avec des oscules orbiculaires; le cou nul; les articulations antérieures très-étroites, s'accroissant peu à peu, les autres subcarrées, et luniformes en arrière, marquées en avant d'une tache pellucide.

Le T. de l'autruche : *T. struthiocameli. id.*, n.° 104; d'après Houttuyn, Linn., *Natursystem von St. Müller*, n.° 6, *B. 2*, pag. 914, qui n'en donne que le nom.

Le T. du coq de bruyère : *T. urogalli*, Rud., n.° 105; d'après Modeer, *in Vet. Act. Nya Handl.*, 1790, pag. 129, qui en donne cette description : Ver de quatre pieds de long, sur, à peine, la huitième partie d'un pouce de large; tête globuleuse, inerme; cou arrondi, épaissi en avant, subpyriforme, capillaire quand il est étendu; articulations huit fois plus larges que longues dans la contraction, mais deux fois plus longues que larges quand elles sont étendues, et marquées de stries longitudinales et de rugosités transverses, avec les angles postérieurs obtus.

Le T. de la gélinotte : *T. bonasiæ*, Rud., n.° 106; d'après une simple note de Muller, *Naturforsch.*, 22, pag. 44, qui n'en donne pas de description.

Le T. de l'alouette : *T. alaudæ*, Rud., n.° 107; d'après un dessin incomplet de M. Braun, qui représente la tête tétragone, disciforme, des oscules orbiculaires antérieurs, et des articulations transverses beaucoup plus larges que longues, avec les angles obtus.

M. Rudolphi suppose que ce ténia appartient au T. platycéphale, qui se trouve dans le rossignol.

Le Ténia des merles : *T. turdorum*, Rud., n.° 108 ; *T. serpentiformis*, *var.* ϰ *turdorum*, Linn., Gmel., pag. 3070, n.° 40 ; d'après Goëze, *Naturg.*, pag. 393, qui l'a trouvé dans cinq ou six espèces de merles d'Europe, et qu'il rapporte à son *T. serpentiformis* non *collaris*, *T. undulata*, Rud., ce dont il est permis de douter, suivant M. Rudolphi. Peut-être même, ajoute-t-il, faut-il le rapporter au *T. angulata*, qui se trouve dans le *turdus pilaris*.

Le T. du bec croisé : *T. loxiœ curvirostrœ*, Rud., n.° 109 ; d'après une simple indication de Blumenbach, *Naturg.*, éd. 1, p. 412, et Goëze, *Naturg.*, pag. 394 ; *T. serpentiformis*, *var.* λ, *loxiœ*, Linn., Gmel., pag. 3070, n.° 40.

Le T. du moineau : *T. passeris*, Linn., Gmel., pag. 3071, n.° 48 ; *T. fringillarum*, Rud., n.° 110 ; d'après Pallas, *Neue nord. Beytr.*, t. 1, pag. 87, tab. 3, fig. 30, sous le nom de *T. avium*, et qui, avec cette simple note : Ténia assez épais, à articulations très-courtes, fimbriées en arrière par un sillon, le confond avec les autres espèces qui se trouvent dans différens oiseaux.

C. *Dans les Poissons.*

Le T. de l'aiguille : *T. esocis bellonis*, Rud., n.° 112 ; d'après Muller, dans la *Naturforsch. Gesell.*, 22, p. 48, qui se borne à dire qu'il a découvert deux espèces de ténia non décrites dans l'*esox bellone*, l'une articulée, l'autre inarticulée. Celle-ci n'est peut-être, comme le soupçonne M. Rudolphi, que le tricuspidaire.

Le T. de l'éperlan : *T. eperlani*, Rud., n.° 113 ; d'après Er. Acharius, *in Vet. Akadem. Nya Handl.*, 1780, pag. 52, tab. 3, fig. 7, qui la décrit comme une espèce de fasciole, trouvée dans la cavité abdominale de l'éperlan. Elle a quatre à cinq lignes de long ; la tête est oblongue et obtuse ; les oscules sont orbiculaires et petits ; le cou est nul, et les articulations sont transverses et obtuses.

Le T. de l'ide : *T. cyprini idi*. Rud., n.° 114 ; d'après une simple indication de Viborg, *Ind. Mus. vet. Hafn.*, p. 240, n.° 133. Ne seroit-ce pas, comme le soupçonne M. Rudolphi, le *T. torulosa*, qui se trouve dans plusieurs cyprins ?

Le Ténia de la mole : *T. tetraodontis molœ*, Rud., n.° 115; d'après une simple indication du même M. Viborg.

Le T. de la raie : *T. rajœ batis*, Rud., n.° 116, tab. x, fig. 7 — 10; d'après un dessin de M. Braun. Tête à quatre lobes oblongs, longitudinaux, percés à leur extrémité antérieure par un oscule orbiculaire assez petit, d'où pend un filament bifurqué; un orifice plus grand, également orbiculaire au milieu de l'un d'eux; cou court; articulations postérieures subcarrées, obtuses, avec une ligne de chaque côté et des orifices alternes.

La figure donnée par M. Rudolphi indique, à ce qu'il me semble, un animal différent des véritables ténias. Aussi cet auteur pense-t-il que ce pourroit être un *bothryocephalus corollatus*, déformé par l'instrument de pression; mais qu'est-ce que le grand orifice médian ? (De B.)

TÉNIA. (*Ichthyol.*) Voyez Tænia. (H. C.)

TÉNIANOTE. (*Ichthyol.*) Voyez Tænianote. (H. C.)

TENILIOS. (*Malacoz.*) D'après l'abbé de Sauvages, les habitans des bords de la Méditerranée désignent sous ce nom des tellines, qui servent à leur nourriture. (De B.)

TENILLE. (*Conchyl.*) Voyez Tellines. (Desm.)

TÉNIOÏDES. (*Ichthyol.*) Voyez Tænioïde. (H. C.)

TÉNIOURE. (*Ichthyol.*) Nom d'une Girelle. Voyez ce mot. (H. C.)

TENKA, TENKIA. (*Bot.*) Nom japonois de la morelle, *solanum nigrum*, suivant Kæmpfer. (J.)

TENKWA. (*Bot.*) Nom japonois du melon, suivant Kæmpfer. (J.)

TENLIE ou KENLÉE. (*Mamm.*) Le chacal du cap de Bonne-Espérance est ainsi désigné par les Hottentots. Voyez la description de ce *chacal* à l'article Chien, tome VIII, page 529. (Desm.)

TENNA. (*Bot.*) Nom malabare, cité par Rhéede, d'un panis, qui approche beaucoup de l'espèce ordinaire. Adanson en a fait, sous le nom de *Tema*, un genre qui n'a pas été adopté. (J.)

TENNANTITE. (*Min.*) M. Phillips a donné ce nom, en
l'honneur de Tennant, à un minérai de cuivre pyriteux qui
paroît pouvoir être considéré comme une espéce particulière plutôt par sa composition que par sa forme.

Cette forme dérive ou du tétraèdre ou de l'octaèdre régulier, forme qui appartient, comme on le sait, à plusieurs minéraux, mais qui est propre au cuivre gris et au cuivre pyriteux ; par conséquent les variétés cristallines que présente le
tennantite sont aussi celles de ce cuivre : une des plus remarquables est le dodécaèdre rhomboïdal. Le clivage parallèle
aux faces du noyau est imparfait.

Le Tennantite a l'éclat métallique, avec une couleur gris
de plomb tirant sur le noir du fer. Sa surface extérieure
renvoie cependant quelquefois un éclat métallique d'un bleu
d'étain. Sa poussière est d'un gris rougeàtre. Sa pesanteur
spécifique est de 4,57.

Au chalumeau, sur le charbon, il brûle avec une flamme
bleuàtre, et répand des vapeurs arsenicales, jusqu'à ce qu'il
fonde en une scorie grise, attirable à l'aimant.

Ces caractères indiquent sa composition, que l'analyse de
M. Phillips a fait connoître exactement ainsi qu'il suit :

Cuivre	45,32
Soufre	28,74
Arsenic	11,84
Fer	9,26
Quarz	5.

Cette dernière substance paroît être étrangère.

Le tennantite déterminé par M. Phillips s'est trouvé dans
les filons de minérai de cuivre qui traversent le granite et
le schiste argileux, accompagné de cuivre pyriteux, de cuivre noir, de cuivre sulfuré et de cuivre panaché. Dans les
mines de Cornouailles.

Il paroît, d'après MM. Mohs et Breithaupt, qu'on peut
y rapporter encore un minérai du district de Freiberg, qui
se trouve dans les mêmes circonstances géologiques ; mais les
analyses de Klaproth semblent indiquer des proportions différentes dans les parties composantes.

Trois échantillons, pris dans trois puits différens des mines de Freiberg, ont donné à ce chimiste les résultats suivans, que nous avons déjà fait connoitre à l'article du Cuivre gris, tom. XII, pag. 160, comme exemple du cuivre gris arsenié. Nous les rappelons ici, afin qu'on puisse les comparer avec l'analyse précédente :

Cuivre	41	48	42,5
Soufre	10	10	10
Arsenic	24,1	14	15,6
Fer	22,5	25,5	27,5

Et quelquefois un peu d'argent et d'antimoine.

On voit combien ces proportions diffèrent de celle du minérai de Cornouailles, et qu'il est très-difficile d'établir de réelles différences entre tous ces minérais de cuivre, quand la forme et les caractères physiques n'en fournissent pas. M. Breithaupt place le Tennantite parmi les blendes, sous le nom de *Kupferblende*. (B.)

TENNIS. (*Erpét.*) On appelle ainsi le devin sur la côte de Sierra-Léone. Voyez Boa. (H. C.)

TENNU. (*Mamm.*) Ce nom est donné, à Malacca, suivant sir Raffles, à l'animal appelé *tapirus malayanus*, Horsf., ou *tapirus indicus*, F. Cuv. (voyez le mot Tapir). Ce pachyderme a reçu encore divers noms, suivant les pays qu'il habite. Ainsi il est nommé *limun* à Saladang ; *gindol*, par les naturels de l'intérieur de Manna ; *babi alu*, par les montagnards de Bencoulen. (Lesson.)

TENORIA. (*Bot.*) Sprengel a cru devoir établir sous ce nom un genre dans la famille des ombellifères, où il place le *crithmum latifolium*. Ce genre n'a pas été adopté. (Lem.)

TENOURIKINE. (*Ornith.*) Nom des moucherolles à la Nouvelle-Irlande. (Cu. D.)

· TENREC ou TANREC ; *Tenrecus*, Lacép. (*Mamm.*) Petit genre de mammifères insectivores, très-rapproché de celui des hérissons, et auquel MM. Cuvier et Geoffroy ont anciennement donné le nom de *setiger*, et Illiger celui de *centenes*. Les animaux qu'il renferme, ayant le corps couvert de piquans, les extrémités divisées en cinq doigts et les molaires couronnées par des tubercules aigus, ont été rangés dans le genre *Erinaceus* de Linné par Gmelin.

Les tenrecs sont de petite taille, et même aucune de leurs espèces n'acquiert la grandeur de notre hérisson d'Europe. Leur corps est bas sur jambes, trapu, mais néanmoins de forme plus alongée que celle de cet animal. Ils sont plantigrades, et les cinq doigts qui terminent chacun de leurs quatre membres, sont armés d'ongles assez robustes et propres à fouir la terre. Leur tête est conique, pointue, et, dans une espèce, terminée par un museau très-prolongé; les narines sont terminales et percées dans un petit mufle; la gueule est très-fendue; les oreilles sont courtes, arrondies et presque nulles; les yeux sont médiocres; la queue manque totalement.

Le corps est revêtu en dessus de piquans, comme ceux des hérissons; mais ces piquans, dans une espèce, sont entremêlés de beaucoup de poils, et dans une autre ils sont minces, alongés et flexibles, presque comme des soies de porc. Chez aucun de ces animaux on n'observe la distribution de ces piquans par petits cercles sur la peau, telle que celle qui existe dans les hérissons et les porc-épics, et qui a pour but de les entrecroiser et de les présenter ainsi comme des armes défensives dans toutes les directions. L'anatomie a fait reconnoître que le muscle peaucier dorsal n'avoit pas la forme et l'organisation de celui des hérissons, ce qui fait présumer que les tenrecs ne peuvent, en aucun cas, se rouler complétement en boule comme ces animaux, en enveloppant dans l'espèce de bourse que forme la peau épineuse de leur dos, leur tête et leurs quatre pattes.

Le système dentaire des tenrecs est différent de celui des hérissons et se rapproche davantage de celui des taupes en ce qu'il montre deux canines à chaque mâchoire, bien apparentes, écartées, et ayant entre elles de petites incisives. Voici un extrait de la description de ce système, telle que M. F. Cuvier la donne d'après deux des trois espèces qui composent ce genre, le tenrec soyeux ou tenrec proprement dit, et le tenrec épineux ou tendrac. Le nombre total des dents est de quarante; savoir : six incisives, deux canines et douze mâchelières à chaque mâchoire; et parmi celles-ci on distingue deux fausses molaires et quatre molaires vraies de chaque côté. A la mâchoire d'en haut les incisives sont comprimées, crochues, dentelées à leur bord postérieur; les deux intermédiaires convergent entre elles; des intervalles assez grands séparent toutes ces dents. La canine, de chaque côté, est séparée des incisives par un creux profond; ses formes ne diffèrent pas de celles de ces premières dents, c'est-à-dire, qu'elle est comprimée, crochue et dentée à son bord postérieur. Après la canine est un long intervalle sans dents, puis on voit une petite fausse molaire pointue et à deux racines; après un petit espace vide est une seconde fausse molaire très-grande, pointue, comprimée, à trois racines, et pourvue d'une pointe à sa face interne, qui en augmente beaucoup l'épaisseur; les trois vraies molaires qui suivent, se composent d'une grande pointe placée du côté interne, creusée en gouttière du côté extérieur, à la base duquel sont deux petits tubercules. Ces mêmes molaires ont intérieurement un talon assez marqué. Enfin, la dernière est moins épaisse que les autres; à son bord externe sa partie postérieure ne s'est point développée, à cause de la terminaison subite de l'os maxillaire, ce qui la rend comme transverse. A la mâchoire inférieure les incisives sont minces, à tranchant arrondi, et elles ont un petit lobe à leur partie postérieure. La canine est arrondie en devant et aplatie en arrière. La première fausse molaire, qui en est éloignée, est petite, comprimée et pointue. Après un autre intervalle vient la seconde fausse molaire, qui ressemble à la première, mais est beaucoup plus grande et plus épaisse. Les quatre vraies molaires, qui sont placées immédiatement à la suite de cette dent, ont la forme d'un petit prisme triangulaire et terminé par trois pointes, à la base postérieure duquel est une petite saillie en forme de crête.

Les trois espèces qui composent ce genre ont été trouvées dans l'île de Madagascar : ce sont de petits animaux insectivores, qui se creusent des demeures souterraines au voisinage des eaux, où ils se rendent souvent. Quoiqu'ils habitent sous un climat dont la température est constamment fort élevée, ils ne s'endorment pas moins pendant plusieurs mois, ainsi que le font les hérissons dans notre pays pendant l'hiver. Ainsi, pour ce qui les concerne, on ne sauroit attribuer, comme on l'a fait généralement pour les mammifères qui hivernent, leur sommeil léthargique à une diminution de la chaleur de l'atmosphére. On assure que ces animaux pullulent beaucoup.

Le Tenrec proprement dit ou Tenrec soyeux : *Erinaceus setosus*, Gmel.; *Erinaceus tenrec*, Boddaërt; *Setiger inauris*, Geoffr.; Tenrec de Buffon, Hist. nat., tome 12, pl. 36. Il est à peu près de la taille du hérisson , et se fait remarquer par ses piquans longs et flexibles, semblables à des soies.

Son museau est proportionnellement plus long que celui du tenrec épineux, et ses oreilles sont plus courtes que celles de cet animal. Il n'a de vrais piquans que sur les parties supérieures de la tête, le dessus du cou et les épaules. Ces piquans, qui sont noirâtres, avec la base et la pointe jaunâtres, forment une sorte de huppe au-dessus de la tête. Le dos, la croupe et les côtés du corps sont couverts de soies, dont les plus longues ont au moins un pouce et qui portent les mêmes couleurs que les piquans; elles sont entremêlées de quelques poils jaunâtres, longs de deux pouces. Toutes les parties inférieures de la tête et du cou sont revêtues de poils fins, mais durs, de couleur jaunâtre et qui passe même au roussâtre sur les pieds.

C'est à cette espèce que se rapportent le peu de détails que nous avons donnés sur les habitudes des animaux du genre Tenrec.

Le Tenrec épineux ou Tendrac; Buff., Hist. nat., tom. 12, pl. 57; *Centenes spinosus*, Desm., Mamm., esp. 252; *Erinaceus acanthurus*, Bodd.; *Setiger ecaudatus*, Geoffr. Il est d'un tiers plus petit que le précédent. La forme de son corps est plus alongée que celle du tenrec soyeux, et en cela moins semblable à celle du hérisson. Sa tête est un peu moins prolongée ; son museau est pointu et mince; son corps est couvert en dessus de piquans pareils à ceux du hérisson, et les plus longs n'ont que sept lignes; ils sont blanchâtres à la racine et à la pointe, avec le milieu de couleur roussâtre foncée; le museau, le front, les côtés de la tête et toutes les parties inférieures du corps sont couvertes de poils blanchâtres, rudes et fins; le tubercule qui remplace la queue est recouvert de piquans.

Le Tenrec rayé : *Centenes semi-spinosus*, Desm., Mamm.,

esp. 253 ; *Erinaceus semi-spinosus*, Cuv. ; *Erinaceus ecaudatus*, Gmel. ; *Erinaceus tanrec*, Bodd. ; *Setiger variegatus*, Geoffr. Cet animal a été décrit et figuré par Buffon (Hist. nat., Suppl., 3, pl. 37) comme un jeune tenrec ; mais il en diffère spécifiquement. Sa longueur totale est de quatre pouces ; ainsi c'est le plus petit du genre. Les formes de son corps et les proportions de ses diverses parties le rapprochent plus du tenrec épineux que du tenrec soyeux. Sa tête est conique et son museau très-pointu et très-grêle ; ses oreilles sont plus longues que celles des espèces précédentes, et nues ; son corps est revêtu de soies très-fines et de piquans courts, entremêlés, dont les couleurs dessinent sur le dos trois bandes longitudinales, d'un blanc jaunâtre, sur un fond brun ; la bande du milieu se prolonge depuis le bout du museau jusqu'à l'anus, et les deux autres ne s'étendent que depuis les oreilles jusqu'aux cuisses ; les pattes et le dessous du corps sont d'un blanc jaunâtre ; enfin, les piquans de l'occiput forment une sorte de huppe sur cette partie.

Cet animal, comme les deux premiers, habite l'île de Madagascar. (Desm.)

TEN-ROU-JOULON. (*Ornith.*) Ce martin-pêcheur, de l'île de Célèbes, paroît être l'*alcedo flavicans*, Linn. et Lath. (Ch. D.)

TENTACULAIRE, *Tentacularia*. (*Entoz.*) Genre de vers intestinaux, établi par M. Bosc pour un animal qu'il a trouvé en très-grande quantité à la surface du foie et des intestins de la coryphène dorade, et qu'il caractérise ainsi : Corps oblong, cylindrique, pourvu en avant de quatre suçoirs en forme de tentacules rétractiles, sans bouche proprement dite, et en arrière d'un anus médian, contenu dans un sac particulier. Ce genre ne contient encore que l'espèce qui a servi à son établissement, que M. Bosc nomme la T. de la dorade, *T. doradis*, figurée dans son ouvrage sur les vers, faisant partie du Buffon de Déterville, tome 2, pl. 11, fig. 2 et 3. Son corps, ovale, de deux lignes environ de diamètre dans l'état de repos et pouvant s'étendre beaucoup, offre des stries longitudinales qui forment des espèces de côtes. Les suçoirs, qui ont au plus une demi-ligne de long, sont striés en travers et susceptibles de s'alonger ou de se contracter indépendamment l'un de l'autre. Le sac du tentaculaire, observé par M. Bosc, étoit rempli par une liqueur rougeâtre, transsudée de ses parois. Il vit assez long-temps après qu'on l'a retiré.

M. Rudolphi a donné à ce genre le nom latin de *Tetra-rhynchus*, ce qu'a imité M. de Lamarck, ainsi que M. Cuvier, et ce que blâme M. Bosc dans la nouvelle édition du Dictionnaire d'histoire naturelle de Déterville ; mais tout-à-fait à tort, puisque ce n'est qu'un changement de nom, proposé par M. Rudolphi, parce que celui de tentaculaire lui paroît avec raison trop vague, et que, d'ailleurs, il avoit été déjà employé par Zéder, pour désigner le genre connu aujourd'hui sous la dénomination d'Hamulaire. Voyez ce mot et ceux de Tétrarhynque et de Vers. (De B.)

TENTACULES. (*Entom.*) On nomme ainsi, assez improprement, dans les insectes, certaines parties molles qui rentrent et sortent du corps, non pour servir au toucher, comme le nom pourroit le faire croire, mais le plus souvent comme moyen de défense : c'est ainsi que les chenilles de quelques papillons, comme celles du machaon, du podalire ou flambé, de l'Apollon, font sortir entre les premiers anneaux de leurs corps une sorte d'appendice charnu, semblable aux cornes de limaçon, mais qui se fourche à l'extrémité, et d'où suinte une humeur odorante, qui est probablement destinée à repousser les ichneumons, les échinomyes et autres insectes à larves parasites ; telles sont encore les tentacules qui sortent de la partie postérieure de la chenille dite à queue fourchue, que nous avons fait représenter dans l'atlas de ce Dictionnaire, planche 45, fig. 20. Les staphylins offrent sur les parties latérales du cloaque une paire de ces tentacules par lesquels suinte la liqueur odorante et acide. Les appendices charnus qui sortent des parties latérales du corselet et du bas-ventre chez les malachies, dites, à cause de cette particularité, cicindèles à cocardes par Geoffroy, nous offrent encore un exemple de ces sortes de tentacules. (C. D.)

TENTHLACO. (*Erpét.*) Un des noms de pays du *durissus.* Voyez Crotale. (H. C.)

TENTHRÈDE ou MOUCHE-A-SCIE, *Tenthredo.* (*Entom.*)

Genre d'insectes hyménoptères, dont l'abdomen est sessile ou non pédiculé, c'est-à-dire, n'étant pas distinct du corselet par un étranglement, et dont les femelles sont munies d'une tarière dentelée en scie, qui rentre dans l'abdomen; par conséquent de la famille des serricaudes ou uropristes.

Ce genre, établi par Linnæus, a tiré son nom de l'expression grecque, Τενθρηδων, par laquelle Aristote, dans son Histoire des animaux, livre 9, chapitre 43, paroît désigner des insectes ailés, aiguillonnés, semblables à des guêpes et qui produisent du miel; mais ce genre est devenu le type d'une famille des plus naturelles, dont nous présenterons l'historique à l'article Uropristes.

Les caractères essentiels du genre Tenthrède, tel que nous l'adoptons, peuvent être, par la méthode analytique, exprimés de la manière suivante : Antennes en soie, se grossissant insensiblement, quelquefois dentelées; corselet comme chiffonné ou présentant des lignes longitudinales enfoncées; corps en général alongé.

Nous avons fait représenter une espèce de ce genre sous le n.º 5 de la planche 35 de l'atlas des insectes joint à ce Dictionnaire. Le lecteur pourra suivre sur cette planche, qui donne la figure des neuf genres renfermés dans la même famille des uropristes, la comparaison que nous allons établir parmi ces genres; ainsi, dans les Urocères, l'abdomen, comme le nom l'indique, se prolonge en une sorte de corne alongée; dans les Xiphydries, cette sorte de pondoir est encore saillant, mais les antennes sont courtes, ainsi que les pattes, qui n'atteignent guère que la moitié de la longueur du ventre; dans le genre *Sirex* ou *Tarpa*, les antennes sont longues, grossissant insensiblement vers la pointe, le corps est alongé, mou, comprimé sur les côtés; dans les Orysses, les antennes sont à peu près aussi courtes que chez les Xiphydries; mais l'abdomen est arrondi à son extrémité libre; chez les Cimbèces ou Crabrons de Geoffroy, les antennes sont terminées par un bouton; enfin, dans les Hylotomes, les antennes sont variables dans les deux sexes, souvent fourchues et très-pectinées ou en éventail dans les mâles, et seulement en scie chez les femelles, comme le font voir les figures 7 et 8 de la planche citée.

Au reste, cette famille des uropristes a subi de grands et utiles changemens par les travaux des entomologistes modernes, Fabricius, Klug, 1805 ; Jurine, 1807, Leach, Latreille, et surtout par la monographie des tenthrédinètes, que M. Lepelletier de Saint-Fargeau a publié en 1823.

Nous ne répéterons pas ici les détails que le lecteur trouvera à l'article Uropristes. Nous dirons seulement que toutes les larves des tenthrèdes sont de fausses chenilles, qui ne diffèrent de celles des lépidoptères que par le nombre des pattes, qui varie d'ailleurs beaucoup ; toutes sont herbivores et ont les six pattes antérieures écailleuses, articulées ; les autres sont membraneuses ou à couronnes de crochets ; on en a compté de vingt, vingt-deux à vingt-quatre. Beaucoup de ces chenilles vivent en familles ou en sociétés ; quelques-unes même se filent des sortes de tentes en commun. Les nymphes subissent leurs métamorphoses dans une sorte de cocon ou de follicule à double ou triple enveloppe, qu'elles se sont filées sous la forme de larves. Ces coques sont le plus souvent construites dans la terre, quelquefois sur les branches ou sur les feuilles de la plante même qui a fourni à leur nourriture. Cependant les membres de ces nymphes sont distincts comme chez les autres hyménoptères.

Nous allons faire connoître ici quelques-unes des espèces de ce genre nombreux, et nous indiquerons de préférence celles qui ont été observées par Geoffroy aux environs de Paris.

1. La Tenthrède a zone, *Tenthredo zonata*.

C'est l'espèce que nous avons représentée dans l'atlas de ce Dictionnaire, pl. 55, fig. 5, et que Geoffroy a décrite tome 2, page 274, n.º 7, sous le nom de *mouche à scie à une bande jaune*.

C'est un *allantus* de Jurine.

Car. Noire ; bouche et chaperon jaunes ; écusson et épaulettes jaunes ; abdomen à quatrième, cinquième et quelquefois partie postérieure du troisième anneau, jaunes ; pattes jaunes ; cuisses noires.

2. La Tenthrède négresse, *T. nigrita*.

C'est la mouche à scie noir-bleuàtre de Geoffroy, n.º 30, pag. 285.

53.

Car. Entièrement d'un noir bleuâtre ; les ailes noires, à nervures plus foncées, surtout sur le bord externe et le point marginal.

3. La Tenthrède livide : *T. livida* ; *T. Carpini*, Panzer.

Mouche à scie, à antennes blanches au bout , Geoffroy, n.º 22.

Car. Noire ; antennes à extrémité libre blanche ; chaperon à bord blanc ; ailes transparentes, à nervures brunes.

4. La Tenthrède impartite, *T. dimidiata.*

Mouche à scie porte-cœur, Geoffroy.

Car. Noire ; bouche blanche ; corselet à écusson et à quatre points au-dessous blancs ; abdomen aux trois premiers anneaux blancs ; les autres d'un brun rouillé.

5. La Tenthrède verte, *T. viridis.*

La lettre hébraïque verte de Geoffroy , n.º 1 , pag. 271.

Car. Verte ; à tête et corselet marqués en dessus de lignes noires, semblables à des lettres.

L'insecte parfait se nourrit d'autres insectes.

6. La Tenthrède de la scrophulaire, *T. scrophulariæ.*

Car. Noire ; les bords des anneaux de l'abdomen jaunes, le deuxième et le troisième exceptés.

Cette espèce est carnassière comme la précédente.

Linnæus l'a très-bien décrite, et Réaumur en a fait l'histoire, tome 5 de ses Mémoires, pl. 13 du n.º 12 à 23. Cette dernière figure donne une idée fort exacte de la scie et du pondoir.

7. La Tenthrède vespiforme, *T. vespiformis.*

Mouche à scie à quatre bandes jaunes, Geoffroy, n.º 11, qui l'a figurée planche 14, n.º 5.

Car. Noire ; à anneaux de l'abdomen bordés de jaune, les deuxième, troisième et sixième exceptés ; pattes jaunes ; ailes transparentes, à côte externe fauve. (C. D.)

TENTHRÉDINES ou TENTHRÉDINÈTES. (*Entom.*) C'est ainsi que M. Latreille nomme la première tribu de la première famille qu'il a établie dans l'ordre des hyménoptères, sous le nom de *porte-scies*, dans la section des térébrans. Cette tribu comprend ainsi la plus grande partie des genres que nous avons rapportés à la famille des uropristes, moins les urocères et quelques espèces voisines, dont il a fait une seconde tribu dans la même famille des porte-scies, sous le nom d'*urocérates*.

Voici un extrait du dernier travail de M. Latreille. La tribu est divisée en deux sections, *A* et *B*.

§. 1.er *A.* Point de tarière saillante au-delà de l'anus; les larves ont un plus grand nombre de pattes membraneuses et vivent à nu.

a. *Larves ayant de douze à seize pattes membraneuses. — Antennes de neuf à seize articles au plus, simples dans les femelles, ciliées, fourchues ou pectinées, chez les mâles.*

1. Antennes de cinq à huit articles, terminées en tête ou en bouton :
> Genres *Cimbèce, Amasis, Perga.*

2. Antennes à trois articles, dont le dernier en massue alongée, ciliées ou fourchues chez les mâles :
> G. *Schizocère, Hylotome, Ptilie.*

3. Antennes de neuf articles, rameuses dans les mâles :
> G. *Tenthrède, Dolère, Némate, Pristiphore.*

Simples dans les deux sexes :
> G. *Cladie.*

4. Antennes de dix à quatorze articles, toujours simples :
> G. *Athalie.*

b. *Antennes de seize articles au moins, pectinées ou en éventail dans les mâles, en scie dans les femelles :*
> G. *Ptérygophore, Lophyre.*

Antennes toujours composées d'un grand nombre d'articles. Larves connues sans pattes membraneuses :
> G. *Mégalodonte (Turpa), Pamphylie (Lyda).*

§. 2. *B.* Tarière des femelles saillante au-delà de l'anus ; larves sans pattes membraneuses, vivant dans l'intérieur des végétaux.
> Genres *Xièle, Cephus, Xyphydrie.*

Voyez l'article Uropristes, dans lequel nous donnerons un

extrait de l'ouvrage de M. Lepelletier de Saint-Fargeau sur les insectes de cette famille. (C. D.)

TENTO. (*Bot.*) Les Portugais du Brésil nomment ainsi, parce qu'ils se servent de ses fruits pour jetons ou marques dans leurs jeux, un bel arbuste qui est l'*ormosia coccinea* de Jackson. (Lesson.)

TENTYRIE, *Tentyria*. (*Entom.*) M. Latreille a désigné sous ce nom un genre d'insectes coléoptères photophyges, pour y ranger quelques espèces de pimélies. (C. D.)

TÉNUIROSTRES. (*Ornith.*) M. Duméril, dans sa Zoologie analytique, donne ce nom à la septième famille des passereaux, dont le bec est long, étroit, sans échancrure, souvent flexible; et à la quatrième famille des échassiers, qui ont le bec mou, grêle, obtus, cylindrique et arrondi. (Ch. D.)

TEOAUHTOTOTL. (*Ornith.*) Cet oiseau, indiqué par Fernandez sous le n.° 198, et dont d'Azara parle, n.° 104, sous le nom de bec-en-poinçon bleu et roux, a été rapproché par Buffon du tangara diable-enrhumé, *tanagra mexicana*, Linn. (Ch. D.)

TEPE MAXTLA. (*Mamm.*) Mammifère carnassier américain, répandant une odeur infecte, qui a été indiqué plutôt que décrit par Fernandez, et que les zoologistes modernes ont rapporté au genre des moufettes. (Desm.)

TEPE MAXTLATON. (*Mamm.*) Ce nom mexicain, rapporté par Hernandez, qui a beaucoup d'analogie avec le précédent, et qui n'en diffère peut-être même pas, a été attribué par quelques auteurs au chat margay. (Desm.)

TEPEL. (*Ichthyol.*) Nom de la *raie batis* à Heiligeland. Voyez Raif. (H. C.)

TEPESIA. (*Bot.*) Ce genre, de M. Gærtner fils, ne paroit pas différent du *Gonzalagunia* de la Flore du Pérou ou *Gonzalea* de M. Persoon. (J.)

TEPETOTOTL. (*Ornith.*) Voyez Tecuocholli. (Ch. D.)

TEPEYTCUITLI. (*Mamm.*) Fernandez parle sous ce nom d'un animal de la taille d'un petit chien et en ayant la tête, à corps noir, à poitrine et cou blanchâtres, à queue et poils longs. Buffon a cru reconnoître à ces traits le glouton, qui est particulier au nord de l'Amérique; nous pourrions y voir plutôt le taïra, si celui-ci n'avoit pas le poil généralement oourt ; mais nous croyons qu'il est plus convenable d'avouer que le *tepeytcuitli* de Fernandez nous est inconnu. (DESM.)

TEPHONION. (*Bot.*) Nom grec de la jusquiame, cité par Mentzel et Adanson. (J.)

TEPHRANTHUS. (*Bot.*) Necker a voulu substituer ce nom au genre *Meborea* d'Aublet, non rapporté à une famille connue. (J.)

TÉPHRINE. (*Min.*) C'est Delamétherie qui, prenant ce nom pour celui de téphrite, que Pline attribue à une pierre grise, l'a le premier appliqué à une base de roche volcanique ou de lave, c'est-à-dire d'une roche qui, fondue par le feu de volcans, a coulé. Ce nom est assez bon et a été adopté par M. Cordier ; je l'ai également employé comme nom de roche. On peut en voir la définition et l'usage à l'article LAVE, tom. XXV, p. 366, et au tableau des roches mélangées, article ROCHES, tom. XLVI, pag. 1.

« La téphrine, dit Delamétherie (Journ. de phys., t. 62, « p. 267) est une roche ou pierre volcanique intermédiaire « entre le pétrosilex et l'amphibole. » Elle est grisâtre, rude au toucher, remplie de vacuoles et fusible en émail grisâtre ou verdâtre, picoté de noir. La base des laves anciennes de Volvic, d'Andernach, de Radicofani, de Wilhelmshöhe, près Cassel, etc.; celles des laves actuelles de l'Etna, du Vésuve, de la Guadeloupe, en sont des exemples très-distincts.

M. de Leonhard n'admet pas cette sorte de roche sous ce nom : il en distribue les variétés, et particulièrement celles qui sont établies par M. Cordier, parmi les wacke et les trachytes.

On vient de dire que M. Cordier a adopté ce nom, mais en modifiant un peu sa signification, comme il en avertit lui-même : ainsi il nomme téphrine, les pâtes des wackes, qui, fondant en verre blanc ou très-foiblement coloré, doivent être considérées comme formées de felspath granulaire à grains microscopiques, décomposés en partie, mêlés de particules hétérogènes connues et parsemés de vacuoles plus ou moins rares. Il divise ces roches en : 1.° *téphrine solide*, qu'il rapporte au pétrosilex (*Klingstein*) décomposé et qu'il regarde comme la base de l'argilophyre (*Thonporphyr*); 2.° *téphrine friable*, qu'il considère comme domite décomposée. M. de Leonhard la regarde comme un trachyte décomposé; et 3.º *téphrine endurcie*, qui est la base des laves qu'il nomme amygdaloïde felspathique et du porphyre trappéen en partie : M. de Leonhard la rapporte au trachyte.

On voit, comme nous venons de l'annoncer, que cette roche est envisagée sous un rapport bien différent de ceux d'après lesquels nous avons cherché à les définir. (B.)

TÉPHRITE, *Tephritis.* (*Entom.*) Nom donné par M. Latreille et adopté par Fabricius, pour désigner un genre d'insectes à deux ailes, confondus avec les mouches, et de la famille des chétoloxes ou latérisètes. Nous avions précédemment indiqué ce genre sous le nom de *cosmie* dans la Zoologie analytique, et nous l'avions fait figurer dans l'atlas de ce Dictionnaire, pl. 49, fig. 5, 5 *a*. Ce nom, tiré du grec κοσμίος, *orné avec modestie*, indiquoit une particularité de la plupart des espèces qui ont les ailes marquées de taches ou de bandes ondulées très-régulières.

Pour éviter les doubles emplois, à l'article Cosmie, nous avons promis de faire connoître ici les insectes que Fabricius a décrits sous les noms génériques de *tephritis*, *dacus* et *oscinis*.

Les téphrites et les *dacus*, dont nous n'avons pas su comment il falloit rendre le nom en françois, ont, dans l'état de repos, les ailes écartées et vibratiles; tandis que les oscines les portent couchées sur la longueur du corps, dans la même circonstance.

La tête des deux premiers genres est comprimée de droite à gauche, et supporte les antennes, rapprochées à peu près vers la partie centrale antérieure. Ces antennes sont dirigées en avant. En général, comme nous venons de le dire, ces diptères portent les ailes écartées du corps, à angle droit, dans l'état de repos, et ces ailes sont agréablement bariolées, tachetées et ponctuées de couleurs brunes, noires ou roussâtres, très-symétriquement disposées; et chez les femelles on remarque vers l'extrémité libre de l'abdomen un petit pondoir saillant, comme une sorte de tube corné. C'est à l'aide de cet instrument que l'insecte insinue dans les fleurs des végétaux l'œuf qui doit produire une larve, laquelle se nourrit et se développe en rongeant l'intérieur des fruits ou des

réceptacles de certaines plantes, et surtout des cinarocé-
phales et autres synanthérées.

Parmi les espèces principales, nous citerons :

1. Le Téphrite du chardon, *Tephritis cardui.*

Réaumur l'a fait connoître dans le 12.ᵉ mémoire du tome 5,
sous le nom de *mouche du chardon hémorrhoïdal*, et il a figuré
la galle qu'il produit, pl. 4, fig. 1 ; cette même galle coupée transversalement, pour faire voir les cellules où se
nourrissent les larves, fig. 2, 5 et 4 ; enfin, l'insecte parfait
de grandeur naturelle et très-grossi, pl. 45, fig. 12, 13 et 14.

Geoffroy l'a décrit aussi, tome 2, page 496, n.º 5.

Car. Noir, rayé de jaune-citron ; à ailes transparentes,
marquées sur leur longueur d'une tache noire à triple sinuosité en zigzag.

Voici les détails que donne Réaumur sur la structure du
pondoir de ces téphrites. Du dernier anneau de l'abdomen
des femelles part une espèce de tuyau ; il se renfle un peu
au-dessus de son origine ; il y prend une panse semblable à
celle de plusieurs de nos vases, et de là il diminue insensiblement de diamètre jusqu'à son bout, qui est terminé par
un plan circulaire. La mouche en vie que je tenois entre mes
doigts, dit-il, faisoit sortir, en certains momens, du centre du
bout circulaire une petite pointe, qu'elle faisoit quelquefois
rentrer sur-le-champ, pour la faire sortir davantage dans
l'instant suivant. La pression de mes doigts la força de me
montrer dans toute sa longueur la partie à laquelle appartient cette pointe, et d'autres mouches me l'ont souvent
montrée, sans que je leur aie fait de violence. Quand la
pointe est portée aussi loin qu'elle peut l'être, on voit qu'elle
est l'extrémité d'un outil écailleux, de couleur marron, dont
la figure ressemble assez à celle de certaines lancettes. Ce
n'est pourtant que par sa pointe que cet outil peut entailler ;
ses bords ne sont pas tranchans, ils sont arrondis et même
un peu relevés au-dessus du reste du côté de la partie supérieure. Du côté de la surface opposée on voit tout le long de
cette espèce de lame une fente légère qui indique que cette
pièce n'est pas aussi simple qu'elle le paroît ; que, quoiqu'extrêmement mince, elle est peut-être l'étui d'un aiguillon ;
que son usage est analogue à celui des aiguillons des diverses

mouches à quatre ailes, etc. Réaumur donne ces détails aux pages 491 et suivantes du mémoire cité, et il renvoie aux figures 15 et 16 de la planche 45 du volume 3.

2. Le Téphrite solstitial, *Tephritis solstitialis.*

Geoffroy (tom. 2, pag. 499, n.° 14) l'a indiqué par cette phrase :

Car. Ailes blanches, transparentes, à quatre bandes noires réunies ; écusson jaune.

3. Le Téphrite de la centaurée, *T. centaureæ.*

Car. Noir ; à tête et pattes jaunes ; ailes panachées.

4. Le Téphrite de l'absinthe, *T. absinthii.*

Car. Cendré ; abdomen à points noirs ; ailes à points noirs et blancs, dont un noir plus marqué sur le bord externe.

5. Le Téphrite mignon, *T. pulchellus.*

C'est la *musca pulchella* de Rossi (Faune étrusque, 11, pl. 8, fig. 6).

Figurée aussi par M. Coquebert, pl. 24, fig. 12.

Fabricius l'a rapportée au genre *Dacus.*

Car. Cendré ; le milieu des ailes d'un jaune brun, avec une bande flexueuse transparente.

6. Le Téphrite de la carotte, *T. dauci.*

Car. Noir ; à pattes et écusson d'un jaune pâle ; ailes transparentes, à quatre bandes noires séparées.

7. Le Téphrite Frit, *T. Frit.*

Musca Frit de Linné ; Oscine de MM. Latreille et Fabricius.

Car. Noir ; à abdomen et balanciers d'un vert pâle.

Nous ne connoissons cet insecte que par la description qu'a faite Linné de ses ravages en Suède, où la larve vit dans les épis de l'orge et en détruit les grains. Les pertes que cet insecte occasionne, sont d'un dixième de la récolte, et peuvent être, dit-on, évaluées à 100,000 ducats d'or. (C. D.)

TÉPHRITE ou PIERRE COULEUR DE CENDRE. (*Min.*) Pline a employé deux fois cette dénomination et l'a appliquée à deux pierres qui, si elles ont jamais existé, ne semblent avoir entre elles d'autres ressemblances qu'une couleur gris de cendre.

La première est l'ophite téphrias, qu'on vantoit comme propre à garantir de la morsure des serpens : c'est de celle-ci que Delamétherie a tiré le nom de téphrine.

La seconde téphrite (livre 37, chapitre 10) étoit une pierre grise qui étoit courbée en croissant de lune. Rien ne s'oppose à admettre qu'on ait vu et recueilli comme une chose curieuse un de ces morceaux de laves contournées, qui ont pris une forme à peu près semblable à celle d'un croissant. (B.)

TÉPHROÏTE. (*Min.*) C'est encore une pierre dont le nom est tiré du mot grec qui veut dire cendre, et qu'il ne faut pas confondre avec la téphrine lave, le *téphrias* de Pline et le *téphrite* du même auteur.

M. Breithaupt a donné ce nom à un minéral compacte, à cassure imparfaitement conchoïde, ayant une couleur gris de cendre passant extérieurement au noir, et ayant l'éclat diamantaire.

Il est plus dur que la phosphorite apathite et moins que le felspath adulaire. Sa pesanteur spécifique est de 4,10; il fond au chalumeau en une scorie noire.

Ce minéral, qui se fait déjà remarquer par ce petit nombre de caractères, se rencontre dans la mine de Sparta, aux États-Unis d'Amérique, avec la franklinite et le minérai de zinc oxidé rouge.

M. Breithaupt lui trouve quelque ressemblance extérieure avec l'argent muriaté; mais il en diffère par sa dureté. Il offre aussi quelques joints de clivage qui paroissent tomber perpendiculairement l'un sur l'autre. Il a vu l'échantillon sur lequel il le décrit, dans la riche collection de M. Heyer à Dresde. (B.)

TÉPHROSIE, *Tephrosia.* (*Bot.*) Genre de plantes dicotylédones, à fleurs complètes, papilionacées, de la famille des *légumineuses*, de la *diadelphie décandrie* de Linnæus, offrant pour caractère essentiel : Un calice presque campanulé, à cinq découpures acuminées; les deux supérieures moins profondes; l'inférieure plus alongée; la corolle papilionacée; l'étendard presque orbiculaire, presque de la longueur de la carène et des ailes; dix étamines diadelphes, caduques; un ovaire presque sessile; un style; le stigmate obtus; pubescent; une gousse linéaire, comprimée, droite ou courbée en faucille à une seule loge, à deux valves; plusieurs semences.

En bornant, comme l'a fait M. Persoon dans l'établissement du genre *Tephrosia*, les véritables *galega* aux seules espéces dont les gousses sont tomenteuses, plus ou moins cylindriques, il faut en exclure un très-grand nombre, particulièrement toutes celles à feuilles ternées et beaucoup d'autres. (Voyez GALEGA.)

TÉPHROSIE CENDRÉE : *Tephrosia cinerea*, Pers. ; *Galega cinerea*, Linn., Jacq., *Icon. rar.*, tab. 575 ; Vahl, *Symb.*, 2, pag. 82. Plante herbacée, dont la tige est dressée, foible, cylindrique, non fléchie en zigzag, garnie de feuilles ailées, avec une impaire, composées de trois à cinq paires de folioles linéaires-lancéolées, obtuses, quelquefois échancrées, mucronées, striées obliquement ou à angle aigu, velues et d'une couleur cendrée en dessous ; des stipules en alène. Les fleurs, disposées en grappes droites, longues, opposées aux feuilles, sont pédicellées, solitaires ou géminées à chaque point de leur insertion sur le pédoncule commun. Les gousses sont droites ou divergentes, linéaires, comprimées, un peu pendantes, velues, de couleur cendrée ou grisâtre. Cette plante croît à la Jamaïque.

TÉPHROSIE TOMENTEUSE : *Tephrosia tomentosa*, Pers. ; *Galega tomentosa*, Willd., *Spec.*, 3, page 1242 ; Vahl, *Symb.*, 2, page 84 ; *Lathyrus tomentosus*, Forsk., *Fl. ægypt. arab.*, 134. Cette espèce se rapproche beaucoup du *tephrosia cinerea* : elle en diffère par ses stipules plus étroites, par ses gousses réunies trois à trois à chaque dent du pédoncule. Ses tiges sont anguleuses, velues, légèrement tomenteuses, garnies de feuilles ailées, avec une impaire, composées de quatre ou six paires de folioles longues d'un pouce, linéaires, obtuses, mucronées, glabres en dessus, soyeuses en dessous, aiguës à leur base ; les stipules subulées ; les pédoncules longs de neuf pouces, opposés aux feuilles, soutenant une grappe de fleurs pédicellées, distantes, réunies trois par trois ; les pédicelles velus ; les deux bractées subulées, plus courtes que les pédicelles ; le calice est velu ; l'étendard couvert en dehors de poils cendrés ; les gousses sont roides, ascendantes, comprimées, longues de deux pouces. Cette plante croît dans l'Arabie heureuse.

TÉPHROSIE A GOUSSES DE VESCE : *Tephrosia maxima*, Pers. ;

Galega maxima, Linn., Burm., *Zeyl.*, tab. 108, fig. 2. Cette plante a une tige glabre, menue, cylindrique à sa partie inférieure, un peu anguleuse à la supérieure. Ses feuilles sont ailées, avec une impaire, composées de six ou neuf paires de folioles oblongues, obtuses, un peu pédicellées, vertes, glabres en dessus, pâles en dessous, avec des poils courts et couchés ; les stipules étroites, lancéolées. Les fleurs sont purpurines, disposées en grappes courtes, terminales, deux réunies et pédicellées à chaque point d'insertion sur le pédoncule commun. Les calices sont courts, légèrement velus ; les gousses glabres, comprimées, mucronées, ascendantes, longues de deux pouces, larges d'environ deux lignes et demie. Cette plante croît dans l'Inde et à l'île de Ceilan.

Téphrosie a fleurs blanches : *Tephrosia leucantha*, Kunth, *in* Humb. et Bonpl., *Nov. gen.*, 6, page 460, tab. 577. Arbre ou arbrisseau dont les branches se divisent en rameaux anguleux, cannelés, pubescens, garnis de feuilles alternes, pétiolées, ailées, composées de trois à huit paires de folioles, avec une impaire, opposées, un peu pédicellées, oblongues, lancéolées, arrondies au sommet, mucronées, entières, membraneuses, pubescentes à leurs deux faces, blanchâtres, presque argentées en dessous, longues de douze ou treize lignes, larges de quatre ou cinq ; les stipules linéaires, acuminées et soyeuses ; les grappes terminales, presque géminées, longues de trois fleurs et plus, chargées de fleurs nombreuses ; leur calice presque campanulé, à cinq divisions inégales, acuminées, soyeuses ; la corolle blanchâtre. Cette plante croît dans la Nouvelle-Espagne, proche Guanaxuato.

Téphrosie échancrée ; *Tephrosia emarginata*, Kunth, *loc. cit.* Arbre dont les jeunes rameaux sont tomenteux et sillonnés, garnis de feuilles alternes, médiocrement pétiolées, ailées, composées de quatorze paires de folioles linéaires-oblongues, arrondies et profondément échancrées au sommet, obtuses à leur base, entières, membraneuses, vertes et pubescentes en dessus, argentées et soyeuses en dessous, longues de deux pouces, larges de six ou sept lignes. Les grappes sont oblongues, terminales ; les fleurs pédicellées, presque fasciculées, de la grandeur de celle de l'orobe tubéreuse ;

le calice est urcéolé, presque campanulé, tomenteux et soyeux ; la corolle blanche ; les gousses sont linéaires, comprimées, presque droites, un peu courbées à leur base, longues de deux pouces et plus, tomenteuses et soyeuses. Cette plante croît aux missions de l'Orénoque, sur la rive de l'Atabapi.

Téphrosie naine : *Tephrosia pumila*, Pers. ; *Galega pumila*, Lamk., Encycl. Cette plante est fort petite, étalée, à peine haute d'un pied. Sa tige est grêle, fort rameuse, couverte, dans sa partie supérieure, de petits poils lâches. Les feuilles sont courtes, ailées avec une impaire, composées de sept ou neuf folioles cunéiformes, échancrées au sommet, avec une très-petite pointe qui se recourbe en dessous, striées obliquement sur les côtés et chargées en dessous de petits poils couchés : ces folioles n'ont que trois ou cinq lignes de longueur ; les inférieures de chaque feuille sont plus courtes que les autres. Les stipules sont petites, velues, subulées ; les pédoncules latéraux, un peu courts et velus, portant une, quelquefois deux fleurs purpurines, pédicellées. Les gousses sont presque toutes solitaires, latérales, redressées, comprimées, un peu velues, longues de douze ou quinze lignes. Cette plante croît à l'île de Madagascar.

Téphrosie velue : *Tephrosia villosa*, Pers. ; *Galega villosa*, Linn. ; Pluken., *Alm.*, tab. 59, fig. 6 ; Burm., *Zeyl.*, tab. 33, var. La tige de cette plante est cylindrique, rameuse ; ses feuilles sont ailées avec une impaire, composées d'environ huit paires de folioles oblongues, presque cunéiformes, obtuses au sommet, avec une très-petite pointe, glabres, verdâtres, marquées de stries latérales très-obliques. Les fleurs viennent sur des épis pédonculés, médiocres, qui terminent la tige et les rameaux : elles sont blanches ou purpurines. Leur calice est chargé de poils grisâtres et nombreux. Les gousses sont très-velues, soyeuses et roussâtres, un peu courbées en faucille. Cette plante croît dans les Indes orientales.

Téphrosie argentée : *Tephrosia argentea*, Pers. ; *Galega argentea*, Lamk., Encycl. ; Pluken., *Almag.*, tab. 52, fig. 1. Cette plante est blanchâtre, cotonneuse ; elle se rapproche beaucoup de la précédente par la forme de ses feuilles. Sa tige est fort grêle, un peu ligneuse, couverte d'un duvet blanc ;

les feuilles ailées avec une impaire, composées de quinze ou dix-sept folioles oblongues, obtuses, entières, un peu pédicellées, d'un vert blanchâtre en dessus, argentées et soyeuses en dessous. Les stipules sont courtes, ovales, subulées, nerveuses et barbues. Les fleurs sont presque sessiles, purpurines, et ont leur calice, ainsi que l'extérieur de leur corolle, chargés de poils abondans, d'un gris roussâtre : elles naissent une ou deux ensemble à chaque point d'insertion du pédoncule, et forment au sommet de la tige et des rameaux un épi lâche, peu garni, accompagné d'une ou de deux jeunes feuilles, qui font paroître les feuilles latérales. Cette plante croît dans les Indes orientales.

TÉPHROSIE A LONGUES FEUILLES : *Tephrosia longifolia*, Pers. ; *Galega longifolia*, Willd., *Spec.*; Jacq., *Icon. rar.*, 3, tab. 572 ; *Clitoria micrantha*, Scop. Plante à tige grimpante, grêle, cylindrique, rameuse, un peu ligneuse, de couleur cendrée. Les feuilles sont distantes, ternées, alternes, à foliole terminale plus longue ; les folioles pédicellées, linéaires-lancéolées, obtuses, légèrement mucronées au sommet, un peu rétrécies à leur base, pubescentes, longues de deux ou trois pouces, larges de quatre lignes; les stipules petites, oblongues, obtuses; les grappes filiformes, très-peu garnies : les fleurs opposées, petites, de couleur violette ; les gousses droites, linéaires, un peu velues, comprimées, presque aussi longues et aussi larges que les folioles. Cette plante croît dans l'Amérique méridionale. (POIR.)

TEPION. (*Bot.*) Adanson fait sous ce nom un genre du *Verbesina alata* de Linnæus, qui étoit le *ceratopetaloides* de Vaillant. (J.)

TEPUGUIPE. (*Bot.*) Loëfling décrit sous ce nom un arbrisseau d'Amérique, de la famille des légumineuses, à feuilles pennées quadrijuguées avec impaire, à fleurs papilionacées, disposées en grappe. Les étamines sont diadelphes; la gousse est oblongue, linéaire, comprimée, plane, terminée en pointe, remplie de quelques graines arrondies. Cette plante n'a pas été rapportée à un genre connu. (J.)

TEPULI. (*Bot.*) Nom japonois de l'*hemerocallis cordata* de Thunberg, cultivé dans les jardins à fleurs. (J.)

TEQUIXQUIACATZANATL. (*Ornith.*) Cet oiseau, dont

Fernandez parle au chapitre 34, page 21, est rapporté au quiscale versicolor, *gracula quiscala*, Lath., *quiscalus versicolor*, Vieill. (Ch. D.)

TÉRAMNUS. (*Bot.*) Genre de plantes dicotylédones, a fleurs complètes, papilionacées, de la famille des *légumineuses*, de la *diadelphie décandrie* de Linnæus, offrant pour caractère essentiel : Un calice campanulé, persistant; cinq dents inégales; une corolle papilionacée; la carène fort petite, cachée par le calice; dix étamines diadelphes, dont cinq alternes stériles; un ovaire supérieur; point de style; un stigmate sessile, en tête; des gousses grêles, comprimées.

Ce genre faisoit partie des *dolichos* de Linnæus: Swartz l'en a séparé avec raison, d'après les caractères qui viennent d'être exposés.

TÉRAMNUS SARMENTEUX : *Teramnus volubilis*, Swartz, *Prodr.*, 105 ; *Dolichos uncinatus*, Linn., *Spec.*; Plum., *Spec.*, 8, et *Amer.*, t. 221. Cette plante a des tiges presque ligneuses, sarmenteuses, au moins de la grosseur d'une plume à écrire, couvertes partout d'un duvet roussâtre, et garnies d'une petite côte particulière, courante dans toute leur longueur. Ces tiges s'entortillent, grimpent et se répandent de tous côtés sur les arbres voisins : elles sont garnies de feuilles composées de trois folioles oblongues ou ovales-lancéolées, émoussées à leur sommet, et couvertes d'un duvet fin, blanchâtre. Les pédoncules sont axillaires, un peu longs, rameux, velus, chargés de plusieurs paquets de fleurs petites et d'un violet bleuâtre. A ces fleurs succèdent des gousses grêles, comprimées, couvertes de poils et terminées par une pointe courbée en crochet. Les semences ont la forme d'un rein, et sont d'un blanc mêlé de brun. Cette plante croit dans l'île de Saint-Domingue. (Poir.)

TÉRAMO. (*Ornith.*) On nomme ainsi à Oualan les œufs des oiseaux. (Lesson.)

TERANA. (*Bot.*) Adanson établit sous ce nom un genre de champignons constitué par une lame rampante, irrégulière, lisse, appliquée par toute sa surface inférieure, d'une substance spongieuse, et dont les graines sphériques sont répandues à la surface supérieure. Il cite pour exemple les *Agaricum*, Mich., pl. 66, fig. 6, 7, champignons qui rentrent dans les *thelephora*, mais trop peu caractérisés pour être déterminés. Gleditsch donne l'espéce fig. 6 pour une helvelle, ce qui est douteux. Hill nomme *amphitretia* les *agaricum* qui composent les cinq ordres du genre *Agaricum* de Michéli, qui, comme nous venons de le dire, sont des *thelephora*. Il y comprend le *terana* d'Adanson. (Lem.)

TÉRAPÈNE. (*Erpét.*) Nom spécifique d'un chélonien d'Amérique. Voyez Tortue. (H. C.)

TÉRAPON. (*Ichthyol.*) Voyez Esclave. (H. C.)

TERAPOUPA. (*Ornith.*) Nom que le sterne à calotte noire porte à Borabora, une des îles de la Société. (Ch. D.)

TERASPIC. (*Bot.*) Nom vulgaire du *thlaspi*. (J.)

TERAT-BOULAN. (*Ornith.*) Cette espéce de motteux est le *turdus orientalis*, Lath. (Ch. D.)

TERBAICK. (*Bot.*) Suivant Rauwolf, les Perses nommoient ainsi un pistachier, *pistacia narbonensis*, qui étoit le *fael* des anciens médecins arabes, le *botin* ou *albotin* des Syriens. (J.)

TERBANG. (*Erpét.*) On nomme *chichah terbang*, à Sumatra, un saurien élégant qui y est très-commun, et qui est le *draco volans*, et plutôt, à ce que je soupçonne, le *draco fimbriatus*. (Lesson.)

TERBAUDJAUG. (*Ichthyol.*) C'est un des noms qu'aux Indes on donne au guara. Voyez Diodon. (H. C.)

TERCELL. (*Ornith.*) Selon Sibbald c'est un nom anglois de l'autour, *falco palumbarius*, Linn.; *astur*, Bechst., et *dædalion*, Savig. (Ch. D.)

TERCOL. (*Ornith.*) Ce nom et celui de *tercou* sont des dénominations vulgaires du torcol, *yunx torquilla*, Linn. (Ch. D.)

TÉRÉBELLAIRE. (*Foss.*) Lamouroux, qui a formé ce genre de polypier, qu'on ne trouve qu'à l'état fossile, lui a assigné les caractéres suivans : *Polypier dendroïde, à rameaux cylindriques, épars, contournés en spirale de gauche à droite ou de droite à gauche indifféremment; pores saillans presque tubuleux, nombreux, situés en quinconce, plus ou moins inclinés suivant leur position sur les spires.* (Exp. méth. des genr. de l'ordre des polyp., pag. 84.)

Cet auteur fait remarquer que les spiropores, qui sont

voisins des térébellaires, ont les cellules ou les pores saillans, ainsi que ces dernières; mais que ce n'est que dans les individus bien conservés que l'on peut observer ce caractère.

Térébellaire très-rameuse : *Terebellaria ramosissima*, Lamx., *loc. cit.*, tab. 82, fig. 1 ; atl. de ce Dictionn., pl. des Foss. Polypier à rameaux très-nombreux, épars, écartés, de la grosseur d'une plume d'oie dans leur partie inférieure. Grandeur, trois à cinq centimètres, sur trois à sept centimètres de diamètre. Fossile du terrain à polypiers des environs de Caen, à Lebisey, Benonville, etc.

Térébellaire antilope : *Terebellaria antilope*, Lamx., *loc. cit.*; même planche, fig. 2 et 3; atl. du Dictionn., même planche. Polypier à rameaux peu nombreux, droits, ou presque droits, terminés en pointe aiguë. Grandeur, trois à dix centimètres. On trouve cette espèce dans le même terrain, aux environs de Caen, entre Luc et la mer.

Ces polypiers se trouvant dans le même terrain avec ceux ci-dessus, et n'étant pas très-différens entre eux, nous pensons qu'ils peuvent dépendre de la même espèce, dont ils ne seroient qu'une variété. (D. F.)

TÉRÉBELLE, *Terebella*. (*Chétopodes.*) Genre de chétopodes à tuyaux artificiels, établi par Linné pour un assez grand nombre d'animaux vermiformes de la classe des vers à sang rouge de M. Cuvier, de celle des annélides de M. de Lamarck, qui vivent sur le rivage de nos mers, quelquefois enfoncés dans le sable. Ce genre, adopté par tous les zoologistes, mais rectifié et purgé des espèces qui ne lui convenoient pas, peut être caractérisé ainsi : Corps alongé, subcylindrique, renflé dans son tiers antérieur, atténué en arrière; tête peu distincte, formée cependant de trois segmens : le thorax de douze. et pourvu en dessous d'une sorte d'écusson sternal, se prolongeant jusqu'au vingt-unième anneau ; abdomen cylindrique et composé d'un grand nombre d'articulations; bouche subterminale, bilabiée; la lèvre supérieure avancée et pourvue en dessus d'un grand nombre de barbillons inégaux, filiformes, fendus en dessous et préhenseurs; tentacules nuls; branchies en forme d'arbuscules, au nombre de deux, quatre ou six, disposées par paires sur le premier, second ou troisième anneau thoracique; pieds dissemblables; les thoraciques à deux rames composées, les dorsales de soies subulées, les ventrales d'un double rang de soies à crochets; les abdominaux de soies à crochets seulement. Tube cylindrique, ouvert aux deux extrémités, membraneux et revêtu de gros grains de sable et de fragmens de coquilles.

L'organisation de la térébelle la plus commune dans nos mers, *T. conchilega*, a été examinée par Pallas dans ses *Miscellanea*, pag. 131, sous le nom de *nereis conchilega*. Nous avons pu vérifier nous-même l'exactitude de sa description extérieure et intérieure. Le corps de cet animal, de couleur blanchâtre, avec une teinte rose provenant de l'irradiation de la couleur rouge des vaisseaux sanguins, est assez alongé; lombriciforme, un peu déprimé, cependant un peu plus convexe en dessus qu'en dessous, et s'atténuant graduellement en arrière. Sous le ventre se voit une bandelette étroite, plate, qui commence immédiatement après la tête, et qui se termine en se rétrécissant et s'amincissant un peu au-delà de la moitié du corps; elle est partagée en plusieurs parallélogrammes par les scissures des segmens. Le tiers antérieur du corps, un peu plus large que le reste, forme une sorte de région thoracique, composée de dix-sept segmens : ils sont pourvus de chaque côté d'un pinceau de soies supérieur, et au-dessous d'une sorte de fente verticale à deux lèvres, assez semblable, en apparence, à un long stigmate, mais qui est réellement produite par la rentrée de deux rangs très-serrés de soies très-courtes et recourbées en crochet, comme l'a fait voir, le premier, M. Savigny. Dans le reste du corps, composé de plus de cent cinquante segmens, il n'existe plus, pour appendices, que ces rangées de soies à crochets.

La tête de la térébelle est peu distincte et paroît comme tronquée. On peut cependant y reconnoître, au moyen des appendices, plusieurs segmens. Le premier, ou labial, qui s'avance plus ou moins au-dessus de la bouche, en forme d'épiglotte, et qui porte à sa face supérieure un nombre variable, mais souvent considérable, de barbillons cirrheux, de longueur différente, et qui sont composés par une sorte de lanière se ployant longitudinalement en dessous. Le second

55. 8

anneau constitue la lèvre postérieure; il est beaucoup plus étroit en dessus qu'en dessous. Le troisième porte, de chaque côté, une espèce de lobe membraneux, et forme une sorte de col.

Après la tête viennent les trois premiers anneaux thoraciques, portant les branchies : celles-ci sont en forme d'arbuscules, plus ou moins ramifiées et assez dorsales. La troisième paire est accompagnée , en dessous, d'un pinceau de soies simples, mais sans rangée de crochets.

La bouche , fort grande, est antérieure et inférieure.

L'*anus* est terminal, plissé et circulaire.

Les organes de la génération, ou mieux l'ovaire, se terminent, suivant Pallas, par un orifice médian, situé au bord du premier segment de la bande abdominale. Je n'ai pu voir cet orifice.

Quant à l'organisation des térébelles, on remarque que, comme dans tous les chétopodes, l'épiderme subgélatineux s'enlève avec la plus grande facilité du reste de l'enveloppe cutanée. Le derme est confondu avec la couche musculaire, qui est partagée en cinq bandes longitudinales; une dorsale unique, et deux paires d'inférieures. C'est entre le bord inférieur de la dorsale et le supérieur de la bande abdominale externe, que sont implantées les soies.

Le canal intestinal n'est retenu aux parois de la cavité viscérale que par un petit nombre de fibrilles. Commençant à la bouche par une partie très-étroite, filiforme, sans traces de dents dans la cavité buccale , il augmente peu à peu de grosseur, et, après un rétrécissement sensible et subit, il forme l'estomac. Celui-ci, correspondant à peu près à la huitième articulation , est membraneux, peu renflé au milieu et à la douzième ou treizième articulation; il devient un peu plus étroit, mais plus charnu, à l'endroit où commence l'intestin proprement dit membraneux, qui se continue directement jusqu'à l'anus, entouré immédiatement par l'enveloppe extérieure, à laquelle il adhère de toutes parts.

L'appareil respiratoire, tout-à-fait extérieur, est formé par les branches décrites plus haut, qui ne sont évidemment que des vaisseaux ramifiés et enveloppés d'une peau considérablement amincie.

L'appareil circulatoire consiste en un vaisseau dorsal adhérent à l'intestin aux deux estomacs, et qui, après s'en être séparé, s'atténue en avant, et, parvenu aux anneaux branchifères, envoie à chaque branchie un rameau considérable, qui se ramifie avec elle. Ainsi fortement affoibli, le tronc se continue sur l'œsophage jusqu'à la bouche, où il se perd par ses ramifications. En arrière il se comporte de même, et communique peut-être avec la veine abdominale.

Celle-ci, provenant sans doute des ramifications qui reviennent des branchies, suit, comme à l'ordinaire, la partie inférieure et médiane de l'abdomen.

L'appareil de la génération consiste en partie femelle et en partie mâle.

La partie femelle est composée d'un ovaire unique, médian, occupant toute la face inférieure de la cavité viscérale jusqu'au neuvième anneau. Pallas dit qu'elle se termine en arrière par une bifurcation que je n'ai pas vue. Cette masse, qui offre des stries transverses irrégulières, est blanche et composée d'un très-grand nombre de grains oviformes. Elle se termine par un orifice unique, dont nous avons parlé plus haut, d'après Pallas, mais que nous n'avons pas vu.

La partie mâle consiste en quatre paires de petites vésicules pyriformes, le fond en arrière, le col en avant, placées de chaque côté de la moitié antérieure de l'ovaire. La paire antérieure est beaucoup plus petite que les autres, et surtout que les deux moyennes. Leur terminaison a lieu à l'extérieur par de très-petits orifices situés entre la cinquième et la sixième paire de pieds, pour la quatrième ; entre la quatrième et la cinquième, pour la troisième ; entre la quatrième et la seconde, pour la seconde, et entre la troisième et la dernière, pour la première.

Ces animaux vivent souvent rassemblés en grand nombre dans les endroits de nos rivages où se trouve beaucoup de sable, et surtout du sable coquillier ; car, quoique ce tube contienne souvent du sable proprement dit, il entre dans sa composition encore plus de fragmens de coquilles. Ces tubes dépassent souvent de deux à trois pouces la surface du sol où ils sont implantés. Quand la mer les recouvre, on voit l'animal qui en sort ses barbillons et ses branchies, qu'il agite dans tous les sens. Celles-ci sont d'un beau rouge de sang et susceptibles d'une si grande sensibilité, que, si on vient à les toucher, elles se contractent, le sang en est chassé et elles ne sont plus rouges. Les barbillons de la bouche ne sont pas colorés par le sang : ils sont dans un mouvement continuel de tortillement, d'extension, et par une propriété, dépendante sans doute de la matière muqueuse que leur surface sécrète, ainsi que de la forme particulière de leur face inférieure, ils adhèrent avec une grande facilité à tous les corps qu'ils touchent. C'est en effet à l'aide de ces organes que la térébelle construit son fourreau ; sa base est une membrane glutineuse, à la surface de laquelle sont collés les corps étrangers. Ils sont à peu de chose près cylindriques, un peu rétrécis cependant en arrière, mais largement ouverts de ce côté, comme de l'autre : ils sont nus dans l'espace d'un pouce de leur origine. Il paroît qu'on en trouve qui le sont totalement, comme le dit Pallas d'individus qu'il a observés sur des masses d'œufs de buccin ondé.

La térébelle qui est retirée par force de son tube, peut très-probablement en aller former un autre ; en effet, Pallas dit que, quand on la trouble trop, elle en sort spontanément et fuit par un mouvement lombricoïde.

On connoît déjà cinq espèces de véritables térébelles, qui sont presque toutes des mers d'Europe. M. Savigny en a décrit deux de plus, dont une de la mer Rouge, dans son Système des annélides. Il les divise en trois sections, d'après le nombre des paires de branchies. Peut-être en trouveroit-on une meilleure distribution en considérant celui des segmens thoraciques.

A. *Espèces qui ont douze anneaux thoraciques seulement et trois paires de branchies.*

La Térébelle renflée, *T. inflata.* Corps assez peu alongé, fortement renflé dans sa région thoracique, composé de douze articulations seulement ; bande abdominale large et prolongée, très-rétrécie jusqu'au vingtième anneau ; partie abdominale formée de soixante-quinze anneaux ; cirrhes nombreux et assez larges ; trois paires de branchies, croissant de

la première à la troisième , et fortement ramifiées; lèvre supérieure très-grande.

J'ai observé cette espèce, qui est de petite taille, dans
des tubes grossiers adhérens à des coquilles d'huîtres, à
Paris.

La Térébelle ventrue; *T. ventricosa*, Bosc, Vers, t. 1, pl. 6,
fig. 4 et 5, sous le nom d'amphitrite ventrue. Corps peu
alongé, renflé et ventru en avant, ayant des soies subulées
à tous les anneaux.

Cette espèce, mal connue, la figure et la description de
M. Bosc étant incomplètes, a été observée dans l'Amérique
septentrionale.

B. *Espèces qui ont dix-sept paires de pieds thoraciques, trois paires de branchies et deux paires de
lobes latéraux aux deux anneaux céphaliques postérieurs.* (T. simplicis, Savigny.)

La Térébelle coquillière : *T. conchilega*, Linn., Gmel.,
page 3113, n.° 3; *Nereis conchilega*, Pallas, *Misc. zool.*, p. 131,
tab. 8 , fig. 17 — 22 ; cop. dans l'Enc. méth. Corps fort alongé,
atténué et fort grêle en arrière, composé de dix-sept anneaux thoraciques et de cent quatorze segmens abdominaux;
branchies postérieures plus courtes que les autres; tentacules
assez peu nombreux, médiocres ; les postérieurs les plus longs.
Couleur d'un blanc un peu rosé.

Tube cylindrique, vertical, composé de grains de sable
et de fragmens de coquilles.

La T. prudente; *T. prudens*, G. Cuvier, tome II, pag. 81,
de ce Dictionnaire.

Tube composé comme dans l'espèce précédente, mais terminé supérieurement par un assez grand nombre de divisions
également tubuleuses et formé aussi de grains de sable.

M. Savigny rapporte cette espèce à la précédente, et
peut-être avec raison. J'ai trouvé souvent ces tubes sur les
côtes de la Manche; mais je n'ai pas examiné l'animal.

La T. Méduse : *T. medusa*, Savigny, Syst. annélid., page 85,
n.° 2; Égypt., annélid., pl. 1, fig. 3. Corps de cinq à six pouces
de long, sensiblement ventru, non bordé, composé de quatre-

vingt-sept segmens courts, dix-sept pour le thorax et soixante-dix pour l'abdomen; barbillons très-grands. Couleur cendrée, avec un trait noir sur les rames ventrales thoraciques, et deux autres traits noirs sur le bord postérieur et supérieur de ses segmens.

Tube tortueux, composé de cailloux et de gros fragmens de coquilles.

Des côtes de la mer Rouge.

La T. CIRRHEUSE: *T. cirrata*, Linn., Gmel., pag. 3112, n.° 1; d'après Muller, *Würm.*, page 188, tab. 15, fig. 1 et 2; cop. dans l'Enc. méth., pl. 58, fig. 16 et 17. Corps assez alongé, largement conique; thorax peu distinct, composé de dix-sept anneaux; barbillons cirrheux, peu nombreux, presque égaux, fort longs; branchies divisées en cinq à six rameaux; point d'appendices squamiformes aux anneaux céphaliques; tube assez ample, presque horizontal, de sable, de fragmens de coquilles et d'argile, mais sans membrane interne.

Dans le sable, sous les rochers, dans la mer du Nord.

Elle fournit une couleur d'un beau rouge.

C. *Espèces qui ont le segment labial bilobé; point d'appendices squamiformes aux anneaux céphaliques; deux paires de branchies ramifiées à la base, et dix-neuf segmens thoraciques.* (T. PHYZELIÆ, Sav.)

La TÉRÉBELLE SCYLLE; *T. scylla*, Savigny, loc. cit., n.° 4. Corps de trois ou quatre pouces, cylindrique, alongé; thorax peu distinct, de dix-neuf anneaux; abdomen composé de segmens; barbillons assez larges. Couleur grisâtre.

Tube de sable très-fin.

Des côtes de la mer Rouge et de l'Océan.

La T. JAUNE, *T. lutea*. Corps alongé, un peu renflé en avant, très-grêle et très-prolongé en arrière; thorax court, de huit segmens. Tête sans lobes latéraux; barbillons labiaux, médiocres et au nombre de huit environ de chaque côté; branchies fort petites au nombre de deux de chaque côté; la première à cinq ou six divisions, la dernière à trois au plus; huit à neuf paires de pieds thoraciques, avec des soies.

Tube flexueux formé de grains de sable, appliqué sur les huitres.

J'ai observé cette espéce, fort grêle et longue dans sa partie abdominale, sur les huîtres comestibles à Paris. Il se pourroit qu'il y ait des soies à tous les pieds. Elle est d'un beau jaune, du moins dans sa partie abdominale.

D. *Espèces qui ont des soies à tous les pieds; une ou deux paires de branchies.*

La Térébelle chevelue : *T. cincinnata*, Oth. Fab., *Faun. Groenl.*, n.° 270. Corps de neuf pouces de long, gros comme une plume de cygne, formé d'environ cent segmens ayant tous des soies subulées ; branchies munies à leur bord de deux filets subulés et noirâtres.

Tube horizontal, un peu courbé à l'extrémité, membraneux et couvert de grains de sable.

Des mers de Norwége.

La Térébelle papilleuse : *T. cristata*, Linn., Gmel., p. 3111, n.° 5 ; d'après Muller, *Zool. Dan.*, 2.ᶜ part., page 40, t. 70. Une seule paire de branchies ; dix-sept paires de pieds thoraciques ; barbillons courts.

Elle vit dans des trous d'argile.

Il faudra encore ajouter les *T. gigantea*, *cirrata*, *subulosa*, *constricta* et *nebulosa* de Montagu, *Trans. linn.*, tom. 12, tab. 11, 12 — 33, qui ont trois paires de branchies et qui doivent être rangées dans la première section.

Parmi les chétopodes placés dans le genre *Terebella* de Gmelin, il faut retrancher les *T. complanata*, *carunculata*, *rostrata* et *flava*, qui constituent le genre Amphinome de Bruguière ; les *T. bicornis* et *stellata*, qui sont des serpules ; la *T. aphroditois*, qui est un néréidonte, ainsi que la *T. rubra*, qui est probablement une néréide proprement dite. Il ne restera donc que les trois premières espéces. (De B.)

TEREBELLUM. (*Conchyl.*) Nom latin du genre Tarrière. (De B.)

TÉRÉBENTHINE. (*Bot.*) Espéce de résine produite par plusieurs arbres des genres Pistachier, Pin et Sapin. (L. D.)

TÉRÉBENTHINE. (*Chim.*) Voyez Résines. (Ch.)

TÉRÉBENTHINE. (*Bot.*) Paulet (Trait. des champ., 2. p. 188, pl. 82, fig. 4) donne ce nom à un champignon du genre Agaric. Son chapeau est d'un gris-brun plus foncé ar.

centre, légèrement marbré, garni en dessous de feuillets d'un jaune sale, et porté sur un stipe aplati, évasé du haut. Cette plante a une odeur sensible de térébenthine et une saveur désagréable. Des expériences faites sur des animaux la rendent suspecte. Elle croît dans la forêt de Sénart. Il ne faut pas la confondre avec le *moutardier*, qui, dans le Traité des poisons par Orfila, porte aussi le nom de *térébenthine*. (LEM.)

TÉRÉBINTACÉES. (*Bot.*) Nous avions établi une famille de plantes tirant son nom du térébinthe ou pistachier, un de ses genres, et divisée en plusieurs sections qui, examinées plus récemment, ont été jugées propres à former des familles distinctes. Soit qu'on les considère comme sections, soit qu'on les sépare en familles, plusieurs ont entre elles une affinité telle qu'on doit au moins les laisser unies dans un même groupe, comme on fait pour les diverses sections des rosacées. De plus, désirant qu'elles soient mentionnées dans ce recueil et n'ayant plus le moyen de les placer à leur rang alphabétique sous le nom de familles, nous les rappellerons ici sous celui de sections dans la famille dite des Térébintacées. Elle appartient à la classe des Péripétalées ou dicotylédones polypétales à étamines insérées au calice, en observant que cette désignation convient à toutes celles du même groupe. Elles ont aussi un caractère général formé de la réunion des suivans.

Un calice d'une seule pièce, non adhérent à l'ovaire, à divisions profondes, en nombre défini. Plusieurs pétales, alternes avec ces divisions et en nombre égal, imbriqués dans la préfloraison (manquant quelquefois), insérés au fond du calice au-dessous d'un disque calicinal, lequel n'existe pas toujours. Filets d'étamines en nombre égal, alternes avec ces pétales ou en nombre double, insérés au même point, tantôt tous stériles ou nus dans les fleurs dites alors femelles, tantôt tous fertiles et distincts, insérés sur le disque mentionné, tantôt, en l'absence du disque, réunis à leur base en un anneau; anthères biloculaires, portées sur l'intérieur du sommet des filets, et s'ouvrant dans leur longueur.

Ovaire libre, non adhérent, simple ou multiple, quelquefois avorté ou nul (dans les fleurs dites mâles). L'ovaire, simple, à une ou deux ou plusieurs loges contenant un ou deux ovules, est surmonté de plusieurs styles portant chacun leur stigmate, ou d'un seul style (quelquefois nul) dont le stigmate est simple ou lobé; son fruit est une capsule, ou une baie, ou un drupe, à une ou plusieurs loges mono- ou dispermes. Lorsqu'il y a plusieurs ovaires, chacun est surmonté d'un style ou au moins d'un stigmate simple, et devient une capsule uniloculaire mono- ou disperme. Les graines, dont une avorte quelquefois, recouvertes d'un tégument membraneux, simple ou double, contenant un embryon denué de périsperme, à lobes épais, à radicule couchée sur ces lobes ou plus ordinairement droite, tantôt descendante quand la graine adhère immédiatement au bas de la loge du fruit, tantôt plus souvent ascendante, soit lorsque la graine tient au sommet de la loge par un cordon ombilical très-court, soit lorsqu'elle tient à l'extrémité supérieure d'un cordon qui s'élève du fond de la loge.

Les végétaux de ce groupe sont des arbres ou des arbrisseaux contenant la plupart un suc balsamique résineux ou caustique. Les-feuilles sont alternes, non stipulées, simples ou ternées, ou pennées avec impaire. Les fleurs sont terminales ou axillaires, la plupart hermaphrodites, quelques-unes polygames ou diclines par avortement.

Nous avons dit, avec quelques auteurs modernes, que ce groupe se partage en plusieurs sections, dont on pourroit faire autant de familles. Elles seroient distinguées d'après la considération de la présence ou absence d'un disque calicinal, de la séparation ou réunion basilaire des filets d'étamines, de l'ovaire simple ou multiple, uni- ou pluriloculaire, à loges uni- ou biovulées. On peut aussi considérer secondairement le point d'attache des ovules et des graines dans leurs loges, et la disposition respective de la radicule et des lobes de l'embryon.

Si le groupe général reste divisé en sections, le nom de Térébintacées doit lui rester, et on donnera celui d'Anacardiées à la première section qui comprend les vraies Térébintacées. Elle tire son caractère distinctif de l'existence d'un disque, de la séparation des filets d'étamines, d'un ovaire simple, uniloculaire, uniovulé et conséquemment d'un fruit monosperme. On y rapporte les genres *Anacardium offic.* ou

Semecarpus de Linnæus fils ; *Cassuvium* de Rumph ou *Anacardium* de Linnæus ; *Rhincocarpus* de M. Kunth ; *Cambessedea* du même ; *Mangifera* ; *Buchanania* de Roxburg ; *Pistacia* ; *Astronium* ; *Comocladia* ; *Picramnia* de Swartz, qui a de l'affinité avec le précédent ; *Rhus* ; *Mauria* de M. Kunth ; *Duvana* du même ; *Schinus* ; *Sorindia* de M. du Petit-Thouars. Cette section est divisée en deux par M. De Candolle, qui conserve le nom d'Anacardiées à la première, contenant les dix premiers genres, dans lesquels il indique une radicule couchée contre les lobes ; la seconde est celle des Sumachinées, dont la radicule est droite sur les lobes et qui réunit le *rhus* avec les genres suivans.

La seconde section, regardée comme famille par M. Kunth, reçoit le nom de Bursériacées ; on y retrouve, comme dans la précédente, le disque calicinal, les filets libres ; son ovaire est également simple, mais pluriloculaire, à loges biovulées, et son fruit drupacé contient plusieurs nucules monospermes par avortement. On y ajoute encore la préfloraison ordinairement valvaire de la fleur et la radicule droite de l'embryon. M. Kunth y rassemble les genres suivans : *Elaphrium* de Jacquin, qu'il détache du *Fagara*, genre d'une autre famille, auquel Linnæus l'avoit réuni ; *Boswellia* de Roxburg ; *Balsamea* de Gleditsch, ou *Balsamodendrum* de M. Kunth ; *Icica* d'Aublet ; *Protium* de Burmann, détaché de l'*Amyris*, genre reporté ailleurs ; *Bursera* ; *Marignia* et *Colophonia* de Commerson, séparés du précédent ; *Canarium*, dont le *Dammara* de Rumph est très-voisin ; *Hedwigia* de Swartz, et son congénère *Tetragastris* de Gærtner. M. De Candolle, adoptant cette réunion, a seulement omis l'*Elaphrium*, transporté ici le *Sorindia* de la section précédente, et ajouté le *Garruga* de Roxburg, genre nouveau.

Dans la section ou famille des Spondiacées, que nous plaçons ici la troisième, on voit encore le disque, les étamines libres, l'ovaire simple, multiloculaire, mais à loges uniovulées, et devenant un fruit drupacé, contenant, non plusieurs nucules monospermes, mais une seule noix ou coque, *putamen*, à cinq loges monospermes. Les deux auteurs cités plus haut n'y rapportent que deux genres, le *Spondias*, dont la radicule de l'embryon est droite et descendante, et le *Pou-*

partia de Commerson, dans lequel ils la disent ascendante et courbée sur les lobes : cette différence paroît mériter un nouvel examen.

Une quatrième section est celle des Connaracées ou Connarées, que M. R. Brown a, le premier, séparé des Térébintacées, pour en former une famille distincte. Les deux auteurs cités sont d'accord avec lui pour y rapporter les genres *Connarus* de Linnæus, *Rourea* d'Aublet, et celui que nous avons nommé *Cnestis*. On ne trouve plus ici le disque calicinal; les filets d'étamines ne sont point libres, mais réunis en anneau ou tube à leur base; ils s'insèrent au fond du calice, très-près du support du pistil, ce qui rend cette insertion ambiguë. Le pistil est composé, non d'un seul ovaire, mais de cinq, uniloculaires et biovulés, dont cependant trois ou quatre avortent souvent. Ils deviennent autant de capsules monospermes (par avortement), s'ouvrant du côté intérieur. La graine, insérée au bas de la loge, contient un embryon antitrope, suivant l'expression de Richard, c'est-à-dire dont la radicule est dans une direction contraire, dirigée vers le sommet de la loge. Ces caractères paroissent communs aux trois genres; mais on trouve dans le *Cnestis* un périsperme bien formé, qui n'existe pas dans les deux autres et peut laisser quelques doutes sur cette réunion. Nous avions placé primitivement ceux-ci parmi les vraies térébintacées, ne connoissant pas alors la situation respective de la graine et de son embryon, et le *Cnestis* avoit été mis dans une section distincte avec les Zanthoxylées, qui ont comme lui un périsperme, et qui, plus récemment, ont été reportées près des Rutacées. Cet ancien rapprochement n'est peut-être pas exact; mais le nouveau exige encore quelque attention.

M. Kunth joint à cette section avec doute le *Brunellia* de la Flore du Pérou, qui a un périsperme, et le *Brucea* de Miller, dans lequel il n'est pas mentionné. M. De Candolle les admet avec les précédens, et y ajoute l'*Omphalobium* de Gærtner, par lui détaché du *Connarus;* l'*Eurycoma* de M. Jackson ; le *Tetradium* de Loureiro, ainsi que l'*Ailantus* de M. Desfontaines, que l'on trouve ailleurs, rapproché récemment avec doute des Zanthoxylées. Nous nous contentons de transcrire ici ces citations, sans porter un jugement qui doit être précédé par de nouvelles observations.

Les quatre sections ou familles que nous venons de parcourir, seront probablement conservées dans un même groupe. Les auteurs cités en ajoutent deux autres qui, d'après les caractères énoncés, devront en être éloignées. La première est celle qu'ils nomment les Amyridées, composée du seul genre *Amyris*, réduit à un plus petit nombre d'espèces par le transport des autres au genre *Balsamodendrum* de M. Kunth. C'est lui qui, le premier, a établi le caractère de cette famille : il lui attribue un calice à quatre divisions, quatre pétales hypogynes, huit étamines ayant la même insertion, un ovaire simple, uniloculaire, biovulé, dont le support est épaissi; des ovules pendans, un stigmate sessile en tête, un fruit drupacé, monosperme, un embryon non périspermé, à lobes charnus, à radicule courte et montante. Les espèces conservées dans ce genre sont des arbres ou arbrisseaux résineux, à feuilles opposées, pointillées, ternées ou pennées avec impaire, à fleurs paniculées, axillaires ou terminales, et accompagnées de bractées. Il reporte avec doute cette série près des Aurantiacées, à cause de l'insertion hypogyne des pétales et des étamines. M. De Candolle adopte ce caractère et partage le même doute. On voit d'après cet exposé que cette famille n'est pas la même que celle à laquelle M. Rob. Brown donne ce nom dans son travail sur les plantes du Congo, puisque ses Amyridées ont l'insertion périgyne, et sont fondées évidemment sur les espèces d'*amyris* reportées au *Balsamodendrum*, et qu'elles rentrent dès-lors dans les Bursériacées mentionnées plus haut. L'insertion hypogyne indiquée par M. Kunth ne permet pas de laisser ses Amyridées près des Térébintacées, malgré quelques rapports de moindre valeur, et elle motive en partie leur affinité avec les Aurantiacées. Cependant ce rapprochement n'est pas définitif, et probablement il donnera lieu à de nouvelles recherches.

Si on ajoute aux travaux de MM. Brown, Kunth, **De** Candolle, ceux de M. Adr. de Jussieu, sur les Zanthoxylées, on reconnoît qu'elles ont l'insertion hypogyne, qu'elles appartiennent avec les Diosmées et d'autres au groupe nombreux des Rutacées; qu'avec le *Zanthoxylum* elles contiennent aussi le *Toddalia*, le *Ptelea*, ainsi que les *Brunellia* et *Brucea* mentionnés plus haut; que' les Ptéléacées de MM. Kunth et De Candolle doivent être refondues dans les Zanthoxylées et disparoître ici de la série des Térébintacées, puisque d'ailleurs la véritable affinité de ces genres étoit déjà soupçonnée par ces auteurs. On restera indécis sur l'addition faite par eux du *Cneorum* et du *Spathelia* dans cette série, quoiqu'ils aient également l'insertion hypogyne, parce qu'ils diffèrent dans quelques points.

Lorsque le noyer, *Juglans*, étoit un genre isolé, n'ayant d'affinité bien marquée avec aucune famille, mais présentant seulement quelques légers rapports avec les Térébintacées, nous l'avions laissé à la suite de cette famille jusqu'à ce que sa place fût mieux déterminée et qu'on pût lui associer d'autres genres. Richard n'a pas attendu cette addition pour établir dans ses manuscrits la famille des Juglandées, que M. Kunth a adoptée et insérée dans son travail sur les Térébintacées. Nous la rappellerons ici, parce qu'elle n'a pu être mentionnée à son rang dans ce recueil. Son caractère général, qui est celui du noyer lui-même, est formé des suivans :

Fleurs monoïques, dont les mâles, disposées en chatons axillaires, ont un calice divisé à son limbe en plusieurs parties, porté sur un support court et latéral, dénué de corolle, accompagné d'une bractée ou écaille, et entourant plusieurs étamines en nombre défini ou indéfini, dont les anthères sont biloculaires, droites et presque sessiles. Les fleurs femelles, séparées des mâles, au nombre d'une à trois, ont un grand calice divisé par le haut en quatre petits lobes, supère, adhérant à l'ovaire, qui est uniloculaire, uniovulé et surmonté d'un ou deux styles et autant de stigmates. A sa partie supérieure, près des divisions du calice, on trouve quatre pétales ou appendices (qui n'existent pas toujours), quelquefois réunis par le bas en forme de corolle monopétale. Le fruit est un brou assez gros, contenant une noix monosperme, ordinairement divisible en deux valves. Sa graine est partagée inférieurement en quatre lobes qui s'enfoncent dans autant de demi-loges formées par des portions de cloisons sèches. Son embryon, très-gros, sans périsperme, a des lobes ou cotylédons charnus, sinués, et une radicule droite, dirigée supérieurement.

Toutes les Juglandées sont de grands arbres à rameaux alternes, ainsi que les feuilles, qui sont pennées avec impaire et dénuées de stipules.

Cette famille est maintenant composée de trois genres. le *Juglans*, le *Carya* de M. Nuttal, auparavant *Juglans olivæformis* de Linnæus (voyez Noyer pacanier), et le *Pterocarpa* de M. Kunth, qui étoit le *Juglans pterocarpa* de Michaux. L'auteur de ce dernier genre soupçonne encore que le Decostea de la Flore du Pérou (voyez ce mot) pourroit être placé à la suite.

On reconnoît facilement, d'après cet exposé des caractères des Juglandées, qu'elles diffèrent beaucoup du groupe des Térébintacées, surtout par leurs fleurs mâles en chatons, éloignées des femelles, et par l'adhérence presque complète du calice à l'ovaire. La place de cette famille n'est pas encore déterminée, mais elle sera peut-être reportée parmi les Diclines, si cette classe est conservée. (J.)

TÉRÉBINTHE ou THÉRÉBINTE. (*Bot.*) Nom d'une espèce de pistachier. (L. D.)

TEREBINTHIZURA. (*Min.*) Ce seroit d'après son nom, à ce que dit Dioscoride, un jaspe d'un jaune de térébenthine ; mais Pline dit que ce nom est impropre et que ce jaspe est composé de plusieurs pierres du même genre, c'est-à-dire du genre du Jaspe et peut-être de l'Agate. On ne peut douter qu'il n'y ait ici confusion et que, par cette seconde définition, Pline n'ait voulu désigner ces jaspes bréchiformes si communs en Sicile et dans un grand nombre d'autres lieux. (B.)

TEREBINTHOIDES. (*Bot.*) Le genre incomplet, cité sous ce nom dans la *Fl. zeyl.* de Linnæus, a été regardé par Commerson comme le même que son *Evia* à fruit lisse, reporté par nous au *Spondias* de Linnæus, genre de Térébintacées. (J.)

TEREBINTUS. (*Bot.*) Le genre que beaucoup d'anciens désignoient sous ce nom latin, adopté par Tournefort, étoit partagé en deux par Matthiole, C. Bauhin et d'autres, qui nommoient *Pistacia* les espèces dont l'amande est plus grosse et bonne à manger. Linnæus les a laissés réunis avec raison ; mais il a préféré le nom *Pistacia* comme générique, et celui de *terebintus* est devenu spécifique du térébinte proprement dit, d'où découle la térébenthine, et que Dioscoride nommoit *Termintos*, selon Adanson. (J.)

TEREBRA. (*Conchyl.*) Nom latin du genre Vis. (De B.)

TÉRÉBRANS, *Hymenoptera terebrantia.* (*Entom.*) M. Latreille désigne sous ce nom la première des deux grandes sections qu'il a cru devoir établir parmi les hyménoptères, et qui est caractérisée par la présence d'une tarière dans les femelles.

Cette section est ensuite partagée en deux grandes familles, et celles-ci sont divisées en tribus. La première famille comprend nos uropristes ou serricaudes, qui sont ici nommés Porte-scie, *Securifera,* ce qui n'annonce pas qu'ils portent une hache. Ceux-ci sont partagés en deux tribus seulement, les *tenthrédines* (*tenthredinetæ*) et les *urocérates.* La seconde famille des térébrans porte le nom de Pupivores; elle se partage en six tribus, les *évaniales,* les *ichneumonides,* les *gallicoles* ou *diplolépaires,* les *chalcidites,* les *chrysides* et les *oxyures.*

Cette seconde famille n'a aucun rapport avec les insectes de la première, qui sont tous phytophages et qui proviennent de larves dont les formes et les habitudes sont à peu près celles des chenilles; tandis que les larves des pupivores sont apodes et n'ont aucune ressemblance dans les mœurs avec celles des uropristes. Ces six tribus correspondent, dans la Méthode analytique, aux familles des néottocryptes ou abditolarves, des entomotilles ou insectirodes, des systrogastres ou chrysides. (C. D.)

TÉRÉBRATULE, *Terebratula.* (*Malacoz.*) Genre d'animaux mollusques bivalves, établi et parfaitement défini par Linné dans la 12.ᵉ édition de son *Systema naturæ,* sous le nom d'*Anomia,* et dans lequel plusieurs espèces qui n'y convenoient pas ont été introduites. Muller et, de son côté, Bruguière, pour remédier à ce défaut, séparèrent ces espèces, et par une singularité qui s'est déjà reproduite plusieurs fois en zoologie, ils leur conservèrent le nom primitif du genre, tandis qu'au contraire ils en firent des véritables anomies un nouveau genre qu'ils nommèrent Térébratule. C'est ce qu'il est aisé de démontrer, comme l'a déjà fait M. Gray, en copiant les caractères du genre *Anomia* de Linné: *Animal corpore ligula emargi-*

nata, ciliata; ciliis valvæ superioris affixis; brachiis? linearibus corpore longioribus, conniventibus porrectis, valvæ alternis utrinque ciliatis; ciliis affixis valvæ utrinque. Testa inæquivalvis; valva altera planiuscula, altera basi magis gibba; harum altera basi sæpe perforata. Cardo cicatricula lineari prominente introrsùm dente laterali; valvæ vero planioris in ipso margine. Radii duo ossei pro basi animalis. Ainsi, quoiqu'il soit assez difficile de traduire ce que dit Linné de l'animal de son genre *Anomia*, on voit aisément que cela ne peut s'appliquer qu'aux animaux et aux coquilles que l'on connoît sous le nom de Térébratule, et nullement à ceux qui sont désignés aujourd'hui sous la dénomination d'Anomie. Le nom d'Anomie même, pris indubitablement du *concha anomia* de Fabius Columna et du *pectunculus anomius* de Lister, qui sont de véritables térébratules, montre encore que sous le nom d'Anomie Linné entendoit les térébratules: et il est fâcheux que Bruguière ait si peu réfléchi en faisant sa division nécessaire dans ce genre. Mais aujourd'hui le temps et l'usage ont confirmé l'erreur de Muller et de Bruguière, et tout le monde est d'accord à ce sujet de réserver le nom d'Anomie à des animaux voisins des huîtres, et celui de Térébratule, emprunté d'une espèce d'*anomia* de Linné, à des êtres fort rapprochés des lingules, dont nous allons donner tout à l'heure la définition générique. Mais auparavant disons ce que nous savons de l'animal de la térébratule et de sa coquille. Pour mieux entendre la singulière disposition de celui-là, nous allons commencer par une description de celle-ci.

La coquille d'une térébratule doit être considérée comme horizontale, au contraire de celle de la lingule, qui est toujours verticale : ainsi on peut y considérer une valve inférieure et une valve supérieure; l'une et l'autre, et par conséquent la coquille entière, sont parfaitement symétriques ou équilatérales, mais elle n'est pas équivalve, une des valves, l'inférieure, étant toujours plus petite que la supérieure. Celle-ci, assez ordinairement plus bombée que l'autre, offre pour caractère presque constant d'avoir son sommet plus ou moins prolongé en une sorte de crochet, quelquefois recourbé en bas; ce crochet est toujours perforé à son sommet ou creusé par une rigole proportionnelle à sa longueur, et dont les bords, en se touchant, terminent le canal, ce qui produit à l'extrémité un trou de forme un peu variable, c'est-à-dire ronde ou plus ou moins triangulaire, qui a valu à ce genre de coquilles le nom de Térébratule. M. Valenciennes dit avoir remarqué que cette rigole est constamment close par deux petites pièces latérales, qui sont cependant quelquefois assez écartées et trop petites pour se toucher; et alors il faut que le reste soit rempli par une membrane. J'avoue n'en avoir vu sur aucune des espèces de térébratules vivantes que j'ai examinées, et Pallas ne mentionne rien de semblable. J'ai bien observé dans quelques espèces, et entre autres dans celles dont l'ouverture n'est pas bordée dans toute sa circonférence, comme dans la *T. dorsata*, que de chaque côté il y avoit un sillon oblique qui simuloit une petite pièce triangulaire; mais elle n'étoit certainement pas distincte. Cette première valve n'offre, du reste, rien de remarquable que deux enfoncemens peu marqués, assez rapprochés du sommet, et qui servent à l'insertion de deux muscles assez considérables, dont il va être question tout à l'heure. Il n'en est pas de même de la valve inférieure ou operculiforme : toujours plus courte que la supérieure, avec laquelle elle se joint rigoureusement, elle est aussi toujours moins bombée, et son sommet, peu marqué, non prolongé, se place au bord de la membrane ou de la partie calcaire qui ferme l'ouverture de l'autre valve. Outre les tubercules de la charnière, cette valve présente à son intérieur un singulier appareil d'appendices ou de saillies de forme très-différente dans chaque véritable espèce, et qui se laisse assez difficilement définir. De chaque côté du tubercule articulaire, dont il va être question tout à l'heure, naît en dedans une sorte de côte saillante, de la racine de laquelle sort une apophyse plus ou moins développée, qui se jette un peu en dehors et en avant, ou en dedans : quelquefois le système de support ne consiste qu'en cela; mais d'autres fois les deux côtes radicales se prolongent en arrivant jusqu'à la ligne médiane, et se terminent à une côte moyenne, qui, après s'être avancée plus ou moins loin dans la coquille, donne naissance, à droite et à gauche, à un appendice de forme extrêmement variable, ce qui constitue une sorte de fourche. Ainsi donc il

53.   9

peut y avoir une seule paire d'apophyses libres ou de fourches radicales, ou bien il peut y en avoir deux. D'autres fois la branche de la fourche terminale se recourbe en arrière et va se réunir à la basilaire. Enfin il est des cas où la côte moyenne se termine sans se bifurquer. Malheureusement je ne connois pas encore de caractères extérieurs qui concordent avec ces différences dans le support de la valve inférieure. Les deux valves d'une térébratule se correspondent parfaitement dans toute leur circonférence, si ce n'est en arrière, où l'une dépasse l'autre plus ou moins, ou bien où il y a un espace libre ; mais elles ne peuvent s'ouvrir l'une sur l'autre que d'une manière très-incomplète, ce qui tient à une disposition tout-à-fait particulière d'engrenage, qui suffiroit pour caractériser les térébratules. En effet, chaque valve est pourvue, à droite et à gauche et à une distance variable du sommet et l'un de l'autre, d'un tubercule saillant, obtus, plus ou moins recourbé un peu en dedans : ceux de la supérieure se placent en dehors de ceux de l'inférieure, dans une excavation creusée au côté externe de ceux-ci ; il en résulte une véritable articulation ginglymoïdale très-serrée, et tellement que les valves ne peuvent réellement que s'entr'ouvrir, et qu'il est impossible de les séparer sans rompre ou briser les tubercules d'engrenage ; aussi n'y a-t-il aucune trace de ligament. Un autre résultat du mode d'articulation des valves des térébratules, c'est que, dans leur position normale, elles sont tout naturellement entrebâillées ; l'inférieure s'abaissant par son propre poids.

La forme et la position de la coquille étant bien entendues, voyons comme l'animal y est placé et quelle est sa structure. Ce que j'en vais dire est en partie extrait de Pallas et en partie observé par moi-même sur une espèce qui me paroît être la *T. truncata*, et dont l'animal, bien entier, étoit desséché. La coquille paroît être doublée par un manteau qui doit être fort mince, puisque Pallas en parle sous le nom de périoste. Quant au corps même de l'animal, il est véritablement tout entier contenu dans une petite partie de la coquille, serré contre les sommets et soutenu par les doubles fourches, quand il y en a. Il semble donc qu'il ait le ventre appliqué sur la valve complexe et le dos en haut ; car il

n'est pas placé comme le corps des bivalves l'est dans leur
coquille, une valve de chaque côté, ou bien la comparaison
avec les lingules est tout-à-fait fausse. Le corps des térébratules est donc déprimé ou aplati de bas en haut, et parfaitement similaire à droite et à gauche. Ce qui en constitue
la plus grande partie, c'est ce qu'on nomme actuellement les
bras, par comparaison avec ce qui existe dans la lingule, et
que Pallas avoit peut-être plus justement nommé des branchies. Pour mieux entendre la disposition qu'elles ont certainement d'après ce que j'ai soigneusement examiné, je dois
dire que dans le système de support de l'espèce que j'ai observée il n'y a que la fourche basilaire, assez avancée cependant et fort développée, sans barre longitudinale médiane ;
mais que les deux branches de la fourche sont réunies par
une barre transverse, de manière à former un arc demi-cir-
culaire, ouvert en arrière ou vers l'ouverture de la coquille,
et porté par les barres radicales. C'est dans l'excavation médiane, extrêmement peu considérable, bornée en arrière par
la barre transverse, en avant par les sommets et de chaque
côté par les barres radicales, qu'est la masse viscérale proprement dite, c'est-à-dire le canal intestinal, enveloppé probablement par le foie, appliqué et soutenu par le support semi-
lunaire et ses branches, en arrière, qui est l'appareil branchial. La bouche, parfaitement médiane et fort grande, est
en avant et un peu en dessous de la barre transverse du support, et comme incluse entre deux segmens de cercle, comme
l'a très-bien dit Pallas. Le canal intestinal, c'est-à-dire très-
probablement l'estomac, de forme comprimée et conique,
repose dans le sac anguleux de la valve plane, où il reçoit
l'œsophage. Il est entièrement entouré d'une certaine matière
noire, qui sans doute est le foie. Quant à l'anus, Pallas, dont
j'ai tiré tout ce que je viens de dire de l'appareil digestif,
n'en parle pas.

Les branchies ou les prétendus bras forment, suivant ce
que j'ai vu, un faisceau considérable de chaque côté, presque
tout-à-fait en arrière de la masse abdominale ; chacune est composée, non pas d'une seule ligule triangulaire, fort étroite,
pinnée dans toute son étendue, qui, attachée par sa base
sur les côtés de la bouche, se contournerait et serait libre à

son extrémité, mais d'une ligule longuement pinnée, plus large au milieu. atténuée aux deux extrémités, et qui, attachée par l'une de chaque côté, en avant de la bouche, après s'être portée en arrière et en dessous, remonte en dessus, en se contournant, se dirige de nouveau vers son origine, se recourbe, en s'appuyant sur le bras correspondant de la fourche, et forme, en se réunissant dans la ligne médiane à celle du côté opposé, une masse voûtée, où finit, en dessous et en arrière de la barre osseuse transverse. l'autre bout de la ligule. Tout son bord externe est garni de filamens aplatis, triangulaires, flexibles, quoiqu'un peu rigides, plus longs au milieu, et diminuant à mesure qu'ils s'approchent davantage de chaque extrémité. Ainsi chaque masse branchiale forme réellement deux plans, placés l'un au-dessus de l'autre, et qui, commençant à la bouche, finissent très-probablement à l'anus; en sorte qu'il faut voir dans ces singuliers organes des branchies de lamellibranches plus fermes, plus solides, surtout à cause de l'épaisseur de la ligule marginale, et probablement susceptibles par leurs mouvemens d'entr'ouvrir la coquille et d'en sortir en partie, mais nullement comme des bras que l'animal agiteroit au dehors, pour attirer l'eau qui doit servir à sa nourriture et à sa respiration.

L'appareil musculaire des térébratules n'est pas moins remarquable que leur appareil respiratoire; il offre aussi quelque chose d'intermédiaire à ce qui a lieu dans les lingules et dans les lamellibranches. Tous les muscles sont autour de la masse viscérale; les uns même semblent lui appartenir: et c'est entre leurs interstices que sont les intestins, tandis que les plus grands se portent d'une valve à l'autre. Pallas en décrit trois paires: je n'en ai vu bien distinctement que deux. La première ou la plus considérable, va du fond de la valve la plus convexe s'insérer auprès du milieu du bord antérieur de la valve la plus plate, soit à l'apophyse médiane plus ou moins bifurquée qui s'y remarque, soit à la membrane intermédiaire. Les deux autres, coniques, nées de celle-ci derrière la fourche, se portent obliquement dans le sinus de celle-là: ce sont très-probablement les fibres de l'un de ces muscles les plus internes, qui sortent par l'orifice de la valve percée, ou mieux, qui s'attachent à la membrane qui

en bouche l'orifice ; car il me semble probable que l'adhérence des térébratules se fait au moyen de cette membrane ,
et non immédiatement par les fibres musculaires.

D'après ce que je viens de dire de l'organisation des térébratules, quoique toutes les parties ne nous soient pas connues, il me semble qu'il est impossible de ne pas reconnoître
que ce sont des animaux intermédiaires aux lingules ou
palliobranches, et aux lamellibranches ou bivalves ordinaires ;
mais peut-être plus voisines de celles-ci. En effet, les branchies ne sont certainement pas attachées au manteau, et la
bouche n'est pas pourvue d'appendices labiaux extensibles
en forme de bras, comme dans ceux-là : mais aussi les branchies ne sont pas distinctes des appendices labiaux, et en
outre elles sont solides, résistantes, peut-être même mobiles
en totalité, au lieu d'être molles et flexibles, comme dans
les lamellibranches ; en sorte qu'on sera sans doute obligé
d'en former un ordre et peut-être une classe particulière.

La définition du genre Térébratule devra donc être ainsi
rédigée : Corps ovale ou arrondi, comprimé, horizontal ,
pourvu d'une double paire de branchies libres, résistantes,
extensibles, contournées en forme d'un double peigne ; contenu dans une coquille régulière, dorso-ventrale, équilatérale, inéquivalve ; la supérieure en général plus longue ,
plus bombée, et prolongée en un sommet percé d'un trou ou
échancré ; l'inférieure plus courte , plus plate, pourvue à
l'intérieur d'un système de support ou d'apophyse très-diversiforme ; charnière ginglymoïde, composée de deux tuberoules
ou dents plus ou moins écartés, pour chaque valve. Ligament
nul ; impressions musculaires non apparentes.

Les térébratules , si abondantes à l'état fossile, n'ont été
jusqu'ici connues qu'en petit nombre à l'état vivant, probablement parce qu'elles vivent fixées, à d'assez grandes profondeurs, aux corps immobiles et essentiellement aux rochers toujours submergés ; aussi ne savons-nous presque
rien sur leurs mœurs, et, comme nous l'avons vu plus haut,
pas grand'chose sur leur organisation. Nous savons cependant qu'il en existe dans toutes les mers. On en connoît, en
effet, des points les plus éloignés des deux hémisphères, c'està-dire de la Norwége et des mers de la Nouvelle-Hollande ,

ainsi que des mers des pays chauds. Leurs habitudes de vivre fixées aux rochers et même, à ce qu'il paroit, à d'autres corps, nous donnent peut-être la raison pour laquelle on trouve tant de fossiles dans ce groupe de corps organisés.

Quoique les espèces vivantes de térébratules soient encore assez peu nombreuses, on n'a pas encore pu les caractériser d'une manière un peu satisfaisante, parce que jusqu'ici on n'a pas considéré le moins du monde le système apophysaire de la valve inférieure ; malheureusement cela n'est pas même très-aisé. puisqu'on ne peut, sans la casser, ouvrir totalement la coquille. Il seroit cependant bien important de voir si des formes extérieures particulières concorderoient avec des formes également particulières du système apophysaire, parce qu'alors on pourroit essayer de définir les térébratules fossiles, travail dont la géologie tireroit sans doute beaucoup d'avantages. On pourroit aussi confirmer l'idée d'une sorte de dégradation insensible des premières espèces de térébratules les plus régulières, les plus voisines des lingules, jusqu'aux dernières, qui sont de plus en plus irrégulières, dont l'adhérence devient immédiate, et qui doivent passer aux anomies.

M. de Lamarck, ou plutôt M. Valenciennes, qui a fait l'article *Térébratule* de la nouvelle édition du Système des animaux sans vertèbres de M. de Lamarck, caractérise douze espèces de térébratules vivantes ; mais nous en connoissons au moins le double dans les collections. Faute de mieux, nous suivrons la division adoptée dans cet ouvrage.

A. *Espèces lisses ou sans stries ou sillons longitudinaux.*

La Térébratule vitrée : *T. vitrea ; Anomia vitrea*, Linn., Gmel., p. 3347, n.° 38 ; Encycl. méth., pl. 239, fig. 2 *a, b, c, d.* Coquille ovale, ventrue, très-mince, subtransparente ; valve supérieure bombée, terminée par un crochet perforé par un trou bien rond à son extrémité : une fourche apophysaire postérieure seulement, à branches assez grandes, minces et spatulées à l'extrémité, dans la valve inférieure : couleur blanche.

Cette espèce, qui a environ un pouce et demi de long sur un de large, se trouve, dit-on, dans l'océan Américain et dans la Méditerranée, où cependant il paroît qu'elle n'est pas très-commune.

La Térébratule élargie; *T. dilatata*, de Lamarck, Syst. des anim. sans vert., t. 6, part. 1, p. 245. Coquille assez grande, subquadrangulaire, un peu plus longue que large, et cependant comme dilatée par la saillie des angles de chaque côté, assez convexe, très-finement striée. ponctuée en travers, subtrilobée à l'extrémité postérieure; trou du sommet large, grand et non complétement fermé: couleur blanche ou d'un jaune de corne clair.

Le système apophysaire de cette belle espèce, dont on ignore la patrie, ne m'est pas connu.

La T. pois; *T. pisum*, id., *ibid.*, n.° 3. Coquille fort petite, subglobuleuse, lisse, avec le bord entier fortement sinueux en avant: couleur rougeâtre.

De l'Isle-de-France.

La T. globuleuse: *T. globosa*, id., *ibid.*, n.° 4; Encycl. méth., pl. 239, fig. 2. Coquille ovale, arrondie, ventrue, non sinueuse à sa circonférence; crochet de la grande valve avancé et percé d'un trou complet: couleur blanchâtre.

Patrie inconnue.

La T. arrondie: *T. rotundata*, id., *ibid.*, n.° 5; Encycl. méth., pl. 239, fig. 5 *a*, *b*. Coquille grande, arrondie, subquadrilobée à sa circonférence, et avec deux gros plis longitudinaux, lisse, à stries concentriques très-fines; crochet peu saillant, mais percé d'un trou rond et complet: couleur blanche.

Patrie inconnue.

La T. subvitrée; *T. subvitrea*, Leach, *Conch. brit.* Coquille ovale, subanguleuse de chaque côté, et comme coupée carrément à l'extrémité, lisse, à crochet non recourbé et percé d'une assez grande échancrure arrondie; fourche basilaire formée de branches très-grêles, très-longues et un peu arquées en dedans: couleur blanche.

Cette espèce, d'un pouce de long, que je trouve parfaitement figurée dans des planches gravées qui devoient faire partie d'un ouvrage non publié du docteur Leach, sur les mollusques d'Angleterre, est complétement distincte de la T. vitrée, dont elle se rapproche cependant, d'abord par la forme du crochet et de son échancrure, et ensuite par celle de son système apophysaire.

La Térébratule de Gaudichaud, *T. Gaudichaudi.* Coquille médiocre, subcirculaire, lisse, à stries concentriques très-fines; crochet assez saillant, non recourbé, percé d'un grand trou presque rond et bien complet: couleur d'un jaune de corne sale.

Cette espèce, presque tout-à-fait circulaire pour la valve inférieure, existe dans la collection du Muséum, où elle a été apportée par M. Gaudichaud, de l'expédition du capitaine L. de Freycinet.

La T. ponctuée, *T. punctata.* Coquille suborbiculaire, assez bombée, marquée de stries d'accroissement, surtout sur les bords, parfaitement entiers, et très-finement pointillée dans toute sa surface; valve supérieure prolongée en un crochet assez marqué, percée d'un trou médiocre, subtriangulaire et comme fermé en avant par deux petites pièces accessoires; valve inférieure avec un méplat médian; système apophysaire inconnu: couleur d'un blanc jaunâtre.

J'ignore la patrie de cette espèce, qui existe dans la collection du Muséum sous le nom ci-dessus.

La T. subtrilobée, *T. subtrilobata.* Très-petite coquille sub-quadrilatère, à valve inférieure peu bombée et un peu tri-lobée à sa circonférence; une grande échancrure, dont l'entrée est un peu plus large que le fond, au sommet de la valve supérieure: couleur de corne pâle.

Du voyage de M. Gaudichaud.

B. *Coquille sillonnée ou striée dans sa longueur.*

La T. jaunatre; *T. flavescens,* de Lamarck, *ibid.*, n.° 6. Coquille ovale, subtriangulaire en avant, très-finement et très-foiblement ponctuée, avec des sillons longitudinaux peu marqués et festonnant à peine le bord; crochet assez saillant, percé à son extrémité d'un trou rond, fort petit, à bords épais: couleur jaunâtre.

Des mers de Java, d'où elle a été rapportée par M. Leschenault.

La T. dentée: *T. dentata,* id., *ibid.*; *T. dorsata,* Pl. de ce Dictionn. Coquille ovale, arrondie, subcarénée en dessous;

très-finement et très-foiblement ponctuée, marquée de sillons longitudinaux très-profonds et crénelant fortement le bord; sommet de la grande valve peu ou point recourbé et percé d'un grand trou rond complété par les deux aires latérales : couleur blanche ou jaunâtre.

Cette espèce, rapportée par Péron, paroît intermédiaire à la précédente et à la suivante.

La Térébratule bossue : *T. dorsala ; Anomia dorsata*, Linn., Gmel., p. 3348, n.° 40; Enc. méth., pl. 242, fig. 4 *a, b,* c. Coquille subcordiforme, un peu transverse, subtrilobée par la saillie, comme gibbeuse, du dos de la valve supérieure, marquée d'un grand nombre de sillons longitudinaux denticulant assez fortement la circonférence; crochet peu saillant, perforé par un trou assez petit, complet ou échancré; système d'appendices formé par une tige médiane adhérente, portant à son extrémité une fourche dont les branches sont très-courtes : couleur d'un blanc grisâtre.

Du détroit de Magellan, dans la mer du Sud.

La T. bilobée : *T. bilobata*, de Blainv.; Encycl. méthod., pl. 242, fig. 1 *a, b, c, d*. Coquille médiocre, de douze à quinze lignes de long, symétrique, régulièrement pectinée et subbilobée par une excavation médiane de la valve inférieure, correspondant à une sorte de carène de la supérieure; celle-ci percée au sommet par un grand trou rond, complété par des aires latérales; celle-là pourvue d'un système apophysaire formé de barres radicales, libres, grêles, se continuant entre elles après une longue sinuosité, presque à la charnière, et réunies, en outre, par une barre transverse également fort grêle.

J'ignore la patrie de cette espèce, sans doute voisine de la *T. dentata*, mais qui en est bien distincte. C'est elle qui, par la disposition des branches du système apophysaire, peut faire concevoir ce qui existe dans les spirifères de M. Sowerby.

La T. pectinée ; *T. pectinata*, de Blainville. Coquille régulière, symétrique, subcirculaire, radiée régulièrement du sommet à la circonférence, ou pectinée, denticulée sur les bords et subtrilobée; valves inégales; la supérieure plus longue et plus bombée, avec une sorte de grosse carène arrondie, médiane, et un large trou transverse, échancré et accompagné de deux petites aires latérales, triangulaires au sommet; valve inférieure un peu excavée vers le milieu de sa circonférence, et s'avançant pour rejoindre une sinuosité marginale de la supérieure. Système apophysaire composé d'une tige médiane, adhérente, naissant par deux barres radicales, également adhérentes et se terminant par une fourche recourbée. Couleur d'un blanc grisâtre.

Je caractérise cette espèce d'après un individu de ma collection dont j'ignore la patrie. Quoique voisine de la *T. dorsata*, figurée dans l'Encyclopédie, il est impossible que ce soit la même espèce. Peut-être, cependant, la mienne est-elle la véritable *T. dorsata*, de Linné.

La Térébratule arrondie : *T. rotundata*, de Blainv.; Encycl. méth., pl. 245, fig. 6 *a*, *b*, *c*, *d*. Coquille assez petite (neuf à dix lignes de diamètre), arrondie, subtransverse, régulièrement pectinée, à bord denticulé, mais non sinueux; valves un peu inégales; la supérieure avec une large échancrure, semicirculaire, et deux aires triangulaires au sommet; l'inférieure plus déprimée. Système apophysaire formé d'une tige médiane adhérente, donnant naissance dans son milieu, de chaque côté, à une petite branche libre et se terminant par une trifurcation.

Je ne connois cette espèce que d'après la figure citée. Je la crois bien distincte.

La T. rouge; *T. sanguinea*, Leach, *Zool. Misc.*, p. 76, tab. 33. Coquille arrondie, subtransverse, un peu irrégulièrement sinueuse à la circonférence, marquée de points nombreux et très-fins, avec des côtes longitudinales assez peu profondes et denticulant le bord; crochet percé d'un grand trou un peu échancré; système apophysaire peu considérable, et cependant composé de la fourche basilaire et d'une très-petite à l'extrémité d'une barre longitudinale très-grêle : couleur d'un rouge de sang.

Des mers de la Nouvelle-Zélande.

M. de Lamarck croît qu'on doit rapporter à cette espèce la *T. capensis* de Linné et Gmelin; mais il est réellement difficile de l'assurer.

La T. de Pallas : *T. rubra*; *Anomia rubra*, Pall., *Spicileg. zoolog.*, pag. 184, tab. 14, fig. 2 — 11; cop. Encycl. méth., pl. 243, fig. 4 *a*, 4 *b*, 5 — 8. Coquille assez diversiforme, suborbiculaire, quelquefois semi-orbiculaire, sillonnée dans sa longueur et striée transversalement sur ses bords, qui sont comme imbriqués ; valve inférieure gibbeuse, tronquée vers le sommet, qui est percé d'une très-grande échancrure ; valve supérieure assez plate, à ligne cardinale droite ; système apophysaire composé d'une barre médiane assez courte et portant une fourche terminale à branches très-minces, tronquées et divergentes à angle droit : couleur blanche en dedans et le plus souvent rouge en dehors.

De l'océan Oriental.

D'après ce que dit Pallas, cette espèce, dont il a disséqué l'animal, est adhérente aux rochers au moyen d'une espèce de cartilage qui bouche l'échancrure cardinale.

La Térébratule tête-de-serpent : *T. caput serpentis ; Anomia caput serpentis*, Linn., Gmel., p. 3344, n.° 21 ; Chemn., *Conch.*, t. 78, fig. 712 ; *Anomia aurita*, Gmel., p. 3342, n.° 9 ; Gualt., *Test.*, tab. 96, fig. *B ; Anom. pubescens*, Linn., Gmel., p. 3344, n.° 19 ; Schröt., *Einl. in Conch.*, 3, p. 397, t. 9, fig. 10, *a, b ter ;* Tête-de-serpent, Enc. méth., pl. 246, fig. 7, *a, b, c, d, e. f.* Petite coquille ovale, assez déprimée, subbilobée à son extrémité élargie, dont les bords sont finement denticulés ; des stries concentriques, croisant régulièrement des sillons longitudinaux très-fins ; valve supérieure avec une grande échancrure à son sommet ; l'inférieure avec des barres longitudinales portant les branches de la fourche, qui sont fort petites et réunies par une barre transverse : couleur blanchâtre.

Des mers de Norwége, attachée aux zoophytes, et de la Méditerranée, surtout autour de l'île de Corse, d'après M. Payraudeau. Il paroît que dans le jeune âge elle est hérissée de poils très-courts ; c'est du moins ce que dit Zoëga de la *T. pubescens*, Linn., Gmel., que M. Valenciennes rapporte, sans doute avec raison, à son *T. caput serpentis*, ainsi que son *A. aurita*.

La T. tronquée : *T. truncata ; Anomia truncata*, Linn., Gmel., page 3343, n.° 14 ; Encycl. méth., pl. 343, fig. 2 *a, b, c.* Assez petite coquille, déprimée, courte, subtransverse, presque semi-orbiculaire, comme tronquée à l'extrémité cardinale et subbilobée à l'autre ; des stries transverses concentriques, croisant des sillons longitudinaux très-fins ; valve supérieure avec une échancrure large et triangulaire au sommet ; l'inférieure également échancrée au sommet et pourvue de deux barres radicales portant une fourche terminale courte, dont les deux branches sont réunies par une barre transverse.

Cette espèce, qui vient aussi des mers de la Norwége, a beaucoup de rapports avec la précédente, et appartient comme elle à une division particulière.

La Térébratule irrégulière ; *T. irregularis*, de Blainv. Coquille petite, mince, peu régulière, ovale en travers, marquée transversalement par des stries d'accroissement qui la rendent comme subostracée ; valve supérieure sensiblement plus bombée et largement échancrée d'un tubercule articulaire à l'autre ; valve inférieure plate, avec un sinus assez considérable à la place du sommet, et pourvue en dedans de deux barres radicales, portant à l'extrémité les branches de la fourche réunies entre elles à leur base par une barre transverse : couleur d'un blanc jaunâtre.

Cette espèce a le même système apophysaire que les deux précédentes, et appartient à la même division ; la coquille n'a réellement presque pas la forme d'une térébratule. C'est sur elle que j'ai pu étudier l'animal : elle me vient, je crois, de la Méditerranée.

La T. petit-disque : *T. disculus*, Pall., *Spicileg.*, pag. 184, tab. 14, fig. 1 *a, g;* cop. Encycl. méth., pl. 245, fig. 3 *a,* 3 *e.* Très-petite coquille très-mince, déprimée, semi-circulaire, à bord postérieur presque droit, sillonnée longitudinalement, surtout sur les bords ; valves égales, l'une et l'autre échancrées au sommet ; système apophysaire de l'inférieure comme dans la T. tronquée : couleur jaunâtre.

Cette espèce, qui a quelque chose d'intermédiaire aux deux précédentes, vient de la Méditerranée.

La T. cornée : *T. psittacea*, Linn., Gmel., p. 3348, n.° 41 ; Enc. méth., pl. 244, fig. 5 *a, b.* Coquille médiocre, globuleuse, gibbeuse, subtrilobée à son bord postérieur, très-finement marquée de stries transverses croisant des sillons longitudinaux très-nombreux et festonnés sur les bords ; valve supérieure commençant par un sommet prolongé en une sorte de bec recourbé, ouvert supérieurement par une échancrure étroite et triangulaire; valve inférieure assez bombée; système apophysaire composé de deux apophyses radicales recourbées en crochet sans barre transverse : couleur de corne, quelquefois presque noire.

Des mers du Groënland, suivant Gmelin, et en général des mers du Nord, sur les côtes de l'Amérique. Comme elle arrive souvent morte et pleine de vase dans nos collections, on a dit qu'elle vivoit dans la vase; mais c'est à tort : vivante elle s'attache comme les autres aux corps marins solides. La forme de cette espèce ne laisse pas que de varier beaucoup. Parmi un grand nombre d'individus que j'ai vus chez M. James Sowerby, à Londres, et dont il m'a donné généreusement plusieurs, je n'en ai pas trouvé deux exactement semblables.

La Térébratule lime : *T. scobinata*, Linn., Gmel., p. 3342, n.° 8; Gualt., *Test.*, tab. 96, fig. *A*. Coquille transverse, ovale, treillissée en dessus par des stries longitudinales nombreuses, croisées par des stries transverses bien marquées, et striée seulement dans le premier sens en dedans; valves presque égales, également échancrées au sommet; le système apophysaire avec deux barres radicales courtes, et une barre transverse d'où s'élève une espèce de large cuilleron bicorne à son extrémité : couleur blanchâtre.

Patrie inconnue.

La T. du Cap : *T. capensis*, Linn., Gmel., p. 3347, n.° 35; Chemn., *Conch.*, 8, tab. 77, fig. 703 *a*, *b*, *c*. Coquille subtronquée, arrondie et crénelée sur ses bords, striée dans sa longueur; valve supérieure avec une côte bi épineuse à son extrémité : couleur tantôt rouge, tantôt blanche.

Des mers du cap de Bonne-Espérance.

La T. détronquée : *T. detruncata*, Linn., Gmel., p. 3347, n.° 36; Chemn., *Conch.*, 8, t. 781, fig. 795 *a*, *b*, *c*, *d*. Coquille petite, orbiculaire, striée longitudinalement; valve supérieure plus plane, avec trois côtes intérieures, et perforée au sommet; l'inférieure striée dans sa longueur et bipartite par une cloison médiane.

De la mer Méditerranée, adhérente aux coraux.

Gmelin rapporte encore à cette espèce une figure de Gualtieri, *Test.*, tab. 96, fig. *e*, mais qui est au contraire triangulaire, cancellée d'une manière évidente et dont le sommet de la valve supérieure est très-prolongé et échancré largement. Ce ne peut être la même espèce.

La Térérratule sanguinolente : *T. sanguinolenta*, Linn., Gmel., p. 3347, n.° 37; Chemn., *Conch.*, 8, tab. 78, fig. 706. Coquille lisse, pellucide, convexe des deux côtés; valve inférieure émarginée et radiée sur les côtés; dos élevé : couleur de sang ; sommet saillant et perforé.

Des mers de l'Inde.

La T. crane : *T. cranium*, Linn., Gmel., p. 3347, n.° 39; Schröt., *Journ.*, 3, tab. 2, fig. 2. Coquille de trois quarts de pouce de large et un peu plus longue, ventrue, et cependant plus plane que la vitrée, extrêmement mince, pellucide, striée très-finement en travers : couleur d'un blanc de neige sous un épiderme d'un roux sale.

Des mers de Norwége.

La T. ventrue : *T. ventricosa*, Linn., Gmel., pag. 3348, n.° 44; Schröt., *Journ.*, 2, tab. 2, fig. 3. Coquille subovale, solide ; rostre canaliculé : couleur d'un orangé sale.

Patrie inconnue.

Ne seroit-ce pas un spondyle?

La T. noyau : *T. nucleus*, Linn., Gmel., pag. 3349, n.° 49; Mull.. *Zool. dan. prodr.*, 3008. Coquille glabre, ovale, sillonnée longitudinalement.

Des mers de Norwége.

La T. grain d'avoine : *T. avenacea*, Linn., Gmel., p. 3349, n.° 50; Mull., *Zool. dan. prodr.*, 3004. Coquille pyriforme, subcomprimée et comme prolongée vers les sommets.

De l'Océan septentrional.

La T. décapitée : *T. decustata ; T. truncata*, Risso (Hist. nat. de l'Eur. mér., tom. 4, p. 387, n.° 1058). Coquille sub-arrondie, tronquée au sommet, sculptée de stries divergentes élevées; valve supérieure un peu convexe; l'inférieure plane, à appendices triangulaires réunis, perforés à la base des deux côtés : couleur jaune.

Des mers de Nice.

La T. urne antique ; *T. urna antiqua*, id., ibid., n.° 1059. Coquille très-petite (6 millim.), lisse, tronquée en droite ligne au sommet, avec des côtes égales, **divergentes**, arrondies; épiderme couleur de brique.

La Térébratule en coin; *T. cuneata, id., ibid.,* n.° 1060. Extrêmement petite coquille (3 millim.), lisse, arrondie, tronquée au sommet, arrondie sur les côtés, sillonnée de larges côtes déprimées, divergentes, striées longitudinalement; couleur jaunâtre, avec des rayons d'un rouge vif.

La T. émarginée; *T. emarginata, id., ibid.,* n.° 1061. Coquille assez grande (25 centim.), lisse, subtrigone, à angles postérieurs arrondis et émarginés au milieu; des côtes divergentes, régulières, également distantes; valve supérieure pourvue intérieurement d'un appendice tubiforme; l'inférieure de deux dents cardinales alongées, lamelliformes; épiderme couleur de chair.

La T. carrée; *T. quadrata, id., ibid.,* n.° 1062. Coquille de 11 millimètres, carrée, arrondie vers les angles, très-luisante, sculptée de côtes convexes, écailleuses sur la valve supérieure, et de côtes tuberculées sur l'inférieure; épiderme d'un blanc d'ivoire.

La T. cardite; *T. cardita, id., ibid.,* n.° 1063. Coquille fort petite (6 millim.), lisse, cordiforme, à valves sculptées de côtes inégales, un peu rugueuses et divergentes: couleur jaunâtre.

La T. de Soldani; *T. Soldaniana, id., ib.,* n.° 1064. Coquille très-petite (4 millim.), luisante, à valves relevées de côtes très-distantes, peu nombreuses, et imprimées partout de petits points: couleur jaunâtre.

Cette espèce me paroît bien voisine de la *T. cuneata*, si ce n'est pas la même.

La T. en cœur: *T. cordata, id. ibid.,* n.° 1065. Petite coquille, de 5 millimètres de long, cordiforme, luisante, marquée sur les deux valves de très-petits points blancs: couleur d'un brunâtre translucide.

La T. aiguillonnée; *T. aculeata, id. ibid.,* n.° 1066. Coquille fort petite (4 millim.), lisse, subarrondie, translucide, aiguillonnée, à sommet lisse et un peu recourbé: couleur jaunâtre.

Ces neuf dernières espèces sont de la Méditerranée et probablement des côtes de Nice. Nous nous sommes bornés à copier presque complétement tout ce qu'il y avoit d'important dans les caractéristiques que M. Risso en a données;

aussi sommes - nous loin d'assurer qu'elles soient réellement distinctes. M. Ris so n'ayant cité ni auteur, ni figure,
n'en ayant pas donné lui-même, et n'ayant pas déposé les
objets dans les galeries du Muséum de Paris, ses descriptions
sont trop insuffisantes pour qu'il soit possible de dire ce
que c'est que ses nouvelles espèces de térébratules; il est
seulement assez singulier que, hors la T. vitrée, les espèces
que les auteurs, et entre autres M. Payraudeau, ont désignées
comme de la Méditerranée, ne se trouvent pas sur les côtes
de Nice, ce qui n'est pas présumable. Une autre observation,
c'est que, d'après M. Risso, les térébratules paroîtroient à
des époques différentes de l'année, comme si ces animaux
n'étoient pas constamment fixés aux mêmes lieux.

J'ai vu dernièrement, en Angleterre, plusieurs espèces
de térébratules qui m'ont paru nouvelles, mais que je n'ai
pu suffisamment étudier. Je me bornerai à en faire connoître
deux qui présentent dans le système apophysaire des différences notables.

La Térébratule tulipe; *T. tulipa*, de Blainv. Petite coquille
régulière, symétrique, ovale, alongée, assez peu convexe, à
valves subégales et lisses; la supérieure subcarénée et sortant
par un talon droit perforé à son extrémité; l'inférieure plus
courte, aplatie en arrière et pourvue en dedans d'une apophyse basilaire tétraèdre, bituberculée, et en arrière, d'une
crête saillante et élevée: couleur d'un blanc rosé, radiée de
rouge vif.

J'ignore la patrie de cette jolie espèce, dont je dois l'individu que je possède à M. Hœninghaus.

La T. ouverte; *T. aperta*, de Blainv. Petite coquille de
quatre lignes environ de diamètre, régulière, semi - circulaire par la grande troncature de son sommet, largement pectinée, à valves égales, très-épaisses; la supérieure largement
ouverte en avant, sans crochet; l'inférieure à ligne cardinale droite, pourvue intérieurement de trois apophyses comprimées, parallèles: couleur brune.

J'ignore également la patrie de cette singulière espèce,
que je dois à la générosité de M. Sowerby.

Je répète que j'ai la certitude qu'il existe dans les collections un bien plus grand nombre de térébratules vivantes que

je viens d'en décrire ; mais je n'ai pu suffisamment les examiner. Je puis seulement donner une distribution des espèces de ce genre, d'après une méthode un peu plus rationnelle que celle qui a été adoptée ci-dessus. Dans l'état actuel de mes connoissances à ce sujet, je partagerai les térébratules en divisions que l'on pourra aisément convertir en genres, ce que j'éviterai cependant de faire moi-même, jusqu'à ce que j'aie pu étudier convenablement l'animal d'une espèce de chacune d'elles.

A. *Espèces régulières, symétriques, ordinairement lisses ou très-finement striées, mais jamais pectinées ni denticulées sur les bords; valves bombées; la supérieure plus que l'inférieure, et prolongée en un crochet percé d'un trou ou échancré; articulation serrée, ginglymoïdale. Système apophysaire intérieur composé d'une paire de barres radicales, libres, se prolongeant plus ou moins en arrière.*
(G. GRIPHUS, Mégerle.)

* Espèces lisses.

Terebella vitrea, Linn. ; *T. cranium*, Linn.? *T. subvitrea*, Leach ; *T. pisum*, Linn. ; *T. Gaudichaudi*, de Lamk. ; *T. punctata*, de Lamk. ; *T. subtrilobata?* de Blainv.

** Espèces striées.

Terebratula psittacea, Linn. ; *T. tenuistriata*, Leach : *T. nucleus*, Linn. ; *T. dilatata*, de Lamk. ; *T. flavescens*, Linn.

B. *Espèces régulières, symétriques, ordinairement cannelées ou pectinées, et denticulées sur les bords; valves à peu près également bombées, la supérieure cependant un peu plus que l'inférieure; celle-là seule largement échancrée transversalement; l'échancrure quelquefois convertie en trou par deux petites pièces continues, latérales. Système apophysaire composé d'une tige médiane, adhérente, naissant par deux barres radicales, également adhérentes et se terminant par une fourche libre, plus ou moins prolongée.*

T. dorsata, Linn., Enc. méthod., pl. 242, fig. 4 a, b, c; *T.* pec-
53.   10

tinata, de Blainv.; *T. sanguinea*, Linn.; *T. rubra*, Pall.; *T. rotundata*, de Blainv., Encycl. méth., pl. 243, fig. 6 *a, b, c, d.*

C. *Espèces de même forme que dans la section précédente, mais avec le système apophysaire plus compliqué et formé de barres radicales libres; formant en arrière une longue sinuosité pour se réunir entre elles vers la charnière, et quelquefois, en outre, par une barre transverse.*

Terebella dentata, Linn. (*dorsata* des Planches de ce Dictionnaire); *T. bilobata*, de Blainv., Encycl. méth., pl. 24, fig. 1 *a, b, c, d.*

D. *Espèces subrégulières, subostracées, orbiculaires, déprimées, largement échancrées autant et plus aux dépens de la valve inférieure que de la supérieure. Système apophysaire composé de deux barres radicales parallèles, réunies par une barre transverse, d'où sortent deux cuillerons postérieurs.*

T. truncata, Linn.; *T. disculus*, Pallas; *T. ostracea*, de Bl.; *T. scobinata*, Linn.; *T. decussata*, Risso; *T. cardita*, id.; *T. urna-antiqua*, id.

E. *Espèces régulières, symétriques, un peu alongées, déprimées, à valves subégales; le talon de la supérieure droit et perforé. Système apophysaire formé d'une masse basilaire, tétraèdre, bituberculée au sommet, et d'une apophyse en crête médiane.*

T. tulipa, de Blainv.; *T. caput serpentis*, Linn. ?

F. *Espèces subrégulières, semi-circulaires, pectinées, à valves subégales, à peine articulées et coupées carrément vers le sommet; une large échancrure à la supérieure. Système apophysaire composé de trois apophyses comprimées, droites et parallèles.*

T. aperta, de Blainv.; *T. cuneata?* Risso; *T. soldaniana*, id.
Je vais terminer cet article par l'examen des genres aux-

quels appartiennent les différentes espèces d'anomies de Linné, dans la dernière édition de Gmelin.

L'*Anomia craniolaris* est le type du genre Cranie.

Les *A. ephippium*, *cepa*, *electrica*, *squamula*, *squama*, *punctata*, *undulata*, *flexuosa*, *rugosa*, *cylindrica*, *aculeata* et *muricata*, constituent le genre Anomie des zoologistes modernes.

L'*A. patelliformis* est le type du genre Orbicule.

Les *A. gryphus*, *spondyloides*, *gryphoides*, appartiennent au genre Gryphée et peut-être aux Spondyles.

L'*A. sandalinus* est le type du genre Calcéole.

Les *A. placenta* et *sella* constituent le genre Placune.

Toutes les autres espèces vivantes ou fossiles me paroissent appartenir aux véritables térébratules. (De B.)

TÉRÉBRATULE. (*Foss.*) Le genre des Térébratules, ainsi que celui des Ammonites, dans lesquels les espèces sont si nombreuses qu'il semble que chaque localité en fournit qui lui sont particulières, sont extrêmement difficiles à déterminer, attendu que dans leur jeunesse leur coquille a des formes différentes de celles qu'elle a acquise quand elle est terminée. Il est peu d'espèces de térébratules dont le bord inférieur ne soit terminé par des plis plus ou moins grands, ou plus ou moins nombreux ; mais si on examine une des coquilles qui porte ces plis, on verra qu'ils ne se faisoient pas encore apercevoir quand elle n'avoit que la moitié de sa longueur. Pour être le moins exposé à trouver des espèces où il n'y a que des différences d'âge, il seroit à propos de ne regarder comme espèces que celles de ces coquilles qui paroissent avoir acquis toute leur grandeur, soit à cause de leur épaisseur, ou quand la localité présente un bon nombre d'individus de mêmes grandeur et forme.

J'ai cru remarquer que la même localité présentoit souvent une espèce lisse et une autre qui étoit plissée, mais qu'il ne s'y trouvoit pas un grand nombre d'espèces mêlées ensemble.

Les térébratules se montrent dans les couches antérieures à la craie, dans celles de cette substance où presque toujours elles ont conservé leur têt, et dans le calcaire grossier ; mais je n'ai pas eu occasion de remarquer qu'elles se trouvoient dans celles qui sont plus nouvelles que ce dernier : et il semble qu'elles deviennent moins communes à mesure que les couches dans lesquelles on les trouve sont moins anciennes. Quelques couches anciennes paroissent n'être composées que de térébratules.

M. de Lamarck a annoncé (Anim. sans vert., tom. 6, pag. 243) que le genre des Térébratules pourroit être divisé en quelques autres; et en effet, les unes, qui sont percées d'un trou rond au sommet de la plus grande valve, paroissent avoir été attachées par un pédicule tendineux, comme celles que nous connoissons à l'état vivant; mais il en est d'autres auxquelles ce trou manque absolument; d'autres paroissent avoir eu un trou triangulaire au-dessous du bec; et enfin, on ne sait au juste où doit commencer le genre Spirifère qu'on rencontre dans les espéces à trou rond (Sowerby), dans celles qui n'en ont pas, et dans celles qui portent un trou triangulaire.

En présentant les espéces qu'on connoît à l'état fossile, nous allons les diviser ainsi qu'il suit : 1.° celles qui sont lisses; 2.° celles qui sont plissées, et dans ces dernières, nous distinguerons celles qui n'ont aucun trou et celles qui ont un trou triangulaire.

Il y a dans les espéces de térébratules, comme dans celles des autres genres, des différences individuelles, et d'autres qui proviennent de la localité, soit pour la grandeur ou pour les formes; en sorte qu'il est sans doute arrivé souvent de voir des espéces où il n'y avoit que des variétés. Nous allons peut-être tomber dans l'excès contraire; mais le signalement d'un trop grand nombre d'espéces étant plutôt nuisible à l'étude qu'il ne lui est favorable, nous sommes disposés à regarder seulement comme des variétés, les coquilles qui différeront peu entre elles; car il arrive, pour un grand nombre d'espéces, qu'on passe insensiblement de l'une à l'autre par des intermédiaires.

Térébratules lisses ayant un trou rond au sommet.

Térébratule rosée: *Terebratula carnea*, Sow., *Min. conch.*, tom. 1.ᵉʳ, tab. 15, fig. 5 et 6; Lamk., Anim. sans vert., tom. 6, pag. 249, n.° 14; Brong., Géol. des envir. de Paris, pl. 4, fig. 7. Coquille presque ronde, bombée, lisse, n'ayant que des stries d'accroissement marquées à des intervalles éloignés, à bord inférieur uni; le sommet de la plus grande valve est élevé et percé d'un petit trou : longueur, un pouce et demi. Fossile des couches de craie de Meudon près Paris, de Senonches, département de l'Eure ; de Nordfleet, comté de Kent; du Mans; de Strehle près de Dresde; de Mirambeau, de Falaise, de Varsy, de Beauvais, d'Arras, et de Trowe près Norwich, en Angleterre. On trouve dans les couches anciennes, aux environs de Caen, de Falaise et de Bayeux, des térébratules qui sont un peu plus bombées que la *T. carnea*, mais qui ont le plus grand rapport avec elle : nous regardons aussi comme pouvant être des variétés de cette dernière la *T. ovata*, la *T. subrotunda*, Sow., qui se trouvent figurées dans la même planche, fig. 1, 2 et 3, et qu'on rencontre en Angleterre; la *T. complanata*, qu'on rencontre dans le Plaisantin, et qui se trouve figurée dans l'ouvrage de M. Brocchi sur la Conchyliologie subappennine, pl. 10, fig. 6; la *T. elongata*, Sow., pl. 435, fig. 1; la *T. sphæroides, ejusd.*, même pl., fig. 3, et la *T. obtusa*, Sow., pl. 437, fig. 4.

* *Terebratula intermedia*, Sow., *loc. cit.*, pl. 15, fig. 8; Brong., *loc. cit.*, pl. 9, fig. 1. Cette espèce ne diffère de la précédente que parce que le bord inférieur se relève et présente à son milieu un espace aplati. Fossile de Combrach en Angleterre, de Beauvais, dans la craie, et de la montagne Sainte-Catherine de Rouen, dans la glauconie crayeuse. Nous regardons comme variétés de cette espèce la *T. subundata* et la *T. semi-globosa*, Sow., qui se trouvent figurées dans la pl. 15 ci-dessus citée, fig. 7 et 9. On trouve aux environs de Valognes des térébratules qui ont du rapport à la *T. intermedia*, mais qui portent au bord inférieur deux assez grands plis, entre lesquels il s'en trouve trois ou quatre plus petits.

Térébratule aplatie; *Terebratula depressa*, Lamk., *loc. cit.*, n.° 15. Coquille oblongue, tronquée à son bord inférieur, couverte de légères stries concentriques, à sommet alongé, non recourbé, où il se trouve un grand trou. Fossile de Saint-Saturnin près de Domfront, et de Saint-Laurent, auprès de Caen.

Térébratule ovale; *Terebratula ovalis*, Lamarck., *loc. cit.*, n.° 16. Coquille ovale, couverte de légères stries concentriques, à sommet arqué. Cette espèce avoisine les précédentes, mais elle est moins alongée et plus bombée, et elle se dilate inférieurement.

Térébratule numismale : *Terebratula numismalis*, Lamarck, *loc. cit.*, n.° 17 ; Encycl., pl. 240, fig. 1. Coquille déprimée, arrondie, lisse, portant un sinus au milieu de ses valves; à stries concentriques écartées; à sommet court, au bout duquel il se trouve un petit trou. Cette espèce a, pour ainsi dire, cinq angles, dont un au crochet, deux autres très-obtus à chaque extrémité transversale du têt et les deux autres à chaque côté du sinus. On ignore la patrie de cette espèce.

Térébratule umbonelle : *Terebratula umbonella*, Lamk., *loc. cit.*, n.° 18; Encyclop., pl. 240, fig. 5 a. Coquille alongée, épaisse, à bord inférieur tronqué, lisse, élevée au milieu, à sommet recourbé : longueur, un pouce. Fossile de Montigny près d'Alençon. Les formes de cette espèce sont très-variées dans cette localité.

Térébratule digone : *Terebratula digona*, Sow., *loc. cit.*, tab. 96 ; Lamk., *loc. cit.*, n.° 19; Encycl., pl. 240, fig. 3. Coquille alongée, étroite, un peu gibbeuse, lisse, triangulaire, à sommet recourbé, tronquée à son bord inférieur : longueur, un pouce ; largeur, six lignes. Fossile des couches anciennes des environs de Caen, du Mans, de Domfront, de Valognes; de Bath, de Bradefort en Angleterre; de Dijon, d'Angers et d'autres endroits.

Térébratule deltoïde : *Terebratula deltoidea*, Lamk., *loc. cit.*, n.° 20; Encycl., pl. 240, fig. 4. Coquille déprimée, triangulaire, lisse; à bord inférieur droit, au milieu duquel il se trouve un sinus. Cette coquille est très-remarquable par sa forme en triangle, dont le crochet seroit un des angles, et la base le bord inférieur : longueur, dix-neuf lignes ; largeur du bord inférieur, dix-huit lignes. On ignore la patrie de cette espèce.

Térébratule triangle : *Terebratula triangulus*, Lamk., *loc. cit.*, n.° 21; Encycl., pl. 241, fig. 1 ; *Terebratula triquetra*, Parkinson, *Org. rem.*, tom. 3, pl. 14, fig. 4 et 8. Coquille alongée, triangulaire, lisse, à valve supérieure relevée sur l'inférieure et portant un sinus au milieu du bord inférieur : longueur, dix-huit lignes ; largeur, à la base, seize lignes.

Cette espèce, dont nous ignorons la patrie, a beaucoup de rapports avec la précédente.

TÉRÉBRATULE CŒUR ; *Terebratula cor*, Lamk., *loc. cit.*, n.° 22. Coquille en forme de cœur, subglobuleuse, lisse, ayant en dessus un large sinus. Cette espèce a la forme d'un cœur de carte à jouer : on ignore sa patrie.

TÉRÉBRATULE AMPOULE : *Terebratula ampulla*, Brocch., *loc. cit.*, p. 466, pl. 10, fig. 5 ; Lamk., *loc. cit.*, n.° 24 ; Bourguet, Trait. des pétrif., fig. 194. Coquille arrondie, renflée à son milieu, à bord inférieur un peu plissé, et portant un grand trou au sommet : longueur, près de deux pouces ; largeur, dix-sept lignes. Fossile du Plaisantin et des environs de Nice. Cette espèce a les plus grands rapports avec la *terebratula subrotunda*, qu'on trouve à l'état vivant ; avec la *terebratula obesa*, Sow., pl. 438, fig. 1, et avec la *terebratula bisinuata*, Lamk., qu'on trouve à Grignon, département de Seine-et-Oise ; à Hauteville, département de la Manche ; à Mouchy-le-Châtel ; à Châteaurouge, département de l'Oise, dans le calcaire grossier, et dans l'Anjou. On rencontre dans les couches anciennes des environs de Caen de grosses térébratules qui se rapportent, à peu de différences près, à celles du Plaisantin, dont il a été fait mention ci-dessus.

TÉRÉBRATULE PONCTUÉE : *Terebratula punctata*, Sow., *loc. cit.*, pl. 15, fig. 4 ; Lamk., *loc. cit.*, n.° 28. Coquille oblongue, déprimée, à valves également convexes, à bord inférieur droit ; toute sa surface est couverte de très-petits points : longueur, un pouce. Fossile de Horton en Angleterre, de Saint-Saturnin près de Domfront, et de Mollans.

TÉRÉBRATULE PHASÉOLINE ; *Terebratula phaseolina*, Lamk., *loc. cit.*, n.° 29. Coquille petite, un peu comprimée et arrondie, blanche, couverte de stries concentriques, portant deux plis au bord inférieur, et à sommet court : longueur, neuf lignes. Fossile des environs du Mans. Cette espèce paroît avoir beaucoup de rapports avec la *terebratula emarginata*, Sow., *loc. cit.*, pl. 435, fig. 5, qu'on trouve à Nunney en Angleterre.

TÉRÉBRATULE A DEUX PLIS : *Terebratula biplicata*, Sow., *loc. cit.*, pl. 90 ; Lamk., *loc. cit.*, n.° 31. Coquille arrondie, subglobuleuse, lisse, portant deux plis à son bord inférieur, couverte de stries concentriques, et à sommet recourbé : longueur, quelquefois prés de deux pouces. Cette espèce présente une très-grande quantité de variétés, dans lesquelles les plis sont plus ou moins exprimés, mais qui, du reste, réunissent les caractères ci-dessus. On en trouve à Bourges, aux environs du Mans, de Nevers, de Beaumont, de Caen, de Dijon, du Havre, de Bayeux, de Carentan, de Nice, et en Angleterre a Rideborough, à Warminster, à Bradfort, à Pewsey et aux environs de Cambridge; dans le Jura, et à Munsterthal en Suisse. Nous penchons aussi à regarder comme des variétés de cette espèce la *T. bullata*, Sow., pl. 435, fig. 4; la *T. triquetra*, Sow., pl. 445, fig. 1; la *T. globata* et la *T. perovalis*, Sow., pl. 436, fig. 1, 2 et 3; la *T. sella*, Sow., pl. 437, fig. 1. La *T. sinuosa*, Brocc., *loc. cit.*, p. 466, qu'on trouve dans le Plaisantin, et la *T. biplicata*, *ejusd.*, tab. 10, fig. 8, qu'on trouve fossile dans la Toscane; la *T. bisinuata* et la *T. phaseolina*, qui portent deux légers plis au bord inférieur, pourroient peut-être aussi être regardées comme des variétés de la *T. biplicata*.

Térébratule quadrifide; *Terebratula quadrifida*, Lamarck, *loc. cit.*, n.° 35. Coquille triangulaire, déprimée, lisse, à sommet court et portant quatre angles aigus à son bord inférieur: longueur, un pouce; largeur, quinze lignes. Fossile du Cotentin, département de la Manche, des environs de Bayeux, dans le banc bleu, et de Caen. Cette espèce est très-remarquable par ses quatre angles aigus, profondément divisés entre eux, et parce que sur chacune des deux valves les angles saillans de l'un et de l'autre sont opposés, ainsi que les angles rentrans. Cette espèce a beaucoup de rapports avec la *T. cornuta*, Sow., *loc. cit.*, pl. 446, fig. 4.

Térébratule de Hœninghaus: *Terebratula Hœninghausii*, Def. Coquille quadrangulaire-alongée, à valve inférieure bombée, et dont la plus petite valve est aplatie. Elle est très-remarquable par les quatre côtes ou cordons divergens dont chacune des valves est couverte, et qui, partant du sommet, viennent. comme dans l'espèce précédente, répondre les uns aux autres. L'intervalle entre les cordons est uni. Longueur, treize lignes; largeur, onze lignes. J'ignore où on a trouvé cette coquille, qui existe dans la belle collection de fossiles de M. Hœninghaus à Crefeld.

Il existe dans le Vicentin, et à Saint-Gal en Suisse, une petite espèce de térébratule qui, à la grandeur près, a de très-grands rapports avec l'espèce qui vient d'être décrite, et dont elle n'est peut-être qu'une variété. Elle a quatre lignes de longueur, est plus large qu'elle n'est longue, et porte, comme la précédente, quatre côtes qui partent du sommet. On en voit des figures dans l'Encyclopédie, pl. 246, fig. 5, et dans le Traité des pétrifications de Bourguet, fig. 174 et 176.

Terebratula ovoides, Sow., *loc. cit.*, pl. 100, la figure supérieure. Coquille ovale, alongée, à bec proéminent. La valve la plus grande est gibbeuse et subcarinée, et l'autre valve est convexe : longueur, deux pouces. Fossile de Suffolk en Angleterre. Nous regardons comme appartenant à la même espèce la *T. lata*, qui est à peu près de même grandeur, et dont la figure se trouve sur la même planche. On trouve près de Carentan des coquilles qui ont de très-grands rapports avec celle-ci.

Terebratula ornithocephala, Sow., *loc. cit.*, pl. 101, fig. 1, 2 et 4. Coquille rhomboïde - ovale, déprimée du côté des sommets, alongée, gibbeuse et un peu tronquée à son bord inférieur : longueur, quatorze lignes. Fossile de Chatley et de Pickeridge en Angleterre. Nous croyons que la *T. lampas*, figurée sur la même planche, n'est qu'une variété de cette espèce. On la trouve aussi aux environs de Rome, de Besançon, et à Saint-Paul-Trois-Châteaux dans le Dauphiné.

Terebratula obovata, Sow., même pl., fig. 5. Coquille ovale-transverse, gibbeuse, lisse, à bec proéminent : longueur, neuf lignes. Fossile de Chatley. Nous soupçonnons que la coquille représentée n'avoit pas acquis toute sa grandeur.

Terebratula identata, Sow., *loc. cit.*, pl. 445, fig. 2. Coquille elliptique, lisse, plus ou moins gibbeuse, à valves également convexes, à bord inférieur profondément échancré, et à sommet très-recourbé: longueur, un pouce. Fossile de Bambury en Angleterre. On trouve à Châtillon, département de la Nièvre, aux environs de Caen et de Carentan, des coquilles qui ont du rapport avec cette espèce, qui en a elle-même avec la *T. digona*.

Terebratula hastata, Sow., *loc. cit.*, pl. 446, fig. 2 et 3. Coquille elliptique, subrhomboïdale, un peu déprimée, à bord inférieur échancré et tranchant : longueur, vingt lignes. Fossile des environs de Dublin.

Terebratula sacculus, Sow., *loc. cit.*, pl. 446, fig. 1; *Conchyliolites anomites sacculus*, Mart., *Petrif. Derb.*, tab. 46, fig. 1 et 2. Coquille ovale, gibbeuse, portant un canal profond sur chaque valve et à bord inférieur dentelé : longueur, sept lignes. Fossile du Derbyshire.

Terebratula acuta, Sow., *loc. cit.*, tab. 150, fig. 1 et 2. Coquille ovale-triangulaire, un peu transverse, élevée au milieu par une côte large et *acutangulaire*; de chaque côté se trouvent un large pli et plusieurs autres petits : largeur, six lignes. Fossile du Gloucestershire en Angleterre. C'est cette espèce qu'on a probablement prise quelquefois pour des becs d'oiseaux fossiles.

Terebratula resupinata, Sow., même pl., fig. 3 et 4. Coquille ovale-oblongue, dont le bord inférieur porte un large pli abaissé, à côtés relevés, arrondis; la plus grande valve est un peu carinée; le sommet est pointu et relevé : longueur, un pouce. Fossile d'Ilminster en Angleterre.

Terebratula bucculenta, Sow., *loc. cit.*, pl. 438, fig. 2. Coquille un peu carrée, ayant les côtés arrondis et convexes, à bord inférieur avancé, tronqué et un peu élevé, et à sommet court : longueur, un pouce. Fossile des environs de Malton en Angleterre. Si dans cette localité on ne trouve pas une certaine quantité d'individus semblables à celui qui est représenté, nous serions disposé à croire que cette forme seroit particulière à cet individu, qui pourroit dépendre de l'espèce que M. Sowerby a nommée *ovata*.

Térébratule bifide; *Terebratula bifida*, Def. Cette espèce a beaucoup de rapports avec la *T. quadrifida*, avec laquelle on la trouve à Missy, près de Caen, et elle n'en diffère que parce qu'elle n'a que deux angles; et même à Hyeville, département de la Manche, on en trouve dont les deux angles ne sont presque pas sensibles; mais en général cette espèce est plus épaisse que la *T. quadrifida*.

Terebratula maxillata, Sow., *loc. cit.*, pl. 436, fig. 4. Coquille un peu quadrangulaire, convexe, portant quatre à cinq grands plis à son bord inférieur, qui est arrondi : longueur, plus d'un pouce. Fossile de Nunney en Angleterre.

Terebratula fimbriata, Sow., *loc. cit.*, pl. 526. Coquille orbiculaire, bombée au centre, ayant les bords garnis de petits plis : longueur, quatorze lignes. Fossile de Charlton, dans le Gloucestershire, et de Cleeve, en Angleterre.

Térébratule ondée; *Terebratula undata*, Def. Coquille quadrangulaire, portant sur le milieu de la plus grande valve un large sinus arrondi, qui s'étend dans le bord inférieur et le prolonge en l'abaissant; l'autre valve porte une carène qui répond au sinus. Toute la surface de cette espèce est couverte de stries concentriques assez fines et régulières, qui suivent les formes du bord inférieur : longueur, quatorze lignes. Fossile de Valognes, dans les couches anciennes. On trouve au Faou en Bretagne, dans des couches à trilobites, des térébratules qui ne diffèrent de l'espèce ci-dessus que parce qu'au lieu de stries fines concentriques elles sont couvertes de stries lamelleuses, concentriques et éloignées les unes des autres.

Térébratule noyau; *Terebratula nucleus*, Def. Je ne connois de cette espèce que des moules intérieurs luisans, qui sont de la grosseur d'un petit noyau de cerise. Ils sont bombés et un peu tronqués à leur bord inférieur. Fossile du Vicentin ?

Térébratule aveline; *Terebratula avellana*, Def. Je ne connois qu'une seule coquille de cette espèce. Elle est lisse, de la grosseur et de la forme d'une aveline; le milieu de son bord inférieur est tronqué et porte deux ou trois plis. J'ignore où cette coquille a été trouvée.

Térébratule coupée; *Terebratula rescisa*, Def., Langius, tab. 8, fig. 2. Coquille suborbiculaire, à valve inférieure bombée, à sommet retroussé; l'autre valve porte quelquefois un léger sinus au milieu : longueur, six lignes. Fossile du Vicentin. Cette espèce a quelques rapports avec le *magas pumilus*.

M. Brocchi (*loc. cit.*) annonce que près Andria, en Italie, on trouve à l'état fossile une térébratule qui a de très-grands rapports avec la *T. vitrea*, qui, selon nous, seroit une variété de la *T. carnea*.

Terebratula complanata, *Anomia complanata*, Brocc., *l. c.*, tab. 10, fig. 6. Coquille dilatée, à valve supérieure bossue, et dont les côtés sont comme retroussés; et à valve inférieure aplatie : longueur, dix lignes ; largeur, un pouce. Fossile de la Toscane.

Terebratula bipartita; *Anomia bipartita*, Brocc., même pl., fig. 7. Coquille subglobuleuse, sur la plus grande valve de laquelle il se trouve un large sinus ; l'autre valve est gibbeuse, et porte deux légers plis à son milieu ; le bord inférieur est fortement échancré par le sinus ; le sommet porte un très-petit trou : longueur, un pouce. Fossile du Plaisantin.

Térébratule? hétéroclite ; *Terebratula? heteroclita*, Defr. Coquille suborbiculaire, lisse, à valve inférieure bombée et à valve supérieure plate. Cette espèce est très-remarquable en ce que c'est cette dernière qui est percée, et non l'autre, comme dans les autres espèces : longueur, une ligne. Fossile de la craie de Néhou, département de la Manche.

Térébratule lime ; *Terebratula lima*, Def. Coquille à bord inférieur uni, orbiculaire, couverte de très-petites aspérités ; la plus grande valve est bombée ; l'autre est aplatie ; le sommet est un peu avancé, et il s'y trouve un assez grand trou : longueur, neuf lignes. Fossile de la couche de craie des environs de Beauvais.

Térébratules striées longitudinalement, ayant un trou rond au sommet.

Pour faciliter nos études, nous faisons des divisions; mais nous ne sommes pas toujours d'accord avec la nature, qui n'en fait pas. L'espèce ci-après, qui n'est précisément ni lisse ni striée, peut nous faire passer insensiblement de la première division à celle-ci.

Térébratule semi-striée; *Terebratula semi-striata*, Def. Coquille ovale, lisse du côté du sommet et couverte de stries vers ses bords, qui sont un peu plissés. Le bord inférieur se retrousse et porte deux plis à son milieu. Longueur, huit lignes. Fossile des environs d'Auxerre et de Laignes, près de Troyes.

Térébratule digitée ; *Terebratula digitata*, Def. Cette petite espèce est très-remarquable en ce qu'elle porte six à huit côtes, qui partent du sommet et qui se prolongent au-delà des bords comme de petits doigts. Le sommet de la grande valve est percé d'un trou un peu triangulaire, qui s'étend jusqu'à l'autre valve, dont la charnière est droite. Longueur, trois quarts de ligne. Fossile de Hauteville.

TÉRÉBRATULE ? ÉLÉGANTE ; *Terebratula ? elegans*, Def. Coquille suborbiculaire, à valve inférieure bombée et percée d'un très-petit trou au sommet, à valve supérieure aplatie et à bord un peu dentelé. Les deux valves sont couvertes de petites côtes, qui partent du sommet. Longueur, trois lignes. Fossile de Néhou, département de la Manche, et de Maëstricht, dans la couche crayeuse. Le sommet de quelques-unes de ces coquilles est très-alongé et retroussé.

TÉRÉBRATULE DE GERVILLE ; *Terebratula gervilliana*, Def., Faujas, Hist. nat. de la mont. de Saint-Pierre de Maëstricht, pl. 26, fig. 9. Coquille alongée, à valves bombées et couvertes de stries comme l'espèce précédente ; mais qui sont chargées de très-petites perles. Longueur, deux lignes et demie ; largeur, deux lignes. Fossile de Néhou, dans la craie.

On trouve au même lieu de petites coquilles, qui paroissent constituer deux variétés de l'espèce ci-dessus ; les unes ont une forme très-alongée, et d'autres, moins grandes, ont une forme beaucoup plus élargie. On voit une figure de cette dernière variété dans l'ouvrage de Faujas ci-dessus cité, même pl., fig. 4.

TÉRÉBRATULE MULTICARÉNÉE : *Terebratula multicarinata*, Lamk., *loc. cit.*, tome 6, page 253, n.° 37 ; *an Terebratula plicatella ?* Sow., tab. 503, fig. 1. Grande coquille arrondie, pectiniforme, couverte de côtes nombreuses et carénées, et à bord inférieur droit. Longueur, près de trois pouces. Fossile des environs de Dijon.

TÉRÉBRATULE BUCARDE : *Terebratula cardium*, Lamk., *loc. cit.*, page 255, n.° 47 ; Encycl., pl. 241, fig. 6 ; *an Terebratula serrata ?* Sow., *loc. cit.*, pl. 503, fig. 2. Coquille ovale-alongée, convexe, couverte de sillons longitudinaux plus ou moins arrondis, à sommet retroussé et percé d'un assez grand trou, et à bord inférieur droit. Longueur, dix-huit lignes. Fossile des environs du Mans et du Hàvre. On en trouve des variétés aux environs de Caen et du Puy.

TÉRÉBRATULE PLISSÉE : *Terebratula plicata*, Lamk., *loc. cit.*, n.° 39 ; Encycl., pl. 243, fig. 11, et pl. 244, fig. 1. Coquille subtétraèdre, gibbeuse, couverte de six à huit gros sillons, à bord inférieur un peu sinueux ; le trou du sommet n'est point apparent. Longueur, un pouce. On ignore où cette espèce a vécu.

Térébratule tétraèdre : *Terebratula tetraedra*, Lamk., *loc. cit.*, n.° 38 ; *Terebratula tetraedra*, Sow., *loc. cit.*, pl. 83, fig. 4. Coquille subtétraèdre, gibbeuse, plissée, dont la grande valve est très-sinueuse, couverte de côtes anguleuses, au nombre de dix à douze, et à sommet retroussé, qui ne paroît pas percé. Longueur, quinze lignes. Cette grosse espèce paroît provenir de couches crayeuses ; mais nous ignorons où elle a vécu. Celle qui a été décrite par M. Sowerby, a été trouvée à Aynhoe et à Banbury en Angleterre. Nous regardons comme pouvant être des variétés de cette espèce la *T. concinna*, la *T. crumena*, la *T. lateralis*, la *T. media* et la *T. obsoleta*, qui se trouvent figurées sur la planche 83 ci-dessus citée. Il en est de même de la *T. intermedia*, Lamk., figurée dans l'Encyclopédie, pl. 245, fig. 3.

Térébratule comprimée ; *Terebratula compressa*, Lamk., *loc. cit.*, page 256, n.° 54. Coquille comprimée, élargie, épaisse, à bord inférieur tronqué et sinueux, couverte de côtes nombreuses, et dont la plus grande, qui est percée au-dessous du sommet, porte un grand sinus. Longueur, quinze lignes. Fossile de Coulaines, près du Mans. On trouve des térébratules qui ont des rapports avec cette espèce, près du Hàvre et de Beauvais dans la craie chloritée, aux environs d'Auxerre et de Charié, près de Saumur. La *T. lata*, la *T. depressa*, la *T. nuciformis* et la *T. acuta*, Sow., figurées pl. 502, *loc. cit.*, paroissant avoir beaucoup de rapports avec cette espèce, nous pensons qu'elles peuvent en être des variétés.

Térébratule ailée : *Terebratula alata*, Lamk., *loc. cit.*, page 254, n.° 43 ; Encycl., pl. 245, fig. 2. Coquille subtrigone, plus large que longue, subgibbeuse, dont la plus grande valve porte un large sinus, qui la prolonge dans le bord inférieur. Longueur, dix lignes ; largeur, seize lignes. Fossile des couches crayeuses du Hàvre et de Saint-Paul-Trois-Châteaux en Dauphiné, de Tourraine ?, des environs de Périgueux.

Terebratula plicatilis, Sow., *loc. cit.*, pl. 118, fig. 1; Brongn., Descript. géol. des environs de Paris, pl. 4, fig. 5. Cette espèce, que nous regardons comme une variété de la *T. octoplicata*, Sow., et qui est figurée sur la même planche, fig. 2, a de très-grands rapports avec la *terebratula alata*, dont elle n'est peut-être qu'une variété, ainsi que de celle qui suit. La *T. plicatilis* se rencontre dans les couches de craie de Northfleet, près de Gravesend, et la *T. octoplicata*, à Lewer en Angleterre, dans les mêmes couches. On trouve dans la couche de craie de Meudon, de Beauvais, de Néhou et de Senonches, des coquilles qui paroissent être des variétés de la même espèce.

Terebratula Wilsoni, Sow., *loc. cit.*, pl. 118, fig. 3. Coquille arrondie, plissée, couverte de fines stries longitudinales, à bord inférieur présentant une grande épaisseur. La plus grande valve porte un sinus peu profond et se prolonge par un appendice qui s'abaisse sur l'autre valve. Longueur, un pouce. Fossile de Mordiford en Angleterre, de Beauvais, dans la craie blanche, des environs de Valognes et du Cotentin, dans les couches anciennes. Je possède une coquille qui vient de Chimay et qui paroît être une variété de cette espèce. Elle a treize lignes de largeur sur un pouce d'épaisseur. La plus grande valve a dix lignes de longueur, depuis le sommet jusqu'au bord inférieur, et se prolonge par un large appendice d'une pareille longueur, qui s'abaisse sur l'autre valve. On trouve à Northfleet, au-dessus de la craie, des coquilles qui ont à peu près la même forme que celle de Chimay.

Térébratule peigne : *Terebratula pectita*, Lamk., *loc. cit.*, page 255, n.° 46; *Terebratula pectita?* Sow., *loc. cit.*, pl. 138, fig. 1; Faujas, *loc. cit.*, pl. 27, fig. 3. Coquille arrondie, dont la plus grande valve est convexe et dont l'autre est aplatie; toutes deux sont couvertes de stries rayonnantes. Le sommet est percé et s'avance un peu. Longueur, neuf lignes. Fossile de Horningsham en Angleterre et de Maëstricht. Les caractères ci-dessus sont ceux assignés à cette espèce par M. de Lamarck; mais il faut observer que la figure et la description données par M. Sowerby ne portent pas que la valve supérieure soit plate. J'en possède moi-même un individu qui m'a été communiqué par ce savant et dont la valve supérieure est bombée. On trouve à Sérifontaine, près de Beauvais, dans la craie chloritée, une variété de cette espéce, qui est plus petite et dont le sommet est moins alongé.

Térébratule de Menard ; *Terebratula Menardii*, Lamk., *loc. cit.*, page 256, n.° 5o. Coquille globuleuse, un peu bossue, chargée de fines stries très-marquées. La plus grande valve porte un sinus à son milieu et un grand trou entre son sommet et la charnière. Le bord inférieur est sinueux. Longueur sept lignes. Fossile de Coulaines, près du Mans, où cette coquille est souvent libre et vide. De cette espéce à la *T. pectita*, il semble qu'on soit conduit insensiblement par l'espéce à laquelle nous avons donné le nom de *T. elegans ;* car parmi les coquilles qui paroissent se rapporter à cette espéce, les unes ont la valve supérieure aplatie et d'autres l'ont un peu bombée.

Térébratule lyre : *Terebratula lyra* , Lamk. , *loc. cit.*, page 255, n.° 69; Sow., *loc. cit.*, pl. 138, fig. 2. Coquille subglobuleuse, tronquée au bord inférieur, couverte de stries longitudinales, et portant au sommet de la plus grande valve un long bec , au bout duquel il se trouve un petit trou. Longueur de la plus petite valve, un pouce; l'autre valve, avec le bec, est presque du double plus longue. Fossile de la craie chloritée du Hàvre et de Farm près de Horningsham en Angleterre.

Térébratule éventail : *Terebratula flabellum* , Def. ; Faujas, *loc. cit.*, pl. 26, fig. 2 ; Encycl., pl. 246, fig. 4. Coquille en éventail, portant huit à dix grosses côtes longitudinales sur chaque valve et des stries fines , transverses. La plus grande valve porte un assez grand trou au sommet. Longueur, trois lignes et demie ; largeur, cinq lignes. Fossile de la couche à polypiers des environs de Caen et de la montagne crayeuse de Saint-Pierre de Maëstricht.

Térébratule difforme : *Terebratula deformis*, Lamk., *loc. cit.*, page 255, n.° 48 ; Encycl., pl. 242, fig. 5. Coquille trigone, couverte de stries longitudinales, à bord inférieur inégal, relevé d'un côté et abaissé de l'autre. Nous soupçonnons que cette difformité n'est pas constante et qu'elle est

individuelle ; car nous croyons l'avoir remarquée sur des espèces différentes, dont tous les individus n'ont pas cette
forme. On voit des exemples de cette forme dans l'ouvrage
de M. Sowerby ci-dessus cité, pl. 277, fig. 1 — 5. On trouve
cette coquille près du Mans, au Hàvre, près de Dresde,
et à Shotover en Angleterre.

Térébratule épineuse ; *Terebratula spinosa*, Lamk., *loc. cit.*,
page 256, n.° 52. Coquille subtrigone, un peu globuleuse,
couverte de stries épineuses, à sommet court, pointu et qui
ne paroît point percé. Longueur, un pouce. Fossile des
couches anciennes de Sainte-Périne, près de Falaise. Il y a
des épines de cette singulière espèce qui ont plus de six
lignes de longueur. On a trouvé à Ranville, près de Caen,
de petites térébratules qui portent aussi des épines : mais
elles n'ont que deux à trois lignes de longueur, et il est
difficile d'être assuré si elles dépendent de l'espece ci-dessus.

Térébratule grenue ; *Terebratula granulosa*, Lamk., *loc.
cit.*, n.° 55. Coquille un peu déprimée, arrondie, à bord
inférieur avancé, à sommet court, et couverte de sillons granuleux. Fossile du mont Marius à Rome.

Térébratule recourbée ; *Terebratula recurva*, Def. Coquille
un peu ovale, à valves bombées et couvertes de stries fines
bien marquées. La plus grande se prolonge vers le sommet,
qui est recourbé : l'autre porte une dent saillante, qui va
s'enfoncer dans un espace vide qui se trouve au milieu du
rostre formé par le sommet, au bout duquel il se trouve
un trou ovale. Longueur, un pouce. Fossile de la couche
crayeuse de Néhou. Cette espèce a beaucoup de rapports
avec la *T. elegans* et la *T. pectita*. J'en possède un individu
qui est presque du double plus gros que les autres, et
dont les stries sont, dès le sommet, du double plus grosses
que sur les autres. Y auroit-il dans ce genre, comme dans
celui des corbeilles, des individus qui seroient destinés, dès
leur naissance, à prendre un plus grand accroissement que
les autres ? ou bien constituent-ils des espèces différentes ?
Ce sont des questions qui ne sont peut-être pas faciles à
résoudre.

Térébratule écrasée ; *Terebratula obtrita*, Defr., Encycl.,
pl. 241, fig. 5. Coquille aplatie, couverte de stries longitudi-

53.   11

nales rayonnantes, à bord inférieur sinueux ; le sommet de
la plus grande valve est retroussé et paroìt s'appuyer sur
l'autre valve. Il porte souvent un petit trou. Longueur, sept
lignes ; largeur, huit lignes. Une des coquilles de cette espèce,
que je possède, est indiquée avoir été trouvée à Bruxelles.

Terebratula pugnus, Sow., *loc. cit.*, pl. 497 ; *Anomites
pugnus*, Mart., *Pet. Derb.*, pl. 22, fig. 4 et 5. Coquille del-
toïde-ovale, déprimée, à bord inférieur relevé, sur lequel il
se trouve cinq ou six plis, et à côtés convexes et plissés. Longueur, dix lignes ; largeur, quatorze lignes. Fossile des environs de Metz et du Derbyshire. Nous pensons qu'on peut
regarder comme des variétés de cette espèce, la *T. reniformis*, et la *T. platyloba*, Sow., pl. 496.

Térébratule tête-de-serpent ; *Terebratula caput serpentis*,
Lamk. On trouve à Gravesend en Angleterre, dans la couche
de craie, des coquilles qui ont les plus grands rapports avec
cette espèce qui vit dans les mers d'Europe ?

Térébratule tête-de-musaraigne ; *Terebratula soricina*, Def.
Coquille triangulaire-arrondie, couverte de fines stries longitudinales, à bord inférieur légèrement sinueux, à sommet
pointu un peu avancé. Longueur, sept à huit lignes. Fossile
du Vicentin ? Je possède une coquille qui vit sur les côtes du
Labrador, et qui a les plus grands rapports avec cette espèce.
Elle porte un trou assez grand au-dessous du sommet.

Térébratule a doubles stries ; *Terebratula bistriata*, Defr.
Cette espèce, qui est de la grosseur d'un gros pois, est bombée ; indépendamment de neuf à dix gros plis, dont chaque
valve est chargée, elle est couverte de fines stries longitudinales ; le bord inférieur est sinueux. Fossile du Véronois. On
trouve à Mende des térébratules qui ont beaucoup de rapports avec cette espèce.

Térébratule a six angles ; *Terebratula sexangula*, Def. Coquille subglobuleuse, orbiculaire, ayant six plis rayonnans
sur chaque valve. Le bord inférieur porte six dents formées
par les plis ; les valves sont en outre couvertes de stries concentriques qui ont la même forme que le bord. Il se trouve
un assez grand trou au sommet. Longueur, sept lignes. On ne
sait où cette espèce a vécu.

Térébratule décussée : *Terebratula decussata*, Lamk., *loc.*

cit., pag. 256, n.º 51; Encycl., pl. 245, fig. 4; *Terebratula coarctata*, Park., *Organ. rem.*, tom. 3, pl. 16, fig. 5. Coquille subpentagone, un peu convexe, dont la plus grande valve est canaliculée. Ses deux valves sont couvertes de légères stries transverses et d'autres plus marquées, qui sont longitudinales, à sommet retroussé, où l'on voit un grand trou arrondi. Longueur, neuf lignes. Fossile des couches anciennes des environs de Caen et de Dijon; on le trouve aussi en Angleterre. Il existe dans les couches anciennes aux environs de Falaise des térébratules qui ont un pouce de longueur et qui ont les plus grands rapports avec cette espèce, dont elles ne diffèrent que par leur grosseur et que parce que les stries longitudinales et transverses dont elles sont couvertes, sont à peine exprimées. M. Sowerby, ayant trouvé dans une des coquilles à stries marquées ci-dessus un de ces corps coniques qui constituent son genre *Spirifer*, a placé cette espèce dans ce genre et lui a donné le nom de *Spirifer ambiguus*. (Voyez au mot Spirifère, dans ce Dictionnaire.)

Térébratule de Defrance; *Terebratula Defrancii*, Brong., Descr. géol. des envir. de Paris, p. 383, pl. 3, fig. 6. Coquille alongée, presque pentagonale, portant un léger sinus au milieu de la plus petite valve, à sommet peu recourbé, où se trouve un assez grand trou, et couverte de fines stries longitudinales. Longueur, seize lignes. Fossile de la couche de craie de Meudon, de Notre-Dame-du-Thil, près de Beauvais, et de Rouen.

Térébratule poulette; *Terebratula gallina*, Brong., *loc. cit.*, pag. 84, pl. 9, fig. 2. Cette espèce a beaucoup de rapports avec la *T. plicatilis;* mais elle est plus large, moins bombée, et présente, dans la partie moyenne, au moins neuf plis, qui descendent insensiblement vers ceux des parties latérales, au lieu de finir tout à coup et par une ligne droite. Longueur, onze lignes; largeur, seize lignes. Fossile du Hàvre, dans la glauconie crayeuse.

Térébratule? contrefaite; *Terebratula? distorta*, Def. Cette espèce est très-singulière et difficile à décrire d'après les individus que nous avons pu nous procurer. Il paroît qu'elle est lisse dans sa jeunesse. Une des deux valves (la plus petite?) porte un sinus profond qui répond à une très-grosse côte qui se

trouve sur l'autre, et le bord inférieur est garni à son milieu
de trois ou quatre gros plis. Les sommets sont très-rapprochés,
et on n'y aperçoit aucun trou. Longueur, dix-huit lignes.
Fossile de Ratingen.

Terebratula acuminata, Sow., *loc. cit.*, pl. 324, fig. 1 ; *Anomites acuminatus*, Mart., *loc. cit.*, tab. 32 et 33, fig. 5 — 8 ;
Encycl., pl. 246, fig. 1. Coquille triangulaire, à bord inférieur extrêmement pointu et à valves couvertes de fines stries.
Longueur, vingt lignes. Fossile de Settle dans l'Yorkshire, du
Derbyshire et des environs de Cork. M. de Lamarck a donné
à cette espèce le nom de térébratule spirifère, *loc. cit.*, pag.
257, n.° 59. Cette espèce paroît avoir beaucoup de rapports
avec le *spirifer cuspidatus*, Sow. On trouve à Cramford près
de Ratingen une variété de cette espèce dont la plus grande
valve présente de chaque côté de son bord inférieur une dent
de trois à quatre lignes de longueur, indépendamment de
celle de dix-huit lignes, qui se trouve entre elles au milieu
de la plus grande valve.

Terebratula affinis, Sow., pl. 324, fig. 2. Coquille orbiculaire, couverte de fines stries longitudinales. La plus petite
valve est bombée, l'autre porte un grand sinus au milieu du
bord inférieur. Longueur, dix-sept lignes. Fossile des environs
de Dudley en Angleterre. Cette espèce paroît avoir beaucoup
de rapports avec la *T. dorsata*, Lamk., figurée dans l'Encyclopédie, pl. 242, fig. 4, et qui vit dans la mer du Sud. On
trouve dans le pays de Juliers et à Néhou des térébratules
qui peuvent être regardées comme des variétés de l'espèce
ci-dessus et qui n'en diffèrent que parce qu'elles portent des
stries concentriques provenant de leurs accroissemens. On
rencontre sur les bords du lac Érié en Amérique des térébratules qui ont encore de très-grands rapports avec cette
espèce.

Térébratule rude : *Terebratula aspera*, Def. ; *Anomites tere-
bratulithes asper*, Schloth., tab. 18, fig. 8. Coquille subglobuleuse, orbiculaire, couverte de stries longitudinales, coupées
par d'autres qui sont concentriques. Longueur, huit lignes.
Fossile du pays de Juliers. Le bord inférieur de ces coquilles
n'étant presque pas sinueux, on peut soupçonner que ces coquilles n'avoient pas encore atteint toute leur grandeur.

Térébratules qui ont un trou triangulaire au-dessous du sommet et qui dépendent peut-être du genre Spirifère.

Térébratule ? a gouttière : *Terebratula ? canalifera*, Lamk., *loc. cit.*, page 254, n.° 40; Encycl., pl. 244, fig. 4 et 5; *Terebratula aperturata*, Schloth., tab. 17, fig. 1. Coquille trigone, bossue, couverte de sillons longitudinaux, portant sur la plus grande valve un sinus qui répond à une côte qui existe sur l'autre. La charnière est droite et aussi longue que la coquille est large. On trouve une grande quantité de variétés de cette espèce, pour la grandeur et pour la grosseur des stries, dans les couches très-anciennes de différens pays.

On en rencontre en France, dans le Cotentin, dans les environs de Valognes, de Châtillon sur Nièvre, de Namur, de Dijon, et à Missy, près de Caen. On en trouve en Angleterre, à Wilton Sommerset, à Weymouth, dans le Cumberland; à Dublin, à Duras, en Irlande; à Chimay, à Ratingen, près de Neufchâtel en Suisse; à Blankenheim; à Timor, et dans l'Amérique, sur les bords du lac Érié, au sommet des monts Alleghanys et dans la Virginie. (Voyez au mot Spirifère.)

Térébratule ? de Sowerby : *Terebratula ? Sowerbyi*, Def.; *Terebratula resupinata*, Sow,, *loc. cit.*, pl. 325; *Anomites resupinatus*, Mart., *loc. cit.*, tab. 49, fig. 13 et 14. Coquille ovale-transverse, couverte de fines stries longitudinales, et à valves convexes. Longueur, dix-huit lignes; largeur, vingt-deux lignes. Fossile du Derbyshire. Nous avons cru devoir changer le nom que M. Sowerby avoit donné à cette espèce, attendu qu'il l'a déjà employé pour une autre térébratule que nous avons décrite ci-dessus.

Terebratula ? lineata, Sow., *loc. cit.*, pl. 334, fig. 1 et 2; *Anomites lineatus*, Mart., *loc. cit.*, tab. 36, fig. 3. Coquille ovale-transverse, bombée, couverte de fines stries longitudinales et de sillons transverses, distans les uns des autres. Elle ne porte point de sinus au bord inférieur. Longueur, un pouce; largeur, dix-sept lignes. Fossile de Derbyshire et de l'Irlande. La *terebratula ? imbricata*, qui est figurée sur la même planche, fig. 3 et 4, et qu'on trouve dans le **Der-byshire**, est probablement une variété de cette espèce.

Térébratule? de Sauvage; *Terebratula Sauvagii*, Def. Coquille subglobuleuse, sans stries, portant sur la plus grande valve un sinus léger, à bord inférieur droit, et couverte de petites aspérités. Longueur, quinze lignes. Fossile du Cotentin, département de la Manche, des environs de Caen et de Meude.

Térébratule? bilobée; *Terebratula? bilobata*, **Def.** Cette petite espèce, qui n'a pas trois lignes de longueur, est très-remarquable par sa forme en cœur et la division de ses valves, au milieu desquelles il y a, au bord inférieur, une très-forte échancrure et un sinus. Elles sont couvertes de fines stries longitudinales, et le trou est placé au-dessous du sommet. Cette espèce m'a été envoyée d'Angleterre par M. Sowerby, qui n'en connoissoit pas la patrie. On trouve à Blankenheim, pays de Juliers, des coquilles qui ont beaucoup de rapports avec celles ci-dessus : elles n'en diffèrent que parce que la division des valves en deux parties n'est pas tout-à-fait aussi marquée. Le grès de transition de May, près de Caen, contient des empreintes de petites coquilles, qui ont une très-grande analogie avec celles de ces coquilles qu'on trouve à Blankenheim, et on rencontre sur les bords de la rivière des Mohawks, près Vtica en Amérique, des moules intérieurs qui paroissent avoir appartenu à une espèce analogue.

On observe dans des couches très-anciennes des moules qui paroissent avoir rempli l'intérieur de certaines espèces de térébratules, dont le têt auroit disparu après la cristallisation de ce moule. Auprès de Coblentz on rencontre ceux auxquels on a donné le nom d'hystérolite, *hysterolithes vulvarius*, Schloth., pl. 29, fig. 2; Knorr, *Petref.*, tab. 31, fig. 5 et 6. Ce corps, qui est un peu plus gros que le pouce, est suborbiculaire, bombé sur l'une de ses surfaces et un peu concave sur l'autre. L'un de ses bords est épais et l'autre est aminci. Au milieu de la surface concave il se trouve une élévation ovale-alongée, de sept à huit lignes de longueur sur trois à quatre lignes de largeur, et d'une à deux lignes de hauteur ou d'épaisseur, qui prend naissance aux deux tiers environ de cette surface, et vient se terminer en pointe au bord le plus plus épais, qu'elle dépasse un peu après s'être détachée de chacun de ses côtés. Cette élévation porte à son milieu une fente longitudinale, garnie d'une lèvre ou d'un bourrelet de chaque côté. La surface bombée présente une sorte d'avancement un peu fourchu, qui répond à la fente qui est de l'autre côté. Au surplus, ces moules ne sont pas tous précisément de la même forme, et il est bien difficile d'être assuré quelle est l'espèce de coquille qu'ils ont dû remplir ; car nous n'en connoissons aucune dont le vide puisse se rapporter précisément à ces formes.

On trouve à Saint-Georges-de-la-rivière, département de la Manche, dans un grès ferrugineux, des moules qui ont des rapports avec ceux dont il vient d'être fait mention. D'autres ont leurs bords très-épais, et il semble qu'ils auroient pu être moulés dans la *terebratula Wilsoni*, ci-dessus décrite.

Indépendamment des espèces de térébratules que nous avons signalées, nous croyons qu'il en existe un beaucoup plus grand nombre. (D. F.)

TÉRÉBRATULITES. (*Foss.*) Voyez Térébratule (*Fossiles*). (Desm.)

TÉRÉDINE. (*Foss.*) Dans l'Histoire naturelle des animaux sans vertèbres, M. de Lamarck a assigné à ce genre, qu'on ne rencontre qu'à l'état fossile, les caractères suivans : *Fourreau testacé, tubuleux, cylindrique, à extrémité postérieure fermée, montrant les deux valves de la coquille, à extrémité antérieure ouverte.* (Anim. sans vert., tome 5, page 438.)

Dans la Description des coquilles fossiles des environs de Paris, M. Deshayes a ajouté à ces caractères, que cette coquille est *pourvue postérieurement d'un écusson et intérieurement de deux fortes palettes, terminées en mamelon.* (Descript. des coq. des env. de Paris, tome 1, page 18.)

Dans le Manuel de malacologie (p. 578), M. de Blainville a établi les caractères de ce genre dans ces termes : *Coquille épaisse, ovale, courte, très-bâillante en arrière, équivalve; les sommets bien prononcés; un cuilleron épais sur chaque valve; une pièce médio-dorsale ovale en bouclier sur les sommets de la coquille et se prolongeant en arrière en un tube complet, à orifice terminal, unique ?*

Quoique l'on soit assuré que des coquilles de ce genre se rencontrent dans des terrains tertiaires, on n'est pas certain qu'elles s'y trouvent toutes exclusivement ; mais il paroit qu'on ne les observe que dans des morceaux de bois qui ont séjourné dans la mer. Certains morceaux, qui paroissent contenir des moules intérieurs de ces coquilles munies de leurs tubes, mais dans lesquels pourtant nous n'avons pu découvrir le têt, en sont tellement remplis, que ces derniers ne laissent presque aucun intervalle entre eux. Bien différens des tarets, ces tuyaux ont leur ouverture placée du même côté, les uns près des autres. Dans quelques morceaux on n'aperçoit que le moule intérieur de ces tuyaux, leur têt, ainsi que le bois qui les contenoit, ayant disparu.

TÉRÉDINE MASQUÉE : *Teredina personata*, Lamk., *loc. cit.* ; *Fistulana personata*, *ejusd.*, Ann. du Mus., tome 7, pag. 429, n.° 4, et tome 12, pl. 43, fig. 6 et 7 ; Park., *Org. rem.*, tome 3, pl. 14, fig. 8 — 10 ; *Teredo antenantæ*, Sow., *Min. conch.*, tab. 102, fig. 3 ; *Teredina personata*, Desh., *loc. cit.*, pl. 1, fig. 25, 26 et 28. (Voir ci-dessus les caractéres du genre auquel cette espèce a servi de type.) Les valves présentent des stries très-fines, comme celles des tarets. Le tube, ainsi que la coquille, sont très-épais, et l'ouverture de ce dernier est cloisonnée longitudinalement, comme celle des fistulanes. Quelques individus ont deux pouces et demi de longueur sur sept lignes à la base ; mais il en existe de plus considérables. On dit que cette espèce se trouve à Courtagnon, près de Reims ; mais cela ne paroît pas certain.

Dans l'ouvrage ci-dessus cité, M. Sowerby a regardé comme dépendant de l'espèce ci-dessus, des coquilles d'une beaucoup plus petite dimension, qu'il a trouvées dans des bois fossiles à Highgate, près de Londres, et dont il a donné la figure, même pl., fig. 1 et 2 ; mais nous croyons que ces coquilles dépendent d'une variété plus petite, plutôt que d'être de jeunes individus de la *teredina personata*. On a un exemple pareil dans les tarets qui rongent les digues de la Hollande et qui sont très-petits, tandis que d'autres, de la grosseur d'une noisette, habitent, dans le port de Wey-

mouth , les bois de vaisseaux naufragés depuis très-long-
temps.

Térédine baton : *Teredina bacillum* , Lamk. , *loc. cit. ; Teredo bacillum* , Brocc. , *Conch. subapp.* , page 273, tab. 15,
fig. 6. Nous croyons que cette coquille ne dépend pas du
genre des Térédines. Il est extrêmement probable que c'est
une clavagelle, et, peut-être, une variété de la clavagelle
tibiale, qu'on trouve à Grignon. Les deux valves que l'on
aperçoit au bas du tube figuré, n'ont aucun rapport avec
celles des térédines, mais bien avec celles des clavagelles.

On trouve à Madifford en Angleterre des morceaux de
bois fossile remplis de tubes , qui paroissent appartenir à
des térédines ; mais on ne peut déterminer leur espèce.
(D. F.)

TEREDO. (*Malacoz.*) Nom latin du genre Taret. (De B.)

TÉRÉDON. (*Entom.*) On trouve ce nom dans Aristote ,
τερηδων , pour indiquer un ver qui ronge le bois. On a pensé
que cette dénomination convenoit particulièrement au Taret,
en latin *Teredo* , genre de mollusques acéphales. (C. D.)

TÉRÉDYLES ou PERCE-BOIS. (*Entom.*) Noms sous lesquels nous avons établi une famille parmi les insectes coléoptères à cinq articles à tous les tarses ou pentamérés, recon-
noissables à leurs élytres durs, à leur corps alongé, convexe,
et à leurs antennes en fil.

Cette famille forme évidemment le passage à celle des
apalytres ou mollipennes par les derniers genres qu'elle comprend. mais elle en diffère en général par la forme du corselet, qui n'est pas aplati, mais très-convexe. D'ailleurs rien
n'est plus facile que de distinguer ces coléoptères de toutes les
autres familles pentamérées : 1.º des brachélytres, qui ont les
élytres courts, ne couvrant pas le ventre, et les antennes
formées d'articles grenus ; 2.º des priocères, hélocères, sté-
réocères et pétalocères , qui ont les antennes terminées par
une masse ou partie plus grosse ; 3.º des créophages, necto-
podes et sternoxes, dont le corps est généralement aplati.

Les térédyles présentent dans l'étymologie du nom par lequel
on les désigne, l'une des particularités les plus remarquables
de leurs mœurs ; car tous attaquent le bois sous la forme de
larves ou d'insectes parfaits ; ils y creusent des trous arrondis ,

comme s'ils avoient été percés à l'aide d'une vrille ou d'une tarière ; les mots τηρηδων signifiant *vrille*, et ύλης, *du bois*. Ils ont, sous ce rapport des mœurs, beaucoup d'analogie avec les sternoxes, chez lesquels le corselet est prolongé en pointe, et le sternum surtout très-saillant ; tandis que chez les térédyles le corselet est cylindrique en dessus comme en dessous.

Nous avons fait représenter sur la planche 8 de l'atlas destiné à figurer les insectes dans ce Dictionnaire, les six genres qui composent cette famille, et dont les caractères sont tirés de la forme des antennes, du corps, et en particulier du corselet. Ce sont les VRILLETTES, dont le corps est cylindracé ; dont la tête est reçue dans un corselet creusé en capuchon ou très-cintré, à peu près de la même largeur que les élytres ; les PANACHES ou PTILINS, dont les antennes en fil sont divisées en peigne chez les femelles, et tellement développées chez les mâles, qu'elles ressemblent à des plumes insérées au-devant des yeux ; les PTINES ou BRUCHES de Geoffroy, dont le corselet est un peu bossu et rétréci en arrière à la base des élytres, dont les antennes sont simples et plus longues que la tête et le corselet pris ensemble ; les MÉLASIS, dont les antennes sont en panache chez les mâles, dont le corselet est arrondi, mais présente deux petites pointes en arrière ; les TILLES ou TRICHODES de Fabricius, qui ont la forme des ptines, mais dont les antennes sont moins longues et vont légèrement en grossissant vers leur extrémité libre, et dont la tête est reçue dans un capuchon formé par le corselet, comme dans les vrillettes ; enfin, les LIME-BOIS ou LYMEXYLONS, qui ont le corps alongé, étroit, les yeux très-gros, le corselet cylindrique, la tête penchée et les élytres, déjà très-sensiblement ramollis, conduisent à la famille suivante.

Nous renvoyons au nom de chacun de ces genres pour en rappeler les mœurs, qui sont à peu près semblables chez tous, excepté chez les *Ptines* ou *Bruches* de Geoffroy, dont les larves se nourrissent de matières animales séchées, qu'elles perforent et détruisent, en faisant ainsi beaucoup de tort aux collections des naturalistes.

Voici un tableau synoptique qui présente les caractères essentiels et différentiels de chacun de ces genres.

Famille des Perce-bois *ou* Térédyles.

Coléoptéres pentamérés, à élytres couvrant tout le ventre, à corps arrondi, cylindrique, alongé, convexe; à antennes en fil.

```
                      ┌ simples ; ┌ très-alongé, terminé en pointe.... 6. LIMEBOIS.
           ┌ en fil ┤  corps    ┤ court; corselet ┌ étranglé en arrière. 3. PTINE.
A antennes ┤        │            └                 └ arrondi.......... 1. VRILLETTE.
           │        └ pectinées; corselet... ┌ à pointes en arrière. 4. MÉLASIS.
           │                                 └ sans pointes........ 2. PANACHE.
           └ grossissant à l'extrémité; corselet étroit en arrière... 5. TILLE.
```

(C. D.)

TEREGAM. (*Bot.*) Nom malabare, cité par Rhéede, du *ficus ampelos* de Burmann. (J.)

TERELOC. (*Ichthyol.*) Nom indien du TAFELVISCH des Hollandois. Voyez ce dernier mot. (H. C.)

TEREMEDI. (*Mollusq.*) A Borabora on nomme ainsi une jolie dolabelle nouvelle, à laquelle nous conservons ce nom. (LESSON.)

TÉRÉNITE. (*Min.*) M. de Leonhard dit, que quelques personnes ont distingué par ce nom certaines variétés de schiste argileux solide à feuillets épais, ayant une cassure matte et terreuse. (B.)

TERETA-PULLU. (*Bot.*) Cette plante, du Malabar, citée par Rhéede, est, selon Burmann, le *scirpus corymbosus* de Linnæus. (J.)

TÉRÉTICAUDES. (*Erpét.*) Voyez EUMÉRODES et UROBÈNES. (H. C.)

TÉRÉTIFORMES. (*Entom.*) Nous avions désigné ainsi dans les tableaux qui font suite au 1.er volume des Leçons d'anatomie comparée, une famille d'insectes coléoptères tétramérés, que nous avons depuis appelée CYLINDROIDES. Voyez ce mot. (C. D.)

TERFEZ. (*Bot.*) D'après Léon, ce nom désignoit chez les Africains, ainsi que celui de *camha*, la truffe de leur pays. *Terfez* paroit d'origine latine plutôt qu'arabe, et Paulet fait observer qu'il peut bien dériver du latin *terræ fex*, fécule de terre. Selon Avicenne, les noms arabes de la truffe étoient *tamer* et *kema*. (LEM.)

TERGEMINÉE [FEUILLE]. (*Bot.*) Le pétiole commun porte

à son sommet une paire de folioles et en outre deux pétioles secondaires qui ont aussi chacun à leur sommet une paire de folioles ; exemple : *mimosa tergemina*, etc. (Mass.)

TERGIPÈDE, *Tergipes*. (*Malacoz.*) Petit genre d'animaux mollusques, établi par MM. Cuvier et de Blainville pour une espèce de doris de Linné, et qui peut être caractérisé ainsi : Corps conique, limaciforme, pourvu d'un pied fort distinct en dessous, et en dessus d'espèces de branchies tentaculiformes en petit nombre et disposées sur deux rangs longitudinaux, simples; deux paires de tentacules céphaliques, de longueur un peu variable.

Les tergipèdes ont à peu près les mœurs et les habitudes des glaucus, des cavolines, et même de la plupart des doris, dont elles ont presque l'organisation. Ils nagent renversés, c'est-à-dire, le pied en haut et le dos en bas ; mais ce qu'il y a de plus singulier, c'est que, d'après Forskal du moins, l'espèce qui sert de type au genre, la *doris tergipes,* Linn., a la faculté de marcher sur un sol résistant à l'aide des branchies papilliformes dont son dos est pourvu, comme si c'étoient, dit-il, autant de doigts.

Nous avons rapporté à ce genre deux espèces :

Le T. LACINULÉ : *T. lacinulatus; Doris lacinulata*, Linn., Gmel.; *Limax tergipes*, Forskal, *Faun. arab.*, page 99, n.° 4, et *Icones anim.*, tab. 26, fig. 4, cop. Planche du Dictionn., 46 *bis*, fig. 6. Corps extrêmement petit, de forme variable; de couleur blanchâtre, avec six papilles sur chaque rangée du dos; les tentacules de la tête extrêmement courts.

Dans le détroit d'Orescand, dans la mer Rouge, au milieu des *fucus* qui tapissent le fond.

Le TERGIPÈDE DE TILÉSIUS ; *T. Tilesii*, Krusenst., Voy. autour du monde, pl. 26, fig. 29 et 30. Corps de six à dix lignes de longueur, pourvu de tentacules assez longs, surtout les supérieurs, et de quatre paires seulement de branchies tentaculiformes, élargies a leur extrémité: couleur grisâtre, avec deux séries dorsales de petites taches plus claires.

De la mer Pacifique. (De B.)

TERIACARIA. (*Bot.*) Le Dictionnaire économique cite ce nom ancien de la gaude, *reseda luteola*. (J.)

TÉRIGNADE. (*Entom.*) Dans le dictionnaire de l'abbé de

Sauvages, ce nom est indiqué comme désignant les araignées en Languedoc. (Desm.)

TÉRIN. (*Ornith.*) Nom vulgaire du tarin. On appelle aussi, dans le département de la Somme, *térin couronné*, le cabaret et le sizerin. (Ch. D.)

TÉRITZ ou TÉRIZ. (*Ornith.*) Noms vulgaires du proyer, *emberiza miliaria*, Linn. (Ch. D.)

TERKOOKU. (*Ornith.*) Sous ce nom et sous celui de *balam*, est connue à Sumatra la *columba turtur* de Linné. Cette espèce, que mentionne sir Raffles, ne repose-t-elle pas sur un rapprochement erroné avec celle d'Europe? (Lesson.)

TERLINO. (*Ornith.*) C'est en Pouille le nom du courlis commun, *scolopax arcuata*, Linn. (Ch. D.)

TERMÈS ou TERMITE, *Termes.* (*Entom.*) Nom d'un genre d'insectes névroptères ou à quatre ailes nues, d'égale consistance, dont les nervures sont en réseau ou maillées et dont la bouche est munie de mâchoires distinctes.

Ce genre, par la disposition des ailes, qui forment une sorte de toit ou de fourreau sur le corps dans l'état de repos et par les parties de la bouche, qui sont très-distinctes, appartient à la famille des stégoptères ou tectipennes. (Voyez tome L, page 436.)

On reconnoit les espèces auxquelles ce nom de genre a été donné, par la réunion des caractères qui suivent, et qui sont essentiels dans l'état actuel de la science:

Antennes en soie; ailes très-longues, formant un toit plat sur le corps (nulles dans les neutres); quatre articles seulement aux tarses; queue sans filets.

Ce nombre des articles aux tarses, qui est de moins de cinq, distingue de suite les espèces de ce genre de ceux des *fourmilions* et des *ascalaphes*, qui en outre ont les antennes renflées; ensuite des *panorpes*, des *némoptères* et des *semblides*, qui ont les antennes en fil, ou aussi grosses à l'extrémité qu'à la base, et enfin des *hémérobes*, qui ont les ailes très-minces et en toit incliné. Quant aux *raphidies*, les quatre articles des tarses et les antennes également en fil, les isolent pour ainsi dire. Il ne reste donc que les *perles* et les *psoques*, qui, en effet, sont très-voisins; mais ces derniers n'ont que deux articles aux tarses. et la queue, ou l'extrémité de l'abdomen, est terminée, chez les autres, par deux longs filamens soyeux.

Ce nom de *termes*, d'après les recherches de Festus Pompeius, auroit été donné à une espèce de ver qui ronge le bois; c'est au moins l'étymologie qui se trouve dans l'abrégé de Verrius Flaccus, *De verborum significatione*. Cette étymologie est plausible, mais nous n'avons pu la trouver dans aucun autre passage des auteurs.

Comme les insectes qui sont rangés dans ce genre exercent de grands ravages, surtout en Afrique, nous avons dû nous occuper très-particulièrement de leur histoire, et quoique ne les ayant pas pu observer vivans, nous avons eu en notre possession un grand nombre d'individus conservés dans la liqueur, et des débris très-variés des habitations ou des nids que se construisent les diverses espèces décrites par Smeathman; objets très-curieux d'histoire naturelle, tombés entre les mains de feu M. le docteur Payen, qui nous en avoit fait présent.

Ces insectes ont reçu différens noms : on les a appelés *fourmis blanches, poux de bois, vagvagues, carias,* et très-probablement ils sont désignés par d'autres appellations dans les contrées chaudes qu'ils habitent, heureusement pour nos propriétés, de préférence à nos climats tempérés, où cette race destructrice est à peine connue de nom.

Nous verrons plus tard que ces dénominations vulgaires indiquent quelques-unes des particularités que ces insectes présentent.

Voici une description plus détaillée de la conformation des termites, qui tous vivent en société, le plus souvent dans des retraites obscures, qu'ils se construisent ou qu'ils se creusent pour se mettre à l'abri de leurs nombreux ennemis et pour subvenir à leur propre subsistance. Dans ces sortes de populations, qui toujours se composent de plusieurs milliers d'individus, on distingue, comme parmi nos fourmis et nos abeilles, des neutres en très-grand nombre, qu'on a appelés des soldats, des mâles et une ou plusieurs femelles, mais en très-petit nombre. De plus il est à remarquer que, parmi ces névroptères, les larves sont agiles, munies de membres et de mâchoires; que les nymphes elles-mêmes, qui n'ont que des rudimens d'ailes, sont également motiles et actives; de sorte

qu'il règne, parmi les observateurs qui nous ont transmis les
faits qu'ils ont observés, une sorte d'incertitude sur le sexe
des individus qu'ils nomment des travailleurs ou des ouvriers,
des soldats, des larves, des mâles. Ils ne sont d'accord que
pour les femelles, lesquelles sont en effet faciles à distinguer
par le volume de leur abdomen rempli d'œufs.

Pour que le lecteur puisse se faire une idée juste par la
description que nous allons donner de la conformation des
espèces du genre Termite, nous le prions de consulter la
planche 26 de la partie entomologique de l'atlas joint à ce
Dictionnaire, sur laquelle nous avons fait représenter, sous
les n.⁰ˢ 3 et 3 *a*, le mâle du termite fatal et un individu que
nous regardons comme un neutre ou un soldat. Blumenbach,
dans la dernière édition de son Manuel d'histoire naturelle,
en a donné des figures, mais elles ne sont point aussi exactes.
Cependant on pourra consulter avec avantage celle de la
femelle qui donne à peu près la forme de celle que nous
avons eu à notre disposition ; mais cette femelle paroissoit
avoir déjà pondu un très-grand nombre de petits œufs, qui
étoient déposés au fond du bocal, puisqu'on suppose qu'elle
peut pondre 80,000 œufs en vingt-quatre heures.

La description du *mâle* servira de type ; car, ce qui est
caché dans la figure par les ailes, se distingue parfaitement
chez le neutre, où l'abdomen est à découvert. Son corps est
alongé, déprimé, et, si ce n'est qu'il est d'un blanc jaunâtre
et comme étiolé, il a quelques rapports avec celui des perles
et des semblides. Sa tête est à peu près arrondie, avec le museau ou la bouche saillante, portée presque verticalement.
Ses antennes sont légèrement en soie ou plus minces à l'extrémité libre, composées d'une vingtaine de petits articles
arrondis. Ses yeux sont latéraux, globuleux, saillans ; il y a
en outre trois stemmates ou yeux lisses, disposés en triangle,
un en avant et deux écartés entre eux, mais rapprochés chacun de l'œil proprement dit. La bouche, étudiée dans son
organisation, se rapproche beaucoup de celle des orthoptères,
parce que les mâchoires sont garnies en dehors d'une sorte
de gaine ou de galète. Les mandibules sont pointues ; et les
palpes, au nombre de quatre, bien distincts, sont de même
grosseur dans toute leur étendue.

Le corselet est formé en dessus, d'une maniére évidente, d'une piéce antérieure ou prothorax qui supporte les deux pattes antérieures, coupé presque transversalement en devant, mais à bords latéraux et postérieurs arrondis. La seconde piéce du corselet, ou le métathorax, supporte les deux premières ailes et les pattes moyennes, et la troisième, la dernière paire de pattes et les ailes inférieures. Les pattes sont assez longues, c'est-à-dire à peu près égales à l'étendue du tronc, légérement comprimées et terminées par quatre articles, dont les trois premiers sont plus petits, à peine distincts entre eux, tandis que le quatrième est à lui seul plus long que les trois autres pris ensemble. Les ailes ont trois fois plus de longueur que l'abdomen qu'elles recouvrent et au-dessus duquel elles forment une sorte de toit plan, en se recouvrant elles-mêmes, et quand elles sont étendues, elles se développent et prennent la forme d'un ovale alongé. Leurs nervures sont petites, peu ramifiées, dont les longitudinales sont peu marquées. Ces ailes paroissent très-peu adhérentes, et comme chez quelques fourmis elles se détachent très-facilement; on prétend même que dans le danger l'insecte s'en débarrasse et les arrache, afin de pouvoir se soustraire plus facilement par la fuite.

L'abdomen est appliqué contre le corselet : il est arrondi à la pointe; cependant on dit qu'il porte là deux petits appendices, que nous n'avons pas observés dans les individus que nous avions sous les yeux.

Tel est le mâle : la *femelle* est le plus souvent sans ailes, quand elle est fécondée; alors son ventre devient énorme, au point qu'il acquiert, dit Sparrman, quinze cents fois et même deux mille fois le volume du reste de son corps. A l'époque de la ponte elle produit sans interruption ses œufs avec une telle rapidité, qu'on suppose qu'elle en pond un par chaque seconde. et le même observateur prétend qu'il est certaines femelles qui peuvent produire plus de 80,000 œufs par vingt-quatre heures : ce fait est répété par Blumenbach et par la plupart des entomologistes.

Les *neutres* sont tout-à-fait différens des mâles et des femelles, comme on peut le voir dans la figure 3 *a* de la planche 26 que nous avons citée. Leur tête est énorme et souvent plus grosse que le reste du corps. Elle est armée de deux grandes mandibules. Ce sont ceux que Sparrman appelle des soldats, parce qu'étant mieux armés que les autres, ils se présentent avec plus de confiance aux dangers et qu'ils protègent en effet ces sortes de républiques.

Les *larves*, qu'on a nommées des travailleurs, sont toujours sans ailes et sans rudiment d'ailes; leur nombre est prodigieux. Dans certaines *termitières* (pour employer une expression qui corresponde à celle de fourmilière) on trouve la proportion de cent larves contre un neutre. Dans quelques races elles n'atteignent que quelques lignes de longueur, et vingt-cinq individus pèseroient à peine un grain, tandis que les neutres ont six à huit lignes de long. Leur tête est petite, arrondie, portée verticalement, et leurs mandibules sont courtes.

Enfin, les *nymphes* ne diffèrent des larves que par les rudimens d'ailes. On suppose que les métamorphoses, pour être complètes, exigent deux années d'existence; parce que, lorsqu'on observe des individus ailés, il y a en même temps dans leurs termitières beaucoup de petites larves.

De crainte de commettre des erreurs dans l'histoire de ces insectes, que nous n'avons pu observer que dans nos collections, nous emprunterons aux auteurs que nous allons citer, les faits principaux qui termineront cet article, et afin, que le lecteur qui aura occasion d'étudier leurs mœurs, puisse savoir ce qui a été écrit à ce sujet, nous lui indiquerons les sources où il pourra puiser les faits que nous avons analysés.

1.º Smeathman, *Transact. philosoph.*, vol. 71, page 159 et suiv., 1781 : *Some account of the termites, which are found in Africa and other hot climates.* Ce mémoire a été inséré par M. le docteur Rigaud, médecin de Montpellier, dans la traduction de l'ouvrage de Sparrman, Voyage au cap de Bonne-Espérance, Paris, 1787. On trouve dans ce voyage beaucoup de détails sur l'histoire naturelle des fourmis blanches.

2.º König a publié en allemand, dans le *Naturforscher* (le Naturaliste), journal allemand, un essai sur l'histoire des termites, qui contient des observations curieuses sur les avantages que les Indiens tirent de ces insectes, qu'ils recherchent pour les manger et qu'ils préparent pour les conserver en provision.

5.° DEGEER, Mémoire pour servir à l'histoire des insectes, tome 7. page 45 et suiv.

Linnæus, qui n'avoit connu d'abord que des individus non ailés, étoit resté incertain sur ce qu'il nommoit la classe, l'ordre auquel il falloit les rapporter, ce qui a fait que Gmelin les a rapportés aux aptères ; mais l'histoire abrégée qu'il en trace est fort exacte : nous allons la traduire librement. à cause de son laconisme et des faits nombreux qu'elle relate.

Ce genre semble intermédiaire aux névroptères, aux hyménoptères et aux aptères : il se rapproche de ces derniers parce que beaucoup d'individus restent avec la forme de larves, et que sous l'état parfait les autres individus sont plus voisins des deux autres ordres. La plupart des espèces qui sont pernicieuses dans les climats qu'elles habitent, offrent d'ailleurs une disposition admirable dans l'histoire économique de leurs sociétés nombreuses. Le ventre des femelles fécondées grossit au point d'acquérir la longueur et la largeur du doigt du milieu ; il ressemble à une vessie blanche, avec des taches brunes en travers, avec des bords inégaux et ondulés : il contient des œufs innombrables, disposés par lignes parallèles, que la femelle pond pendant plusieurs années. Avant d'être fécondée et lorsqu'elle est ailée, elle s'envole avec un mâle pendant la nuit, et au lever du soleil ses ailes séchées étant tombées, elle est saisie par les larves, qui l'enferment dans une cellule, dont l'orifice est assez rétréci pour qu'elle n'en puisse plus sortir : elle est alors nourrie par les plus petites larves ; celles-ci, qui sont des ouvrières, travaillent pour tout le troupeau ; elles construisent des huttes, nourrissent les individus dont elles proviennent et soignent les œufs. Ces larves sont petites, à six pattes ; elles ont des mâchoires courtes, mais fortes et pointues ; leurs antennes, moniliformes, ont la longueur de leur tête ; leur corps est d'un blanc pâle ; elles sont aveugles : les nymphes, regardées à tort comme des neutres, ne travaillent jamais ; ce sont des combattans ou soldats qui, à l'aide de leurs mâchoires pointues non dentées, font des blessures profondes, dont on peut à peine retirer l'instrument vulnérant ; elles défendent ainsi la famille ; grimpées sur les feuilles des arbres et sur les branches, elles présentent leurs mâchoires en avant et font une sorte de bruit pour exciter les ouvrières au travail ; elles paroissent également aveugles ; leur tête est très-grosse et leurs antennes atteignent la longueur du corselet.

La plupart de ces détails sont exacts ; mais on voit que Linnæus a pris les neutres pour des nymphes, et c'est Sparrman qui l'a induit ainsi en erreur.

Smeathman décrit cinq espèces, parmi lesquelles nous citerons les suivantes :

1.° Le TERMITE BELLIQUEUX, *Termes bellicosum.*

Car. Corps brun ; ailes brunâtres ; à bord externe ou côte ferrugineuse.

Cette espèce paroît être celle que Linnæus a indiquée sous le nom de *fatale* et que nous avons fait figurer. C'est aussi celle que Degéer décrit sous le nom de *T. capense.* Elle se trouve aux Indes et dans l'Afrique équinoxiale, dans les lieux ombragés. Les naturels du pays et les oiseaux la mangent ; mais elle est un véritable fléau pour les habitans, parce qu'elle détruit et dévore non-seulement les ustensiles, les provisions de bouche, les vêtemens ; mais encore les boiseries et les charpentes des maisons, et même des vaisseaux, en laissant en apparence entière la superficie, et cette destruction s'opère en très-peu de jours, sans qu'on ait pu s'en apercevoir. On cherche à s'en débarrasser par la chaux vive et le fumier. Pour voyager, ces troupes innombrables d'insectes se construisent des voûtes ou tuyaux cylindriques ; elles bâtissent des nids composés d'argile et de sable, consolidés par une sorte de bave qui en fait un mortier, dans lequel on voit qu'elles se sont ménagé des chemins tortueux et dans des directions variées et régulières ; elles élèvent ces nids sous la forme de huttes, qui atteignent quelquefois le double de la hauteur d'un homme, sur la surface desquelles on distingue des sortes de tourelles coniques. Ces masses de terre prennent une telle consistance que les buffles et les hommes les gravissent sans les enfoncer, quoiqu'elles soient excavées à l'intérieur.

2. Le Termès mordant, *Termes mordax.*

Car. Noirâtre, à antennes et pattes pâles; ailes brunes, à côte externe noirâtre; bords des anneaux de l'abdomen blanchâtres.

Les termites de cette espèce se construisent des nids, dans la composition desquels ils font entrer des végétaux; ils constituent des sortes de colonnes ou de cylindres de deux à trois pieds de hauteur, surmontés d'un chapiteau arrondi et voûté, qui dépasse le cylindre qu'il recouvre.

Cette espèce paroît être la même que celle qui a été nommée *arda* par Fabricius, d'après Forskal.

3. Le Termès destructeur, *Termes destructor.*

Car. Corps d'un jaune brun; tête noirâtre; antennes jaunes.

Ces termès attachent leur nid sur les grosses branches des arbres. Ils lui donnent une forme globuleuse, et la masse est quelquefois énorme, de cinq à six pieds de circonférence et même jusqu'à douze, sur autant de hauteur. Les matériaux qui composent ces nids sont très-variés : ce sont des feuilles, des branches, de la terre, réunies avec des sucs gommeux et résineux, qui prennent ensuite beaucoup de consistance. (C. D.)

TERMINAL , ALE. (*Bot.*) On applique cette épithète aux épines qui occupent la place des boutons à l'extrémité des branches et des rameaux , comme dans l'*elæagnus*, le *prunus spinosa*, etc. ; aux feuilles, lorsqu'elles couronnent la tige , comme dans les palmiers , etc.; au style, lorsqu'il est placé au sommet géométrique de l'ovaire , comme dans le lis, etc. ; à l'arête, lorsqu'elle est formée par le prolongement de la spathelle, comme dans le seigle , au lieu d'être dorsale , comme dans l'*avena*, etc. (Mass.)

TERMINALIA. (*Bot.*) Voyez Badamier. (Poir.)

TERMINALIS. (*Bot.*) Le végétal , cité sous ce nom par Rumph, est le *dracæna terminalis*. (J.)

TERMINALIUM. (*Bot.*) Nom ancien, donné par les Latins, suivant Ruellius et Adanson, à l'aunée, *inula helenium* de Linnæus. (J.)

TERMINOLOGIE. (*Bot.*) Voyez Théorie fondamentale de la botanique. (Mass.)

TERMINTOS. (*Bot.*) Voyez Terebintus. (J.)

TERMIS. (*Bot.*) Nom arabe d'un lupin, que Forskal a nommé *lupinus termis;* on en fait dans l'Égypte un charbon estimé pour la fabrication de la poudre à canon. (J.)

TERMITE. (*Entom.*) Voyez TERMÈS. (DESM.)

TERMITINES. (*Entom.*) M. Latreille désigne sous ce nom la cinquième tribu de sa troisième famille de la seconde section de son septième ordre, de sa quatrième classe, de la troisième race, de la deuxième série des animaux, dans ses familles naturelles du Règne animal, p. 456. Il y place le genre *Termes*, et un autre qu'il en a séparé à cause de la différence offerte par les antennes et qu'il nomme *Embie.* (C. D.)

TERMONITIS. (*Bot.*) Adanson cite ce nom ancien du mufflier, *antirrhinum*, d'après Dioscoride. (J.)

TERN, TERNS. (*Ornith.*) Noms des sternes dans les langues du Nord. (CH. D.)

TERNAGE, TERNUE. (*Bot.*) Noms vulgaires du vulpin, *alopecurus agrestis*, dans l'Anjou, cités par M. Desvaux. (J.)

TERNATE, *Ternatea.* (*Bot.*) Genre de plantes dicotylédones, à fleurs complètes, papilionacées, de la famille des *légumineuses*, de la *diadelphie décandrie* de Linnæus, offrant pour caractère essentiel : Un calice persistant, tubuleux, campanulé, presque à deux lèvres ; la division inférieure plus alongée ; une corolle papilionacée ; l'étendard en ovale renversé, couvrant les autres pétales ; les étamines diadelphes ; l'ovaire pédicellé ; entouré à sa base d'un anneau membraneux ; le style velu a son sommet ; une gousse alongée, linéaire, un peu comprimée, subulée au sommet, à deux valves, contenant sept à douze semences.

Je viens de présenter, d'après M. Kunth, *in* Humb. et Bonpl., *Nov. gen.*, 6, pag. 45, le caractère de ce genre tel qu'il le décrit. Je ne trouve aucune différence importante qui puisse autoriser à le séparer des *clitoria* de Linné, auxquels il étoit réuni. Voyez CLITORE. (POIR.)

TERNÉ. (*Bot.*) Les feuilles sont ternées lorsqu'elles sont au nombre de trois, en verticille ou en faisceau ; exemples : *verbena triphylla, lisymachia vulgaris, pinus tæda, pinus palustris*, etc. La feuille composée digitée est également dite ternée, lorsque les digitations ou folioles sont au nombre de trois ; exemple: *oxalis acetosella*, etc. (MASS.)

TERNIABIN. (*Bot.*) C. Bauhin cite, d'après Belli, ce nom arabe et turc d'une manne liquide qui se recueille dans l'Arabie, sur le mont Sinaï. Il ne dit point quel est l'arbre qui la fournit ; mais comme elle est encore nommée *mel cedrium* d'Hippocrate, et *ros Libani*, on est porté à croire que c'est un arbre vert de la famille des conifères. Cependant Rauwolf cite sous le nom de THERENIABIN (voyez ce mot) une manne extraite de l'*alhagi* des Arabes. (J.)

TERNIER. (*Ornith.*) Un des noms vulgaires du grimpereau de muraille, *certhia muraria*, Linn., *tichodroma*, Illig. (CH. D.)

TERNSTROME, *Ternstroemia*. (*Bot.*) Genre de plantes dicotylédones, à fleurs complètes, polypétalées, de la famille des *ternstromiées*, de la *polyandrie monogynie* de Linnæus, offrant pour caractère essentiel : Un calice persistant, à cinq divisions très-profondes, arrondies, muni de deux petites écailles à sa base ; cinq pétales imbriqués, presque égaux ; les étamines nombreuses, hypogynes ; un ovaire supérieur, sessile ; un style droit ; le stigmate en tête, à deux lobes ; une baie sèche, presque sphérique, coriace, presque ligneuse, indéhiscente, univalve, un peu acuminée par le style, renfermant plusieurs semences.

TERNSTROME MÉRIDIONALE : *Ternstroemia meridionalis*, Linn., *Suppl.*, 294 ; Vahl, *Symb.*, 2, pag. 60 ; Willd., *Spec.* Arbre dont les rameaux sont glabres, cylindriques, roides, de couleur cendrée ; les feuilles éparses, médiocrement pétiolées, alternes, coriaces, persistantes, glabres, ovales ou oblongues, obtuses, échancrées, très-entières, en coin à leur base, longues de seize ou dix-neuf lignes, larges de six ou sept. Les pédoncules sont solitaires, axillaires, uniflores, au moins une fois plus courtes que les feuilles ; les fleurs de la grandeur de celles d'un cerisier. Leur calice est glabre, coloré, persistant, à cinq divisions profondes, orbiculaires, concaves ; les deux extérieures un peu plus courtes, ciliées et frangées : les deux bractées sont membraneuses à leurs bords, opposées, ovales-arrondies ; la corolle est blanche, à pétales presque orbiculaires, concaves, à deux lobes ; les anthères sont oblongues, linéaires, acuminées, à deux loges. Le fruit est ovale, presque rond, entouré par le calice, glabre, bilo-

culaire, indéhiscent, renfermant quelquefois une seule semence dans une loge; l'autre vide. Cette plante croit a Saint-
Domingue, à la Jamaïque, etc.

Ternstromie a feuilles de clusia; *Ternstroemia clusiæfolia*,
Kunth, *in* Humb. et Bonpl., *Nov. gen.*, 5, pag. 207, tab. 463,
fig. 1. Arbre d'environ trente-six pieds d'élévation, qui a le
port d'un *clusia*, dont les rameaux sont glabres, d'un brun
noirâtre; les feuilles éparses, pétiolées, ovales, oblongues,
obtuses, en coin a leur base, courantes sur un pétiole court,
glabres, très-entières, parsemées en dessous de points noirs,
longues de deux ou trois pouces, larges de seize à dix-huit
lignes. Les pédoncules sont axillaires, glabres, solitaires,
uniflores. Le fruit est ovale, un peu globuleux, entouré par
les folioles du calice persistant, lisse, glabre, indéhiscent,
de la grosseur de celui du prunier épineux; le péricarpe
épais, coriace, ligneux; les deux bractées, à la base du calice, sont opposées, glabres, coriaces, arrondies, beaucoup
plus courtes; souvent une seule semence est dans chaque
loge, elliptique, un peu comprimée, un peu échancrée à
l'une de ses extrémités. Cette plante croit dans les Andes de
Popayan.

Ternstrome ponctuée : *Ternstroemia punctata*, Willd., *Spec.*,
2, pag. 1128; Swartz, *Prodr.*, 81; *Taonabo punctata*, Aubl.,
Guian., 1, tab. 228; Lamk., *Ill. gen.*, tab. 456, fig. 2. Arbre
chargé de rameaux glabres, cylindriques. Les feuilles sont
alternes, pétiolées, glabres, ovales-oblongues, un peu épaisses, obtuses, échancrées au sommet, rétrécies en pointe à
leur base, munies à leurs bords de petits points qui les rendent comme denticulées; les pétioles courts, un peu épais.
Les fleurs sont latérales, solitaires, axillaires, soutenues par
des pédoncules glabres, cylindriques, très-courts. Le calice
est glabre, divisé en cinq découpures profondes, étalées,
ovales, acuminées, persistantes; la corolle à peine plus longue que le calice; les étamines sont nombreuses, insérées à
la base de la corolle; l'ovaire est ovale-oblong, aigu; le fruit
d'une grosseur médiocre, ovale, univalve. Cette plante croit
dans les grandes forêts de la Guiane, sur le mont Serpent.

Ternstrome dentée : *Ternstroemia dentata*, Willd., *Spec.*,
Swartz, *Prodr.*; *Taonabo dentata*, Aubl., *Guian.*, 1, tab. 227,

Lamk., *Ill. gen.*, tab. 456, fig. 1. Cet arbre est garni de rameaux glabres, cylindriques, très-rapprochés, alternes. Les feuilles sont pétiolées, alternes, fermes, ovales-oblongues, glabres, épaisses, dentées en scie, presque incisées à leur contour, acuminées au sommet, rétrécies à la base, longues de trois à quatre pouces, larges de deux pouces. Les fleurs sont latérales, solitaires, presque axillaires; le pédoncule est simple, glabre, cylindrique, uniflore, à peine de la longueur des pétioles. Le calice se divise en cinq folioles ovales, entières, acuminées, muni à sa base de deux petites écailles ovales, concaves, aiguës. La corolle est jaunâtre, à cinq, quelquefois quatre pétales connivens à leur base; les filamens sont un peu élargis dans leur milieu, imbriqués sur l'ovaire. Le fruit est petit, sphérique, acuminé. Cet arbre croît dans les grandes forêts de la Guiane.

TERNSTROME DU JAPON : *Ternstroemia japonica*, Thunb., *Fl. Jap.*, 224; Willd., *Spec.*; *Mokokf*, Kæmpf., *Amœn.*, p. 873, tab. 774. Dans cet arbre les branches et les rameaux sont presque verticillés; les feuilles très-rapprochées, presque en verticilles, épaisses, toujours vertes, glabres, dentées vers le sommet. Les fleurs sont solitaires, latérales, axillaires; les pédoncules simples, uniflores; les divisions du calice obtuses; la corolle à cinq pétales connivens à leur base; le fruit de la grosseur d'un pois, à deux loges, accompagné du calice persistant. Cette plante croît au Japon. (POIR.)

TERNSTROMIÉES. (*Bot.*) Le genre *Ternstroemia*, rapproché du *Thea* et de quelques autres genres, formoit primitivement une troisième section dans la famille des aurantiacées; mais on observoit en même temps que, dans la suite, cette section pourroit devenir une famille distincte. Elle a en effet été séparée des aurantiacées par M. Mirbel, qui a même pensé que ces deux genres pouvoient devenir les types de deux nouvelles familles, les ternstromiées et les théacées, différentes principalement par l'existence d'un périsperme dans les premières, et sa non-existence dans les secondes. Il a donné la monographie de celles-ci. Nous devons celle des ternstromiées à M. De Candolle, qui a adopté cette distinction : c'est d'après lui que nous en présenterons ici les caractères, en faisant observer néanmoins que, plusieurs des

genres réunis dans cette série n'étant pas complétement connus, leur admission n'est peut-être pas définitive, ou que,
pour les admettre, il faudra peut-être faire quelque réforme
dans le caractère général que l'on reproduit ici, formé de la
réunion des suivans.

Calice de plusieurs pièces (et cependant persistant, suivant
l'auteur), ou d'une seule pièce, accompagné souvent de deux
bractées et divisé profondément en cinq lobes coriaces, concaves, obtus et inégaux, imbriqués par un côté avant la flo-
raison. Pétales insérés sous l'ovaire par un large onglet,
alternes avec ces lobes et en nombre ordinairement égal,
réunis quelquefois par le bas et imitant alors une corolle monopétale. Étamines nombreuses, à filets tantôt distincts, insérés aux mêmes points, tantôt adhérens à la base des pétales
réunis, sur lesquels ils paroissent portés ; anthères droites et
biloculaires. Ovaire simple, non adhérent au calice, surmonté d'un à cinq styles libres ou quelquefois réunis, et d'autant de stigmates. Fruit ovale ou globuleux, à loges égales
en nombre aux styles, tantôt presque charnu et ne s'ouvrant
pas, tantôt capsulaire et s'ouvrant par le haut, rempli de
graines attachées à un placentaire central, tantôt droites et
ovales, tantôt arquées. Embryon cylindrique, à radicule
longue, ainsi que les lobes, tantôt entouré d'un périsperme
charnu, mince ou épais, tantôt privé de périsperme (que
du moins on n'a pas eu occasion d'observer). Les plantes de
cette famille sont des arbres ou arbrisseaux à feuilles simples, alternes, non stipulées ; des pédoncules uniflores, axillaires ou terminaux, sont solitaires ou réunis en faisceaux.
M. De Candolle divise cette série en cinq sections ou tribus.

La première, qu'il nomme les ternstromiées, renferme le
seul genre *Ternstroemia*, auquel est réuni le *Tonabea* (*taonabo*
d'Aublet) : elle est caractérisée par deux bractées accom-
pagnant le calice ; les pétales réunis par le bas, ainsi que
les étamines ; un style unique, de même que le stigmate ; un
embryon à radicule repliée sur les lobes, entouré d'un périsperme.

La seconde tribu diffère de la première par des pétales
distincts, des anthères chargées de poils ; un style surmonté
de deux ou trois stigmates ; un embryon un peu courbe. Elle

renferme les genres *Cleyera* de Thunberg, *Freziera* de Swartz, nommé auparavant *Eroteum* par le même, *Eurya* de Thunberg, et *Lettsomia* de la Flore du Pérou.

L'absence des bractées, la réunion des pétales et des filets d'étamines à leur base ; des anthères portées par leur milieu sur les filets et non adnés à ces mêmes filets ; trois à cinq styles distincts, constituent le caractère de la troisième tribu, dont la structure des graines n'est pas assez connue ; les genres *Saurauia* de Willdenow et *Apatelia* de M. De Candolle ou *Palava* de la Flore du Pérou, y sont seuls rapportés.

Le caractère de la quatrième tribu consiste dans un calice à trois ou quatre lobes sans bractées, des pétales distincts, plus nombreux que ces lobes, des filets libres, des anthères droites, attachées par leur base ; des styles réunis en un seul ; un embryon droit, entouré d'un périsperme charnu. Dans cette série, désignée sous le nom de laplacées, sont rapportés les genres *Cochlospermum* et *Laplacea* de M. Kunth, et *Ventenatia* de la Flore d'Oware de Beauvois.

La tribu des gordoniées, qui est la cinquième, présente des caractères qui s'accordent moins avec le caractère général. Ceux que M. De Candolle indique, sont un calice composé de plusieurs sépales distincts ou réunis en partie ; des pétales le plus souvent unis à leur base, ainsi que les filets ; des anthères insérées par leur milieu ; un pistil composé de cinq parties (*carpella* 5) plus ou moins réunies ; cinq styles tantôt distincts, tantôt réunis par le bas ou presque entièrement ; les parties du fruit un peu distinctes ou réunies en une seule capsule à loges mono- ou dispermes, s'ouvrent en valves qui portent une cloison dans leur milieu ; un embryon sans périsperme, à radicule droite et oblongue, à lobes plissés irrégulièrement. Les genres rapportés à cette tribu sont le *Malachodendrum* de Cavanilles, le *Stewartia* de Catesby, adopté par Cavanilles ; le *Gordonia* de Linnæus et d'Ellis.

Cette famille ne paroît pas plus définitive que celles dont sont extraits les genres qu'elle renferme, et probablement elle sera de même soumise à un nouvel examen. On y trouve un calice d'une seule ou de plusieurs pièces, avec ou sans bractées ; des pétales en nombre égal ou inégal avec ses divisions, distincts ou réunis, ainsi que les filets d'étamines ;

des anthères diversement portées sur ces filets; un ovaire indiqué comme simple ou quelquefois multiple; un style également simple ou multiple; un fruit ordinairement simple, quelquefois composé de plusieurs capsules distinctes ou réunies, dont les valves portent une cloison dans leur milieu; un embryon avec ou sans périsperme, à radicule droite ou courbée sur les lobes, qui sont tantôt charnus, tantôt foliacés et plissés. Ces différences nombreuses semblent prouver que ces genres ne resteront pas toujours réunis, qu'ils pourront être dispersés dans d'autres familles par M. De Candolle lui-même, lorsqu'il aura eu l'occasion de connoitre tous leurs caractères. (J.)

TEROK. (*Ornith.*) Nom malais du *scolopax arcuata* de Linné. Sir Raffles dit que cette espèce a deux variétés. La première, plus grande, est le *terok indo ayam;* et l'autre, plus petite, est le *terok padi.* (Lesson.)

TERPENTINBOOM. (*Bot.*) A Surinam on nomme ainsi l'*amyris ambrosiaca* de Linnæus fils, *icica heptaphylla* d'Aublet. (J.)

TERPNANTHUS. (*Bot.*) Ce genre a été établi par MM. Nées et Martius, tab. 31, pour un arbrisseau glanduleux, qu'ils rapportent à la famille des *fraxinellées* ou *rutacées.* Ses feuilles sont ternées, ovales-acuminées; les fleurs disposées en grappe, formant un corymbe par leur réunion; les feuilles florales linéaires-lancéolées; le calice est court, pubescent, à cinq divisions; la corolle blanche, à cinq pétales égaux, un peu connivens à leur base, puis étalés, campanulés; les cinq étamines sont insérées sur le réceptacle; les filamens filiformes; l'ovaire est supérieur, et placé sur un anneau en forme de coupe dont il est entouré à sa base. Le fruit est composé de cinq coques monospermes. Cette plante répand une odeur très-agréable, approchant de celle du jasmin, d'où vient qu'elle a été nommée *terpnanthus jasminiodorus.* (Poir.)

TERPOUNG. (*Ichthyol.*) Sauer, rédacteur des Voyages du capitaine Billings, a sous ce nom décrit un poisson des mers d'Oonolaska, qui a seize pouces de longueur: la tête d'une teinte olivâtre foncée, avec des taches rouges: une crête charnue et écarlate sur chaque œil; deux nageoires dorsales; deux grandes nageoires pectorales; des catopes, une caudale arrondie, tachetée de rouge comme les autres nageoires ; des écailles hérissées et une chair blanche. (H. C.)

TERRA CREPOLA. (*Bot.*) Voyez TERRE CRÊPE. (J.)

TERRA MERITA. (*Bot.*) On nomme ainsi, dans les pharmacies, le *curcuma longa*, dont la racine, de la grosseur d'un œuf, marquée d'impressions circulaires, pousse latéralement d'autres racines de moindre volume. Elle est de couleur jaune safranée ; on l'emploie dans l'Inde pour les teintures jaunes. Les Indiens la mêlent aussi dans leurs alimens comme assaisonnement, et lui trouvent un peu la saveur du safran ; ce qui l'a encore fait nommer safran d'Inde. On en fait aussi usage en médecine comme d'un médicament apéritif et résolutif. (J.)

TERRA MERITA. (*Chim.*) Nom du CURCUMA. Voyez ce mot, tome XII, page 236. (CH.)

TERRABUSO. (*Ornith.*) Le butor, *ardea stellaris*, Linn., se nomme ainsi dans le bolonois. (CH. D.)

TERRAGONA. (*Erpét.*) Voyez RUBANÉE., tom. XLVI, pag. 381. (H. C.)

TERRAIN. (*Min.*) Ce nom a reçu une si grande extension en géognosie, que l'on pourroit faire à son occasion un traité presque complet de cette science. En effet, il désigne les parties qui composent l'écorce du globe. Or, l'histoire de cette écorce est l'objet de la géognosie ou géologie positive. Un terrain est un ensemble de minéraux et de roches, qu'on présume formés dans la même période géognostique. La connoissance d'un terrain se compose de celle de la nature de ses roches, de leur position respective, de la forme qu'elles affectent, de ce qu'elles renferment habituellement et extraordinairement, et de sa place dans l'écorce du globe, par rapport à ceux qui lui sont inférieurs, supérieurs, ou seulement contigus. L'histoire détaillée de chaque terrain seroit presque sans résultat et sans intérêt, si on n'établissoit ses rapports avec celle des autres terrains, et si on n'en déduisoit pas la théorie, c'est-à-dire, les conséquences qui amènent à la connoissance générale de la structure de l'écorce de la terre. Comme les articles de chaque sorte de terrain n'ont point encore été faits dans ce Dictionnaire, comme on n'a encore présenté aucune généralité géognostique aux mots Géologie et Géognosie, etc., on réunira à l'occasion de l'histoire des terrains tout ce qui est relatif à cette connoissance de la structure de cette mince partie de la terre que nous commençons à connoître, et on présentera l'ensemble de ces faits et les rapports généraux qui les lient sous le titre de Théorie de la structure de l'écorce du globe. Voyez cet article et Indépendance des formations. (B.)

TERRAPÈNE. (*Erpét.*) Voyez Térapène. (H. C.)

TERRASSON. (*Ornith.*) Ce nom paroit avoir été vulgairement donné au motteux, *motacilla œnanthe*, Linn., d'après l'habitude de se tenir à terre et de paroître en frapper les mottes en secouant sa queue. (Ch. D.)

TERRE. (*Astron. et Physique.*) Le corps sur lequel nous habitons, étant au nombre des *planètes*, ses mouvemens et sa figure ont été indiqués à l'article Système du monde.

Considéré ensuite physiquement, il nous offre deux objets de recherches : 1.° ses formes extérieures ; 2.° sa composition intérieure.

Les premières sont le sujet de la *géographie physique*. On trouve à l'article Surface du globe les principaux traits du relief de la terre [1]. Ici je me bornerai à rappeler l'usage qu'on pourroit faire des idées émises dès l'année 1752 par Philippe Buache, pour fonder sur les grandes sinuosités du rivage des mers, sur les directions des pentes vers ces grands réservoirs et sur la circonscription des espaces qui alimentent les cours d'eau, depuis les grands fleuves jusqu'aux plus petites rivières, des divisions naturelles, fort durables et de plus en plus petites, dans la surface terrestre.

Cette méthode seroit à la géographie ce que sont les méthodes naturelles dans la classification des productions de notre globe : elle a été essayée dans la seconde partie de l'*Introduction à la géographie mathématique et critique et à la Géographie physique*, que j'ai publiée en 1811. J'y ai montré comment, sur cette division, on pouvoit asseoir l'état politique et en marquer les changemens à toutes les époques. Depuis, M. Denaix, officier supérieur de l'état-major, a

---

1 Il s'est glissé dans cet article une faute d'impression : à la ligne 9 de la page 393 du tome LI, au lieu de 302, il faut lire 22.

présenté à l'Académie des sciences une carte d'Europe, divisée ainsi par bassins, et M. Bailleul a suivi la même marche dans son *Bibliomappe.*

En ne s'attachant qu'aux circonstances de la végétation, comme l'ont proposé quelques physiciens, on seroit conduit à diviser la surface terrestre en régions d'égale température (voyez l'article TEMPÉRATURE); mais, suivant ce mode, la même région se trouveroit composée de portions discontinues, souvent très-éloignées les unes des autres; il faudroit, par exemple, accoler les plateaux des Andes, situés sous la zone torride, avec des régions très-avancées dans les zones tempérées. Je ne pense pas que l'on puisse jamais adopter, comme élémentaire, un système de divisions aussi morcelées.

Quand on voudra classer, par le lieu d'habitation, les animaux et les végétaux, il ne sera pas difficile de combiner avec la situation purement géographique, les élémens météorologiques qui modifient les effets de cette situation, lorsque l'on connoîtra la hauteur des lieux au-dessus du niveau de la mer : c'est ce que l'on voit bien à l'article GÉOGRAPHIE BOTANIQUE, qui fait partie de ce Dictionnaire, et dans les Recherches insérées par M. Mirbel dans le tome 14 des *Mémoires du Muséum d'histoire naturelle.*

La composition de l'intérieur de la terre est le sujet de la GÉOLOGIE, nommée aussi GÉOGNOSIE par les minéralogistes allemands. (Voyez ces mots.)

Cette science, fondée d'abord en grande partie sur des conjectures plus ou moins hasardées, relativement à la formation de notre globe et des substances qu'il renferme, s'enrichit chaque jour de nouveaux faits, qui tendent à lui donner des bases plus solides; mais ces faits, quoique fort curieux, laissent encore beaucoup à désirer quand on considère le peu d'épaisseur de la couche dans laquelle on a pénétré, par rapport au rayon de la terre, et que la densité moyenne de celle-ci, étant cinq fois plus grande que celle de l'eau (voyez ATTRACTION), diffère beaucoup de celle des substances qui ne forment, pour ainsi dire, que l'écorce de notre globe. Voyez TERRAIN. (L. C.)

TERRE. (*Chim.*) Un des quatre élémens des anciens : il étoit caractérisé par la *solidité* et la *fixité*. Tant qu'on n'a pas cherché à approfondir la nature des différentes espèces de corps solides, les idées qu'on s'étoit faites des quatre élémens sembloient suffisantes pour expliquer la nature des corps considérés de la manière la plus générale. En effet, comme je l'ai remarqué au mot ÉLÉMENS, les propriétés que nous observons d'abord dans les corps, sont : l'état solide, l'état liquide, l'état aériforme de leurs particules, et, enfin, ce phénomène du feu qu'ils nous présentent dans certaines circonstances. Or, après avoir pris pour types de la solidité, de la liquidité, de la fluidité aériforme et de l'état éthéré, la terre, l'eau, l'air et le feu, il étoit aisé d'expliquer, jusqu'à un certain point, les phénomènes qui nous frappent le plus dans les corps, après ceux que je viens d'énoncer, lorsque nous apercevons les changemens qu'ils éprouvent à la surface de la terre, soit que nous observions les corps abandonnés à eux-mêmes, soit que nous les observions dans les ateliers des premiers arts chimiques que les hommes aient exercés. Par exemple on voyoit un être organisé privé de la vie, abandonné à l'air, exhaler de la vapeur d'eau, se dissiper ensuite, sauf un résidu terreux; on le voyoit en outre brûler avec flamme, et plusieurs siècles après ces observations, on en a retiré des fluides aériformes par la distillation. On a expliqué ces phénomènes en disant que les corps qui les présentent, étoient formés d'eau, de terre, de feu et d'air; et cette explication a paru suffisante jusqu'à l'époque où l'on a été forcé de reconnoitre des différences tellement grandes entre les divers corps solides, les divers corps liquides, les divers corps aériformes, qu'il a fallu modifier ces idées, et, pour me borner au sujet de cet article, c'est ainsi que l'on a été conduit à distinguer plusieurs sortes de terres, telles que la *vitrifiable*, la *calcaire*, l'*argileuse* et la *gypseuse;* mais la philosophie de la science étoit si peu avancée, ou plutôt les idées, basées sur la *philosophie chimique d'Aristote*, étoient tellement dominantes, que Macquer, écrivain si remarquable, chercha encore, en 1778, à soutenir les idées de Stahl sur l'existence *d'un élément terreux* ou *d'une terre simple :* il chercha à démontrer que, les substances terreuses étant de tous les corps ceux qui possèdent la plus grande *pesan-*

teur, la plus grande *dureté*, la plus grande *fixité*, la plus grande *infusibilité*, il falloit considérer ces *propriétés comme étant caractéristiques de l'élément terreux;* ensuite, en comparant sous ce rapport les différentes sortes de substances terreuses, il trouvoit ces mêmes propriétés au plus grand état d'intensité dans la *terre vitrifiable (la silice)* : la *terre vitrifiable* étoit donc pour lui l'*élément terreux*, qui, par les modifications qu'il éprouve, formoit ensuite les *terres composées* : suivant lui, la *terre siliceuse modifiée* par les animaux à coquille, devenoit *terre calcaire;* la terre siliceuse qui est entrée dans la composition des plantes et du corps même des animaux, étoit de la *terre argileuse*, quand elle avoit été séparée autant que possible des corps organisés. La *marne* participoit de la modification de l'élément terreux qui constitue la chaux, et de la modification qui constitue l'argile.

Macquer pensoit que les molécules de l'élément terreux étoient douées d'une force attractive extrême, soit pour elles-mêmes, soit pour des molécules d'une nature quelconque, qui sont dans leur sphère d'activité, et que, lorsque des molécules de l'élément terreux étoient unis avec de l'eau, incapable de neutraliser leur force attractive, il résultoit de cette union des substances salines simples; savoir : des acides et des alcalis. Les idées de Macquer, ainsi présentées, expliquoient, d'une manière satisfaisante pour le temps, la causticité de certains oxides ou acides métalliques, et même celle des acides à radicaux non métalliques.

Après le renouvellement de la chimie, on a considéré d'abord la silice, l'alumine, la magnésie, la chaux, et plus tard la baryte, la strontiane, la glucine, la zircone, l'yttria, comme des espèces différentes de terres, dont aucune ne pouvoit être considérée comme un élément terreux unique, à l'exclusion des autres. Dans ces dernières années, la baryte, la strontiane, la chaux, la magnésie, la silice, ont été réduites en oxigène et en corps combustibles, et ce résultat a confirmé l'idée que Lavoisier avoit émise depuis long-temps sur la nature des terres et des alcalis. (CH.)

TERRE. (*Min.*) Voyez TERRES. (BRARD.

TERRE ABSORBANTE. (*Min.*) Voyez Terres absorbantes. (Brard.)

TERRE ADAMIQUE. (*Min.*) Nom donné par les anciens naturalistes au fer oxidé rouge et à plusieurs autres substances terreuses. (Brard.)

TERRE D'ALMAGRA. (*Min.*) C'est une terre rouge ocreuse, qui a les plus grands rapports avec le fer oligiste sanguine. On s'en sert dans la peinture à fresque. (Brard.)

TERRE ALUMINEUSE. (*Min.*) C'est une variété de notre lignite terreux, l'*Alaunerde* de Werner : sa couleur est le brun de girofle ; elle est légère ; brûle avec flamme et fumée, en répandant une odeur désagréable et laissant un résidu blanc, très-volumineux ; sa cassure est schisteuse et présente souvent entre ses feuillets des débris de végétaux plus noirs que la masse ; elle est quelquefois pyrophorique ; elle jouit de la propriété décolorante à un degré plus ou moins fort. Voyez Lignite. (Brard.)

TERRE ALUMINEUSE. (*Min.*) On donne plus particulièrement cette dénomination aux terres et aux roches dont on extrait l'alun par grillage et lessivation. Voyez Alun, Alumine sulfatée et Alunite. (Brard.)

TERRE ALUMINEUSE. (*Chim.*) C'est la terre de l'alun ou le premier nom qu'on a donné à l'alumine. (Ch.)

TERRE AMPÉLITE. (*Min.*) Les anciens nommoient *ampélite*, un schiste pyriteux susceptible de s'effleurir, et qui a quelque analogie avec le lignite pyriteux. Il jouissoit d'une très-grande réputation en agriculture. On lui attribuoit la propriété de chasser les insectes : cela peut être vrai pour les premières années ; mais il paroît certain qu'il stérilise la terre à la longue. Ce schiste porte aussi le nom de *terre de vigne*, parce qu'on a prétendu qu'il favorisoit sa végétation. (Brard.)

TERRE ANGLOISE. (*Min.*) La faïence blanche, à couverte transparente, a été nommée *terre de pipe*, *terre angloise* ou *terre blanche*, et même, fort mal à propos, *grès*. Elle est faite avec l'*argile plastique*, qui, de noire qu'elle est naturellement, devient parfaitement blanche en cuisant. Les Anglois firent les premiers ce genre de faïence, que nous avons depuis parfaitement imité ; mais le nom de terre angloise lui a resté.

Voyez *Argile plastique*, à l'article Argile, tom. III, pag. 12. (Brard.)

TERRE ANIMALE. (*Chim.*) Cette expression a été employée par plusieurs anciens auteurs pour désigner le phosphate de chaux des os. Voyez Terre végétale. (Ch.)

TERRE ARGILEUSE. (*Chim.*) Avant qu'on eût obtenu l'alumine à l'état de pureté, on considéroit l'argile comme une sorte de terre ; mais comme les argiles diffèrent extrêmement les unes des autres, on les avoit considérées comme des mélanges d'une espèce de *terre* qu'on appeloit *argileuse*, avec différens corps. (Ch.)

TERRE D'ARMÉNIE. (*Min.*) Espèce d'ocre rouge, analogue à la *terre d'Almagra*, et servant, comme elle, dans la peinture à fresque. (Brard.)

TERRE ARSENICALE. (*Min.*) L'arsenic noir et pulvérulent a reçu ce nom, ainsi que la chaux arseniatée. (Brard.)

TERRE DES ISLES BALÉARES. (*Min.*) Voyez Terre de clupée. (Brard.)

TERRE DE BASALTE. (*Min.*) On appelle ainsi une poterie noire, mate et parfaitement dure, qui est sortie pour la première fois des ateliers de Wedgwood, à Étruria, en Staffordshire ; mais qui a été parfaitement imitée en France, particulièrement dans la manufacture du Val-sous-Meudon. Cette poterie, qui se prête aux ornemens les plus délicats, peut aussi servir de pierre de touche. (Brard.)

TERRE BITUMINEUSE. (*Min.*) La plupart des substances qui contiennent du bitume et qui en répandent l'odeur, soit par le choc, le frottement ou la chaleur, ont reçu le nom de terres bitumineuses. Les anciens minéralogistes l'ont appliqué aux lignites, etc. (Brard.)

TERRE BITUMINEUSE FEUILLETÉE. (*Min.*) Voyez Dyssodyle. (Brard.)

TERRE BLANCHE. (*Min.*) Voyez Terre angloise. (Brard.)

TERRE BLANCHE. (*Min.*) Nom du kaolin à Saint-Yriex. (Brard.)

TERRE BLANCHE DE COLOGNE. (*Min.*) Voyez Argile plastique ou Terre a pipe. (Brard.)

TERRE BLEUE. (*Min.*) Le fer phosphaté pulvérulent et certaines lithomarges colorées en bleu par le cuivre carbonaté azuré, se nomment terres bleues : on s'en sert en Allemagne pour la peinture grossière des jouets d'enfant. (Brard.)

TERRE BLEUE DE MONTAGNE. (*Min.*) C'est le cuivre carbonaté, qui porte aussi le nom de bleu de montagne. (Brard.)

TERRE DE BOUCAROS. (*Min.*) On fait en Portugal des vases rouges et peu cuits, qui, en laissant suinter l'eau qu'on y renferme, rafraîchissent celle qui y reste d'une manière très-sensible. Ces vases, nommés *alcarasas*, se font particulièrement avec la terre de *Boucaros*. Les femmes en mangent parfois avec délice. Voyez Terres comestibles, Ocres. (Brard.)

TERRE BRUNE DE COLOGNE. (*Min.*) On appelle ainsi dans le commerce une espèce de *lignite terreux*, que l'on exploite assez en grand à Liblar, et dont le principal entrepôt est à Cologne. On s'en sert pour falsifier les tabacs à priser, pour les teintes brunes de la peinture à fresque, et surtout pour la préparation des *cendres végétatives*. Elle sert aussi, mais dans le pays seulement, pour le chauffage domestique. Voyez Terre d'ombre et Lignite. (Brard.)

TERRE DE BRUYÈRE. (*Min.*) C'est un mélange d'humus et de sable quarzeux fin : celle dont on se sert à Paris pour la culture des plantes rares, vient de Sanois, près Pontoise, ou de la forêt de Sénart.

Celle de Sanois contient 44 pour cent de sable et 32 d'humus; celle de la forêt de Sénart, 49 pour cent de sable et 40 d'humus. Voyez Terres végétales. (Brard.)

TERRE CAILLOUTEUSE. (*Min.*) Sur les exploitations de kaolin et dans les manufactures de porcelaine on nomme *terre caillouteuse*, le kaolin dur, qui renferme des nœuds ou de gros grains de quarz, et qui por l'ordinaire peut donner une pâte translucide, sans addition de fondant. Voyez Felspath kaolin. (Brard.)

TERRE CALAMINAIRE. (*Min.*) Dans les manufactures de laiton on donne ce nom au zinc oxidé calamine, que l'on ajoute au cuivre rouge pour le transformer d'abord en *arco* et ensuite en laiton ou cuivre jaune. Voyez Zinc oxidé. (Brard.)

TERRE CALCAIRE. (*Min.*) On a donné et l'on donne en-

core dans le langage familier le nom de *terre* calcaire, soit
à la chaux pure, soit à la chaux combinée avec l'acide car-
bonique. On dit de la marne, par exemple, que c'est un
mélange d'argile et de *terre calcaire.* Voyez Chaux carbonatée.
(Brard.)

TERRE CALCAIRE. (*Chim.*) Les anciens donnoient ce
nom à toutes les substances qui se réduisent en chaux vive
par l'action du feu. (Ch.)

TERRE A CALUMET. (*Min.*) La pipe d'honneur, celle
que l'on présente à l'étranger en signe de paix, de considération ou de cérémonie, dans les diverses contrées de l'Amérique septentrionale, se fait avec une terre particulière,
qui ne nous est pas encore parfaitement connue. Il est probable que c'est une argile plastique ; mais quelques naturalistes pensent que ce pourroit être une *magnésie carbonatée,
écume de mer.* (Brard.)

TERRE DE LA CHINE. (*Min.*) On appeloit ainsi le kaolin
avant qu'on en eût trouvé en Europe. Voyez Felspath kaolin.
(Brard.)

TERRE DE CHIO. (*Min.*) Terre dont les Orientaux se servoient pour conserver la fraîcheur des femmes. Voyez Terres
médicinales. (Brard.)

TERRE DE CILICIE. (*Min.*) Espèce de terre imprégnée de
bitume, si l'on en juge d'après la description même de Théophraste : « Il y a, dit-il, en Cilicie une espèce de terre qui
« devient gluante et visqueuse à force de bouillir, avec la-
« quelle on couvre les vignes pour les préserver des vers. »
(Brard.)

TERRE CIMOLÉE ou de CIMOLIS. (*Min.*) Théophraste
place cette terre au nombre de celles dont on se servoit de
son temps pour dégraisser les draps ; mais on l'employoit aussi
en médecine. Voyez Terres médicinales. (Brard.)

TERRE DE CLUPÉE. (*Min.*) Terre qui avoit la prétendue
propriété de faire périr les scorpions, comme celle de Galata
et des îles Baléares, qui faisoient périr les serpens. (Brard.)

TERRE DE COLOGNE. (*Min.*) Voyez Terre blanche et
Terre brune de Cologne. (Brard.)

TERRE COMESTIBLE. (*Min.*) Voyez Terres comestibles.
(Brard.)

TERRE CORUNDI. (*Min.*) Nom sous lequel on a désigné l'émeril de l'Inde, qui est notre *corindon lamelleux*, avant qu'on ne l'eût reçu en masses. Voyez CORINDON. (BRARD.)

TERRE CRÊPE. (*Bot.*) Nom vulgaire du *scorzonera picroides* de Linnæus, rapporté par M. Desfontaines à son genre *Picridium*, et nommé par M. de Lamarck et par Willdenow *sonchus picroides*. C'est le *terra crepola* des Italiens, selon J. Bauhin; le *terra crepolus*, cité dans la Toscane par Césalpin, qui est aussi le *crepis* des anciens. Les Languedociens la nomment *terra grepia*, selon Gouan, et les Provençaux *couesto-counillero*, suivant le Dictionnaire économique. (J.)

TERRE DE CRÈTE. (*Min.*) Voyez TERRES MÉDICINALES. (BRARD.)

TERRE A CRIQUET. (*Min.*) Terre végétale, peu fertile, qui se fendille par la sécheresse, et qui donne asile à une foule d'insectes. Voyez TERRES VÉGÉTALES. (BRARD.)

TERRE A CUIRE. (*Min.*) Les potiers de terre nomment ainsi la poterie commune, qui peut supporter les effets du feu et dans laquelle on peut faire cuire des alimens. (BRARD.)

TERRE CUIVREUSE. (*Min.*) Certains minérais de cuivre, devenus pulvérulens et ternes par suite d'un commencement de décomposition, ont reçu le nom fort impropre de *terres cuivreuses*. (BRARD.)

TERRE DE DAMAS. (*Min.*) Il fut un temps où les prétendues propriétés des terres argileuses étoient fort en vogue; alors chaque île de l'Archipel, chaque contrée du Levant avoit la sienne; celle de Damas étoit, à ce que l'on croit, une espèce d'ocre rouge. (BRARD.)

TERRE DAMNÉE ou TÊTE MORTE. (*Chim.*) Dénomination que les anciens appliquoient aux résidus fixes des distillations, qu'ils considéroient comme des matières d'où ils ne pouvoient rien extraire d'utile. (CH.)

TERRE DÉCOLORANTE. (*Min.*) Les lignites terreux ont la propriété d'absorber la couleur rouge du vinaigre, et de le clarifier en peu d'instans: celui sur lequel on remarque cette propriété, fut trouvé aux environs d'Aigue-Perse en Auvergne; mais je viens de reconnoître la même faculté à plusieurs lignites, et même au coak. On a donné le nom de *Terre décolorante* au lignite d'Auvergne. (BRARD.)

TERRE ÉCUMEUSE. (*Min.*) Synonyme de la chaux carbonatée magnésienne nacrée, la *Schaumerde* des Allemands. (Brard.)

TERRE ÉLÉMENTAIRE. (*Chim.*) Terre que les anciens considéroient comme l'élément terreux par excellence. Pour Stahl et Macquer la silice étoit la terre élémentaire. Voyez Terre. (Ch.)

TERRE ÉRÉTRIENNE. (*Min.*) Voyez Terres médicinales. (Brard.)

TERRE FOLIÉE DU TARTRE. (*Chim.*) Un des anciens noms qu'on avoit donnés à l'acétate de potasse, à cause de sa forme feuilletée et parce qu'on le fabriquoit avec l'alcali du tartre. (Ch.)

TERRE FORTE. (*Min.*) Terre végétale argileuse. Voyez Terres végétales. (Brard.)

TERRE A FOULON. (*Min.*) Terres a foulon. (Brard.)

TERRE A FOUR (*Min.*) L'argile commune mêlée au sable est susceptible de se cuire sans se fendre; condition essentielle pour la confection de la sole des fours à pain; celles qui en sont naturellement douées portent le nom de *Terres à four*, et sont assez recherchées dans les pays où l'on ne fait point usage du carrelage. (Brard.)

TERRE FRANCHE. (*Min.*) Les agriculteurs donnent le nom de *Terre franche* à celle dans laquelle on voit prédominer l'argile; elle y est cependant moins abondante que dans la *Terre forte*. Voyez l'article Terres végétales. (Brard.)

TERRE GALATIENNE. (*Min.*) L'une des terres antiques auxquelles on attribuoit des propriétés merveilleuses et imaginaires. (Brard.)

TERRE GEMME. (*Min.*) Voyez Terres absorbantes. (Brard.)

TERRE GLAISE. (*Min.*) Terre argileuse commune qui a la propriété de s'opposer aux filtrations de l'eau, et qui est employée pour former des *courrois* derrière les digues, les batardeaux au fond des bassins, etc., ce qui s'appelle *glaiser*. Voyez Argile. (Brard.)

TERRE GRASSE. (*Min.*) C'est le nom de la terre à briques dans presque toutes les parties de la France. Voyez Argile, Terre a briques, Terre glaise, etc. (Brard.)

TERRE A GRÈSERIE. (*Min.*) La grèserie est une poterie

particulière qui a été cuite à grand feu, et à laquelle on a donné un couvrement de vernis au moyen du selmarin que l'on projette dans le four. On fabrique ordinairement cette poterie particulière avec de bonnes argiles plastiques. Voyez ARGILE PLASTIQUE. (BRARD.)

TERRE GYPSEUSE. (*Min.*) Ce nom, qui sembloit ne devoir appartenir qu'à une variété de notre chaux sulfatée, a été donné à la baryte sulfatée, et même au cuivre carbonaté *malachite*. (BRARD.)

TERRE HOPPIENNE. (*Min.*) Il paroît que l'on a donné ce nom à la *Magnésie carbonatée*, dont on fait les pipes dites *Écumes de mer*. (BRARD.)

TERRE DE HOUILLE. (*Min.*) Le charbon impur et friable qui recouvre quelquefois celui qui est de bonne qualité, portoit de temps immémorial le nom de *Terre de houille* ou de *Houille*; mais depuis on a appliqué ce nom de *Houille* et de *Houillère* au charbon de terre ou de pierre, et aux mines d'où on l'extrait. Voyez HOUILLE. (BRARD.)

TERRE DE L'ISLE ÉBUSE. (*Min.*) Terre analogue à celle de l'île de *Galata*. Voyez TERRE DE GALATA. (BRARD.)

TERRE DU JAPON. (*Min.*) Voyez à l'article CACHOU. (BRARD.)

TERRE JAUNE. (*Min.*) Les argiles ocreuses, et même certaines terres végétales, ont reçu le nom de *terre jaune*; on croit même avoir remarqué que les terres végétales jaunes sont plus fertiles que les rouges. Nous ne savons pas jusqu'à quel point cette remarque est fondée, mais elle mérite bien d'être vérifiée; car il seroit assez curieux que le degré d'oxidation du fer qui colore eût une influence marquée sur la végétation. (BRARD.)

TERRE LABOURABLE. (*Min.*) Voyez TERRES VÉGÉTALES. (BRARD.)

TERRE DE LEMNIA. (*Min.*) Voyez TERRES MÉDICINALES. (BRARD.)

TERRE DE LEMNOS. (*Min.*) Voyez TERRES MÉDICINALES. (BRARD.)

TERRE DE MAGNÉSIE FERRUGINEUSE. (*Min.*) Les anciens minéralogistes, et surtout les auteurs qui ont écrit sur l'art de faire le verre et les émaux, ont presque toujours désigné le manganèse oxidé sous le nom de *Magnésie*. Voyez MANGANÈSE OXIDÉ NOIR TERREUX. (BRARD.)

TERRE MAGNÉSIENNE. (*Min.*) On donnoit ce nom anciennement à la magnésie. On a remarqué que les terres qui contiennent de la magnésie sont à peu près stériles, et que la chaux faite avec les calcaires magnésiens frappoient les champs de stérilité, quand on avoit le malheur d'employer cette chaux comme amendement. (BRARD.)

TERRE DE MALTE. (*Min.*) C'est une des nombreuses terres médicinales. Voyez TERRES MÉDICINALES. (BRARD.)

TERRE DE MARMAROSCH. (*Min.*) C'est un des noms anciens de la chaux phosphatée terreuse. (BRARD.)

TERRE MARNEUSE. (*Min.*) C'est une terre végétale où il y a excès de marne, telle que celle qui constitue le sol de la Champagne pouilleuse. (BRARD.)

TERRE MARTIALE BLEUE. (*Min.*) C'est notre fer phosphaté pulvérulent. (BRARD.)

TERRE MÉDICINALE. (*Min.*) Voyez TERRES MÉDICINALES. (BRARD.)

TERRE MÉLIA ou MÉLIENNE. (*Min.*) C'est encore une des terres médicinales dont les anciens faisoient tant d'usage: celle-ci servoit non-seulement dans l'art de guérir, mais aussi dans l'art de la peinture, pour donner, dit-on, plus de fixité aux couleurs. Si cela est exact, il est probable que cette terre contenoit de l'alun, puisque l'on jugeoit de sa qualité en la goûtant; on ne cite point, au reste, la contrée d'où on la tiroit. (BRARD.)

TERRE MERCURIELLE. (*Chim.*) Becher appliquoit cette dénomination à une prétendue substance, qu'il considéroit comme un des élémens des métaux et de l'acide hydrochlorique. Les métaux contenoient en outre de la terre vitrifiable ou silice, et de la terre inflammable ou phlogistique. (CH.)

TERRE MÉTALLIQUE. (*Min.*) Voyez TERRES MÉTALLIQUES. (BRARD.)

TERRE MINÉRALE. (*Chim.*) Voyez TERRES VÉGÉTALES. (CH.)

TERRE MIRACULEUSE. (*Min.*) On a donné ce nom à la chaux carbonatée farineuse, appelée aussi *Farine fossile*. Voyez CHAUX CARBONATÉE PULVÉRULENTE. (BRARD.)

TERRE MIRACULEUSE DE SAXE. (*Min.*) On trouve à

Planitz, près Zwickau, en Saxe, une espèce d'argile marbrée, veinée de rouge et de lilas sur un fond blanc : ces teintes, vives et assez agréables à l'œil, lui avoient acquis une certaine réputation parmi les médecins du temps : aujourd'hui elle est complétement oubliée. (Brard.)

TERRE MOULARD. (*Min.*) La terre, ou plutôt la boue, qui se trouve dans l'auge des remouleurs, jouissoit d'une réputation analogue à celle de la terre de Lemnos, de la terre Cimolée et de la plupart des terres médicamenteuses. La terre moulard est oubliée comme toutes les autres, excepté cependant par les bonnes gens qui dédaignent les médecins, et qui ont la plus ferme confiance dans l'eau du maréchal et dans la boue du remouleur. (Brard.)

TERRE NITREUSE. (*Min.*) Les terres nitreuses sont celles que l'on extrait de l'intérieur des bâtimens, et particulièrement des caves, des celliers, des étables, des écuries et généralement de tous les lieux bas et abrités, où des matières végétales et animales entrent simultanément en putréfaction. Ces terres, qui renferment une dose plus ou moins considérable de *potasse nitratée*, ne se trouvent jamais à de grandes profondeurs. Aussi, lorsque l'on fouille pour le service des salpêtriers, on n'enlève guère que quelques pouces de ces terres, et quelque temps après, celle que l'on remet à la place devient nitreuse à son tour, cela tient à ce que l'air paroit avoir une forte influence sur la formation du nitre. Voyez Potasse nitratée. (Brard.)

TERRE DE NOCERA. (*Min.*) Surnom de la terre d'ombre. Voyez Terre d'ombre. (Brard.)

TERRE NOIRE DES JARDINS. (*Min.*) C'est le terreau ou la terre de bruyère. (Brard.)

TERRE NOVALE. (*Min.*) Dans certains pays les agriculteurs nomment ainsi la terre nouvellement labourée; c'est un nom patois. (Brard.)

TERRE OCHROÏTE. (*Min.*) Premier nom qui fut donné par Klaproth au cerium, qu'il regardoit comme étant une terre, avant que l'on se fût assuré que c'étoit un métal. (Brard.)

TERRE OCREUSE. (*Min.*) Voyez Ocre. (Brard.)

TERRE D'OMBRE. (*Min.*) Cette terre est une espèce

d'ocre, mais sa couleur bistrée, d'un brun foncé, la distingue suffisamment des autres terres ocreuses.

On assure que la terre d'ombre de commerce, qui est d'un grain très-fin et très-égal, vient de la province d'Ombrie, dans les états romains; d'autres prétendent qu'elle vient de l'île de Chypre; mais le fait est qu'on ne sait pas précisément d'où elle provient.

Viviani en a découvert de très-bonne à la Rochetta, sur le Monte Nero, dans les Apennins de la Ligurie; il l'a fait essayer : on l'a trouvée très-bonne, et cependant l'exploitation commencée a été abandonnée faute de commandes. La terre d'ombre, qui doit sa couleur à une forte dose d'oxide de fer, est fine et douce au toucher; elle forme des masses compactes, légères, friables et tachantes; sa belle couleur brune est très-riche, très-chargée, et tout fait croire, si l'on en juge par le gîte du Monte Nero, que cette substance ocreuse est due à la décomposition spontanée du jaspe, qui compose la masse presque entière de la montagne : on peut donc présumer, quoique l'analyse n'en soit point encore faite, que cette ocre renferme, comme les ocres jaunes, une très-forte proportion de silice.

Cette terre, ayant la propriété d'absorber l'eau avec la plus grande avidité, sert aux peintres en décors pour essayer les couleurs à la colle qu'ils veulent employer, afin de connoître à l'instant même quelle sera leur teinte quand elles seront sèches. Pour cela il suffit de passer légèrement le pinceau sur un morceau de terre d'ombre, et la couleur, en séchant subitement, prend la teinte qui lui est propre.

La terre d'ombre naturelle sert à la peinture en détrempe, à la fabrication des papiers de teinture, et surtout dans l'exécution des décorations théâtrales. Lorsqu'elle est brûlée, elle donne un noir particulier.

Cette terre, qui nous arrive par Marseille, coûte 18 à 20 francs les 50 kilogrammes. (BRARD.)

TERRE D'OR. (*Min.*) Dénomination donnée par les alchimistes à une terre pyriteuse, dont la couleur et le brillant avoient flatté leur folle espérance. (BRARD.)

TERRE ORANGE DE COMBAL. (*Min.*) On a découvert, il y a quelques années, près du lac de Combal, dans l'Allée blanche, sur le revers méridional du Mont-Blanc, une espèce d'ocre d'une belle couleur d'orange vif. Elle est douce, fine et onctueuse au toucher, se broie parfaitement à l'huile et à la gomme ; elle donne une couleur d'un très-beau ton. M. Laugier, qui en a fait l'analyse, y a trouvé une certaine dose de plomb, qui paroit lui servir de principe colorant. Les peintres genevois en font usage. (Brard.)

TERRE DES OS. (*Chim.*) Nom de la partie inorganique des os avant qu'on ne connût la nature du phosphate de chaux. (Ch.)

TERRE DE PATNA. (*Min.*) Argile qui se trouve sur les bords du Gange et dont on fait des vases réfrigérans, connus en Espagne, en Égypte, etc. Elle est d'un assez beau jaune. (Brard.)

TERRE DE PERSE. (*Min.*) C'est une ocre rouge analogue à celle que l'on nomme rouge indien dans le commerce. (Brard.)

TERRE PESANTE. (*Chim.* et *Min.*) Un des premiers noms de la baryte. Cette dénomination a été quelquefois appliquée au sulfate et au sous-carbonate natifs. (Ch.)

TERRE PIERREUSE. (*Min.*) On donne souvent cette dénomination aux terres végétales qui renferment une trop grande quantité de pierres. Le zinc oxidé calaminaire a été encore ainsi désigné par Ludwig. (Brard.)

TERRE A PIFE ou TERRE DE PIPE. (*Min.*) Argile plastique, d'un gris foncé dans l'état naturel et qui devient d'un beau blanc, quand on l'expose au feu, auquel elle résiste fort bien. Son nom lui vient de l'emploi que l'on en fait en Hollande; mais elle sert aussi dans la confection des pots de verrerie, dans la fabrication des creusets et des faïences dites terres angloises. La plus renommée de France vient de Forges-les-Eaux, près Rouen; mais il s'en trouve dans beaucoup d'autres lieux, entre autres à Nuegesoul, près Catus, département du Lot. Voyez Argile plastique. (Brard.)

TERRE A PISÉ. (*Min.*) La plupart des terres fortes qui sont mélangées de graviers et de cailloux d'une grosseur moyenne, sont propres à la confection du *Pisé*, genre de bâtisse qui s'exécute, comme on le sait, en comprimant de la terre entre deux plateaux de bois, que l'on desserre ensuite pour aller les placer plus loin. On parvient ainsi à faire des murs fort économiques. (Brard.)

TERRE A PLATRE ou plutôt PIERRE A PLATRE. (*Min.*) Le moyen le plus simple de reconnoître la pierre à plâtre, est d'en jeter de petits fragmens dans un four a pain chauffé à point; si la pierre cuit à cette chaleur, ce sera certainement une pierre à plâtre, parce que la pierre à chaux, avec laquelle on peut la confondre, ne cuit point à une si foible température. On peut ajouter encore que les pierres à plâtre cristallines se laissent rayer par l'ongle, ce que ne font point les pierres à chaux cristallines. Voyez Chaux sulfatée. (Brard.)

TERRE PNIGITIS. (*Min.*) Cette terre, qui faisoit partie des remèdes terreux de la vieille médecine, se trouvoit, dit-on, à *Pnigeum*, en Lybie, et comme elle avoit entre autres la propriété de s'attacher à la langue, il est très-probable que c'étoit encore une argile analogue à toutes celles que nous avons déjà citées. Voyez Terres médicinales. (Brard.)

TERRE DES POËLIERS. (*Min.*) L'on vend à Paris une espèce d'argile jaune et maigre, qui se trouve à Mont-Rouge et qui sert aux poëliers pour luter les bouts de tuyaux et boucher les fentes des fourneaux. Comme elle est assez maigre, elle ne se fend point et se trouve ainsi parfaitement propre à cet usage. (Brard.)

TERRE A PORCELAINE. (*Min.*) La terre à porcelaine proprement dite est le felspath décomposé, surnommé kaolin; mais, quant à la magnésie plastique de certaines lithomarges, que l'on peut employer à la rigueur dans cette fabrication, on ne sauroit leur appliquer cette dénomination sans commettre une erreur. Voyez Felspath kaolin. (Brard.)

TERRE DE PORTUGAL. (*Min.*) Voyez Terre de Boucaros. (Brard.)

TERRE A POTIER. (*Min.*) C'est l'argile la plus commune, lavée ou tamisée, la même qui sert à faire des briques rouges; elle est ordinairement très-fusible. Voyez Argile commune ou féculine. (Brard.)

TERRE POURRIE. (*Min.*) C'est une espèce de tripoli préparé qui sert dans les arts à polir les métaux. Je ne crois pas que ce soit un produit naturel. (Brard.)

TERRE DE POUZZOLE. (*Min.*) Voyez Pouzzolane. (Brard.)

TERRE PRIMITIVE. (*Min.*) Les anciens chimistes croyoient à l'existence d'une terre primitive et radicale qui servoit de base à toutes les autres. On a fait justice de cette erreur, comme de tant d'autres. (BRARD.)

TERRE PYRITEUSE. (*Min.*) Ce sont les terres, les tourbes ou les lignites qui contiennent beaucoup de fer sulfuré disséminé. (BRARD.)

TERRE QUARZEUSE. (*Min.*) Voyez SILICE. (BRARD.)

TERRE QUARZEUSE, TERRE SILICEUSE, TERRE SILICÉE, TERRE VITRIFIABLE. (*Chim.*) Anciennes dénominations de la silice. (CH.)

TERRE DE RINGELBACH. (*Min.*) La substance terreuse d'un violet foncé, que l'on emploie chez les lapidaires d'Ober-stein en Palatinat, pour polir les agates, qu'ils taillent sur les meules de leurs moulins, se tire de Ringelbach près Oberstein. Je crois que c'est une roche trappéenne altérée. (BRARD.)

TERRE ROUGE. (*Min.*) Voyez *Ocre rouge*, à l'article OCRE, tom. XXXV, pag. 342. (BRARD.)

TERRE ROUGE. (*Min.*) Il y a des terres végétales fortement colorées en rouge. On dit qu'elles sont moins fertiles que les jaunes. (BRARD.)

TERRE RUBRIQUE. (*Min.*) C'est le crayon rouge. Voyez FER OXIDÉ SANGUINE. (BRARD.)

TERRE DE SALINELLE. (*Min.*) Magnésie hydratée silicifère. (BRARD.)

TERRE SALPÊTRÉE. (*Min.*) Voyez l'article TERRE NITREUSE. (BRARD.)

TERRE SAMIENNE ou de SAMOS. (*Min.*) L'une des terres médicinales les plus renommées chez les anciens; mais sur la nature de laquelle il est difficile de s'entendre, à cause de la diversité des caractères que lui assignent les auteurs anciens. Il paroit que l'on tiroit de Samos plusieurs espèces d'argiles, dont les unes servoient à la fabrication d'une poterie fine, et les autres étoient employées comme astringentes par les médecins du temps. Voyez TERRES MÉDICINALES. (BRARD.)

TERRE DE SANTA-FIORA. (*Min.*) Voyez CHAUX CARBONATÉE PULVÉRULENTE ou FARINE FOSSILE. (BRARD.)

TERRE SAVONNEUSE. (*Min.*) Cette dénomination s'applique aux argiles à foulon, aux lithomarges et à certaines variétés de talc stéatite. (Brard.)

TERRE DE SEDLITZ. (*Min.*) C'est la magnésie qui est la base du sel d'Epsom et de Sedlitz. Voyez Magnésie sulfatée. (Brard.)

TERRE SÉLINUSIENNE. (*Min.*) C'étoit encore une terre argileuse, analogue, pour les caractères, à celle de Chio, et qui étoit employée en médecine. (Brard.)

TERRE DES SELS D'EPSOM ET DE SEDLITZ. (*Chim.*) Nom que portoit la base du sulfate de magnésie avant que Black lui eût donné le nom de magnésie. (Ch.)

TERRE SIDNEYENNE. (*Min.*) Sidney rapporta de la Nouvelle-Galles une argile que Wedgwood considéra comme étant d'une espèce particulière, et à laquelle Delamétherie donna le nom de *terre sidneyenne*, et depuis lors on n'en a plus parlé. (Brard.)

TERRE DE SIENNE. (*Min.*) Cette terre est une ocre d'un assez beau jaune, dont la finesse est extrême, qui se présente en petites masses, qui se polit avec l'ongle, et dont la surface est recouverte d'une pellicule plus foncée que dans l'intérieur : on la tire des environs de Sienne en Italie ; elle se vend 40 à 50 cent. la livre, telle qu'elle sort de la carrière, et 60 à 70 cent., quand elle est sèche et préparée. Voyez Ocre. (Brard.)

TERRE DE SIENNE BRULÉE. (*Min.*) Cette même terre de Sienne, grillée, prend une teinte rouge, qui a quelque chose de particulier et de transparent. On l'emploie dans tous les genres de peinture ; mais particulièrement pour imiter les teintes et les veines de l'acajou. Cette terre de Sienne brûlée coûte de 3 à 4 fr. le kilogr. (Brard.)

TERRE SIGILLÉE. (*Min.*) Voyez Terres médicinales. (Brard.)

TERRE SILICÉE. (*Min.*) Voyez Silice. (Brard.)

TERRE DE SINOPE. (*Min.*) Terre rouge qu'on employoit anciennement en médecine et dans la peinture. On la tiroit des environs de la ville de Sinope en Asie. (Brard.)

TERRE DE SMYRNE. (*Min.*) On a quelquefois nommé le natron du Levant, *terre de Smyrne*. (Brard.)

TERRE SOLAIRE. (*Min.*) Voyez Terre d'or. (Brard.)

TERRE DE STRIGAU. (*Min.*) Argile ocreuse qui se trouve à Strigau en Silésie. (Brard.)

TERRE STRONTIANE. (*Min.*) Voyez Strontiane. (Brard.)

TERRE A SUCRE. (*Min.*) Argile dont on se sert dans les raffineries de sucre pour le purifier. Il paroît que cet usage n'exige point de propriétés particulières ; car à Paris on se sert de l'argile commune de Gentilly, dont on fait des carreaux et des briques. (Brard.)

TERRE SULFUREUSE. (*Min.*) Toutes les fois que le soufre est disséminé dans une terre et qu'en la chauffant elle donne une odeur sulfureuse, on peut lui donner ce nom. (Brard.)

TERRE TALCAIRE ou TALQUEUSE. (*Min.*) La chlorite et le talc pulvérulent. (Brard.)

TERRE TOURBE. (*Min.*) Tourbe mêlée d'une forte dose de terre et qui est difficilement combustible. (Brard.)

TERRE TOURBE BITUMINEUSE. (*Min.*) Tourbe imprégnée de bitume, qui laisse un résidu très-volumineux, mais qui brûle assez bien en répandant une forte odeur et beaucoup de fumée. (Brard.)

TERRE TREMBLANTE. (*Min.*) La plupart des terrains tourbeux sont doués d'une sorte d'élasticité qui fait que, lorsque l'on marche, on sent le sol céder et ensuite se relever sous ses pas. Ces terrains ont aussi la singulière propriété de repousser à la longue les pieux qu'on y enfonce. (Brard.)

TERRE DE TRIPOLI. (*Min.*) Voyez Tripoli. (Brard.)

TERRE TUFIÈRE ou TOFACÉE. (*Min.*) C'est un tuf friable, déposé par les eaux. Il sert de castine dans l'une des principales forges de la Dordogne. (Brard.)

TERRE DE TURQUIE. (*Min.*) Voyez Terre de Lemnos et Terres médicinales. (Brard.)

TERRE VÉGÉTALE, TERRE ANIMALE. (*Chim.*) Plusieurs anciens chimistes, qui croyoient à l'existence d'un élément terreux, appliquoient ces dénominations aux substances terreuses qu'ils retiroient des végétaux et des animaux par opposition à l'expression de terre minérale, qu'ils appliquoient aux substances terreuses inorganiques. Par la raison que le sous-phosphate de chaux est le principe immédiat le plus abondant des os, le nom de *terre animale* a souvent été donné à ce sel. (Ch.)

TERRE VERTE. (*Min.*) On a nommé ainsi plusieurs substances colorées en vert par du carbonate de cuivre ; mais on l'a plus particulièrement appliqué à la *terre verte de Vérone*. Voyez Terre verte de Vérone et Terre verte de Hollande. (Brard.)

TERRE VERTE DE BABBA. (*Min.*) Terre fort estimée des anciens, qui en fabriquoient des vases d'ornement. (Brard.)

TERRE VERTE DE HOLLANDE. (*Min.*) C'est une substance argileuse, assez graveleuse, dont la couleur est d'un vert jaunàtre, et dont la consistance est celle d'une argile maigre et sèche au toucher. J'ignore absolument de quelle contrée on la tire, car sa dénomination trop vague ne prouve pas qu'elle vienne réellement de Hollande. Cette couleur, assez riche, ne se trouve pas à une grande profondeur, puisqu'on trouve souvent de petites racines au milieu des morceaux que l'on achète chez les marchands de couleurs de Paris. Les peintres la font entrer dans les chairs de la peinture à l'huile. On la vend 1 fr. le kilogr. (Brard.)

TERRE VERTE DE VÉRONE ou BALDOGÉE. (*Min.*) Cette terre, que l'on extrait au Monte Bretonico, dépendance de Monte Baldo, dans le Véronois, sur les bords du lac de Garde en Italie, est d'un vert foncé qui a une teinte particulière. Cette nuance, un peu bleuâtre, la rapproche du vert glauque; mais avec un éclat supérieur, qui se développe encore quand elle est broyée à l'huile ou à la gomme. Cette couleur, fort estimée, s'emploie dans plusieurs genres de peinture, mais particulièrement dans la fresque, dans l'art d'imiter les marbres avec le stuc, etc. Sa teinte verte, jointe à celle de l'orpiment, imite fort bien le bronze antique et ses frottis.

On trouve cette terre verte disséminée dans un grand nombre de roches différentes; mais en trop petite quantité pour qu'il soit possible de l'exploiter. Jusqu'à présent ce n'est qu'au Monte Baldo qu'il s'en est trouvé un dépôt suffisant pour devenir le sujet d'une extraction suivie. Il y a vingt ans, les travaux de la mine dont on l'extrait, formoient un développement d'un mille environ. Faujas, qui a visité ce gîte, considéroit le baldogée comme un felspath décomposé. L'analyse de Meyer semble appuyer cette opinion, et est contraire à celle des minéralogistes qui l'ont considérée comme étant une variété de talc.

La terre verte de Vérone du commerce est douce et savonneuse au toucher. On la vend en petits morceaux qui semblent avoir été triés avec soin, à raison de 3 à 4 francs le kilogr. Elle entre en France par Marseille. (Brard.)

TERRE VIERGE. (*Min.*) Terre végétale qui n'a point encore été cultivée. Voyez Terres végétales. (Brard.)

TERRE A VIGNE. (*Min.*) Schiste décomposé. Voyez Ampélite. (Brard.)

TERRE VITRIFIABLE. (*Min.*) C'est la silice qui, combinée avec la soude ou la potasse, produit le verre. Voyez Silice. (Brard.)

. TERRE VITRIOLIQUE. (*Min.*) Les terres qui contiennent beaucoup de pyrites produisent souvent du vitriol (sulfate de fer), et elles méritent alors de porter ce nom. Elles sont communes en Picardie, où l'on en fait commerce. (Brard.)

TERRENTOLA. (*Erpét.*) Les Italiens appellent ainsi le Tarente des Provençaux. Voyez ce mot. (H. C.)

TERRES. (*Min.*) Le mot *Terre* a maintenant trois significations : la première remonte à l'antiquité la plus reculée, aux premiers âges du monde, et désigne le globe que nous habitons; la seconde s'applique aux substances acidifiables que les chimistes sont parvenus à isoler par l'analyse, et enfin la troisième se rattache à une foule de substances hétérogènes qui n'ont presque rien de commun entre elles, si ce n'est une consistance plus ou moins friable et un certain aspect terne que l'on est convenu d'appeler *aspect terreux*, et ce sont toutes ces substances, qui sont pour la plupart employées dans les arts et dans l'agriculture, que nous allons énumérer, laissant à la géographie physique le soin de décrire le globe que nous habitons, et à la chimie celui de nous faire connoître les terres qu'elle a conquises par la force et les réactifs, et qui, suivant toute apparence, se rattacheront un jour à l'histoire des métaux proprement dits.

La terre que nous labourons en tout sens, à laquelle nous confions le germe de nos récoltes, celle qui nourrit tous les êtres organisés, et qui est la terre par excellence pour la

53.   14

plupart des hommes, sera décrite sous le nom de *Terre végétale;* mais qu'il nous soit permis de dire à l'avance que cette terre labourable peut se partager en plusieurs espèces, dont le type ou la base se rapporte à plusieurs espèces minérales proprement dites : il en sera de même de la plupart des substances qui vont trouver place dans cet article, et qui seront renvoyées chacune à la place qui leur est assignée par leur nature. (Brard.)

TERRES ABSORBANTES. (*Min.*) En médecine on donne le nom de *Terres absorbantes* à différentes substances auxquelles on attribue la propriété d'absorber les sucs viciés ou surabondans de l'estomac. La magnésie est la terre que l'on emploie le plus ordinairement à cet usage; mais il y en a beaucoup d'autres qui jouissent de la même propriété, ou du moins auxquelles on l'accorde peut-être un peu trop légèrement : tels sont les *Bols*, qui sont des substances argileuses; la *Terre d'os*, qui est un phosphate de chaux; les yeux d'écrevisses, les coquilles d'œufs, les coquilles d'huîtres, etc., qui ne sont que des carbonates de chaux. (Voyez Magnésie, Terres bolaires, Terres comestibles et médicamenteuses.)

Les anciens chimistes, persuadés que la dureté des pierres fines étoit due à la présence d'une terre particulière, avoient donné le nom de *Terre absorbante* à ce principe imaginaire. La nouvelle chimie a prouvé qu'il n'y avoit point de principe terreux unique. Voyez Terre [*Chim.*]. (Brard.)

TERRES ALCALINES. (*Min.*) La chaux, la baryte, la strontiane et la magnésie, qui jouissent de plusieurs propriétés des alcalis, ont reçu cette dénomination avant que l'on fût à peu près certain qu'elles ne sont, comme les autres, que des *oxides métalliques.* Voyez Terre [*Chim.*]. (Brard.)

TERRES APYRES. (*Min.*) Voyez Terres réfractaires et Argiles plastiques. (Brard.)

TERRES ARGILEUSES. (*Min.*) On applique ce nom à toutes les variétes d'argile, et même par extension à tous les minéraux friables. tendres et alumineux. (Brard.)

TERRES BOLAIRES. (*Min.*) Les anciens minéralogistes nommoient *Bols* ou *Terres bolaires* « des substances terreuses « et pesantes, plus onctueuses que la craie ou la marne,

« mais moins que l'argile, d'un goût astringent, qui se fon-
« dent dans la bouche, tachent les doigts, et participent
« communément plus ou moins de la nature du fer, comme
« font, à la vérité, la plupart des autres terres, mais non
« pas dans un degré si marqué. » On reconnoît parfaitement
à cette description de Théophraste celle de nos ocres. Voyez
donc notre article Ocre. (Brard.)

TERRES A BRIQUES. (*Min.*) Les argiles les plus communes, la terre ordinaire végétale, lavées, servent à faire
des briques rouges ou jaunes; il suffit que ces terres ne contiennent point de pierres à chaux, et pas une trop forte dose
de sable qui les empêcheroient de faire pâte avec l'eau : elles
prennent alors le nom de *Terres à briques.* Voyez Argile.
(Brard.)

TERRES COMESTIBLES. (*Min.*) Des hommes réduits à
se lester l'estomac avec de la terre, et à se passer de toute
autre nourriture pendant plusieurs mois de l'année, seroient
au comble de la plus horrible misère, s'ils avoient la plus
légère idée des douceurs et des commodités de la vie ; ou
plutôt cette diète terreuse, loin de prolonger leur existence,
en abrégeroit infailliblement la durée.

Le fait est cependant certain, et il suffira de citer Péron,
Labillardière, Patries, Leschenault et M. de Humboldt comme
témoins oculaires, pour lever jusqu'au plus léger doute à ce
sujet. « La terre que les Ottomaques mangent, dit M. de Hum-
« boldt, est une glaise grasse et onctueuse, une véritable
« argile à potier, d'une teinte jaune-grisâtre, colorée par un
« peu d'oxide de fer; ils la choisissent avec beaucoup de
« soin, et la recueillent dans des bancs particuliers, sur
« les rives de l'Orénoque et du Méta. Ils distinguent au
« goût une espèce de terre d'une autre; car toutes les es-
« pèces de terres n'ont pas le même agrément pour leur
« palais. Ils pétrissent cette terre en boulettes de quatre
« à six pouces de diamètre, et la font cuire à petit feu
« jusqu'à ce que la surface intérieure devienne rougeâtre;
« lorsqu'on veut manger ces boulettes, on les humecte de
« nouveau.

« Les Ottomaques sont des hommes très-farouches, qui
« ont la culture en aversion. Tant que les eaux de l'Oré-

« noque *et* de la Méta sont basses, l'Ottomaque se nourrit
« de poissons et de tortues; mais quand ils éprouvent leur
« débordement périodique, la pêche cesse, et pendant cette
« inondation, qui dure deux ou trois mois, les Ottomaques
« avalent des quantités prodigieuses de terre. Nous en avons
« trouvé de grandes provisions dans leurs huttes, entassées
« en pyramides. Chaque individu consomme journellement
« les trois quarts ou les quatre cinquièmes d'une livre de
« terre : c'est ce que nous a rapporté *Fray Ramon Bueno*,
« moine très-intelligent, natif de Madrid, et qui a vécu
« douze ans parmi ces Indiens. Les Ottomaques disent eux-
« mêmes que, dans la saison des pluies, cette terre est leur
« principal aliment. D'ailleurs, ils mangent de petits pois-
« sons, des lézards, ou de la racine de fougère, lorsqu'ils
« peuvent s'en procurer; ils sont si friands de cette terre
« qu'ils en mangent tous les jours un peu après le repas
« pour se régaler, dans la saison même de la sécheresse,
« et lorsqu'ils ont du poisson en abondance. »
« Ces Indiens mangent de grandes quantités de glaise,
« sans que leur santé en souffre; ils regardent cette terre
« comme un mets nourrissant, c'est-à-dire qu'ils trouvent
« que l'usage qu'ils en font les rassasie pour quelques temps.
« Ils attribuent cette sensation de satiété à la glaise, et non
« aux autres nourritures assez chétives qu'ils peuvent y join-
« dre. Si l'on demande aux Ottomaques quelle est leur
« provision d'hiver, et l'on appelle hiver, dans cette partie
« de l'Amérique du Sud, la saison des pluies, ils montrent
« les tas de terre amoncelés dans leurs huttes. »
Plus loin ajoute l'illustre voyageur : « Les Ottomaques
« du bord de l'Orénoque ne sont pas, au reste, les seuls
« hommes qui mangent de la terre par plaisir ou par be-
« soin : les *Géophages* se retrouvent dans toutes les contrées
« de la zone torride. Ces hommes ont un désir étonnant et
« presque irrésistible de manger de la terre, non pas alca-
« line ou calcaire, pour neutraliser des sucs acides de leur
« estomac, mais une glaise très-grasse, dont l'odeur est forte.
« On est souvent obligé de lier les enfans pour les empêcher
« de sortir et de manger de la terre, quand la pluie a
« cessé de tomber.

« Au village de *Banco*, sur le bord de la rivière de la
« Madaléna, les femmes indigènes qui font des pots de terre,
« mettent en travaillant de gros morceaux de glaise dans
« leur bouche, ainsi que je l'ai vu avec surprise. [1] »

En Guinée, les Nègres mangent une terre jaunâtre
qu'ils appellent *Caouac*. Les esclaves que l'on mène en
Amérique tâchent de s'y procurer une semblable jouissance,
mais c'est toujours au détriment de leur santé. La terre
qu'ils préfèrent ordinairement, est un tuf rouge-jaunâtre,
très-commun dans nos îles; on en vend même secrètement
dans les marchés publics sous le nom de *Caouac*. Ceux qui
sont dans cet usage, en sont si friands, qu'il n'y a point de
châtiment qui puisse les empêcher d'en manger. [2]

Les habitans de la Nouvelle-Calédonie, dans l'Océanique,
mangent, pour apaiser leur faim, des morceaux de terre
ollaire friable, de la grosseur du poing. M. Vauquelin, en
analysant cette terre, y a trouvé une quantité notable de
cuivre, et aucun principe nutritif. [3]

A Popayan et dans plusieurs parties du Pérou, les indigènes achètent au marché de la terre calcaire avec d'autres
denrées: ainsi le remarque le savant voyageur M. de Humboldt.
Nous trouvons ce goût de manger de la terre, que la nature
sembleroit avoir dû réserver aux habitans des régions in-
grates du Nord, répandu dans toute la zone torride, parmi
ces hommes indolens qui vivent dans les contrées les plus
belles et les plus fécondes de la terre.

« A Java, dit M. Leschenault, la terre que mangent quel-
« quefois les habitans, est une espèce d'argile rougeâtre un
« peu ferrugineuse; on l'étend en lames minces, on la fait
« torréfier sur des plaques de tôle, après l'avoir roulée en
« petits cornets, à peu près comme l'écorce de cannelle du
« commerce. En cet état, elle prend le nom de *Ampo* ou de
« *Tana-Ampo*, ainsi que l'écrit Labillardière, qui confirme
« aussi cette observation. L'*Ampo* se vend dans les marchés;
« mais ce ne sont guère que les femmes qui en font usage.

---

1 Tableaux de la nature.

2 Chauvallon, Voyage à la Martinique.

3 Labillardière, Voyage à la recherche de Lapeyrouse.

« surtout pendant leur grossesse , ou lorsqu'elles sont at-
« teintes du mal que l'on appelle en Europe *Appétit déréglé*,
« *Goût dépravé, Chlorose* ou *Pica*. D'autres font usage de
« l'*Ampo* pour se faire maigrir , parce que la maigreur est
« une beauté chez les Javans. »

Les Tongouses ou Tonguses, Tartares nomades de la Sibérie, mangent, dit-on, de l'argile lithomarge avec du lait.

Les Nègres du Sénégal trouvent une terre grasse glaiseuse
sur les bords des rivières et sur la côte du golfe et des
îles Los-Idolos, qu'ils mêlent comme du beurre avec leurs
alimens.

La terre rouge de Boucaros, qui se trouve en Portugal
près d'Estremos, dans l'Alentéjo, et dont on fait des vases
renommés par la propriété qu'ils ont de rafraîchir l'eau et
le vin qu'on y met, contracte un goût particulier qui plait
infiniment aux femmes du pays, et qui les porte à en manger
des fragmens.

Enfin, M. Breislak pense que la terre dont les Romains
se servoient pour donner de la blancheur et de la fermeté
aux mets qu'ils appeloient *Alica*, étoit un gypse blanc qui
se forme continuellement à la Solfatare de Naples.

La médecine des anciens faisoit un grand usage d'une
foule de terres argileuses, ocreuses ou bolaires, blanches ou
colorées, qui se rapportent parfaitement à plusieurs variétés
de nos argiles, de nos lithomarges, etc.; ces terres, qu'ils
tiroient à grands frais de plusieurs îles de l'Archipel grec,
et de différens points du Levant, étoient considérées comme
étant les remèdes les plus efficaces contre une foule de
maladies. Voyez Terres médicinales. (Brard.)

TERRES A FOULON. (*Min.*) Les terres à foulon proprement dites sont des *argiles smectiques* qui diffèrent des terres
à potier communes, et qui se rapprochent des marnes : elles
sont grasses au toucher, se polissent avec l'ongle, se dilatent
dans l'eau sans y faire une pâte longue et tenace ; elles s'y
présentent sous différentes teintes, et sont susceptibles de se
vitrifier à un grand feu.

On sait que l'usage des terres à foulon consiste à enlever
aux draps l'huile que l'on est forcé de mêler à la laine pour
la carder et la filer ; pour y parvenir, on place ces étoffes

dans des auges de bois, dans lesquelles on fait agir des pilons de bois qui les pressent et les retournent continuellement. La terre à foulon y est jetée avec de l'eau qui s'y mêle et s'en échappe continuellement. Il paraît que la terre s'empare de l'huile et forme avec elle une espèce de savon dissoluble que l'eau entraine : mais quelle que soit la manière dont ces terres agissent, il est au moins prouvé qu'il en est de beaucoup meilleures les unes que les autres, et dont les effets sont très-marqués et influent d'une manière véritablement surprenante sur la qualité des draps. Parmi celles qui sont les plus renommées par leurs bonnes qualités, nous citerons, en France, celle d'*Issoudun*, qui est employée dans les manufactures de draps de cette ville et de Châteauroux, département de l'Indre; celle de *Villeneuve*, près Vienne, ainsi que celle de *Septème*, département de l'Isère; de *Flavin*, près Rhodez, qui se nomme *Terrail*, et qui est exploitée de temps immémorial pour le service des foulonnières de l'Aveyron, etc. En Allemagne, les terres à foulon de *Rosswein*, de *Schomberg*, de *Johann-Georgenstadt* en Saxe, et de *Grossalmerode* en Hesse. En Angleterre, celle de *Brick-Hill*, en Staffordshire; de *Woburn*, en Bedfordshire; de *Riegate*, en Surrey; de *Maidstone*, de *Nussey* et de *Petworth*, dans le comté de Kent. En Écosse, celle de l'ile de *Skye*. On est tellement persuadé en Angleterre de l'influence des terres à foulon sur la beauté des draps, que l'exportation de plusieurs d'entre elles est défendue sous des peines très-graves.

Jusqu'ici la chimie n'a pu nous apprendre quel est le principe qui permet aux terres à foulon de s'emparer des corps gras; les analyses n'y ont trouvé que 25 d'alumine, 51 de silice, et le reste s'est trouvé composé de magnésie et de chaux, en sorte que c'est à l'alumine que l'on est tenté d'attribuer cette propriété.

Certaines terres à foulon paroissent devoir leur origine à des laves décomposées; quelques lithomarges s'en rapprochent fortement, et il paroît certain que le *Creta fullonia* et le *Galactis* des anciens répondent parfaitement à nos terres à foulon. Voyez ARGILES SMECTIQUES. (BRARD.)

TERRES LABOURABLES. (*Min.*) Voyez TERRES VÉGÉTALES. (BRARD.)

TERRES MÉDICINALES ou MÉDICAMENTEUSES. (*Min.*) Les anciens attachoient beaucoup d'importance à certaines terres, sous le rapport de leurs prétendues propriétés médicinales. Les plus célèbres étoient la *terre blanche de Lemnos,* dont on formoit des pastilles que l'on scelloit d'un cachet sacré, et dont la manipulation étoit réservée aux prêtres de Diane : on la nommoit aussi *terre sigillée.* La *terre de Cimolis* servoit à la fois de terre à détacher et de médecine. Il en étoit à peu près de même de la *terre de Samos*, qui, suivant Dioscoride, arrêtoit les vomissemens de sang ; de la *terre de Chio*, qui étoit renommée pour sa propriété de conserver la fraicheur des dames et d'effacer les rides. Les *terres de Damas*, *de Malte*, les *terres érétrienne, mélienne*, la *terre miraculeuse de Saxe*, celle de *Pnigitis* en Libye, et une foule d'autres plus ou moins renommées, se vendoient en pastilles ou en trochisques : l'on en trouve encore quelques-unes dans les vieilles pharmacies ; les unes portent le cachet de l'ancienne faculté de médecine, les autres celui du pape, du grand Turc, du roi d'Espagne, du roi sarde, etc. C'est particulièremeut aux terres roses et blanches que l'on a conservé le nom de *terres sigillées*, tandis que celles qui sont fortement colorées portoient celui de *bols d'Arménie*, parce qu'on les tiroit originairement de l'Arménie. Hill, traducteur de Théophraste, a vainement cherché à mettre de l'ordre et à jeter de la clarté sur cette suite de médicamens argileux : heureusement ils ont perdu de nos jours la renommée qu'ils avoient si mal acquise ; on se borne à les considérer comme de simples absorbans. M. Virey dit cependant que le bol d'Arménie, qui est une argile ocreuse, se donne encore, comme tonique, contre les affections chlorotiques, ou pour exciter les organes chylificateurs. Cette même terre ocreuse entre aussi dans la composition de la thériaque de Venise, de l'orviétan, etc. Enfin la chaux elle-même entre dans une proportion assez forte dans la composition du *bétel*, que les peuples de la zone torride mâchent sans cesse. (Brard.)

TERRES MÉTALLIQUES. (*Min.*) Les anciens chimistes nomment chaux, ou terres métalliques, ce que nous nommons aujourd'hui *Oxyde*. (Brard.)

TERRES OCREUSES. (*Min.*) Voyez Ocre. (Brard.)

TERRES RÉFRACTAIRES. (*Min.*) Toutes les argiles qui résistent fortement à l'action du feu des usines dans lesquelles on travaille les métaux, dans lesquelles on fond les minérais, on fait l'acier, le verre, etc., se nomment *terres réfractaires.* C'est parmi les argiles plastiques qui deviennent blanches au feu et qui ne font point effervescence dans les acides, qu'il faut chercher ces terres précieuses dans les arts: l'une des plus communes est celle de Forgue-les-Eaux, près Rouen. Voyez ARGILES PLASTIQUES. (BRARD.)

TERRES VÉGÉTALES. (*Min.*) Les terres végétales sont aussi variées que les terrains qu'elles recouvrent; et, en les considérant sous le rapport purement minéralogique, on peut les diviser en cinq groupes, en les désignant par la substance qui prédomine dans la composition de chacun d'eux, de la manière suivante :

Terres végétales *siliceuses;*

Terres végétales *calcaires;*

Terres végétales *granitiques;*

Terres végétales *volcaniques;*

Terres végétales *argileuses.*

1. *Terres végétales siliceuses.*

Les sables fins et siliceux qui couvrent les grands déserts, sont les types des terres végétales qui composent ce premier groupe; leur mobilité excessive, qui permet aux vents de les transporter au loin, et leur sécheresse extrême, en repoussent toute espèce de végétation; mais le plus léger filet d'eau, la plus foible humidité, si elle est constante, suffit pour la rendre, à la longue, fertile et favorable à la culture. Les oasis, qui forment au milieu du désert des espèces d'îles, couvertes de la végétation la plus vigoureuse et la plus active, ne doivent leur existence qu'à la présence de quelques sources ou de quelques infiltrations.

Le sable siliceux, rarement aussi pur, aussi stérile qu'en Afrique, forme, dans beaucoup de contrées, la base du sol cultivé ou des terres agraires. Sa nature pulvérulente et mobile se refuse pendant long-temps à la conservation de l'humidité produite par les pluies; et comme il est ordinairement blanc ou blanchâtre, il s'échauffe assez difficilement dans nos climats, parce qu'il absorbe peu de rayons solaires et qu'il les reflet presque tous.

Lorsque l'humus est mélangé à ce sable en quantité notable, et qu'il provient du détritus des feuilles seulement, il prend le nom de *terre* ou de *terreau de bruyère*, parce qu'il se trouve plus particulièrement dans les cantons où cette plante croît en abondance et presque exclusivement. (Voyez Terre de bruyère.)

La terre végétale siliceuse, qui porte aussi le nom de *terre légère*, est d'un labour facile et peu coûteux; elle est particulièrement propre à la culture du seigle et des racines nutritives, non parce qu'elle est presque entièrement composée de silex, mais parce qu'elle est susceptible de se tasser à mesure que les racines se développent, et qu'elle ne contient point de cailloux capables de gêner leur accroissement, de les rendre noueuses ou ligneuses. Cette terre légère, enfin, est la plus propre au jardinage, et le fameux limon du Nil appartient à cette division.

Quant aux terres graveleuses, qui ne diffèrent réellement des terres sablonneuses que par la grosseur et l'inégalité de leurs élémens, et surtout par une addition d'argile ferrugineuse, elles appartiennent, pour la plupart, à cette division, et deviennent très-productives, lorsqu'on peut les arroser fréquemment et avec abondance. Telles sont les plaines de Vaugirard, de Clichy, de Beson, près Paris, etc. La *grave* des environs de Bordeaux, où l'on récolte le vin blanc de ce nom, est une terre siliceuse composée uniquement de très-petits graviers de la grosseur uniforme d'une fève.

Enfin, les galets, qui sont souvent quarzeux, mais dont la grosseur dépasse toujours celle des graviers, sont quelquefois assez fertiles, parce qu'ils sont entremêlés d'argile sablonneuse : la culture du trèfle y réussit parfaitement.

2. *Terres végétales calcaires.*

Ces terres diffèrent des précédentes, non-seulement par leur nature, mais aussi par leurs propriétés physiques. Les sables calcaires sont rarement aussi fins et d'un grain aussi égal que les sables siliceux; ils sont aussi moins secs, et les vents n'ont aucune prise sur eux. Ces sables purs sont assez

rares, et ne constituent pas même le sol de très-vastes contrées. La partie pauvre de la Champagne, dont le sol est généralement calcaire, paroît plutôt composée de pierres con-
cassées que de sable. Il existe cependant de véritables sables
calcaires, et quelques-uns sont même entièrement composés
de coquilles microscopiques ou de fragmens de coquilles à
l'état fossile (voyez FALUNS). Ils retiennent beaucoup mieux
l'humidité que le sable siliceux, et leur aridité n'est jamais
aussi complète, surtout quand ils reposent sur des bancs d'argile peu éloignés de la surface, qui, en arrêtant les eaux
pluviales, protégent les plantes qui croissent au-dessus d'eux.
Dans ce cas seulement, ces terrains calcaires sont très-sus-
ceptibles d'améliorations agricoles; autrement ils sont voués
à une stérilité à peu près complète, dont il est bien difficile
de les arracher. Les racines nutritives et les céréales réussis-
sent mal dans cette terre, mais la vigne y végète avec vigueur. Une partie des vignobles de la Bourgogne et presque
tous ceux de la côte du Rhône sont plantés dans un sol calcaire, réduit en fragmens plats et angulaires, dont la grosseur varie depuis le volume d'une amande jusqu'à celui d'un
tuileau, et qui a été ainsi concassé de main d'homme dans
plusieurs cantons, particulièrement entre Vienne et Valence,
sur la rive droite du fleuve.

On est étonné, en n'apercevant aucune trace de ce que nous
appelons habituellement *terre*, de trouver des vignes aussi vigoureuses et aussi productives que celles des bords du Rhône;
on peut en dire autant de celles de la province du ci-devant
Querci, près Cahors, où ce sol est commun sur les montagnes et y porte le nom vulgaire de *casse*.

3. *Terres végétales granitiques.*

On peut ranger dans cette division toutes les terres végétales sablonneuses ou graveleuses qui présentent une infinité
de paillettes brillantes, que l'on nomme *mica*.

Ces terres, qui ne sont jamais fort éloignées des roches ou
des montagnes granitiques, dont elles sont les détritus, se la-
bourent avec facilité, mais ont généralement peu de profondeur. Elles conservent assez bien l'humidité des pluies et
des arrosages, et sont rarement aussi stériles que les deux es-

pèces précédentes; bien entendu que je ne parle ici que de la terre non cultivée, puisqu'il est constant que toute substance meuble est susceptible de devenir fertile par l'addition de l'eau et des engrais.

Les environs d'Autun, ceux de Limoges et la plupart des pays granitiques, fournissent de nombreux exemples de ces terres micacées, dans lesquelles le·froment ne réussit que médiocrement, et qui sont beaucoup plus propres à la culture du seigle, de là le nom de *ségalas*, que l'on donne à ces terrains dans plusieurs parties de la France.

Les terres schisteuses, qui sont composées d'une multitude de petits éclats de ces pierres feuilletées, et qui avoisinent toujours les terrains granitiques, sont peu fertiles, mais assez précoces, en raison de leur couleur noire ou rembrunie, qui leur permet de s'échauffer et d'activer la végétation. Dans les mois d'été, cette faculté devient nuisible, parce qu'elle dessèche les plantes, en leur communiquant une chaleur trop active ; peut-être encore la présence de la magnésie, qui est assez abondante dans ces pierres feuilletées, contribue-t-elle aussi à leur peu de fertilité.

Certains schistes pourris du pays du charbon de terre se décomposent à la longue par le contact de l'air, du soleil et de la pluie, et deviennent alors un amendement très-actif, qui est connu des cultivateurs sous le nom de *pierre à vigne* ou *d'ampélite*. (Voyez AMPÉLITE.)

4. *Terres végétales volcaniques.*

Les terres volcaniques sont les produits des feux souterrains : on les trouve sur la croupe, à la base des volcans brûlans et dans toutes les contrées qui ont été ravagées par ces grands phénomènes. Tout le monde sait qu'il existe un grand nombre de volcans éteints, dont l'existence est incontestable, puisque leurs débris, leurs produits, sont semblables à ceux du Vésuve, de l'Etna et de tous les volcans qui sont encore en feu.

Les laves ou les pierres fondues qui s'écoulent de la bouche des volcans ou qui se font jour à travers leurs flancs, sont généralement susceptibles, à la longue, de produire à leur surface une couche friable brune ou rougeâtre, dont la fertilité est excessive. Cette terre volcanique, qui est toujours d'une teinte sombre et rembrunie, qui contient beaucoup de fer, absorbe les rayons solaires, devient brûlante à sa surface et s'échauffe assez sensiblement à la profondeur de quelques pouces. Son épaisseur va toujours en augmentant, à mesure que la décomposition fait des progrès; mais le plus ordinairement cette altération est si lente et si peu sensible, qu'il faut des années et souvent des siècles pour que la surface d'un courant de lave se change en terre végétale. Ce sont donc les sables volcaniques qui sont projetés au loin par le cratère de ces montagnes embrasées, et qui couvrent les campagnes d'une couche meuble et aride pour l'instant, qui se change promptement, et quelquefois dès l'année suivante, en une terre fertile et agraire, qui paie amplement les ravages que sa chute a causés. La campagne de Naples, l'archipel grec, le pourtour énorme de l'Etna, les îles Fortunées, celle de Bourbon, notre Limagne en feu, sont de beaux exemples de fertilité, qui sont tous dus à la terre végétale volcanique; et c'est cette abondance extraordinaire qui fait affronter aux cultivateurs le dangereux voisinage des volcans qui sont en pleine activité.

Les terres volcaniques passent, avec le temps et lorsque les circonstances sont favorables, à l'état argileux; mais le plus ordinairement elles sont sablonneuses, graveleuses, et contiennent une grande quantité de grains ferrugineux qui s'attachent à l'aimant. Doit-on attribuer l'extrême fertilité des terres volcanisées à leur couleur sombre qui absorbe les rayons solaires, à leur propriété de retenir fortement l'humidité, ou bien enfin à leurs principes constituans, qui agiroient sur l'humus de manière à le rendre très-promptement soluble dans l'eau et capable de servir à la nutrition des végétaux? C'est encore une question de physiologie qui reste à résoudre.

5. *Terres végétales argileuses.*

Les terres qui sont connues des cultivateurs sous les noms de *terres fortes*, de *terres franches*, de *terres à blé*, de *terres entières*, de *terres grasses*, etc., sont éminemment argileuses; leur couleur est d'un jaune brun ou d'un rouge sombre; elles se délaient ordinairement dans l'eau, s'y réduisent en pâte tenace, sont susceptibles de se mouler en briques, en tuiles, et de se tourner en vases communs. Le labourage en est pénible, il exige un nombreux attelage : et comme elles retiennent l'eau pluviale beaucoup trop long-temps à leur surface, on est dans l'usage de les sillonner profondément, afin d'attirer l'eau dans les creux et de ne semer que sur les parties saillantes.

Dans les grandes chaleurs les terres argileuses se dessèchent à leur surface, deviennent excessivement dures, prennent beaucoup de retrait, se fendent profondément et donnent passage à l'air échauffé, qui dessèche et déchire le chevelu des racines. Les terres argileuses sont susceptibles de très-grandes améliorations agricoles; et quand elles sont bien préparées par les amendemens et par les engrais, elles deviennent très-favorables à la culture du froment et à celle de toutes les céréales; ce sont, enfin, les terres agraires par excellence. Elles constituent le sol des grandes plaines de la Beauce, de la basse Normandie et particulièrement celui de cette fameuse vallée d'Auge, qui est célèbre par ses gras pâturages. Leur consistance exige qu'on les rompe par l'addition des marnes calcaires, et même des galets, ou bien encore par l'écobuage, opération par laquelle on grille sur place une certaine quantité de terre, de manière à la rendre incapable de faire de nouveau pâte avec l'eau, ce qui fait rentrer cette terre cuite dans la série des amendemens qui n'agissent que mécaniquement.

Jamais les terres végétales argileuses ne sont tout-à-fait pures; elles sont toujours alliées à une forte dose de sable, et s'il en étoit autrement, leur excessive ténacité s'opposeroit à toute végétation ; elles contiennent ordinairement aussi une assez grande quantité de terre calcaire. Enfin, elles sont souvent colorées en jaune ou en rouge par l'oxide de fer; on remarque qu'en général les terres argileuses rouge d'ocre sont moins fertiles que celles qui sont jaunes.

J'ai partagé les terres végétales en cinq groupes, et j'ai cité les types ou les exemples de chacun d'eux, pris parmi celles qui sont le plus connues en Europe ou ailleurs; mais on doit bien penser que toutes les terres de transport sont loin d'être parfaitement sablonneuses ou complétement argileuses; qu'il existe au contraire une foule de terres mixtes

qu'il seroit difficile de classer rigoureusement, et que la difficulté augmente encore quand ce sont des terres dont la culture remonte à plusieurs siècles. Heureusement qu'il ne peut
résulter aucun inconvénient grave de cette incertitude, et
que la pratique et l'expérience sont là pour indiquer au
cultivateur s'il doit traiter le sol qu'il laboure comme une
terre légère ou comme une terre argileuse et forte.

De la formation des terres végétales et de leur transport.

Une partie de nos terres végétales sont des produits de
transport ; elles ont été charriées par les mêmes eaux qui
ont apporté cette quantité énorme de cailloux roulés, dont
on trouve des dépôts sur tous les points du globe ; mais ces
terres, en raison de leur finesse et de leur légèreté, sont
restées plus long-temps en suspension, et ne se sont dépo-
sées qu'à la longue ; aussi les trouve-t-on toujours à la surface
et jamais à de grandes profondeurs. Cette origine diluvienne
ne convient point à toutes les terres sablonneuses et à toutes
les terres argileuses ; car, dans l'une et l'autre espèce, il en
est qui se sont formées sur place. Ainsi l'on peut regarder
les sables siliceux du grand désert de Zara comme étant le
produit d'une cristallisation confuse et précipitée, et que les
terres argileuses qui sont le produit de la décomposition de
certaines roches marneuses, schisteuses ou volcaniques, sont
encore sur la place où elles se sont formées ; pour la distinguer des terres végétales de transport, je les nomme *terres
locales*.

Les plaines et le fond des vallées sont les lieux où la terre
végétale s'est plus particulièrement assemblée ; et celle qui
se trouve sur la pente des montagnes et des collines, tend
toujours à descendre et à s'y réunir ; aussi est-on obligé d'élever des terrasses, de creuser des tranchées pour l'y retenir
plus long-temps, et dans certaines parties des Alpes, où les
revers sont cultivés malgré leur excessive rapidité, les cultivateurs sont forcés de reporter tous les ans une certaine
quantité de terre du bas en haut de leur champ, afin de com-
penser en partie l'effet des eaux pluviales, qui l'entraîne
journellement vers le bas.

La terre végétale des vallées étroites paroît avoir été formée aux dépens des montagnes qui les bordent, tandis que celle des grandes plaines paroît être d'une origine étrangère. Les terres agraires n'existent sur les hautes montagnes que par lambeaux épars, et seulement sur les places qui offrent quelques assises; car toutes les pentes verticales en sont nécessairement privées. On pourroit peut-être objecter que c'est sur ces parties déclives des Pyrénées, des Alpes et de l'Apennin, qu'existent ces vastes forêts d'arbres verts qui s'élèvent à des hauteurs prodigieuses, et qui acquièrent un diamètre énorme; mais ceux qui ont voyagé dans ces régions élevées se rappelleront sans doute que les racines des pins et des mélèzes n'y pivotent point, qu'elles rampent à la surface de la roche nue, et qu'elles ne pénètrent dans le sol qu'à travers les fentes ou les fractures de ces montagnes antiques. Aussi les grandes avalanches entraînent-elles toujours avec elles, les arbres, leurs racines, et les quartiers de rochers autour desquels ils s'étoient cramponnés.

Tous les naturalistes considèrent le transport des terres végétales comme étant l'une des dernières catastrophes du globe, et tout porte à croire que cet événement n'est pas très-ancien. Il est vrai que ces substances meubles et propres à la culture n'ont point été apportées toutes à la fois; car il n'est pas probable que les atterrissemens de la Sibérie, qui renferment tant de débris de rhinocéros et d'éléphans, aient été déposés dans le même temps que les terres agraires de la Beauce. Mais il ne s'agit point ici de discussions géologiques, je ferai simplement remarquer qu'il devoit exister aussi une couche de terre végétale à la surface de l'ancien monde, puisque les charbons de terre, les amas de bois pétrifiés et toutes les plantes dont nous trouvons les empreintes, sont les débris des forêts qui ombragèrent sa surface, qui parfumèrent l'air et qui nourrirent les grands animaux dont nous trouvons aussi les ossemens épars et pétrifiés.

Aujourd'hui les eaux pluviales, en tombant périodiquement sur les hautes montagnes, entraînent avec elles les portions de terres végétales qui s'y forment continuellement par la décomposition lente, mais continue, de la surface des roches, par les substances végétales et animales qui s'y mêlent,

et qui sont les détritus des plantes et des insectes qui naissent et qui meurent à chaque instant sur ces lieux élevés
et solitaires.

Ces eaux s'assemblent dans les ravins profonds, se changent
en torrens, en avalaisons, roulent et pulvérisent toutes les
pierres qui encombrent leur lit, et arrivent au fond des vallées sous la forme de ruisseaux tourbeux ; là une pente moins
rapide, un plus large espace, leur embouchure dans une rivière, ralentissent leur vîtesse et permettent à ces eaux fan-
geuses de déposer le limon fertile dont elles sont surchargées.
Des millions de ces ruisseaux subalternes apportent ainsi tous
les ans cette espèce de tribut de la montagne ; les fleuves
s'en emparent, les transportent au loin, les déposent sur les
vallées qu'ils inondent, ou vont les engloutir dans l'abîme des
mers.

Cette marche constante, admirable et simple à la fois, qui
augmente ou répare le domaine de la culture aux dépens
des régions désertes, n'est parfaitement sensible que dans les
pays très-montagneux et inhabités ; car dans les contrées où
les collines sont cultivées jusqu'à leur sommet, la nature est
contrariée dans sa marche, puisqu'on s'efforce de retenir les
terres qu'elle entraîneroit dans les vallées, si elle étoit abandonnée à elle-même seulement pendant plusieurs années.
Mais, peut-on songer à ces transports périodiques sans reporter son imagination sur les rives du Nil, dans cette longue
et célèbre vallée de la haute Égypte, et sur les vastes atterrissemens du Delta ? Cette inondation tant désirée, ce limon
fertile, ce nilomètre, ce lotus épanoui, symbole de l'abondance, ces mystères religieux du plus ancien des peuples,
tout se rattache à ce phénomène bien simple en lui-même :
le débordement d'un fleuve à la suite des pluies qui tombent
à ses sources.

Le limon du Nil, ou la terre végétale qu'il transporte, est
composé, d'après Dolomieu, de plus de moitié en volume
de sable siliceux pareil à celui du désert ; mais plus il s'éloigne
des bords du fleuve et moins il en contient, parce que l'eau
le dépose de plus en plus à mesure qu'elle est moins agitée
par la force du courant : c'est alors l'argile qui entre pour
moitié dans sa composition, la terre pour un quart, et le

reste n'est qu'un mélange d'oxide de fer et de quelques sels. Dolomieu, qui ne partage point l'avis des voyageurs et des historiens qui veulent que tout le sol de l'Égypte soit un présent du Nil, accorde cependant à ses atterrissemens environ mille lieues carrées, et quelque grand que ce dépôt de terre végétale puisse paroître, il n'est rien en comparaison de ceux qui sont produits par les grands fleuves du nouveau monde, dont les débordemens sont constans et périodiques comme ceux du Nil. Les fleuves, qui sont aujourd'hui les grands moyens de transport des terres végétales, les déposent sur les plaines qui les bordent, s'ils sont assujettis à des crues annuelles, ou les charrient jusqu'à leur embouchure, s'ils sont encaissés dans leur cours; là il se forme de vastes atterrissemens, des terrains excessivement fertiles, qui s'exhaussent continuellement au-dessus du niveau de la mer, et qui la repoussent tous les jours davantage de son ancienne côte littorale. Telles sont les embouchures du Mississipi, au fond du golfe de Mexique, celles des fleuves de la Plata et des Amazones, au Brésil; celles de l'Orénoque, du Gange, de l'Euphrate, de la Neva, du Pô; du Nil, qui a formé le Delta; du Rhône, qui a donné naissance à la Camargue; du Rhin, de la Meuse, de l'Escaut, qui se confondent dans une multitude d'embouchures et qui ont formé cette infinité d'îles et d'atterrissemens, sur lesquels la Hollande s'est miraculeusement affermie. Voilà quels sont les grands dépôts de la terre végétale qui se forme continuellement par les détritus et l'altération des substances pierreuses et qui se trouvent naturellement engraissées par les débris des végétaux et des animaux qui meurent à la surface du continent. Un jour toutes ces substances pulvérulentes et préparées à la culture, seront tirées de ces vastes entrepôts par quelque grande révolution, et viendront fertiliser les contrées appauvries et celles qui sont livrées aujourd'hui à la stérilité la plus complète.

L'industrie a souvent fait tourner au profit de l'agriculture les effets de ces transports journaliers ou périodiques, en arrêtant par différens moyens le sédiment fertile qui auroit été transporté dans les grands amas dont nous venons de parler; c'est ainsi que l'on est parvenu à exhausser des terrains marécageux, à combler des étangs fiévreux, des marais pestilentiels, ou à recouvrir d'une couche fertile des grèves arides ou des rochers nus, et pour ne citer qu'un exemple de ces atterrissemens artificiels, nous ne rappellerons que les beaux travaux du cardinal *Buon Compagni*, qui parvint à combler les lacs et les marais immenses qui s'étoient formés aux environs de Bologne et qui menaçoient d'envahir cette belle partie de l'Italie. et cela en arrêtant par des digues immenses les dépôts du Rheno et de plusieurs autres rivières qui descendent de l'Apennin en traversant des collines de sable et d'argile, qu'elles dégradent avec beaucoup d'activité, lorsque les pluies augmentent le volume ordinaire de leurs eaux.

Il est, enfin, un autre et dernier mode de formation de la terre végétale, mais ici elle semble se créer de toutes pièces. En effet, une partie des iles de l'archipel Océanique sont formées par l'accumulation des coraux et des madrépores dont la mer du Sud est encombrée. Ces matières calcaires, qui ne sont que la demeure d'une infinité de petits animaux microscopiques, s'attachent au fond de la mer et finissent par en atteindre et en dépasser la surface. Tous les jours les passes deviennent plus étroites et plus pernicieuses pour les navigateurs, tous les jours les écueils et les récifs se multiplient à l'entour des iles; leurs contours s'agrandissent, se joignent et deviennent eux-mêmes la base de nouvelles iles. Dès l'instant où ces accumulations de madrépores se montrent au-dessus des flots, elles servent de retraite à une foule d'oiseaux marins, qui y passent les nuits et y accumulent les restes et les débris de leurs proies. Le sable, les coquilles mortes, les fucus, s'y arrêtent; les phoques s'en emparent à leur tour, le sol s'élève, quelques graines y sont apportées ou par les flots ou par les vents; elles y germent: les lichens paroissent, et bientôt il se forme une première couche de terre végétale, composée de sable marin, de coquilles mortes, et fertilisée par des matières animales en putréfaction. Les iles de *Salomon*, de la *Nouvelle-Calédonie*, les iles *Pelew*, les iles *Basses*, près celles de *Pâques*, sont entourées d'une ceinture de corail ou de madrépores, et plusieurs d'entre elles en sont entièrement formées; l'ile de *Tongatabou*, qui fait partie du groupe de celles des Amis, repose sur un rocher de cette nature, qui perce même dans beaucoup d'endroits et s'élance au-dessus de la couche du terreau, qui est déjà fort épaisse et sur laquelle les plantes et les arbres croissent avec une grande vigueur.

On voit que dans ce genre particulier de production de terre végétale il y a réellement création de toutes pièces; car on ne peut nullement la considérer comme étant un produit d'alluvions analogue à ceux des atterrissemens et des limons des fleuves.

Quant à ce que l'on est dans l'usage d'appeler *terres vierges*, on est assez généralement porté à croire que toute terre qui n'a jamais été cultivée, est d'une grande fertilité; mais il en est parfois tout autrement, car toute terre végétale qui ne produit rien naturellement, qui ne se couvre pas annuellement de ce que nous nommons *mauvaises herbes*; cette terre, toute *vierge* qu'elle est, se refusera long-temps à la culture faute d'humus. Mais celles qui produisent des plantes vigoureuses sans culture, celles qui ont été long-temps couvertes de forêts, qui ont reçu pendant des siècles le tribut annuel de leur feuillage; celles, enfin, qui sont de la nature des limons d'atterrissement, sont effectivement des plus fertiles pendant plusieurs années consécutives, parce qu'elles sont saturées d'humus, et que la végétation naturelle, au lieu d'amaigrir la terre, tend à l'améliorer de plus en plus; car les plantes qu'elle produit spontanément lui rendent, par leurs détritus, autant et plus qu'elles n'en ont extrait; tandis que les récoltes dont on dépouille les champs prennent beaucoup sans jamais rien rendre au sol, et c'est pour cette raison que l'on est forcé de recourir aux engrais ou à l'enfouissement des plantes que l'on a semées à dessein, en sorte que les terres vierges, de quelque nature qu'elles soient sous le point de vue minéralogique, ne sont véritablement propices à la culture qu'autant qu'elles ont été engraissées par une longue succession d'une végétation naturelle et vigoureuse.

Analyse mécanique de quelques terres végétales employées dans la culture en petit ou dans le jardinage.

A l'invitation d'André Thouin, professeur de culture au Jardin des plantes, il fut fait une suite d'analyses mécaniques des terres dont on fait journellement usage dans la culture en petit, et il avoit été recommandé que ces analyses fussent faites de manière à ce que chacun puisse les répéter sur la terre de ses jardins. On sait que l'on emploie dans la culture des plantes rares et des plantes potagères deux genres de terres, savoir les *Terres composées* et les *Terres naturelles*. Les premières sont les résultats de différens mélanges, telles que la terre à oranger, la terre à ananas, etc., qui sont composées avec les terres naturelles, c'est-à-dire de celles que l'on cultive telles que la nature les présente. Ce sont ces dernières seulement qui ont été analysées mécaniquement et dont nous allons donner ici le tableau, après avoir indiqué les moyens bien simples qui ont été mis en œuvre.

100 parties de terre dont on a retiré d'avance tous les corps étrangers apparens et que l'on a séchées au four, sont délayées dans de l'eau pure à consistance de bouillie très-claire. On fait bouillir un instant, l'on passe au papier gris, et l'on fait évaporer l'eau jusqu'à siccité. Il reste ordinairement au fond du vase une substance jaunâtre humide très-âcre, que l'on doit peser avec soin. Ce sont les sels solubles qui étoient disséminés dans la terre. On verse sur la terre encore humide, soit de l'acide nitrique, soit de l'acide hydrochlorique (muriatique); il se fait une vive effervescence, et l'on ajoute de l'acide jusqu'à ce que le bouillonnement ait cessé : alors on lave à grande eau sur un filtre, afin d'enlever ce que l'acide a dissous. On fait sécher la terre ainsi passée à l'acide; l'on pèse, et la perte que l'on trouve est la quantité de matière calcaire qu'elle contenoit. Pour séparer ensuite les autres parties constituantes, des lavages à grande eau et par décantation suffisent à ce genre d'analyse. Le sable siliceux se précipite au fond des vases; l'argile trouble l'eau, y reste long-temps suspendue et se dépose à la longue, tandis que l'humus occupe exclusivement la surface des lessives, sous la forme d'une poudre noire qui, examinée à la loupe, se trouve composée d'une infinité de petits filamens combustibles. On peut, si l'on veut, promener un barreau aimanté dans la terre bien sèche, pour en retirer les parties ferrugineuses, qui s'y attachent facilement, et de cette manière on peut se diriger sur le genre d'amendement qui convient à telle ou telle terre

que l'on veut employer. M. Bosc a indiqué un mode à peu près semblable d'analyser les terres agraires, avec cette seule différence, qu'il brûle l'humus.

Analyse du terreau de bruyère de la forêt de Sanoy, près Pontoise.

Sable siliceux	43,80
Chaux carbonatée.	7,10
Sels déliquescens	1,10
Humus	31,70
Fer attirable.	0,13
Parties végétales non décomposées.	13,25
Perte et corps étrangers apparens.	2,92
	100,00.

Analyse du limon de la Seine, employé au Jardin des plantes de Paris.

Sable siliceux	50,00
Chaux carbonatée.	30,88
Argile.	7,29
Parties végétales non décomposées.	8,09
Perte et corps étrangers.	3,74
	100,00.

Analyse de la terre à blé de la plaine du Plessis-Piquet sous les bois de Verrière, près Paris.

Argile.	83,01
Chaux carbonatée.	12,58
Sable siliceux	0,60
Parties végétales non décomposées.	1,69
Fer attirable.	0,02
Perte et corps étrangers	2,10
	100,00.

Analyse du terreau de couches.

Silice	23,49
Chaux carbonatée.	9,39
Humus	22,66
Parties non décomposées.	43,75
Perte	0,71
	100,00.

M. Laugier a fait l'analyse de ce que j'ai appelé sels déli-
quescens dans le terreau de bruyère, et l'a trouvé composé de

Silice	2,00
Carbonate de chaux.	15,00
Sulfate de chaux	10,00
Muriate de chaux et magnésie . . ˙	8,00
Matière animale	12,00
Perte et eau	55,00
	100,00.

(Brard.)

TERRES VEULES. (*Min.*) Terres végétales stériles. (Brard.).

TERRETTE. (*Bot.*) Nom vulgaire du lierre terrestre, *gle-
coma*. Il est nommé *serrette* dans le pays de Vaud. (J.)

TERRIANIAK. (*Mamm.*) Nom groënlandois du renard,
selon Erxleben. (Desm.)

TERRIER. (*Mamm.*) On donne ce nom aux demeures souterraines que se creusent plusieurs mammifères, tels que les
blaireaux, les lapins, etc. (Desm.)

TERRIER. (*Mamm.*) On donne au chien-basset le nom de
terrier ou de *chien-terrier*, parce qu'on l'emploie à la chasse
des animaux qui se terrent, comme le blaireau et le renard,
et qu'il pénètre dans leurs demeures souterraines. (Desm.)

TERRIER. (*Ornith.*) En Auvergne, on nomme vulgairement ainsi le grimpereau de muraille, *certhia muralis*, Linn.,
et *tichodroma*, Illiger. (Ch. D.)

TERRITÈLES. (*Entom.*) Nom donné par M. Latreille à
une section des araignées fileuses, dont les mandibules sont flé-
chies en dessous ou sur le côté inférieur, et qui ont deux grandes filières et deux petites. Tels sont les genres Mygale, Atype
et Ériodon, dont les deux derniers ont été appelés par M.
Walckenaër *Oletera* et *Missulena*. Toutes ces espèces tendent
des toiles sur la terre pour y saisir leur proie. De là le nom
de *territèles*, sous lequel on les a désignées. (C. D.)

TERSINE. (*Ornith.*) L'oiseau nommé par Linné *ampelis
tersa*, et qui est considéré par M. Cuvier comme une simple
variété de l'*ampelis cayana*, a paru à M. Vieillot devoir former un genre particulier, qu'il a établi sous le nom de
Tersine, *Tersina*, en lui donnant pour caractères : un bec

court, très-déprimé à sa base, cariné en dessus, à bords fléchis en dedans; la mandibule supérieure rétrécie, inclinée et échancrée vers le bout; l'inférieure aplatie, aiguë et retroussée à son extrémité; la bouche très-fendue; les narines larges, situées près du capistrum, couvertes d'une membrane, et en partie cachées sous les plumes du front; la langue très-courte, étroite, bifide à sa pointe; les doigts extérieurs réunis à leur base, et la première rémige la plus longue de toutes.

Le même auteur donne le nom de tersine bleue, *tersina cinerea*, à l'espèce déjà décrite au mot COTINGA, tome XI de ce Dictionnaire, page 24. La femelle est d'un vert brillant où le mâle est bleu, et d'un gris clair, pointillé de gris plus foncé, autour du bec et des yeux et sur la gorge, où le mâle est noir. (CH. D.)

TERTANA, TERTANAGETA, TOXITESIA. (*Bot.*) Noms anciens, latins ou grecs, de l'armoise, cités par Ruellius et Mentzel. (J.)

TERTERSOAK. (*Ornith.*) Un des noms groënlandois, selon Fabricius, n.° 33, du *vultur albicilla*, Linn. (CH. D.)

TERTIAIRES [PÉTIOLES]. (*Bot.*) Secondes divisions d'un pétiole commun. Dans la feuille de l'*epimedium*, par exemple, le pétiole commun se divise en pétioles secondaires, et ceux-ci se divisent en pétioles tertiaires. (MASS.)

TERTIANAIRE. (*Bot.*) J. Bauhin donnoit le nom de *tertianaria* à une toque, *scutellaria galericulata*, parce qu'elle étoit employée pour le traitement des fièvres tierces. Pour la même raison le *stachys palustris* est nommé *tertiola* dans la Toscane, suivant Césalpin. (J.)

TERTIOLA. (*Bot.*) Voyez TERTIANAIRE. (J.)

TERTU. (*Bot.*) M. Caillaud cite sous ce nom arabe un arbre des montagnes d'Arabie, nommé, selon lui, *gongo* dans la langue des Payens de cette région. C'est le *culhamia* de Forskal, réuni depuis long-temps au *sterculia*, et le *sterculia setigera* de Delile. (J.)

TERUTERO. (*Ornith.*) Nom donné par les habitans de Buénos-Ayres à un oiseau que ceux du Paraguay nomment *teteu*, et que d'Azara décrit, sous le n.° 386, comme étant un de ses *aguapeazos*, c'est-à-dire, un *jacana*; mais que

Sonnini et M. Vieillot rapprochent du vanneau armé de Cayenne, *tringa cayennensis*, Latham, et *parra cayennensis*, Linn. (Ch. D.)

TERZOLO. (*Ornith.*) Nom italien de l'autour ordinaire, *falco palumbarius*, Linn. (Ch. D.)

TÉSAN. (*Conchyl.*) Adanson (Sénégal, page 107, pl. 7) décrit et figure sous ce nom le *buccinum perdix*, Linn., espèce de tonne pour les conchyliologistes modernes. Voyez Tonne. (De B.)

TESOCHILLI. (*Bot.*) Voyez Chilli. (J.)

TESQUIZANA. (*Ornith.*) Ce nom est écrit en mexicain *tequixquiacazanatl* dans Fernandez, chap. 34; il a été contracté par Buffon et rapporté à la pie de la Jamaïque. (Ch. D.)

TESSARIE, *Tessaria*. (*Bot.*) Ce genre de plantes appartient à l'ordre des Synanthérées, et à notre tribu naturelle des Vernoniées, dans laquelle il est voisin des genres *Monarrhenus*, *Phalacromesus*, *Monenteles*, *Chlænobolus*, *Pluchea*.

Voici les caractères du genre *Tessaria*, tracés d'après nos propres observations.

Calathide discoïde: disque uniflore, régulariflore, masculiflore; couronne plurisériée, multiflore, tubuliflore, féminiflore. Péricline à peu près égal à la corolle du disque, subcampanulé ou turbiné, presque radié, formé de squames plurisériées, régulièrement imbriquées, étagées; les extérieures et les intermédiaires persistantes, appliquées, larges, concaves, ovales, aiguës, coriaces, un peu pubescentes, frangées ou longuement ciliées sur les bords; les intérieures un peu caduques, radiantes, longues, étroites, oblongues, aiguës au sommet, scarieuses, très-glabres, ayant la partie inférieure appliquée, dressée, et la partie supérieure plus ou moins réfléchie ou étalée. Clinanthe planiuscule, tout hérissé de fimbrilles très-nombreuses, inégales, filiformes, dressées, beaucoup plus longues que les ovaires. *Fleur* (*unique*) *du disque*: Faux-ovaire large, extrêmement court, presque entièrement avorté, glabre; aigrette égale à la corolle, composée de squamellules nombreuses, unisériées, très-inégales, filiformes, nues. Corolle (purpurine) grande, glabre, à tube large, à limbe deux fois long comme le tube, un peu plus large, profondément divisé en cinq lanières longues, étroites, bordées de nervures très-saillantes en forme de bourrelets calleux. Étamines à filets glabres, libérés au sommet du tube de la corolle; anthères exsertes, entregreffées, munies d'appendices apicilaires elliptiques, obtus, uninervés, et d'appendices basilaires courts, larges, aigus, pollinifères. Nectaire très-grand. Style masculin, simple, coloré, très-long, très-exsert, filiforme, à base très-épaisse, à partie inférieure glabre, à partie supérieure hérissée de collecteurs, à sommet échancré ou légèrement bilobé. *Fleurs de la couronne:* Ovaire petit, oblong, glabre, muni d'un bourrelet basilaire; aigrette égale à la corolle, composée de squamellules nombreuses, inégales, filiformes, très-fines, nues. Corolle (plus courte que celle du disque) tubuleuse, très-grêle, diversement terminée au sommet par quelques dents très-inégales, très-irrégulières. Style féminin, glabre, portant deux stigmatophores exserts, divergens, longs, très-grêles, filiformes, glabres.

Nous avons fait cette description des caractères génériques sur un échantillon sec, recueilli au Pérou par Dombey, et qui se trouvoit dans l'herbier de M. de Jussieu, où il ne portoit alors aucun nom. Cet échantillon, qui nous parut évidemment appartenir au genre *Tessaria* de Ruiz et Pavon, et à l'espèce nommée par ces botanistes *Tessaria integrifolia,* avoit la tige rameuse, striée; ses feuilles étoient alternes, subpétiolées, alongées, obovales, tomenteuses, à bords sinués ou très-légèrement dentés; les calathides, disposées en corymbe terminal, rameux, étoient plus ou moins agglomérées, sessiles ou presque sessiles au sommet des dernières ramifications du corymbe, lesquelles étoient velues, presque tomenteuses; la corolle du disque et celles de la couronne étoient de couleur purpurine, ainsi que le style masculin et les stigmatophores des styles féminins.

Le genre *Tessaria,* dédié à Louis Tessari, professeur de botanique à Ancone, fut proposé, en 1794, par Ruiz et Pavon, dans leur *Floræ Peruvianæ et Chilensis Prodromus.* La description générique tracée par les auteurs est assez exacte. Ils ont indiqué deux espèces de ce genre : ce sont des arbrisseaux du Pérou, habitant les bords des rivières : l'un (*T. integrifolia*) a les feuilles oblongues-obovales, entières; l'autre (*T. dentata*) a les feuilles oblongues, dentées.

Willdenow a proposé, en 1807, dans les Mémoires de la société des amis et curieux de la nature, de Berlin, un genre *Gynheteria*, caractérisé ainsi : « Calice cylindracé, im- « briqué; corolles tubuleuses, femelles, nombreuses ; une « seule centrale, mâle, très-grande; aigrette pileuse, ses- « sile ; réceptacle velu. » L'auteur ajoute que cette plante est une des plus remarquables de la Syngénésie nécessaire ; que tous les petits fleurons sont femelles, et que dans le milieu se trouve un très-grand fleuron mâle, vraiment situé sur le pistil, mais dont l'ovaire est stérile. Il est bien évi- dent que ce genre *Gynheteria* de Willdenow est absolument le même que le genre *Tessaria*, établi long-temps auparavant par Ruiz et Pavon. Cette synonymie du *Tessaria* et du *Gyn- heteria* a été indiquée par nous dans le Bulletin des sciences de Février 1817 (pag. 31).

M. Kunth a décrit, dans ses *Nova genera et species plan- tarum* (tom. 4, pag. 76), sous le nom de *Conyza riparia*, un arbre qu'il croit être le *Tessaria integrifolia* de Ruiz et l'avon, et (pag. 309) le *Gynheteria salicifolia* (inédit) de Willdenow. Il lui attribue des feuilles oblongues-lancéolées, aiguës, le clinanthe nu, la fleur centrale hermaphrodite ou mâle, ayant un ovaire oblong, privé d'aigrette. Si, comme nous devons le croire, cette description est exacte, la plante de M. Kunth ne peut pas être celle de Ruiz et Pavon, qui, suivant eux, a les feuilles oblongues-obovales, et le clinanthe velu. La description de M. Kunth est d'ailleurs inapplicable, sur plusieurs autres points, à la plante que nous avons observée, et qui est sans doute celle de Ruiz et Pavon. Quoique nous n'ayons point vu la plante de M. Kunth, il nous est facile de juger, d'après sa description, 1.° qu'elle seroit fort mal placée dans le vrai genre *Conyza*, tel qu'il doit être maintenant défini et limité par tout botaniste exact (voyez tom. X, pag. 305); 2.° qu'elle a beaucoup d'affinité avec les *Tessaria* et *Monarrhenus*; 3.° qu'elle pourroit consti- tuer un nouveau genre ou sous-genre immédiatement voisin de ceux-ci, mais suffisamment distinct par la fleur centrale privée d'aigrette, en sorte que le nom de *Phalacromesus* ou de *Monophalacrus* (*milieu chauve*, ou *un seul chauve*) convien- droit assez bien à ce genre, que nous hasardons de proposer,

Si nous comparons le genre *Tessaria* avec les cinq genres désignés au commencement de cet article, comme ayant le plus d'affinité avec lui, et pouvant, si l'on veut, être considérés comme ses sous-genres, nous le trouvons bien distinct du *Monarrhenus* (tom. XXXII, pag. 433), qui a le clinanthe nu; du *Phalacromesus*, qui a le clinanthe nu, et la fleur du disque hermaphrodite ou mâle, pourvue d'un ovaire oblong, fertile ou stérile, privé d'aigrette; du *Monenteles* de M. Labillardière, qui a le péricline double, le clinanthe presque nu, et la fleur du disque hermaphrodite ou mâle, pourvue d'un ovaire oblong, fertile ou stérile, semblable à ceux de la couronne; du *Chlænobolus* (tom. XLIX, pag. 337), qui a le disque pluriflore, androgyni-masculiflore, à ovaires fertiles ou stériles, semblables à ceux de la couronne; du *Pluchea* (tom. XLII, pag. 1), qui a le disque pluriflore, et les squames intérieures du péricline non radiantes.

Le genre *Monenteles*, dont nous venons de parler, n'ayant été publié par M. Labillardière qu'en 1825, dans la seconde partie de son *Sertum austro-caledonicum*, n'a pas pu être décrit dans le tome XXXII de ce Dictionnaire, où il devroit être placé suivant l'ordre alphabétique, mais qui avoit été publié en 1824. C'est donc ici le lieu de faire connoître ce genre à nos lecteurs; et grâce à la générosité de l'illustre auteur, qui a bien voulu nous donner un échantillon de chacune des deux espèces, nous allons décrire les caractères génériques d'après nos propres observations.

Monenteles. Calathide discoïde : disque uniflore, régulariflore, androgyni-masculiflore; couronne à peu près bisériée, multiflore, tubuliflore, féminiflore. Péricline double : l'extérieur beaucoup plus court, subhémisphérique ou turbiné, formé de squames subunisériées, à peu près égales, appliquées, persistantes, oblongues, plus larges que les squames du péricline intérieur, très-obtuses au sommet, coriaces-foliacées, uninervées, très-laineuses en dehors, glabres en dedans; le péricline intérieur à peu près égal à la fleur du disque, formé de squames plus nombreuses, inégales, paucisériées, irrégulièrement imbriquées, caduques, appliquées inférieurement, tantôt dressées, tantôt plus ou moins étalées supérieurement, plus étroites que celles du péricline extérieur, oblongues-lancéolées, aiguës au sommet, scarieuses, glabres sur les deux faces, munies sur les bords de quelques poils laineux, très-longs. Clinanthe petit, planiuscule, ordinairement muni de quelques poils laineux. *Fleur* (*unique*) *du disque* : Ovaire tantôt fertile, tantôt stérile, à peu près semblable, tant par lui-même que par son aigrette, à celui des fleurs de la couronne. Corolle (jaune) glabre, à tube court, à limbe peu distinct du tube, subcylindracé, terminé par cinq divisions courtes, demi-lancéolées, aiguës, portant quelques petites glandes sur leur face externe. Anthères presque incluses ou demi-exsertes, munies d'appendices apicilaires obtus, et d'appendices basilaires subulés. Style glabre, portant deux stigmatophores plus ou moins longs, inclus ou exserts, plus ou moins divergens, obtus ou aigus, munis de collecteurs piliformes. *Fleurs de la couronne :* Ovaire fertile, oblong, grêle, hispidule, muni d'un petit bourrelet basilaire; aigrette longue, composée de squamellules inégales, unisériées, filiformes, plus ou moins barbellulées, tantôt presque entièrement libres, tantôt entregreffées à la base. Corolle longue, très-grêle, tubuleuse, glabre, un peu dentée au sommet. Style à deux stigmatophores longs, très-grêles, exserts, divergens, glabres.

M. Labillardière a décrit et figuré, dans son bel ouvrage (pag. 43, tab. 43 et 44), deux espèces de *Monenteles*, qu'il a nommées *spicatus* et *sphacelatus*, et sur les échantillons desquelles nous avons observé les particularités suivantes.

Dans le *Monenteles sphacelatus*, les calathides sont rassemblées en capitules solitaires, globuleux, composés chacun de calathides nombreuses et sessiles; ces calathides sont oblongues; leur péricline extérieur est turbiné, formé de squames élargies et arrondies au sommet; l'intérieur est cylindracé, formé de squames dressées, blanchâtres; le clinanthe nous a semblé nu; la fleur du disque est mâle, son ovaire étant manifestement stérile, quoique presque semblable extérieurement aux ovaires de la couronne; celle-ci est composée d'environ quinze fleurs femelles et fertiles; les squamellules de l'aigrette sont entregreffées à la base.

Dans le *Monenteles spicatus*, les calathides sont sessiles, et rassemblées en capitules arrondis, à peu près comme dans l'autre espèce, mais ces capitules sont eux-mêmes rapprochés en épis terminaux; le péricline extérieur est subhémisphérique; l'intérieur est formé de squames presque roussâtres, plus ou moins étalées supérieurement; le clinanthe nous a paru garni de poils laineux; la fleur du disque est vraiment hermaphrodite, ayant l'ovaire fertile, aussi long et peut-être un peu plus fort que ceux de la couronne, hérissé de poils laineux très-longs; la couronne est composée d'environ vingt-cinq fleurs femelles et naturellement fertiles, mais dont plusieurs se trouvent quelquefois stériles accidentellement; les ovaires de toutes ces fleurs femelles n'ont que des poils courts; les squamellules de l'aigrette sont presque libres à la base.

Le genre *Monenteles* est caractérisé ainsi par son auteur: « Écailles extérieures de l'involucre nombreuses, presque « égales, laineuses; les intérieures lisses, colorées, scarieuses, « plus longues, dressées; réceptacle nu; un seul fleuron « central, tubuleux, hermaphrodite; les marginaux femelles, « nombreux, ordinairement stériles; aigrette pileuse. » M. Labillardière ajoute que ce genre doit être placé dans l'ordre naturel auprès de l'*Helichrysum*; qu'il est principalement fondé sur la forme de l'involucre, et sur l'unique fleuron central, hermaphrodite ou parfait; que ce dernier caractère est exprimé par le nom de *Monenteles*, qui signifie *un seul parfait*; que le nouveau genre ainsi nommé diffère du *Tessaria*, principalement par l'involucre et par le réceptacle; qu'enfin le *Gnaphalium redolens* de Forster, attribué par Willdenow au genre *Conyza*, se rapporte peut-être au *Monenteles*.

Ce genre *Monenteles* a manifestement la plus grande affinité, tant par le port que par les caractères, avec le genre *Chlænobolus*, que nous avons proposé dans ce Dictionnaire (tom. XLIX, pag. 337), à une époque où le *Monenteles* nous étoit inconnu, quoique déja publié dans un ouvrage fort remarquable, mais qui n'avoit point encore passé sous nos yeux. Au reste, malgré leur extrême analogie, ces deux genres ou sous-genres nous paroissent suffisamment distincts, 1.° par le disque formé d'une seule fleur dans le *Monenteles*, composé de plusieurs fleurs dans le *Chlænobolus*; 2.° par le péricline vraiment double dans le *Monenteles*, simplement imbriqué dans le *Chlænobolus*. (H. Cass.)

TESSARTHONIE MONILIFORME ; *Tessarthonia monili-forme*, N. (*Bot.*) Microsc., atlas de ce Dictionnaire, plantes vésiculinées , fig. 1. Parmi une foule de petits végétaux élémentaires, que l'on trouve dans ces croûtes vertes fixées aux surfaces des corps plongés dans les eaux douces et tranquilles, l'on en rencontre un dont l'organisation, très-simple, se compose de quatre globules verts développés bout à bout, et dans lesquels on ne distingue aucune granulation reproductrice. Ce végétal, entièrement dénué de mouvement, et constant dans le nombre *quatre* de ses articles, a pour dimensions une longueur d'un cinquantième de millimètre, et pour diamètre d'un des globules un deux-centième.

Le nom du genre dérive du grec τεσσάρες, *quatre*, et ἄρθρον, *article*. (Turp.)

TESSELGAH. (*Bot.*) Shaw, dans son ouvrage sur l'Afrique, cite sous ce nom arabe le *globularia alypum*, qui est aussi commun dans la Provence, et que Rauwolf a trouvé sur le mont Liban. (J.)

TESSELITE. (*Min.*) On sait combien il se présente de difficultés pour distinguer nettement les différens minéraux qui ont été réunis autrefois sous le nom de zéolithes, et subdivisés ensuite par Haüy en plusieurs espèces, sous les désignations de mésotype, de stilbite, d'apophyllite, etc. On a reconnu que ces divisions n'étoient pas suffisantes, et on les a encore subdivisées en nouvelles espèces et en sous-espèces; mais peut-être a-t-on été trop loin, et le minéral nommé Tesselite paroît être un exemple de cet abus de subdivisions. C'est le nom qu'on a donné à un minéral des iles Feroë. qui, aux yeux de beaucoup de minéralogistes, tels que MM. Haidinger, Berzelius, etc., ne diffère pas essentiellement de l'Apophyllite (voyez cet article, Suppl. du tome II. pag. 103, de ce Dictionnaire). En effet, les analyses faites par MM. Berzelius et Stromeyer sur des apophyllites venant d'Utoë en Suède, des iles Feroë et de Fassa en Tyrol, donnent des résultats sensiblement les mêmes. Comme elles n'étoient pas encore connues lorsqu'on a publié l'article Apophyllite, nous allons les rapporter ici.

	Silice.	Chaux.	Potasse.	Eau.	Acide fluorique.	
Apophyllite d'Utoë.........	52,13	24,71	5,27	16,20	0,82	Berzelius.
Apoph. des îles Feroë, dite *tesselite*...............	52,38	24,98	5,37	16,20	0,64	*Idem.*
Apoph. de Fassa...........	51,86	25,29	5,14	16,04	—	Stromeyer.
Apoph. de Karasral en Groënland...................	51,86	25,22	5,31	16,90	—	*Idem.*

C'est, suivant M. Berzelius, une combinaison de silicate de chaux, de silicate de potasse et d'eau, qu'il exprime ainsi :

$$KS^6 + 8CS^3 + 16Aq.$$

Le minéral nommé Tesselite par M. Brewster, et que MM. Berzelius, Haidinger, etc., considèrent comme une variété simplement locale d'apophyllite, paroît être le même que celui qu'on a trouvé à Aussig en Bohème, et qu'on a nommé aussi Albin. (B.)

TESSIN. (*Bot.*) Thunberg cite ce nom japonois de son *clematis florida*. (J.)

TESSIO. (*Bot.*) Nom japonois, cité par Kæmpfer, du *cycas circinalis*. (J.)

TESSON ou TAISSON. (*Mamm.*) Ancien nom françois du blaireau, de *taxus*, un des noms latins de ce carnassier. (Desm.)

TEST. (*Bot.*) Vulgairement peau de la graine. Voyez Lorique. (Mass.)

TEST, *Testa*. (*Conchyl.*) Dénomination sous laquelle les auteurs latins, anciens et modernes, ont compris la partie de l'enveloppe des malacozoaires à laquelle nous donnons généralement le nom de coquille, d'où celui de testacés, *testacea*, sousentendu animaux, *animalia*, pour les animaux qui en sont pourvus. Il paroît cependant que le mot *testa*, étant défini d'après la dureté, la solidité, et même le mode de rupture de l'enveloppe crétacée, recevoit une application moins restreinte que celle que nous lui donnons aujourd'hui. Ainsi les oursins étoient rangés parmi les testacés. Voyez Conchyliologie. (De B.)

TESTA. (*Ornith.*) Nom générique des mésanges en Piémont, où la *testa nera* est la mésange charbonnière. (Cʜ. **D.**)

TESTA COURBÉ. (*Ornith.*) Nom que porte à Madagascar le moucherolle noir de l'île de Luçon, *muscicapa luzoniensis*, Gmel. Voyez dans ce Dictionnaire le mot Moucherolle, tome XXXIII, page 99. (Cʜ. **D.**)

TESTACELLE, *Testacella.* (*Malacoz.*) Genre d'animaux mollusques, de la famille des limacinés, ordre des pulmobranches, établi par Faure Biguet et adopté par tous les zoologistes modernes pour une espèce de limaciné du midi de la France, qui est pourvue d'une très-petite coquille extérieure ; ce qui lui a valu son nom. Les caractères de ce genre sont les suivans : Corps ellipsoïde, alongé, gastéropode, le pied non distinct, couvert dans toute son étendue par un derme épais, si ce n'est à sa partie postérieure, où il est protégé par une très-petite coquille extérieure, auriforme, très-déprimée, à sommet incliné en arrière, non spiré, à ouverture ovale, fort grande, ayant le bord gauche tranchant et un peu roulé en dedans, surtout à son origine ; l'orifice pulmonaire arrondi, tout-à-fait postérieur et situé au côté droit, près le sommet de la coquille ; l'anus tout près de cet orifice. Tous les autres caractères extérieurs sont comme dans les limacinés : aussi y a-t-il quatre tentacules complétement intractiles, dont les deux postérieurs, plus grands, portent les yeux au sommet, et les organes de la génération se terminent par un seul orifice, situé à la racine du grand tentacule du côté droit.

La forme des testacelles est réellement tout-à-fait celle des limacinés, avec la différence, que le bouclier est très petit, très-reculé en arrière, et recouvert par une très-petite coquille. On remarque aussi, tout le long du dos, deux sillons qui vont de la racine des tentacules à la coquille et qui n'existent pas dans les limaces. D'après M. de Férussac, la partie de l'enveloppe dermoïde ou le manteau qui tapisse la coquille, est extrêmement extensible.

L'organisation intérieure des testacelles est presque en tout semblable à celle des limaces, avec les seules différences nécessitées par la position beaucoup plus reculée de la cavité pneumobranchiale ou pulmonaire ; ainsi la structure des

53.   16

appareils sensitif et locomoteur est absolument la même.
L'orifice buccal est entre deux petites lèvres verticales,
entre lesquelles sort une petite trompe cylindrique. La
masse buccale, également cylindrique, est tirée en arrière
par un énorme muscle rétracteur, prolongé dans toute la
longueur de la face ventrale, et qui se termine par un grand
nombre de languettes a la face dorsale ; une seule va jusqu'au-
dessous de la coquille. L'œsophage, accompagné de deux
glandes salivaires assez petites et arrondies, se change bientôt en un estomac membraneux, qui reçoit la bile à peu de
distance du pylore de deux canaux hépatiques, provenant
d'autant de lobes principaux du foie. Le reste du canal intestinal est d'un calibre assez gros proportionnellement, et se
termine après quelques circonvolutions à l'anus, dont nous
avons vu plus haut la position.

L'appareil de la respiration consiste, comme dans les limaces,
en une cavité tapissée de vaisseaux ; mais elle est beaucoup
plus reculée et occupe le quart postérieur du dos. La communication avec l'air extérieur se fait par un orifice arrondi, situé sous le bord postérieur de la coquille.

Le cœur a suivi la position reculée de la cavité pulmonaire ;
du reste il est, comme à l'ordinaire, situé sur la gauche. Il
sort de son ventricule deux troncs principaux, l'un qui se
perd de suite dans le lobe hépatique gauche, et l'autre, antérieur, plus considérable, qui fournit des ramifications au
lobe hépatique droit, suit l'œsophage et se distribue à toutes
les parties antérieures, viscérales et cutanées.

L'appareil de la génération offre encore moins de différences que les précédens. L'ovaire est enveloppé dans la masse
hépatique gauche : le testicule, ovale, est aussi à gauche entre
l'œsophage et l'estomac ; la seconde partie de l'oviducte est
considérable, à parois épaisses et ridées en travers. Il y a une
vessie dont le canal excréteur se termine tout près de l'orifice
de l'oviducte. La verge, placée en dessous, a deux muscles
rétracteurs, dont l'un prend son origine au dos sous la coquille, et l'autre tout près de l'orifice commun de l'appareil
générateur. Il n'y a pas de cœcums, pas plus que dans les
limaces.

Le cerveau est placé en travers sur l'œsophage, entre les

nerfs des tentacules des yeux, et communique par deux
filets avec le ganglion viscéral placé sous l'estomac.

Les mœurs et les habitudes des testacelles diffèrent sensiblement de celles des limaces, sinon dans les actes de sensibilité et de locomotion, du moins dans l'espèce de la nourriture et même dans le séjour habituel. En effet, elles vivent
presque constamment sous terre, n'en sortant, dit-on,
que très-rarement, et elles se nourrissent, non pas de substances végétales, mais de lombrics; elles sont donc essentiellement carnassières : c'est même pour la recherche de ces
animaux qu'elles s'enfoncent habituellement dans la terre,
quelquefois à plus de trois pieds de profondeur. D'après les
observations de Faure Biguet, elles les avalent en en faisant
entrer l'extrémité antérieure la première, et ainsi successivement jusqu'à la fin, à mesure que la digestion s'est opérée.
Les œufs des testacelles sont fort gros, beaucoup plus, proportionnellement, que ceux des limaces, et recouverts d'une
peau dure, grenue, de manière à ressembler un peu à ceux
des oiseaux. Ils ne sont qu'au nombre de six à sept.

Dans les temps de sécheresse, il paroit qu'elles ont la faculté d'étendre le petit manteau qui double la coquille et de
s'envelopper presque entièrement dedans, c'est du moins
ce que dit M. de Férussac, et ce qui nous paroit cependant
assez difficile à concevoir; car ce manteau est bien mince.
Je doute aussi beaucoup que ces petites limaces puissent
vivre habituellement dans la terre pour y chercher des lombrics quelquefois à plus de trois pieds. Comment pour-
roient-elles s'y enfoncer ? N'est-il pas plus probable qu'elles
vivent sous les pierres, comme le dit Maugé, et que là elles
attendent que les vers sortent, pour s'en emparer. Si on les
a trouvées quelquefois très-avant en terre, n'étoit-ce pas
dans l'hivernation ?

On ne connoit encore qu'une espèce de testacelle qui habite les parties méridionales de la France, bien certainement
l'Espagne, et même les iles du cap Vert. M. de Roissy en a
établi quelques autres, mais d'après les figures de Favannes,
qui avoit désigné ces animaux sous le nom de limaces à coquilles.

La Testacelle ormier : *T. haliotidea*, Faure Biguet, Bullet.

de la soc. philom., n.° 61. Germinal an X, pl. 5, fig. *A*, *B*, *C*, *D*. Corps assez petit, ovale dans sa contraction, presque linéaire dans sa plus grande extension, d'un roux plus ou moins pâle et sans taches, ou grisâtre avec des taches d'un gris plus foncé. Coquille blanche, transparente, avec des stries d'accroissement bien marquées.

C'est de cette espèce que M. Cuvier a fait l'anatomie dans les Annales du Muséum, tome 5, page 440, pl. 29, fig. 6 et 7.

C'est celle que M. de Roissy a nommée *T. europœa*, Buff., His. nat., tome 5, page 252, n.° 1.

Il nomme au contraire *T. haliotides*, l'espèce qui vit à Ténériffe sous les pierres, d'après Maugé, bouchant le trou par où elle est entrée avec sa coquille, et ne sortant que la nuit pour aller chercher sa nourriture. Il cite pour la figure, Favannes, Zoomorphose, pl. 76, fig. *A* 1 et *A* 2.

Enfin le même auteur fait une troisième espèce, sous le nom de *T. cornœa*, de celle qui est figurée par le même Favannes, *ibid.*, fig. *B* 1, et une quatrième sous le nom de *T. costata.*

Mais ces différentes espèces n'ont pas été admises. (De B.)

TESTACÉS, *Testacea.* (*Malacoz.*) Dénomination par laquelle tous les auteurs anciens et la plupart des modernes qui ont écrit en latin, et surtout tous ceux qui ont suivi le système de Linné, dans quelque langue qu'ils aient écrit, ont compris les animaux mollusques qui sont revêtus d'une coquille, d'un têt, *testa.* Plusieurs personnes l'emploient même encore aujourd'hui, plus, il est vrai, à l'étranger qu'en France, où le principe de la séparation des malacozoaires en mollusques proprement dits ou mollusques nus et en mollusques testacés, en deux classes distinctes, d'après l'absence ou la présence d'une enveloppe crétacée, n'est généralement plus admis depuis les observations de Pallas, admises par MM. Cuvier et de Lamarck. Ce qu'il y a de remarquable dans le système de Linné, c'est que son ordre des *vermes testacea* est beaucoup meilleur, beaucoup plus naturel que celui des *vermes mollusca.* En effet, défini : *mollusca simplicia*, *obtecta*, *testa calcarea*, c'est-à-dire, parfaitement, il ne contient d'hétéroclite que les genres Serpule et Sabelle. Voyez Mollusques, où le système de Linné a été analysé et où l'on a fait l'histoire des perfectionnemens successifs dans la distribution méthodique des animaux du type des mollusques. (De B.)

TESTACITES. (*Foss.*) Nom employé par les anciens oryctographes pour désigner les coquilles fossiles en général. (Desm.)

TESTAR. (*Ichthyol.*) Nom spécifique du Gobiésoce. Voyez ce mot. (H. C.)

TESTICULE. (*Conchyl.*) Nom marchand d'une espèce de buccin de Linné, *B. testiculus*, et qui maintenant fait partie du genre Casque.

On le donne aussi quelquefois à la *nerita glaucina*, Linné, maintenant du genre Natice. (De B.)

TESTICULE DE CHIEN. (*Bot.*) Nom vulgaire de l'orchis mâle. (L. D.)

TESTICULES, *Testes*. (*Physiol. génér., Anat. comp.*) On appelle ainsi les organes qui, dans les animaux, sont destinés à la Sécrétion du sperme (voyez ce mot), et qui varient d'une manière notable dans chacun des ordres où on les examine.

Chez l'homme, ainsi que dans la plupart des mammifères, ces organes, véritables glandes, sont renfermés dans un appendice des tégumens, nommé *scrotum*, sorte de poche partagée en deux moitiés par une cloison intérieure, et nommée vulgairement les *bourses*.

Fixée supérieurement au bassin et libre dans tout autre sens, cette poche, lâche et alongée chez les hommes foibles et chez les vieillards, séparée de l'anus par le *périnée*, est assez habituellement plus élevée du côté droit que du côté gauche, et resserrée et contractée sur les testicules dans les hommes forts et vigoureux. Elle n'est, à proprement parler, autre chose qu'un prolongement de la peau de la partie interne des cuisses, du périnée et de la verge. Sa couleur, brunâtre, est constamment plus foncée que celle du reste des tégumens. De nombreuses rugosités la sillonnent, et la grande quantité de follicules sébacés qu'elle contient dans son épaisseur, explique suffisamment sa souplesse. Des poils contournés, assez longs, peu abondans, implantés obliquement, s'en élèvent, chez l'adulte, et présentent des bulbes saillans, en même temps qu'une crête médiane, rugueuse, appelée *raphé*, la partage en deux moitiés latérales depuis l'extrémité antérieure de l'anus jusqu'à la racine de la verge.

Le chorion qui concourt à la formation de cette enveloppe, est très-mince, et laisse parfaitement apercevoir les vaisseaux qui rampent au-dessous de lui, à la surface de deux membranes cellulo-filamenteuses, éminemment vasculaires, absolument dépourvues de graisse, d'une teinte rougeàtre, réfléchies sur elles-mêmes de bas en haut, s'adossant en formant une cloison qui sépare les deux testicules l'un de l'autre et vient se terminer à la partie inférieure de l'urèthre.

Ces deux membranes ont été nommées *dartos* par les anatomistes, qui quelquefois ont voulu les regarder comme des muscles, quoique jamais on n'y rencontre aucune apparence de fibres charnues.

Plus profondément, un muscle très-mince, nommé *crémaster*, enveloppe les testicules, sous la dénomination de *tunique érythroïde*. Il soutient ces organes et peut même leur imprimer de légers mouvemens pendant l'acte de la copulation.

En pénétrant davantage dans l'intérieur des parties, on rencontre une sorte de petit sac alongé, mince, à parois transparentes, peu résistantes, placé dans chacun des dartos, large inférieurement, pour contenir le testicule et l'épididyme tout à la fois, et remontant, sous l'apparence d'une gaîne étroite, autour du cordon spermatique.

Au-delà, encore, existe le *perididyme*, membrane séreuse qui forme un sac sans ouverture qui se réfléchit sur le testicule, sans cependant le contenir dans sa cavité. Presque aussi mince que l'arachnoïde, la membrane qui le constitue se continue manifestement avec le péritoine chez les très-jeunes sujets.

Quant aux testicules eux-mêmes, leur nombre paroit en général invariable; il n'y a point, par la dissection, d'exemple bien avéré de l'existence de trois ou quatre de ces organes chez un même sujet; et il est probable que, lorsqu'on n'en a rencontré qu'un seul, l'autre étoit encore renfermé dans l'abdomen.

Leur volume, chez l'adulte, est assez connu de tout le monde: souvent l'un d'eux est plus volumineux que l'autre, et, assez constamment, le droit est plus élevé que le gauche. Leur forme est celle d'un ovoïde comprimé de droite à gauche ; leur consistance et leur pesanteur sont assez consi-dérables chez les adultes, mais beaucoup moins marquées que chez eux dans les enfans et les vieillards.

Une membrane fibreuse , nommée *membrane albuginée* ou *périteste*, les revêt immédiatement. Elle est d'un blanc opaque, assez analogue à la sclérotique de l'œil , quoique moins épaisse qu'elle, d'un tissu serré , fort et très-résistant.

En dedans de celle-ci, encore, le long du bord supérieur du testicule, est une saillie oblongue, un peu plus large en haut qu'en bas : c'est ce qu'on appelle ordinairement le *corps d'Hyghmor*, du nom d'un anatomiste qui l'a fait connoître avec soin.

Le parenchyme des testicules de l'homme, très-mou , se présente, au premier aspect, sous l'apparence d'une sorte de pulpe jaunâtre ou grise, marbrée de rougeâtre et traversée par de petites cloisons très-minces, qui naissent de la face interne de la tunique albuginée, et qui semblent partager cette substance en lobes et lobules.

Mais, examiné avec attention , le parenchyme du testi-cule paroît être formé d'une immense quantité de filamens très-ténus, très-flexueux, entrelacés et repliés en tous sens et lâchement unis les uns aux autres. Leur résistance est assez grande par rapport à leur ténuité, qui est excessive, puis-que, d'après Monro , ils ne doivent point avoir plus d'un deux-centième de pouce de diamètre. Quoiqu'ils ne se ra-mifient point, leur nombre est considérable et peut s'élever à 62,500, tandis que leur longueur totale doit être évaluée à 20,208 pieds.

Ces filamens sont les *vaisseaux* ou *conduits séminifères*, dont on n'a point encore pu démontrer la cavité au moyen des injections. Ce qu'on sait de plus positif à leur égard , c'est que, de distance en distance, ils présentent de petits renfle-mens, que les uns ont pris pour des granulations glandu-leuses, et les autres pour de simples replis, et qu'ils se diri-gent tous vers le bord supérieur du testicule.

Avant d'y arriver, ils se réunissent plusieurs ensemble pour former des troncs plus considérables, dans lesquels on peut faire passer du mercure par l'épididyme, et qui, au nombre de dix, douze, vingt et même trente. traversent le corps d'Hyghmor, se dilatent légèrement et s'abouchent pour donner naissance au conduit qui forme l'*épididyme.*

Celui-ci est un petit corps oblong, vermiforme, renflé à ses extrémités, mince dans sa partie moyenne et couché le long du bord supérieur du testicule. D'une couleur grisâtre, il offre sur sa surface plusieurs saillies onduleuses, et n'est véritablement rien autre chose qu'un conduit très-grêle, replié une infinité de fois sur lui-même, à parois fort épaisses par rapport à son calibre, et d'une longueur considérable, puisque Monro l'estime à trente-deux pieds.

Après avoir constitué l'épididyme par ses nombreux replis et par les brides celluleuses qui les unissent entre eux, ce conduit, sous le nom de *canal déférent,* remonte, en décrivant plusieurs flexuosités, derrière le testicule, s'engage dans le cordon des vaisseaux spermatiques, entre dans l'abdomen par l'anneau inguinal, passe derrière la vessie, s'aplatit, communique avec les Vésicules séminales (voyez ces mots) et se continue avec le *conduit éjaculateur,* qui s'ouvre dans l'urèthre. (Voyez Verge.)

Les quadrumanes, les solipèdes, les lièvres, les kanguroos, les phascolomes, les gerboises et la plupart des carnivores et des ruminans, ont leurs testicules suspendus dans un scrotum analogue à celui de l'homme.

Ceux des pachydermes et des civettes sont serrés sous la peau du périnée, tandis qu'ils sont cachés sous celle de l'aîne dans les chameaux et les loutres.

Ceux des chéiroptères, des taupes, des musaraignes, des hérissons, des rats, des castors, des porc-épics, des écureuils, sont habituellement renfermés dans l'abdomen, mais ils en sortent à la saison des amours, pour se glisser dans l'un ou l'autre de ces deux endroits, c'est-à-dire, dans l'aîne ou sous le périnée.

Chez l'éléphant, le daman, les monotrèmes et les cétacés, ils ne sortent jamais du bas-ventre, où ils sont placés à côté des reins et maintenus en place par un repli du péritoine.

Le crémaster existe, chez les mammifères, toutes les fois que les testicules peuvent paroître au dehors, et il est d'autant plus fort que ces organes sont eux-mêmes et plus libres et plus pesans.

La figure de ceux-ci varie peu, et généralement ils sont ovoïdes chez les mammifères, comme dans notre espèce.

Cependant l'éléphant, le blaireau, le raton, les ont globuleux.

Ceux des amphibies et des cétacés sont extrêmement alongés.

Généralement leur volume augmente au temps du rut, ce qui est surtout remarquable chez la taupe et les rongeurs, où leur grosseur surpasse celle des reins.

Leur structure est, au fond, toujours la même que chez l'homme; mais quelquefois, comme chez les babouins, les sangliers, les rhinocéros, la plupart des gros carnassiers, les conduits séminifères sont rassemblés en gros faisceaux, comparables à ceux d'un muscle et dirigés tous dans le même sens; tandis que, dans les rats, ces mêmes conduits sont de gros tuyaux parallèles et facilement séparables les uns des autres, et que dans le belier ils serpentent et se replient sur eux-mêmes.

L'épididyme est très-grand dans les rongeurs, et surtout dans l'échidné, où il se prolonge au-delà du testicule. Dans la plupart des premiers il est libre et ne tient à celui-ci que par deux minces cordons.

Les conduits déférens ont des parois minces et foibles chez les animaux dont les testicules sont toujours cachés dans le ventre. Les fourmiliers, l'éléphant, le dauphin, le marsouin, sont surtout remarquables sous ce rapport. Leur marche est alors, d'ailleurs, extrêmement flexueuse. (Voyez VÉSICULES SÉMINALES.)

Dans le blaireau ils s'ouvrent dans l'urèthre par un orifice commun.

Chez les oiseaux, les testicules demeurent constamment dans l'abdomen, en arrière des poumons et sous les reins. Il n'existe donc chez eux aucune trace de scrotum.

Le volume de ces organes varie beaucoup ici suivant les espèces, et augmente considérablement dans la saison des amours. Leur forme est ovoïde; les conduits qui les composent, paroissent extrêmement fins, et sont moins gros et moins distincts que dans les mammifères.

L'épididyme, dans cette classe d'animaux, ne forme un corps distinct que chez l'autruche, dont les canaux déférens sont d'ailleurs fort peu sinueux, tandis que chez les autres oiseaux il est flexueux dans toute son étendue.

Les chéloniens, les sauriens et les ophidiens, ont des testicules assez analogues à ceux des oiseaux.

Dans les salamandres ils sont partagés en deux corps sphériques.

Dans les grenouilles et les crapauds ils ne paroissent être qu'une agglomération de petits grains blanchâtres, entrelacés de vaisseaux sanguins, pendant que, chez les tortues, leur substance présente de gros faisceaux dirigés en divers sens.

Pour ce qui concerne les testicules des poissons, nous prions le lecteur d'en chercher la description aux articles CARTILAGINEUX, LAITANCE, RAIE, REPRODUCTION DES POISSONS.

On trouvera également des détails sur les testicules des animaux invertébrés, aux articles INSECTES, MALACOSTRACÉS, MOLLUSQUES, ZOOPHYTES, etc. (H. C.)

TESTICULUS. (*Bot.*) Plusieurs anciens ont donné ce nom latin à quelques orchis dont la racine est composée de deux tubercules rapprochés. (J.)

TESTO ROUSSO. (*Ornith.*) On désigne en Provence par cette dénomination la femelle de la fauvette à tête noire, *motacilla atricapilla*, Linn. (CH. D.)

TESTRIS. (*Ornith.*) Illiger a employé ce nom pour désigner le genre dans lequel il place les stercoraires. (DESM.)

TESTUDO. (*Erpét.*) Nom latin des tortues. (H. C.)

TÊT. (*Conchyl.*) Voyez TEST. (DESM.)

TETA-LÉBRÉ. (*Bot.*) Nom languedocien du *lychnis flos cuculi*, cité par Gouan. (J.)

TÉTANOCÈRE, *Tetanocera*. (*Entom.*) Nous avons désigné par ce nom, dans la Zoologie analytique, un genre d'insectes diptères, qui comprend une division des mouches de Linnæus et que nous avons rapportée à la famille des latérisètes ou chétoloxes, c'est-à-dire, que ce sont des mouches à deux ailes nues, dont la bouche consiste en une trompe charnue, rétractile dans une cavité du front, sans suçoir corné, et dont les antennes sont munies d'un poil isolé, latéral.

Mais le caractère principal ou essentiel du genre, et tel que l'indique l'étymologie du mot *tétanocère*, de τέτανος, *dressée*, *roide*, et de κεϱας, *corne*, *antenne*, c'est qu'en effet l'insecte porte des antennes dirigées en avant, souvent comprimées, dont l'article intermédiaire est plus long, dont le dernier est terminé en fer d'alène, et qui de plus offre une tête grosse, hémisphérique, tronquée en arrière, avec une bouche comme renflée ou vésiculeuse.

Ce genre a été adopté sous le même nom par quelques entomologistes, soit en totalité, soit en partie comme l'a fait M. Latreille. Fabricius le désigne sous celui de *scatophagus* (voyez Scatophage), quoiqu'il range quelques espèces dans les genres *Lorocera*, *Lauxania* et *Oscinis*.

Nous avons fait figurer l'une des espèces dans l'atlas de ce Dictionnaire, pl. 49, fig. 5, et de plus la tête vue de profil, fig. 5 *a*, afin de donner une idée de la disposition des antennes.

Les principales espèces de ce genre sont les suivantes :

1. La Tétanocère réticulée, *Tetanocera reticulata*.

C'est celle que nous avons fait figurer.

Car. Fauve, à poils cendrés; ailes fuligineuses, à réseau plus foncé; bord externe plus opaque: tête tachetée de noir.

On la trouve sur les fleurs dans les bois, principalement sur celles des ombellifères.

2. La Tétanocère stictique, *T. stictica*.

Car. Cendrée; ailes brunes, avec des points noirs nombreux, dont un plus marqué, avec un trait transversal au milieu de l'aile.

5. La Tétanocère lobée, *T. lobata*.

Car. Cendrée; ailes d'un jaune brun, avec une bande ondulée, transparente; front vésiculeux, élevé.

4. La Tétanocère de l'ortie, *T. urticæ*.

Car. Noire, à ailes transparentes, avec trois bandes brunes en travers et un point à l'extrémité.

5. La Tétanocère cylindricorne, *T. cylindricornis*.

Car. Noire, à corps velu; ailes jaunâtres, ainsi que les tarses.

C'est le type du genre Lauxanie. (C. D.)

TETANOSIA. (*Bot.*) Richard, dans ses Manuscrits, substituoit ce nom à celui de l'*heymassoli* d'Aublet, que nous avons réuni au *ximenia*. (J.)

TÉTAPOUA. (*Ornith.*) Les habitans de l'ile de Ro-
touma, dans la mer du Sud, nomment ainsi la poule ordinaire, qui y est très-commune et qu'ils ne mangent point.
(Lesson.)

TÉTARD. (*Erpét.*) On nomme ainsi le petit des reptiles
batraciens depuis le moment où il sort de l'œuf jusqu'à celui
où, à la suite de diverses métamorphoses, il passe à l'état
adulte, sans conserver ni sa forme, ni sa structure, ni même
sa manière de vivre.

En examinant les diverses périodes de son évolution dans
les œufs de grenouilles, ceux de tous les œufs des reptiles qui
ont été le plus soigneusement étudiés sous le rapport du développement des germes, on voit que, durant les trois ou
quatre jours qui suivent la fécondation, celui-ci est formé d'un
amas réniforme de petites granulations. Vers le milieu du
quatrième jour ces petits grains se confondent les uns avec
les autres; l'embryon devient distinct; enveloppé par une
membrane, il est, par un étranglement, divisé en deux parties dont l'une comprend la tête et le thorax, et l'autre l'abdomen et la queue. Il est plongé au sein d'un liquide que
Swammerdam a comparé au fluide de l'amnios.

Alors aussi, selon le même observateur, on aperçoit dans
les œufs dont il s'agit, une allantoïde, un chorion, un amnios et des vaisseaux ombilicaux.

Pendant le cinquième jour l'embryon grossit un peu, et,
vers le soir du sixième, on voit, outre la tête, le thorax,
l'abdomen et la queue, une branchie apparoitre de chaque
côté du cou et servir au petit animal pour respirer, pour
nager dans la glaire et pour s'y reposer.

Dans le courant du septième et au commencement du huitième jour, les fœtus quittent successivement la glaire albu-
mineuse du frai, et, à dater de ce moment jusqu'au treizième
jour, ils n'offrent aucun changement dans la forme et augmentent simplement de volume.

En sortant de l'œuf, le petit batracien est aveugle et sans
pattes; il a une queue, même dans les diverses espèces anoures
de crapauds et de grenouilles; il respire par des branchies;
il a un ventre très-gros et globuleux; ses intestins sont excessivement longs : il se nourrit uniquement de matières végé-

tales, à l'exception pourtant du têtard du crapaud accoucheur. suivant M. Duméril.

C'est dans cet état qu'on le nomme *têtard*, expression vulgairement adoptée à cause du volume de la partie antérieure de son corps.

Il vit alors dans l'eau d'une manière obligée.

Mais bientôt il change de peau ; ses yeux se montrent ; ses deux pattes de derrière, d'abord, puis celles de devant, apparoissent sur les côtés du tronc, et, enfin, la chute de la queue est bientôt suivie de celle des branchies, en même temps que le canal digestif perd beaucoup de ses dimensions.

Alors l'animal respire l'air et acquiert la forme qu'il doit conserver toute sa vie.

Dans l'œuf de la salamandre le têtard, courbé sur lui-même et enveloppé par une membrane vitelline, est libre et dépourvu de cordon ombilical.

La moelle épinière de cet embryon est divisée et composée de deux cordons nerveux, au devant desquels est un très-petit vaisseau dilaté à une de ses extrémités, et qu'on pourroit croire représenter et le cœur et l'aorte tout à la fois. On trouve donc ici, comme l'a noté M. Roth, quelque rapprochement à établir entre cette disposition et celle du système nerveux chez les annélides.

Les membres apparoissent d'abord sous la figure de papilles.

Sous le rapport de l'appareil hyoïdien, l'examen du têtard de la grenouille est d'une haute importance en anatomie comparative, puisque, comme le démontre M. G. Cuvier, il nous conduit à savoir ce qu'est véritablement l'os hyoïde des poissons, et cela en raison de ce que, après avoir dans son premier état respiré à la manière de ceux-ci, la grenouille éprouve de telles modifications d'organisation, que son appareil branchial devient, par degrés et à vue d'œil, un os hyoïde véritable.

Une telle métamorphose bien connue a de hauts résultats pour les théories ostéologiques; aussi a-t-elle fixé d'une manière toute particulière l'attention de M. Cuvier, de M. Geoffroy Saint-Hilaire et de quelques autres anatomistes, parmi lesquels nous ne saurions pourtant comprendre M. Steinheim, qui, dans un écrit *ex professo* sur le développement des grenouilles, imprimé à Hambourg en 1820, ni M. Van Hasselt, qui, dans une dissertation latine, imprimée à Gröningen la même année et sur le même sujet, n'ont fait aucune mention des changemens qui s'opèrent dans les cartilages branchiaux.

Lorsque, dit M. Cuvier, on prend le têtard au moment où ses branchies sont en pleine activité et où ses poumons sont encore réduits à un tissu noirâtre qui n'a point pris l'air, les rangées de dents attachées à ses lèvres et les lames cornées qui revêtent ses mâchoires servent seules à la mastication. Ses mâchoires, à peine cartilagineuses, ont pris très-peu de développement ; ses os tympaniques, au contraire, en ont un fort grand ; c'est à eux qu'est suspendu l'appareil branchial, de chaque côté, par une branche assez grosse, anguleuse et qui représente celle qui, dans les poissons, composée de trois os, suspend tout l'appareil branchial à l'os que notre savant anatomiste croit l'analogue du temporal et qui porte les rayons branchiostèges.

Entre ces deux branches est une pièce impaire qui répond à la chaîne d'osselets impairs placés dans la plupart des poissons entre les deux premiers arcs branchiaux.

A sa pointe postérieure s'attachent latéralement deux petites pièces rhomboïdales, au bord externe desquelles sont suspendus les arceaux qui soutiennent les branchies. Ces deux pièces représentent les osselets pairs qui terminent la chaîne dont il vient d'être question, et qui, dans beaucoup de poissons, portent les deux derniers arcs branchiaux.

Si ensuite l'on prend des têtards de plus en plus âgés, on voit les branches qui supportent l'appareil devenir de plus en plus longues, de plus en plus grêles, et finir par se changer en ces deux longs filets cartilagineux qui attachent l'hyoïde au crâne, un peu au-dessous de la fenêtre ovale. L'angle que leur extrémité antérieure formoit en avant, devient un petit crochet de ce filet.

En même temps la pièce impaire et les deux pièces rhomboïdales se soudent, s'étendent, s'amincissent, perdent petit à petit les arcs branchiaux qui s'y attachoient et qui sont résorbés, deviennent enfin un grand disque ou bouclier, dont les angles antérieurs s'élargissent en fer de hache, dont les postérieurs portent souvent encore, dans une échancrure qui les divise, la trace des arcs branchiaux qui en partoient, dont le bord postérieur, enfin, porte deux cornes osseuses qui se sont formées dans les angles postérieurs des pièces paires, et qui pourroient bien correspondre aux os pharyngiens inférieurs des poissons. Voyez ANOURES, BATRACIENS, CRAPAUD, GRENOUILLE, PIPA, SALAMANDRE, TRITON, URODÈLES. (H. C.)

TÈTARD. (*Ichthyol.*) Nom spécifique d'un HOLOCENTRE, décrit dans ce Dictionnaire, tom. XXI, p. 298.

C'est aussi un synonyme de CHEVANE et de CABOCHE. Voyez ces mots et COTTE. (H. C.)

TÈTARD. (*Mamm.*) Nom employé par Vicq-d'Azyr pour désigner une espèce de mammifère mal déterminée, et que Gmelin a comprise dans son édition du *Systema naturæ* sous la dénomination d'*erinaceus inauris.* (DESM.)

TÉTARTIN. (*Min.*) On a d'abord donné au felspath à base de soude le nom d'*albite.* Ce nom ayant été assez justement et assez généralement critiqué, on a proposé d'y substituer celui de *cléavelandite*, qu'on paroit disposé à adopter. Or le nom de *tétartin*, donné par M. Breithaupt, n'est qu'une nouvelle dénomination de cette espèce du genre des Felspaths.

Observations sur le genre des FELSPATHS.

Depuis que l'article du FELSPATH a été publié dans le XVI.ᵉ volume de ce Dictionnaire, il y a huit ans, les minéralogistes, et surtout ceux des écoles de Berzelius et de Freyberg, ont profondément étudié cette pierre, et ont reconnu qu'on devoit la regarder comme un genre susceptible d'être divisé en un certain nombre d'espèces, assez bien caractérisées par leurs propriétés géométriques et physiques, et par leur composition.

. C'est d'abord à M. Weiss qu'on a dû en quelque sorte l'avertissement que le felspath, tel qu'Haüy l'avoit déterminé et caractérisé, n'étoit pas encore bien connu, et qu'il restoit beaucoup d'incertitude sur sa véritable spécification cristallographique.

M. Gustave Rose est le premier qui, par le savant travail chimique et cristallographique qu'il a publié sur les felspaths, ait prouvé ce qu'on ne faisoit que soupçonner, c'est-à-dire. qu'il y avoit en effet plusieurs espèces de felspath, et il en a établi quatre sous les noms de *felspath*, d'*albite*, d'*anorthite* et de *labrador*.

MM. Mohs, Haidinger, Breithaupt, Hessel ont repris ce sujet, et, tant par de nouvelles observations que par le rapprochement de celles qu'avoient faites leurs devanciers, ils ont considérablement développé l'histoire du felspath, ont réuni dans cette espèce de famille des minéraux qu'on regardoit comme lui étant étrangers, tels que la pétalite, l'indianite, etc., et ont porté jusqu'à six le nombre des espèces qu'ils ont cru pouvoir établir dans le genre du Felspath.

Le Tétartin est une de ces espèces, et comme ce sera la dernière dans l'ordre alphabétique, il m'a semblé à propos de présenter à cette occasion le tableau complet des espèces de felspath, tel qu'on peut le faire maintenant d'après les travaux des minéralogistes que je viens de citer. On ne fera entrer dans ce tableau que les faits qu'il est nécessaire de connoître pour apprendre à distinguer les divers felspaths.

L'ancien felspath ou le felspath d'Haüy est donc partagé dans l'état actuel de la science en six espèces, et parmi les noms déjà trop nombreux qu'on leur a donné, nous adopterons les suivans pour les désigner.

Ces six espèces sont :

L'orthose, la *cléavelandite*, le *périklin*, l'*anorthite*, le *labrador* et l'*oligoklase*.

On propose d'y joindre la *pétalite* et l'*indianite*.

Nous allons faire connoître premièrement les caractères communs à ces espèces, ceux qui les ont fait réunir en un groupe ou en un genre; secondement la synonymie, les caractères géométrique, physique et chimique de ces espèces. Nous serons très-efficacement aidés dans ce travail général par les recherches de M. Gustave Rose, et par les travaux également généraux de M. Hessel et de M. Breithaupt.

Le FELSPATH forme un genre ou une famille de minéraux qui présentent dans leur forme primitive, dans leur pesanteur spécifique, dans leur composition. et par conséquent dans leurs propriétés chimiques, des caractères non pas exactement les mêmes, mais qui ont entre eux la plus grande analogie.

Leur forme primitive ou fondamentale, qu'Haüy a regardée comme un parallélipipède obliquangle, seroit, d'après MM. Weiss, Levy, etc., un prisme oblique à base rhombe, dans lequel l'incidence de P sur M varieroit entre 85^d,3o et 9o^d, avec trois clivages qui ne sont jamais également éclatans. Le clivage parallèle à P est toujours le plus facile.

Les felspaths sont très-souvent hémitropes, et cette sorte d'habitude peut rendre la mesure des angles plus certaine en doublant les valeurs les plus voisines : ainsi l'angle de 9^d devient de 186, celui de 87 arrive à 174, etc.; les stries sur P et M indiquent la manière dont les individus se sont pénétrés. (Hessel.)

Leur pesanteur spécifique varie entre 2,51 et 2,76.

Leur composition peut être exprimée généralement par la

$$\text{formule chimique } 3AS^3 + \left.\begin{matrix} K \\ N \\ C \\ L \end{matrix}\right\} S^3$$

La silice et l'alumine semblent être les principes jouant le rôle d'acide, qui ne sont point remplacés par d'autres corps. Les bases sont : la potasse, la soude, la chaux, même la magnésie, se remplaçant en tout ou en partie, auxquelles il faut ajouter le lithium, si on regarde la pétalite comme faisant partie de la famille du felspath.

Les propriétés chimiques des felspaths résultent de cette composition, et peuvent servir à indiquer les bases.

Ainsi ils sont tous fusibles en émail blanc, mais assez difficilement, par l'action du chalumeau, et ne sont attaqués par le borax, le sel de phosphore et même la soude, qu'avec difficulté.

Quelques-uns sont dissolubles dans l'acide muriatique concentré, mais il faut employer certaines précautions pour s'assurer de leur réelle indissolubilité, comme de réduire le felspath en poudre fine, d'employer suffisamment d'acide, et d'aider son action par celle de la chaleur convenablement continuée. (Hessel.)

53.   17

Leur dureté est toujours inférieure à celle du quarz et supérieure à celle de la phosphorite.

Comme ils sont rarement transparens, et que plusieurs espèces ne se sont pas encore présentées sous cet état, on ne peut rien dire de général sur leurs propriétés optiques.

Ces considérations générales sont relatives à toutes les espèces du felspath, mais il y en a qui ne conviennent qu'à un certain nombre d'espèces, et qui peuvent servir à diviser ce genre en deux groupes principaux. Ces considérations curieuses sont dues à M. Breithaupt.

Il a remarqué qu'en mettant la même face particulière de clivage dans une position donnée et définie, cette face est toujours située à gauche ou à l'angle obtus des faces P sur M dans le pétalite, le périklin, la cléavelandite, l'orthose et l'oligoklase, et que cette même face est située à droite ou à l'angle aigu des faces P sur M dans le labrador et l'anorthite. Cette inclinaison à droite ou à gauche peut se comparer avec la disposition en spirale tantôt de gauche à droite, tantôt de droite à gauche des facettes trapézoïdales dans le quarz trapézien.

Cette considération, qui est assez riche en conséquences, ne peut avoir lieu, si on considère le felspath comme ayant un système cristallin hémirhomboïdal, ainsi que l'ont adopté Weiss et Gustave Rose; il faut admettre le système tétarto-rhomboïdal, distinction qu'il est très-difficile de faire.

Le labrador montre ses changemens de couleur dans la direction de la grande diagonale, tandis que l'orthose et la pétalite la font voir suivant la petite diagonale.

Il est remarquable, dit M. Breithaupt, que cette considération minéralogique de la division des felspaths en deux groupes, suivant leur inclinaison à droite ou à gauche, soit en rapport avec la composition chimique.

Ainsi les espèces inclinées à gauche sont toujours composées d'une partie de potasse ou KS^3 avec $3AS^3$, tandis que l'autre division, celle des espèces inclinées à droite, diffère de la première par les proportions; mais ces espèces se ressemblent davantage entre elles qu'avec les autres.

La pesanteur spécifique est un peu plus grande dans l'anorthite et le labrador, espèces inclinées à droite, que dans la

pétalite, le périklin, la cléavelandite, l'orthose et l'oligoklase, espèces inclinées à gauche.

1.re *Espèce.* ORTHOSE.

Le nom de felspath étant devenu générique, il a fallu
donner à toutes les espèces de ce genre des noms particuliers. *Orthose* étoit celui qu'Haüy, qui trouvoit le nom de
Feldspath très-impropre dans un langage scientifique, avoit
voulu lui substituer. M. Hessel l'a restitué à cette espèce qui
avoit été nommée *Orthoklase* par M. Breithaupt.

On y rapporte le felspath rose, une partie de l'adulaire
du Saint-Gothard, le felspath chatoyant de Norwége, une
partie du felspath commun et du felspath vitreux ou sa-
nidin.

Les faces P et M sont inclinées l'une sur l'autre de 90^d,
ou si elles s'éloignent de cet angle, ce ne peut être que
d'une très-foible quantité.

Les clivages parallèles à P et à M sont très-nets, celui qui
est parallèle à T l'est beaucoup moins. Jamais il ne montre
de clivage également distinct dans les deux directions T et l.
Un clivage beaucoup plus important est celui qui correspond à une facette, qui n'est pas perpendiculaire sur la face
M, mais qui fait avec cette face un angle d'environ $101\frac{1}{2}^d$.
Le chatoyement de l'orthose de Norwége est dans le sens
de ce clivage.

Il faut, d'après les observations cristallographiques déjà
faites, prendre pour forme fondamentale ou primitive non
pas un prisme rhomboïdal incliné, mais un rhomboïde incliné. Les différences d'angles qui établissent cette distinction, sont très-petites.

La dureté de l'orthose est supérieure à celle du labrador,
et inférieure à celle de la pétalite.

Sa pesanteur spécifique varie, suivant M. Breithaupt, de
2,51 à 2,58.

Sa composition est celle qu'on attribue au felspath commun, et qui est représentée par $3AS^3 + KS^3$.

Ses caractères chimiques ont été développés ailleurs (voyez
FELSPATH); il faut seulement y ajouter qu'il est insoluble
dans l'acide muriatique.

Nous en avons déjà cité des exemples à l'occasion de la synonymie, nous y ajouterons encore quelques autres, 1.° d'après M. Hessel, celui qui se trouve dans le granite porphyroïde de Heidelberg, avec quarz, mica et cléavelandite, et qui présente cela de particulier, que l'orthose se décompose facilement en lithomarge (*Steinmark*), tandis que la cléavelandite reste blanche et intacte; 2.° d'après MM. Breithaupt, Mohs, etc., celui d'Elbogen en Bohême, dont M. Struve a donné la composition.

Silice 67,61
Alumine 19,65
Potasse 6,90
Soude 1,55
Oxide de fer 1.13
Eau . . . . 0,46.

Le granite, qui près de Stockholm renferme du triphane, contient aussi de l'orthose d'un rouge incarnat.

Le felspath qui se trouve dans les phonolithes et les obsidiennes paroît appartenir à l'orthose.

2.° *Espèce.* Cléavelandite.

Albite, Rose, Mohs, Berzelius. —*Tetartin*, Breithaupt. — L'*Eisspath* et le *Felspath vitreux* en partie.

La forme primitive est un parallélipipède irrégulier.

Les faces P et M sont inclinées l'une sur l'autre de 86° 24′, P sur T de 115° 5′, et T sur M de 117° 55′ (ou 119° 30′, suivant M. Levy).

Le clivage parallèle à P est le plus distinct, et celui qui est parallèle à T est plus distinct que dans l'orthose.

La plupart des cristaux sont groupés par deux avec les axes principaux parallèles; les faces M et M′ sont accolées, mais en sens inverse. Cette hémitropie par les faces M est celui des caractères cristallographiques qui distingue le plus nettement la cléavelandite de l'orthose.

La cléavelandite est le felspath le plus dur. Sa pesanteur spécifique de 2,5 à 2,6 est plus forte que celle de l'orthose.

La soude qui, dans sa composition, remplace la potasse, a été le premier caractère qui l'ait fait nettement distinguer du felspath ordinaire.

On a fait un assez grand nombre d'analyses de la cléavelandite, parmi lesquelles nous choisirons les suivantes :

	Berzelius.	G. Rose.	Vauquel.	Tingstrom.
Silice	70	69,78	70	68
Alumine	19,5	18,79	22	19,61
Soude	9,5	11,43	8	11,12
Perte	1 ;			

d'où on a tiré la formule suivante :

$$3AS^3 + NS^2.$$

Elle fond, comme l'orthose, en émail blanc au chalumeau,
mais plus difficilement.

Elle est insoluble dans l'acide muriatique.

Sa couleur la plus générale est le blanc de lait, tirant sur
le jaunâtre et plus souvent sur le rougeàtre ; elle a un éclat
un peu nacré.

Lorsque sa structure est laminaire, ce qui est le cas le plus
ordinaire, on remarque que les lames sont toujours courbées, qu'elles se rétrécissent souvent et s'alongent même
de manière à présenter une structure presque bacillaire
rayonnée.

Les lieux et les circonstances dans lesquelles se rencontre
la cléavelandite, sont innombrables, et ce felspath est peut-
être aussi abondamment répandu dans la nature que l'orthose.

Nous ne citerons que les plus remarquables, choisies surtout dans des pays éloignés les uns des autres.

Le minéral de l'Oysans en Dauphiné, qui est accompagné
d'axinite, et celui de Barèges, dans les Pyrénées, qui est en
cristaux transparens, implantés dans les fissures de roches
talqueuses et souvent accompagnés d'asbeste, minéral qu'on
a autrefois si improprement nommé *schorl blanc*, est une
cléavelandite.

On peut donner, d'après M. G. Rose, des exemples de la
cléavelandite à Penig en Saxe et à Johann-Georgenstadt, où
elle a été nommée *felspath palmé*.

L'adulaire du Schmirnerthal en Tyrol, qui est accompagné
de calcaire spathique, celui de Rohrberg près de Zell, qui
est dans le gneiss avec du quarz hyalin et du fer carbonaté,

celui de Kerabinsky en Sibérie, qui se présente en grands cristaux hémitropes, sont aussi des cléavelandites.

M. Rose indique encore ce minéral, et cette autorité est nécessaire pour assurer l'exactitude de ces exemples, à Finbo et à Broddbo, près Fahlun en Suède; à Kimito, près Pargas en Finlande, dans un granite. — A Arendal en Norwége, avec épidote. — Au Prudelberg et à Stonsdorf, près Hirschberg en Silésie, dans le granite, recouvrant en cristaux blancs de l'orthose rosâtre, et, se présentant absolument de la même manière, à Baveno, sur le lac Majeur. — A Gastein prés Salzbourg.

En Angleterre M. Phillips l'a reconnue avec l'orthose dans le granite de Westmoreland, dans le porphyre de Glen-tilt, dans le granite de Dartmoor en Devonshire, elle y est rouge. Dans la syénite de Malvernhills; dans la roche hypersténique de Skye, où il n'y a que de la cléavelandite, dans les granites des îles Fula et Faira, et dans celui de Tirée, où elle est verdâtre; enfin, dans les granites porphyriques de Carnbraæ, dans les roches des mines de Huelgorland, près S. Dié, et de Landsend, en Cornouailles. — A Chesterfield, dans l'Amérique septentrionale, c'est M. Stromeyer qui l'a analysée; M. Hausmann l'a décrite sous le nom de *Kieselspath*. — Sur les rives du Schnylkill, non loin de Philadelphie, avec du mica noir et du grenat.

MM. Hessel et Breithaupt la citent à Hausacker, près Heidelberg, dans une pegmatite ou granite graphique, ce qui est une des manières d'être la plus habituelle de la cléavelandite. Dans le granite de Heidelberg, la cléavelandite est accompagnée d'orthose : la première reste intacte, tandis que celui-ci est altéré et même décomposé. Le felspath des pegmatites de Brotterode dans le Schmalkalde, et de Bohème, appartient à la cléavelandite.

M. Phillips rapporte également à la cléavelandite le felspath qui, avec l'orthose, fait partie des protogynes du Montblanc; ceux de la syénite du Pormenaz, dont l'orthose est rouge; ceux des rochers du Brevent et de la Filla, où ce minéral est associé avec du mica, du quarz, de la chlorite, et toujours de l'orthose.

5.e *Espèce.* Anorthite, G. Rose.

Confondue avec le felspath dit *adulaire*, et avec le felspath ordinaire. L'anorthite est une des espèces le moins répandues de la famille du felspath.

M. G. Rose, qui a reconnu et établi cette espèce, lui donne pour caractère cristallographique, d'avoir pour forme primitive un parallélipipède irrégulier, dans lequel les incidences sont comme il suit :

$$P \text{ sur } M = \quad 85° 48' \text{ et } 94° 12'$$
$$P \text{ sur } T = 110 \quad 57$$
$$T \text{ sur } M = 117 \quad 28.$$

Les clivages parallèles à P et à M sont faciles, et également nets, et ont un éclat nacré.

Il présente, comme la plupart des felspaths, de fréquentes hémitropies.

Sa pesanteur spécifique est de 2,76.

Sa dureté est égale à celle de l'orthose.

Il est composé, d'après l'analyse de M. Rose, de

$$\begin{aligned}
&\text{Silice} \dots\dots\dots\dots 44,49 \\
&\text{Alumine} \dots\dots\dots 33,36 \\
&\text{Chaux} \dots\dots\dots\dots 15,68 \\
&\text{Magnésie} \dots\dots\dots\ 5,26 \\
&\text{Fer oxidé} \dots\dots\dots\ 0,74.
\end{aligned}$$

C'est donc un felspath de chaux et de magnésie dont la formule de composition est

$$8AS + 2CS + MS.$$

Il fond, mais assez difficilement, en émail blanc, et donne avec la soude un émail opaque qui se boursoufle par une nouvelle addition de soude.

Il se dissout entièrement dans l'acide muriatique concentré.

On ne cite encore l'anorthite qu'au Vésuve, dans les blocs de calcaire spathique rejeté par la Somma ; il y est en petits cristaux ou en petites masses laminaires, accompagné de pyroxène vert, de mica, etc.

4.ᵉ *Espèce.* LABRADOR , G. Rose.

Vulgairement *Felspath chatoyant* de Labrador.

Sa forme primitive paroît être la même que celle de l'orthose, mais avec des valeurs d'angles différens ; valeurs qui
n'ont pas encore été déterminées avec une suffisante exactitude.

Incidence de P sur M $= 85°\,30'$ et $94°\,30'$, d'après M. Hessel.

         M. Rose a donné, mais par approximation ,
         $93°\,30'$,
           de P sur l $=\ 115$ (Hessel),
           de M sur l $=\ 119$ (Hessel).

Le labrador ne s'est encore présenté qu'en masse, à structure cristalline, et à clivage assez facile, lorsque la structure
est laminaire ; celui qui est parallèle à P, est le plus distinct,
et celui qui est parallèle à T, n'est pas visible.

Le chatoyement irisé et si remarquable que présente cette
pierre, appartient à la face M.

La dureté du labrador est égale à celle de l'orthose.

Sa pesanteur spécifique est de 2,69 à 2,75. Klaproth a analysé le labrador de deux localités : l'un de la côte même de
Labrador, et l'autre d'Ingremanie. Il y a reconnu les principes suivans :

	De Labrador.	D'Ingremanie.
Silice	55,75	 55
Alumine	26,50	 24
Chaux.	11	 10,25
Soude	4	. . , . 3,50
Fer	1,25	 5,35
Eau	50	 50
	99,00	98,60,

d'où M. Gustave Rose et M. Berzelius tirent la formule suivante :

$$12AS + NS^3 + 5CS^3.$$

C'est donc un felspath de soude et de chaux.

Il se fond assez difficilement au chalumeau.

Il est dissoluble dans l'acide muriatique concentré.

On ne connoit encore d'exemple authentique de cette espèce que sur la côte de Labrador, au midi du pays élevé de Kiglapyed, sous la latitude de 57^d. Il est ou en galets sur le rivage, ou engagé dans les rochers qui bordent un petit lac.

M. Hessel croit pouvoir rapporter à cette espèce les felspaths qui se trouvent dans les basaltes de la Hesse, à Stempel près Marburg et dans ceux du pays de Fulda. Les stries sur P et sur M montrent qu'ils n'appartiennent pas à l'orthose, et qu'ils peuvent être réunis au labrador. Il y rapporte également, mais néanmoins avec doute, le felspath de la dolérite du Meissner, celui de la syénite de Weinheim sur la Bergstrass, celui qui, dans plusieurs porphyres, tels que ceux de la Bergstrass, de Badenbaden, de la Thuringe, se montre en parties compactes inaltérées, à côté des cristaux également ment inaltérés d'orthose, mais qui s'en distinguent par leur couleur.

M. Breithaupt en augmente considérablement les exemples, en y plaçant :

Le felspath compacte (*felsite*, Klaproth) de Siebenlehn, près Freyberg.

Le felspath verdâtre et brun de Drahlhammer, près Leitenberg, dans la principauté de Schwarzburg-Rudolstadt.

Le felspath blanc de la syénite de Halsbrücke, près Freyberg.

Le felspath rouge de la syénite de Plauen, près Dresde.

Le felspath blanc de la belle diorite orbiculaire de Corse.

Le felspath gris de l'euphotide de Prado en Toscane et de Harzburg au Harz.

Le felspath brun de la diorite porphyrique de Neustadt, près de Stolpen.

Enfin, le felspath verdâtre de Carnate, dans les Indes orientales, que M. de Bournon a nommé *indianite*.

5.ᵉ *Espèce.* Périklin. Breith.

C'est M. Breithaupt qui a établi cette espèce. [1]

Les incidences des faces de la forme primitive, qui se rap-

---

[1] Nous en avons déjà fait mention à son ordre alphabétique, mais d'une manière très-incomplète

proche de celle de la cléavelandite, et encore plus de celle de l'anorthite, sont les suivantes :

	Hessel.	Breithaupt.
P sur M est de	85° 6′	86° 41′
P sur T est de	114 17	114 45
T sur M est de	120 18.	

Les clivages parallèles à P sont les plus nets ; ceux qui sont parallèles à T viennent ensuite ; les moins distincts sont parallèles a M.

Il se divise en feuillets avec une facilité très-remarquable et caractéristique.

Sa dureté est égale à celle de l'orthose.

Sa pesanteur spécifique varie de 2,53 à 2,57.

Les variétés transparentes le sont moins que celles de l'orthose et de la cléavelandite.

M. Gmelin a donné l'analyse du périklin de Zöblitz en Bohême.

Silice	67,94
Alumine	18,93
Soude	9,98
Potasse	2,41
Chaux	0,50
Oxidule de fer	0,48

$$100,24.$$

M. Ed. Harkort croit y avoir démontré la présence de l'acide fluorique.

Le premier périklin observé et décrit, étoit connu sous le nom de *Felspath de la Saualpe* en Carinthie, et du Saint-Gothard.

On le cite aussi à Zöblitz en Bohême, au Pfunderthal dans le Pusterthal, en Tyrol. — Dans la diorite du Rhinberg, et encore mieux dans celle du Feuselsberg, près Kaldern.

Les cristaux de périklin paroissent, au premier aspect, comme des prismes rectangulaires alongés de 2 à 3 lignes d'épaisseur.

On remarque que ce felspath résiste mieux aux actions atmosphériques décomposantes que l'amphibole qui est mêlé avec lui. Le périklin reste intact, tandis que l'amphibole est entièrement décomposé.

Cependant il s'altère aussi quelquefois, et alors ses prismes sont comme enveloppés d'une croûte ou écorce verdâtre.

Il entre dans la composition des syénites, et y est accompagné de titane ruthile et de mica.

6.e *Espèce.* Oligoklase. Breith.

C'est une espèce introduite nouvellement par M. Breithaupt dans la famille des felspaths.

Le clivage dans l'oligoklase est peu sensible : c'est le moins fissile des felspaths.

Sa forme primitive est un prisme rhomboïdal oblique, incliné à gauche.

$$P \text{ sur } M = 86° \ 15' \text{ et } 93° \ 45'$$
$$P \text{ sur } T = 115° \ 30'.$$

Le clivage le plus sensible est celui qui est parallèle à la base P.

Il a un éclat perlé, imparfait sur les faces principales de clivage inclinées sur la base ; un éclat vitreux sur les autres faces de clivages, et un éclat gras sur les faces de cassure, qui sont raboteuses ou esquilleuses.

Ses couleurs sont le blanc, le gris-jaunâtre, le jaune de vin et le brun-jaunâtre.

Sa dureté est de 8 à 8,25.

Sa pesanteur spécifique est de 2,64 à 2,66.

L'oligoklase n'a pas encore été analysé, mais M. Breithaupt croit pouvoir présumer sa composition d'après la réunion de ses caractères physiques, et se hasarde à l'exprimer par la formule suivante :

$$3AS^3 + \left. \begin{array}{c} x \\ y \end{array} \right\} S^3.$$

Aucune variété n'est soluble dans l'acide muriatique.

On cite pour exemple de l'oligoklase, d'abord celui qui se trouve en Norwége, et qui a été rapporté par le docteur

Bondi. L'un vient de Laurwig : il est gris, et est accompagné de titane , d'orthose et d'épidote. L'autre vient d'Arendal : il est en grandes lames, ressemble un peu à la wernérite scapolite, et est accompagné d'épidote.

Ensuite le felspath d'un blanc grisàtre de Hohetanne, au-dessous de Freyberg, qui forme avec la fibrolite ? et le quarz une petite veine dans le gneiss ; de Strauchhahn, près Rodasch, dans le duché de Coburg : il est dans le basalte.

Enfin, M. Breithaupt soupçonne que la base de l'eurite ou leptinite (*Weisstein*) de Lauenlain et de Mitweida en Saxe , appartient à l'oligoklase. La pesanteur spécifique y convient.

7.*e* *Espèce.* PÉTALITE.

Ce minéral, dont nous avons déjà présenté l'histoire à son ordre alphabétique, est regardé maintenant par presque tous les minéralogistes comme appartenant à la famille du felspath, et considéré comme un felspath à base de lithine. Cependant c'est l'espèce qui s'éloigne le plus des autres par tous ses caractères.

Sa forme primitive seroit un prisme rhomboïdal droit et non incliné.

L'incidence de M sur T est de 117 à 118.

Le clivage parallèle à P est très-difficile à observer, et la position de cette face n'a pu se laisser déterminer qu'approximativement. Le clivage le plus distinct est parallèle à M, et un autre, encore plus distinct, à une facette z, qui est inclinée de 145 à 147^d sur M. (HESSEL.)

Il est moins dur que le quarz, et plus dur que le labrador, le rayant sur la face P.

Sa pesanteur spécifique, la plus foible d'entre celles des felspath , est de 2,42 à 2,45.

Sa composition est exprimée par la formule

$$3AS^3 + LS^6.$$

Il est indissoluble dans l'acide muriatique. (Voyez, pour le reste de son histoire, tome XXXIX, page 190, de ce Dictionnaire.)

Nous récapitulerons et comparerons les caractères essentiels des espèces du genre des Felspaths dans le tableau suivant :

TABLEAU COMPARATIF

des espèces du genre FELSPATH.

NOMS ET SYNONYMES.	INCIDENCES.	PESANT. SPÉCIFIQUE.	FORMULE DE COMPOSITION.	ACTION de l'acide muriatique.
THOSE. Felspath commun Orthoklase. Adulaire.	P sur M = 90 P sur T = 112,15 T sur M = 120,21	2,51 à 2,58	$3AS^3 + KS^3$	insoluble.
ÉAVELANDITE. Albite. Tétartin.	P sur M = 86,21 P sur T = 115,5 T sur M = 117,53	2,54 à 2,62	$3AS^3 + NS^3$	insoluble.
ORTHITE.	P sur M = 85,48 P sur T = 110,57 T sur M = 117,28	2,76.	$8AS + 2CS + MS$	soluble.
BRADOR. Indianite?	P sur M = 85,30	2,69 à 2,75	$12AS + 3CS^3 + NS^3$	soluble.
RIKLIN.	P sur M = 85,6 P sur T = 114,17 T sur M = 120,18	2,53 à 2,57	$2AS^3 + \left.{K \atop N}\right\} S^3$	
LIGOKLASE.	P sur M = 86,15 P sur T = 115,30	2,64 à 2,66	$3AS^3 + \left.{x \atop y}\right\} S^3?$	insoluble.
TALITE.	P sur M = 84? T sur M = 117,30?	2,42 à 2,45	$3AS^3 + LS^6$	insoluble.

(B.)

TETARU. (*Ornith.*) Nom donné chez les Persans à la tourterelle commune, *columba turtur*, Linn. (CH. D.)

TÊTE, *Caput.* (*Anat. comp.*) Pendant une longue suite d'années, toutes les classifications zoologiques imaginées par les naturalistes ont été arbitraires et plus ou moins incohérentes : aujourd'hui l'étude approfondie de la structure intérieure des animaux, la comparaison de leurs organes, de leurs facultés, de leurs fonctions principales, mettent à même de choisir pour base de leur coordination méthodique, un caractère d'une importance universelle, purement anatomique ou à peu près; je veux dire la *présence* ou l'*absence d'une colonne vertébrale* et les *diverses modifications du système nerveux.*

Ce point de départ, ainsi choisi dans les fonctions les plus essentiellement inhérentes à l'économie vivante, dans celles qui ont le plus d'influence sur les animaux, l'*innervation* ou *action nerveuse* et la *locomotion*, dans celles qui non-seulement font de l'être organisé un animal, mais encore établissent, en quelque sorte, le degré de son animalité, parce qu'elles entrainent un plus grand nombre de changemens dans les formes et dans les mœurs, nous impose le devoir d'examiner ici avec quelque détail l'histoire de la Tête, cette portion du corps où sont logés les principaux organes de la sensibilité et la source du principe des mouvemens.

Très-peu d'animaux sont privés de cette partie si importante dans leur économie; les mollusques acéphales cependant sont dans ce cas, ainsi que beaucoup de radiaires, chez lesquels les organes du mouvement et du sentiment sont disposés circulairement autour d'un centre, et dont quelques-uns même, d'une simplicité vraiment élémentaire, sont ponctiformes ou globuleux, comme les monades; filiformes, comme les vibrions; aplatis en membrane, comme les cyclides, ou changeant de figure à chaque instant, tels que les protées.

Dans toutes les espèces où elle existe, elle est placée à la partie la plus élevée ou la plus antérieure du corps.

Chez les animaux vertébrés, où jamais elle ne manque naturellement, elle forme l'une des extrémités de la colonne vertébrale et se trouve composée de deux parties manifestement distinctes par leurs usages, par leur mode de développement et par leur mécanisme.

Ces deux parties sont le *crâne* d'une part, et la *face* de l'autre.

Dans l'homme, la tête est un sphéroïde plus ou moins gros, plus ou moins alongé, plus ou moins comprimé, suivant les sujets, qui surmonte le reste de l'économie, qui renferme l'encéphale et les appareils les plus importans des sensations spéciales, et qui s'articule avec le rachis.

Le Crane est ici une grande cavité ovoïde, offrant son extrémité étroite en avant, occupant les régions postérieure et supérieure de la tête, d'une forme assez irrégulière et pourtant symétrique, qui renferme et protège l'encéphale. est constamment plus volumineuse que la face et est composée de plusieurs os aplatis, dont les bords sont le plus souvent hérissés d'éminences.

Ces os sont, en avant, le *frontal*; en arrière, l'*occipital*; sur les côtés et en haut, les deux *pariétaux*; sur les côtés et en bas, les deux *temporaux*; inférieurement et au centre, le *sphénoïde*, au devant duquel est l'*ethmoïde*, qui en est séparé par les *cornets sphénoïdaux*.

En outre chaque temporal contient quatre osselets. le *marteau*, l'*enclume*, l'*os lenticulaire* et l'*étrier*, et bien souvent on observe, entre les principales pièces du crâne, certains os fort irréguliers sous tous les rapports et qu'on nomme *os wormiens*.

La région antérieure du crâne est le *front* ou *sinciput*; la postérieure est l'*occiput*; la supérieure porte les noms de *voûte*, *vertex* ou *bregma*; les latérales sont dites *tempes*, et l'inférieure est appelée la *base du crâne*.

Les os du crâne, par suite de leur mode de jonction, donnent naissance à des lignes plus ou moins irrégulières, qu'on appelle *sutures*. Toutes ces sutures. qui manquent parfois, semblent partir des divers points du contour du sphénoïde.

A sa partie supérieure le crâne, toujours chez l'homme. offre, d'avant en arrière, la bosse nasale. qui surmonte le nez, les arcades sourcilières et orbitaires, les bosses frontales, qui surmontent celles-ci, la suture frontale propre. la suture fronto-pariétale, la suture sagittale, qui résulte de la jonction des deux pariétaux, les bosses pariétales qui correspondent aux parties latérales des hémisphères du cerveau, les trous pariétaux qui livrent passage à de petits vaisseaux, la suture lambdoïde qui marque le lieu d'union de l'occipital avec les pariétaux. et, enfin, la protubérance occipitale externe pour l'attache de muscles et de ligamens cervicaux.

En bas le crâne est traversé par un nombre considérable de pertuis qui laissent sortir de sa cavité ou pénétrer dans son intérieur une foule de nerfs et de vaisseaux différens.

Parmi les trous et les cavités de la base du crâne, il nous suffira de signaler, en procédant d'avant en arrière, le trou *fronto-épineux*, qui semble pénétrer dans les fosses nasales; les *trous ethmoïdaux*, qui sont traversés par les filets des nerfs olfactifs; les *trous optiques*, pour les nerfs de leur nom et l'artère ophthalmique; la *fosse sus-sphénoïdale*, qui loge le corps pituitaire; les *fentes sphénoïdales*, remplies par les vaisseaux et les nerfs de l'orbite; les *gouttières caverneuses*, occupées par des sinus veineux de la dure-mère; les *trous maxillaires supérieur* et *inférieur* que traversent les deuxième et troisième branches du nerf trijumeau; la *gouttière basilaire*, qui soutient la protubérance annulaire de l'encéphale; le *grand trou occipital*, qui donne issue à la moelle vertébrale, à des nerfs et à des vaisseaux; les *trous condyliens*, traversés par les nerfs hypoglosses; les *conduits labyrinthiques*, qui transmettent dans l'intérieur du rocher les nerfs acoustiques; les *trous carotidiens*, dont le nom indique la destination; les *trous déchirés postérieurs*, où est placé le golfe des veines jugulaires internes; l'*hiatus de Fallope*, qui transmet dans un aqueduc du rocher un filet nerveux appelé corde du tympan; l'orifice triangulaire de *l'aqueduc du limaçon.*

Sur les côtés du grand trou occipital s'élèvent les condyles occipitaux, éminences destinées à s'articuler avec des cavités pratiquées sur l'atlas ou première vertèbre.

Ce n'est que dans l'homme que la direction de ce trou est horizontale et qu'il est placé presque à la partie moyenne de la base du crâne; dans tous les autres animaux vertébrés il est oblique et situé en arrière; quelquefois même il est vertical.

Cette particularité a une grande influence sur la position du centre de gravité de la tête et sur l'attitude générale.

Il suffit, au reste, de jeter un coup d'œil sur une tête sciée horizontalement pour voir que la partie du crâne la plus développée se trouve au niveau du trou occipital et de la gouttière basilaire, endroit où le cerveau, le cervelet et la moelle alongée se réunissent; mais, si l'on désire déterminer d'une manière rigoureuse les dimensions de cette cavité, il ne faut point baser ses mesures sur la surface extérieure, parce que souvent elle ne répond à l'interne ni pour la forme ni pour l'étendue, en raison du développement variable des divers sinus creusés dans les os, et de l'épaisseur non moins variable de ceux-ci; épaisseur qui fait que quelquefois certains hommes ont un cerveau logé à l'étroit dans un crâne qui paroît vaste.

Un pareil fait doit prémunir les observateurs consciencieux contre l'enthousiasme que peuvent inspirer, et qu'ont inspiré en effet, certains systèmes, où le véritable anatomiste signale beaucoup de vues hypothétiques.

Au reste les dimensions du crâne varient considérablement dans les différens individus, car l'on voit des *têtes larges*, où il est aplati d'avant en arrière; des *têtes hautes*, où il affecte la forme d'un pain de sucre; des *têtes alongées*, où il est comprimé latéralement.

C'est constamment la voûte du crâne qui est le siége de ces différences; la base demeure toujours la même.

Les parois de cette cavité sont plus minces chez les enfans et les jeunes gens que dans les adultes et les vieillards.

La seconde partie de la tête, la Face, située au-devant et au-dessous du crâne, a une structure très-compliquée et est composée d'un grand nombre d'os, que l'on désigne par les noms d'os *maxillaires supérieurs*, *maxillaire inférieur*, *nasaux*, *palatins*, *malaires*, *lacrymaux*, de *vomer*, de *cornets inférieurs du nez*, et de *dents*.

L'assemblage de ces os, quoique symétrique, offre un tout fort inégal, dans lequel sont creusées les *orbites*, où sont contenus les yeux avec leurs dépendances, et les *fosses nasales*, où l'on voit l'appareil de l'olfaction avec les siennes. Au-dessous de celles-ci, entre les os maxillaires supérieurs et inférieur, est la bouche, qui renferme les organes de la mastication, de l'insalivation et de la gustation.

La tête, qui résulte de la réunion de la face et du crâne, sur lesquels nous venons de jeter un coup d'œil général, a été considérée par un grand nombre d'anatomistes, et en particulier par M. Duméril, comme une véritable vertèbre très-développée, une vertèbre dont les différentes parties sont agrandies et forment des pièces séparées. En effet, le trou occipital peut être regardé comme l'origine du canal rachidien; l'apophyse basilaire et le corps du sphénoïde correspondent, pour la structure et pour les usages, au corps des vertèbres ordinaires, dont les apophyses articulaires sont représentées par les condyles occipitaux; tandis que la protubérance occipitale externe et les espaces osseux compris au-dessous sont les analogues de leurs apophyses épineuses et de leurs lames, et que l'on retrouve, enfin, les apophyses transverses dans les apophyses mastoïdes des temporaux.

Une analogie aussi frappante acquiert encore de la valeur par la comparaison des muscles qui servent à mouvoir l'échine et la tête, et par l'étude des modifications que ces deux parties offrent dans les différentes classes d'animaux; il est assez remarquable d'ailleurs aussi que cette analogie soit offerte spécialement par la partie du crâne où se trouve logée l'origine de la moelle épinière.

Les sectateurs de la philosophie de la nature, qui, pendant quelque temps, a joui d'une certaine vogue dans l'antique Germanie, n'ont point laissé échapper une si belle occasion de soutenir leur manière de voir; ils ont cherché dans la tête une représentation de la totalité du corps, et M. Oken, par exemple, partant de l'analogie qui existe à divers égards entre les espèces d'anneaux que forment les os du crâne et ceux des vertèbres, a considéré le premier comme un composé de trois vertèbres, et, cherchant dans les diverses parties de la tête les représentans des diverses parties du corps entier, il a vu dans le crâne, pris séparément, la *tête de la tête;* dans le nez, le *thorax de la tête*, et dans les mâchoires, les extrémités supérieures et inférieures, ou les bras et les jambes.

Les faits tirés de l'anatomie des animaux dont on a voulu s'étayer pour soutenir une telle théorie, sont exposés avec détail aux articles Poissons, Reptiles et Zoologie, auxquels nous prenons la liberté de renvoyer le lecteur.

Nous ne ferons donc ici que comparer d'une manière générale la tête de l'homme à celle des animaux placés au-dessous de lui le long de l'échelle zoologique.

La tête de l'homme, lorsqu'elle est placée sur un plan horizontal, repose sur les dents incisives et sur les condyles occipitaux; ceux-ci sont disposés de manière à occuper le niveau de la partie moyenne d'une ligne qu'on tireroit de ces dents au point le plus saillant de l'occiput. c'est donc là que se trouve transporté le centre de gravité de la tête, et voilà pourquoi elle est si bien maintenue en équilibre sur l'échine.

Le plan du trou occipital se trouve aussi parallèle à celui du palais, et c'est pour cela que, dans notre espèce toujours, la bouche est tournée en avant.

Au reste, c'est chez l'Européen seul que nous retrouvons ces deux dispositions d'une manière complète. Chez les Nègres déjà la portion antérieure de la ligne indiquée est plus longue que la postérieure, à cause de l'alongement des mâchoires; mais à mesure que l'on descend vers les classes inférieures des animaux vertébrés, cette particularité devient beaucoup plus frappante, ainsi que l'a d'abord observé Daubenton (voyez Homme); car, chez eux, non-seulement les mâchoires s'alongent, mais encore les condyles se portent en arrière, et c'est ce dont on peut s'assurer en comparant successivement les uns aux autres, et à l'homme en particulier. un singe, un chat, un chien, un mouton, un dauphin, un cygne, une bécasse, un crocodile, un caïman, un gavial, un brochet, une orphie, etc.

Les deux organes de la gustation et de l'olfaction occupent la plus grande partie de la face dans tous les animaux vertébrés. Plus les deux sensations dont ils sont le siége sont développées. plus elle acquiert de volume, et cela aux dépens du crâne, qui est d'autant plus considérable par rapport à la face, que le cerveau est plus grand.

Il est également d'observation que jamais antérieurement la face n'a tout-à-fait une direction verticale et qu'elle est sensiblement inclinée en avant. Il est clair que plus le crâne augmente en volume proportionnel, moins cette inclinaison doit être marquée; que plus le goût et l'odorat ont de grandes cavités pour loger leurs organes, plus, au contraire, il doit y avoir d'obliquité.

Or, comme la nature de chaque individu dépend en grande partie de l'énergie relative de chacune de ses fonctions, et que les sens dont il s'agit sont ceux des appétits brutaux ; comme le cerveau est, au contraire, le siége des facultés intellectuelles, il en résulte que la forme de la tête et les proportions des deux parties qui la composent, peuvent être un indice de la manière d'être sous ce rapport, et cela d'autant plus qu'elle a un volume donné et une destination déterminée ; qu'elle doit loger d'une part le centre des sensations et des volitions, et de l'autre, les appareils de la gustation, de la mastication et de l'olfaction ; que le crâne et la face sont respectivement consacrés à ce double usage, et que le volume donné de l'un ne peut point diminuer sans que celui de l'autre augmente dans un rapport égal.

Nous voyons en effet que les animaux qui ont le museau le plus alongé, semblent être, pour tout le monde, le type de la sottise ; telles sont les grues, les oies et les bécasses ; tandis qu'on attribue un haut degré d'intelligence à ceux qui ont un front très-saillant, comme l'éléphant et la chouette, que les Grecs avoient donnée pour compagne à la déesse de la Sagesse. Quant à l'homme, qui a reçu la noble prérogative de l'intelligence, qui doit penser encore plus que s'occuper de ses besoins physiques, il a le crâne d'une beaucoup plus grande capacité que la face.

Dans les reptiles et chez beaucoup de poissons, c'est la bouche seule, avec ses deux énormes mâchoires, qui semble constituer la tête, et ce sont les plus voraces et les plus féroces des animaux. Ils semblent ne vivre, pour ainsi dire, que pour se nourrir. Même sans sortir de notre propre espèce, nous sommes portés à regarder comme stupide et comme gourmand un homme dont le bas de la face est fort saillant, et les artistes, lorsqu'ils veulent représenter des héros ou des dieux, ont soin d'éviter cette saillie et de faire avancer le front de manière à donner aux yeux l'apparence d'une habituelle méditation.

On a cherché à apprécier, d'après ces données, les proportions respectives du crâne et de la face. L'un des moyens les plus simples que l'on a mis en usage pour y parvenir, est l'*angle facial*, indiqué par le célèbre P. Camper, et formé par la réunion de deux lignes idéales, dont l'une passe par le bord des dents incisives supérieures et par le point le plus saillant du front, tandis que l'autre s'étend du niveau du conduit auriculaire au même point. Plus cet angle approche de l'angle droit, plus le crâne fait de saillie en avant, et plus, par conséquent, le cerveau est volumineux ; plus il devient aigu, plus la face s'alonge , plus les organes du goût et de l'odorat se prononcent : il peut donc, en faisant par son degré d'ouverture apprécier ainsi jusqu'à un certain point les proportions respectives du crâne et de la face, indiquer d'une manière approximative le développement de l'intelligence individuelle.

Dans les têtes des Européens cet angle est ordinairement de quatre-vingts degrés : il en a soixante-quinze dans celles des Mongols , et soixante-dix seulement dans celles des Nègres. On observe que les sculpteurs grecs ont donné jusqu'à cent degrés à l'angle facial de leurs divinités. Son acuité se manifeste de plus en plus au contraire, et successivement, à mesure que l'on descend sur l'échelle zoonomique et que l'on passe des mammifères aux oiseaux, aux reptiles et aux poissons, en sorte que dans le cheval il n'a plus que vingt-trois degrés, par exemple.

Mais ce moyen d'appréciation est peu fidèle, parce que souvent, en raison de leur grand développement, les sinus frontaux, comme nous l'avons déjà dit, gonflent tellement le crâne, qu'ils relèvent la ligne faciale beaucoup au-delà de ce qu'exigeroit la proportion du cerveau. Cependant on peut obvier à cet inconvénient en s'attachant à un moyen proposé par M. Cuvier, qui conseille de considérer le crâne et la face dans une coupe verticale et longitudinale de la tête, et de comparer les aires que ces deux parties peuvent offrir.

Or, dans l'Européen, l'aire du crâne est à peu près quadruple de celle de la face ; tandis que dans le Nègre celle-ci augmente environ d'un cinquième, et que dans les rongeurs et les solipèdes elle devient à son tour plus grande.

Il est facile d'apprécier ainsi les différences individuelles. (H. C.)

TÊTE. (*Mamm.*) Les chasseurs se servent de ce terme pour désigner le bois des cerfs. Ils distinguent les *têtes* par différens noms, d'après le nombre et la disposition des pointes ou andouillers qu'elles portent, ce qui est relatif à l'âge de l'animal ou à diverses modifications de formes dans les bois. (Desm.)

TÊTE. (*Ornith.*) On trouvera des observations générales sur l'organisation et les parties intérieures de la tête au mot Oiseau, tome XXXV de ce Dictionnaire, et l'on va faire connoître ici les parties extérieures, telles qu'elles ont été divisées pour rendre les descriptions spécifiques plus commodes et plus précises.

La tête, considérée en masse, offre d'abord ses parties antérieure, supérieure, postérieure et latérale, et ces parties, examinées séparément, sont :

Le BEC, *Rostrum*, qui a donné lieu à des détails assez étendus, tome IV, page 168 et suiv.

Le BONNET, *Pileus*, qui comprend la superficie de la tête, depuis la base du bec jusqu'à la nuque.

Le CAPISTRUM, *Capistrum*, c'est-à-dire, le bord de la tête entourant la base du bec.

Les CARONCULES, *Carunculæ*, qui sont des ornemens charnus, glabres, mous, lesquels se trouvent quelquefois sur le front, les sourcils, le vertex, la nuque, le menton, la gorge, le cou, et sont susceptibles de diverses formes.

La FACE, *Facies*, qui réunit les régions ophthalmiques, les joues, les tempes, et dans laquelle souvent on comprend le front, le vertex et le menton.

Le FRONT, *Frons* : région de la tête depuis le bec jusqu'au vertex.

La HUPPE, *Crista* : elle se compose des plumes alongées du bonnet, et elle est qualifiée selon la forme qu'elle affecte et la place spéciale qu'elle occupe.

L'IRIS, *Iris* : la partie colorée de l'œil qui entoure la pupille.

Les JOUES, *Genæ* : côtés de la tête entre la base du bec, le front et l'œil.

Le LORUM, *Lorum* : ligne emplumée, qui s'étend de la base latérale du bec jusqu'à l'œil.

Le MENTON, *Mentum* : partie située entre les branches de la mandibule inférieure et la gorge.

Les MOUSTACHES, *Mystaces* : plumes ou poils roides, partant de la base des mâchoires. Ce nom se donne aussi à de simples plumes placées sur les joues, et dont la couleur forme contraste avec les autres plumes latérales.

L'OCCIPUT, *Occiput* : partie supérieure du crâne, depuis le sommet jusqu'à la nuque.

Les Orbites, *Orbita*, formant un cercle intérieur à la partie de la *région ophthalmique* la plus proche des yeux.

Les Oreilles, *Aures* : ouvertures situées sur la partie postérieure de la tête, ordinairement sans oreillons, mais garnies de plumes décomposées chez les chouettes.

La Région ophthalmique, *Regio ophthalmica*, est le cercle qui entoure l'œil, lequel est nu, tuberculé, emplumé. etc.

La Région parotique, *Regio parotica*, désigne le tour de l'oreille.

Le Sinciput, *Sinciput*, est la partie antérieure du crâne, depuis la base du bec jusqu'au milieu du vertex.

Le Sommet, *Vertex* : c'est la partie supérieure du crâne entre les oreilles.

Les Sourcils, *Supercilia* : traits longitudinaux, qui sont au-dessus de chaque œil.

Les Tempes, *Tempora*. On appelle ainsi la région latérale qui est entre l'œil, le vertex et l'oreille.

Les Yeux, *Oculi*. Ces organes, qui sont placés latéralement chez presque tous les oiseaux, sont dirigés en face chez les chouettes : ils ont des paupières mobiles, ciliées, sous lesquelles est une membrane clignotante. (Ch. **D.**)

TÈTE [dans les insectes]. (*Entom.*) C'est la partie antérieure du corps, ordinairement distincte et articulée sur le corselet. Nous l'avons fait connoître avec détails à l'article Insectes, tome XXIII de ce Dictionnaire, page 433. Pour éviter les doubles emplois, consultez cet article. (C. D.)

TÈTE D'ANE, CABOSSE. (*Bot.*) M. Desvaux cite ces noms vulgaires du *centaurea scabiosa* de Linnæus dans l'Anjou. Le *dracocephalum* a été traduit dans quelques lieux par tête-de-dragon ; la graine du sainfoin est nommée en latin *crista galli*, et en françois tête-de-coq. Selon Nicolson, à Saint-Domingue, le *cactus melocactus* ou melon épineux est nommé tête d'Anglois. (J.)

TÈTE-D'ANE. (*Ichthyol.*) Un des noms vulgaires du chabot. Voyez Cotte. (H. C.)

TÈTE D'ARAIGNÉE. (*Conchyl.*) C'est le *murex tribulus*. (De B.)

TÈTE ARMÉE. (*Entom.*) Nom donné par Geoffroy à une espèce d'insecte coléoptère pétalocère, du genre Aphodie,

voisin du *Fimetarius.* Il est décrit dans le 1.er volume de
l'Histoire des insectes des environs de Paris, pag. 82, n.° 20.
(C. D.)

TÊTE-DE-BARBET. (*Conchyl.*) Nom marchand du *murex
nodosus,* Linn., espèce de cérite. (De B.)

TÊTE-DE-BÉCASSE. (*Conchyl.*) Espèce de rocher, *murex
haustellium.* (De B.)

TÊTE BLANCHE. (*Ornith.*) Le suiriri, que d'Azara s'est
borné à désigner sous le nom de *cabeza blanca,* n.° 176, et
que Sonnini regarde comme une espèce nouvelle, est un
insectivore assez rare, qui vit dans les lieux marécageux :
il a cinq pouces un quart de longueur totale ; sa tête est d'un
blanc de neige ; ses ailes sont brunes ; les plumes anales blanchâtres ; le reste du plumage et le tarse d'un noir profond ;
le bec, noir en dessus et à son extrémité, est d'un jaune
pur dans le reste. La femelle n'a que la première moitié de
la tête blanche ; les parties inférieures sont de la même couleur ; la queue est noirâtre. Cet oiseau passe la plus grande
partie du jour au milieu des joncs, à la cime desquels il se
perche soir et matin ; il est rusé et inquiet. (Ch. D.)

TÊTE BLEUE. (*Entom.*) Nom d'un lépidoptère du genre
Bombya, nommé ainsi par Geoffroy, tom. 2, p. 122, n.° 27,
de son Histoire des insectes : c'est le bombyce double-oméga,
que nous avons décrit sous le n.° 34, tome 5, de ce Dictionnaire, page 134. (C. D.)

TÊTE BLEUE. (*Ichthyol.*) Voyez Cyanocéphale. (H. C.)

TÊTE-DE-CARPE. (*Bot.*) Espèce d'agaric, ainsi nommé par
Paulet, Trait. des champ., 2, p. 251, pl. 122, fig. 7. C'est
un champignon brun-foncé, qui naît en touffes de cinq à six
individus réunis ensemble. Le sommet de son chapeau a une
ouverture que Paulet compare à un museau de carpe. Ce chapeau a six lignes de diamètre ; ses feuillets sont d'un gris clair,
et son stipe est blanc. Ce champignon n'a rien qui le rende
suspect : on le trouve dans les bois, à Versailles. (Lem.)

TÊTE-CHÈVRE. (*Ornith.*) Voyez Tette-chèvre. (Ch. D.)

TÊTE-DE-CHIEN. (*Erpét.*) Un des noms vulgaires du Bo-
jobi. Voyez ce mot et Boa. (H. C.)

TÊTE-DE-CRAPAUD de Sterbecck. (*Bot.*) Voyez Caput
rufonis. (Lem.)

TÊTE - DE - DRAGON. (*Conchyl.*) C'est le *cypræa stolida*, Linn. (De B.)

TÊTE ÉCORCHÉE. (*Entom.*) Geoffroy désigne sous ce nom une espèce de coléoptère de son genre Rhinomacer ou Becmare : c'est l'*attélabe du coudrier*. (C. D.)

TÊTE-DE-FAÏENCE. (*Ornith.*) Ce nom est vulgairement donné à la mésange bleue, *parus cæruleus*, Linn. (Ch. D.)

TÊTE DE FLEURS. (*Bot.*) Fleurs serrées et ramassées en boule (*cephalanthus occidentalis*), ou sessiles sur un clinanthe entouré d'un involucre; exemples : *hieracium, carduus, aster*, etc. Voyez Capitule et Calathide. (Mass.)

TÊTE FOURCHUE. (*Erpét.*) Un des noms du basilic d'Amboine. (H. C.)

TÊTE DE FOURMILLIER ou DE TAMANOIR. (*Conchyl.*) C'est le *murex canaliculatus*, Linn., espèce de pyrule. (De B.)

TÊTE D'ISIS. (*Conchyl.*) Nom marchand du *murex canaliculatus*, Linn., espèce de pyrule. (De B.)

TÊTE-DE-LIÈVRE. (*Ichthyol.*) Un des noms vulgaires du *gobie lagocéphale*. Voyez Gobie. (H. C.)

TÊTE ou MACHOIRE DE BŒUF. (*Conchyl.*) Nom marchand du *buccinum cornutum*, Linn., maintenant *cassis cornuta*. (De B.)

TÊTE-DE-MÉDUSE. (*Bot.*) C'est, dans le Traité des champignons du docteur Paulet, vol. 2, p. 304, pl. 98, fig. 1—3, le nom d'une espèce d'agaric qui croit en touffes au pied du chêne, quelquefois au nombre d'une trentaine d'individus réunis par leurs stipes. Il est d'abord d'un jaune sale, puis d'un roux plus clair. Le stipe, ou pied, s'élève à quatre ou six pouces. Le chapeau a plus d'un pouce et demi d'étendue : ses feuillets, recouverts d'un voile blanc dans leur naissance, sont d'abord blancs, puis ils prennent une teinte rousse, ainsi que le voile, dont les lambeaux forment un collet autour du stipe. La chair de ce champignon est blanche, ferme, d'une odeur très-désagréable et stercorale; mâchée, elle a une saveur rapprochée de celle de la truffe, mais laissant bientôt une sorte d'astriction à la gorge, ce qui annonce des qualités suspectes : en effet, ayant été donnée à un chien, elle causa sa mort. (Lem.)

TÊTE-DE-MÉDUSE. (*Actinoz.*) Nom vulgaire donné encore assez souvent aux espèces d'astéries dont les branches se divisent et se subdivisent en se dichotomisant, de manière à ressembler un peu, quand elles sont desséchées et que les rameaux et ramuscules se sont roulés et comme frisés, à la tête de Méduse des peintres. Elles constituent maintenant le genre Euryale de M. de Lamarck. (De B.)

TÊTE-DE-MORT. (*Entom.*) C'est le sphinx atropos qui porte sur le corselet, d'un gris foncé, une tache jaune, qui représente à peu près une tête de squelette d'homme, vue de face. Voyez dans ce Dictionnaire tome L, p. 227, n.° 5. (C. D.)

TÊTE-DE-MORT. (*Ichthyol.*) Un des noms vulgaires du *callorhinque antarctique*. Voyez Callorhinque, tom. VI, pag. 258. (H. C.)

TÊTE NOIRE. (*Erpét.*) Nom spécifique d'une couleuvre. (H. C.)

TÊTE NUE. (*Ichthyol.*) Voyez Amie et Gymnocéphale. (H. C.)

TÊTE-DE-PAVOT, *Caput papaveris* de Sterbeeck. (*Bot.*) C'est un petit agaric gris ou jaune, en forme d'entonnoir, dont le chapeau ressemble dans sa jeunesse à une tête de pavot. Paulet les rapporte à ses faux-mousserons en entonnoir. (Lem.)

TÊTE PLATE. (*Erpét.*) Nom spécifique d'un Gecko. Voyez ce mot. (H. C.)

TÊTE DE REQUIN. (*Conchyl.*) C'est le *buccinum plicatum*, Linn., espèce de casque. (De B.)

TÊTE-ROUGE. (*Ornith.*) On trouve ce mot dans Lachesnaye-des-Bois, dans le Dictionnaire des chasses de l'Encyclopédie méthodique, dans les Voyages d'un naturaliste, de M. Descourtilz, tome 1, page 295, dans Sonnini, etc.; mais nulle part il n'y a de renseignemens un peu précis sur ce petit oiseau, qui paroît être un manakin. (Ch. D.)

TÊTE-DE-SERPENT ou GRENOUILLE. (*Conchyl.*) C'est le *strombus lentiginosus*, Linn., et une espèce de porcelaine, *cypræa caput serpentis*, Linn. (De B.)

TÊTE-DE-TORTUE. (*Ichthyol.*) Un des noms vulgaires du *tétrodon perroquet*. Voyez Tétrodon. (H. C.)

TÊTE-DE-VIPÈRE. (*Erpét.*) Nom spécifique d'une Couleuvre, décrite dans ce Dictionnaire, tome XI, pag. 481. (H. C.)

TÉTÉ. (*Ornith.*) Suivant Muller, *Zool. danicæ prodromus*, n.° 286, la nonette cendrée, *parus palustris*, Linn., est ainsi nommée en Norwége. (Ch. D.)

TETECH. (*Bot.*) A Madagascar on nomme ainsi, selon Flaccourt, l'*agallochum* ou bois d'aigle. (J.)

TETEMA. (*Ornith.*) Ce fourmilier, figuré sur la pl. enl. de Buffon, n.° 821, a, comme on l'a déjà dit tome XVII de ce Dictionnaire, page 519, tant de rapports avec le fourmilier colma, *miothera colma*, qu'on ne le considère que comme une variété de cette espèce. Il ne diffère, en effet, du colma, qu'en ce qu'il a la gorge, la poitrine et le ventre d'un brun noirâtre, tandis que chez ce dernier le commencement du cou et la gorge sont blancs et variés de petites taches brunes. (Ch. D.)

TETENA. (*Bot.*) Rafinesque-Schmaltz avoit d'abord donné ce nom au genre qu'il a désigné depuis par ÆDYCIA. Voyez ce mot. (Lem.)

TETERON. (*Bot.*) On donne ce nom dans les campagnes, suivant Paulet, à une espèce de champignon du genre *Agaricus* et de sa famille des *calotins de terre* ou *des bois*. Le *teteron*, Paul., Trait., 2, p. 204, pl. 95, fig. 8 et 9, répand une odeur agréable de farine récemment moulue. Son chapeau est gris ou bai en dessus, blanc en dessous, et porté sur un stipe qui a la forme d'un bout de mamelle, d'où vient sans doute son nom de *teteron*. Il paroît qu'on en fait usage sans inconvénient. Paulet le rapporte au *pied-de-chèvre* de Clusius, *Hist.*, p. 269, *Icon.* (Lem.)

TÊTES. (*Bot.*) Paulet donne ce nom, avec une épithète différente, à plusieurs espèces de champignons du genre *Agaricus*, dont il forme ce qu'il nomme ses familles, 1.° des serpentins en famille, 2.° des têtes d'épingle.

1.° Les serpentins en famille sont caractérisés par leur manière de croître plusieurs sur un même pied qui serpente. Ils ont des qualités qui les rendent suspects ; leur substance est ferme et sèche. Paulet y rapporte les espèces suivantes, qui se retrouvent dans sa Synonymie, groupées sous le nom commun de *têtes rousses ou jaunes en famille.*

1. Les *Têtes-de-soufre*, Paul., Trait., 2, pag. 228, pl. 107, fig. 1—5; *Agaricus lateritius*, Schæff., *Fung. Bav.*, pl. 49, fig. 1 — 3. *Agaricus* commun, de couleur jaune, avec les feuillets couleur de soufre grisâtre et recouverts d'un voile aranéeux. Il offre plusieurs variétés, et toutes sont pernicieuses. Des expériences faites par Paulet confirment les mauvaises qualités de ce champignon, décrit par beaucoup d'auteurs, et très-commun, en automne, dans les bois, pendant la saison pluvieuse. Il se corrompt promptement. Cette espèce paroît être l'*agaricus fascicularis*, Fries, *Syst. mycol.*, 1, p. 288.

2. Les *Têtes-de-feu olivâtres*, Paul., *loc. cit.*, p. 229; *Agaricus amarus*, Bull., Champ., pl. 50; *Agaricus lateritius*, Schæff., pl. 49, fig. 6; Pers., Fries. Ce champignon ressemble au précédent, et en diffère par son chapeau d'un roux vif, avec les feuillets olivâtres, et dépourvus de voile ; par le stipe lavé de vert et de jaune, de la grosseur d'une plume à écrire et fistuleux. Sa chair est un peu jaune ; sa saveur un peu amère, et son odeur bien moins désagréable. Il croît dans les bois ; il est attaqué par les limaces, tandis que le précédent n'est pas même attaqué par les vers.

3. Les *Têtes-de-feu soufrées*, Paul., *loc. cit.*, p. 109. Cette espèce diffère de la précédente par son chapeau d'un roux vif et couleur de feu, avec les feuillets d'un vert soufré, Sa chair, d'une couleur légère de safran, est sèche, ferme, sans saveur amère ni odeur désagréable. Néanmoins l'expérience démontre qu'elle est pernicieuse. Ce champignon se trouve dans les bois.

4. Les *Têtes fauves*, Paul., *loc. cit.*, pl. 110, fig. 1. Il croît en touffe de cinq à six individus au pied des arbres ou sur leur souche ; il est de couleur fauve très-foncée et presque brune. Son chapeau est sujet à se fendre, et le stipe fistuleux. La substance de ce champignon est tendre, mince et d'une forte odeur de bois qui se gâte.

5. Les *Têtes baies ou blanches* (ou la semence de champignon), Paul., *loc. cit.*, planche 110, fig. 2. Ce champignon forme des touffes d'une trentaine d'individus au pied des arbres ; il est d'un gris foncé ou roux, avec le stipe et les feuillets blancs.

6. Les *Têtes blanches et noires*, Paul., *l. c.* Ce champignon forme au pied des arbres des touffes de cinq à six individus,

dont les chapeaux et les feuillets sont blancs d'abord , puis bruns et enfin noirâtres, ainsi que les stipes, qui sont fistuleux et cylindriques.

Dans la Synonymie de Paulet on trouve encore plusieurs espèces de têtes seulement indiquées.

2.° Les têtes d'épingle sont des champignons du genre *Agaricus*, remarquables par leur petitesse, leur fragilité, la ténuité de leur stipe, semblable à un crin terminé par un petit chapeau rond, qui leur donne l'aspect d'une épingle. Ils sont tous parasites et délicats.

1. La *Tête d'épingle rouge*, Paul., *l. c.*, p. 225, pl. 105, fig. 9 et 10 , est d'un blanc lavé de rouge ou de safran foncé. C'est l'*agaricus abietis*, Batsch, pl. 5 , fig. 10.

2. La *Tête d'épingle rousse* ou *safranée* et la *Tête d'épingle blanche* sont deux autres espèces de Paulet, citées par Michéli, *Gen.*, pl. 80, fig. 9. Elles ressemblent à des cheveux très-fins , terminés chacun par une petite tête, comme celle d'une épingle. Ces champignons sont les *agarici tenellus* et *clavularis* de Batsch. C'est encore dans le nombre des espèces de ce groupe qu'on trouve les *agar. semiglobatus* de Batsch, et *coccineus*, *janthinus*, de Scopoli. (Lem.)

TETEU. (*Ornith.*) Voyez Terutero. (Ch. D.)

TÉTHIE, *Tethia*. (*Amorphoz.*) Donati (Hist. de la mer Adriat., page 62) a établi sous ce nom un genre de la classe qu'il nomme phytozoaire, intermédiaire, dit-il, aux végétaux et aux animaux ; genre qui a été adopté et étendu par M. de Lamarck dans la nouvelle édition de ses Animaux sans vertèbres, tome 2, page 384, et que l'on peut caractériser ainsi : Corps sans forme déterminée, irrégulièrement globuleux, composé d'une quantité considérable de fibres subfasciculées, divergentes du centre à la circonférence, et agglutinées par un peu de matière pulpeuse, formant à l'extérieur un encroûtement peu épais, mamelonné, à cellules éparses, rarement visibles. Cette caractéristique est prise de M. de Lamarck, qui n'a vu les corps organisés, dont il fait son genre *Tethia*, qu'à l'état de dessiccation ; aussi ne convient-elle peut-être pas trop aux téthies de Donati, qui, comme nous allons le voir tout à l'heure, ont une organisation bien différente. Pour le zoologiste françois c'est un genre voisin de celui des Alcyons, dont il diffère principalement par la structure fibreuse, rayonnante, avec un encroûtement cellulifère, comme cortical.

Les espèces qu'il rapporte à ce genre, sont les suivantes :

La Téthie asbestelle : *T. asbestella*, de Lamk., *loc. cit.*, p. 385, n.° 1, et Mém. du Mus., 1, p. 70, n.° 1. Masse considérable, turbinée et terminée par une sorte de tête, composée de fibres très-longues, fasciculées et très-serrées, sans aucune espèce d'écorce ou d'encroûtement.

De l'océan du Brésil, vers l'embouchure de la rivière de la Plata.

La T. caverneuse : *T. cavernosa*, id., *ibid.*, n.° 2, et Mém. du Mus., 1, page 70, n.° 2. Corps globuleux, de la grosseur du poing, composé de fibres s'irradiant du centre, fasciculées à la circonférence, et excavé à sa surface par des fossettes anguleuses et irrégulières.

Patrie inconnue.

La T. pulvinée : *T. pulvinata*, id., *ibid.*, n.° 3; Mém. du Mus., tom. 1, page 71, n.° 3. Corps subhémisphérique, un peu déprimé, tomenteux à sa surface et composé de fibres très-fines ; les unes radiées, d'autres mêlées, se fasciculant et devenant parallèles à la circonférence.

Des mers d'Europe ?

La T. lacuneuse : *T. lacunosa*, id., *ibid.*, n.° 4, et Mém. du Mus., tom. 1, page 71, n.° 4. Corps globuleux, revêtu d'une écorce avec une lacune unique, osculifère, formée de fibres mêlées au centre, s'irradiant et se fasciculant vers la circonférence.

Des mers d'Europe ?

La T. orange : *T. lyncurium*, id., *ibid.*, n.° 5; *Alcyonium lyncurium*, Linn., Gmel., page 3812, n.° 7 : Marsigli, *Hist. mar.*, tab. 14, fig. 70 — 73, et Donati. *Adriat.*, page 62, tab. 10. Corps globuleux, mamelonné à sa surface, composé de fibres rayonnantes du centre à la circonférence, droites ou arquées, et de couleur orangée.

C'est cette espèce, commune à ce qu'il paroît dans la Méditerranée, puisque tous les auteurs qui ont visité cette mer, comme Marsigli, Bianchi, Donati, Olivi, Aldrovande, etc.,

en ont parlé. Les détails dans lesquels est entré Donati, me
paroissent tout-à-fait curieux. Au centre est, dit-il, une
sorte de vertèbre sphérique, composée d'épines très-déliées,
de la forme d'un fuseau, liées sans ordre par des fibres charnues et presque tendineuses ; à la surface sont des mamelons
hémisphériques, revêtus d'une substance charnue et fibreuse,
et qui sont soutenus par la base d'un gros pinceau d'épines
déliées. Celles-ci sont à l'extrémité du faisceau plus étroites,
composées également d'épines qui prennent leur origine à
la masse intérieure. Tout l'intervalle compris entre celle-ci
et l'écorce est rempli par une substance charnue, molle et
un peu spongieuse. C'est dans cette substance, dont les cavités sont remplies par une lymphe claire, que pénètrent et
se cachent les faisceaux. Des faisceaux de fibres tendineuses
sont entre chaque mamelon. C'est à l'aide de leur contraction que Donati explique le mouvement de systole et de
diastole qu'il a remarqué dans cet animal. Il parle aussi
d'un mouvement de rotation de la téthie toute entière et qui
n'a pas lieu à tous les âges. Je ne vois cependant pas qu'Olivi
ait fait mention de ce fait curieux, quoiqu'il ait approuvé
tout ce qu'a dit Donati de la structure de sa première espèce
de téthie.

D'après ce même Olivi, la téthie orange atteindroit une
taille bien plus considérable que ne le rapportent les autres
observateurs italiens. En effet, il regarde l'*alcyonium durum
magnum* de Plancus comme étant le second état; l'*alcyonium
cotagna marina* du même Plancus, ou l'orange de mer, en
étant le premier. On l'emploie, quand elle est sèche, en place
de pierre ponce.

La Téthie crane : *T. cranium, id., ib.; Alcyonium cranium,*
Linn., Gmel., p. 3815, n.° 14; Muller, *Zool. Dan.*, tab. 85,
fig. 1. Corps en forme de truffe, soyeux, et de couleur
blanche.

Des côtes de Norwége.

La Téthie excentrique : *T. excentrica,* Donati, *Adriat.*, pl.
10, fig. *D, E.* Corps globuleux, couvert de sinuosités intestini-
formes, composé, comme la T. orangée, de faisceaux d'aiguilles
rayonnées, mais partant d'une petite masse très-excentrique,
ce qui donne à la partie corticale une épaisseur inégale.

Donati, en décrivant cette espèce, qui vient aussi de la Méditerranée, ajoute que sa différence de structure avec la précédente ne l'empêche pas de jouir de la faculté du mouvement de rotation tant qu'elle est jeune, c'est-à-dire, que sa surface est molle : en vieillissant, elle devient incapable de se mouvoir, et c'est alors que des animaux marins s'y attachent. Elle passe ainsi, dit-il, de l'état d'animal à celui de plante animale. (De B.)

TETHYA. (*Actinoz.*) M. Oken (Manuel de zoolog., tom. 1, page 82) établit sous ce nom un genre qu'il place immédiatement avant les botrylles et les véritables alcyons, et qu'il caractérise ainsi : Corps composé de tubes coriaces, parallèles et de la même hauteur. La seule espèce qui constitue ce genre, et qu'il nomme la T. mamelonnée, *T. mamillosa,* est très-probablement l'*Alcyonium mamillosum* de Linn., Gmel., page 3815, n.° 16, figuré dans Ellis et Soland., page 179, n.° 5, tab. 1, fig. 4 et 5, que je soupçonne n'être qu'une espèce d'Actinie agrégée, type du genre Mamillaire de M. Lesueur. M. de Lamarck en fait une espèce d'alcyon. (De B.)

TÉTHYDES, *Tethydes.* (*Malacoz.*) Dénomination adjective, employée par M. Savigny dans son Tableau systématique des ascidies, pour désigner le premier ordre qu'il établit dans cette classe et qu'il caractérise ainsi : Manteau n'adhérant à l'enveloppe que par les deux orifices; branchies égales, larges, constituant les deux parois latérales de la cavité respiratoire; orifice branchial garni en dedans d'un anneau membraneux et dentelé, ou d'un cercle de filets. Voyez Mollusques et Ascidies. (De B.)

TÉTHYES, *Tethya.* (*Malacoz.*) Nom de famille, établi par M. Savigny dans ses Mémoires sur les animaux invertébrés, pour les ascidies agrégées ou non, qui ont pour caractères communs : les orifices non opposés, ne communiquant pas entre eux par la cavité branchiale, qui a son ouverture à la seule extrémité antérieure et garnie de filets tentaculaires; les branchies réunies d'un côté.

Les téthyes simples sont divisées en quatre genres, partagés en deux sections, d'après le nombre des rayons de l'orifice branchial: savoir : dans la première, à quatre rayons, les genres Bolténie et Cynthie; dans la seconde, à plus de quatre rayons ou sans rayons, les genres Phallusie et Claveline.

Les téthyes composées sont également partagées en sections, d'après la considération des rayons des orifices. Dans la première, à six rayons aux deux orifices, sont les genres Diazone, Distome et Sigilline; dans la seconde, où il y a six rayons seulement à l'orifice branchial, sont les genres Synoïque, Aplidion, Polyclinon et Didemnon; enfin, dans la troisième, où les orifices sont sans rayons, sont les genres Eucœlion et Botrylle. Voyez ces différens mots et l'article Mollusques. (De B.)

TÉTHYS. (*Malacoz.*) Genre de malacozoaires nus, de la famille des dicères, de l'ordre des polybranches de M. de Blainville, de celui des nudibranches de M. Cuvier, établi par Linné pour un petit nombre d'espèces qui se trouvent, l'une et l'autre, dans la Méditerranée, et qui ont été signalées depuis long-temps par Columna; Rondelet, etc., sous le nom de lièvres marins; ce qui les a fait à tort considérer par quelques personnes comme rapprochées des aplysies, auxquelles cette dernière dénomination est plus justement appliquée. Voici la caractéristique de ce genre : Corps ovale, déprimé, bombé en dessus, tout-à-fait plat en dessous et pourvu d'un large pied, dépassant de toutes parts le dos étroit et sans rebord; deux tentacules supérieurs fort longs, à la partie antérieure desquels est un tube contractile; bouche à l'extrémité d'un petit tube, sans dents ni langue hérissée, au milieu d'un large voile frontal, frangé dans tout son bord; branchies alternativement inégales, extérieures et formant une seule ligne longitudinale de chaque côté du dos.

Nous devons à Bohadsch, qui a établi ce genre sous le nom de *Fimbria*, page 54 de ses *Quibusdam animal. marinis*, une description extérieure, et même intérieure, assez complète de ce mollusque, qu'il a observé frais, quoique mort, à Naples : mais c'est surtout depuis le mémoire que M. Cuvier a publié dans les Annales du Muséum, tome 12, page 263, pl. 24, que la téthys est bien connue. N'ayant jamais eu l'avantage de la disséquer, nous allons donner l'extrait de l'article de Bohadsch et du Mémoire de M. Cuvier.

Le corps de la téthys est ovale, alongé, assez déprimé et partagé en deux parties, séparées par un étranglement qui forme ainsi une espèce de cou. La première partie ou la tête est pourvue en dessus d'une paire de tentacules larges, aplatis, en forme d'oreilles de chien, sans aucune trace d'yeux ou de points noirs, assure positivement Bohadsch, qui ajoute qu'il les auroit aisément distingués, s'il y en avoit eu, à cause de la couleur toute blanche de l'animal. Elle offre en dessous un orifice buccal simple, d'où sort une petite trompe; mais ce qui rend cette tête fort singulière, c'est un élargissement considérable de son bord antérieur, qui forme une espèce de voile festonné irrégulièrement dans sa circonférence et d'où Bohadsch a tiré le nom de *fimbria*. Le corps proprement dit, beaucoup plus alongé que la tête, mais plus étroit, est ovale, obtus et arrondi en arrière : il est peu épais; ses flancs sont très-obliques, et le dos proprement dit est très-étroit. Les flancs obliques forment le dessus du pied, qui est très-large et très-étendu; le dos est pourvu d'une double rangée d'appendices charnus, alternativement grands et petits, plus ou moins laciniés; ce sont les branchies. Enfin, pour terminer tout ce qui se voit à l'extérieur de la téthys, il faut remarquer que sur le côté droit de la partie rétrécie et antérieure du corps sont deux orifices : l'un postérieur, est l'anus, l'autre antérieur, qui est double, est pour l'appareil de la génération.

A l'intérieur, les téthys n'offrent rien de bien remarquable, et leur organisation se rapproche beaucoup de celle des tritonies et même de celle des doris.

La bouche, avons-nous déjà dit, est au fond de l'espèce de demi-entonnoir, formé par le voile frontal, et à l'extrémité d'une petite trompe cylindrique. Elle n'a ni dents labiales, ni même de renflement lingual, garni de crochets; mais seulement sa surface inférieure est garnie d'un grand nombre de petites papilles molles et cylindriques. L'œsophage qui la suit est très-court et ridé longitudinalement; les glandes salivaires sont grêles, branchues et s'ouvrent sur ses côtés; l'estomac, simple, est un gésier charnu, doublé par une membrane veloutée, semi-cartilagineuse; le foie, formant une seule masse multilobée, occupant la moitié postérieure de la

cavité viscérale, verse sa bile dans l'estomac même par une
seule ouverture très-large à côté du pylore. Le reste du canal intestinal est très-court. Dans sa première moitié il est
garni en dedans de lames musculaires très-saillantes, qui
s'effacent dans l'autre. Il se rend sans inflexion à droite, se
recourbe en avant et vient se terminer à l'anus.

Des veines sorties du foie et des intestins, après s'être réunies avec celles provenant du pied et du voile, forment deux
gros troncs latéraux, qui parcourent la ligne branchiale et
envoient une artère à chacune des branchies.

Les branchies placées, comme il a été dit plus haut, sur les côtés du dos, sont au nombre de quatorze paires, alternativement
petites et grandes; celles-ci sont formées par un cône charnu,
dont la pointe se recourbe en spirale et qui porte les filamens branchiaux sur un seul de ses côtés; celles-là ne sont
que des protubérances charnues, chargées de filamens.

De ces branchies partent les veines pulmonaires, qui vont
toutes, en convergeant, aboutir à une grande oreillette ovale,
située au milieu du dos, et qui s'ouvre dans un ventricule
beaucoup plus petit, d'où sortent deux artères principales
qui vont se distribuer à toutes les parties.

L'appareil générateur consiste toujours en un ovaire entouré par les lobes du foie, d'où sort un premier oviducte
tortueux, qui se colle en passant contre le testicule et se rend
de là au second oviducte, semblable à un intestin assez
large, dont le fond est occupé par une glande assez considérable. Il y a une sorte de vessie dont le col s'ouvre vers
l'extrémité de la seconde partie de l'oviducte. Au côté droit
est l'entrée du canal spermatique, provenant d'un testicule
situé à gauche et assez en arrière, dans la base de l'organe
excitateur, qui est styliforme et assez solide.

Quant au système nerveux, il n'offre rien non plus de bien
extraordinaire; le cerveau forme une masse arrondie, d'où partent les principaux nerfs. Au côté droit est le ganglion viscéral.

Nous ne savons rien des mœurs et des habitudes de ce
genre d'animaux, que par ce qu'en a dit Bohadsch, qui n'en a
vu qu'un seul individu mort récemment. Il rapporte, probablement d'après les pêcheurs, que les téthys ne se trouvent
qu'en haute mer et qu'on ne les prend qu'avec les poissons dans

des filets. Il ne doute, dit-il, aucunement qu'elles ne vivent rampant à la surface des rochers, ou sur un fond sablonneux ou argileux au fond de la mer, et il a pu s'assurer, par ce qu'il a trouvé dans l'estomac du seul individu qu'il a vu, qu'elles se nourrissent de divers genres de fucus. M. Risso parle bien de ce mollusque comme habitant des côtes de Nice ; mais il se borne à copier la description de M. Cuvier.

On ne connoît encore qu'une seule espèce de téthys.

La Téthys lièvre (*T. leporina*, Linn., Gmel., pag. 3196, n.° 1 ; Cuv., Ann. du Mus., 12, p. 163, pl. 24), dont le corps, de trois à quatre pouces de long, est subtranslucide, orné de linéoles et de taches blanches sur un fond grisâtre, avec des filamens au bord du voile.

Elle se trouve, à ce qu'il paroit, dans toutes les parties de la Méditerranée.

Gmelin établit encore comme une espèce distincte de la précédente, sous le nom de *T. fimbria*, le mollusque observé et décrit par Bohadsch, *De quibusdam anim. marinis*, chap. 2, p. 54, tab. 5, fig. 1, en lui donnant pour caractères : d'avoir les bords du voile seulement crénelés et non garnis de filamens; mais, quoique Bohadsch, en disant qu'il a cinq à six pouces de long, ajoute que sa couleur est toute blanche, si ce n'est sur le bord du voile frontal, agréablement varié de jaune et de noir en dessus et tout noir en dessous, il est fort probable que c'est la même espèce que la léporine; cependant je fais observer que M. de Lamarck l'indique aussi sous le nom de T. de Bohadsch. (De B.)

TÉTIGOMÈTRE. (*Entom.*) Voyez Tettigomètre. (C. D.)

TÉTIMIXIRA. (*Ichthyol.*) Nom brésilien de la *girelle brésilienne.* Voyez Girelle. (H. C.)

TÉTINE DE SOURIS. (*Bot.*) Nom vulgaire de la trique blanche, *sedum album*, dans l'Anjou, cité par M. Desvaux. (J.)

TETON ou MAMELLE DE SAINT-PAUL. (*Foss.*) On a donné ce nom vulgaire à certains cidarites fossiles, remarquables par leurs gros mamelons ou tubercules. (Desm.)

TETON BLANC. (*Conchyl.*) Dénomination vulgaire par laquelle on a désigné une espèce de nérite, *nerita mamilla.* (Desm.)

TETON DE VÉNUS. (*Bot.*) Voyez Amandier-Pêcher. (J.)

TETONA-PECOSA. (*Bot.*) Dans les Cordillères de la Nouvelle-Grenade, près de La Palmilla, on nomme ainsi l'*alstroemeria floribunda* de M. Kunth. (J.)

TÉTRACANTHE. (*Ichthyol.*) Nom spécifique d'un Labre, décrit dans ce Dictionnaire, tom. XXV, p. 38, et d'un Holocentre, dont il est question tome XXI, p. 293 et 294.

On a également ainsi appelé un Spare et un Bodian. Voyez ces mots. (H. C.)

TETRACARPUM. (*Bot.*) Ce genre de Mœnch est plus connu sous le nom de *Schkuhria*, donné par Roth, adopté par Willdenow, et voisin du *Tagetes*. (J.)

TÉTRACÉRA, *Tetracera*. (*Bot.*) Genre de plantes dicotylédones, à fleurs complètes. polypétalées. de la famille des *dilléniacées*, de la *polyandrie tétragynie* de Linnæus, offrant pour caractère essentiel : Un calice à quatre ou six divisions, persistant ; quatre ou six pétales ; un grand nombre d'étamines insérées sur le réceptacle ; quatre ovaires supérieurs ; autant de styles et de capsules uniloculaires, univalves, s'ouvrant par leur suture supérieure ; dans chaque capsule une semence, rarement plusieurs, ovale, luisante, arillée. Les fleurs sont souvent dioïques ou polygames.

On a remarqué que ce genre étoit très-variable dans les parties de sa fructification. Linné, le bornant d'abord à une seule espèce, l'avoit très-bien caractérisé par ses quatre capsules. Vahl et quelques autres botanistes ont cru devoir y rapporter quelques genres d'Aublet, qui n'en différoient que par le nombre des différentes parties de la fructification, considérées comme très-variables. M. de Jussieu est du même avis : il pense que l'on pourroit joindre à ce genre l'*Euriandra* de Forster ; le *Tigarea* d'Aublet ; le *Coassa* de Bruce ; le *Doliocarpus* de Rolander, etc. Dans ce cas le caractère de ce genre devroit être modifié.

Tétracéra grimpant : *Tetracera volubilis*, Linn., Lamk., *Ill. gen.*, tab. 48, fig. 2 ; Gærtn., *De fruct.*, tab. 69 ; Pluken., *Almag.*, tab. 46, fig. 1. Arbrisseau de douze ou quinze pieds, revêtu d'une écorce glabre, cendrée, et divisé en rameaux grêles, souples, alongés, qui se roulent autour des arbres qui les avoisinent. Les feuilles sont alternes, médiocrement pétiolées, ovales, longues de six pouces, larges de trois environ, glabres, rudes à leurs deux faces, de couleur cendrée en dessus, dentées, aiguës. Les fleurs sont réunies en quatre ou cinq grappes courtes, simples, épaisses, inégales, en forme de panicule terminale. Le calice est glabre, à six divisions profondes, ovales, acuminées, dont les trois extérieures un peu plus courtes et plus étroites; la corolle est purpurine, composée de six pétales très-caducs, de la longueur du calice; les quatre ovaires se convertissent en autant de capsules glabres, ovales, divergentes, acuminées à leurs deux extrémités, de couleur de châtaigne foncée, à une seule loge; à une seule valve, et une seule semence ovale, un peu ridée, luisante, noirâtre, un peu ponctuée et arillée. Cette plante croît à la Vera-Cruz et dans plusieurs autres contrées de l'Amérique méridionale.

Tétracéra a feuilles d'aune; *Tetracera alnifolia*, Willd., *Spec.* Arbrisseau dont la tige se divise en rameaux glabres, cylindriques, garnis de feuilles alternes, pétiolées, glabres, coriaces, oblongues, luisantes en dessus, un peu rudes à leur face inférieure, rétrécies à leur base, arrondies au sommet, terminées par une pointe, entières ou quelquefois munies d'une ou de deux dents vers leur sommet. Les fleurs sont disposées en une panicule terminale; leur calice est glabre, à quatre folioles; la corolle paroît avoir cinq pétales; les filamens sont un peu dilatés à leur sommet, portant une anthère de chaque côté. Les capsules, au nombre de quatre, renferment chacune une seule semence noirâtre, entièrement recouverte par un arille blanc. Cette plante croît dans la Guinée.

Tétracéra a feuilles lisses; *Tetracera lævis*, Willd., *Spec.;* Vahl, *Symb.*, 3, page 71. Arbrisseau dont les rameaux sont glabres, chargés de feuilles alternes, pétiolées, glabres, oblongues, rétrécies à leur base, acuminées au sommet, presque entières, dentées à leur partie supérieure, longues de deux ou trois pouces; les dentelures distantes, peu marquées; les pétioles très-courts. Les fleurs sont terminales, disposées en grappes très-lâches; les pédoncules longs d'environ un pouce; les pédicelles chargés d'une ou deux fleurs; le calice est divisé en six folioles arrondies; les capsules sont au nombre

de quatre , longues d'un demi- pouce , ventrues , arrondies ,
très-glabres , luisantes , mucronées au sommet : elles renferment une semence fort petite , luisante , noirâtre , recouverte
jusque vers son milieu d'un arille blanchâtre , dont les bords
sont denticulés. Cette plante croit dans les Indes orientales.

Tétracéra du malabar : *Tetracera malabarica*, Poir. , Enc. ;
Lamk. , *Ill. gen.*, tab. 485 , fig. 1. Cette plante , très-rappro-
chée de la précédente , a des tiges droites , peu élevées , rameuses : les rameaux glabres , cylindriques , un peu flexueux
à leur partie supérieure. Les feuilles sont alternes , médiocrement pétiolées , coriaces , ovales , glabres , entières ou
légèrement dentées en scie , aiguës au sommet. Les fleurs
sont disposées en une panicule terminale , axillaire , assez
ample ; les ramifications presque dichotomes , uniflores , avec
des petites bractées courtes , opposées , subulées. La corolle
est blanche , très-odorante , à quatre pétales un peu arrondis , concaves , obtus. Les quatre capsules sont glabres , renflées , arrondies , à une seule valve s'ouvrant latéralement ,
renfermant deux semences un peu comprimées. Cette plante
croît aux lieux montueux et pierreux , dans les Indes orientales et au Malabar.

Tétracéra a trois styles : *Tetracera euryandra* , Willd. ,
Spec. ; Vahl , *Symb.* , 3 , page 71 ; *Euryandra scandens* , Forst. ,
Prodr. , 228 ; Lamk. , *Ill. gen.*, tab. 483. Arbrisseau à tige
grimpante , chargée de rameaux glabres , alternes , cylindriques. Les feuilles sont pétiolées , alternes , oblongues , lancéolées , longues de deux pouces , glabres , entières , obtuses. Les fleurs sont réunies en une panicule terminale.
Leur calice est divisé en cinq folioles ovales , concaves , obtuses ; la corolle composée de trois pétales plus longs que le
calice , lancéolés , obtus , prolongés en lanière à leur partie
supérieure ; les étamines sont nombreuses ; les filamens dilatés
vers le sommet , soutenant une anthère de chaque côté ; les
trois ovaires connivens à leur base ; les trois styles terminés
chacun par un stigmate bifide ; les trois capsules écartées , ovales , aiguës , univalves , à une seule loge , renfermant plusieurs
semences. Cette plante croit à la nouvelle Calédonie. (Poir.)

TÉTRACÈRES. (*Crust.*) Nom sous lequel M. Latreille avoit
anciennement désigné les crustacés de l'ordre des isopodes ,

lorsqu'il les réunissoit, ainsi que les arachnides, à la classe des insectes.

M. de Blainville, dans son Tableau de classification des animaux, emploie aussi deux fois le nom de *tétracère* pour désigner : 1.° la sous-classe qui comprend les crustacés décapodes, et quelques autres genres de la même classe, et 2.° la sous-classe des tétradécapodes, qui renferme les crevettes, les aselles et les cloportes, et qui correspond conséquemment à notre ordre des isopodes. (DESM.)

TÉTRACÈRES, *Tetracera*. (*Malacoz.*) Nom de la première famille de l'ordre des polybranches dans le Système de malacologie de M. de Blainville, tiré de l'existence de deux paires de tentacules dans tous les genres qui la composent, tels que les GLAUCUS, LANIOGÈRE, TERGIPÈDE, CAVOLINE et ÉOLIDE. Voyez ces différens mots et l'article MOLLUSQUES. (DE B.)

TETRACHEROS. (*Mamm.*) Nom rapporté par Élien pour désigner un animal qu'on croit être le babiroussa, espèce du genre Cochon. (DESM.)

TETRACHILES. (*Mamm.*) L'hippopotame, qui, ainsi qu'on le sait, a les pieds divisés en quatre doigts terminés par des sabots, forme à cause de ce caractère un ordre particulier sous le nom de *tetrachiles* dans la méthode de Klein. (DESM.)

TÉTRACHIRES. (*Mamm.*) Nom employé par M. Duméril dans sa *Zoologie analytique*, et qui correspond à celui de *quadrumanes*, par lequel les singes et les makis sont désignés dans la méthode de MM. Cuvier et Geoffroy. (DESM.)

TETRACMIS. (*Bot.*) Bridel s'étoit proposé de donner ce nom au genre Tétraphis. Il en a fait ensuite le nom d'une des divisions de ce genre. Voyez TETRAPHIS. (LEM.)

TETRACOLIUM. (*Bot.*) Champignon de l'ordre des hyphomycètes, qui avoit été donné par Nées pour une espèce de *torula*, et dont Link fait un genre, sur la considération que les filamens ou flocons qui le constituent, sont couchés, appliqués et uniquement formés de quatre articulations : chaque article, étant détaché, produit un nouvel individu, propriété que ce genre partage avec les *Monilia*, les *Oidium* et autres genres du même ordre.

Le *Tetracolium tuberculariæ* (Link, *in* Willd., *Spec. pl.*, 6, *pars* 1, *p.* 125) forme, à la surface du *tubercularia vulgaris*, des lignes noires presque imperceptibles, les unes éparses, les autres suivant différentes dispositions. Une tranche horizontale de ce champignon, enlevée de dessus le *tubercularia*, et mouillée, vue au microscope composé, a laissé voir un champignon opaque, droit, roide, très-simple, qui étoit composé de quatre articles globuleux, difficilement séparables.

Nées a fait, le premier, mention de ce champignon, sous le nom de *torula tuberculariæ*, Nées, *Nov. act. acad. Leopold. Carol.*, 9, p. 247, pl. 6, fig. 16. Kunze jugea avant Link qu'on pourroit en faire un genre. (Lem.)

TÉTRADACTYLES. (*Mamm.*) Klein, dans sa méthode, forme une famille sous ce nom, dans laquelle il place les rongeurs dont les pieds antérieurs ont quatre doigts, tels : les agoutis et les édentés du genre des Tatous, bien que la plupart de ces derniers animaux aient cinq doigts à tous les pieds. (Desm.)

TÉTRADACTYLES. (*Ornith.*) Tribu d'oiseaux échassiers formée par M. Vieillot, et qui comprend tous les genres de cet ordre pourvus de quatre doigts aux pieds. Voyez l'article Ornithologie, tom. XXXVI, pag. 414. (Desm.)

TÉTRADÉCAPODES. (*Crust.*) M. de Blainville forme une classe sous ce nom pour y placer les crustacés isopodes, qui ont en effet quatorze pattes, les caliges et les chevrolles qui n'en ont pour la plupart que dix, et les lernées, qui n'en ont que de rudimentaires en nombre variable, selon les espèces. (Desm.)

TÉTRADIUM. (*Bot.*) Genre de plantes dicotylédones, à fleurs complètes ou polygames, de la famille des *térébinthacées*, de la *tétrandrie tétragynie* de Linnæus, offrant pour caractère essentiel : Un calice persistant, fort petit, à quatre folioles; quatre pétales plus longs que le calice ; quatre étamines; un ovaire supérieur, à quatre lobes ; point de style ; quatre stigmates; autant de capsules monospermes.

Il faut réunir à ce genre de Loureiro, le *Gonus* du même auteur, et le Brucea. (Voyez ce dernier article.)

Tetradium dichotome ; *Tetradium dichotomum*, Lour., *Flor. Coch.*, page 115. Arbre d'une médiocre grandeur, dont les rameaux sont ascendans, garnis de feuilles ailées avec une impaire, composées de folioles glabres, lancéolées, très-entières. Les fleurs sont blanches, disposées vers l'extrémité des rameaux en grappes très-amples. Le calice est profondément divisé en quatre folioles aiguës; les pétales sont ovales, presque droits, courbés en dedans; les filamens des étamines épais, subulés et pileux, de la longueur des pétales; les anthères ovales, à deux loges; l'ovaire a quatre lobes et quatre stigmates sessiles, droits, subulés; les quatre capsules sont arrondies, monospermes, et s'ouvrent au sommet; les semences luisantes, arillées. Cette plante croît sur les hautes montagnes de la Cochinchine.

TETRADIUM AMER : *Tetradium amarissimum*, Poir., Enc., Suppl., *Gonus amarissimus*, Lour., *Fl. Coch.*, 2, p. 809; *Luffa radja*, Rumph., *Amb. auct.*, cap. 36, tab. 15. Arbrisseau de huit pieds, dont la tige est droite, presque simple. Les feuilles sont ailées avec une impaire, composées d'environ six paires de folioles pédicellées, lancéolées, dentées en scie, opposées, pubescentes à leurs deux faces. Les fleurs sont pâles, petites, polygames, dioïques; les hermaphrodites disposées en grappes courtes, pourvues d'un calice à quatre folioles ovales, pileuses, caduques; de quatre pétales ovales, étalés; de quatre filamens très-courts; d'anthères rouges, arrondies, à deux loges; d'un ovaire tétragone; de quatre stigmates sessiles, oblongs, réfléchis; de quatre drupes ovales, monospermes. Les fleurs mâles sont placées, ou sur la même plante, ou sur des individus séparés, disposées en grappes simples, très-longues, dépourvues d'ovaire. Cette plante croît dans les forêts à la Cochinchine. (POIR.)

TÉTRADYNAMIE. (*Bot.*) Quinzième classe du Système sexuel de Linnæus, dans laquelle sont réunies les fleurs qui ont six étamines, dont deux plus courtes que les quatre autres, et opposées; exemple : *cheiranthus*, *iberis*, etc. (MASS.)

TETRAGASTRIS. (*Bot.*) Ce genre, mentionné sous ce nom dans Gærtner, tab. 109, est le même que l'*Hedwigia* de Swartz, dont il a déjà été parlé au mot HEDWIGIA. C'est un arbre de la Nouvelle-Espagne, jusqu'alors peu connu, qui appartient à la famille des *térébintacées*, Juss., ou des *burséracées*, Kunth. Il fournit un suc gommo-balsamique. Ses feuilles sont alternes, ailées avec une impaire; les folioles opposées, très-entières, point ponctuées. Les fleurs sont réunies par paquets sur les rameaux en panicules axillaires, rameuses. Ces fleurs sont polygames, blanches, fort petites. Leur calice est urcéolé, persistant, à quatre lobes; la corolle à quatre pétales, placés sous le disque, égaux, connivens à leur base; les huit étamines sont placées comme les pétales, une fois plus courtes que la corolle, à anthères oblongues, attachées par leur base, à deux loges, s'ouvrant dans leur longueur; le disque, en cupule, à huit échancrures à son bord, conique dans les mâles, occupe le centre de la fleur; l'ovaire sessile, ovale-globuleux, à quatre loges; les ovules géminés, attachés à un axe central; un style très-court; un stigmate obtus, à quatre sillons. Le fruit est un peu globuleux, renfermant trois ou quatre noyaux; l'écorce coriace, pleine d'un suc gommeux, aromatique; l'écorce interne membraneuse; un embryon semblable à la semence; les cotylédons épais, charnus, un peu convexes; la radicule supérieure fort petite. (Poir.)

TETRAGASTRIS. (*Bot.*) Willdenow, réformant le caractère du *trewia*, lui attribue des fleurs dioïques dont les mâles sont polyandres, et fait succéder aux fleurs femelles une capsule composée de quatre coques monospermes. Par suite de cette réforme il lui réunit son *Rottlera*, le *Canschi* de Rhéede et d'Adanson, le *Mallotus* de Loureiro, et le *Tetragastris* de Gærtner. Ce dernier auteur dit que son genre est dénué de périsperme. Il convient de vérifier s'il manque également dans les autres genres ici réunis, qui, sans cette soustraction, pourroient avoir quelque affinité avec les euphorbiacées. L'opinion de M. Kunth, qui reporte le *tetragastris* au genre *Hedwigia* dans les térébintacées dépourvues de périsperme, est peut-être mieux fondée. (J.)

TETRAGLOTTIS. (*Bot.*) Voyez Culhamia, tom. XII, p. 212. (J.)

TÉTRAGNATHES, *Tetragnatha*. (*Entom.*) Ce nom, tiré du grec et qui signifie quatre mâchoires, a été donné par M. Latreille à un groupe ou genre d'araignées fileuses, de la tribu des orbitèles, dont les pattes de devant, qu'elles portent en avant dans le repos, sont plus longues que les deux paires postérieures, qui sont alors dirigées en arrière; telle est l'espèce que nous avons décrite tome II, page 332, sous le n.° 14, qui est l'araignée étendue. (C. D.)

TÉTRAGONE. (*Bot.*) A quatre faces; exemples: tiges du *cactus tetragonus*, feuilles du *gladiolus tristis*, pédoncule du *convolvulus sepium*, anthères de la tulipe, silique de l'*erisimum alpinum*, légume du *dolichos tetragonolobus*, placentaire de l'*adoxa*, etc. (Mass.)

TÉTRAGONE. (*Erpét.*) Nom spécifique d'une Couleuvre, décrite dans ce Dictionnaire, tom. XI, p. 214. (H. C.)

TETRAGONIA. (*Bot.*) Ce nom avoit été donné par Théophraste, suivant Daléchamps, au fusain, *evonymus*. Linnæus l'a transporté à une plante grasse de la famille des ficoïdes, en abrégeant le nom de *tetragonacarpos*, qui lui avoit été donné par Commelin. Adanson a voulu substituer à ce dernier celui de *ludolfia*, qui n'a pas été adopté. (J.)

TÉTRAGONIE, *Tetragonia*. (*Bot.*) Genre de plantes dicotylédones, à fleurs incomplètes, apétalées, de la famille des *ficoïdes*, de l'*icosandrie pentagynie* de Linnæus, offrant pour caractère essentiel : Un calice persistant, coloré, à trois ou cinq découpures; point de corolle; dix à vingt étamines, insérées sur le calice ; un ovaire inférieur, surmonté de quatre ou cinq styles; un drupe à quatre ailes, renfermant une noix à quatre ou cinq loges.

Quoique les espèces renfermées dans ce genre soient variables dans le nombre des divisions du calice, dans celui des étamines, des pistils et des loges de leurs fruits : elles ne forment pas moins un genre très-naturel, voisin des *mesembryanthemum*; mais ces derniers ont une corolle composée d'un grand nombre de pétales, disposés sur plusieurs rangs.

Tétragonie ligneuse : *Tetragonia fruticosa*, Willd., *Spec.*; Lamk., *Illustr. gen.*, tab. 457 ; Gærtn., *De fruct.*, tab. 127; Commel., *Hort.*, 2, tab. 103. Plante ligneuse, dont les tiges sont grêles, presque cylindriques, glabres, hautes de trois ou quatre pieds, chargées de rameaux nombreux. Les feuilles sont alternes, charnues, sessiles, linéaires, oblongues, glabres, obtuses, longues d'environ un pouce. Les fleurs sont axillaires, presque solitaires ou formant de petites grappes plus courtes que les feuilles; le calice est partagé en quatre ou cinq découpures ovales, un peu aiguës, vertes en dehors, jaunes en dedans. Le fruit est un drupe sec , à quatre grandes ailes coriaces, alternes avec quatre autres plus petites , bien moins larges, renfermant une noix osseuse, ailée comme le drupe, à quatre loges monospermes. Cette plante croît au cap de Bonne-Espérance. On la cultive au Jardin du Roi et dans plusieurs autres jardins de l'Europe.

TÉTRAGONIE TOMBANTE : *Tetragonia decumbens*, Ait., *Hort. Kew.*, 2, pag. 117; Mill., *Icon.*, 265 , fig. 1. Cette plante se distingue de la précédente par ses feuilles beaucoup plus longues et plus larges; ses tiges sont ligneuses, étendues sur la terre, divisées en rameaux nombreux, épais, couchés, presque de la grosseur du petit doigt ; les feuilles sont alternes, ovales, longues d'environ deux pouces sur un de large, glabres, charnues, obtuses, couvertes de petites vésicules transparentes; les fleurs sont axillaires, réunies en petites grappes alongées; leur calice est à quatre folioles d'un jaune de soufre, ovales, aiguës; les drupes ailés. Cette plante croît au cap de Bonne-Espérance ; on la cultive au Jardin du Roi.

TÉTRAGONIE VELUE; *Tetragonia villosa*, Poir., Enc. Cette espèce a beaucoup de ressemblance avec le *tetragonia fruticosa* : elle en diffère par les poils courts qui la recouvrent en partie ; ses tiges sont grêles, couchées, presque herbacées, un peu velues; les rameaux alternes, réfléchis; les feuilles oblongues, alternes, un peu ovales, obtuses, longues de sept ou huit lignes, larges de deux : les fleurs sont les unes axillaires, d'autres terminales , solitaires, ou réunies plusieurs ensemble ; les pédoncules velus, plus courts que les feuilles; les fleurs terminales forment une grappe un peu touffue, droite. sans feuilles ; le calice est pubescent, blanchâtre. à quatre folioles ovales, aiguës; les anthères sont oblongues. étroites, inclinées. Cette plante a été cultivée, il y a quelques années, au Jardin du Roi; son lieu natal n'est pas connu.

TÉTRAGONIE HERBACÉE : *Tetragonia herbacea*, Linn., *Spec.*, Commel., *Hort.*, 2, tab. 102. Cette plante a de grosses racines charnues qui produisent des tiges foibles, herbacées, traînantes, divisées en rameaux alternes, glabres, couchés : les feuilles sont pétiolées, alternes, ovales-lancéolées, longues d'environ un pouce sur six lignes de large, peu épaisses, à peine succulentes, glabres, entières; les fleurs sont axillaires, soutenues par des pédoncules grêles et alongés, au nombre de trois, simples, uniflores; leur calice est de couleur jaunâtre, à quatre découpures ovales, un peu aiguës; les fruits sont ailés. Cette plante croît au cap de Bonne-Espérance.

Tétragonie hérissonne; *Tetragonia echinata*, Ait., *Hort. Kew.*, 2, pag. 177. Ses tiges sont herbacées, divisées un peu au-dessus des racines, en rameaux diffus, étalés, à peine longs d'un pied, anguleux ou légèrement ailés par les pétioles prolongés en aile; les feuilles sont alternes, pétiolées, ovales, charnues, presque rhomboïdales, glabres, entières, un peu obtuses; les pétioles plus courts que les feuilles; les fleurs sont solitaires, pendantes, axillaires, couvertes de gouttes cristallines; les pédoncules simples, filiformes, chargés de petites vésicules luisantes, de couleur purpurine; le calice est à trois ou quatre divisions profondes, d'un vert jaunâtre en dedans; il ne renferme que trois ou quatre étamines; l'ovaire est à trois faces, hérissé de plusieurs pointes coniques, anguleuses; les styles sont au nombre de trois, et les drupes contiennent une noix à trois loges. Cette plante croît au cap de Bonne-Espérance; on la cultive au Jardin du Roi.

Tétragonie étalée: *Tetragonia expansa*, Ait., *Hort. Kew.*, 2, pag. 178; Murr, *in Comm. Gætt.*, 1783, pag. 13, tab. 5; Scopol., *Del. insubr.*, tab. 14; *Tetragonia halimifolia*, Forst., *Prodr.*; Roth, *Abh.*, tab. 8; *Tetragonia japonica*, Thunb., *Flor. jap.*, 208; *Demidofia tetragonoides*, Pall., *Hort. Demidof.*, 150, tab. 1. Plante herbacée, dont la tige se divise presque dès sa base en rameaux étalés, alongés, tendres, fistuleux, garnis de feuilles alternes, pétiolées, ovales, charnues, glabres, entières, obtuses, longues de deux pouces, larges d'un pouce et demi, un peu courantes sur les pétioles, parsemées de petits points cristallins; les fleurs sont solitaires, axillaires, un peu inclinées; les pédoncules très-courts, simples, épais, uniflores; le calice est divisé à son orifice en quatre dents un peu larges, aiguës; les étamines sont nombreuses, presque de la longueur du calice; le fruit est un drupe presque sec, rhomboïdal, un peu comprimé, enveloppé par le calice, qui le couronne par quatre dents en cornes, outre quatre autres petites pointes plus basses ; il renferme une noix à six ou huit loges monospermes: les semences sont d'un brun rougeâtre, de même forme. Cette plante croît au Japon et à la Nouvelle-Zélande ; on la cultive au Jardin du Roi. On l'a employée avec succès contre le scorbut. On en mange les feuilles bouillies comme des épinards ; elles sont très-bonnes.

TÉTRAGONIE CRISTALLINE : *Tetragonia cristallina*, Willd., *Spec.*; l'Hérit., *Stirp.*, 1, tab. 39. Cette espèce a ses tiges en partie couchées, herbacées ; les rameaux glabres, alongés, garnis de feuilles alternes, sessiles, ovales-oblongues, glabres, entières, obtuses, rétrécies à leur base, longues d'environ un pouce, larges de quatre lignes, parsemées de petits globules cristallins ; les fleurs sont axillaires, réunies trois ou quatre en petites grappes plus courtes que les feuilles ; le calice est pubescent, à quatre folioles lancéolées, obtuses ; les drupes sont dépourvus de pointes à leur sommet. Cette plante est cultivée au Jardin du Roi: elle est originaire du Pérou. (Poir.)

TETRAGONOCARPOS. (*Bot.*) Voyez TETRAGONIA. (J.)

TETRAGONOLOBUS. (*Bot.*) Ce genre de Scopoli et de Mœnch, non adopté, comprend les espèces de *lotus* dont la gousse est quadrangulaire. Adanson les séparoit aussi sous le nom de *scandalida*. (J.)

TÉTRAGONOPTÈRE, *Tetragonopterus*. (*Ichthyol.*) Artedi a désigné sous ce nom un genre de poissons osseux holobranches de la famille des dermoptères, et reconnoissable aux caractéres suivans :

Corps élevé ; nageoire anale longue ; dents tranchantes, et dentelées sur deux rangs à la mâchoire supérieure ; ventre ni caréné ni dentelé.

Ce genre ne renferme encore qu'une espéce, figurée dans Séba (III, tab. 24) sous le nom de *tetragonopterus argenteus*, et qui paroît être le même poisson que le *coregonus amboinensis* d'Artedi, que l'on a confondu mal à propos avec le *salmo bimaculatus* de Linnæus, ou characin double-mouche de feu de Lacépède. (H. C.)

TETRAGONOTHECA. (*Bot.*) Ce genre, d'abord séparé par Linné des *Polymnia*, y avoit ensuite été réuni par le même auteur, puis séparé de nouveau par l'Héritier: il en diffère en effet par un calice simple, tétragone, à quatre divisions très-larges; les fleurs sont radiées; le réceptacle garni de paillettes; les semences privées d'aigrettes; il appartient à la famille des Composées, ordre des fleurs *radiées*, et à la *Syngénésie polygamie superflue* de Linnæus.

TÉTRAGONOTHÉCA HÉLIANTHOÏDE: *Tetragonotheca helianthoides*, Linn., *Spec.*; l'Hérit., *Stirp.*, tab. 177; Dillen., *Eltham.*, tab. 285, fig. 365, *Polymnia tetragonotheca*, Linn., *Syst. veget.* Cette plante produit de ses racines des tiges hautes de deux ou trois pieds, rameuses vers leur sommet, garnies de larges feuilles rudes, alongées, spatulées, opposées, embrassantes, un peu sinuées ou dentées à leurs bords, légèrement velues; chaque rameau est terminé par une grosse fleur jaune, assez semblable à celle des hélianthèmes, pourvue d'un calice simple, à quatre faces formées par quatre grandes divisions élargies, qui forment le principal caractère de ce genre. Cette plante croît dans la Virginie et à la Caroline; elle est cultivée dans plusieurs jardins de l'Europe; le nombre et la grandeur de ses fleurs peuvent la faire admettre comme une plante d'ornement. (Poir.)

TÉTRAGONURE, *Tetragonurus*. (*Ichthyol.*) M. Risso a ainsi nommé un genre de poissons osseux holobranches, que M. Cuvier place entre les vomers et les rhynchobdelles, et que l'on reconnoît aux caractères suivans:

Deux crêtes saillantes de chaque côté de la nageoire caudale; corps alongé; deux nageoires dorsales; la première épineuse et longue, la seconde élevée, courte, molle et implantée au-dessus de l'anale; catopes un peu en arrière des nageoires pectorales; branches de la mâchoire inférieure élevées verticalement, et garnies d'une rangée de dents tranchantes, pointues, formant une sorte de scie, et s'emboîtant, quand la bouche se ferme, entre celles de la mâchoire supérieure; une petite rangée de dents pointues à chaque palatin, et deux rangées au vomer.

Ce genre ne renferme encore qu'une espèce.

Le Courpata ou Corbeau; *Tetragonurus Cuvieri*, Risso. Noir: écailles profondément striées et dentelées.

Des grandes profondeurs de la mer de Nice. Chair réputée venimeuse. (H. C.)

TÉTRAGULE, *Tetragula*. (*Entoz.*) Dénomination signifiant quatre bouches, employée par M. Bosc pour désigner un genre de vers intestinaux qu'il a établi sur un très-petit animal trouvé dans les voies aériennes du cochon d'Inde, et qui me semble ne différer en rien d'une espèce de linguatule observée par Frœlich dans le poumon d'un lièvre, et dont il a fait une espèce de pentastome. En effet, les caractères assignés par M. Bosc à son genre Tétragule (corps claviforme, un peu aplati, composé d'un grand nombre d'anneaux bordés inférieurement de courtes épines ; bouche située à l'extrémité la plus grosse, un peu en dessous, et accompagnée, de chaque côté, de deux gros crochets mobiles de haut en bas ; anus terminal), conviennent parfaitement aux LINGUATULES et même aux PRIONODERMES de M. Rudolphi. (Voyez ces différens mots et POLYSTOME.)

Le ver observé par M. Bosc, et décrit dans les mémoires de l'Institut pour 1810, ainsi que dans le Bulletin par la société philomatique, n'avoit que deux lignes de long, et son corps étoit composé de quatre-vingts anneaux, dont ceux du milieu portoient vingt épines. Voyez l'article VERS INTESTINAUX. (DE B.)

TÉTRAGYNE [FLEUR]. (*Bot.*) Ayant quatre pistils ; exemple : *potamogeton*, etc. (MASS.)

TETRAHIT. (*Bot.*) La plante que Dillen et Adanson nommoient ainsi, est le *galeopsis tetrahit* de Linnæus, qui est de la famille des labiées. M. Smith a observé que, par une exception rare, la fleur qui termine sa tige a une corolle régulière à cinq divisions, et qu'elle est munie de cinq étamines. Correa a fait la même observation. (J.)

TETRALIX. (*Bot.*) Ce nom, donné par Ruppius, dans son *Fl. Ien.*, à une espèce de bruyère, a été employé par Linnæus comme son nom spécifique. Daléchamps cite le même nom ancien pour un chardon approchant du *cnicus*. (J.)

TÉTRAMÉRÉS. (*Entom.*) Cette expression, que nous avons introduite dans la science pour éviter une périphrase, indique le troisième sous-ordre des insectes coléoptères qui ont quatre articles à tous les tarses : elle est empruntée des mots grecs, τέτρα, *quatre*, et de μερός, *parties, divisions*. Nous l'avions d'abord employée dans la Zoologie analytique. La plupart des auteurs l'ont adoptée , mais non comme adjectif (voyez les articles PENTAMÉRÉS et HÉTÉROMÉRÉS), aussi l'ont-ils autrement accentuée. Nous ne croyons pas devoir répéter ici les motifs qui nous font rejeter cette altération du mot. Nous allons indiquer les familles naturelles des insectes coléoptères qui ont quatre articles à tous les tarses : elles sont au nombre de cinq, et ce sous-ordre renferme de plus deux genres anomaux.

Quoiqu'il n'y ait pas de rapports bien évidens entre le nombre des articles aux tarses chez les insectes avec leurs mœurs, il est cependant ici digne de remarque que la plupart des coléoptères tétramérés se nourrissent de matières végétales. Les groupes ou familles, quoique très-nombreux en genres et en espèces, paroissent avoir été reconnus déjà par Linnæus, qui les avoit distribués dans les grands genres Charanson, Chrysomèle et Capricorne. Le premier se nourrit de préférence des tiges et des semences des plantes herbacées; le second, de leurs feuilles, et le troisième du tissu ligneux des arbres morts ou vivans. Les deux autres familles ne renferment encore que quelques espèces qui ne sont même réunies, il faut l'avouer, que parce que les caractères assignés aux trois principales, ne pouvoient leur convenir. Leurs noms sont empruntés de la forme générale de leur corps, et les genres qu'elles renferment offrent cette particularité, que leurs antennes sont en forme de masse, non supportées par un prolongement du front.

Voici le tableau synoptique des familles de ce troisième sous-ordre parmi les coléoptères qui ont quatre articles à tous les tarses.

```
                portées sur un bec ou prolongement du front....... RHINOCÈRES.
A             {
a                                                            { rond ... CYLINDROÏDES.
n               { en masse; corps.......... {
t                                                            { plat.... OMALOÏDES.
e             {
n             { non sur un bec, { non en  { soie, plus grosses à la base. XYLOPHACES.
n                               { masse,   {         { aplati; genre........ SPONDYLE.
e                               { mais en  { fil {    {         { arrondi.... PHYTOPHACES.
s                                                  { rond ;    {
                                                   { corps     { plat; genre CUCUJE.
```

Voyez, pour plus de détails, l'article INSECTES, tom. XXIII, page 481 et suivantes, et le nom de chacune de ces familles. (C. D.)

TÉTRAMÉRIUM ; *Tetramerium*, Gærtn. fils, *Carp.* (*Bot.*)
Genre de plantes dicotylédones, à fleurs complètes, monopétalées, régulières, de la famille des *rubiacées*, de la *tétrandrie monogynie* de Linnæus, offrant pour caractère essentiel :
Un calice urcéolé, à quatre dents ; une corolle infundibuliforme ; le tube élargi à son orifice ; le limbe à quatre lobes
étalés ; quatre étamines non saillantes ; un ovaire inférieur ;
un style ; un stigmate bifide ; une baie globuleuse, ombili-
quée par le calice, ne renfermant qu'une seule semence.

TÉTRAMÉRIUM A FLEURS DE JASMIN : *Tetramerium jasminoides*,
Kunth, *in* Humb. et Bonpl., 3, pag. 373, tab. 287. Arbrisseau garni de rameaux tétragones, presque dichotomes ; les
feuilles sont opposées, pétiolées, oblongues-elliptiques, rétrécies en coin à leur base, acuminées au sommet, glabres,
entières, d'un vert gai en dessus, jaunâtre en dessous, longues de deux pouces et demi, larges d'un pouce ; les stipules
grandes, membraneuses, entières ; les pédoncules terminaux chargés de trois fleurs pédicellées, de la grandeur
de celles du jasmin, entourées à leur base de deux bractées
presque orbiculaires, glabres, membraneuses ; le calice est
glabre, à quatre dents ; la corolle blanche ; le tube cylindrique ; le limbe à quatre lobes ouverts, ovales-oblongs,
très-aigus, une fois plus courts que le tube ; l'ovaire glabre,
pyriforme, strié, anguleux, uniloculaire, à deux ovules ;
le fruit glabre, un peu globuleux, monosperme par avortement. Cette plante croit à la Nouvelle-Grenade, proche
la ville d'Ibagua.

TÉTRAMÉRIUM A FEUILLES SESSILES ; *Tetramerium sessilifolium*,
Kunth, *loc. cit.* Cet arbre est garni de rameaux glabres,
comprimés dans leur jeunesse ; les feuilles sont opposées,
sessiles, oblongues, en cœur, très-aiguës, glabres, luisantes,
d'un vert gai en dessus, plus pâles en dessous, longues de
trois ou quatre pouces, larges d'environ quinze lignes ; les
stipules glabres, ovales, acuminées, subulées ; les fleurs réunies trois par trois, l'intermédiaire sessile, les latérales un
peu pédicellées, formant par leur ensemble des corymbes
terminaux, accompagnés de bractées ovales, opposées, subulées au sommet ; le calice est urcéolé, à quatre dents
mousses ; la corolle infundibuliforme, bleue, à quatre lobes

ovales, aigus, réfléchis; les étamines sont un peu saillantes; l'ovaire, glabre et hémisphérique, a une loge à deux ovules, de grosseur inégale. Cette plante croit dans les forêts, le long de l'Orénoque. (Poir).

TÉTRANDRIE. (*Bot.*) Quatrième classe du Système sexuel de Linnæus, qui comprend les plantes dont les fleurs ont quatre étamines d'égale grandeur; exemples : *galium*, *rubia*, *plantago*, etc. (Mass.)

TETRANTHERA. (*Bot.*) Ce genre de Jacquin est un de ceux dont la réunion faite par nous au *litsea* de M. de Lamarck, dans la famille des laurinées, a été adoptée par les auteurs modernes. (J.)

TETRANTHUS. (*Bot.*) Ce genre est peu connu; il est voisin des *echinops*, et ne comprend, sous le nom de *Tetranthus littoralis* (Swartz, *Prodr.*; Willd., *Spec.*), qu'une seule espèce herbacée, de la famille des *composées*, annuelle, qui a presque le port d'un *mitchella*; ses tiges sont rampantes, filiformes; ses feuilles pétiolées, opposées, un peu arrondies, ovales, ou presque en cœur, membraneuses, glabres à leurs deux faces, longues d'environ six lignes, marquées de trois nervures; ses fleurs solitaires, situées dans l'aisselle des feuilles, supportées par des pédoncules uniflores, plus longs que les feuilles, munies d'un involucre d'une seule pièce, coupé obliquement à son bord, et d'un calice commun à cinq folioles, renfermant quatre fleurs flosculeuses tubulées; les étamines sont syngénèses, au nombre de cinq; le réceptacle est dépourvu de paillettes, et porte des semences couronnées par les bords ciliés du calice. Cette plante croît à la Nouvelle-Espagne. (Poir.)

TETRAO. (*Ornith.*) Linné comprenoit sous ce nom générique les francolins, les perdrix, les cailles, les colins, les tinamous, les turnix, les gangas, les gélinottes, les lagopèdes, les coqs de bruyère. Maintenant la dénomination de *tetrao* est assez généralement restreinte aux trois dernières de ces sections. (Ch. D.)

TÉTRAODON. (*Ichthyol.*) Voyez Tétrodon. (H. C.)

TÉTRAONYX. (*Entom.*) Ce nom, qui signifie quatre ongles, a été donné, par M. Latreille, à un genre d'insectes coléoptères hétéromérés de la famille des cantharides, pour y placer quelques espèces du genre *Apalus* de Fabricius, en particulier celle qui avoit été désignée par cet auteur sous le nom de *quadrimaculatus*. (C. D.)

TETRAOPES. (*Entom.*) M. Schœnherr a réuni sous ce nom de genre plusieurs espèces de lamies de l'Amérique septentrionale. (C. D.)

TÉTRAPHIS, *Quadrident.* (*Bot.*) Ce genre, de la famille des mousses, est parfaitement caractérisé par son péristome simple, à quatre dents pyramidales. On peut ajouter encore que la coiffe a la forme d'une mitre et qu'elle est fendue en plusieurs lanières à sa base, et que l'urne est régulière et sans anneau. Les mousses de ce genre sont dioïques; les mâles sont ou discoïdes, terminales, sessiles, contenant trois à cinq anthères, avec quelques paraphyses articulés; ou pédonculées et en forme de capitules : elles finissent par former un godet qui contient des corpuscules sphériques, pédonculés.

Ce genre, établi par Hedwig sur le *mnium pellucidum*, Linn., a été adopté par les botanistes. Il comprend un petit nombre d'espèces européennes. Bridel en décrit quatre, et les présente sous deux sections assez différentes, pour justifier Schwægrichen d'avoir fait un genre *Tetrodontium* de l'espèce que Bridel rapporte à l'une de ses sections.

§. 1. *Tige droite.* (TETRAPHIS, Schwægr.; TETRACMIS, Brid.; GEORGIA, Ehrh.)

1. Le TÉTRAPHIS PELLUCIDE : *Tetraphis pellucida*, Hedw., *Sp.*, pl. 7, fig. 1 *a—f; ejusd., Pl. crypt.*, pl. 8 ; Schkuhr, *Deutsch. Moose*, p. 52, pl. 15; Sow., *Engl. bot.*, pl. 1020; Hook. et Tayl., *Musc. brit.*, pl. 8 ; *Georgia mnemosyne*, Ehrh., *Beyt.*, 1, pag. 188; *Mnium pellucidum*, Linn., *ed. Fl. Dan.*, pl. 500; Schmid, *Pl. rar.*, 1, pl. 5; Dill., *Musc.*, pl. 31, fig. 2; Vaill., *Bot. par.*, pl. 24, fig. 7. Tiges droites, très-simples, de six lignes environ de long; les unes fertiles, les autres stériles et terminées par des fleurs mâles discoïdes; feuilles lâches, lancéolées, traversées par une nervure longitudinale et continue; pédicelles terminaux droits, longs de six à dix lignes et plus, solitaires, rarement géminés, rougeâtres, un peu tordus vers le haut; capsules droites, oblongues ou presque cylindriques; opercule conique; dents du péristome au nombre de quatre,

quelquefois de cinq, rarement de six, droites, rapprochées; coiffe en forme de mitre alongée, sillonnée en long, inégalement laciniée ou fendue à sa base, entraînant souvent l'opercule avec elle, lorsqu'elle tombe.

Cette mousse, très-différente de toutes les autres espèces du genre, et seule dans sa division, se trouve partout dans l'hémisphère boréal, dans les lieux humides et ombragés, les bruyères humides, dans les plaines et les pays de montagnes, les Alpes, etc. Elle forme des gazons sur la terre, sur les bois pourris et sur les troncs d'arbres renversés. Elle résiste au froid le plus vif; elle est vivace, et fructifie en été : les fleurs mâles sont portées à l'extrémité de la tige, un peu plus haute que la tige fertile et à feuilles plus larges; elles sont en forme de coupe, formée de feuilles en cœur, qui entourent une quantité de corpuscules cylindriques que Hedwig donne pour des anthères, et entremêlés de filets succulens ou paraphyses.

§. 2. *Tige très-courte, presque nulle.* (TETRODONTIUM, Schwægr., *Suppl.*)

Les espèces de cette division sont de petites mousses droites, fermes, menues, à tige simple, à feuilles roides, appliquées, entières; à capsules droites, ovales; à pédicelles longs. Elles se plaisent parmi les pierres et aux bords des ruisseaux.

2. Le TÉTRAPHIS OVALE : *Tetraphis ovata*, Funk, *Moose*, p. 9, pl. 6; Schkuhr, *Deutsch. Moose*, 83, pl. 13; Spreng., *Einl.*, pl. 6, fig. 52; *Tetrodontium ovatum*, Schwægr., *Suppl.*, 2, p. 102. Tige droite, très-courte, simple, garnie de huit à dix feuilles ovales-oblongues, concaves, presque sans nervures; pédicelles terminaux longs de trois à cinq lignes et bruns; capsules d'abord d'un beau jaune verdâtre, puis brunes; péristome à quatre dents pyramidales et réticulées; orifice de l'urne plan et entier entre les dents; opercules convexes, coniques, avec une pointe. Cette mousse, qui n'a guère que six à huit lignes, vit sur les roches granitiques, et y adhère tellement par ses nombreuses et petites racines, qu'il est difficile de l'en détacher. Elle a été découverte par Schrader, près de Reinhausen dans la Basse-Saxe. Funk l'a

trouvée au pied du mont Ochsenkopf en Franconie. Elle est annuelle.

Il ne faut pas confondre cette espèce avec le *tetraphis ovata* de Hook. et Tayl., *Musc. brit.*, pl. 8, qui est une petite mousse à peine de six lignes de hauteur, dont les feuilles du bas sont étroites, linéaires, renflées à l'extrémité et très-longues; les feuilles de la tige droites, ovales, pointues, roides; les capsules ovales, avec l'orifice irrégulier et sinueux; l'opercule conique, acuminé. Cette mousse habite le nord de l'Angleterre, en Irlande et en Écosse, sur les bords des eaux; elle forme de larges plaques, qui couvrent les rochers à la manière des byssus. C'est le *tetraphis browniana*, Brid., et le *tetrodontium brownianum*, Schwægr. (Lem.)

TÉTRAPILE, *Tetrapilus.* (*Bot.*) Genre de plantes dicotylédones, à fleurs dioïques, de la famille des *jasminées?* de la *dioécie diandrie* de Linnæus, offrant pour caractère essentiel: Des fleurs dioïques; un calice fort petit, persistant, campanulé, à quatre divisions; une corolle en cloche; à quatre lobes courbés en capuchon; deux étamines; dans les fleurs femelles un ovaire supérieur; un style court; un stigmate bifide; le fruit est une petite baie à deux loges, renfermant plusieurs semences.

Tétrapile branchu; *Tetrapilus brachiatus*, Lour., *Flor. Coch.*, 2, pag. 750. Arbrisseau dont la tige s'élève à environ cinq pieds, et se divise en rameaux très-étalés, garnis de feuilles simples, glabres, opposées, ovales, lancéolées, médiocrement dentées à leur contour; les fleurs sont dioïques, blanches, petites, placées dans l'aisselle des feuilles, disposées en grappes courtes et axillaires; leur calice est fort petit, campanulé, à quatre divisions aiguës; le tube de la corolle très-court, à quatre sillons; les quatre lobes du limbe sont courbés en capuchon; les filamens de deux étamines épais, très-courts, insérés sur la corolle; les anthères ovales, à deux loges; dans les fleurs femelles l'ovaire est ovale; le style court, terminé par un stigmate charnu, bifide; le fruit est une petite baie ovale, à deux loges, renfermant plusieurs semences arrondies. Cette plante croît parmi les buissons, à la Cochinchine. (Poir.)

TÉTRAPODES. (*Ichthyol.*) M. Ducrotay de Blainville a

ainsi appelé l'ordre de ses *poissons écailleux* qui possèdent à la fois des catopes et des nageoires pectorales. (H. C.)

TÉTRAPODES. (*Erpét.*) Le même savant a ainsi appelé une division de ses *lacertoïdes*, qui renferme les genres Lézard, Scinque et Chalcide. (H. C.)

TÉTRAPODOLITHES. (*Foss.*) On a ainsi nommé autrefois les squelettes de quadrupèdes qui ont été trouvés à l'état fossile. (D. F.)

TETRAPOGON. (*Bot.*) Dioscoride emploie également ce nom grec et celui de *tragopogon* pour désigner le *cercifi*. (J.)

TÉTRAPOGONE, *Tetrapogon*. (*Bot.*) Genre de plantes monocotylédones, à fleurs glumacées, polygames, monoïques, de la famille des *graminées*, de la *polygamie monoécie* de Linnæus, offrant pour caractère essentiel : Des fleurs sessiles, en épis, disposées sur quatre rangs ; un calice bivalve, à trois fleurs, dont les deux latérales hermaphrodites, et celle du centre stérile, pédicellée ; la valve extérieure de la corolle aristée ; l'intérieure plus petite, mutique. Dans la fleur stérile les deux valves presque égales, surmontées d'une arête. Trois étamines ; deux styles.

TÉTRAPOGONE VELUE : *Tetrapogon villosum*, Desf., *Fl. atlant.*, 2, page 389, tab. 255. Cette plante a des tiges droites, grêles, hautes d'environ un pied, glabres, noueuses, comprimées, garnies de feuilles alternes, glabres, étroites, aiguës, larges d'environ une ligne ; leur gaîne lisse, relevée en carène sur le dos, plus courte que les entrenœuds, garnie à son orifice d'une petite membrane courte. Les fleurs sont petites, très-nombreuses ; elles forment un épi terminal, touffu, long de deux ou trois pouces ; elles sont sessiles, placées sur quatre rangs le long d'un rachis filiforme et flexueux, enveloppé à sa base et dans presque toute sa longueur d'une feuille dont la gaîne est élargie, renflée en forme de spathe, d'un jaune pâle. Le calice est composé de deux valves lâches, membraneuses, oblongues, presque égales, étroites, mutiques, d'un blanc argenté : elles renferment trois fleurs ; deux latérales hermaphrodites, ayant une corolle formée de deux valves ; l'extérieure velue, en carène, tronquée au sommet, munie d'une arête très-fine, insérée un peu au-dessous du sommet ; la valve intérieure mutique, enveloppée par l'extérieure. La fleur centrale est stérile, pédicellée, munie de deux valves fort petites, presque égales, tronquées au sommet ; toutes deux velues et aristées. Cette plante a été découverte par M. Desfontaines dans le sable, proche Cafsa, en Barbarie. (Poir.)

TÉTRAPTÈRE, *Tetrapteris*. (*Bot.*) Genre de plantes dicotylédones, à fleurs complètes, polypétalées, de la famille des *malpighiacées*, et de la *décandrie trigynie* de Linnæus, offrant pour caractère essentiel : Un calice persistant, à cinq divisions, souvent glanduleux à l'extérieur ; cinq pétales onguiculés ; dix étamines ; les filamens connivens à leur base ; trois ovaires réunis ; trois styles ; trois capsules (ou samares) uniloculaires, indéhiscentes, réunies à un axe central, munies de quatre ailes membraneuses ; les deux inférieures souvent plus petites, une semence pendante.

Je laisse à juger si quatre ailes sur le fruit, au lieu de trois, forment un caractère suffisant pour établir un genre distinct des *triopteris*, qui n'ont que trois ailes, quand d'ailleurs tous les autres caractères, ainsi que le port, sont parfaitement semblables dans ces deux genres ; ce qui n'a pas empêché plusieurs auteurs de conserver le genre *Tetrapteris* de Cavanilles.

Tétraptère a feuilles aiguës ; *Tetrapteris acutifolia*, Cavan., *Diss.*, 9, tab. 261. Arbrisseau dont les rameaux sont glabres, cylindriques, garnis de feuilles ovales-lancéolées, glabres, entières, médiocrement pétiolées, aiguës. Les fleurs sont disposées en une panicule terminale, un peu touffue ; les pédicelles articulés, accompagnés de deux bractées courtes, subulées, aiguës. Le calice est hémisphérique, à cinq découpures ovales, dont quatre munies de deux glandes ; la corolle jaune, fort petite, à pétales égaux, ovales, arrondis, ondulés à leurs bords ; les filamens sont courts ; les trois ovaires connivens ; les trois capsules globuleuses ; les ailes presque lancéolées, un peu sinuées à leurs bords, toutes égales ; la semence est triangulaire. Cette plante croit à l'ile de Cayenne.

Tétraptère a feuilles de citronnier : *Tetrapteris inæqualis*, Cavan., *loc. cit.*, tab. 260 ; Lamk., *Ill. gen.*, tab. 382 ; *Triopteris citrifolia*, Swartz, *Flor. Ind. occid.*, 857. Cet arbrisseau a des tiges longues, grimpantes ; les rameaux glabres, flexibles, garnis de feuilles opposées, pétiolées, ovales-oblongues, membraneuses, un peu en cœur, glabres, entières. Les fleurs sont disposées en une panicule axillaire ou terminale ; les pédicelles réunis en ombelle, uniflores ; les petites bractées ovales, aiguës ; les deux glandes de couleur brune à la base des divisions extérieures du calice ; la corolle est jaune ; les pétales sont arrondis ; les onglets linéaires ; les trois capsules ovales, munies de quatre ailes, dont deux opposées plus grandes, et deux inférieures plus petites ; les semences solitaires, luisantes, rougeâtres. Cette plante croît dans les grandes forêts, sur les montagnes, à la Jamaïque.

TÉTRAPTÈRE MUCRONÉE : *Tetrapteris mucronata*, Cavan., *l. c.*, tab. 262, fig. 2 ; *Triopteris acuminata*, Willd., *Spec.*, 2, page 745. Arbrisseau dont les rameaux sont glabres, opposés, cylindriques ; les feuilles pétiolées, opposées, ovales-oblongues, presque glauques, glabres, entières, acuminées ; les fleurs réunies vers l'extrémité de rameaux presque en ombelles axillaires, opposées, avec deux petites bractées à chaque articulation. Le calice est court, à cinq découpures aiguës, sans glandes, ni pores apparens ; les ovaires sont cotonneux ; les capsules munies de quatre ailes ovales, oblongues, inégales ; les supérieures plus longues, obtuses, arrondies au sommet. Cette plante croît à l'île de Cayenne.

TÉTRAPTÈRE A FEUILLES DE BUIS : *Tetrapteris buxifolia*, Cavan., *Diss.*, *loc. cit.*, tab. 262, fig. 1 ; *Triopteris buxifolia*, Willd., *Spec.* Plante remarquable par ses petites feuilles presque sessiles, assez semblables à celles du buis, mais un peu plus grandes, glabres, ovales, entières. Les tiges sont cylindriques, revêtues d'une écorce brune, parsemées de petits tubercules ; les rameaux opposés. Les fleurs sont disposées en ombelles terminales, à cinq ou six rayons et plus, longs d'un pouce, uniflores, articulés, avec deux petites dents ou bractées à chaque articulation. Le calice est muni de huit petites glandes pédicellées. Les fruits sont accompagnés de quatre ailes. Cette plante croît aux Antilles.

TÉTRAPTÈRE D'ACAPULCO ; *Tetrapteris acapulcensis*, Kunth, *in* Humb. et Bonpl., *Nov. gen.*, 5, page 168. Ses rameaux sont glabres, lisses, d'un brun cendré, pubescens dans leur jeunesse ; les feuilles opposées, à peine pétiolées, ovales, elliptiques, obtuses, en cœur à leur base, glabres, entières, longues de quinze ou vingt lignes, larges de dix ou douze. Les fleurs sont réunies en ombelles axillaires vers l'extrémité des rameaux, un peu plus courtes que les feuilles; les pédoncules pubescens, munis de deux folioles opposées, ovales, obrondes, obtuses; les pédicelles articulés avec deux petites bractées; le calice a cinq divisions, dont quatre chargées de deux glandes sur le dos. Le fruit est garni de quatre ailes membraneuses, dont deux plus petites. Cette plante croit au Mexique, sur le rivage, proche Acapulco. (Poir.)

TÉTRAPTÈRE. (*Bot.*) Garni de quatre appendices amincis en lame (aile); exemples: légume du *securidaca volubilis*, carcérule du *combretum laxum*, du *halesia tetraptera*, etc. (Mass.)

TÉTRAPTÈRES. (*Entom.*) Ce nom, qui signifie à quatre ailes, a été donné à un grand nombre d'insectes. Il convient en effet à tous ceux qui, sous l'état parfait, ne sont ni aptères, ni diptères. Quelques auteurs se sont servi de cette dénomination comme propre à indiquer une grande coupe dans la classe. Les tétraptères à ailes farineuses sont les lépidoptères; les tétraptères vaginipennes sont les coléoptères, etc.; les tétraptères gymnoptères sont les hyménoptères, les névroptères. (C. D.)

TÉTRAPTURE, *Tetrapturus*. (*Ichthyol.*) M. Rafinesque-Schmaltz a ainsi appelé un genre de poissons osseux thoraciques, voisin de l'Istiophore, de feu de Lacépède, par la forme des mâchoires et des catopes, ainsi que par le nombre des nageoires dorsales et anales, mais s'en éloignant par la figure de ses autres nageoires et de sa queue, et par la structure de ses catopes, qui, au lieu de deux rayons, n'en ont qu'un seul.

Ce genre ne renferme encore qu'une espèce,

Le Tétrapture bellone, *Tetrapturus bellone*. Corps cylindrique; machoires alongées; dents petites; nageoire dorsale très-longue et falciforme; nageoire anale très-courte et falciforme aussi; deux nageoires adipeuses, opposées près de la queue, à la base de laquelle on remarque quatre ailettes, deux de chaque côté, et qui est fourchue.

Ce poisson, de la taille de quatre ou cinq pieds, fréquente en automne les rivages de la Sicile, où on le nomme *aguga pelerana.* Le mâle nage toujours accompagné de sa femelle à fleur d'eau et surtout la nuit. (H. C.)

TÉTRAPUS, TÉTRAPI ou TÉTRAPODES. (*Entom.*) On a nommé ainsi quelques insectes dont les deux pattes antérieures sont plus courtes ou ont une autre forme que les autres. Tels sont quelques papillons dont on a dit que les pattes de devant formoient une palatine autour du cou et qui ne servent pas en effet à la marche. (C. D.)

TÉTRARHYNQUE, *Tetrarhynchus.* (*Entoz.*) Nom substitué par M. Rudolphi à celui de tentaculaire, proposé par M. Bosc pour désigner un genre de vers intestinaux, que Goëze, Gmelin et Zeder avoient rangés parmi les échinorhynques; mais qui en diffère d'une manière notable par la présence de quatre prolongemeus proboscidaux ou tentaculaires à l'extrémité antérieure. Du reste, le corps est également sacciforme dans l'un et l'autre genre.

Les espèces que M. Rudolphi décrit dans ce genre, sont:

Le T. APPENDICULÉ : *T. appendiculatus*, Rudolphi, *Entoz.*, tome 2, part. 1, page 319, tab. 7, fig. 10 — 12; *Echinorhynchus quadrirostris*, Linn., Gmel., page 3049, n.° 35, etc. Corps de trois à douze lignes de long, tronqué et claviforme, pourvu d'un appendice ovale ou globuleux en arrière. Quatre trompes oblongues, cylindriques, armées dans toute leur étendue de crochets assez solides, disposés en six séries longitudinales. Couleur blanche ou orangée.

Trouvé dans le foie et dans les muscles du *salmo salar*, Linn.

M. Rudolphi suppose que la vessie qui termine le corps de ce ver pourroit bien n'être qu'une dépendance de l'appareil mâle de la génération.

Le T. PAPILLEUX : *T. papillosus*, id., ibid., tab. 7, fig. 3 — 9; TENTACULAIRE DE LA DORADE, Bosc, Vers, tome 2, p. 11 — 13. Corps oblong, obtus en arrière ; les quatre trompes terminées par une papille. Couleur blanche.

Dans la cavité abdominale et dans le tissu musculaire, dans la bouche et la cavité branchiale de la coryphène dorade et dans les muscles du scombre pélamide.

C'est cette très-petite espèce de ver qui a servi à l'établissement du genre Tentaculaire de M. Bosc, et qui a été décrite à cet article. M. Tilésius qui l'a également observée, ne paroît pas avoir vu d'anus, ni que les prolongemens tentaculaires servissent de bouche ou de suçoirs ; il décrit au contraire et figure un orifice médian à l'extrémité antérieure, aussi M. Rudolphi est-il porté à admettre que l'anus n'est pas à l'extrémité postérieure et que les prolongemens tentaculaires ne sont pas de véritables suçoirs, comme le pense M. Bosc, et qu'ils sont garnis de crochets, qui ont échappé à son observation et même à celle de M. Tilésius. Il paroît aussi qu'elle n'est pas toujours contenue dans un kiste ou poche particulière, ainsi que ce dernier zoologiste l'a observé. En effet, les individus trouvés par M. Tilésius étoient parfaitement libres. Au reste, c'est ce qu'on remarque pour plusieurs espèces d'échinorhynques, qui tantôt sont libres et tantôt sont contenues dans un kiste.

Le Tétrarhynque alongé : *T. elongatus*, id., *ib.*, n.° 5 ; *Echin. argentinæ*, Linn., Gmel., p. 3049, n.° 39, d'après Redi, Anim. viv., page 158, Vers, p. 235. Corps de trois ou quatre travers de doigt dans sa plus grande extension, extrêmement contractile, pourvu de quatre appendices tentaculaires, armés de crochets : de couleur blanche en avant et jaune en arrière.

Trouvé par Redi en assez grand nombre sous la membrane péritonéale de l'estomac, des intestins et du foie d'une argentine sphyrène.

Le T. de la morue (*T. morhuæ*, id., *ibid.*, n.° 4 ; Abildgaar, *in Dansk. selsk. Skrivt.*, 1, page 3 ; *Echin. quadrirostris*) n'a pas été décrit, Abildgaar, qui l'a découvert dans la morue, se bornant à dire qu'il diffère du T. appendiculé.

Le T. discophore : *T. discophora*, Rudolphi, *Synopsis*, page 130, n.° 4 ; Bremser, *Icones*, tab. 11, fig. 14 — 16. Corps d'un pouce à un pouce et demi de long, assez comprimé, atténué à l'extrémité postérieure, avec un renflement céphalique bien distinct, considérable, et pourvu, outre les quatre tentacules hérissés de crochets, de deux paires de fossettes presque réunies deux à deux. Couleur blanche.

Dans les branchies du *brama raii*. N'est-ce pas le même animal qui a servi à l'établissement du genre *Floriceps* de M. Cuvier.

Le Tétrarhynque a grandes fossettes : *T. macrobothrius, id., ib.*, n.° 5; Bremser, *Icones*, tab. 11, fig. 16 — 19. Corps de trois ou quatre lignes au plus, ovale-alongé, court, obtus à l'extrémité postérieure et pourvu de fossettes ou suçoirs très-grands. Couleur blanche.

Cette espèce a été trouvée entre les tuniques de l'estomac de la coryphène dorade. Une des figures données par M. Bremser représente l'agglomération singulière de trois ou quatre individus, dont l'un a perforé avec sa trompe le corps d'un second, lequel s'est lui-même attaché à un troisième. (De B.)

TÉTRARRHÈNE, *Tetrarrhena*. (*Bot.*) Genre de plantes monocotylédones, à fleurs glumacées, de la famille des *graminées*, de la *tétrandrie digynie* de Linnæus, offrant pour caractère essentiel : Un calice uniflore, à deux valves; la corolle double, sessile, plus longue que le calice, chacune à deux valves, sans écailles extérieures et sans poils fasciculés; deux écailles opposées à la base de l'ovaire, alternes avec les valves de la corolle; quatre étamines; deux styles.

Tétrarrhène a feuilles distiquées : *Tetrarrhena disticophylla*, Rob. Brown, *Nov. Holl.*, 1, page 210; *Ehrharta disticophylla*, Labill., *Nov. Holl.*, 1, page 90, tab. 117. Cette plante a des tiges foibles, longues d'un pied, rameuses; les rameaux redressés; les stériles plus courts, couverts dans toute leur longueur de feuilles disposées presque sur deux rangs, roides, subulées, longues d'un pouce, velues en dedans; les inférieures planes, plus larges; les supérieures roulées sur elles-mêmes, pileuses à l'orifice de leur gaîne. Les fleurs sont disposées en un épi court, un peu interrompu; les valves du calice courtes, ovales, presque glabres, un peu ciliées; la corolle est mutique; la valve extérieure oblongue, obtuse, à cinq nervures; l'intérieure lancéolée, membraneuse. Cette plante croît au cap Van-Diémen.

Tétrarrhène acuminée; *Tetrarrhena acuminata*, Rob. Brown, *loc. cit.* Cette espèce a une tige rameuse, garnie de feuilles glabres, ainsi que les gaines et les fleurs; les valves calicinales nerveuses; l'extérieure aiguë; deux valves corollaires, dont l'intérieure un peu plus courte, l'autre plus longue, acuminée. Dans le *tetrarrhena juncea*, la tige est rameuse; les

feuilles sont glauques et roides; les fleurs glabres, imbriquées;
les valves du calice nerveuses; celles de la corolle sans nervures, toutes obtuses. Le *tetrarrhena lœvis* a ses tiges très-
simples; les feuilles planes, glabres, un peu lâches; les fleurs
glabres, distinctes; les valves du calice lisses, sans nervures,
obtuses; celles de la corolle nerveuses, un peu aiguës. Cette
plante croît à la Nouvelle-Hollande. (Poir.)

TÉTRAS, *Tetrao.* (*Ornith.*) Aux articles Gélinotte et Lagopède de ce Dictionnaire, on a renvoyé au mot Tétras, qui
va les embrasser tous trois, et cette réunion paroît, en effet,
d'autant plus naturelle qu'elle est adoptée par MM. Cuvier et
Temminck, et que l'auteur du Nouveau Dictionnaire d'histoire naturelle, après avoir formé un genre particulier du
Lagopède, avoue qu'il lui sembleroit aussi convenable de
ne séparer que par des sections, les tétras proprement dits,
des gélinottes et des lagopèdes, dont les mœurs et le genre
de vie sont presque entièrement les mêmes.

Les caractères généraux du genre *Tetrao*, borné à ces
trois sections, sont : d'avoir le bec court, robuste, épais; la
mandibule supérieure voûtée, plus longue que l'inférieure
et couvrant ses bords; les narines à demi closes par une membrane renflée, que cachent les plumes avancées du front; la
langue courte, charnue, acuminée; les sourcils nus et présentant des papilles verruqueuses, rouges; les trois doigts
antérieurs garnis d'aspérités et réunis par une membrane
jusqu'à la première articulation; le pouce ne portant à terre
que sur son extrémité, ou même, chez les lagopèdes seulement,
sur l'ongle beaucoup plus long que le doigt lui-même; le
tarse emplumé jusqu'aux doigts et souvent jusqu'aux ongles;
la queue composée de seize ou dix-huit pennes; les ailes
courtes, concaves, arrondies.

Ces oiseaux n'habitent que les contrées boréales et tempérées, et l'on n'en trouve, ni dans l'Afrique ni dans l'Asie
orientale, ni dans l'Amérique méridionale. Ils préfèrent, en
général, les grandes forêts en montagnes; mais les gélinottes
fréquentent aussi les forêts en plaines, et les lagopèdes, plus
particulièrement confinés dans les régions glaciales ou sur
les hautes montagnes du centre de l'Europe, se tiennent
ordinairement dans les broussailles ou dans les amas de bou-

leaux et de saules nains. Ces derniers seuls vivent en bandes nombreuses. La nourriture de toute cette famille d'oiseaux, dont la plupart sont polygames, consiste presque uniquement en feuilles ou en baies : ce n'est que dans les momens de disette qu'ils ont recours aux graines. Les tétras ont l'habitude de se percher fréquemment dans la journée et toujours pendant la nuit ; ils ont une voix très-sonore, et ils annoncent l'acte de la reproduction par des mouvemens et par des cris particuliers, souvent même par une sorte de délire amoureux. L'époque des amours, qui est plus ou moins tardive, selon que la neige couvre plus ou moins de temps les lieux qu'ils habitent, commence ordinairement dans les mois de Mars ou d'Avril. Les femelles, seules chargées de l'incubation, nichent à terre et font une ponte assez nombreuse, qui n'a presque jamais lieu qu'une fois par an. Les petits quittent le nid aussitôt après leur naissance, et prennent eux-mêmes la nourriture que la mère leur indique.

La mue paroît n'avoir lieu chez ces oiseaux qu'une fois l'année, quoique certaines espèces muent deux fois, et que celles-ci changent périodiquement de couleurs. Chez les grandes espèces les mâles ont un plumage différent de celui des femelles : mais chez les petites espèces à plumage bigarré, les sexes varient peu. Les jeunes mâles ressemblent aux femelles jusqu'à l'époque de leur première mue. Les lagopèdes n'offrent de différence essentielle pour les caractères extérieurs qu'à l'égard des doigts emplumés, et cette circonstance ne tient, sans doute, qu'à la température plus élevée des lieux où ils habitent. On a aussi remarqué qu'ils étoient monogames.

Quoique M. Temminck ait commis quelques erreurs dans son ouvrage sur les gallinacés, il les a rectifiées dans la seconde édition de son *Manuel d'ornithologie* : il y a en outre introduit une nomenclature uniforme pour le genre Tétras. Il s'est procuré d'ailleurs un grand nombre d'individus, comme objets de comparaison, et il a placé en tête de chaque description une phrase caractéristique, qui facilite les moyens de graver dans la mémoire les signes propres à faire reconnoître les diverses espèces. On croit devoir, en conséquence, prendre la marche qu'il a suivie pour base d'un travail assez

compliqué et qui s'étend sur une famille d'oiseaux qu'on ne
paroit pas avoir encore suffisamment éclaircie.

§. 1. *Tétras proprement dits.*

Tétras auerhan ou grand Tétras; *Tetrao urogallus*, Linn.
Cet oiseau, plus connu sous le nom de *grand coq de bruyère,*
est figuré dans les planches enluminées de Buffon, n.° 73 le
mâle, et n.° 74 la femelle. La phrase caractéristique de cette
espèce est : « Plumes de la gorge alongées; poitrine d'un vert
« à reflets; queue arrondie; bec blanc. »

Le mâle de cette espèce a environ trois pieds de longueur
et trois pieds et demi de vol; il pèse dix ou douze livres :
son tarse est couvert de plumes jusqu'à l'origine des doigts,
qui sont garnis sur les deux côtés d'appendices écailleux; la
plante des pieds est verruqueuse. La tête et le cou du mâle
sont d'un noir cendré, marqués de petits points gris-blanc;
les plumes de la gorge forment à la mandibule inférieure une
longue barbe noire, susceptible d'être étalée; l'orbite des yeux
est entouré d'un large espace nu, d'un rouge éclatant; le dos
et le croupion présentent de petites lignes blanchâtres en
zigzag, sur un fond noir; la poitrine est d'un vert à reflets;
le ventre et l'abdomen sont noirs, avec des taches blanches;
les couvertures des ailes sont d'un brun châtain, et leur extrémité d'un blanc pur; la queue, avec laquelle le mâle peut
faire la roue, comme le dindon, est composée de six plumes
arrondies et noires, avec quelques petites taches blanches
vers l'extrémité; le bec, long de deux pouces et demi, est
de couleur de corne, et l'iris est d'un brun clair.

La femelle est rayée et tachetée de roux, de noir et de
blanc, et son bec est d'un brun noirâtre. Les jeunes ressemblent à la femelle avant la première mue, et après cette
mue le vert de la poitrine est moins lustré, et le cendré
domine sur le noir.

Ces oiseaux habitent en grand nombre dans le nord de
l'Asie, en Russie, jusque vers la Sibérie : ils sont assez communs en Livonie, en Allemagne, en Hongrie. On les trouve
plus rarement en France; mais cependant des auteurs prétendent qu'on en voit dans les pays de Foix et de Comminge,
en Auvergne, dans les Ardennes et les Vosges lorraines, où

on les appelle *grianots*. Ils choisissent de préférence les forêts des montagnes et n'émigrent point. Leur nourriture consiste surtout en baies, en bourgeons et jeunes pousses d'arbres et d'arbustes alpestres.

A l'époque des amours, qui commence en général, pour ces oiseaux, dans les mois de Mars ou d'Avril, le mâle, placé d'ordinaire sur le penchant de quelque montagne exposée aux premiers rayons du soleil, dans le voisinage d'un torrent où croissent des pins, appelle les femelles vers deux heures et jusqu'au crépuscule du matin. Ce mâle, l'œil étincelant, les plumes de la tête et du cou redressées, les ailes étalées, la queue relevée et épanouie, se promène sur les plus grosses branches d'un arbre ou sur un tronc renversé; et quand les femelles se sont réunies au nombre de six ou huit, il en descend pour satisfaire son impatience amoureuse : il les accompagne ensuite dans les lieux où se trouvent les végétaux qui leur servent d'alimens. Quoique cette habitude soit connue des chasseurs, il leur est très-difficile de surprendre cet oiseau. Pour en approcher, ils ne doivent faire quelques pas que dans les instans où il exprime son délire par les sons *dodel*, *dodel*, *dodelder*, et rester immobiles lorsqu'il se tait, car le moindre craquement de feuilles le fait partir.

Les femelles font à terre, dans la bruyère ou dans tout autre endroit bien couvert, un nid sans apprêt, composé de mousse, dans lequel elles pondent ordinairement douze œufs et quelquefois seize, qui sont d'un blanc sale, marqués de taches jaunâtres, et qui ne sont guère plus gros que ceux des poules vulgaires, mais plus obtus. L'incubation dure environ quatre semaines, et les femelles couvent avec tant d'assiduité, qu'il n'est point rare de les prendre vivantes sur leur nid. Cette circonstance facilite aussi aux oiseaux de proie et aux renards les moyens de détruire les auerhans. Les mâles s'éloignent des femelles pour vivre séparément, mais les petits restent avec leur mère jusqu'au printemps.

La forte voix et les cris extraordinaires du grand tétras ont porté à faire des recherches anatomiques sur cet oiseau, et l'on a reconnu que sa langue est petite et pointue et que sa glotte est parsemée de papilles dirigées en arrière; la trachée-artère du mâle forme une circonvolution entre les os de la fourchette. La courbure du tube remonte environ un pouce et demi, et, se courbant de nouveau, elle descend à gauche du gésier jusque sur les muscles du cou, d'où elle se dirige dans les poumons : deux muscles, attachés de chaque côté du larynx supérieur, suivent latéralement la direction du tube, auquel ils adhèrent, passent sur le gésier, et réunissent leurs fibres sur la crête du sternum. La trachée de la femelle se rend en ligne droite aux poumons, et les deux muscles en ruban n'existent point.

Les tentatives faites jusqu'à présent pour habituer les auerhans et les autres espèces de tétras à l'état de domesticité, ont toujours mal réussi. Quand ces oiseaux sont privés de la liberté, ils languissent, et le plus grand nombre meurt dans l'année ; il seroit cependant plus facile d'élever les jeunes qu'une dinde auroit fait éclore. La nourriture convenable à ceux-ci dans les premiers jours consisteroit en œufs de fourmis, en baies de genièvre, en fraises, en groseilles, en bourgeons d'aulne, de bouleau, de noisetier, en feuilles de pin et de sapin, et en diverses espèces d'insectes.

Tétras rakkelhan; *Tetrao medius*, Meyer. On ne connoît encore que le mâle et le jeune de cette espèce, regardée par plusieurs naturalistes comme hybride, et provenant du mâle d'un grand tétras, avec la femelle du petit; mais M. Temminck, qui possède des individus du mâle et du jeune, a fait reconnoître la réalité de l'espèce par les naturalistes modernes, et a joint à l'appui de ce fait des considérations tirées de ce que dans les provinces du nord de la Russie, de la Suède et de la Laponie, seules parties de l'Europe où le rakkelhan vive en grand nombre, les forêts sont également peuplées de grands et de petits tétras, de sorte qu'aucun motif ne pourroit y porter l'auerhan à chercher une alliance illégitime et à s'écarter des vues de la nature. Mais, d'après l'opinion assez généralement reçue à l'époque où Sparrman a publié les fascicules du *Museum Carlsonianum*, on ne doit pas s'étonner que sa 15.ᵉ planche, qui est une figure exacte du rakkelhan, porte le nom de *tetrao hybridus*.

Les tétras proprement dits sont donc au nombre de trois espèces, savoir : 1.° l'*auerhan* ou grand tétras; 2.° le *rakkelhan* ou tétras intermédiaire; 3.° le petit tétras ou *birkhan*, auquel la dénomination de tétras à queue fourchue ne peut plus convenir, puisqu'elle est également propre à la seconde espèce.

La phrase caractéristique de cette espèce est ainsi conçue : « Plumes de la gorge un peu alongées; poitrine et cou à « reflets pourprés; queue légèrement fourchue; bec noir; « aspérités des doigts très-longues. »

Le mâle de cette espèce est long de deux pieds trois à cinq pouces; le bec a un pouce et demi, et il est plus droit et moins courbée vers la pointe que dans les deux autres espèces de tétras; la queue, composée de dix-huit pennes, est foiblement étagée et fourchue, et la penne extérieure de chaque côté est un peu courbée en dehors, mais elle n'est point contournée comme dans le petit tétras; les doigts sont garnis sur les bords d'appendices écailleux plus longs et plus rudes que dans les autres espèces, et la plante des pieds est couverte de verrues plus rudes; un beau noir, à reflets bronzés et pourprés, règne sur la tête, le cou et la poitrine; au-dessus des yeux est un large espace nu et couvert de mamelons d'un rouge éclatant, qui forment une sorte de crête dans le temps des amours; le dos et le croupion sont d'un noir lustré, et le ventre est d'un noir mat; les ailes, noirâtres, sont parsemées de points et de zigzags cendrés et bruns; l'abdomen et les flancs sont variés de grandes taches blanches; la queue est d'un noir profond; le bec est noir, l'iris de couleur noisette, et les pieds sont de couleur de corne.

Les jeunes mâles ressemblent aux vieux après leur première mue; mais les reflets du cou et de la poitrine sont moins vifs; la queue, moins fourchue, est terminée de blanc, et il y a en général un plus grand nombre de taches blanches dans le plumage.

M. Langsdorff a décrit le mâle dans les Mémoires de l'Académie de Saint-Pétersbourg, sous le nom de *tetrao intermedius;* mais la femelle, qu'on dit être variée de petites taches noires transversales, sur un fond roussâtre, n'est pas encore décrite.

La trachée du mâle se rend directement aux poumons, et les deux grands muscles de celle de l'auerhan ne se trouvent point chez le rakkelhan, dont la voix ne ressemble ni aux cris sonores et variés du grand tétras, ni aux cris plus doux du petit tétras. Les sons rauques du tétras intermédiaire sont plutôt des cris uniformes et continus.

Le rakkelhan, qui vit plus particulièrement dans les grands déserts de la Russie couverts de hautes bruyères, se montre rarement dans les bois, et sa nourriture n'est pas connue. En Suède on le nomme *raklejhanor*. Ses œufs, de forme oblongue, tiennent le milieu, pour la grandeur, entre ceux du grand et du petit tétras : ils sont plus clairs que ceux de l'auerhan, et les taches en sont plus grandes et plus distinctes.

Tétras birkhan ou petit Tétras, *Tetrao tetrix*. Cet oiseau, dont les deux sexes ont été figurés dans les planches enluminées de Buffon, n.ºs 172 et 173, et qui a aussi été appelé *petit coq sauvage, coq de bruyère, coq de bouleau, faisan noir, faisan de montagne,* est connu plus vulgairement sous le nom de *coq de bruyère à queue fourchue;* mais on a exposé à l'article précédent pourquoi cette dernière dénomination cessoit d'être convenable. Sa taille, peu supérieure à celle du coq ordinaire, est d'environ deux pieds; son vol est de deux pieds neuf ou dix pouces; son bec, long de dix pouces, est fortement courbé depuis sa base ; les pieds sont emplumés jusqu'aux doigts; la queue est composée de seize pennes, dont les quatre extérieures ont leur bout contourné en dehors.

La phrase caractéristique consiste dans l'absence de plumes longues sous la gorge, une queue très-fourchue, dont les deux pennes extérieures sont contournées; un plumage d'un noir à reflets violets, et les couvertures inférieures de la queue blanches.

Outre ses larges sourcils rouges, on remarque sur les ailes du mâle une large bande blanche, et la même couleur sur les couvertures inférieures de la queue. Le bec est noir et l'iris est bleuâtre. Quelques plumes tachées de roux sont mêlées avec les plumes noires chez les jeunes mâles, qui, avant leur mue, ressemblent aux femelles, lesquelles sont moins grandes, ont la queue moins fourchue que les mâles adultes : la tête et le cou roux, avec des raies noires; le dos, le croupion et les pennes caudales noires, avec des bandes rousses, et la poitrine rayée de roux et de noir.

Cette espèce est plus répandue que les précédentes dans

les provinces du centre de l'Europe, et elle se trouve en assez grand nombre en Allemagne et en Italie, dans les bois voisins des bruyères et des champs, où elle se nourrit des bourgeons et boutons du hêtre, du bouleau, du pin, du sapin, et elle mange aussi le sarrasin, la vesce, d'autres graines et des insectes : elle entre en amour sur la fin de l'hiver. Les mâles s'attaquent jusqu'à ce que les plus foibles aient pris la fuite, après quoi les vainqueurs se promènent sur un tronc d'arbre, la queue étalée et battant des ailes, en jetant des cris d'amour qui font accourir les femelles, qui, après leur fécondation, vont faire, dans les bruyères et les buissons, un nid où elles pondent de huit à douze œufs d'un jaune terne, parsemés de grandes et petites taches rousses, et moins gros que ceux des poules domestiques. Les petits commencent à voltiger au bout de dix ou quinze jours ; mais ce n'est qu'après cinq ou six semaines qu'ils sont en état de se percher sur les arbres avec leurs mères.

Une des manières de les chasser en Courlande, en Livonie et en Lithuanie consiste à fabriquer un mannequin appelé *balvane*, que l'on fixe au bout d'un bâton sur un bouleau, dans le lieu du rendez-vous d'amour, où des chasseurs se mettent en embuscade. On prend aussi les tétras aux lacets ou aux filets.

Cette espèce paroît à M. Cuvier être à la fois le *tétras à plumage variable* et le *tétras à queue pleine*.

§. 2. *Gélinottes.*

Tétras gélinotte ; *Tetrao bonasia*, Linn., pl. enl. de Buff., n.ᵒˢ 474 et 475, les deux sexes. Cette gélinotte proprement dite est aussi connue sous le nom de poule des coudriers. Sa phrase caractéristique est : « Plumes de la tête un peu alon- « gées ; une bande noire vers l'extrémité des pennes latérales « de la queue ; partie inférieure du tarse et doigts nus. »

Cet oiseau est de la taille de la bartavelle, et a treize à quatorze pouces de longueur et dix de vol ; ses ailes, pliées, n'excèdent pas le quart de la longueur de la queue ; les plumes du sommet de la tête peuvent se redresser en forme de huppe quand l'oiseau est affecté de quelque passion. La moitié supérieure de ses pieds est garnie en devant de plumes effilées, et la partie nue recouverte de petites lames écailleuses ; l'ongle du doigt du milieu est tranchant et les doigts sont bordés de petites dentelures ; il y a sous la gorge du mâle un espace noir, entouré d'une bande blanche qui prend son origine entre le bec et l'œil, lequel est surmonté d'une peau nue et rouge ; les parties inférieures du corps sont noires, mais rousses dans leur milieu et bordées de blanc, et les parties supérieures sont variées de taches rousses, noires et blanches ; une bande blanche se voit sur les scapulaires, et une large bande noire au bout des pennes caudales ; l'iris est brun et le bec est d'un brun noirâtre.

Le noir de la gorge n'existe point chez la femelle, qui est moins grande, et chez laquelle l'espace entre l'œil et le bec est roux ; la poitrine est de cette dernière couleur, avec des taches noires, dont il existe un grand nombre sur les parties supérieures, et la bande longitudinale des scapulaires est d'un jaune d'ocre.

La gélinotte est parfois d'un blanc pur, avec quelques plumes de couleur ordinaire. L'une ou l'autre partie du corps est accidentellement blanche ou d'un cendré clair, avec les couleurs ordinaires foiblement ébauchées. Le *tetrao canus* de Sparrman, *Mus. Carls.*, pl. 16, est dans un de ces cas, et il en est de même du *tetrao canus* de Gmelin et de Latham. Le *tetrao nemesianus* de Scopoli, Ann., p. 118 et 119, est une gélinotte mâle montée et trop alongée, et le *tetrao betulinus* de Gmelin et de Latham appartient probablement à un jeune de l'espèce.

Les bois en montagnes où croissent des pins, des sapins, des bouleaux et des coudriers „sont préférés par les gélinottes, qui s'y nourrissent, en été, de baies de myrtille, de bruyères, de ronces, etc., et en hiver, de chatons de bouleaux, de sommités de pins et de sapins, et en général de plus de baies que de bourgeons. On en trouve en France dans les Vosges, les Pyrénées, en Suisse, en Allemagne, en Bohème, en Pologne et jusqu'en Sibérie.

Les tétras gélinottes s'apparient dans les mois d'Octobre et de Novembre, et font au printemps, sous des branches de coudriers ou entre des touffes de bruyères, un nid où les femelles pondent douze à dix-huit œufs blancs, un peu plus gros que ceux de pigeon, qui sont d'un roux clair, parsemés de taches plus foncées et dont l'incubation dure trois semaines. Aussitôt qu'ils sont éclos, ils courent de côté et d'autre, et la mère les rallie autour d'elle par un petit cri doux. Les ailes de ces oiseaux étant très-courtes, ils s'enlèvent avec effort et marchent plus qu'ils ne volent, ou se tiennent immobiles.

Ces oiseaux se chassent au fusil, aux filets, aux lacets et aux collets.

TÉTRAS ROUGE; *Tetrao scoticus*, Lath. Cette espèce, longue de seize pouces, qui se nomme aussi *poule des marais*, a donné lieu à une discussion entre MM. Vieillot et Temminck, et ce dernier avoue l'erreur qu'il avoit commise en confondant le tétras des saules avec celui d'Écosse; mais il a depuis vu plusieurs centaines d'individus de ce dernier, et M. Boié lui a envoyé quelques individus du tétras des saules, ce qui l'a mis à portée de rectifier ses premières assertions, et voici la phrase caractéristique qui en est résultée pour le tétras d'Écosse : « Plumage constamment d'un rouge marron; sour- « cils dentelés, très-élevés; tarses et doigts couverts de poils « gris; seize pennes à la queue; les latérales noirâtres, ter- « minées de marron. » Le mâle de cette espèce a seize pouces de longueur; tout son plumage est d'une belle couleur marron, pure et sans tache à la tête et au cou, mais variée sur toutes les parties inférieures de zigzags noirs, et sur les parties supérieures de grandes et petites taches noires; l'orbite des yeux est entourée de petites plumes blanches; les rémiges et les pennes secondaires sont brunes; les quatre pennes du milieu de la queue de couleur marron, avec des raies noires; les latérales noirâtres; toutes sont terminées de marron; la peau nue qui entoure les yeux forme une arête dentelée, très-élevée en été, d'un rouge vermillon; plus de la moitié du bec est cachée par les plumes qui recouvrent les narines; les tarses et les doigts sont entièrement couverts de poils gris; l'iris est d'un brun clair et les ongles sont cendrés.

Des nuances moins foncées se remarquent sur la femelle, dont la couleur marron est souvent variée de roussâtre, et qui porte un plus grand nombre de zigzags et de taches noires; les sourcils rouges sont peu visibles; le plumage des jeunes est d'un roussâtre clair, varié de taches et de raies irrégulières noirâtres.

Cette espèce, fort abondante en Écosse, l'est beaucoup moins en Angleterre et en Irlande; elle vit sur les hautes montagnes et dans les lieux déserts. L'hiver, elle descend dans les vallées; mais elle ne se montre point en plaine: elle vit de bourgeons, de baies et de feuilles d'arbustes. La femelle pond six à dix œufs d'un cendré rougeâtre, avec beaucoup de grandes taches d'un rouge foncé, dans un nid qu'elle pratique dans les broussailles les plus fourrées et les plus inaccessibles.

Il s'en faut de beaucoup que les naturalistes soient d'accord à considérer les gélinottes comme réelles dans la nomenclature des tétras. Cependant la queue du *tetrao phasionnellus*, étant dite fort étagée, cette circonstance est assez frappante pour faire regarder cette espèce de la baie d'Hudson, représentée, pl. 117 d'Edwards, comme suffisamment distincte. Il en est de même de la gélinotte tachetée ou *acaho*, *tetrao canadensis*, Lath., pl. 18 et 71 d'Edwards, et 151 et 152 de Buffon. Le caractère tiré de la fraise que porte l'espèce à laquelle cette particularité a fait donner les noms de *tetrao Cupido*, *umbellus* et *togatus*, Gmel., pl. 248 d'Edwards, et 104 de Buffon, ne permet pas davantage de douter qu'il n'en soit de même à son égard. M. Cuvier paroît fondé à regarder ces trois dénominations comme ne formant qu'une seule espèce; et les trois oiseaux dont il vient d'être question, n'offrant point d'ailleurs dans leurs mœurs des différences assez essentielles pour en faire la matière d'articles détaillés, on croit devoir se borner à leur sujet à de simples notices.

La première, la gélinotte à longue queue, appelée faisan à la baie d'Hudson, a les deux pennes caudales intermédiaires de deux pouces plus longues que les autres, et chargées de taches en forme d'yeux. D'autres taches, rondes et blanches, sont répandues sur les côtés du cou et les couvertures des ailes. La poitrine est d'un châtain brun, et des sourcils rouges surmontent les yeux.

La seconde, la gélinotte tachetée, d'une taille un peu inférieure à celle de la gélinotte commune, offre un mélange de noirâtre et de cendré brun, avec des raies noires transversales ; la gorge et la poitrine sont noires ; les pennes alaires sont noirâtres et frangées de blanc ; les pennes caudales noires et bordées de roux, et les pieds velus jusqu'aux doigts. Elle habite en grand nombre depuis la baie d'Hudson jusqu'à la Nouvelle-Écosse.

Le trait qui caractérise la troisième est de nature à ne pas exiger de description particulière.

§. 3. *Tétras lagopèdes.*

Tétras ptarmigan; *Tetrao lagopus*, Linn. Cet oiseau, long de quatorze à quinze pouces, a vingt-deux pouces de vol et pèse quatorze onces : c'est le lagopède ordinaire, qui est figuré dans les planches enluminées de Buffon, n.° 129, avec son plumage d'hiver, et n.° 494, en plumage d'été ; il est caractérisé par cette phrase : « Bec foible, comprimé vers la pointe ; « ongles subulés, arqués et noirs ; une balafre noire sur les « yeux du mâle ; dix-huit pennes à la queue. »

Le mâle est, en plumage d'hiver, d'un blanc pur. Une bande noire, qui part de l'angle du bec, s'étend jusqu'aux yeux et les dépasse. Un liséré blanc termine les pennes latérales de la queue, qui sont noires ; un espace nu et rouge entoure les yeux ; les pieds et les doigts sont garnis de plumes laineuses ; les ongles sont crochus, subulés et noirs ; le bec est de cette dernière couleur, et l'iris est cendré.

Chez la femelle, dans la même saison, l'espace nu au-dessus des yeux est moins grand, et elle est privée de la bande noire.

En été, le sommet de la tête, le cou, le dos, les scapulaires ; les deux pennes du milieu de la queue, sont d'un roux cendré, coupé par des zigzags noirs chez le vieux mâle ; la poitrine et les flancs sont variés de plumes de la même couleur, parmi lesquelles s'en trouvent d'un noir profond, variés de zigzags d'un rouge clair ; la bande noire subsiste ; la gorge, le plus souvent blanche, est quelquefois tapirée de noirâtre ; le ventre, l'abdomen, les plumes anales, les ailes, leurs couvertures et les pieds, sont d'un blanc parfait ; les sourcils sont larges et très-rouges. La femelle, toujours privée de la bande noire sur les yeux, a moins de blanc dans son plumage, et la tête, le dessus du corps, le cou, la

poitrine, les flancs et l'abdomen, sont rayés assez régulièrement de bandes transversales d'un roux clair et de noir; le
ventre, les pieds et les ailes, sont seuls d'un blanc parfait.
Des raies très-fines, cendrées, noires et roussâtres, se remarquent sur le plumage des jeunes.

Le tétras ptarmigan est très-commun en Suisse, où il paroit que le tétras des saules ne se trouve pas. Cette espèce
vit également en Amérique, où elle ne paroît point différer
de celle qui est propre aux Alpes suisses et aux Alpes du
Nord : elle se nourrit de baies et de feuilles des plantes alpestres, de boutons du rosier des Alpes et du myrtille; mais
très-rarement d'insectes. La femelle niche dans les lieux ouverts où il croit beaucoup de mousse, ou sous les buissons
rampans, et elle pond de sept à quinze œufs oblongs, d'un
jaune rougeâtre, qui paroit entre les nombreuses taches dont
ces œufs sont couverts.

Les lagopèdes volent par troupes et peu haut. Leur chair
est estimée, quoiqu'elle ait un peu d'amertume.

Tétras des saules, *Tetrao saliceti*. M. Temminck a substitué
cette dénomination à celle de *tetrao albus*, employée par
Gmelin et Latham; parce que cette dernière exposeroit à
confondre cette espèce avec deux autres, qui ont le plumage blanc en hiver : c'est aussi le lagopède de la baie d'Hudson et la perdrix des saules de Hearne, Voyage à l'océan du
Nord. Il a pour phrase caractéristique : « Le bec fort, court,
« déprimé vers la pointe, obtus; les ongles longs, blancs,
« très-peu courbés : aucune différence n'existe en hiver
« entre les deux sexes. Dix-huit pennes à la queue. »

Cet oiseau est long de seize pouces : le mâle et la femelle
sont en entier d'un blanc pur pendant l'hiver; les sourcils,
petits et rouges, ne sont poi t surmontés de crêtes; les pennes
de la queue sont noires et terminées de blanc; les tarses et
les doigts sont plus forts, plus longs et plus garnis de duvet
que dans l'espèce précédente; les ongles sont longs, larges,
taillés en pioche et d'un blanc pur; le bec, noir, gros, obtus,
déborde très-peu les plumes du front; l'iris est d'un cendré
blanchâtre.

Un rouge marron couvre en été la tête, le cou, le dos,
les scapulaires, les couvertures et les pennes du milieu de

la queue. Cette couleur est pure sur le devant du cou, mais il y a des zigzags noirs sur les autres parties et des taches noires sur le haut du dos; la poitrine et les parties inférieures, les couvertures et les pennes des ailes, sont d'un blanc pur; les pennes latérales de la queue sont noires et bordées de blanchâtre; les tarses et les doigts sont garnis à claire-voie de poils laineux. Les femelles et les jeunes sont d'un roux orangé, avec des taches noires plus grandes; les sourcils ne sont pas élevés en crête comme chez les mâles.

Il y a plus ou moins de blanc sur les différentes parties du corps, selon les approches périodiques des deux mues, et il arrive souvent qu'au milieu de l'été on voit des individus dont les cuisses sont colorées comme le dos et variées de plumes blanches, et dont les doigts sont en totalité ou en partie nus : c'est alors le *tetrao lapponicus*, Gmel. et Lath., et le *tetrao rehusak*, Temm., *Gall.*

Le tétras des saules habite le nord de l'Europe et de l'Amérique, jusque sous les glaces du pôle, et ne se montre guère plus vers le midi que dans la Livonie et l'Estonie. Il se nourrit de baies, de bourgeons, des feuilles et des semences du bouleau et du saule nain. Le nid se pratique à terre dans des touffes de bruyère et des amas de bouleaux. La femelle y pond dix à douze œufs, plus grands que ceux du ptarmigan et d'un blanc rougeâtre, avec des taches et des marbrures sanguines. (Cʜ. D.)

TETRASPORA. (*Bot.*) Link avoit proposé (*Diar. bot.*, Schrad., 1809, p. 19) de séparer des *ulva* les espèces chez lesquelles les spores sont disposés quatre à quatre dans l'épaisseur de la fronde. Ce genre auroit compris les *ulva minima*, Dec.; *intestinalis*, Linn.; *terrestris*, Roth.; *gelatinosa*, Vauch., d'après M. Desvaux (Obs. sur les plantes de l'Anjou, 1818). Ce genre, qu'Agardh n'avoit pas admis et qu'il n'avoit point séparé des *ulva*, paroît, dans son *Systema*, modifié et établi ainsi : Fronde tubuleuse ou enflée, gélatineuse; sporidies quaternées, lâches. Il en résulte que ce genre ne diffère réellement de l'*Ulva* que par sa consistance gélatineuse; car, pour les sporidies, leurs dispositions quaternées se rencontrent aussi dans les autres *ulva*.

Curt Sprengel n'admet point ce genre, et il le réunit au

Solenia d'Agardh, qui est encore un autre genre formé par des *ulva*, comme il sera démontré à l'article ULVA. Voyez ce mot. (LEM.)

TETRATHECA. (*Bot.*) Genre de plantes dicotylédones, à fleurs complètes, polypétalées, de la famille des *polygalées*, de l'*octandrie monogynie* de Linnæus, offrant pour caractère essentiel : Un calice persistant, à quatre divisions; quatre pétales; huit étamines; un ovaire supérieur; un style; une capsule à deux loges, à deux valves; deux semences dans chaque loge.

TETRATHECA VELUE; *Tetratheca pilosa*, Labill., *Nov. Holl.*, 1, pag. 95, tab. 122. Cet arbrisseau a des tiges nombreuses, longues de huit ou dix pouces, pileuses, ainsi que les rameaux et les feuilles. Celles-ci sont éparses ou un peu opposées, presque sessiles, quelquefois ternées; les supérieures linéaires, réfléchies à leurs bords; les inférieures ovales, souvent dentées, oblongues, aiguës, rétrécies à leur base, longues de six ou huit lignes. Les fleurs sont solitaires, pédonculées, axillaires, munies à la base du pédoncule d'une très-petite bractée subulée; les divisions du calice presque orbiculaires, aiguës, garnies en dedans de poils glanduleux; les pétales ovales, rapprochés à leur base; les étamines opposées deux par deux aux pétales; les anthères à quatre loges; l'ovaire est tuberculé, hérissé de poils glanduleux; la capsule velue, ovale, comprimée, à deux loges. Cette plante croit au cap Van-Diémen.

TETRATHECA GLANDULEUX : *Tetratheca glandulosa*, Labill., *Nov. Holl.*, *loc. cit.*, tab. 123; Smith, *Exot. bot.*, 1, tab. 21. Arbrisseau dont les tiges sont divisées en rameaux alternes, nombreux, un peu velus, garnis de feuilles éparses, petites, presque sessiles, linéaires, obtuses, longues de trois ou quatre lignes, d'autres ovales-oblongues, dentées, rétrécies à leur base, munies à leur contour de petits cils glanduleux, en forme d'épines. Les fleurs sont pédonculées, solitaires, axillaires; les pédoncules de la longueur des feuilles, un peu recourbés, chargés, ainsi que les calices, de poils très-courts, glanduleux; les divisions du calice profondes, concaves, ovales, obtuses; les corolles d'un rouge foncé; les pétales ovales, longs de six lignes. Cette plante croit au cap Van-Diémen.

Tétratheca a feuilles de thym; *Tetratheca thymifolia*, **Sm.**, *Exot. bot.*, 1, p. 41, tab. 22. Cette plante a des tiges droites, rameuses, légèrement velues. Les feuilles sont sessiles, verticillées, lancéolées, aiguës, ciliées à leurs bords, quatre par verticille, longues d'un demi-pouce. Les fleurs sont pédonculées, solitaires, axillaires. Le calice est partagé en quatre divisions profondes, lancéolées, aiguës, ciliées à leurs bords; la corolle rouge, à pétales en ovale renversé, au moins une fois plus longs que le calice. Cette plante croit dans l'Amérique. (Poir.)

TÉTRATOME, *Tetratoma*. (*Entom.*) Nom donné par Herbst à un genre d'insectes coléoptères hétéromérés, de la famille des fongivores ou mycétobies qui ont quelques rapports avec les diapères et les cnodalons, et auquel on n'a rapporté encore que très-peu d'espèces.

Nous avons fait figurer l'espèce principale dans l'atlas de ce Dictionnaire, pl. 15, fig. 7.

Le nom du genre est composé de deux mots grecs τετρα, τομα, qui signifient *à quatre articles* ou *sections*, ce qui indique le nombre des pièces qui forment la masse de ses antennes. Le nombre des articles distingue très-facilement ce genre de tous ceux de la même famille, qui tous ont aussi les élytres durs, non soudés, et les antennes grenues. En effet, leur masse est formée de huit articles dans les diapères, de sept dans les bolétophages et les hypophlées, de six dans les cnodalons, de cinq dans les anisotomes, de trois dans les agathidies. A la vérité les cossyphes n'en ont aussi que quatre, mais la forme générale du corps de ceux-ci, qui est très-plat, ainsi que la disposition du corselet, qui cache tout-à-fait la tête, suffit pour les faire distinguer à l'instant. Nous caractérisons ainsi ce genre:

Antennes formées de onze pièces, dont les quatre de l'extrémité libre forment une masse perfoliée.

L'espèce que nous avons fait figurer se trouve aux environs de Paris, dans les bois et le plus souvent dans les champignons du genre Bolet; aussi l'appelle-t-on

Tétratome des champignons, *Tetratoma fungorum*.

Car. D'un jaune pâle, à tête et masse des antennes noires; élytres d'un bleu noir luisant, pointillés. (C. D.)

TÉTREZ. (*Ornith.*) C'est le tétras en Esclavonie. (Ch. D.)

TÉTRIX. (*Entom.*) M. Latreille, d'après Olivier, a adopté ce **nom** de genre pour désigner celui des Acridies, insectes orthoptères de la famille des sauterelles ou grylloïdes. Voyez l'article Sauterelle. (C. D.)

TETRIX. (*Ornith.*) Nom spécifique du petit tétras ou coq de bruyère, *tetrao tetrix*, Linn. (Ch. D.)

TÉTRODON, *Tetraodon.* (*Ichthyol.*) On appelle ainsi, et d'après deux mots grecs, dont l'un signifie *quatre*, et l'autre, *dent*, un genre de poissons cartilagineux, de l'ordre des téléobranches et de la famille des ostéodermes de M. Duméril, et de l'ordre des plectognathes, famille des gymnodontes de M. Cuvier.

Ce genre, généralement adopté, peut être ainsi caractérisé :

Squelette cartilagineux ; catopes nuls ; mâchoires avancées, garnies d'une substance éburnée et divisées dans leur milieu par une suture, de manière à présenter l'apparence de quatre dents, deux dessus et deux dessous ; peau garnie de petites épines peu saillantes ; opercules de petites dimensions ; nageoires impaires fort apparentes.

On distinguera facilement les Tétrodons des Diodons, où les mâchoires ne sont point divisées par une suture ; des Coffres, qui ont plus de six dents ; des Syngnathes, qui n'en ont point ; des Balistes. qui ont des catopes ; des Ovoïdes et des Sphéroïdes, qui n'ont point de nageoires impaires. (Voyez ces divers noms de genres, et Ostéodermes et Téléobranches.)

Comme les diodons, les tétrodons, ont reçu le nom vulgaire de *boursouflus*, parce qu'ils peuvent se gonfler ainsi que des ballons, en avalant de l'air et en remplissant de ce fluide leur estomac, ou plutôt une sorte de jabot très-mince et très-extensible, qui occupe toute la longueur de l'abdomen, en adhérant intimement, ce qui l'a fait prendre tantôt pour le péritoine même, tantôt pour une espèce d'épiploon. Lorsqu'ils sont ainsi gonflés, ils culbutent ; leur ventre prend le dessus et ils flottent à la surface de l'eau, sans pouvoir se diriger ; mais c'est pour eux un moyen de défense, parce que les épines, qui garnissent leur peau, se relèvent ainsi de toutes parts.

Ils ont, en outre, une vessie hydrostatique bilobée et des reins qui, placés très-haut, ont été mal à propos pris pour des poumons par plusieurs auteurs, par Schœpfer, Plumier et Garden, entre autres.

Par une disposition peut-être unique dans toute la classe des poissons, et à laquelle ils participent avec les diodons et les orthagorisques, ils n'ont que trois branchies de chaque côté.

Quand on les prend, ils font entendre un son, produit sans doute par l'air qui s'échappe de leur corps.

Leurs narines sont garnies chacune de deux tentacules charnus.

Parmi les espèces de ce genre, nous parlerons en particulier des suivantes :

Le FAHACA ou TÉTRODON RAYÉ : *Tetraodon lineatus*, Linnæus; *Tetraodon fahaca*, Hasselquist. Au devant de chaque œil et assez près l'un de l'autre pour se toucher, un tubercule terminé à son sommet par deux filamens très-courts; ventre très-avancé; front fort élevé; tête petite et tronquée par devant; nageoires petites; dos d'un vert bleuâtre; ventre d'un jaune roux; flancs d'un bleuâtre foncé; dos et flancs rayés longitudinalement de brun et de blanchâtre; nageoires jaunes; pupille noire; iris doré.

Ce poisson, plus anciennement connu que les autres tétrodons, habite le Nil, qui le répand abondamment sur les terres dans les inondations, après lesquelles il sert de jouet aux enfans, quoique, suivant Hasselquist, les Égyptiens l'aient en horreur et soient persuadés que l'usage de sa chair donneroit la mort.

Les courts piquans, dont il est armé, occasionnent, par leur piqûre, tous les accidens de l'urtication.

Les Grecs modernes le nomment *flasco-psaro*. M. Geoffroy, dans l'Histoire de l'expédition d'Égypte, l'a appelé *tetraodon physa*. Il ne faut point, au reste, le confondre avec le *tetraodon lineatus*, que Bloch a représenté dans sa 141.ᵉ planche, tandis qu'il convient de lui rapporter l'espèce admise par Linnæus, sous la dénomination de *tetraodon hispidus*.

Son anatomie est consignée dans l'ouvrage de la Commission de l'Institut d'Égypte.

Le Tétrodon peintade ; *Tetraodon meleagris*, Lacép. Tête, corps, queue et nageoires d'une teinte brune, avec une innombrable quantité de petites taches lenticulaires et blanches, analogues à celles de la robe de la peintade; piquans très-courts.

Ce poisson a été observé par Commerson dans les mers de l'Asie. Il paroît que lorsqu'on le saisit, il fait entendre un bruit plus fort que celui que rendent les autres espèces, au moins proportionnément à son volume.

Le Tétrodon Plumier ; *Tetraodon Plumierii*, Lacép. Nageoire caudale arrondie, jaune, avec deux bandes transversales brunes ; nageoires anale et dorsale jaunes aussi ; corps un peu alongé ; dos brun et lisse ; ventre blanchâtre, garni de petits piquans ; deux rangées longitudinales de taches d'un brun verdâtre de chaque côté.

Ce poisson a été observé et dessiné par Plumier, d'après le dessin duquel feu de Lacépède l'a décrit, en indiquant cependant comme une proéminence dorsale, ce qui n'est véritablement, ainsi que l'a noté M. Cuvier, que la nageoire de l'autre côté.

Le Tétrodon hérissé ; *Tetraodon hispidus*, Lacép. Mâchoire inférieure plus avancée que la supérieure ; tout le corps hérissé de petits piquans : dos d'une couleur foncée ; flancs et ventre clairs, avec quatre bandes transversales brunes.

Ce poisson, qu'il ne faut pas confondre avec les *tetraodon hispidus* de Bloch et de Linnæus, fréquente les mers des Indes et la Méditerranée, particulièrement vers les rivages de l'Afrique septentrionale et même à l'embouchure du Nil et des autres grands fleuves de ces contrées. C'est probablement de lui ou du *fahaca* que Pline a parlé sous la dénomination d'*orbis*, et dans plusieurs contrées du Levant ils paroissent encore aujourd'hui confondus sous celle de *flasco-psaro*.

Sa chair n'est nullement bonne à manger ; mais ne paroît point vénéneuse.

Dans plusieurs des contrées soumises au joug des Musulmans, après avoir gonflé d'air le tétrodon hérissé, on le soumet à une dessiccation soignée, et on le suspend au faîte des minarets et sur les points culminans des édifices à la place de girouettes.

Il paroît, d'après quelques observateurs, qu'au mont Bolca,

53.

près de Vérone, on a trouvé l'analogue de ce poisson pétrifié.

Autrefois aussi on pensoit que le *flasco-psaro* engendroit des perles de la rosée reçue dans sa bouche. Personne aujourd'hui n'adopte ce préjugé, déjà signalé comme tel par Rondelet.

Le TÉTRODON MOUCHETÉ : *Tetraodon Commersonii*, Schneider; *Tetraodon Honckenii*, Bloch. Mâchoire inférieure plus avancée que la supérieure ; tout le corps hérissé de très-petits piquans ; des taches noires sur le dos, sur la queue et sur la nageoire caudale ; nageoires pectorales arrondies et d'un jaune rougeâtre ; dos d'un brun sale ; ventre blanchâtre ; nageoire anale et extrémité de la nageoire dorsale jaunâtres ; pourtour des yeux et de la bouche livide ; iris brillant de l'éclat de l'or et de l'argent ; nageoires pectorale et caudale arrondies.

Ce poisson paroît ne point différer d'une manière évidente du tétrodon tigre et des *tetraodon punctatus* et *nigropunctatus* de Schneider. Il habite les divers enfoncemens que présentent les côtes des îles Praslin, où il a été observé par l'infatigable Commerson.

Lorsqu'il est gonflé, il paroît avoir le volume de la tête d'un enfant nouveau-né. Plus on le touche, plus on le tourmente, et plus il acquiert de grosseur, comme pour chercher à se défendre contre la main qui l'inquiète.

Le TÉTRODON PERROQUET ; *Tetraodon testudineus*, Linnæus. Mâchoire supérieure plus avancée que l'inférieure, ce qui donne à sa bouche quelque ressemblance avec le bec des perroquets ou avec celui des tortues ; nageoire caudale arrondie ; aiguillons très-courts sur la peau du ventre, renfermés, hors l'état de gonflement, dans de petits enfoncemens, qui disparoissent au moment du développement ; taille d'un à deux pieds.

Ce poisson, dont la partie supérieure est brune, avec des taches blanches de figures variées, et dont les côtés sont blancs, avec des bandes longitudinales de couleur foncée, habite l'Inde. De l'Écluse, le premier, l'a figuré ; mais sa figure est très-fautive et a été servilement copiée par Jonston et par Willughby de Heresby, lequel, ainsi que Séba et J. Ray, a établi comme type d'une autre espèce que celle décrite par l'Écluse, le poisson dont celui-ci avoit prétendu parler sous la dénomination d'*orbis oblongus testudinis capite*.

Le Tétrodon étoilé, *Tetraodon stellatus*. Mâchoire supérieure plus avancée que l'inférieure ; tout le corps armé de petits piquans. qui portent cinq ou six rayons à leur base, sur les côtés et sur le ventre ; teinte générale grisâtre. plus sombre sur le dos. lequel est semé, ainsi que la queue, de taches petites. presque rondes et très-rapprochées ; plus claire et sans taches sous le ventre ; un anneau d'un noir très-foncé auprès de l'anus : nageoire du dos pédonculée et plus haute que large ; nageoire caudale arrondie.

Ce poisson. observé par Commerson au marché de l'île Maurice, près l'Isle-de-France. avoit la taille de treize pouces et pesoit à peu près deux livres.

Le Tétrodon sans taches ; *Tetraodon immaculatus*. Lacép. Mâchoire supérieure plus avancée que l'inférieure ; de petits piquans sur tout le corps, dont toutes les parties sont sans taches ; yeux petits et très-rapprochés du bout du museau.

Décrit par de Lacépède, d'après une figure de Commerson.

Le Tétrodon lagocéphale ; *Tetraodon lagocephalus*, Linn. Mâchoires également avancées : corps non comprimé ; ventre armé d'aiguillons à trois racines, disposés en séries longitudinales et au nombre de vingt ordinairement : tête alongée ; bouche petite ; yeux ovales. à prunelle noire et à iris jaune ; ligne latérale nulle ; dos jaune, avec des bandes brunes transversales : ventre blanc, avec des taches rondes et brunes.

Des mers de l'Inde, des côtes de la Jamaïque et du Nil.

Le Tétrodon croissant ; *Tetraodon ocellatus*, Linn., Gmel., Bloch. Une bande transversale noire, bordée de jaune, en croissant, avec une tache de la même teinte et pareillement bordée sur le dos, qui est d'un vert foncé. tandis que le ventre est blanc et que les nageoires sont jaunâtres ; yeux à prunelle noire et à iris jaune ; queue courte ; des piquans sur la partie inférieure du corps seulement.

Ce poisson vit en Égypte, comme le fahaca, dont nous avons parlé précédemment, et où on le regarde comme une nourriture insalubre et même tout-à-fait dangereuse, lorsqu'il n'a point été vidé avec le plus grand soin, ce que la superstition attribue à ce que, dans la nuit des temps, quelques individus de son espèce ont dévoré le corps d'un Pharaon tombé dans le Nil.

Il paroît, selon M. Cuvier. qu'on a eu tort de le réunir au *furube* des Japonois, qu'a figuré *Séba* et dont ont parlé avec quelques détails Kæmpfer et Rumph. Ce furube forme véritablement une espèce particulière et est aussi abondant que redouté au Japon, où cependant on le recherche avec empressement, parce qu'il passe pour fort délicat, lorsqu'on l'a débarrassé de sa tête, de ses os et de ses viscères, et qu'on en a lavé et nettoyé la chair avec grand soin. Aussi les gourmets du pays offrent-ils souvent l'exemple des accidens que son ingestion peut déterminer. Suivant Osbeck il peut causer la mort en deux heures à ceux qui s'en nourrissent sans avoir pris cette précaution. Il paroît même que c'est un poisson qu'emploient, pour terminer une existence qui leur est à charge, les infortunés que des maladies chroniques ou une longue série de malheurs ont jetés dans le désespoir, et des ordonnances impériales défendent expressément aux soldats d'acheter ou de manger du furube, et cela avec tant de sévérité que, si quelqu'un d'eux meurt par suite de sa désobéissance, son fils perd le droit de le remplacer.

Il se vend d'ailleurs beaucoup plus cher que le poisson ordinaire et ne se mange que frais.

Au rapport de Rumph le remède des accidens causés par le furube est l'administration d'une plante qu'il a nommée *rex amaroris* et qui paroît être l'*ophioxylon serpentinum* de Linnæus.

L'anis étoilé, au contraire, augmente beaucoup la subtilité et la violence du poison, au moins à ce qu'assure Kæmpfer, dans ses *Amœnitates*.

Le TÉTRODON SPENGLÉRIEN ; *Tetraodon Spengleri*, Bloch. Deux ou trois rangées longitudinales de filamens ou de barbillons de chaque côté du corps; ventre hérissé d'aiguillons; dos rougeâtre, avec plusieurs taches d'un brun foncé; ventre blanchâtre; toutes les nageoires grises.

Ce tétrodon vit dans les Indes. Bloch lui a donné le nom spécifique de *spenglérien*, en l'honneur du Danois Spengler, de Copenhague, qui le lui a envoyé. On l'appelle aussi parfois *Penton de mer*.

Le TÉTRODON ÉLECTRIQUE ; *Tetraodon electricus*, Gmel. Corps comprimé latéralement et dos un peu tranchant; dos brun; flancs jaunes; ventre vert de mer; un grand nombre de taches

rouges, vertes, blanches, très-vives en couleur; iris rouge;
nageoires rousses ou vertes.

Ce poisson habite au milieu des bancs de corail creusés
par la mer et qui entourent l'île Saint-Jean, près de celle
de Comorre, dans l'océan Indien. Il y parvient à la taille de
sept pouces au moins, et c'est là que pour la première fois il
a été observé, en 1786, par le lieutenant William Paterson.

Il possède la faculté de faire éprouver de vives commotions
à ceux qui veulent le saisir.

Le Tétrodon grosse-tête; *Tetraodon sceleratus*, Gmel. Tête
beaucoup plus volumineuse que dans toutes les autres espèces; taille de deux pieds à deux pieds et demi.

Ce poisson renferme un venin des plus actifs. On le trouve
dans l'Océan pacifique et l'on en doit la connoissance à Forster. (H. C.)

TÉTRODON LUNE. (*Ichth.*) Voyez Orthagoriscus. (H. C.)

TETRODONTIUM. (*Bot.*) Schwægrichen donne ce nom à
un genre de mousse qui diffère à peine du Tétraphis (voyez
ce mot), avec lequel il a été réuni. On a imprimé aussi *Te-
tradontium* pour *Tetrodontium*. (Lem.)

TETRONCIUM. (*Bot.*) Ce genre de Willdenow est congénère ou au moins très-voisin du *triglochin* dans la famille ou
section des joncaginées. Il ne diffère que par ses fleurs dioïques et par le nombre quaternaire des parties de la fructification, qui est de trois ou de six dans le *triglochin*. (J.)

TÉTRORAS, *Tetroras*. (*Ichthyol.*) M. Rafinesque-Schmaltz
a ainsi appelé un genre de poissons chondroptérygiens, qui
doit être rapporté à la famille des plagiostomes et est très-
voisin de celui des Carcharias. (Voyez ce mot.)

Les caractères du genre Tétroras sont les suivans :

*Point d'évents; une nageoire anale; deux nageoires dorsales; qua-
tre ouvertures branchiales de chaque côté ; queue inégale, oblique.*

Il ne renferme qu'une espèce.

L'Ange; *Tetroras angiova*, Rafin. Schm. Tête obtuse; dents
en rape; ligne latérale nulle; un appendice de chaque côté
de la queue; yeux très-petits.

Ce poisson, qui parvient à la taille de six pieds, fréquente
les côtes de Sardaigne, de Sicile et de Naples, où on le
nomme *angiova*, et parfois, *elotione di mare.* (H. C.)

TETTAM COTTI, TITTAM COTTI. (*Bot.*) Nom donné dans l'Inde à une espèce de vomiquier, *strychnos*, dont la graine, de forme lenticulaire, mise dans l'eau, contribue à la purifier, ce qui l'a fait nommer *strychnos potatorum*. (J.)

TETTE-CHEVRE. (*Ornith.*) Voyez Engoulevent. (Ch. D.)

TETTE-CODOUKI. (*Bot.*) L'*heliotropium indicum* est ainsi nommé dans un herbier de la côte de Coromandel. (J.)

TETTIGOMÈTRE, *Tettigometra*. (*Entom.*) M. Latreille a nommé ainsi un petit genre d'insectes hémiptères, de la famille des auchénorhinques, qu'il a distrait de celui des fulgores ou des derbes de Fabricius, dont il diffère parce que les yeux ne sont pas saillans et que les antennes sont logées à la partie presque postérieure de la tête, dans l'angle rentrant correspondant à l'articulation du corselet, telles sont les espèces de fulgores que Panzer a décrites et figurées dans sa Faune allemande, cah. 61.ᵉ, pl. 12 et 13, sous le nom de *virescens* et *obliqua*. (C. D.)

TETTIGON. (*Orn.*) Nom du roitelet en grec moderne. (Ch. D.)

TETTIGONE ou TETTIGONIE, *Tettigonia*. (*Entom.*) MM. Olivier et Latreille avoient désigné sous ces noms les procigales de Geoffroy, que nous avons décrites sous le nom de *cicadelles*. Fabricius a ensuite nommé *Tettigonia*, le genre qui comprend les véritables cigales chanteuses, parce que les Grecs les appeloient τεττιξ, et il a placé dans les genres Lystre, Cigale et Jasses, les insectes que nous avons décrits sous le nom de Cicadelles. Voyez ce mot, tome IX de ce Dictionnaire, page 189. (C. D.)

TÊTU. (*Ichthyol.*) Voyez Capito, Caboche, Chevanne et Têtard. (H. C.)

TÉTYRE, *Tetyra*. (*Entom.*) Nom sous lequel Fabricius a décrit le genre d'insectes hémiptères qui correspond à celui des scutellaires de M. de Lamarck, espèces de punaises des bois, à écusson large, prolongé sur tout l'abdomen. Voyez Scutellaire. (C. D.)

TETZAUHCOALT. (*Erpét.*) Séba donne ce nom à une vipère du Brésil et à un serpent très-rare du Mexique. (H. C.)

TETZONPAN. (*Ornith.*) Ce nom mexicain désigne, dans Fernandez, le moqueur varié. (Ch. D.)

TEU-ROU-JOU-LON. (*Ornith.*) Cet oiseau, des îles Célèbes, est de la grosseur d'une alouette : il a le bec rouge ; la tête et le dos verts; le ventre jaune et la queue bleue. (Ch. **D.**)

TEUBER. (*Ornith.*) Nom allemand du pigeon dans Schwenck-feld. (Ch. **D.**)

TEUCHOLI. (*Ornith.*) Le *crax globicera* de Latham est décrit sous ce nom par M. Temminck, dans le 5.ᵉ volume de ses Gallinacés, page 12. (Ch. **D.**)

TEUCRIETTE. (*Bot.*) Ce nom a été donné par quelques botanistes à une espèce de véronique, le *veronica teucrium*, à cause de ses feuilles semblables à celles d'une germandrée. (Lem.)

TEUCRIUM. (*Bot.*) Voyez Germandrée. (L. **D.**)

TEUHTLACO. (*Erpét.*) Nom mexicain du *durissus*. Voyez Crotale. (H. C.)

TEUHTLACO CAULQUI. (*Erpét.*) Voyez Boïcininga. (H. C.)

TEUHTLACO ZAUHQUI. (*Erpét.*) Nom mexicain du *boïquira*. Voyez Crotale. (H. C.)

TEUHTLACO ZOUPHI. (*Erpét.*) Le reptile figuré sous ce nom par Séba, paroit être le *crotale à losanges*. Voyez Crotale. (H. C.)

TEUTHIS. (*Ichthyol.*) Genre de poissons créé par Linné, qui renferme l'acanthure hépate de M. de Lacépède, et une seconde espèce déjà décrite par lui sous le nom de *chætodon guttatus*. (Desm.)

TEUTHLAMAÇAME. (*Mamm.*) Voyez Mazame. (Desm.)

TEUTLON. (*Bot.*) Nom grec ancien de la poirée, *beta*, suivant Mentzel et Adanson. (J.)

TEUTRION. (*Bot.*) Mentzel et Adanson citent ce nom grec de la garance, que ce dernier fait remonter à Dioscoride. Celui de *teuthrion* est encore cité par Mentzel pour le *polium*. (J.)

TEUXINON. (*Bot.*) Nom grec ancien de l'*aristolochia longa*, cité par Ruellius et Mentzel. Ce dernier l'écrit aussi *theximon*. (J.)

TEVARTNA. (*Bot.*) Rochon parle d'un arbre de ce nom dont les branches touffues, verticillées autour de la tige principale, s'étendent horizontalement et présentent ainsi plusieurs étages, formant ensemble une pyramide. Quelques arbres verts, sapins ou mélèzes, offrent la même disposition. Rochon attribue le même port à celui qu'il nomme *tevarte*. (J.)

TÉVÉ. (*Bot.*) Dans les années de disette, les Otaïtiens, si favorisés par la nature sous le rapport des alimens spontanés, mangeoient les tiges d'une plante sauvage nommée *tévé*, qu'ils dédaignoient dans d'autres circonstances. Ce *tévé* me paroît être le *tacca phallifera* de Rumphius. Il a beaucoup de rapports avec le *tacca pinnatifida*, dont les Otaïtiens emploient le plateau radiculaire sous le nom de *pya* pour retirer une fécule très-belle, qu'ils échangent aux navires anglois et que ceux-ci ont introduite dans le commerce d'Europe sous le nom de fécule d'*arrow-root*. Cette fécule est encore très-rare, tandis que l'*arrow-root* des Antilles est devenue commune. (Lesson.)

TEVE ou TEWE. (*Mamm.*) Nom hongrois du chameau proprement dit, ou à deux bosses. (Desm.)

TEVREA. (*Ornith.*) Nom spécifique d'un courlis. (Desm.)

TEWE. (*Mamm.*) Voyez Teve. (Desm.)

TEXIX INCOYOLT. (*Erpét.*) Voyez Teguixin. (H. C.)

TEXMINENI. (*Erpét.*) Voyez Acanthias. (H. C.)

TEXON. (*Mamm.*) Ce nom et celui de *bivaro* sont employés en Espagne pour désigner le blaireau. Ils correspondent évidemment à nos dénominations françoises de taisson et de blaireau. (Desm.)

TEXTILIS. (*Erpét.*) Nom donné par Séba à un très-beau serpent du Brésil. (H. C.)

TEXTULAIRE. (*Foss.*) Coquille pyramidale, à sommet pointu, à base arrondie, présentant extérieurement de chaque côté une ligne angulo-sinueuse étendue du sommet à la base, vers laquelle tombent un peu obliquement des sillons, indices des cloisons qui partagent la cavité en loges assez nombreuses, empilées sur deux rangs les unes au-dessus des autres. M. de Blainville, qui a assigné les caractères de ce genre que nous avions signalé, n'avoit reconnu à cette coquille aucune trace d'ouverture extérieure (Man. de malac., pag. 370); mais M. d'Orbigny a pu découvrir qu'elle avoit une ouverture latérale et semi-lunaire au côté interne de chaque loge. (Tabl. méthod. de la classe des Céphalopodes, pag. 56.)

Textulaire sagittule : *Textularia sagittula*, Def., Soldani, tab. 133, fig. 260; *Polym. sagittulum*, atlas de ce Dictionnaire, pl. de fossiles. Voir ci-dessus les caractères du genre pour cette espèce qui lui a servi de type. Longueur, une ligne et demie. Fossile près de Sienne, de Castel-Arquato, et vivant sur les bords de la Méditerranée. (D'Orbigny, *loc. cit.*)

Nous n'avons vu que cette espèce que nous possédons; mais dans l'ouvrage ci-dessus cité, M. d'Orbigny en signale vingt-six autres espèces, dont plusieurs sont fossiles.

T. punctata, d'Orb., fossile de Castel-Arquato; *T. gibbosa*, d'Orb., fossile du même lieu; *T. consecta*, d'Orb., fossile aux environs de Bordeaux; *T. acuta*, fossile aux mêmes lieux; *T. rugosa*, fossile sur les bords de l'étang de Tau; *T. elongata*, du même lieu; *T. lobata*, du même lieu; *T. plana*, fossile des environs de Sienne; *T. angularis*, qui vit dans la mer Adriatique, et qu'on trouve fossile aux environs de Bordeaux; *T. cuneiformis*, fossile à Castel-Arquato; *T. lingula*, fossile de Chavagne (Maine-et-Loire); *T. quadrangularis*, fossile sur les bords de l'étang de Tau, et *T. trochioides*, fossile à Castel-Arquato. (D. F.)

TEXUGO. (*Mamm.*) Nom espagnol du blaireau. (Desm.)

TEYOU. (*Erpét.*) Au Paraguay, c'est le nom générique des lézards. (H. C.)

TEYOUGOUAZOU. (*Erpét.*) Voyez Teguixin. (H. C.)

TEYPE. (*Conchyl.*) Aux îles Moluques ce nom désigne l'huitre mère-perle. (Desm.)

TEYU-GUAZU. (*Erpét.*) Voyez Teguixin. (H. C.)

TEZÉ. (*Bot.*) Voyez Bois de tezé ou de quinquin. (J.)

TEZER-DEA. (*Mamm.*) Nom arabe de la mangouste, *herpestes Pharaonis*, en Barbarie, d'après le rapport de Shaw. (Desm.)

THA. (*Erpét.*) Un des noms du caméléon. (H. C.)

THAAD. (*Bot.*) Nom arabe du *ficus indica* de Forskal, qui est le *ficus salicifolia* de Vahl. (J.)

THAAL. (*Mamm.*) Nom chaldéen du renard. (Desm.)

THABIA. (*Mamm.*) Nom chaldéen d'un mammifère qu'Aldrovande rapporte à l'espèce du chamois, et Gesner à celle du chevreuil; mais qui très-vraisemblablement n'est ni l'un ni l'autre. (Desm.)

THABITI ou TAPITI. (*Mamm.*) Nom brésilien d'une espèce de Lièvre. Voyez ce mot. (Desm.)

THABORIS. (*Bot.*) Nom égyptien de la camomille, suivant Mentzel. (J.)

THACHASCH. (*Ichthyol.*) Voyez Tachas. (H. C.)

THACHMAS. (*Ornith.*) Nom du rossignol en hébreu. (Ch. D.)

THACH-VI-DEEI. (*Bot.*) Les Cochinchinois nomment ainsi une fougère qui croît le long de leurs fleuves. C'est l'*ophioglossum scandens*, Linn., nommé *xi-ui-tan* en Chine, et *tsieruvalli-panna* au Malabar. Cette fougère est décrite à l'article Hydroglossum. (Lem.)

THÆLEPHORA. (*Bot.*) Voyez Thelephora. (Lem.)

THÆMED. (*Bot.*) Nom arabe du *Themeda* de Forskal, genre de graminée, reporté par Beauvois à son *calamina*. (J.)

THAGE. (*Ornith.*) Molina donne ce nom au pélican à bec dentelé. (Ch. D.)

THAÏDE, *Thais.* (*Entom.*) Fabricius a désigné sous ce nom de genre une division des papillons. Voyez l'article Papillon, tom. XXXVII, p. 376, n.° III, et p. 381, n.°ˢ 7, 8 et 9. (C. D.)·

THALAMIA. (*Bot.*) Ce genre de M. Sprengel doit être réuni au *Podocarpus* de l'Héritier, dans une section des conifères. (J.)

THALAMULE. (*Foss.*) Denys de Montfort a donné ce nom à un genre auquel il a assigné les caractères suivans : *Coquille libre, univalve, cloisonnée, droite et arquée; bouche arrondie, horizontale, ouverte; siphon central; cloisons unies; le têt entièrement criblé à l'extérieur par des pores dessinés en cercle autour d'un pore central.* (Conch. syst., pag. 323.)

Nous ne voyons dans la description, ainsi que dans la figure de cette coquille, autre chose qu'une bélemnite arquée, soit naturellement ou par quelque accident, et dont le têt a été criblé par des animaux perforans, comme il est arrivé pour les bélemnites auxquelles cet auteur a donné le nom de Porodrague. (Voyez ce mot.)

Si Denys de Montfort avoit connu les cloisons, la bouche et le siphon des Thalamules, il est extrêmement probable qu'il n'auroit pas privé ses lecteurs de leur figure, qui ne se trouve pas dans celle de cette coquille qu'il a donnée et qu'il a faite lui-même. (D. F.)

THALASSÈME, *Thalassema.* (*Chétopod.*) Genre de vers ou de subentomozoaires, établi par Gærtner et adopté par M. Cuvier pour un certain nombre d'espèces que Pallas, qui nous les a fait connoître le premier dans ses *Miscellanea*, et à plus forte raison Gmelin, plaçoit parmi les lombrics,

dont ils diffèrent par un assez grand nombre de points de
l'organisation. Les caractères de ce genre peuvent être exprimés ainsi : Corps mou, assez alongé, subcylindrique, très-con-
tractile, subarticulé, sans aucune trace d'appendices latéraux,
mais pourvu en avant d'une paire de crochets cornés un peu
au-delà de la bouche, en arrière de rangées semi-circulaires
de soies épineuses; bouche terminale, avec une sorte de grand
tentacule médian suslabial ; anus également terminal. Ce
genre est d'autant plus remarquable qu'il fait un passage évident des derniers animaux binaires ou symétriques aux animaux radiaires. En effet, à sa partie antérieure il a encore
une paire de crochets, rudimens d'appendices; en arrière les
trois derniers anneaux ont leurs appendices durs, cornéo-cal-
caires, disposés en cercle.

Le corps des thalassèmes, extrêmement variable dans sa
forme, est enveloppé dans une peau contractile et adhérente
à une couche musculaire, dont les fibres sont peu distincts
et qui est plus mince au milieu qu'aux deux extrémités. Les
deux crochets qui occupent la partie antérieure de la face
abdominale, ne sortent de la peau que par leurs pointes seulement. Le reste, qui est beaucoup plus long, fait une proéminence dans la cavité viscérale et est pourvu à son extrémité
d'un cercle radié de fibres musculaires, qui vont se terminer
à la peau ; entre les deux est un autre muscle, tendu en forme
de membrane; et enfin, un très-petit faisceau, fixé à leur
dos et à la peau, doit servir à les redresser. L'extrémité antérieure est pourvue, comme il a été dit dans la caractéristique, d'une sorte de tentacule linguiforme charnu, assez épais,
scaphoïde, marqué dans le milieu d'une strie épaisse, dis-
paroissant en arrière. Pallas suppose que le thalassème peut
le sortir et en diriger la pointe dans tous les sens. A la suite
de cette espèce de langue, que l'on trouve, à ce qu'il paroît,
assez rarement, vient le canal intestinal. Il est formé d'un
œsophage, en forme de petit sac; d'un premier estomac ou
panse à parois lâches, coriaces, et un peu courbé; d'un second estomac ou gésier épais, charnu, semblable au larynx
d'un petit oiseau, soutenu dans une courbure sigmoïde par
un petit mésentère dans lequel rampe une strie molle safranée, peut-être le foie. Vient ensuite l'intestin grêle, pen-

dant près de quatre pouces , formant plusieurs circonvolutions variables , puis une espèce de gros intestin , également de couleur orangée , à parois un peu plus épaisses , striées longitudinalement en dedans et soutenues dans quelques plis par un mésentère étroit. Enfin, la dernière partie du canal intestinal , plus étroite , après s'être courbée vers l'estomac , se porte ensuite presque directement à l'anus , où elle se termine.

Vers l'anus sont deux conduits filiformes , crispés , de couleur orangée , d'un pouce de long , dont Pallas n'a pu supposer l'usage.

Il décrit comme constituant l'appareil de la génération , deux paires de vésicules , placées à une ligne au plus en arrière des crochets ; il a bien vu leur adhérence à la peau , mais point leur orifice. Aux mois de Novembre et de Décembre elles sont gonflées par une matière lactescente , et alors elles forment des espèces de sacs cylindriques , d'un pouce de long. Les antérieures , plus courtes , se terminent à la peau par un canal atténué ; quant aux autres , il n'a pu même à cette époque apercevoir leur terminaison extérieure , ni en faire sortir le fluide qu'elles contenoient , à cause de la grande minceur de leurs parois , qui permettoit à peine la pression la plus légère. Au mois de Novembre il a aussi quelquefois trouvé le corps rempli d'un liquide trouble , dans lequel nageoient des globules blancs , nombreux , qu'il suppose pouvoir être des œufs. A la place des vésicules lactifères étoient restées de petites bulles ovales et hyalines. Enfin, dans des individus disséqués au mois de Février, ces bulles n'avoient plus que trois à quatre lignes de long et étoient parfaitement limpides ; mais les canaux des côtés de l'anus étoient alongés , demi-pleins d'une humeur et granuleux ; en sorte que Pallas se demande si les œufs préparés dans les vésicules lactifères ne tomberoient pas dans la cavité abdominale , et par suite , à cause de la position verticale de l'animal , n'arriveroient pas jusque dans les canaux de l'anus , pour être expulsés au dehors, ce qui n'est, il faut en convenir, nullement probable. Il me le sembleroit davantage de regarder les vésicules lactifères comme l'appareil mâle, et les canaux postérieurs comme les ovaires.

Les thalassèmes vivent sur les plages sablonneuses enfoncées plus ou moins profondément dans le sable, d'où les tempêtes les enlèvent quelquefois en très-grand nombre. Pallas n'ose assurer quelle est leur position; mais il est porté à croire, par la manière dont ceux qu'il a vus à moitié enfoncés, avoient l'extrémité postérieure plus haute que l'antérieure, qu'ils sont ainsi naturellement renversés. Cela semble prouvé par l'observation de M. Bosc, qui dit que les pêcheurs reconnoissent l'endroit où se trouvent des thalassèmes, à des masses vermiculées de matière sablonneuse, qu'ils regardent comme leurs excrémens. Il paroît en effet que ces animaux, comme la plupart des vers, se nourrissent des matières organiques contenues dans le sable ou la vase qu'ils habitent; en effet, Pallas a remarqué que leur canal intestinal en est presque toujours rempli.

Nous ne savons rien de plus sur l'histoire naturelle des thalassèmes, si ce n'est que les poissons en sont très-friands; aussi s'en sert-on, sur les bords de l'Océan et de la Manche, comme appâts pour amorcer les hameçons.

On ne connoît encore que deux espèces dans ce genre, et toutes deux de nos mers.

La Thalassème échiure : *T. echiura; Lumbricus echiurus*, Linn., Gmel., p. 3085, n.° 9; d'après Pallas, *Miscellan.*, p. 146, tab. 11, fig. 1 — 6, et *Spicileg.*, 10, pag. 3, tab. 1, fig. 1 — 5. Corps alongé, cylindrique, un peu renflé à l'extrémité postérieure, qui est armée de deux demi-cercles d'épines roides à la fin du dos et pourvue d'une sorte de tentacule linguiforme : couleur d'un gris blanchâtre uniforme.

C'est principalement cette espèce, de la grosseur du doigt médian, qui a été le sujet des observations de Pallas, et qui est employée, à ce que dit M. Bosc, par les pêcheurs de Dieppe. J'avoue que je ne l'ai jamais vu servir d'appât dans ce pays, mais bien l'arénicole très-abondamment et la néréide pélagique. Sur les côtes de l'Océan, c'est au contraire bien certainement la thalassème.

La Thalassème de Neptune : *T. Neptuni*, Gærtn.; d'après Pallas, *Miscell.*, p. 147, tab. 11, fig. 9, et *Spicileg. zool.*, 10, p. 8, tab. 1. fig. 6. Corps cylindrique, glabre, muqueux, un peu renflé à l'extrémité postérieure, qui est complétement nue; six à huit lignes longitudinales peu marquées sur le dos; un tentacule rétractile, en forme d'entonnoir, fendu jusqu'à la base, qui est striée et se terminant en ligule. Un orifice médian inférieur à l'origine du sillon abdominal entre deux points calleux, de couleur dorée; anus terminal : couleur d'un rouge sale, parsemée de petites taches plus foncées dans les deux tiers de la longueur du dos; le dessous d'un gris sale, avec une ligne médiane blanche, étendue de l'orifice générateur à l'anus.

Cette espèce, qui paroit n'avoir qu'un à deux pouces de long, vit profondément dans les fentes des rochers du rivage du comté de Cornouailles, en Angleterre. Il n'y auroit rien d'étonnant qu'elle ne différât pas de la précédente. En effet, M. Savigny fait l'observation que, dans le jeune âge, les thalassèmes n'ont pas de cercles d'épines. (DE B.)

THALASSIA. (*Bot.*) Un des noms grecs de l'*androsace*, cité par Ruellius et Mentzel. (J.)

THALASSIA. (*Bot.*) Ce genre, établi par Kœnig, est le même que le *zostera*, Linn. (LEM.)

THALASSIDROME, *Thalassidroma*. (*Ornith.*) M. Vigors a proposé sous ce nom, dans le n.° 7, pag. 405 du *Zoological Journal*, un genre nouveau d'oiseau démembré des pétrels (*procellaria*), pour y classer le *pétrel pélagique* et ses congénères. Ce genre est ainsi caractérisé : Bec alongé, court, atténué, très-comprimé, subitement recourbé à la pointe et en dessus; narines proéminentes, réunies en un seul tube; ailes longues, aiguës; première et troisième rémiges les plus courtes; quatrième plus longue; deuxième la plus longue de toutes; pieds grêles; tarses hauts; acrotarses et paratarses entiers. Ce genre n'a point encore été adopté. (CH. D. et L.)

THALASSINE, *Thalassina*. (*Crust.*) Nom d'un genre de crustacés décapodes macroures, voisin de celui des écrevisses, et qui a été fondé par M. Latreille. Nous avons fait connoître ses caractères, et décrit les espèces qu'il renferme, dans l'article MALACOSTRACÉS, tome XXVIII, page 300, de ce Dictionnaire. (DESM.)

THALASSINE. (*Chétopod.*) Voyez THALASSÈME. (DESM.)

THALASSIOPHYTES. (*Bot.*) Sous ce nom, dérivé des mots grecs Θαλασσιος, *marin*, et φυΐον, *plante*, feu le professeur LAMOUROUX a désigné les productions végétales qui se développent dans les profondeurs des eaux de la mer et à la surface des rochers qui en bordent le littoral. Ces productions ont été long-temps vaguement connues sous les noms de *Varecs*, *Goësmon*, *Fucus*, *Algues* et *Hydralgues*. Un grand nombre de ces cryptogames réfléchissent sur tous les points de leur surface la couleur purpurine presque aussi brillamment que les pétales des phanérogames ; le vert le plus tendre signale parmi ces êtres l'organisation la plus simple, et, se combinant à la couleur pourprée, se modifie, dans plusieurs espèces, en couleur olivâtre ou violette. Si les végétaux terrestres, les *Aérophytes*, captivent les sens les plus grossiers par leurs belles corolles, leurs nombreuses étamines, leurs précieux pistils, les végétaux marins, les *Thalassiophytes*, offrent dans leur texture des détails curieux, des nuances délicates, des beautés qui échappent à l'œil nu de l'observateur superficiel, et que découvre avec une vive satisfaction l'observateur attentif armé du verre scrutateur. Les Thalassiophytes font partie des *Hydrophytes*. La dénomination d'*Hydrophytes* est souvent substituée à celle de *Thalassiophytes*, en ce sens seulement, qu'étant plus générale, on regarde alors les productions végétales cryptogames auxquelles on l'applique comme croissant dans les eaux, sans distinction de la nature douce ou salée de ce fluide. Mais du moment que l'on considère plus particulièrement la nature du milieu fluide dans lequel s'est développé le végétal, à l'organisation duquel il apporte des modifications déterminées et différentes, on sent la nécessité de partager les hydrophytes en deux sections : celles croissant dans les eaux douces, soit fleuves, ruisseaux, fontaines, etc., que l'on peut nommer les *Naïophytes* ; et celles des mers ou eaux salées, que nous continuerons d'appeler les *Thalassiophytes*. Elles présentent deux sortes d'organisation générale : dans les unes le tissu cellulaire est intérieurement et extérieurement continu, et non transversalement diaphragmé ; ce sont celles que nous appelons Thalassiophytes *Symphysistées*; dans les autres, improprement appelées *Articulées*, la structure, généralement filamenteuse, présente de distance en distance, dans la partie intérieure, des cloisons ou des renforcemens cellulaires transversaux qui donnent aux filamens dans leur continuité une apparence d'interruption transversale : ce sont celles que nous désignons sous la qualification de Thalassiophytes *Diaphysistées*.

Linné partagea les quatre-vingts espèces d'*algues* aquati ques parvenues à sa connoissance, en trois genres, *Fucus*, *Ulva* et *Conferva*. Ce sont trois vastes cases où l'on s'est contenté de répartir les espèces d'hydrophytes recueillies, tant que leur nombre a été restreint ou que leur organisation n'a pas été particulièrement étudiée. Gmelin, que l'on doit avec justice regarder comme le fondateur de la botanique marine, est le premier qui parla avec clarté et méthode de la physiologie des plantes marines ; son *Historia fucorum*, publiée en 1768, contient la critique des écrits embrouillés des anciens sur les *Fucus*, l'analyse des observations laborieuses de ses prédécesseurs, tels que Morison, Bauhin, Ray et Dillenius, et la réfutation discutée de la théorie de Réaumur sur les prétendues étamines de ces plantes. Neuf divisions ou ordres furent proposés par Gmelin pour classer les cent neuf espèces de *fucus* qu'il décrit dans son ouvrage. Depuis cette époque jusqu'en 1809 divers botanistes figurèrent ou décrirent les plantes marines avec un talent remarquable ; de ce nombre nous citerons : Hudson, Lightfoot, Goodenough et Woodward, Esper, Roth, Wulfen, Velley, Dawson Turner, Stackhouse, Dillwyn, Sowerby, Hooker, Borrer, Hoffman-Bang, Horneman, Mertens, Bertoloni, Clemente, Cabrera, Draparnaud, Grateloup et De Candolle. Roth augmenta le nombre des genres ; Dillwyn subdivisa les *Conferves* en plusieurs sections ; De Candolle sépara, sous le nom de *Ceramium*, les conferves marines des conferves d'eau douce ; tous concourent d'une manière très-marquante à l'avancement de la science : mais aucun de ces laborieux naturalistes ne présenta d'une manière méthodique et naturelle la classification des nombreuses espèces découvertes, décrites et figurées. Lamouroux, que la mort enleva aux sciences en 1825, ayant consacré plusieurs années à l'observation microscopique et physiologique des plantes marines, publia, en 1813, sur l'organisation des *Thalassiophytes non articulées*, un mémoire qui devint pour cette tribu la base d'une classification que s'empressèrent d'adopter tous les botanistes qui avoient médité sur cette branche de l'histoire naturelle,

Depuis lui, en Danemarck, le consciencieux Lyngbye; en Suède, les professeurs Agardh et Fries; en France, MM. Bory de Saint-Vincent et Bonnemaison, publièrent dans les années 1819, 1822, 1823, 1824 et 1825, diverses nouvelles classifications, où furent comprises, sous les titres d'*Algues* et d'*Hydrophytes*, les productions marines et fluviatiles, tant à tissu continu qu'à tissu transversalement obstrué. Nous donnerons un aperçu de leurs méthodes dans le cours de cet article, en traitant des hydrophytes en général.

D'après la méthode de Lamouroux quatre grandes divisions, distinctes aux yeux les moins exercés, se partagent les plantes marines que nous avons désignées sous le nom de Thalassiophytes *Symphysistées*, c'est-à-dire celles dont le tissu cellulaire est intérieurement continu et non transversalement diaphragmé.

La première division ou l'ordre premier renferme, sous le nom de Fucacées, les plantes marines d'organisation ligneuse, de couleur olivâtre, noircissant promptement à l'air, se déchirant longitudinalement avec beaucoup de facilité, et offrant dans leur déchirure à l'œil nu l'aspect d'une organisation fibreuse bien caractérisée, ayant la fructification dans des renflemens généralement situés et étendus à l'extrémité de la fronde, quelquefois dans d'autres points de sa surface. Tels sont les *Fucus natans*, *bacciferus*, *vesiculosus*, *serratus*, *siliquosus*, *barbatus*, *fibrosus*, *nodosus*, *loreus*, *saccharinus*, *digitatus*, *ligulatus*, *aculeatus* et *lumbricalis* des auteurs, dont on peut connoître l'aspect par les planches 46, 47, 88, 90, 159, 250, 209, 91, 196, 163, 162, 98, 187, 6, de l'*Historia fucorum* de Dawson Turner, et par celles citées dans l'exposé générique qui suit.

Le second ordre, Floridées, comprend toutes les espèces dont le tissu est d'une organisation cellulaire analogue à celui des corolles des phanérogames, formé de cellules très-petites et égales, réfléchissant les couleurs pourpre, brune ou rougeâtre dont l'intensité diminue par l'action des fluides atmosphériques. Cette organisation est moins compliquée que celle des Fucacées; la fructification est circonscrite dans des tuméfactions sphériques ou hémisphériques, sessiles ou pédonculées, situées sur la fronde ou sur ses rameaux; elle se présente souvent sous deux aspects : nous entrerons dans le cours de cet article dans quelques considérations à ce sujet. Une partie des espèces appartenant à cette famille sont celles que les auteurs appeloient : *Fucus sanguineus, alatus, hypoglossum, rubens, laceratus, palmetta, membranifolius, palmatus, ciliatus, crispus, corneus, pusillus, coronopifolius, pinnatifidus, ovalis, dasyphyllus, confervoides, rotundus, kaliformis, articulatus* et *coccineus*, dont on peut voir les figures fort exactes aux planches 36, 160, 14, 42, 68, 73, 74, 115, 70, 216, 217, 257, 108, 122, 20, 81, 22, 84, 5, 29, 106 de l'ouvrage de Dawson Turner ci-dessus cité, et dans celles indiquées ci-après à l'exposition des genres.

Le troisième ordre, Dictyotées, réunit les espèces d'aspect foliacé, à organisation réticulée, dont les cellules, souvent irrégulières, présentent presque toujours une forme hexagone ou carrée, facile à observer avec le secours de la loupe et souvent à l'œil nu, de couleur vert jaunâtre, ne noircissant jamais à l'air, ayant la fructification en apparence graniforme, éparse sur la fronde et souvent disposée sérialement ; tels sont les espèces que l'on appeloit : *Fucus membranaceus, squammarius, fasciola; Ulva dichotoma, atomaria* et *pavonia*, dont les planches 87, 244 de Turner ; 7 de Roth (*Catalecta, 1.ᵉʳ*) ; et 774, 419, 1276 de Sowerby (*English Botany*) offrent de bonnes figures.

Le quatrième ordre, Ulvacées, présente des espèces d'une organisation herbacée, d'un aspect papiracé, de couleur verte, jaunissant ou blanchissant à l'air, quelques-unes violettes et à surface vernissée, toutes ayant la fructification nichée çà et là dans le tissu cellulaire. A cet ordre appartiennent les *Ulva lactuca, umbilicalis* et *compressa*, figurées aux planches 1551, 2286, 1739, de Sowerby (*English Botany*).

Les Thalassiophytes comprises sous ces quatre ordres ou familles ont été groupées en divers genres par Lamouroux, Agardh et Lyngbye. Nous allons exposer la nomenclature des genres que nous adoptons pour chaque ordre, et que nous considérons comme les plus naturellement circonscrits et les mieux déterminés. Nous indiquerons les principales espèces qui les constituent, avec renvois aux figures et aux fascicules qui les représentent, afin d'offrir aux personnes qui n'ont pas de collection, et à celles qui veulent disposer la leur méthodiquement, les moyens de reconnoître les individus qui composent chaque genre.

1.er Ordre. **FUCACÉES.**

I.er Genre. Sargassum, Lamouroux et N.

Tiges rameuses, cylindriques ou comprimées; feuilles distinctes, sessiles ou pétiolées, à nervures médianes; vésicules aérifères stipitées; conceptacles granuleux, en grappes axillaires.

Diffère de celui d'Agardh par l'exclusion des sections 4 et 7 de ce dernier. (Voyez ce Dictionnaire, tom. XLVII, page 370.)

Les espèces qui le composent appartenoient à la 1.re et 2.e section de l'ancien genre *Fucus*, Lamouroux.

La réunion sous le nom de *Fucus* des genres *Sargassum*, *Cystoseira*, *Halydris* et *Himanthalia*, proposée par Fries (*Systema orbis vegetabilis*, 1825, page 326), est inadmissible pour celui qui veut étudier sur le frais le *facies* et la *physiologie* des espèces qui les composent. Cette réunion feroit rétrograder la nomenclature et la remettroit sans utilité au même point, dont l'observation vient de la faire sortir.

Espèces. *Natans*, Turn., Hist., pl. 46; — *Baccif(erum*, Turn., Hist., pl. 47; Desmazières, Cryptogames du nord de la France, n.° 157; — *Salicifolium*, Lamour., Thal., pl. 1, fig. 2; — *Dentifolium*, Turn., Hist., pl. 93; — *Ilicifolium*, Turn., Hist., pl. 51; — *Desfontainesii*, Turn., Hist., pl. 190; — *Verruculosum*, Mert., Mém., pl. 15; — *Turbinatum*, Esper, Icon. fuc., pl. 9; Turn., pl. 24; — *Paradoxum*, Turn., Hist., pl. 156, — *Linifolium*, Turn., Hist., pl. 168; *Parcifolium*, Turn., Hist., pl. 211; — *Angustifolium*, Turn., Hist., pl. 212; *Peronii*, Turn., Hist., pl. 247.

II.e G. Halidrys, Lyngb. et N.

Tiges rameuses et comprimées; feuilles distinctes, sessiles ou pétiolées, sans nervures; vésicules alongées ou siliqueuses, innées dans la tige ou les rameaux; conceptacles granuleux, non rameux, comprimés, terminaux ou latéraux.

Les espèces composant l'*Halidrys*, avoient été réparties par Agardh dans les genres *Fucus*, *Sargassum* et *Macrocystis*; elles avoient été indiquées par Lamouroux comme devant former les genres *Nodularia* et *Siliquosa*. (Voyez ce Dictionnaire, tom. XX, page 221.)

Espèces. *Nodosa*, Lyngb., Hydroph., pl. 8 *B* ; Turn., pl. 91 ; — *Comosa*, N., Labill., Nouv. Holl., 2, pl. 258 ; — *Sysimbrioides*, N.; Turn., Hist., pl. 129 ; — *Siliquosa*, Lyngb., Hydroph., pl. 8 *C* ; Turn., pl. 159; Chauvin, Algues de la Normandie, n.° 75 ; Desmaz., Crypt., n.° 12; Pl. du Dict. ; — *Horneri*, Turn., Hist., pl. 17.

III.ᵉ Genre. Cystoseira, Lamour. et N.

Frondes rameuses, cylindriques, à folioles sessiles, filiformes ou linéaires; vésicules innées dans les rameaux ou les folioles; conceptacles terminaux, arrondis, granuleux, atténués aux extrémités, mucronés ou denticulés.

Les espèces de ce genre appartenoient à la 5.ᵉ section de l'ancien genre *Fucus*, Lamouroux.

Diffère de celui d'Agardh seulement par l'exclusion des espèces : *Banksii*, *Triquetra*, *Quercifolia*, *Osmundacea*, *Zosteroides*, *Siliquosa*, *Paradoxa*, *Axillaris*, *Swartzii*, *Platylobium*, *Siliquastrum*, *Torulosa*, *Decipiens* et *Dorycarpus*. Les espèces *C. axillaris* et *dorycarpus*, peuvent être placées dans le genre *Stackhousia*, proposé par Lamouroux. (Voyez ce Dictionnaire, tome L, pag. 380.)

Le caractère des filamens, mêlés avec les élytres de la fructification, donné par Agardh comme distinguant le genre *Cystoseira* du genre *Sargassum*, n'est point particulier aux espèces du *Cystoseira*; il se retrouve dans un grand nombre de celles des autres genres, et manque dans quelques espèces de celui-ci : ce caractère dépend souvent du plus ou moins de maturité de la fructification.

Espèces. *Ericoides*, Turn., Hist., pl. 191 ; — *Sedoides*, Desf., Fl. atl., pl. 260 ; — *Myrica*, Gmel., Fuc., pl. 3, fig. 1 ; Turn., pl. 192 ; — *Mucronata*, Turn., Hist., pl. 128 ; Chauvin, Algues, n.° 25 ; — *Barbata*, Turn., Hist., pl. 250 ; — *Abrotanifolia*, Stackh., Ner. brit., pl. 14 ; Engl. bot., pl. 2130 ; — *Hopii*, Agardh, Icon., inédit., pl. 2 ; — *Nodularia*, Mert., Mém., pl. 15 ; — *Discors*, Sow., Engl. bot., pl. 2131 ; — *Fibrosa*, Turn., Hist., pl. 209; Chauvin, Algues, n.° 50 ; — *Paniculata*, Turn., Hist., pl. 176.

IV.ᵉ G. Fucus, Lamour., Lyngb. et N.

Frondes planes, aphylles, rameuses, souvent munies d'une nervure médiane, pourvues ou dépourvues de vésicules ; conceptacles formés par le sommet de la fronde tuméfiée.

Les espèces de ce genre appartiennent à la 5.ᵉ section de l'ancien genre *Fucus*, Lamouroux.

Notre genre *Fucus* diffère de celui d'Agardh par l'exclusion des *Fucus nodosus* et *loreus*, placés dans les genres *Halidrys* et *Himanthalia.*

ESPÈCES. *Vesiculosus*, Lyngb., Hydroph., pl. 1 *A*; Turn., pl. 88; Desmaz., Crypt., n.° 158; — *Ceranoides*, Turn., Hist., pl. 89; Desmaz., Crypt., n.° 13; — *Evaniscens*, Agardh, Icon., inéd., pl. 13; — *Distichus*, Turn., pl. 7; Lyngb., pl. 1 *B*; — *Serratus*, Lyngb., pl. 1 *B*; Turn., pl. 90; Pl. du Dict.; Desmaz., Crypt., n.° 159; — *Canaliculatus*, Turn., pl. 3; Gmel., Fuc., pl. 1 *A*, fig. 2; Desmaz., Crypt., n.° 14; *Tuberculatus*, Turn., pl. 7; Stackh., pl. 9.

V.ᵉ Genre. HIMANTHALIA, Lyngb.

Synonyme du *Loricaria*, Lamour.; antériorité de date sur ce dernier. Espèce du *Fucus*, Agardh. (Voyez ce Dictionnaire, tom. XXI, pag. 161.)

ESPÈCE. *Lorea*, Turn., Hist., pl. 196; Stackh., pl. 10; Chauvin, Algues, n.° 74; Desmaz., Crypt., n.° 160.

VI.ᵉ G. LAMINARIA, Lamour. et Bory de Saint-Vincent.

Il diffère de celui d'Agardh et de Lyngbye, en ce que les espèces qui ont des côtes ou nervures médianes, en ont été séparées pour former le genre *Agarum*. (Voyez ci-après aux Floridées le genre *Halymenia.*)

ESPÈCES. *Digitata*, Turn., Hist., pl. 162; Stackh., Ner., pl. 3; — *Saccharina*, Turn., Hist., pl. 163; Gmel., Hist., pl. 27 et 28; — *Phyllitis*, Turn., Hist., pl. 164; Sow., Engl. bot., pl. 1331; — *Bulbosa*, Turn., Hist., pl. 161; Sow., Engl. bot., pl. 1760; — *Reniformis*, Lamour., Thal., pl. 1 et 3; — *Potatorum*, Turn., Hist., pl. 242; Labill., Nouv. Holl., pl. 257; — *Buccinalis*, Turn., Hist., pl. 139.

MACROCYSTIS, Agardh.

Ce genre est superflu : nous ne le citons que pour mémoire (voyez ce Dictionnaire, tom. XXVII, pag. 530); les espèces en sont réparties dans le *Sargassum*, l'*Halidrys* et le *Laminaria.*

VII.ᵉ G. AGARUM, Bory de Saint-Vincent.

Démembrement du genre *Laminaria*, Lamouroux, Agardh et Lyngbye; réunion des espèces à nervures ou côtes longitudinales. (Voyez ci-après le genre *Halymenia.*)

ESPÈCES. *Costatum*, N.; Turn., Hist., pl. 226; — *Cribrum*, N.; Turn.,

Hist., pl. 75; Gmel., Hist., pl. 32; Flor. Dan., pl. 1542; — *Esculentum*, Bor.; Turn., Hist., pl. 17; Lightf., Fl. scot., pl. 88; Stackh., pl. 20.

VIII.*e* Genre. Durvillæa, Bory de Saint-Vincent.

Ce genre, que Bory caractérise ainsi : expansions coriaces, se divisant en lanières subulées, tubuleuses, ayant un épiderme distinct, lisse, se recouvrant avec l'âge d'un réseau noirâtre, analogue à l'aspect de l'hydrodyction, est dédié à un officier de marine, très-dévoué à la science et qui lui a rendu de très-utiles services dans ses voyages de découvertes. Il est formé du *Laminaria porra*, Léman. Le nom spécifique, rappelant celui de *porro*, que les marins espagnols lui donnent dans la mer du Sud, doit être conservé. (Voyez ce Dictionnaire, tom. XXV, page 189, et le genre *Halymenia* ci-après.)

Espèce. *Porra*, N.; Legentil, Voyage aux Ind., 2, pl. 3.

IX.*e* G. Osmundaria, Lamour.

Ce genre a été postérieurement dénommé par Agardh *Polyphacum*. (Voyez ce Dictionnaire, tom. XXXVII, pag. 11.)

Espèce. *Prolifera*, Lamour., Thal., pl. 1, fig. 4, 5 et 6.

X.*e* G. Desmarestia, Lamour.

Ce genre a été dénommé postérieurement par Lyngbye *Desmia*; les espèces qui le composent, ont été à tort confondues par Agardh dans son genre *Sporochnus*.

Le nom de *Desmarestia* rappelle celui d'un de nos plus laborieux et savans naturalistes; il doit être scrupuleusement conservé. Les caractères de ce genre sont exposés à la page 104 du tom. XIII de ce Dictionnaire. Le *Sporochnus* d'Agardh est décrit à la page 539 du tome XL. (Voyez ci-après aux Floridées le genre *Sporochnus*, tel que nous l'avons restreint.)

Espèces. *Aculeata*, Turn., pl. 187; Stackh., pl. 8; Chauvin, Algues, n.° 46; Fl. Dan., pl. 355; Pl. du Dict.; — *Ligulata*, Turn., pl. 98; Lyngb., pl. 7; Lightf., pl. 29; — *Viridis*, Turn., pl. 97; Stackh., Ner., pl. 17; — *Herbacea*, Turn., pl. 99; — *Dudresnayi*, Pl. du Dict. (acotyléd. algues).

XI.*e* G. Furcellaria, Lamour., Agardh et N.

Diffère de celui de Lyngbye par l'exclusion du *Furcellaria rotunda*.

Espèce. *Lumbricalis*, Turn., Hist., pl. 6; Gmel., Hist., pl. 6, fig. 2; Stackh., pl. 6.

Nous faisons ici mention de ce genre seulement pour indiquer que, d'après son organisation, nous avons dû le reporter dans la section des Thalassiophytes *Diaphysistées* dont nous traiterons ci-après.

2.ᵉ ORDRE. **FLORIDÉES.**

XII.ᶜ Genre. CLAUDEA, Lamour.

Dédié par feu le professeur Lamouroux à son père Claude Lamouroux ; ce genre a été depuis, on ne sait pourquoi, appelé par Agardh d'abord *Lamourouxia* et ensuite *Oneillia*. (Voyez ce Dictionnaire, tom. IX, pag. 361.)

ESPÈCE. *Elegans*, Lamour., Thal., pl. 2, fig. 2 à 4 ; Turn., Hist., pl. 242.

XIII.ᶜ G. DELESSERIA, Lamour., Lyngb. et N.

Démembrement de l'ancien genre *Delesseria*, Lamour. Espèces à nervures longitudinales continues jusqu'à l'extrémité de la fronde. Ce genre diffère du *Delesseria* d'Agardh par l'exclusion des espèces *plocamium*, *glandulosa*, et par celle des 2.ᶜ, 3.ᶜ, 4.ᶜ et 5.ᶜ sections que ce dernier renferme.

ESPÈCES. *Sanguinea*, Lyngb., Hydroph., pl. 2 *A* ; Turn., pl. 36 ; Pl. du Dict. ; — *Sinuosa*, Lyngb., Hydroph., pl. 2 *B* ; Turn., pl. 35 ; — *Ruscifolia*, Woodw., Trans. linn., 6, pl. 8, fig. 1 ; Turn., pl. 15 ; — *Alata*, Lyngb., pl. 2 *C* ; Turn., pl. 160 ; Chauvin, Algues, n.º 44 ; — *Hypoglossum*, Trans. linn., 2, pl. 7 ; Turn., pl. 14 ; Chauvin, Algues, n.º 21 et 43 ; — *Conferta*, Turn., Hist., pl. 184.

XIV.ᶜ G. ODONTHALIA, Lyngb., Lamour. et N.

Espèces appartenant à l'ancien genre *Delesseria*, Lamour., et réparties dans le *Tamnophora* et le *Rhodomela*, Agardh. (Voyez ce Dictionnaire, tom. XXV, pag. 554.)

ESPÈCES. *Dentata*, Lyngb., pl. 3 ; Turn., pl. 13 ; — *Cirrhosa*, Turn., pl. 63.

XV.ᶜ G. DELISEA, Lamour.

Espèces appartenant à l'ancien genre *Delesseria*, Lamour. (Voyez ce Dictionnaire, tom. XIII, pag. 41, et ci-après le genre *Bonnemaisonia*.)

ESPÈCES. *Fimbriata*, Lamour., Thal., pl. 3, fig. 1 ; Turn., Hist., pl. 70 ; Pl. du Dict. ; — *Elegans*, non figuré ; — *Gallica*, non figuré.

XVI.ᶜ G. DAWSONIA, Lamour.

Démembrement de l'ancien genre *Delesseria*, Lamour. Espèces à nervures ou veines se fondant dans la substance de la fronde avant d'en atteindre l'extrémité. Elles forment en partie le *Chondrus* de Lyngbye , et elles sont confondues dans les espèces du *Delesseria* et du *Sphærococcus,* Agardh. Ce genre est dédié au célèbre algologue anglois Dawson Turner.

Espèces. *Platycarpa,* Turn., pl. 144; Lamour., Thal., pl. 2, fig. 5 et 7 (*lobata*); — *Gmelini,* Gmel., Fuc., pl. 22, fig. 3, pl. 23; Chauvin, Algues, n.° 22 ; — *Pristoides,* Turn., pl. 39; — *Caulescens,* Gmel., pl. 20, fig. 2 ; — *Rubens,* Turn., pl. 42; Lightf., Fl. scot., pl. 30; Desmaz., Crypt., n.° 61 ; — *Nervosa,* Turn., pl. 43 ; — *Lacerata,* Turn., pl. 68; Engl. bot., pl. 1067; Chauvin, Algues, n.° 45 ; — *Venosa,* Turn., pl. 138.

XVII.ᵉ Genre. Halymenia, Lamour. et N.

Démembrement de l'ancien genre *Delesseria,* Lamour. Espèces sans nervures. Ce genre diffère de l'*Halymenia* d'Agardh par l'exclusion des espèces *Saccata, Trigona, Ventricosa, Furcellata,* par celle des 3.ᵉ et 4.ᵉ sections et des n.ᵒˢ 17 à 21 et 23 de la 5.ᵉ, qui réunissoient, dans cet auteur, des plantes fistuleuses aux plantes membraneuses, et qui présentoient des fructifications différentes. Lyngbye a placé plusieurs espèces du genre *Halymenia,* Lamour., dans son *Sphærococcus* et dans son *Ulva,* et Agardh dans son *Thamnophora.* Bory de Saint-Vincent a proposé de faire des *Halymenia edulis, palmata, cordata,* un genre sous le nom d'*Iridea,* basé sur les reflets chatoyans ou irisés qu'il a remarqués sur quelques échantillons, et de placer ce nouveau genre dans les Fucacées avec le *Laminaria,* l'*Agarum* et le *Durvillæa,* dont il feroit une nouvelle famille sous le nom de *Laminariées.* Ce nouveau genre nous paroît sans utilité, basé sur un caractère insignifiant, et qui auroit l'inconvénient de fournir les moyens de rapprocher des espèces disparates. Le démembrement des *Fucacées* nous conduiroit aussi, bientôt, à former autant de familles que de genres. Ne disloquons pas ces quatre grands cadres ingénieusement conçus par Lamouroux, et que ceux qui s'occupent d'hydrophytologie adoptent et sentent le besoin de conserver. (Voyez ce Dictionnaire, t. XX, pag. 239.)

Espèces. *Ocellata,* Lamour., Dissert., pl. 32 et 33, fig. 3 et 4; Turn., pl. 71; — *Ciliaris,* Lyngb., pl. 4; Turn., pl. 69; Stackh., pl. 15; — *Bifida,* Turn., pl. 154; Engl. bot., pl. 773; Chauvin, Algues, n.° 19; —

Palmetta, Turn., pl. 73; Engl. bot., pl. 1120; Stackh., pl. 16; Chauvin, Algues, n.° 16; Desmaz., Crypt., n.° 108; — *Membranifolia*, Lamour., Diss., pl. 20 et 21, fig. 3; Lyngb., pl. 3 *C*; Turn., pl. 74; Desmaz., Crypt., n.° 209; — *Brodiœi*, Lamx., Diss., pl. 21, fig. 1 et 2; Lyngb., pl. 3 *B*; Turn., pl. 72; — *Reniformis*, Turn., pl. 113; Engl. bot., pl. 2116; — *Sarniensis*, N., Lamour., Diss., pl. 36, fig. 1 et 2; Roth, Cat., 3, pl. 1; Turn., pl. 44; Desmaz., Crypt., n.° 111; — *Palmata*, Turn., pl. 115; Lightf., Fl. scot., pl. 27; Stackh., pl. 19; Desmaz., Crypt., n.° 210; Chauvin, Algues, n.°s 20 et 42; — *Edulis*, Turn., pl. 114; Stackh., pl. 12; Desmaz., Crypt., n.° 109; Chauvin, Algues, n." 68; — *Cordata*, Turn., pl. 116; — *Botryocarpa*, Turn., pl. 246; — *Ciliata*, Turn., pl. 70; Gmel., pl. 21, fig. 2 et 3; Lyngb., pl. 4; Desmaz., Crypt., n.° 110; Chauvin, Algues, n.° 17; — *Spermophora*, Turn., pl. 76; — *Corallorhiza*, Turn., Hist., pl. 96; — *Lambertii*, Turn., Hist., pl. 237.

XVIII.ᵉ Genre. Chondrus, Lamour., Lyngb. et N.

Les espèces qui le composent, ont été disséminées par Agardh dans son *Sphærococcus* (voyez ci-après l'indication de ce genre). Du *Chondrus pygmæus* il a fait son genre *Lichina*. Lyngbye a placé cette espèce dans son genre *Gelidium*. Bory de Saint-Vincent et plusieurs auteurs se sont trompés en la regardant comme synonyme du *Gigart. pygmæa*, espèce nouvelle très-différente, figurée par Lamouroux, pl. 4, fig. 12 et 13, de son Essai sur les Thalassiophytes. (Voyez ce Dictionnaire, tom. IX, pag. 62 et tom. XXVI, p. 269.)

Espèces. *Polymorphus*, Lamour., Diss., pl. 1 à 4, 6, 7, 8 (excl. fig. 19), 9 à 14, 16, 17, fig. 37; Turn., pl. 216 et 217; Desmaz., Crypt., n.° 10; — *Norwegicus*, Lamour., Diss., pl. 8, fig. 19; Turn., pl. 41; — *Pumilus*, Fl. Dan., pl. 1066; Esper, fig. 142; — *Bonnemaisonii*, Lamour., Thal., pl. 3, fig. 3, 4 et 5; — *Æruginosus*, Turn., Hist., pl. 147; — *Mamillosus*, N., Lamour., Thal., pl. 17, fig. 38, pl. 18; Lyngb., pl. 5 *C*; Turn., Hist., pl. 218; Desmaz., Crypt., n.° 11; — *Pygmæus*, Turn., Hist., pl. 204; Lightf., Fl. scot., pl. 32; Engl. bot., pl. 1332; Chauvin, Algues, n.° 72 (*Lichina.*)

XIX.ᵉ G. Grateloupia, Agardh.

L'espèce qui fait la base de ce genre est le *Fucus filicinus*, Turn. Elle ne pouvoit rester ni dans l'ancien genre *Delesseria*, Lamour., ni dans son nouveau genre *Halymenia*. Cette espèce, que nous avons particulièrement étudiée sur nos côtes, où elle croît, appartient par son *facies* au *Gelidium*, Lamx., et par son organisation interne au *Dumontia*, Lamx. Elle devenoit nécessairement le type d'un nouveau genre, qu'Agardh a judicieusement formé et dédié au docteur Grateloup, un de nos plus modestes et de nos plus zélés naturalistes (voyez ce Dictionnaire, tom. XXXVII, page 279). N'ayant pas observé dans leur état frais les autres espèces qu'Agardh réunit à celle-ci, nous ne les indiquerons qu'avec doute. L'une d'elles, le *Grateloupia ornata*, faisoit la base d'un genre proposé par Lamouroux sous le nom d'*Erinacea*. C'est à ce genre qu'étoit rapporté le *Fucus Rissoanus*, Turn., pl. 253 (*Sphærococcus verruculosus*, Agardh). Si les deux espèces douteuses sont conservées dans le *Grateloupia*, le *Sphærococcus verruculosus*, Agardh, devra y être intercalé sous le nom de *Grat. rissoana*, sinon il réaliseroît avec la précédente le genre *Erinacea*, Lamour.

Espèces. *Filicina*, Pl. du Dict.; Turn., pl. 150; Wulf, in Jacquin, Coll., pl. 3 et pl. 15, fig. 2; — ? *Ornata*, Turn., pl. 26 (*erinaceus*); — ? *Histrix*, non figuré; — ? *Rissoana*, Turn., pl. 253.

XX.ᵉ Genre. Gelidium, Lamour.

Le *facies*, l'organisation et la fructification font de ce genre un groupe très-naturel. Agardh en a amalgamé les espèces avec celles de son *Sphærococcus*; assemblage d'individus bien disparate (voyez ci-après l'indication de ce genre). Lyngbye a mentionné, sans les classer, une partie des espèces ci-après dans l'*Appendix* de son Hydrophytologie, et il a employé le nom de *Gelidium*, pour un groupe composé du *Laurencia pinnatifida*, Lamour., et des *Gigartina pistillata* et *pygmæa* du même auteur. (Voyez ce Dictionnaire, t. XVIII, pag. 305.)

Espèces. *Corneum*, Turn., pl. 257; Engl. bot., pl. 1970; Stackh., pl. 12; — *Crinale*, N., Turn., pl. 198; Pl. du Dict., Thal.; Desmaz., Crypt.; n.° 208; Chauvin, Algues, n.° 18; — *Clavatum*, Lamx., Diss., pl. 22, fig. 12; Turn., pl. 108; Stackh., pl. 6 (*pusillus*); Desmaz., Crypt., n.° 207; — *Spiniformis*, Lamour., Diss., pl. 36, fig. 3 et 4; — *Anthonii*, Lamour., Thal., pl. 3, fig. 6 et 7; — *Amansii*, Lamour., Diss., pl. 26, fig. 2 à 5; — *Cartilagineum*, Turn., pl. 124; Engl. bot., pl. 1477; Gmel., pl. 17; — *Coronopifolium*, Turn., pl. 122; Engl. bot., pl. 1478.

XXI.ᵉ G. Laurencia, Lamour.

Ce genre, très-bien caractérisé et d'un *facies* déterminé, n'a point été employé par Lyngbye; la seule espèce qu'il ait cité, l'a été sous le nom générique de *Gelidium*. Agardh a placé toutes les espèces du *Laurencia* au commencement de son *Chondria*; il leur a adjoint des espèces du *Gigartina* et de l'*Acanthophora*, Lamx., ce qui forme une réunion d'êtres d'un *facies* bien différent. (Voyez ce Dictionnaire, tom. XXV, pag. 325.)

Espèces. *Pinnatifida*, Turn., pl. 20; Engl. bot., pl. 1202; Chauvin, Algues, n.° 67; — *Obtusa*, Turn., pl. 21; Turn., pl. 1201; — *Gelatinosa*, Desf., Fl. atl., non figuré; — *Thyrsoides*, N.; Turn., pl. 19; — *Cyanosperma*, Delile, Égypt., pl. 57; — *Botryoides*, N.; Turn., pl. 178; — *Cæspitosa*, non figuré; — *Intricata*, Lamour., Diss., pl. 3 fig. 8 et 9; — *Laxa*, N.; Turn., pl. 203.

XXII.ᵉ Genre. Hypnea, Lamour.

Agardh a intercalé les espèces qui composent ce genre dans son *Sphærococcus* et son *Chondria*, où sont amalgamées des espèces de *Laurencia*, de *Gelidium* et d'*Acanthophora*, Lamour. (Voyez, pour les caractères de l'*Hypnea*, ce Dictionnaire, tome XXII, page 350.)

Espèces. *Musciformis*, Turn., pl. 127; Esp. fuc., pl. 93; — *Spinulosa*, Esp., pl. 34; — *Wighii*, Turn., pl. 102; Trans. linn., 6, pl. 10; *Hamulosa*, Turn., pl. 79; Esp., pl. 89; — *Charoides*, Lamour., Thal., pl. 4, fig. 1 et 2.

XXIII.ᵉ G. Acanthophora, Lamour.

Rapport d'organisation avec les espèces du genre *Hypnea*; conceptacles épineux et arrondis, épars sur les tiges et les rameaux. Espèces intercalées par Agardh dans son *Chondria*. (Voyez ce Dictionnaire, tom. I.ᵉʳ, Suppl., p. 13, et ci-après le genre *Plocamium*.)

Espèces. *Thierii*, Lamour., Diss., pl. 30 et 31, fig. 1; — *Delilii*, Delile, Égypt., pl. 56, fig. 1; — *Militaris*, Lamour., Thal., pl. 4, fig 4 et 5; — *Triangularis*, N.; Turn., pl. 33; Gmel., pl. 8, fig. 4; Esp., pl. 119.

XXIV.ᵉ G. Dumontia, Lamour.

Tiges fistuleuses; organisation la plus simple des Floridées; tissu cellulaire très-fugace; fructification éparse à la paroi intérieure de l'épiderme; *facies* très-distinct des autres genres. Une partie des espèces a été intercalée par Agardh dans son genre *Halymenia* avec des espèces membraneuses et à fructification saillante extérieurement. Lyngbye en a placé quelques espèces dans ses genres *Gastridium* et *Scytosyphon*, avec des *Ulva* et des *Gigartina*, Lamx. (Voyez ce Dictionnaire aux mots Dumontia, Esperia et Halymenia.)

Espèces. *Incrassata*, Fl. Dan., pl. 653, 1480 fig. 2, 1664; Lyngb , pl. 17; — *Sobolifera*, Fl. Dan., pl. 356; Turn., pl. 149; — *Ventricosa*, Lamx., Thal., pl. 4, fig. 6 ; — *Fastuosa*, non figuré; — *Calvadosii*, Pl. du Dict. (acotyl. algues); — *Triquetra*, Engl. bot., pl. 1881 ; Pl. du Dict., acotyl. algues (*interrupta*).

XXVe Genre. Gigartina, N.

Sous ce nom Lamouroux avoit réuni les espèces de thalassio-phytes qui ont pour caractères : Tiges constamment cylindri-ques ; tubercules sphériques ou hémisphériques, sessiles, gi-gartins (voyez ce Dictionnaire, t. XVIII, p. 532). Ce point de vue trop général devoit nécessairement rassembler des es-pèces peu analogues ; aussi le savant et scrupuleux profes-seur, frappé de la diversité du *facies* de plusieurs d'entre elles et guidé par la connoissance qu'il avoit de leur organi-sation interne, s'empressa de les coordonner et de les distri-buer en trois sections, qu'il considéra avec raison comme devant plus tard aider à la formation de nouveaux genres. Lyngbye en a déjà établi un sous le nom de *Lomentaria*, basé sur le *Gigartina articulata*, Lamx. Ce nouveau genre, très-na-turel, devra comprendre toutes les espèces de la 3.e section et une partie de la 1.re du *Gigartina*, Lamx. (voy. ci-après). De la 2.e section a été extrait par Agardh le *Gigartina rotunda*, dont il a formé le genre *Polyides*. Ce genre, qui est bien ca-ractérisé, devra comprendre le *Gig. griffithsiæ* (voy. ci-après); il a aussi extrait le *Gigart. subfusca*, qui est convenablement placé dans le *Rhodomela*, en tant que ce genre sera réduit à la 3.e section d'Agardh (voyez ci-après aux *Thalassiophytes diaphysistées*). Le *Gigartina pedunculata* a aussi été retiré et placé dans le *Sporochnus*, Agardh, qui ne peut être admis qu'autant qu'on en séparera les espèces de *Desmarestia*, Lamx.

Les autres espèces énoncées ci-après, appartenant à la 2.e section, Lamour., forment maintenant le genre *Gigartina*, auquel on peut assigner les caractères suivans : Fronde cylin-drique, gélatino-cartilagineuse, sans contractions, a folioles nulles, à conceptacles globuleux, sessiles, gigartins, innés ou adnés aux rameaux.

Presque toutes les espèces du genre *Gigartina*, N., ont été placées par Agardh dans son universel *Sphærococcus*. Les espèces du *Gigartina*, Lyngbye, appartiennent, savoir : la 1.re, 3.e et 8.e, au *Gigartina*, N.; la 2.e au *Polyides*, N.; la 4.e au *Desmarestia*, Lamx.; les 5.e, 6.e et 9.e au *Rhodomela*, N.

Espèces. *Confervoides*, Turn., pl. 84; Engl. bot., pl. 1668; — Stackh., pl. 8 (*Verrucosus*); — *Flagelliformis*, Turn., pl. 85; Fl. Dan., pl. 650; Engl. bot., pl. 1222; — *Scorpioides*, Fl. Dan., pl. 1479; Lyngb., pl. 13; — *Muricata*, Turn., pl. 18; Gmel., pl. 6, fig. 4; — *Purpurascens*, Turn., pl. 9; Engl. bot., pl. 1243; — *Plicata*, Turn., pl. 180; Engl. bot., pl. 1089; Gmel., pl. 14, fig. 2; — *Helminthocortos*, Turn., pl. 233; Journ. de phys., 1782, Sept., pl. 1, fig. 1, 10; — *Acicularis*, Turn., Hist., pl. 126; — *Tenax*, Turn., Hist., pl. 125; — *Pistillata*, Lamx., Diss., pl. 27; Gmel., pl. 12, fig. 1; Turn., pl. 28; — *Tœdii*, Lamx., Thal., pl. 14, fig. 11; Roth, Cat., 3, pl. 4; Turn., pl. 208.

XXVIe Genre. POLYIDES, Agardh et N.

(Voyez les caractères dans ce Dictionnaire, tome XLII, pag. 349.) Démembrement du *Gigartina*, Lamx. L'espèce qui sert de base à ce genre très-naturel et fort bien caractérisé, a été long-temps confondue par les botanistes avec le *Furcellaria lumbricalis* (Fucacées); cette méprise cesse en observant la fructification. Nous conservons à l'espèce, type du genre, son premier nom *Rotunda*, au lieu de celui de *Lumbricalis*, qu'Agardh lui avoit substitué et qui perpétueroit l'erreur d'identité avec la précédente. Nous plaçons dans ce genre le *Gigartina griffithsiæ*, Lamx., conforme en organisation, en fructification et en *facies* à l'espèce ci-dessus; il avoit été rejeté par Agardh dans son *Sphærococcus*.

Espèces. *Rotunda*, Turn., pl. 5; Engl. bot., pl. 1738; Stackh., pl. 6, 14; — *griffithsiæ*, Turn., pl. 37; Stackh., pl. 19.

XXVIIe G. SPOROCHNUS, N.

Agardh, en formant le genre *Sporochnus*, dans la vue de grouper convenablement les *Fucus pedunculatus* et *radiciformis* de Turner, satisfit à un besoin de la science quand il y adjoignit, sous le rapport un peu général de fructification concentrique et claviforme, les *Fucus rhizodes* et *cabrera*, Turn. Ce rapprochement d'êtres d'une organisation remarquable, mais pas encore suffisamment étudiée, n'étonna point; mais quand on vit amalgamer les espèces du genre *Desmarestia*, Lamx., avec celles citées ci-dessus, on se demanda quelle analogie ces dernières pouvoient avoir avec

leurs nouvelles associées, à frondes généralement planes,
comme épineuses sur leurs marges, dont la fructification encore inconnue ne peut, cependant, d'après l'organisation
cellulaire de ces espèces, correspondre à celle décrite par
Agardh. De ces considérations il résulte qu'il est indispensable dans l'intérêt de la science d'exclure du genre *Sporochnus*, Agardh, les espèces *aculeatus*, *medius*, *viridis*, *inermis*,
ligulatus et *herbaceus*, qui appartiennent au genre *Desmarestia*,
Lamx. (Voyez ci-dessus ce genre aux *Fucacées*, et dans ce
Dictionnaire, tome XIII, page 104). Le genre *Sporochnus*,
ainsi épuré, doit être admis sous l'énonciation des caractères
suivans : Fronde filiforme, irrégulièrement et lâchement ramifiée, à conceptacles petits, arrondis, sessiles ou pédonculés, formés de corpuscules articulés, claviformes, disposés
concentriquement et souvent couronnés de filamens pénicillés.

Le *sporochnus rhizodes* avoit été placé par Lyngbye dans le
Chordaria, et par Lamouroux dans le *Dictyota*.

Espèces. *Radiciformis*, Turn., Hist., pl. 189; — *Pedunculatus*, Turn.,
Hist., pl. 188; Engl. bot., pl. 549; Gmel., pl. 19; — *Cabrera*, Turn.,
Hist., pl. 140; — *Rhizodes*, Lyngb., pl. 13; Turn., pl. 253; Engl. bot.,
pl. 1683; Desmazières, Crypt., n.° 206 (*Dictyota*).

XXVIII.ᵉ Genre. Lomentaria, N.

Au *Gigartina articulata*, Lamx., qui a servi de base à Lyngbye pour la formation du *Lomentaria*, on peut ajouter les
sept espèces de la 3.ᵉ section du *Gigartina*, Lamour., et les
cinq qui sont en tête de la 1.ʳᵉ section, et l'on aura un genre
très-naturel, que l'on doit caractériser ainsi : Frondes et folioles arrondies, tubuleuses, subgélatineuses, souvent con-
tractées ou atténuées extérieurement de distance en distance;
conceptacles globuleux, sessiles, gigartins, adnés aux rameaux ou aux folioles de la fronde.

Les contractions ou étranglemens de la fronde et des folioles dans plusieurs de ces espèces, ne sont qu'une modification de la forme extérieure, une sorte d'atténuation pé-
donculaire; elles n'affectent point intérieurement le tissu cellulaire; elles n'en interrompent point la continuité; elles n'y
forment point de cloisons analogues à celles qui caractérisent les Thalassiophytes diaphysistées : le tissu est partout homogène. On ne peut attribuer qu'à une méprise, une trans-

position de phrases ou une erreur de typographie, l'assertion de Bory de Saint-Vincent, qui considère l'organisation du *Lomentaria articulata* comme analogue à celle des Conferves.

Agardh a confondu les espèces de ce genre avec celles de son *Chondria* et de son *Halymenia*. Lyngbye en a placé plusieurs dans son *Gastridium*.

Espèces. *Articulata*, Lyngb., pl. 3o *A*; Stackh., pl. 8; Engl. bot., pl. 1574; Turn., pl. 1o6; — *Opuntia*, Turn., pl. 1o7; Stackh., pl. 16 et 12; Engl. bot., pl. 1868 (*cœspitosus*); — *Pygmœa*, Lamx., Thal., pl. 4, fig. 12 et 13; — *Ovata*, Lamour., Thal., pl. 4, fig. 7; — *Vermicularis*, Turn., pl. 81; Gmel., pl. 18, fig. 4; Engl. bot., pl. 711; — *Capillaris*, Turn., pl. 31, 2.ᵉ édit.; — *Clavellosa*, Turn., pl. 3o, 2.ᵉ édit.; Engl. bot., pl. 12o3; Lyngb., pl. 17 (*Gastridium*); Chauv., Alg., n.º 41 (*chondria*); — *Kaliformis*, Turn., pl. 29, 2.ᵉ édit.; Lamx., Diss., pl. 29; Lightf., Fl. scot., pl. 31; Chauv., Alg., n.º 15 (*chondria*); — *Tenuissima*, Turn., pl. 1oo, Engl. bot., pl. 1882; Chauv., Alg., n.º 14 (*chondria*) — *Dasyphylla*, Turn., pl. 22; Engl. bot., pl. 847.

XXIX.ᵉ Genre. Plocamium, Lamx., Lyngb., N.

(Voir ce Dictionnaire, tome XLI, page 4o7.) Le *Fucus plocamium*, Gmel., fut pour Lamouroux le type d'un genre où il groupa plusieurs espèces d'une organisation remarquable au microscope par des cellules à cloisons fortement prononcées et assez régulièrement disposées aux extrémités pour donner à plusieurs de ces espèces l'apparence d'un tissu cloisonné. L'une d'elles, le *Plocamium plumosum*, est devenu depuis le type du genre *Ptilota*, Agardh et Bonnemaison (voir ce genre ci-après). Le *Ploc. asparagoides*, dont la tige est arrondie, a formé le genre *Bonnemaisonia*, Agardh, sous la considération que les séminules sont disposées au fond du conceptacle en forme de collier (voyez ci-après). Le *Ploc. amphibium* a été placé dans le genre *Rhodomela*, Agardh (voyez ci-après aux Thal. diaphysistées). Le *Ploc. triangulare*, intercalé par Agardh dans le genre *Tamnophora* que nous regardons comme superflu, nous semble devoir être mis dans l'*Acanthophora*, Lamx. (voir ce genre ci-dessus). Nous conserverons alors dans le genre *Plocamium* les espèces ci-après inscrites et leurs analogues correspondant aux caractères posés par Lyngbye, et que nous modifions ainsi : Fronde comprimée, très-rameuse, distique; Conceptacles globuleux, latéraux ou axillaires; Séminules agglomérées et non disposées sérialement.

ESPÈCES. *Maxillosus*, Lamx., non figuré; — *Vulgare*, Lamx.; Gmel., pl. 16, fig. 1; Fl. Dan., pl. 1593; Turn., pl. 59; Lyngb., pl. 39 *B* (*coccineum*); Desmaz., Crypt., n.° 26; — *Cristatum*, Lamx., Thal., pl. 5, fig. 1, 2, 3 (excl. le syn. Linné); Engl. bot., pl. 1925; — *Labillardierii*, Mert., N.; Turn., pl.137 (*pipericarpos*, Lamx.).

XXXe Genre. BONNEMAISONIA, Agardh.

Nous n'avons point observé dans les Conceptacles la *caténation* des séminules qui a servi de base à Agardh pour l'établissement de ce genre. Lors même que cet enchaînement des séminules ne seroit qu'une illusion d'optique, lorsqu'il ne seroit que l'effet momentané de la disposition de ces particules ou de leur dessiçcation, si, comme nous le soupçonnons, l'observation n'a pas été faite sur des échantillons frais, d'autres caractères se présentent pour distinguer le *Bonnemaisonia* du *Plocamium ;* tels sont la forme arrondie de la fronde et des pinnules simples et distiques dont elle est garnie, la fructification pédonculée et l'élongation des séminules. On peut regarder le *Plocamium Labillardierii* comme le passage du genre précédent à celui-ci, où, par la suite, on jugera peut-être convenable de le placer.

Si le *Bonnem. pilularia*, que nous ne possédons pas, est entièrement conforme, comme le dit Agardh, à la pl. 10, fig. 2, de Gmelin, cette espèce doit être retirée de ce genre et reportée dans le *Plocamium ;* il en est de même du *Bonnem. elegans*, qui, s'il s'accorde avec la figure du *Delisea fimbriata* de ce Dictionnaire, laquelle, elle - même, est la figure réduite n.° 1, pl. 3, de l'*Essai sur les thalassiophytes*, Lamx., doit être reporté au *Delisea* de cet auteur; de sorte que des espèces placées par Agardh dans le genre *Bonnemaisonia*, nous ne reconnoissons que l'*asparagoides*, qui précédemment appartenoit au *Plocamium*, Lamx.

ESPÈCE. *Asparagoides*, Turn., pl. 101 ; Trans. linn., 2, pl. 6; Engl. bot., pl. 571.

XXXIe G. PTILOTA, Agardh, Lyngb., Bonnem.

L'espèce qui a servi de type à Agardh et à Bonnemaison pour l'établissement de ce genre, est le *Plocamium plumosum,*

Lamx. (voir ce Dictionnaire, t. XLIV, p. 64). Les séminules oblongues sont agglomérées dans un élytre environné d'un involucre polyphylle ; les cellules sont fortement cloisonnées et disposées sérialement de manière à présenter dans les rameaux l'apparence de la structure des Thalassiophytes diaphysistées (voyez ci-après). A ne considérer cette espèce que sous le point de vue de ses cellules et séparée de plusieurs autres espèces analogues où cette disposition des cellules est moins prononcée, on conçoit très-bien que Bonnemaison ait dû transporter ce genre dans sa tribu des *Hydrophytes loculées*. Nous-même l'avions placé aussi dans les *Hydrophytes diaphysistées* : mais la forme comprimée de cette espèce, même dans ses ramules ; la tendance de ces dernières à prendre l'état membraneux par un accroissement de cellules latérales ; le caractère particulier de la fructification, qui se remarque aussi dans plusieurs autres espèces analogues où la disposition sériale des cellules est moins prononcée, m'ont déterminé à laisser ce genre dans les *Thalassiophytes symphysistées*, comme le terme moyen qui lie celles-ci avec les *Thalassiophytes diaphysistées*.

ESPÈCES. *Plumosa*, Turn., pl. 60 ; Lyngb., pl. 9 *A* ; Fl. Dan., pl. 350 ; Engl. bot., pl. 1308 ; — *Asplenioides*, Turn., pl. 62 ; Esper, Icon., pl. 147 ; — *Densa*, non figuré ; — *Flaccida*, Turn., pl. 61.

SPHÆROCOCCUS, Agardh.

Avant de terminer les Floridées, nous devons citer pour mémoire le *Sphærococcus* d'Agardh, vaste amas des êtres les plus disparates en organisation et en *facies*, qui, réunis sous la considération trop générale de couleur purpurine, de substance coriace, de fructification rouge, globuleuse, renfermant une agglomération de séminules, en font un genre inutile à la science et d'un usage impraticable. Les espèces qui le composent appartiennent aux *Delesseria, Dawsonia, Halymenia*, Lamx.; aux *Chondrus, Gigartina, Gelidium*, Lyngb. et Lamour. En établissant aussi un genre sous le nom de *Sphærococcus*, Lyngbye en avoit au moins circonscrit la trop grande étendue par la place déterminée qu'occupoit la fructification ; les espèces qui composent ce dernier rentrent dans l'*Halymenia* et le *Chondrus*, Lamx. et Nobis.

53. 24

3.ᵉ Ordre. **DICTYOTÉES.**

XXXII.ᵉ Genre. Amansia, Lamouroux et Agardh.

(Voyez ce Dictionnaire, tom. II, Suppl., pag. 3.) Agardh, en adoptant ce genre de Lamouroux, y a intercalé le *Fucus fraxinifolius*, Turn., d'après lequel il a modifié et étendu les caractères du genre. Nous conservons provisoirement cette belle et admirable espèce dans le genre *Amansia*, jusqu'à ce qu'un examen attentif sur un échantillon à fructification entièrement développée, permette de prononcer si elle doit y rester définitivement ou former le type d'un nouveau genre.

Espèces. *Multifida*, Lamx., Bull. phil., 1809, n.° 20, pl. 6, fig. *c, d, e*; — *Mamillifera*, Lamx., non figuré; — *Semi-pennata*, Lamx., Thal., pl. 5, fig. 4 et 5; — *Fraxinifolia*, Agardh; Turn., Hist., pl. 193.

XXXIII.ᵉ G. Dictyopteris, **Lamour.**

(Voyez les caractères dans ce Dictionnaire, tome XIII, p. 204.) Agardh, tout en reconnoissant la bonne disposition et l'utilité de ce genre, a voulu substituer le nom d'*Haliseris* à celui de *Dictyopteris*. Ce dernier est entériné dans toutes les collections et dans tous les ouvrages depuis plus de quinze ans. Il donne une idée précise du caractère de la famille en même temps que de l'organisation générale des espèces du genre; la fixité de la nomenclature prescrit sa conservation.

Espèces. *Justii*, Lamx., Bull. phil., 1809, n.° 20, pl. 6, fig. *A*; — *Elongata*, Lamx., Diss., pl. 24, fig. 1; Turn., pl. 87 (*F. membranaceus*); — *Polypodioides*, Lamx., Diss., pl. 24, fig. 2; Chauv., Alg., n.° 70; — *Serrulata*, Lamx., Thal., pl. 6, fig. 6; — *Delicatula*, Lamx., Bull. phil., 1809, n.° 20, pl. 6, fig. *B*; — *Woodwordia*, Turn., Hist., pl. 250.

XXXIV.ᵉ G. Dictyota, **Lamour.**

En publiant en 1809 le genre *Dictyota*, Lamouroux le partagea en deux sections. Persuadé que chacune d'elles devoit former un genre distinct, il assigna à la première, dans son *Essai sur les Thalassiophytes*, le nom de *Padina*, déjà proposé par Adanson (voyez ci-après). Il conserva le nom de *Dictyota* à la seconde, qui offre pour caractères : Frondes sans nervures, dichotomes ou laciniées, à substance réticulée; fructifications granuliformes situées à la surface de la fronde, soit en lignes longitudinales ou flexueuses, soit éparses totalement ou en partie. La couleur des espèces est une teinte verdâtre, plus ou moins foncée, qui ne change point par la dessiccation. (Voyez ce Dictionnaire, tom. XIII, pag. 205.)

Lyngbye a placé le *Dictyota dichotoma* dans le genre *Ulva*. Agardh, en faisant un genre des deux sections de Lamouroux, l'a nommé *Zonaria*, et il l'a placé, malgré l'organisation toute différente des espèces, dans sa famille des *Fucoïdes*, qui répond à celle des *Fucacées* de Lamouroux et Richard. Ce nom générique ne peut prévaloir par les mêmes motifs que ceux énoncés au genre précédent.

ESPÈCES. *Ciliata*, Lamx., Diss., pl. 25, fig. 2; Chauv., Alg., n.° 24, pl. 419; — *Laciniata*, Lamour.; Chauv., Alg. de la Norm., n.° 48 (*Zonaria multifida*); — *Dentata*, Gmel., pl. 10, fig. 1 (*Atomarius*); — *Dichotoma*, Lamour., Diss., pl. 22, fig. 3, pl. 23, fig. 1; Lightfoot, Fl. scot., pl. 34; Lyngb., Hydroph., pl. 6; Engl. bot., pl. 774; Chauv., Algues, n.° 47; — *Implexa*, non figuré; — *Pusilla*, non figuré; — *Fasciola*, Roth, Cat., 1, pl. 7, fig. 1; Esper, Icon., pl. 44; Desmaz., Crypt., n.° 205; — *Polypodioides*, Lamx., Thal., pl. 6, fig. 2 et 3.

XXXV.ᵉ Genre. PADINA, Adanson, Lamouroux.

Première section de l'ancien genre *Dictyota*, Lamx., indiquée en 1816 dans l'*Essai sur les Thalassiophytes*, sous le nom de *Padina*, dénomination déjà antérieurement donnée à ce groupe par Adanson. Il a pour caractères : des frondes réniformes et flabelliformes, sans nervures, à substance réticulée, en apparence longitudinalement striée, ayant à leur surface des fructifications granoïdes, situées en lignes transversales, parallèles, courbées en arc de cercle et concentriques. (Voir ce Dictionnaire, tome XIII, page 206.)

Agardh a placé les espèces de ce genre dans son *Zonaria*.

ESPÈCES. *Pavonia*, Ellis, Corall., pl. 33, fig. C; Engl. bot., pl. 1276; Desmaz., Crypt., n.° 60; Chauv., Alg., n.° 23; — *Variegata*, Lamx., Thal., pl. 5, fig. 7, 8, 9; — *Squammaria*, Gmel., pl. 20, fig. 1; Turn., pl. 244; — *Zonata*, Lamx., Diss., pl. 25, fig. 1; — *Tournefortiana*, Lamour., Diss., pl. 26, fig. 1.

XXXVI.ᵉ G. ASPEROCOCCUS, Lamour.

Ce genre, que distingue une tige fistuleuse, des fructifications saillantes à la superficie, rudes au toucher, se présentant au microscope sous forme de papilles alongées et arrondies, a été placé par Lamouroux dans l'ordre des ULVACÉES. (Voyez ce Dictionnaire, tome III, Suppl., pag. 54.) Le caractère particulier de la fructification, non remarquable dans les autres genres des Ulvacées, se joignant à une organisation réticulée, que nous avons reconnue au microscope être produite par des cellules carrées, alongées et régulièrement disposées, ne nous ont pas permis d'hésiter un instant à placer le genre *Asperococcus* dans les Dictyotées. La couleur et le *facies* des espèces de ce genre semblent aussi au premier aspect indiquer cette détermination.

Agardh, à qui il a plû postérieurement d'appeler ce genre *Encœlium*, a senti aussi la nécessité de le retirer des Ulvacées ; mais il l'a placé dans ses Fucoïdes, à la suite de l'*Haliseris*, qui correspond au *Dictyota* et au *Padina*, Lamx.

Espèces. *Rugosus,* non figuré (*ulva rugosa*, Dec.); — *Bullosus*, Lamx, Thal., pl. 6, fig. 5.

4.ᵉ Ordre. ULVACÉES.

XXXVII.ᵉ Genre. Ulva, Agardh, Nobis.

Sous ce nom ont été long-temps groupées presque toutes les Thalassiophytes d'organisation membraneuse, à fructification répandue dans ou sur le tissu de la membrane. Un grand nombre d'auteurs ont cherché autrefois à modifier ce genre, qui, malgré leurs efforts, a renfermé encore long-temps des êtres disparates, jusqu'au moment où une étude plus sévère de l'organisation et de la fructification des Thalassiophytes a permis de répartir dans de nouveaux genres une partie des espèces qui composoient celui-ci. Lamouroux, dans son *Essai sur les Thalassiophytes*, l'a circonscrit aux espèces, soit membraneuses ou tubuleuses, d'une organisation cellulaire très-simple, analogue à celle des jeunes cotylédons ou du tissu herbacé des phanérogames, ayant des graines isolées, innées dans la substance de la plante, éparses et jamais saillantes. Il forma des espèces ainsi caractérisées deux sections, l'une à *feuilles planes* et l'autre à *feuilles fistuleuses.* Lyngbye conserva le nom d'*Ulva* à la première section, mais y intercala des espèces de *Laminaria*, d'*Halymenia* et de *Dictyota ;* il fit de la seconde section son genre *Scytosyphon* et y mêla quelques espèces appartenant évidemment à d'autres genres. Agardh adopta d'abord sous un seul nom les deux sections de Lamouroux ; depuis il conserva à la première celui d'Ulva et donna à la seconde celui de Solenia ; mais ce dernier nom ayant été antérieurement employé par Hoffmann, Persoon et Nées, pour un autre genre de cryptogames de la famille des champignons, Fries proposa celui d'*Ilea* (voyez ce Dictionnaire, tome XLIX, pag. 438), que nous adoptons (voir ci-après). Nous reconnoissons sous le nom d'*Ulva* les espèces à frondes membraneuses, formant la première section de celui de Lamouroux; mais nous n'en séparons point les espèces brun-pourprées, parce qu'elles sont souvent, par diverses circonstances, ramenées à la couleur verte : ce sont celles dont Agardh a fait son genre *Porphyra*.

Espèces. *Lactuca*, pl. 1551 ; Desmaz., Crypt., n.° 7; — *Latissima*, Esper. pl. 1; Chauv., Alg., n.° 39; — *Umbilicalis*, Lightf., pl. 33; Fl. Dan., pl. 1663, Roth, pl. 6, fig. 1; Esp., pl. 2 (*ulva*); Engl. bot., pl. 2286; Chauv., Alg., n.° 66; — *Miniata*, Lyngb., Hydroph., pl. 6.

XXXVIII.ᵉ Genre. Ilea, Fries.

Frondes tubuleuses, atténuées à la base, à tissu semblable à celui de l'*Ulva*, strié et aréolé dans plusieurs espèces; Séminules isolées, innées dans le tissu de la membrane. (Voyez ci-dessus le genre *Ulva*.)

Espèces. *Compressa*, Engl. bot., pl. 1739; Fl. Dan, pl. 1480, fig. 1; Desmaz., Crypt., n.° 8; — *Intestinalis*, Dillen., pl. 9, fig. 7; Desmaz., Crypt., n.° 9; — *Clathrata*, Lyngb., Hydroph., pl. 16; Fl. Dan., pl. 1667; —*Fistulosa*, Engl. bot., pl. 642.

XXXIX.ᵉ G. Flabellaria, Lamouroux, N.

Fronde flabelliforme, revêtue d'une sorte de parenchyme qui couvre inégalement des fibres continues, tubuleuses, enlacées les unes aux autres par des ramifications courtes et horizontales; fructification inconnue.

Tels sont les caractères qu'un examen sévère de la production qui fait le type de ce genre nous oblige de substituer à ceux de feu notre savant ami Lamouroux, qui, frappé du *facies* de cette production, entraîné par l'analogie et opérant probablement sur un échantillon très-épais, aura pris pour des cellules carrées ou mailles de réseaux, les larges intervalles carrés que les ramifications transversales semblent former par leurs jonctions ou enlacemens avec les fibres parallèles et longitudinales. Ces fibres tubuleuses ou rameuses, qui forment en quelque sorte le cannevas de cette production, sont analogues pour la structure, vues au microscope, à celles du *Vaucheria* : elles sont garnies intérieurement de *Pulviscules* ou corpuscules ovoïdes très-ténus; le parenchyme, qui recouvre ces fibres, me semble formé de particules analogues à celles qui en garnissent l'intérieur. Cette organisation nous fait un devoir de retirer des *Dictyotées* le genre *Flabellaria* et de le placer provisoirement dans les *Ulvacées*, où il s'allie par sa couleur avec les aspects de cette famille, recommandant à l'attention des micrographes des bords de la Méditerranée cette production, pour suivre sur des échantillons frais les diverses phases de son développement et sa physiologie.

L'illustre Desfontaines a donné, dans sa *Flora atlantica*, au *Conferva flabelliformis* une excellente description de l'espèce qui fait la base du genre FLABELLARIA.

Agardh a fondu ce genre dans son *Codium*, qui n'est que le *Spongodium* de Lamouroux.

ESPÈCE. *Desfontainii*, Marsilli, Hist. de la mer, pl. 6, fig. 27; Lamx., Thal., pl. 5, fig. 4; Gin., Op. post., pl. 25, fig. 56; Desmaz., Crypt., n.° 204.

XL.ᵉ Genre. CAULERPA, Lamouroux.

Ce genre, que caractérisent des tiges cylindriques, horizontales, rampantes ou rameuses, terminées par des expansions foliacées de couleur verte, brillante et comme vernissée, a été adopté par Agardh sans restriction ni modification. Ce genre, que nous recommandons à l'attention des naturalistes, qui peuvent en observer les espèces sortant de la mer, a été signalé par Lamouroux comme ayant quelques rapports avec certains polypiers. (Voyez ce Dictionnaire, tome VII, pl. 284.)

ESPÈCES. *Prolifera*, Lamx., Journ. de bot., pl. 2; Turn., Hist., pl. 58; — *Peltata*, Lamx., Journ. de bot., pl. 3, fig. 2 *a*, *b*; —*Chemnitzia*, Turn., Hist., pl. 200; — *Taxifolia*, Lamx., Journ. de bot., pl. 2, fig. 2 (*Pennata*); Turn., Hist., pl. 54; — *Myriophylla*, Gmel., Fuc., pl. 15, fig. 4 (*malè*); — *Pinnata*, Turn., Hist., pl. 53; — *Scalpelliformis*, Turn., Hist., pl. 174; — *Clavifera*, Turn., Hist., pl. 57; — *Lamourouxii*, Turn., Hist., pl. 229; Lamx., Journ. de bot., pl. 2, fig. 3 (*Obtusa*); — *Uvifera*, Turn., Hist., pl. 230; — *Sedoides*, Turn., Hist., pl. 172; — *Ericifolia*. Turn., Hist., pl. 56; — *Selago*, Turn., Hist., pl. 55; — *Hypnoides*, Lamx., Journ. de bot., pl. 3, fig. 3; — *Flexibilis*, Lamx., Thal., pl. 7, fig. 3; — *Turneri*, Turn., Hist., pl. 173 (*Hypnoides*); — *Cactoides*, Turn., pl. 171.

XLI.ᵉ G. BRYOPSIS, Lamouroux.

(Voyez, pour les caractères, le tome V, Suppl., p. 99, de ce Dictionnaire.) Agardh, Lyngbye et Fries, ont pleinement

adopté ce genre de Lamouroux. Il existe une grande analogie entre l'organisation des espèces de ce genre et celle du
Vaucheria, Ag. : comme celui-ci, elles sont formées d'un
tube hyalin, où l'on ne distingue aucune trace de cellules ;
l'intérieur est rempli de corpuscules ténus, verdâtres et
ovoïdes, qui s'attachent et se répartissent à la paroi intérieure de ce tube et de ses rameaux, et qui, lorsqu'on les
froisse, s'agglomèrent en petites sphères d'un vert noirâtre.
Les espèces de ce genre diffèrent de celles du *Vaucheria*
par plus de consistance dans la membrane tubuleuse, par
des ramifications distiques, par un port dendroïque, par un
aspect vernissé et par une odeur pénétrante analogue à celle
de l'acide gallique. J'ai remarqué dans quelques ramules un
léger mouvement d'oscillation. Des expériences suivies sur ce
genre le rendront peut-être un jour aux Némazoaires ou aux
Polypiers. (Voyez le VAUCHERIA.)

Espèces. *Pennata*, Lamx., Journ. de bot., pl. 3, fig. 1 *a*, *b* ; — *Arbus-cula*, Lamx., Journ. de bot., pl. 1, fig. 1 ; — *Hypnoïdes*, Lamx., Journ. de bot., pl. 1, fig. 2 *a*, *b* ; — *Cupressina*, Lamx., Journ. de bot., pl. 1, fig. 3 *a*, *b* ; — *Mucosa*, Lamx., Journ. de bot., pl. 1, fig. 4 ; — *Balbisiana*, Lamx., Thal., pl. 7, fig. 2 ; — *Plumosa*, Lyngb., Hydroph., pl. 19.

XLII.e Genre. Spongodium, Lamouroux.

Ce genre, dont Lamouroux avoit fait d'abord le type d'une
famille distincte, a été provisoirement et convenablement
réuni par lui à la famille des *Ulvacées*. Les productions de ce
genre présentent une réunion de tubes fistuleux entrelacés,
diaphanes, de la nature de ceux des *Bryopsis* et des *Vaucheria*,
recouverts de nombreux filamens tubuleux de la même nature, courts, obtus ou claviformes, remplis de corpuscules
verdâtres, analogues à ceux des deux genres ci-dessus cités.

Ces corpuscules oblongs, observés au microscope, sont susceptibles de contraction et de dilatation ; ils s'atténuent facilement aux extrémités ; leurs dimensions varient d'un 400.e de ligne à un 200.e ; ils sont doués de trois petits points brillans très-
rapprochés. Ces corpuscules sont quelquefois exsudés de leurs
membranes et recouvrent alors la partie extérieure du tube.

Les petits tubes claviformes qui, par leur disposition horizontale et rayonnante autour de la tige principale, donnent
au *Spongodium tomentosum* un aspect velouté, sont susceptibles

d'une grande dilatation, de là la propriété qu'a cette production de s'imbiber d'eau comme une éponge. Cette production nous paroit avoir une grande affinité avec des productions phytoïdes appartenant au règne animal. (Voyez le VAUCHERIA.)

Agardh a postérieurement donné à ce genre le nom de *Codium* et y a intercalé l'espèce membraneuse et à surface parenchymateuse qui fait la base du genre *Flabellaria*, Lamx. (Voyez ce genre ci-dessus.)

Espèces. *Tomentosum*, Turn., Hist., pl. 135; Marsilli, Hist. de la mer, pl. 8, fig. 36 et 37; Engl. bot., pl. 712; Stackh.; pl. 7 et 12; — *Bursa*, Turn., Hist., pl. 136; Engl. bot., pl. 2183.

Les divers genres de Thalassiophytes symphysistés, dont nous venons de présenter l'énumération, ont été établis, comme on a pu en juger, d'après la considération du *facies*, résultant de l'organisation particulière des espèces, combiné avec les formes variées et constantes sous lesquelles la *Fructification* se présente à l'œil de l'observateur.

La FRUCTIFICATION est tellement une conséquence de l'organisation interne, que l'on peut, comme l'a fait entrevoir Lamouroux, indiquer à l'examen de celle-ci quelle doit être la forme de l'autre dans les individus où elle n'est pas encore apparente. Le développement de la fructification des Thalassiophytes, observé microscopiquement dans ses diverses phases, sur un grand nombre d'espèces, pendant plusieurs années consécutives, nous a offert une série d'expériences qui nous permet d'énoncer les généralités suivantes. A certaines époques un fluide mucilagineux, actif, pénétrant, dilate par sa présence le tissu des Thalassiophytes et donne à l'extérieur même du végétal une vivacité de couleur qu'il n'avoit pas précédemment au même degré, et que viennent ensuite obscurcir des teintes plus rembrunies, plus intenses. Observées dans le moment de cette sorte de luxe de végétation, on trouve un grand nombre des cellules de ces plantes chargées sur divers points de particules d'une matière légèrement colorée, affectant, suivant les espèces, des formes diverses, souvent vagues, rarement visibles à l'œil nu. Si l'on suit le développement des particules de cette matière colorée, particulièrement dans les espèces purpurines, on la voit prendre de l'intensité dans sa couleur et des formes plus déterminées; les cellules qui la renferment, que souvent elle constitue, se tuméfient; la matière colorée s'écoule ou disparoît dans quelques-unes; dans d'autres elle se rapproche, s'agglomère, et l'on voit à cet état du végétal succéder celui où se forment, à la surface d'un grand nombre d'espèces, tantôt aux extrémités, tantôt aux subdivisions, aux parties latérales, aux marges des frondes, des tuméfactions en général sensibles à la simple vue. Ces tuméfactions renferment au milieu d'un mucus souvent filamenteux, des amalgames globuleux de grains plus ou moins fortement colorés, que des expériences réitérées présentent avec certitude comme les *Séminules* propagateurs de la plante. Ces tuméfactions, tantôt cylindriques, tantôt comprimées, quelquefois alongées en silique et souvent globuleuses, qui se forment dans le tissu de la plante et à superficie, sont désignées sous le nom de *Conceptacles*; elles renferment des petites agglomérations appelées *Élytres*, dans lesquelles se trouvent immergés les petits grains colorés appelés *Séminules*, lesquels perpétuent, par la simple extension de leur tissu cellulaire, sans rupture d'enveloppe ou arille, l'espèce de Thalassiophyte dont ils sont le type. Cet état est le mode de fructification le plus apparent, c'est celui que plusieurs auteurs ont qualifié de *Fructification Tuberculeuse*: on peut en avoir une idée bien distincte en consultant la figure 6 de la planche 8, et les figures 9, 12 et 13 de la planche 10 de l'*Essai sur les genres de la famille des Thalassiophytes non articulés* par Lamouroux. L'autre mode se manifeste aussi dans plusieurs des espèces susceptibles des développemens que je viens de décrire : il consiste en petits grains légèrement colorés, de forme vague ou rarement déterminée, répandus çà et là dans le tissu de la plante, rarement visibles à la simple vue, se présentant à la loupe, dans quelques espèces, comme un *sablé* de petits points plus ou moins colorés, c'est ce que plusieurs auteurs ont appelé *Fructification Capsulaire*. On en peut voir la figure dans l'ouvrage précité aux planches 8, fig. 7 A, et 10, fig. 11. Ces deux aspects différens, ces deux états de la fructification, ont été qualifiés de *Double Fructification*; ils ont donné lieu aux théories suivantes.

Dawson Turner a pensé d'abord que le dernier phénomène étoit le produit du premier, que le pointillé coloré que l'on

aperçoit à l'aide de la loupe dans plusieurs espèces purpurines, à travers ou sur la membrane épidermoïque du
végétal, résultoit de la dispersion des petits grains colorés,
agglomérés dans les Tubercules, ou Conceptacles visibles à la
surface de ces Thalassiophytes. On conçoit tout ce que cette
hypothèse a de simple et de séduisant ; mais Dawson Turner
ne tarda point à s'apercevoir, par des observations subséquentes, que cette hypothèse n'étoit point fondée en réalité,
et il publia sa rétractation avec cette noble franchise qui ho-
nore les savans. N'apercevant point, dans les échantillons
soumis à son observation, la réunion des deux modes de
fructification sur le même individu, il partit de là pour
reproduire l'opinion du docteur Solander, qui soupçonnoit
ces sortes de plantes d'être *Dioïques ;* mais l'envoi que M.
Brodie fit à M. Dawson Turner d'un échantillon du *Fucus
coccineus* (*Plocamium vulgare*, Lamx.), présentant sur le
même rameau les deux aspects de fructification, détruisit
entièrement cette supposition.

Mertens, portant sur cet objet cet esprit philosophique
d'analyse qui suit dans les diverses gradations la structure et
la complication des êtres, considère cette *Fructification* dite
Capsulaire, ces granules colorés épars dans le tissu de certaines espèces, comme les premiers rudimens de la fructification ; il pense que les parties du tissu qui renferment ces
grains, se dilatent, qu'il s'y fait un rapprochement de cette
matière granuleuse colorée, peut-être un amalgame à
l'instar de la matière des *Conjuguées* de Vaucher, et que la
tuméfaction qui en est la suite se manifeste à l'extérieur du
végétal sous forme globuleuse ou hémisphérique, et constitue
la fructification dite *Tuberculeuse.*

Lamouroux, à qui la botanique marine est redevable de
tant d'observations précieuses, de tant de travaux utiles,
Lamouroux qui, un an au plus avant que la mort l'eût en-
levé aux sciences, discutoit avec nous ce mystère de la double fructification et coordonnoit nos observations avec les
siennes, dans l'espoir d'offrir sur cette matière des aperçus
uniformes plus positifs que ceux entrevus jusqu'alors, posa
en principe que la fructification dite *Capsulaire*, et qu'il appeloit, d'après notre dénomination, *Anthospermique*, « est

« en général stérile; que cette fructification anthospermique
« ou capsulaire doit être regardée comme une *Fructification*
« *avortée*, et non comme le premier âge, le premier état,
« le commencement de la fructification. » Il n'accordoit
pas que la fructification anthospermique ou capsulaire pût
devenir tuberculeuse ou conceptaculaire.

Ce point de dissidence que nous nous étions mutuelle-
ment promis de chercher à éclaircir, et sur lequel des observations suivies d'une et d'autre parts n'eussent pas tardé à
nous mettre d'accord, est toujours pour moi un vif sujet de
regrets. Je dois donc aux progrès de la science, à la vérité
et à la mémoire de ce digne professeur, de ce savant ami,
que distinguoit un caractère vif, franc et loyal, de dire que
des observations microscopiques constamment suivies sur le
développement de ces concrétions colorées éparses dans le
tissu des *Dawsonia laccrata*, *Gmelinii*, des *Delesseria hypoglossa*,
sinuosa, *sanguinea*, des *Lomentaria dasyphylla*, *clavellosa*, *kaliformis*, du *Laurencia pinnatifida*, du *Plocamium vulgare*, ne m'ont
laissé aucun doute que ces granules sont les rudimens de la
fructification Conceptaculaire dite Tuberculeuse. Ces particules rudimentaires, dont on peut avoir une idée exacte en
consultant les figures citées dans un tableau ci-joint, sont
des agglomérations de petits globules cellulcux, denses,
dans lesquels se concrète une matière colorée rouge, extrêmement ténue, et dont l'intensité ne se développe que par
degrés; elles précèdent toujours le développement du tubercule ou conceptacle; elles présentent dans ces êtres d'une
organisation plus simple quelque analogie avec l'état floral
des phanérogames, ce qui nous les a fait désigner sous le
nom d'*Anthospermes*. Les Anthospermes qui se manifestent sur
certaines espèces de Thalassiophytes, principalement de l'ordre des Floridées, n'arrivent pas toutes au développement
conceptaculaire; un grand nombre avorte : celles sur lesquelles le fluide vital se porte plus particulièrement, sont
destinées à former ou à élaborer les *Séminules* ou grains reproducteurs; les cellules qui les environnent se tuméfient;
il se forme extérieurement, par suite de cette tuméfaction
sphérique, une excroissance ou oblongue-sessile ou pédicellée, dans laquelle les *Anthospermes* colorées se subdivisent,

prennent de l'accroissement, et de globuleux qu'elles étoient, arrivent dans leur développement à la forme ovalaire ; alors l'excroissance qui les renferme prend le nom de tubercule ou conceptacle. Si vous ouvrez une de ces convexités ou conceptacles, vous y trouverez les *Séminules* sous forme de grains ovoïdes fortement colorés, généralement agglomérés autour des cellules formant au centre comme un placenta ; souvent aussi elles sont environnées de filamens mucilagineux, qui ne sont que les débris du plexus cloisonnaire des cellules. Les grains ou séminules renfermés dans ces conceptacles, examinés attentivement avec les plus fortes lentilles du microscope, paroissent composés d'un tissu cellulaire régulier, dont les parois cloisonnaires se font distinguer comme des filets déliés et extrêmement ténus. Ce plexus devient plus marqué quelque temps après la dispersion des séminules, dont le développement commence alors, et se fait par extension sans aucune rupture du tissu. Des expériences comparatives ont été faites par nous entre les Séminules et les *Anthospermes*, pour nous assurer si les *Anthospermes* ou granules colorées dites capsulaires, détachées de la paroi de la plante avant leur développement en conceptacles, avoient, dans cet état, la vertu reproductive. Ces derniers se sont décolorés sans prendre de développement dans les vases pleins d'eau de mer où nous les observions, tandis que les séminules des conceptacles ou grains de la fructification tuberculeuse se sont développés en expansions foliacées. Cet état *Anthospermique* de la fructification a lieu aussi dans les *Fucacées ;* mais la couleur olivâtre, l'opacité des plantes de cette famille, la différence d'organisation dans le tissu, ne permettent pas à ce phénomène d'y jouer un rôle aussi décevant que dans la famille des *Floridées.* Si nous ouvrons les légers renflemens axillaires ou terminaux d'une *Fucacée*, dont le développement tend à l'état *Conceptaculaire*, nous trouvons que le tissu filamenteux et mucilagineux de ces parties est déjà chargé de distance en distance, et particulièrement à la paroi interne de l'épiderme, d'agglomérations d'une matière dense et gélatineuse, opaque-cendrée, dans laquelle sont immergés de petits grains colorés, que le lieu circonscrit et déterminé qu'occupe cette matière fait reconnoître facilement pour les

rudimens des *Élytres* où s'élaborent les séminules reproducteurs. Dans les *Ulvacées* et les *Dictyotées*, le passage de l'état
anthospermique à l'état conceptaculaire est à peine sensible;
les conceptacles présentent au premier aspect la forme granuleuse des *Anthospermes;* comme elles, ils sont épars dans
les cellules et à la surface des cellules qui constituent les
expansions vertes et membraneuses des premières, et les
frondes jaunâtres minces et réticulées des secondes. Mais
quand on a observé attentivement au microscope le premier
développement de la fructification. et que l'on compare cet
état à celui que présente l'état de maturité de cette fructification, on aperçoit une différence marquée, et l'on acquiert
la conviction que ces conceptacles en apparence graniformes
sont des tuméfactions celluleuses renfermant des *Séminules.*

Les *Anthospermes* ou les particules rudimentaires florales de
la fructification conceptaculaire des Thalassiophytes, deman-
de-t-on, ne font-elles pas fonctions d'organes mâles? Nous
ne le pensons pas, par la raison que le *fluide mucilagineux*
dont M. Correa de Serra a démontré en 1796 l'importance
prolifique dans les Fucus, nous paroît un moyen suffisamment
actif et puissant de fécondation. Ce fluide ne se manifeste
qu'à certaines époques; il s'exsude souvent en viscosités par
les pores de la plante; il donne au végétal un aspect brillant
qu'il n'a point aux autres phases de son existence; il précède
toujours l'entier développement de la fructification; il paroit parfaitement approprié à la marche simple et ordinaire
de la nature. Les effets étonnans de ce *Fluide mucilagineux,*
sa nature, ses rapports avec les *Anthospermes*, dont il précède
et accompagne l'apparition; le développement de ces dernières dans les thalassiophytes; leur avortement et leur passage
à l'état conceptaculaire, sont autant de points d'étude et
d'observation recommandés à l'attention des naturalistes qui
habitent les bords de la mer, et sur lesquels il étoit important d'entrer dans d'utiles et nécessaires explications. La
fructification étant un point très-essentiel dans la physiologie
végétale, et celle des Thalassiophytes offrant dans leur développement des phénomènes devenus des points intéressans
de discussion entre les naturalistes, nous croyons, avant de
passer à l'exposé des genres des Thalassiophytes diaphysistés,

devoir présenter deux tableaux indicatifs des diverses figures, où sont exactement représentées, grossies au microscope, les diverses parties de la prétendue *Double fructification*. Par là nous mettons les amateurs de la science à même de reconnoître dans les diverses familles des Thalassiophytes les deux aspects que nous venons de signaler sous les noms d'*Anthospermes* et de *Conceptacles ;* nous prévenons aussi par là l'embarras où l'on est souvent de se procurer des échantillons frais dans les conditions voulues, et la difficulté où peuvent se trouver quelques lecteurs de manier le scalpel, ou de faire usage des verres très-amplifians du microscope.

1.er TABLEAU.

Anthospermes : *développement incomplet de la fructification; sorte d'état floral des Thalassiophytes susceptible d'avortement.*

NOMS DES AUTEURS et TITRES DES OUVRAGES.	FAMILLES auxquelles se rapportent les figures.	INDICATION des planches et des figures qui représentent les *Anthospermes.*
DAWSON TURNER. *Fuci sive plantarum fucorum generi a botanicis ascriptarum icones, descriptiones et historia ;* 4 vol. in-4.° Londres, 1808 à 1819; 258 planches.	*Floridées*.....	Pl. 14 *b, c, d;* pl. 5 *c, d;* pl. 19 *c, f;* pl. 20 *b, c;* pl. 21 *b, c;* pl. 22 *c, d;* pl. 29 (édit 2.e, fig. à gauche); pl. 30 (édit. 2.e, fig. à droite); pl. 35 *b, c, d, e;* pl. 36 *f, g, h;* pl. 59 *c, d, e;* pl. 68 *c, f, g, h, l, m, n;* pl. 69 *f, g;* pl. 81 *b, c, d:* pl. 100 *b, e;* pl. 160 *b, c, d, e, h;* pl. 170 *b, c.*
LAMOUROUX. Essai sur les genres de la famille des thallassiophytes. Paris, 1813 ; 1 vol. in-4.°, 7 planches.	*Idem*........	Pl. 8, fig. 7 ; pl. 10, fig. 11.
OEDER, MULLER, VAHL, HORNEMAN. *Flora danica.*	*Idem*	Pl. 1594, figure à droite.
STACKHOUSE. *Nereis britannica. Oxonii.* 1816; 1 vol. in-4.°, 2.e édit. 20 planches.	*Idem*	Pl. 7 *b, d;* pl. 13 *iii;* pl. 16 *ttt.*
SOWERBY. *English Botany.*	*Idem*	Pl. 1396 (fig. à droite); pl. 822, 1396, fig. 2; pl. 1837; pl. 1573; pl. 1882; pl. 847; pl. 1242, fig. 2 ; pl. 1248.
LIGHTFOOT. *Flora scotica;* 2 vol. in-8.° 1792.	*Idem*........	Pl. 23, fig. *a.*
LYNGBYE. *Tentamen hydrophytologiæ danicæ;* 1 vol. in-4.°, 70 planches, 1819.	*Idem*........	Pl. 2 *A;* pl. 3 *B,* 1, 2, 3; pl. 2 *C,* 1, 2; pl. 9 *B,* 2; pl. 10 *C;* pl. 12 *A;* pl. 17 *B,* 1.

2.ᵉ TABLEAU.

CONCEPTACLE : *développement complet de la fructification ; tuméfaction organique, renfermant les* séminules *ou corps reproducteurs des Thalassiophytes.*

NOMS DES AUTEURS et TITRES DES OUVRAGES.	FAMILLES auxquelles se rapportent les figures.	INDICATION des planches et des figures qui représentent *les conceptacles.*
DAWSON TURNER. (Ouvrage cité précéd.)	*Fucacées*	Pl. 3 c, d, f, g ; pl. 4 b, c, d, e ; pl. 7 b, c, d, e ; pl. 24 b, f, g, h ; pl. 88 d, e, f, h, k, l, m ; pl. 89 b, c, d, e ; pl. 90 d, e, f, g, h ; pl. 91 b, c, d, g ; pl. 196 f, g, h.
	Floridées	Pl. 5 d, e, f, g, h, i ; pl. 9 c, d ; pl. 14 e, f, g ; pl. 15 f, g ; pl. 20 d ; pl. 21 d, e, f ; pl. 22 e, f ; pl. 28 b, c, d, e ; pl. 29 (édit. 2.ᵉ, figure à droite) ; pl. 30 (édit. 2.ᵉ, figure à gauche) ; pl. 35 f, g, h, i ; pl 36 c, d, e ; pl. 37 c, d, e ; pl. 70 c, d, e ; pl. 72 b, c, d, f ; pl. 80 a, b, c, d ; pl. 81 e, f, g ; pl. 84 b, c, d ; pl. 100 d, e ; pl. 101 c, d ; pl. 122 c, d, f ; pl. 160 f, g.
LAMOUROUX. (Ouvrage cité précéd.)	*Dictyotées*	Pl. 8 c, d, e.
	Floridées	Pl. 8 ; fig. 6 ; pl. 10, fig. 9.
HORNEMAN. (Ouvrage cité précéd.)	*Dictyotées*	Pl. 11 ; fig. 8, 9 ; pl. 12, fig. 3.
	Floridées	Pl. 276, 286, 709, 1127, 1476, 1593 (figure à gauche).
STACKHOUSE. (Ouvrage cité précéd.)	*Fucacées*	Pl. 1 *A, AA, C* ; pl. 9 *CC, E* ; pl. 10 g, h ; pl. 11 *ff.*
	Floridées	Pl. 7 a, b ; pl. 8 c, d, e ; pl. 13 k, l ; pl. 15 ccc ; pl. 16 ss ; pl. 20 h, i.
	Dictyotées	Pl. 6 c, d, e.
SOWERBY. (Ouvrage cité précéd.)	*Fucacées*	Pl. 1760, 2274 1, 2 ; pl. 2169, 823, 2115, 1086, 2114.
	Floridées	Pl. 1089, 1054, 1041, 1396 (figure à gauche) ; pl. 1120, 1965, 1966, 1241 1 ; pl. 1067, 774, 1060, 2134, 1478, 1202, 1668, 908, 1738, 643, 1574, 1831, 1242, fig. 1 ; pl. 571.
LIGHTFOOT. (Ouvrage cité précéd.)	*Dictyotées*	Pl. 2570, 1913.
	Floridées	Pl. 30 a, b ; pl. 32 d, g.
ROTH. *Catalecta botanica ;* 3 vol. in-8.°, 1797 à 1806.	*Idem*	Vol. 3 ; pl. 1 a, b ; pl. 4 a, b.
LYNGBYE. (Ouvrage cité précéd.)	*Fucacées*	Pl. 1 *A*, 2, 3, 4 ; pl. 1 *B*, 2 ; pl. 1 *C*, 2 ; pl. 1 *D* ; pl. 8 *A*, 3, 4 ; pl. 8 *B*, 2, 3, 4.
	Floridées	Pl. 2 *B*, 5, 6, 7 ; pl. 2 *C*, 3, 4, 5 ; pl. 4 *D*, 2, 3, 4, 5 ; pl. 9 *B*, 2, 4 ; pl. 10 *D* ; pl. 12 *E C* ; pl. 17 *B*, 2, 3.
	Ulvacées	Pl. 15 *A*, 2.

Ce double aspect de la fructification, qui est envisagé si diversement et qui se manifeste plus évidemment dans les *Floridées* que dans les autres familles, n'appartient pas exclusivement aux Thalassiophytes *Symphysistées*; il se fait aussi remarquer dans plusieurs espéces des Thalassiophytes *Diaphysistées*. L'organisation filamenteuse de ces derniéres ne présentant point de surface plane, de réseaux cellulaires continus, les *Anthospermes* n'y sont point réguliérement éparses comme dans les premiéres ; elles s'y trouvent disposées sérialement : ce sont de petits globules ou granules colorés, placés tantôt circulairement à l'axe du filament, vers l'*Endophragme* ou renforcement cellulaire transversal, comme on peut le voir à la figure 1 *B*, pl. 37 du *Tentamen* de Lyngbye, tantôt niché isolément dans chacun des *Endochromes* ou intervalles colorés, qui s'étendent d'une cloison transversale à une autre, comme aux figures 2 *A*, pl. 33 ; — 2 *B*, pl. 34; — 1, 2 *A*, pl. 35 du même ouvrage de Lyngbye, et à la fig. *B*, pl. 70 du *Synopsis* de Dillwyn, et à la pl. 1429 de l'*Engl. bot.*; elles se trouvent encore placées dans des cases membraneuses, disposées en un ou plusieurs rangs, et formant des appendices latéraux en forme de grappes, comme aux figures *d*, pl. 10; — *g*, pl. 11 ; — *e* et *f*, pl. 12 de l'*Historia fucorum* de Turner : à celle 1 *A*, pl. 38, de Lyngbye, et à la pl. 1164 de l'*Engl. bot.* Les *Conceptacles* sont des capsules sphériques ou ovoïdes, sessiles ou pédonculées, renfermant des petits grains, tantôt arrondis, tantôt pyriformes ou claviformes; ceux-ci sont les *Séminules* ou corpuscules reproducteurs : on peut prendre connoissance des uns et des autres aux figures 2 *A*, 2 *B*, 2 *C*, de la pl. 33 ; — 2 *A*, pl. 34; — 1, 2 *B*, 5 *D*, pl. 35 ; — 3 *A*, 3 *B*, pl. 37 de l'*Hydrophytol.* de Lyngbye, et aux planches 58, 70, fig. *C;* — 75 du *British confervæ* de Dillwyn. Les Conceptacles se présentent dans quelques espéces sous la forme comprimée d'un petit disque coloré, attaché latéralement aux ramules ou formant son extrémité, comme on peut le voir aux figures 2 *C*, 2 *A*, 3 *B*, pl. 39 ; — *B*, pl. 40 de Lyngbye; — *C*, *D*, pl. 100, *C*, pl. 17 de Dillwyn.

Les Thalassiophytes diaphysistées faisoient partie autrefois du genre *Conferva*, et ont été circonscrites depuis sous le genre

Ceramium, Dec. L'organisation des Thalassiophytes *diaphysistées* se distingue de celle des Thalassiophytes *symphysistées* par des cellules ou cases alongées, tubuloïdes, disposées sérialement l'une au bout de l'autre, de manière que les points de soudure ou d'intersection forment des renflemens cloisonnaires transversaux (voyez les figures 2, 3, 4 *A*, pl. 51, — *B*, pl. 54, — 6, 7 *A*, *B* et *C*, pl. 40, — 2 *B*, pl. 38 de Lyngbye; pl. 80, 25, 54, 98 et 100 de Dillwyn). Ces lignes transversales, ces sortes de diaphragmes, avoient été improprement qualifiées du nom d'*Articulations*, et leurs intervalles de celui d'*Articles*, quoique ni l'un ni l'autre n'offrît aucune analogie réelle avec les parties qu'on nomme ainsi en zoologie. Nous avons cru nécessaire de substituer au nom d'*Articulation* celui d'*Endophragme*, et à *Article*, celui d'*Endochrome*, les intervalles, les sortes d'entre-nœuds tubuloïdes, étant en général intérieurement colorés. Les *Endochromes* et les *Endophragmes* sont les parties constituantes des Hydrophytes diaphysistées. Les Endophragmes forment ces lignes transversales, tantôt opaques, tantôt transparentes, que présentent plusieurs hydrophytes filamenteuses quand on les place entre l'œil et la lumière. Les *Endophragmes* limitent de distance en distance les intervalles tubuliformes, colorés ou hyalins, simples ou multiples, appelés *Endochromes*. Les Endochromes sont formés d'une membrane diaphane, continue, d'une texture gélatino-muqueuse, sans apparence d'organisation cellulaire. Cette membrane tubuloïde peut être comparée à une cellule étroite, très-alongée, comme cylindroïde; elle est hyaline; elle renferme intérieurement une matière pulvérulente, colorée, susceptible de contraction et de dilatation. Quand la dilatation a lieu, le tube se remplit; la matière colorée, pulvérulente, garnit la paroi intérieure de la membrane tubuleuse. Lorsque cette matière se contracte, elle quitte la paroi de la membrane, se retire vers l'axe central de l'Endochrome, y forme une ligne colorée et laisse transparente la circonférence du tube; ce qui a induit en erreur plusieurs observateurs et leur a fait croire qu'il existoit à l'intérieur de l'endochrome un second tube, qui renfermoit la matière pulvérulente, colorée ou Pulvisculaire; mais les divers aspects que présentent ces *pulviscules colorés* dans leur contraction, les

53.   25

coupes microscopiques que nous avons exécutées sur les endochromes de diverses espèces d'Hydrophytes, nous confirment dans l'opinion de la *non-duplicité* du tube gélatineux
qui renferme la matière pulviscula.re.

Les Endochromes sont simples ou multiples : dans le premier cas ils forment une série linéaire de cases tubulaires,
comme nous l'avons expliqué et démontré ci dessus. Dans le
second cas chaque Endochrome présente une réunion parallèle et concentrique de cases tubulaires ou elliptiques, soudées et groupées autour d'un axe commun, qui ne s'étend
pas dans toute la longueur du filament, mais qui est limité
à chaque endophragme, comme les membranes tubuleuses
qui l'environnent. Cette disposition multiple des endochromes
est ce que divers auteurs ont appelé *Veines* ou *Stries* (voyez
les figures *B*, pl. 58, — *B*, pl. 70, — *C*, pl. 75 de Dillwyn;
celles 2 *A*, 2 *B*, 2 *C*, pl. 33, — 1, 2 *A*, 1, 2 *B*, pl. 55 de
Lyngbye, et 547, 1717, 1743, 2355, 2340, 2589 de l'*English botany*). Dans plusieurs espèces les cases tubulaires
sont revêtues extérieurement d'un tissu cellulaire, ténu et
dense, d'une sorte de parenchyme, qui donne à la partie
extérieure des endochromes l'apparence d'un tissu continu,
l'aspect d'une thalassiophyte symphysistée (voyez les figures
1, 2, 3 *C*, pl. 36, — *B*, pl. 31, — *B C*, pl. 38, Lyngbye ;
B, *C*, *D*, pl. 86, — *B*, pl. 52, — *C*, pl. 42, — *B*, *C*, pl. 36,
Dillwyn; 1055, 1916, 1552, 1718, 1042, 2420, 1686, *English*
botany). Les cellules de ce tissu épidermoïque, de ce parenchyme, sont, dans d'autres espèces, dilatées, arrondies,
très-visibles vers les endophragmes ; les endochromes sont
alors simples et dilatés au centre (voyez les figures *B*, pl. 34,
— *B*, pl. 38, Dillwyn ; 1166, *English botany*; — 1 *B*, pl. 37,
Lyngbye). C'est d'après ces divers modes d'organisation des
Endochromes, combinés avec l'aspect de la Fructification que
nous avons cru pouvoir subdiviser le plus naturellement
possible les Thalassiophytes *diaphysistées* en groupes ou genres.
Lyngbye, Agardh, Bonnemaison et Bory de Saint-Vincent,
ont déjà entrepris ce travail de classification et proposé divers genres. Nous avons consulté et rapproché leurs estimables
travaux, et lorsque les genres qu'ils ont établis se sont trouvés
formés d'individus que je regarde, d'après les considérations

ci-dessus exposées, comme congénères ou analogiquement et naturellement rapprochés, je me suis empressé de les adopter, ainsi que les noms qui les distinguent. Quant à ces derniers, nous avons tâché de donner la préférence aux plus antérieurs, aux plus généralement répandus et aux plus convenablement appliqués.

Nous avons extrait et séparé des Thalassiophytes, comme nous extrayons et séparons des Hydrophytes en général, les productions qui, quoique d'aspect filamenteux et phytoïde, présentent dans leurs filamens un assemblage de corpuscules, soit ponctiformes, soit ovoïdes, soit naviculaires, doués évidemment de mouvemens subits, *itératifs*, mesurés et volontaires ; nous les avons classés, sous le nom de *Némazoaires*, aux confins du règne animal, ne pouvant admettre un règne intermédiaire, qui est plutôt une conception de l'esprit que l'expression d'une réalité, et, comme l'a dit M. De Candolle : « Les êtres qui nous semblent intermédiaires entre les animaux et les plantes, doivent plutôt être considérés comme « des témoignages de notre ignorance, que comme des « preuves de l'existence d'une classe particulière. » (Voyez les mots Némazoaires, Psychodiaires et Zoophytes.)

La formation d'ordres ou de familles a été essayée par plusieurs auteurs. Celles des *Confervées* et des *Céramiaires*, que l'on paroissoit disposé à adopter, ont le grave inconvénient d'être vaguement déterminées et de consacrer d'une manière plus générale des dénominations peu précises, sous lesquelles on a confondu si long-temps tant d'espèces disparates. Ces familles ne paroissent point basées sur la considération de l'organisation, puisque des Hydrophytes diaphysistées, dont les endochromes et les endophragmes sont recouverts d'un tissu parenchymateux, d'une sorte d'*écorce*, se trouvent amalgamés avec des espèces où ces parties caractéristiques sont à découvert ; tels sont dans les *Céramiaires* de Bory la réunion des genres *Gratelupella*, *Boryna*, *Deliseila*, avec le *Callithamnion*, le *Ceramium* et l'*Auduinella*, et dans les *Confervées* du même auteur, le rapprochement du *Sphacelaria* avec le *Conferva*. Les dénominations de *Céramiaires* et de *Confervées* sembleroient indiquer que l'on a pris dans chacune de ces familles pour base des caractères les genres *Ceramium* et *Con-*

ferva, tels qu'Agardh, Lyngbye et Bory lui-même les ont dernièrement circonscrits; mais le rapprochement des genres que nous venons de citer, prouve qu'il n'en a pas été ainsi et que l'on s'est affranchi de cette règle.

Sous le nom de *Confervoïdées*, Agardh a formé une famille de toutes les productions aquatiques, filamenteuses, articulées et cloisonnées, intérieurement ou extérieurement. Cette famille, encore plus générale que la section des Hydrophytes diaphysistées, renferme les *Batrachospermes*, les *Draparnaldies*, les *Oscillatoires*, d'autres *Némazoaires*, les *Characées* et les *Céramiaires*; elle nous paroît former une coupe encore moins naturelle et moins déterminée que les précédentes et ne peut servir à une subdivision méthodique.

Les sections de Lyngbye, sous les noms de *Stéréogonées* et de *Syphonigonées*, semblent offrir des divisions plus méthodiques, plus rapprochées de l'organisation des Hydrophytes *diaphysistées*, si on en excepte le genre *Lomentaria*; mais elles ne répondent point encore suffisamment à une connoissance plus approfondie de l'anatomie de ces êtres.

Bonnemaison, dans son Essai des *Hydrophytes loculées*, a pénétré plus avant dans cette organisation. Ses divisions générales sont constituées d'une manière fort naturelle. Sa section des *Épidermées* se compose des Hydrophytes dont l'axe diaphysisté, soit à endochromes simples, soit à endochromes multiples, est recouvert, comme nous l'avons indiqué ci-dessus, d'une sorte d'écorce déliée, d'un tissu celluleux et parenchymateux, qui semble en apparence lier ces Hydrophytes aux Hydrophytes symphysistées; mais la dénomination d'*Épidermées* que leur donne Bonnemaison, ne nous paroît pas assez précise, ni assez caractéristique par la raison qu'elle s'applique exclusivement à la membrane extérieure de tous les végétaux. Cette section, si on en excepte le genre *Ptilota*, que nous avons rapporté aux thalassiophytes symphysistées, réunit des êtres fort analogues d'organisation. Nous en formons dans les Thalassiophytes diaphysistées une famille sous le nom de Phlomidées. Nous réunissons toutes les Hydrophytes diaphysistées dépourvues de ce revêtement celluleux et continu en une autre famille, que nous nommons Aphlomidées. Nous satisfaisons ainsi à ce précepte d'un de nos législateurs en phytologie,

« que c'est moins sur l'apparence extérieure que sur la con-
« noissance de la symétrie réelle des parties que doit résider
« l'établissement des familles. »

Nous allons, pour l'exposition des genres que nous adoptons
dans les Thalassiophytes diaphysistées, suivre la même disposition et offrir les mêmes indications que pour les Thalassiophytes
symphysistées. Nous ajouterons, à la suite des figures de chaque espèce, quelques-uns des synonymes des auteurs les plus
usuels.

5.ᵉ Ordre. APHLOMIDÉES.

XLIII.ᵉ Genre. Chloronitum, Nobis.

Démembrement du *Conferva*, Dillwyn, Agardh et Lyngbye,
et du *Ceramium*, De Candolle (voyez ci-après ce genre). Nous
réunissons sous le nom de *Chloronitum* les espèces marines *à
filamens simples ou rameux, extérieurement hyalins, remplis intérieurement d'une matière corpusculaire verte, dilatable et rétractile, répartie dans les Endochromes simples, limités par des Endophragmes hyalins. Dans les échantillons frais la matière colorée
pulvisculaire remplit l'Endochrome; secs, cette matière se rétracte
vers les Endophragmes, l'Endochrome devient blanc et comprimé,
ce qui donne aux filamens l'aspect brillant et soyeux qu'ils présentent dans cet état.* Nous avons reconnu dans plusieurs espèces
assez disparates du genre *Conferva* des auteurs, que la matière
intérieure colorée des Endochromes étoit animée; nous avons
placé ces espèces dans divers genres de la classe des Némazoaires (voyez ce mot). N'ayant pu acquérir la certitude de
l'animalité des corpuscules pulvisculaires des espèces du nouveau genre *Chloronitum*, nous le conservons dans les Thalassiophytes diaphysistées et nous le recommandons à l'attention des micrographes, prêt à le placer dans les *Némazoaires*,
si des observations subséquentes et concluantes démontroient
l'animalité de la matière corpusculaire verte des Endochromes.

Espèces.

Æreum, Lyngb., Hydroph., pl. 51; Dillw., pl. 80; Engl. bot., pl. 1929;
Desmazières, Crypt., n.° 15 ⸗ Synonymes : *Conferva ærea*, Dillw.,
Lyngb.. Agardh; *Ceramium capillare*, Decand.; *Conf. antennina*, Bory.

Rupestre, Dillw., pl. 23; Lyngb., pl. 54 *B*; Engl. bot., pl. 1699; Desmaz., Crypt., n.° 152; Chauv., Algues de la Normandie, 1, n.° 4. ⸗ Syn. :
Ceram. rupestre, Dec.; *Conf. rupestris*, Dillw., Lyngb., Agardh.

Sericeum, Lyngb., pl. 53 : Fl. Dan., pl. 651, fig. 1; Desmaz., Crypt., n.° 153. = Syn. : *Ceram. sericeum*, Decand.; *Conf. sericea*, Agardh, Lyngb., v. r. *marina*, Agardh.

Hutchinsiæ, Dillw., pl. 109. = Syn. : *Conf. hutchinsiæ*, Dillw.

Ægagropila, Lyngb., pl. 52; Dillw., pl. 87; Engl. bot., pl. 1377. = Syn. : *Conf. ægagropila*. Roth, Dillw., Agardh.

Pellucidum, Dillw., pl. 90; Engl. bot, pl. 1716. = Syn. : *Conf. pellucida*, Huds., Dillw., Sow., Agardh.; *Ceram. viride*, Lamx.

Proliferum, Roth, Cat., 1, pl. 3, fig. 2; = Syn. : *Conf. prolifera*, Roth, Cat., 3 (excl. les var.); Agardh; *Conf. catenata*, Desf., Fl. atl.

XLIV.ᵉ Genre. Ceramium, Bonnemaison et N.

Le nom de *Ceramium* fut employé d'abord par Roth pour désigner un genre dans lequel il avoit réuni des Thalassiophytes symphysistées et des diaphysistées. Les premières ont été réparties depuis principalement dans les genres *Gigartina*, *Plocamium* et *Ptilota*; les secondes ont en partie formé le genre *Ceramium* de De Candolle, dont on trouvera l'historique et les caractères au tome VII, pag. 422, de ce Dictionnaire. Depuis cette publication, de nouvelles observations microscopiques sur la structure, l'organisation et la physiologie de ces êtres, ayant fourni des caractères plus précis, on vit Grateloup, Agardh, Lyngbye, Bonnemaison, Bory et Nous-même, démembrer ce groupe nombreux, en former de nouveaux genres et y intercaler des espèces nouvelles qui n'étoient pas parvenues à la connoissance du savant De Candolle. Ce démembrement a produit le *Chorda* et le *Dasytrichia* de Lamouroux, le *Boryna* de Grateloup, le *Sphacelaria* de Lyngbye, l'*Hutchinsia* et le *Griffithsia* d'Agardh, le *Ceramium* et le *Gaillona* de Bonnemaison, le *Chloronitum*, le *Rhodomela* et le *Lyngbya* de Nous.

D'après ce démembrement et l'établissement de ces divers genres. dont les caractères seront exposés sous leurs noms respectifs dans le présent résumé, nous regardons comme limitant le *Ceramium* et lui appartenant : *Les espèces rameuses et non rameuses, à endochromes simples, égaux à leurs extrémités, souvent fléchis ou sinueux au milieu, remplis d'une matière colorée purpurine, ayant pour fructification des élytres discoïdes, latéraux et sériaux, sessiles ou courtement pédicellés.* La couleur de ces élytres, dit Bonnemaison, dans son *Essai sur les Hydrophytes loculées*, est plus foncée que celle de la plante; tantôt leur intérieur n'offre qu'une masse homogène, tantôt un limbe transparent renferme une masse colorée et grumeleuse. Ce dernier état lui paroit postérieur au précédent et voisin d'une maturation prochaine, laquelle n'est complète que lorsque les séminules, variables dans leur forme et leur grosseur, deviennent distinctes, se disgrègent et, rompant leur enveloppe, vont opérer la reproduction de l'espèce. Ces deux aspects correspondent à l'état *Anthospermique* et à l'état *Conceptaculaire*. (Voyez ci-dessus page 376 à 384.)

D'après la nouvelle circonscription du genre *Ceramium*, les espèces ainsi dénommées par Stackhouse et Lyngbye n'appartiennent plus à ce genre et doivent être reportées aux *Rhodomela*, *Hutchinsia* et *Boryna*. On doit conserver du *Ceramium*, Bory, les espèces prises au *Callithamnion*, Lyngbye (voyez au tom. XIX, p. 444, de ce Dictionnaire), à l'exception du *Callithamnion corrallinum*, qui appartient au *Griffithsia*; les autres espèces rentrent dans le *Gaillona*. Le *Ceramium*, Lyngb., moins les espèces *elongatum* et *brachygonium*, est le *Boryna*, Grateloup. Quant au *Ceramium*, Agardh, tel qu'il est exposé dans son *Systema algarum*, les espèces de sa 1.re, 4.e et 5.e tribu (moins le *Secundatum*, n.° 8, qui appartient au *Boryna*), sont celles qui rentrent dans le genre *Ceramium*, tel que nous le définissons et que Bonnemaison l'a circonscrit; la seconde tribu du genre d'Agardh appartient au *Boryna*, Gratel., et la troisième au *Gaillona*, Bonnemaison.

Espèces.

Repens, Dillw., pl. 18; Engl. bot., pl. 1608; Fl. Dan., pl. 1665; Lyngb., pl. 40, fig. *B*, *C*; Desmaz., Crypt., n.° 212. = Synonymes · *Conf. repens*, Dillw., Roth; *Callithamnion repens*, Lyngb.

Pluma, Dillw., pl. suppl. *F*. = Syn.: *Conf. pluma*, Dillw.

Rothii, Dillw.. pl. 73; Engl. bot., pl. 1702; Lyngb., pl. 41; = Syn.: *Conf. Rothii*, Dillw.; *Callitham. Rothii*, Lyngb.; *Conf. violacea*, Roth.

Roseum, Dillw., pl. 17; Lyngb., pl. 39; Engl. bot., pl. 996. = Syn.: *Conf. rosea*, Dillw.; *Ceram. roseum*, Roth; *Callitham. roseum*, Lyngb.

Corymbosum, Engl. bot., pl. 2352; Lyngb., pl. 33; Fl. Dan., pl. 1596, fig. 2; Chauv., Algues, n.° 33. = Syn.: *Conf. corymbosa*, Sow.; *Callitham. corymbosum*, Lyngb.; *Ceram. pedicellatum*, Fl. Dan.

Thuyoides, Engl. bot., pl. 2205. = Syn.: *Conf. thuyoides*, Engl. bot.

Felixii, Gaill.; Desmaz, Crypt., n.° 205. = Syn.: espece inédite, entre la précédente et le *Roseum*.

Boreri, pl. 1741. = Syn. : *Conf. Boreri,* Sow. et Dillw.

Turneri, Dillw., pl. 100: Roth, Cat., 3, pl. 5; pl. 2339. = Syn.: *Conf. Turneri,* Dillw., Sow.; *Ceram. Turneri,* Roth.

Plumula, Ellis, Trans. phil., pl. 18; Dillw., pl. 50; Fl. Dan., pl. 828, fig. 1; Chauv., Algues, n.° 6. = Syn. : *Conf. plumula,* Ellis, Dillw.; *Callitham. plumula,* Lyngb.; *Conf. floccosa,* Fl. Dan.; *Cer. floccosum,* Roth.

Daviesii, Dillw., pl. suppl. *F*; pl. 2329; Lyngb., pl. 41 *B* 1. = Syn. : *Conf. Daviesii,* Dillw., Sow.; *Callitham. Daviesii,* Lyngb.

Tetricum, Dillw., pl. 81; Engl. bot., pl. 1919. = Syn. : *Conf. tetrica,* Dillw., Sow.

XLV.ᵉ Genre. Griffithsia, Agardh et Nobis.

Démembrement du *Conferva,* Dillw., et du *Ceramium,* Decand. (voyez le genre ci-dessus); réunion des *espèces rameuses, à endochromes simples, alongés, remplis d'une matière purpurine, ayant l'extrémité supérieure arrondie ou dilatée, l'inférieure rétrécie ou atténuée; fructification formée par des élytres agglomérés dans un mucilage souvent involucré.* Cette définition modifie et complète celle donnée au tome XIX, pag. 443, de ce Dictionnaire, et réunit les mêmes espèces d'Agardh. Bonnemaison, prenant en considération la facilité avec laquelle ces espèces changeoient de nuance dans leur coloration, avoit donné à ce genre le nom de *Polychroma,* que, depuis, ce laborieux naturaliste a changé en celui de *Griffithsia,* qui consacre la mémoire de mistriss Griffiths, heureuse et célèbre investigatrice des plantes marines, en Angleterre.

Espèces.

Equisetifolia, Dillw., pl. 54; Engl. bot., pl. 1479; Esp., App., pl. 4; Chauv., Algues de la Normandie. n.° 34. = Synonymes : *Conf. equisetifolia,* Light., Dillw., Sow. et Esp.; *Ceram. equisetifolium,* Decand.

Casuarinæ, Engl. bot., pl. 1816 (pas exacte); Chauv., Alg. de la Norm., n.° 7. = Syn.: *Griffith. multifida,* Agardh; *Conf. multifida,* Sow.; *Ceram. casuarinæ,* Decand.

Setacea, Dillw., pl. 82; Engl. bot., pl. 1689; Ellis, pl. 18, fig. *e*; Chauv., Algues, n.° 8. = Syn. : *Conf. setacea,* Huds., Turn., Ellis, Dillw.; *Ceram. penicillatum,* Decand.

Barbata, Engl. bot., pl. 1814. = Syn.: *Conf. barbata,* Sow., Dillw.

Corallina, Dillw., pl. 98; Engl. bot., pl. 1815; Ellis, Trans. phil., pl. 18. = Syn. : *Conf. corallina,* Light., Roth, Sow., Dillw., Hook.; *Conf. geniculata,* Ellis; *Conf. corallinoides,* Linn., Huds.

Pedicellata, Dillw., pl. 108; Engl. bot., pl. 1817. = Syn. : *Conf. pedicellata,* Dillw., Sow.; *Ceram. pedicellatum,* Agardh.

XLVI.ᵉ Genre. Lyngbya, Nobis.

Ce nom a été d'abord appliqué par Agardh à un groupe
d'espèces séparées du genre *Oscillatoria*, sous la seule différence du filament tranquille et dépourvu de mucus matrical.
Des observations suivies et microscopiques nous ayant fait reconnoître dans les jeunes individus du *Lyngbya muralis*, Agardh,
la faculté des mouvemens oscillans communs aux autres espèces du genre *Oscillatoria*, nous avons regardé le genre
Lyngbya, Agardh. comme superflu. De plus, appartenant,
par la nature des êtres qu'il renferme, aux Némazoaires (voyez
ce mot), nous ne craignons pas de faire un double emploi
dans les Hydrophytes, en substituant ce nom de *Lyngbya*,
justement estimé en hydrophytologie, à celui d'*Ectocarpus*,
que Lyngbye avoit donné à un groupe d'espèces extraites du
Conferva des auteurs et du *Ceramium* de Roth (voyez ci-dessus
le genre *Ceramium*). Le nom d'*Ectocarpus* (fructification extérieure), pouvant par sa signification être appliqué, comme
l'a dit Bonnemaison, à tous les autres genres assez nombreux
dont les élytres sont externes, ne peut convenir particulièrement ni exclusivement à celui-ci. Bonnemaison avoit proposé de le remplacer par celui de Macrocarpus (voyez tom.
XXVII, pag. 527, de ce Dictionnaire); mais ce dernier nom,
de l'aveu même de Bonnemaison, n'étoit pas parfaitement
exact, puisque la fructification s'offre tantôt sous une forme
arrondie, tantôt sous une forme alongée. Nous croyons avoir
répondu au désir des botanistes, en faisant pour Lyngbye
ce que M. De Candolle fit, par la même raison, pour Vaucher,
lorsqu'il changea judicieusement l'*Ectosperma* de cet auteur
en *Vaucheria*.

Nous définirons le Lyngbya : *filamens très-ramifiés, plus déliés
que des cheveux, presque toujours parasites, de couleur olivâtre
ou jaunâtre, à Endochromes et à Endophragmes granuleux et variables; élytre extérieur latéral ou terminal, sessile ou pédiculé,
sphérique ou alongé.*

M. Bory de Saint-Vincent a démembré ce genre, fort naturel, de manière à en former presque autant de nouveaux genres
qu'il contient d'espèces, sous la seule considération de la fructification plus ou moins sessile, plus ou moins développée.
De l'espèce qui a l'un des développemens de sa fructification

alongée en silique , il forme un nouveau genre sous le nom de *Carpsicarpella;* il ne conserve même pas à cette espèce le nom spécifique *siliculosa* et lui substitue celui d'*elongata.* Cette marche , qui n'est pas tout-à-fait conforme aux règles botaniques, a le grave inconvénient de rompre tous les fils qui peuvent aider à se reconnoître dans le labyrinthe de la synonymie. Il y a probablement erreur typographique dans l'énoncé des espèces que M. Bory de Saint-Vincent attache ou sépare de ce genre ; car il y mentionne l'*Ectocarpus littoralis,* Lyngbye , pl. 42 , var. *α* , fig. *A,* et il en sépare la var. *β,* fig. *B ,* de la même planche, qu'il dit appartenir à son genre *Pylayella,* tandis que plus bas il cite de nouveau cette même figure *B ,* pl. 42 , comme appartenant au genre *Ectocarpus ,* réformé par lui. Agardh , loin de diviser les espèces de ce genre, a réuni en une seule, le *siliculosa* et le *littoralis;* c'est une confusion dont un examen fait sur plusieurs échantillons frais démontre évidemment l'erreur.

Espèces.

Littoralis, Dillw., pl. 31; Lyngb., pl. 42 ; Fl. Dan., pl. 1487 , fig. 2 ; Chauv. , Alg. de la Norm. , n.º 10. = Synonymes : *Conf. littoralis ,* Huds., Lightf., Dillw.; *Ceram. tomentosum ,* Roth; *Ceram. Mertensii,* Decand.; *Ectocarpus littoralis ,* Lyngb. , Bory.

Siliculosa, Dillw., pl. suppl. *E;* Lyngb., pl. 43; Roth, Cat., 1 , pl. 8 , fig. 3. = Syn. : *Conf. siliculosa ,* Dillw., Sow.; *Ectocarp. siliculosus ,* Lyngb., Agardh; *Ceram. confervoides ,* Roth; *Carpsicarpella elongata ,* Bory.

Tomentosa, Dillw. , pl. 56; Lyngb., pl. 44; Spreng. in Berl. Mag., pl. 7, fig. 12. = Syn.: *Conf. tomentosa ,* Dillw., Lightf., Spreng.; *Ceram. compactum ,* Roth; *Auduinella funiformis ,* Bory.

Densa, Lyngb., pl. 44. = Syn.: *Ceram. densum ,* Roth.

6.ᵉ Ordre. **PHLOMIDÉES.**

XLVII.ᵉ Genre. Boryna, Grateloup, N.

Démembrement des *Conferva* et *Ceramium* des auteurs (voyez ci-dessus ce dernier genre , pag. 390), réunion des espèces rameuses , à *Endochromes simples, recouverts partiellement d'un réseau très-mince; tissu cellulaire coloré, plus épais ou plus dense vers les Endophragmes ; Anthospermes souvent fixées vers cette partie. Fructification Conceptaculaire, sphérique, sessile, souvent involucrée.*

Le genre *Ceramium*, Lyngbye, si on en excepte les espèces *elongatum* et *brachygonium*, la seconde tribu du *Ceramium*, Agardh, et le *Dictiderma* de Bonnemaison, constituent le genre *Boryna*, dédié depuis long-temps par Grateloup à M. Bory de Saint-Vincent. Nous n'admettons pas toutes les espèces désignées par M. Bory, plusieurs d'entre elles n'étant que des variétés des *Boryna rubra* et *diaphana*. La ligne de démarcation entre ces deux espèces est très-difficile à saisir, lorsque l'on n'a pu suivre leurs développemens dans tous les âges et dans diverses localités. On doit s'attacher, pour établir leurs différences dans les individus où elles se touchent, à la composition des Endochromes, qui sont, dans le *Boryna rubra*, formés de cellules colorées, petites et sphériques à la circonférence, s'élargissant, devenant ovoïdes et presque tubuleuses vers le centre, qui est transparent et dilaté; tandis que dans le *Boryna diaphana* l'Endochrome est presque hyalin et laisse distinguer difficilement des cellules. Les Endophragmes du *Boryna rubra* sont formées de petites cellules très-denses, et celles du *Boryna diaphana*, de cellules colorées plus lâches.

Espèces.

Diaphana, Dillw., pl. 38; Engl. bot., pl. 1742; Roth, Cat., 1, pl. 5, fig. 4; Lyngb., pl. 37 *B*; Chauv., Alg., n.° 5; = Synonymes: *Conf. diaphana*, Dillw., Roth; *Ceram. diaphanum*, Roth, Agardh, Lyngb.; *Ceram. axillare*; *Ceram. forcipatum*, var. *glabellum*, Decand.; *Boryna axillaris, elegans, diaphana*, Gratel.

Ciliata, Dillw., pl. 53; Engl. bot., pl. 2428; Ellis, Trans. phil., pl. 18. fig. *h*, Lyngb., pl. 37 *D*; Roth, Cat., 2, pl. 5. fig. 2; Desmaz., Crypt., n.° 156. = Syn.: *Conf. ciliata*, Ellis, Roth, Dillw.; *Ceram. ciliatum*, Ducl., Lyngb.; *Ceram. diaphanum*, var. *pilosum*, Agardh; *Ceram. forcipatum*, var. *ciliatum*, Decand.; *Conf. pilosa*, Roth; *Boryna ciliata*, Grat.; *Bor. forcipata*, Bory.

Rubra, Dillw., pl. 34; Fl. Dan., pl. 1482; Engl. bot., pl. 1166; Roth, Cat., 1, pl. 8, fig. 1; Lyngb., pl. 62 *C*, 1 (fragment couvert de *diatoma*); Desmaz., Crypt., n.° 155. = Syn.: *Ceram. virgatum*, Roth; *Cer. rubrum*, Agardh, Lyngb.; *Ceram. elongatum*, Roth; *Conf. rubra*, Dillw., Sow.; *Ceram. nodulosum*, Decand.; *Bor. nodulosa*, Grat.

Secundata, Lyngb., pl. 37. = Syn.: *Ceram. secundatum*, Lyngb.; *Ceram. pedicellatum*, Decand.

XLVIII.° Genre. Gaillona, Bonnemaison.

Démembrement des *Conferva* et *Ceramium* des auteurs (voyez

ce dernier genre, page 390), réunion des *espèces rameuses,
pourprées, à Endochromes composés, formant au centre un axe
fortement cloisonné de distance en distance, recouvert extérieurement dans la tige et les ramifications principales d'un tissu cellulaire, alongé, coloré, épais ou dense; les ramules sont dépourvues de ce revêtement ou n'en ont qu'un très-léger vers les endophragmes, ce qui leur donne l'aspect d'un Ceramium. Anthospermes
en granules sériales dans une membrane ovoïde ou siliquiforme.
Fructification Conceptaculaire, de forme ovale, obronde ou ur-
céolée.*

Ce genre avoit été dédié au docteur Grateloup par Bonnemaison, dans son Essai sur les *Hydrophytes loculées;* mais, depuis, ayant eu connoissance qu'Agardh avoit publié, dans son
Species algarum, un genre *Grateloupia*, faisant partie des Thalassiophytes symphysistées et généralement adopté par les botanistes (voyez à la page 361), Bonnemaison donna au genre *Grateloupia* le nom de *Gaillona*. Les espèces qui le composent sont
placées par Lyngbye dans son *Callithamnion;* M. Bory les avoit
exclusivement conservées sous ce dernier nom dans ses Céramiaires. Ces espèces formoient la troisième tribu du *Ceramium,*
Agardh, moins le n.° 19 qui appartient au genre *Griffithsia*
(voyez à la page 392); la quatrième espèce de son *Hutchinsia*
appartient aussi au présent genre.

Espèces.

ARBUSCULA, Dillw., pl. 85, suppl. *G;* Lyngb., pl. 34 *A;* Engl. bot., pl.
1916. = Synonymes : *Conf. arbuscula,* Dillw.; *Ceram. arbuscula,* Ag.;
Callith. arbuscula, Lyngb.; *Callith. Lyngbii,* Bory.

COCCINEA, Dillw., pl. 36, suppl. pl. *G;* Ellis, Trans. phil., pl. 18, fig.
c, o; Engl. bot., pl. 1055; Roth, Cat., 2, pl. 4; Desmaz., Crypt., n.° 107.
= Syn. : *conf. coccinea,* Dillw., Sow.; *Conf. plumosa,* Ellis, Lightf.; *Ceram. hirsutum,* Roth; *Ceram. coccineum,* Lyngb.; *Hutchinsia coccinea,*
Agardh.

HOOKERI, Dillw., pl. 106. = Syn. : *Conf. Hookeri,* Dillw., *Ceram. Hookeri,* Agardh, Hooker.

GRANULATA, non figuré. = Syn. : *Ceram. granulatum,* Ducl.; *Gaillona
punctata,* Bonnem.

XLIX.ᵉ Genre. HUTCHINSIA, Agardh, Lyngb., N.

Un des genres les plus naturels, formé aux dépens des *Conferva* et des *Ceramium* des auteurs, dédié par Agardh à miss
HUTCHINS, infatigable investigatrice de la botanique marine,

en Angleterre, enlevée aux sciences en 1814. Nous modi-
difions de la manière suivante les caractères exposés au mot
H*UTCHINSIA, dans ce Dictionnaire, tom. XXVI, pag. 00 : *Espèces
rameuses, cylindriques, à Endochromes multiples, ayant l'apparence de cases tubulaires ou de stries réunies autour d'un axe commun, colorées intérieurement en brun verdâtre ou en rouge foncé,
tiges principales recouvertes, dans un âge avancé et dans quelques espèces, de petites cellules ovoïdes, qui ne sont qu'une dégradation des tubulures constituant les Endochromes ; Anthospermes, ou premier développement floral de la fructification, en granules colorées et globulaires, incrustées d'une manière sériale dans
la longueur des extrémités renflées des ramules ; Conceptacles sessiles, arrondis à la base, pointus ou tronqués à l'extrémité, garnis
de quelques séminules pyriformes.*

Il faut seulement extraire des espèces réunies par Agardh
l'*Hutchinsia coccinea*, qui appartient au *Gaillona*, et ajouter à
celles réunies par Lyngbye son *Ceramium elongatum ;* le *Ceramium brachygonium* de celui-ci est l'*Hutchinsia elongata* dépourvu de ses nombreuses ramules. Bonnemaison a reconnu
l'intégrité de l'*Hutchinsia*, mais il lui a donné le nom de
Grammita. Bory de Saint-Vincent a voulu le subdiviser en
quatre genres, *Hutchinsia*, *Dicarpella*, *Brogniartella* et *Gratelupella ;* il admet pour le premier les caractères que nous
venons d'exposer, qui sont pourtant communs aux espèces
dont il forme les trois autres. Il distingue le *Dicarpella* par
une tache de matière colorante au centre de chaque Endochrome comme dans l'*Hutchinsia fastigiata*, mais il y adjoint
d'autres espèces, telles que l'*Hutchinsia fucoides*, où cette tache
n'existe pas. Le *Brongniartella*, basé sur l'*Hutchinsia byssoides*,
diffère, selon Bory, par les rameaux fructifères, portant dans
leurs endochromes des gemmes ovoïdes qui leur donnent l'aspect d'une gousse de légumineuses. Cet aspect est l'état Anthospermique commun à toutes les espèces du genre *Hutchinsia*,
auquel succède, dans celle-ci comme dans les autres, le conceptacle ovoïde, pointu ou tronqué. Le *Gratelupella* auroit,
suivant Bory, les capsules groupées à l'extrémité des rameaux ;
mais c'est une disposition qui n'est pas constante, qui conviendroit tout au plus à un caractère spécifique et qui est
commune à plusieurs autres espèces d'*Hutchinsia.* Nous ferons

observer de plus que l'espéce qui sert de type à M. Bory pour son *Gratelupella* est le *Ceramium brachygonium*, Lyngbye, qui n'est, comme nous l'avons déjà dit, que l'*Hutchinsia elongata* dénudé de ses fines ramules. Deux excés sont à éviter dans la formation des genres, a dit M. De Candolle; nous avons signalé le premier dans les thalassiophytes, à propos du genre *Sphærococcus* d'Agardh, où se trouvent agglomérés ensemble, tant bien que mal, des êtres très-disparates : on aperçoit ici le second, qui est la subdivision à l'infini des genres connus, qui conduiroit à faire, à notre volonté, autant de genres que nous avons d'espéces. *Le caractère ne fait pas le genre* est une régle Linnéenne que tout naturaliste, dit M. De Candolle, doit avoir perpétuellement devant les yeux.

Espèces.

Fucoïdes, Dillw., pl. 75; Lyngb., pl. 35 *A, B*; Roth, Cat., 1, pl. 8, fig. 2; Engl. bot., pl. 1743 et 1717; Chauv., Alg., n.° 62 (*nigrescens*). == Synonymes : *Conf. fucoides*, Huds., Dillw.; *Ceram. fucoides*, Dec.; *Hutchinsia violacea*, Agardh, Lyngb.; *Hutchins. nigrescens*, Agardh; *Dicarpella violacea*, Bory.

Atrorubescens, Dillw., pl. 70. == Syn. : *Conf. atrorubescens*, Dillw.; *Conf. nigra*, Dillw., Huds.

Patens, Dillw., pl. suppl. G. == Syn. : *Conf. patens*, Dillw.

Stricta, Fl. Dan., pl. 1666; Lyngb., pl. 36 (mauvaise); Dillw., pl. 40. == Syn. : *Conf. stricta*, Dillw., Fl. Dan.

Urceolata, Lyngb., pl. 34 *A*. == Syn. : *Conf. recurvata*, Agardh.

Brodiæi, Dillw., pl. 107; Lyngb., pl. 33 *B*; pl. 2589; Chauv., Alg., n.° 61 (*violacea*). == Syn.: *Conf. brodiæi*, Dillw., Sow.; *Hutchins. penicillata*, Ag.; *Hutch. brodiæi*, Lyngb., Ag., Bory.

Fastigiata, Dillw., pl. 44; Lyngb., pl. 33 *A*; Engl. bot., pl. 1764; Fl. Dan., pl. 395; Chauv., Alg., n.° 35. == Syn. : *Conf. polymorpha*, Lightf., Dillw., Sow.; *Ceram. fastigiatum*, Roth; *Ceram. polymorphum*, Dec.; *Dicarpella fastigiata*, Bory.

Mertingii, Lyngb., pl. 36; Engl. bot., pl. 1429. == Syn. : *Conf. parasitica*, Dillw., Sow.; *Hutch. parasitica*, Ag.

Byssoïdes. Dillw., pl. 58; Lyngb., pl 34; Engl. bot., pl. 597; Chauv., Alg., n.° 9. == Syn. *Conf. byssoides*, Dillw., Sow.; *Fuc. byssoides*, Trans. linn.; *Ceram. byssoides*, Decand.; *Ceram. molle*, Roth; *Brongniartella elegans*, Bory.

Wulfenii, Turn., Hist., pl. 227; Engl. bot., pl. 1686; Wulf., Coll.; Jacq., pl. 16, fig. 1. == Syn. : *Ceram. Wulfenii*, Roth; *Fuc. fruticulosus*, Wulf., Sow., Turn.

Elongata, Dillw., pl. 33; Lyngb., pl. 36; Engl. bot., pl. 2429; Lyngb., pl. 35 *D? Conf. elongata*, Dillw., Sow.; *Ceram. elongatum*, Roth, Dec., Lyngb.; *Ceram. brachygonium*, Lyngb., *Hutch. strictoides*, Lyngb.; *Fuc. diffusus*, Huds., Trans. linn.; *Grateloupella brachygonium*, Bory.

L.ᶜ G. Sᴘʜᴀᴄᴇʟᴀʀɪᴀ, Lyngb., Ag., Bonnem., N.

Genre formé par Lyngbye aux dépens du *Conferva* et *Ceramium* des auteurs, et ainsi nommé sur la considération des espèces qui offrent, au sommet des tiges et des rameaux. un renflement obtus, noirâtre ou sphacelé. Ce point gangréneux, dit Bonnemaison, examiné au microscope, devient transparent, et paroit renfermer une poussière très-ténue, plus ou moins abondante. L'organisation des espèces qui composent ce genre fort naturel, nous a paru toute particulière et différente de celle des autres genres. Ce sont en partie des filamens flexueux, dont les corpuscules pulvisculaires colorés se disposent régulièrement de distance en distance en macules qui ont l'apparence d'endochromes. Plusieurs de ces filamens, rapprochés, soudés ou entortillés, forment la tige ou les rameaux ; ce n'est que dans les ramules que l'on aperçoit le filament dans son état de simplicité, encore a-t-il déjà une tendance à se multiplier. Les espèces du *Sphacelaria* sont *rameuses, olivâtres, pinnées, distiques, à Endochromes indéterminés, indiqués par des macules, formés par des filamens flexueux rapprochés ou entortillés, dont les Endophragmes sont très-déliés et à peine visibles. Les Endochromes sont simples dans les jeunes ramules, multiples et parenchymateux dans la tige et les rameaux principaux. Double aspect de fructification ; disque sessile, transparent à la circonférence*, que je considère comme les *Anthospermes ; conceptacle terminal.*

M. Bory de Saint-Vincent a essayé de subdiviser ce genre en trois autres ; il a conservé le nom de *Sphacelaria* aux échantillons qui avoient à leur extrémité le renflement conceptaculaire noirâtre ; il a donné le nom de *Lyngbyella* aux échantillons dont les macules de matière colorante s'étendoient longitudinalement dans les Endochromes ; et enfin, il a appelé *Delisella* ceux qui présentoient ces disques sessiles, transparens à la circonférence, que nous avons signalés pour Anthospermes ou développement floral et incomplet de la fructification. Ces divers groupes, que M. Bory semble avoir voulu différencier davantage en en plaçant deux dans ses

Confervées et un dans ses *Céramiaires*, ne peuvent soutenir un examen sérieux. L'exposé que nous avons donné de l'organi-sation générale des espèces du *Sphacelaria*, prouve que les macules varient et augmentent suivant l'âge de l'individu et la multiplicité des filamens qui le constituent; qu'elles ne peuvent servir de base à des caractères génériques, pas plus que les Anthospermes discoïdes, que l'on rencontre quelque-fois sur le même échantillon avec les renflemens Concepta-culaires terminaux.

Espèces.

Scoparia, Dillw., pl. 52; Lyngb., pl. 31 *B*; Engl. bot., pl. 1552; Desmaz., Crypt., n.° 151 = Synonymies : *Conf. scoparia*, Light., Dillw. et Sow.; *Ceram. scoparium*, Roth, Decand.

Disticha, Lyngb., pl. 31. = Syn. : *Conf. disticha*, Vahl; *Sphacelaria filicina*, Agardh.

Pennata, Dillw., pl. 86; Lyngb., pl. 31 *C*; Fl. Dan., pl. 1486, fig. 2; Chauv., Alg., n.° 36. = Syn. : *Conf. pennata*, Dillw.; *Conf. cirrhosa*, Roth; *Sphacelaria cirrhosa*, Agardh; *Delisella pennata*, Bory.

Plumosa, Lyngb., pl. 30 *C*; Engl. bot., pl. 2330; Fl. Dan., pl. 1481; Chauv., Alg., n.° 11. = Syn. : *Conf. pennata*, Sow.; *Ceram. pennatum*, Roth, Fl. Dan.

Scoparioides, Lyngb., pl. 32 *C*.

Spinulosa, Lyngb., pl. 32 *B*.

LI.ᵉ Genre. Dasytrichia, Lamouroux, Bonnem., N.

Ce genre, formé par Lamouroux aux dépens des *Conferva* et *Ceramium* des auteurs, et adopté par Bonnemaison dans son *Essai des Hydrophytes*, a été nommé par Lyngbye et Agardh *Cladostephus*, de la disposition des rameaux, dans quel-ques espèces, en couronnes ou verticilles. La préférence que nous donnons au nom *Dasytrichia* (très-velu, comme laineux), est une conséquence de l'antériorité de ce nom, employé depuis long-temps dans les herbiers de France. Il nous paroit aussi convenir plus généralement au *facies* des espèces, qui sont *d'aspect laineux, de couleur olivâtre, à rameaux lâches, diffus, souvent trichotomes, couverts de ramules imbriqués ou ver-ticillés, atténués à la base; à Endochromes et Endophragmes obs-curs, souvent recouverts d'un parenchyme épais, cellulo-corpus-culaire; à fructification rare, mais ovoïde, pédicellée et latérale.* L'anatomie microscopique de ces espèces présente au centre de la tige principale un faisceau de petits tubes hyalins, légèrement cloisonnés de distance en distance, constituant des endochromes multiples, internes, recouverts extérieurement de très-petites cellules corpusculaires, alongées, n'affectant point de forme déterminée dans leur arrangement, s'étendant comme une sorte d'écorce ou de parenchyme autour de l'axe central. C'est de cette enveloppe cellulo-corpusculaire que sortent les ramules; c'est dans ce parenchyme cortical que se forme de distance en distance une accrétion de matière colorée en forme de zone circulaire: ce sont ces cercles d'une coloration plus dense qui donnent à la tige et aux rameaux, lorsqu'on les examine à la loupe, et qu'on les place entre l'œil et la lumière, l'aspect obscurément cloisonné.

M. Bory de Saint-Vincent, qui avoit préféré le nom de *Cladostephus* à celui plus ancien de *Dasytrichia*, imposé par feu son célèbre et laborieux compatriote, et adopté par Bonnemaison, a placé ce genre dans sa famille des *Chaodinées*, à la suite des genres *Batrachospermum* et *Draparnaldia*, comme ayant *une grande analogie* avec ce dernier (voyez ce Dictionnaire, tom. XII, pag. 501, et tom. XXXIV, pag. 573). Un tel rapprochement de la part d'un naturaliste habitué depuis trente ans à l'usage du microscope, a lieu de surprendre tous les botanistes, même ceux qui ne se servent que de la loupe. Toutefois il est juste de dire que M. Bory espère pouvoir faire passer ce genre dans ses *Céramiaires*, aussitôt que la fructification lui en sera connue. Il ajoute que l'espèce principale (*Dasytrichia verticillata*), *n'adhérant pas au papier* sur lequel on l'a préparée, indique déjà qu'elle s'éloigne des autres *Chaodinées*, qui toutes ont éminemment cette propriété.

Espèces.

Verticillata, Dillw., pl. 55; Lyngb., pl. 30, *B*; Engl. bot., pl. 1718 et 2427, fig. 2; Wulf., Crypt. aq., pl. 1; Chauv., Alg., n.º 37. = Synonymes : *Conf. verticillata*, Lightf., Dillw., Sow.; *Fuc. verticillatus*, Wulf.; *Ceram. verticillatum*, Dec.; *Cladostephus verticillatus*, Lyngb.; *Cladost. myriophyllum*, Ag.

Spongiosa, Dillw., pl. 42; Engl. bot., pl. 427, fig. 1; Esper, 1l. 28; Chauv., Alg., n.º 13. = Syn. : *Conf. spongiosa*, Roth, Dillw., Sow.; *Fuc. hirsutus*, Esper; *Cladost. spongiosus*, Agardh.

LII.ᵉ Genre. Rhodomela, Nobis.

Agardh désigne, dans son *Systema algarum*, sous le nom de

Rhodomela, des espèces de *Ceramium* (voyez ce genre p. 390) dont les Anthospermes, ou premier développement de la fructification, sont en grappe siliqueuse, gloméruleuse, qu'il appelle *lomentules.* Sous cette seule considération il réunit des espèces de Thalassiophytes symphysistées planes et à nervures, avec des thalassiophytes diaphysistées à tiges cylindriques (voyez tom. XLV, p. 406 de ce Dict.). Nous avons extrait du genre *Rhodomela* d'Agardh les Thalassiophytes symphysistées qui forment sa première et seconde section, et nous les avons réparties dans divers genres de la classe des Symphysistées; tels que l'*Odonthalia*, le *Delisea*, le *Dictyopteris*, etc. Nous conservons sous le nom de *Rhodomela*, dans les Diaphysistées, les espèces de sa troisième section, *à tiges rameuses, filiformes, à anthospermes lomentuleuses, à conceptacles ovoïdes ou globuleux, dont l'organisation offre intérieurement de grandes cases ou cellules ovoïdes, formant par leur disposition et leur égalité des Endochromes complexes, dont les parois, se terminant et s'anastomosant à des distances régulières, présentent comme des Endophragmes à travers le parenchyme celluleux qui les recouvre.* Ce genre est le passage des Thalassiophytes diaphysistées aux symphysistées; comme le genre *Ptilota* (voyez à la page 368) est le passage des Thalassiophytes symphysistées aux diaphysistées. Aussi voit-on le *Rhodomela pinastroïdes*, qui est le type du présent genre, avoir été placé, ainsi que le *Rhodomela subfusca*, par les auteurs, tantôt dans les *Fucus*, tantôt dans les *Ceramium.*

Les espèces qui composent notre *Rhodomela* avoient été intercalées par Lyngbye dans son *Gigartina;* Agardh, avant d'en faire la troisième section de son genre *Rhodomela*, en avoit placé quelques-unes dans son genre *Rytiphlea*, qu'il a depuis basé dans son *Systema* sur le *Fucus purpureus*, Turn., pl. 224. Ce dernier genre, voisin de l'*Hutchinsia* et du *Rhodomela*, n'offre pas, dans Agardh, des caractères assez distincts de ceux de ces deux genres; il demande à être étudié anatomiquement, et, mieux déterminé, il pourra être adopté. (Voyez Rytiphlea, tom. XLVI, p. 473, de ce Dictionnaire.)

Espèces.

Pinastroides, Turn., Hist., pl. 11; Stackh., Ner., pl. 13; Engl. bot., pl. 1402. = Synonymes : *Fuc. pinastroides*, Turn., Stackh., Sow.; *Fuc. incurvus*, Huds.; *Ceram. incurvum*, Dec.; *Gigart. pinastroides*, Lyngb.

Lʏᴄᴏᴘᴏᴅɪᴏɪᴅᴇꜱ, Turn., Hist., pl. 12; Engl. bot., pl. 1163; Fl. Dan., pl. 357. = Syn.: *Fuc. lycopodioides*, Turn., Sow.; *Conf. squarrosa*, Fl. Dan.; *Gigart. lycopodioides*, Lyngb.

Sᴜʙꜰᴜꜱᴄᴀ, Turn., pl. 10; Engl. bot., pl. 1164; Fl. Dan., pl. 1543; Esp., pl. 117; Lyngb., pl. 10 et 11 *A*; Stackh., pl. 19. = Syn : *Fuc. subfuscus*, Turn., Esp., Sow., Stackh.; *Fuc. variabilis*, Trans. linn.; *Ceram. tortuosum*, Ducl.; *Gigart. subfusca*, Lamx., Lyngb.

LIII.ᵉ Genre. Cʜᴀᴍᴘɪᴀ. Desv., Lamx., Agardh.

Ce genre, que Lamouroux considéroit comme intermédiaire aux deux grandes divisions Symphysistées et Diaphysistées, avoit été provisoirement placé par lui dans la première, à la fin de l'ordre des *Floridées;* Agardh, en considération des articulations que présentent les tiges, a placé ce genre dans l'ordre des *Confervoïdes,* section des *Céramiées;* Bory de Saint-Vincent l'a considéré comme un passage des *Ulvacées* aux *Confervées.* Il est à désirer que des échantillons frais de l'espèce des mers d'Afrique, qui fait la base de ce genre, permettent de s'assurer d'une manière positive de l'organisation de cette thalassiophyte. En attendant nous pensons, d'après la description très-détaillée que Roth a donnée de cette plante dans le 3.ᵉ vol. de son *Catalecta bot.*, p. 318, et d'après les détails microscopiques figurés par le célèbre Mertens, planche 10 du même ouvrage, que ce genre appartient, dans les thalassiophytes diaphysistées, à l'ordre des *Aphlomidées;* et que les grains ovoïdes situés dans les papilles nombreuses qui entourent les tiges, et les rameaux tubuleux et cloisonnés de cette plante, ne sont que les *Anthospermes* de la fructification, de sorte que le conceptacle ou développement complet de la fructification nous seroit encore inconnu. (Voyez tome VIII, p. 100. de ce Dictionnaire.)

Espèce.

Lᴜᴍʙʀɪᴄᴀʟɪꜱ, Roth, Cat., pl. 10; Thunberg, in Nov. Journ. Schrad., pl. 16. = Syn.: *Mertensia lumbricalis*, Thunb., Roth.

LIV.ᵉ G. Cʜᴏʀᴅᴀ, Lamx., Lyngb.

La considération du tissu celluleux qui forme la partie extérieure de l'espèce principale de ce genre avoit déterminé Lamouroux à le classer dans les Thalassiophytes symphysistées. La couleur jaune-olivâtre des tiges tubuleuses, leur différence d'organisation avec celle des autres familles de la même classe, l'avoit engagé à placer ce genre dans les *Fucacées;* mais les diaphragmes ou cloisons horizontales qui interceptent intérieurement, de distance en distance, la continuité de ces tiges tubuleuses, nous font un devoir de le placer dans les thalassiophytes diaphysistées; ce genre est caractérisé par des tiges arrondies, simples, de la grosseur d'une corde de boyau, tubuleuses, atténuées à l'extrémité supérieure, et cloisonnées intérieurement de distance en distance. Ces cloisons sont formées de fils horizontaux qui partent de la paroi intérieure du tube; cette partie est formée d'un tissu filamenteux et mucilagineux. La partie extérieure du tube, qui se tord souvent, est formée d'un tissu celluleux, dans les alvéoles duquel se développent des corpuscules claviformes, que l'on considère comme les séminules reproducteurs. On peut avoir une idée fort exacte des détails microscopiques de l'organisation interne de l'espèce principale de ce genre, en consultant l'excellente figure de l'*English botany*, pl. 2487; seulement il est à regretter qu'on ait omis d'y figurer une des cloisons transversales. Lyngbye a donné aussi, pl. 18 *C*, une bonne figure qui représente, grossies, les séminules qui couvrent la fronde.

Agardh avoit d'abord placé et désigné, dans son *Synopsis*, le *Chorda filum* comme appartenant au *Chordaria* de Link; depuis, Agardh a fait de cette espèce la base de son genre *Scytosiphon*, et a cité comme variétés des espèces très-distinctes de Lyngbye. Ce genre *Scytosiphon* d'Agardh, qui ne peut être admis, diffère aussi de celui de Lyngbye, dont les principales espèces appartiennent aux genres *Ilea*, *Gigartina* et *Sporochnus* (voyez ci-dessus aux *Thalass. symph.* ces divers genres, et le tom. XLVIII, pag. 250, de ce Dictionnaire).

Espèces.

Filum, Turn., pl. 86; Engl. bot., pl. 2487; Fl. Dan., pl. 821; Esper, pl. 22; Stackh., pl. 10; Lyngb., pl. 18 *C, D*; Desmaz., Crypt., n.° 63. = Syn : *Fuc. filum*, Turn., Sow., Huds.; *Ceram. filum*, Roth, Decand.; *Flagellaria filum*, Stackh.; *Chordaria filum*, Link; *Scytosiphon filum*, Agardh.

Lomentaria, Lyngb., pl. 18 *E*. = Syn.: *Scytosiphon. filum*, var. γ, Ag.

Tomentosa, Lyngb., pl. 19 *A*. = Syn. *Scytosiphon. filum*, var. γ, Ag.

N.° 1. TABLEAU SYNOPTIQUE ET MÉTHODIQUE
DES
GENRES DES THALASSIOPHYTES
EXPOSÉS DANS LE PRÉCÉDENT MÉMOIRE.

THALASSIOPHYTES ou HYDROPHYTES MARINES.

1.ᵉʳ Ordre. TUBACÉES.

[texte illisible]

2.ᵉ Ordre. FLORIDÉES.

[texte illisible]

SIPHONÉES.

3.ᵉ Ordre. DICTYOTÉES.

[texte illisible]

4.ᵉ Ordre. ULVACÉES.

[texte illisible]

5.ᵉ Ordre. CONFERVOIDÉES.

[texte illisible]

6.ᵉ Ordre. CÉRAMIÉES.

[texte illisible]

N.° 2. Tableau synoptique des Genres des Hydrophytes marines, d'après la méthode de Lyngbye, avec concordance aux Genres de Thalassiophytes du tableau n.° 1.

SECTIONS	GENRES	CONCORD. AU TABLEAU N.° 1
Sous-ordre FUCOIDÉES	[illisible]	[illisible]
Sous-ordre ULVINÉES	[illisible]	[illisible]
Sous-ordre SIPHONÉES NUES	[illisible]	[illisible]
Sous-ordre DIATOMÉES OSSÉES	[illisible]	[illisible]
Sous-ordre TRÉMELLOIDÉES	[illisible]	[illisible]

N.° 3. Tableau synoptique des Genres des Algues marines, d'après le système d'Agardh, avec concordance aux Genres de Thalassiophytes du tableau n.° 1.

DIVISIONS SELON LA COULEUR	GENRES EN FAMILLES	GENRES	À VOIR AU TABLEAU N.° 1
HYALINES	DIATOMÉES	[illisible]	[illisible]
VERTES	CONFERVOIDÉES	[illisible]	[illisible]
	ULVACÉES	[illisible]	[illisible]
PURPURINES	CONFERVOIDÉES	[illisible]	[illisible]
	ULVACÉES	[illisible]	[illisible]
	FLORIDÉES	[illisible]	[illisible]
OLIVACÉES	CONFERVOIDÉES	[illisible]	[illisible]
	FUCOIDÉES	[illisible]	[illisible]

Après cet exposé de la Classification des *Thalassiophytes*, nous nous étions flatté de l'espoir de dépasser la spécialité du titre de ce résumé, en traitant des *Naïophytes* ou productions végétales des eaux douces, ce qui eût offert à nos lecteurs un aperçu complet des *Hydrophytes*, dont l'article n'a pas été traité dans ce Dictionnaire ; mais les nombreux détails dans lesquels nous serions forcés d'entrer pour démontrer la nécessité de séparer des végétaux un grand nombre d'individus que des expériences journalières prouvent d'une manière évidente devoir appartenir au règne animal, nous obligent à conserver pour un article supplémentaire, et à renvoyer au mot Zoophytes les débats, les objections et les faits nouveaux que nous avons à exposer pour éclaircir cette matière. Nous aurions voulu à ce sujet pouvoir présenter l'analyse des *Recherches microscopiques et physiologiques* de M. Desmazières, de Lille, sur l'animalité du genre *Mycoderma*, jusqu'alors rapporté à la famille des champignons ; les observations du savant Lyngbye sur l'animalité des *Oscillatoria majuscula*, *confervicola* et du *Bangia quadripunctata* de cet auteur; celles de Bonnemaison sur le *Girodella comoides*, N.; et les expériences toutes récentes de M. Chauvin, de Caen, sur l'animalité du *Conferva zonata* d'Agardh et Lyngbye : mais les bornes déjà dépassées de cet article et l'espoir d'offrir avant peu un *genera* complet des *Némazoaires*, nous font un devoir de différer ces importantes citations. Toutefois, pour compléter ce résumé sous le point de vue Phytologique, nous offrons à nos lecteurs une concordance des genres, qui fournira aux amateurs d'Hydrophytologie les moyens de se reconnoître dans le dédale des noms nouveaux que la multiplicité des observations a contraint de créer. Nous terminons donc cet exposé par trois tableaux : le premier présentera synoptiquement et méthodiquement les genres de Thalassiophytes fixés ou adoptés par nous, et dont nous venons de faire l'exposition ou la description ; deux autres tableaux offrent, d'après la méthode de Lyngbye et d'Agardh, les genres de Thalassiophytes qu'ils ont créés ou admis, avec renvoi à ceux du premier tableau, que plusieurs années d'observations comparatives nous permettent d'offrir comme le résultat des travaux des principaux Algologues, et la base sur laquelle il seroit à désirer qu'on pût se fixer en attendant de nouvelles et profondes observations, et un travail de révision rationnel et complet. (BENJ. GAILLON.)

THALASSIOS. (*Bot.*) Voyez PARALIOS. (J.)

THALE. (*Ornith.*) Un des noms allemands du corbeau, *corvus corax*, Linn. (CH. D.)

THALEB. (*Bot.*) Voyez TAHELEB. (J.)

THALEB. (*Mamm.*) Nom arabe du renard. (DESM.)

THALHUICAMAÇAME. (*Mamm.*) Voyez MAZAME. (DESM.)

THALIA. (*Bot.*) Voyez THALIE. (LEM.)

THALIA-MARAVARA. (*Bot.*) Nom malabare d'un angrec, *epidendrum fulvum* de Linnæus, qui est le *thali* des Brames. (J.)

THALICLES. (*Malacoz.*) Voyez THALIE. (DE B.)

THALICTROIDES. (*Bot.*) Le genre auquel Amman donnoit ce nom, a reçu celui de *cimicifuga* de Linnæus, qui l'a ensuite réuni à l'*actæa*, dont il diffère pourtant par son pistil composé, non d'un seul, mais de plusieurs ovaires, qui deviennent autant de capsules; ce qui nous a déterminé dans le temps à rétablir le *Cimicifuga*. Le nom *thalictroides* est aussi employé par Linnæus comme nom spécifique d'un *isopyrum*. (J.)

THALICTRON. (*Bot.*) Nom vulgaire du pigamon jaunâtre. (L. D.)

THALICTRUM. (*Bot.*) Voyez PIGAMON. (L. D.)

THALIDES, *Thalides*. (*Malacoz.*) Dénomination adjective employée par M. Savigny, dans son Tableau systématique des ascidies, tant simples que composées, pour désigner le second ordre des ascidies, qu'il définit ainsi: Tunique adhérente de toutes parts à l'enveloppe; branchies inégales, étroites, consistant en deux feuillets attachés à la paroi antérieure et à la paroi postérieure de la cavité respiratoire; orifice branchial garni à son entrée d'une valvule. Cet ordre comprend le genre *Salpa*, dont il se proposoit sans doute de distribuer les espèces dans différens genres, comme on le voit d'après le titre de la planche 24 du second volume de ses Mémoires sur les animaux sans vertèbres, où il nomme *pegea octofora*, la *salpa octofora*, et *sasis*, la *salpa cylindrica*. Voyez SALPA. (DE B.)

THALIE, *Thalia.* (*Bot.*) Genre de plantes monocotylédones, à fleurs irrégulières, de la famille des *amomées*, de
la *monandrie monogynie* de Linnæus, offrant pour caractère
essentiel : Une spathe à deux valves, renfermant une ou deux
fleurs; une corolle à cinq pétales réunis en tube à leur base,
trois plus grands et crépus, deux plus petits, roulés en cor-
net; une étamine; le filament soudé sur le tube; un ovaire
inférieur; un style ; un stigmate incliné, obtus; un drupe
renfermant un noyau occupé par deux semences ou une seule
par avortement.

THALIE GÉNICULÉE : *Thalia geniculata*, Linn.; *Marantha geniculata*, Lamk., *Ill. gen.*, tab. 1, fig. 2 ; Plum., *Amer.*, 108.
fig. 1. Cette plante a des racines blanchâtres, fort épaisses,
d'où s'élève une tige droite, glabre, cylindrique, très-simple, haute de six ou sept pieds. Les feuilles sont alternes,
pétiolées, ovales-oblongues, glabres, presque en cœur, entières, acuminées, traversées par des nervures parallèles,
soutenues par des pétioles cylindriques, articulés, élargis à
leur base en une gaîne membraneuse. Les fleurs sont terminales, réunies en une panicule très-lâche, peu garnie, composées d'une spathe ovale-oblongue, concave, acuminée au
sommet, renfermant une ou deux fleurs. La corolle est caduque, formée de cinq pétales inégaux, ondulés, mais seulement lorsqu'ils commencent à se faner, d'après l'observation de M. de Lamarck; les trois pétales extérieurs plus
grands, ovales-oblongs, concaves, obtus au sommet; les deux
intérieurs beaucoup plus courts, tous rapprochés inférieurement en un tube court. Le fruit est un drupe inférieur,
ovale, obtus, renfermant un noyau à deux loges monospermes; souvent une des deux loges avorte avec sa semence.
Cette plante croît dans plusieurs contrées de l'Amérique méridionale. Ses tiges fournissent aux Indiens des flèches avec
lesquelles ils vont à la chasse des animaux sauvages. (POIR.)

THALIE. (*Entom.*) Nom d'un papillon héliconien de Linnæus, figuré par Cramer, pl. 246, fig. *A.* Il a les ailes brunes,
avec des taches jaunes sur les supérieures, et des stries bifides
sur les inférieures. (C. D.)

THALIE. (*Erpét.*) Nom spécifique d'une couleuvre, décrite
dans ce Dictionnaire, tome XI, page 199. (H. C.)

THALIE , *Thalia*. (*Malacoz.*) Dénomination sous laquelle a été créé, par Browne, dans son Histoire naturelle de la Jamaïque , pag. 388 , tab. 43 , fig. 3 , le genre d'animaux que l'on a depuis désigné sous le nom de *Salpa* , ou de Biphore en françois. Gmelin , en inscrivant sous le nom de Holothurie, comme l'avoit fait Linné , les thalies de Browne , s'étoit bien aperçu qu'elles ne devoient pas appartenir à ce genre ; mais il n'avoit pas vu que c'étoit dans le genre *Salpa* , qu'il adoptoit de Forskal , qu'elles devoient passer. C'est à M. Bosc qu'est due cette rectification. Voyez SALPA. (DE B.)

THALITRON. (*Bot.*) Nom vulgaire du sisymbre à petites fleurs. (L. **D.**)

THALLE. (*Bot.*) Nom donné à la fronde des lichens ; elle porte la fructification soit immédiatement, soit par l'intermédiaire d'un support particulier. Sa consistance, très-variable , est pulvérulente ou cornée , gélatineuse, filamenteuse, membraneuse , etc. ; et elle se divise quelquefois en lobioles ou lanières dont la forme approche de celle des feuilles. (MASS.)

THALLIA. (*Bot.*) Ruellius et Mentzel citent ce nom grec du câprier. (J.)

THALLITE. (*Min.*) C'est, après la dénomination de *Schorl vert du Dauphiné* , le premier nom qu'on ait donné à l'ÉPIDOTE , l'une des espèces minérales qui ait reçu le plus de noms. Nous allons essayer de rassembler ici, à l'occasion de ce dernier synonyme , les noms univoques différens que cette espèce ou ses variétés ont reçus.

RAYONNANTE VITREUSE (*Glasiger Strahlstein*).

PISTAZITE (Werner).

ARENDALITE et AKANTICONE, pour celle d'Arendal en Norwége.

DELPHINITE , pour celle du Dauphiné.

ZOÏSITE , pour la variété grise nacrée.

SKORSA , principalement à celle qui est ou grenue ou pulvérulente.

SAUALPITE , ILLUDERITE , CUMMINGTONITE , WITHAMITE.

Voyez ÉPIDOTE. (B.)

THAMAR, THOMEN , THUMORAH. (*Bot.*) Noms hébreux du palmier-dattier , *phœnix* , cité par Mentzel , qui dit que c'est le *tamar* des Arabes. (J.)

THAMATH, THAMACTH. (*Bot.*) Les habitans du nord de l'Afrique nomment ainsi, suivant Ruellius et Mentzel, le *parthenium* des anciens, qui est la matricaire. (J.)

THAMECNEMON. (*Bot.*) Nom donné par Cordus à une saponaire, *saponaria vaccaria*. (J.)

THAMNASTÉRIE. (*Foss.*) M. Le Sauvage, docteur-médecin à Caen, a trouvé dans la falaise de Berneville, département du Calvados, de grands polypiers couverts d'étoiles, que M. Lamouroux avoit regardés comme une espèce d'astrée, à laquelle il a donné le nom d'*astrea dendroidea*; mais M. Le Sauvage a cru que ce polypier réunissoit des caractères qui devoient le distinguer des astrées, et il a créé pour lui un nouveau genre, auquel il a donné le nom de *Thamnastérie*.

Dans le XLII.ᵉ volume de ce Dictionnaire nous avons donné (page 389) les caractères de ce genre tels qu'ils se trouvent dans les Mémoires de l'Académie royale des sciences de Caen pour l'année 1825; mais, d'après un manuscrit que nous a communiqué M. Le Sauvage, ces caractères ont été ainsi rétablis : *Polypier pierreux, dendroïde, fasciculé, stellifère; toutes les tiges marquées de renflemens et de rétrécissemens alternatifs.*

Ce naturaliste a cru reconnoître les espèces suivantes, qui dépendent de ce genre.

THAMNASTÉRIE GÉANTE : *Thamnasteria gigantea*, Lesauv.; *Th. Lamourouxii*, *ejusd.*, Mém. de la soc. d'hist. nat., tome 1.ᵉʳ, part. 2.ᵉ, page 241, pl. 14 ; *Astrea dendroidea*, Lamx., Exp. méth. des polyp., tab. 78, fig. 6, et Encycl. méth., tom. 11, part. 1.ᵉʳ, Vers, page 126. Polypier à rameaux pressés, simples, plus gros que le doigt, de couleur rougeâtre, chargés d'étoiles arrondies, confuses, et presque superficielles. Fossile de la falaise de Berneville (Calvados), en masses d'une prodigieuse grandeur, dans un calcaire qui a de l'analogie avec le *coral rag* des Anglois.

Nous avons remarqué que l'intérieur des rameaux est changé en une cristallisation rougeâtre, et qu'on y trouve des vides tapissés de cristaux, quoique l'extérieur soit couvert d'étoiles.

THAMNASTÉRIE A PETITES ÉTOILES : *Thamnasteria microstella*, Lesauv. Cette espèce a la grosseur et la couleur de la précédente ; sa surface est très-rugueuse, à étoiles petites, isolées, proéminentes. Fossile du calcaire à polypiers de Falaise et de Langrune près de Caen.

THAMNASTÉRIE DE MAGNEVILLE : *Thamnasteria Magnevilla*, Lesauv. Polypier rameux ; rameaux de la grosseur du petit doigt ; étoiles petites, légèrement excavées, non contiguës, peu proéminantes, à bord marginé. Fossile d'un terrain calcaire du département de l'Yonne, déposé au cabinet d'histoire naturelle de Caen.

M. Le Sauvage avoit cru devoir regarder comme dépendant du genre Thamnastérie, le polypier que nous avons nommé *astrée digitée*, et qui se trouve décrit page 386 du tom. XLII, ci-dessus cité ; mais nous croyons qu'il dépend plutôt du genre Astrée. (D. F.)

THAMNIA. (*Bot.*) Ce genre de P. Browne a été réuni depuis long-temps au *Laelia*, que nous rapportions aux tiliacées et que M. Kunth range dans sa nouvelle famille des bixiniées. (J.)

THAMNIDIUM. (*Bot.*) Genre de la famille des champignons, très-voisin du *Mucor*, et qui ressemble beaucoup aux moisissures de ce genre, avec lequel même Curt Sprengel le réunit.

Le *Thamnidium* a été fondé par Link : il se rapproche tellement du *Thelactis* de Martius, que Fries ne balance pas à les réunir. Il en diffère par ses filamens épars, droits, fructifères à leur extrémité, irrégulièrement rameux à leur base, et à rameaux divariqués ; le sporange ou péridiole est terminal, globuleux, vésiculeux, très-fugace, et contient une sporidie très-petite ; de plus, les filamens tiennent à une base à peine sensible. Ces caractères paroissent distinguer le *Thamnidium* du *Thelactis*, chez lequel les rameaux sont verticillés. Dans l'un et l'autre ces rameaux portent à leur extrémité des globules qui contiennent une seule sporidie.

Le *Thamnidium elegans*, Link, *Obs.*, 1, pag. 45 ; *ejusd. in* Willd., *Syst.*, 1, part. 1, pag. 97. (Voyez l'atlas de ce Dictionnaire, n.° 30, pl. 5, fig. 1.) C'est une moisissure de deux à trois lignes de hauteur, qui croit sur la colle pourrie ou desséchée ; ses filamens sont blancs, ainsi que les sporanges. (LEM.)

THAMNIUM. (*Bot.*) Nom donné par Ventenat à une des

divisions du genre Lichen de Linnæus, dont il avoit fait un genre caractérisé par sa tige ramifiée, en arbrisseau, portant des tubercules fongueux, colorés, et qui depuis a servi d'élément aux genres *Sphærophorus*, *Stereocaulon*, *Cladonia*, *Cenomyce*, etc., d'Acharius.

Fries fait usage de ce nom, qui signifie arbrisseau, en grec, pour désigner les premières divisions de ses genres *Usnea* et *Evernia*. (Lem.)

THAMNOCHORTUS. (*Bot.*) Ce genre de Bergius a été réuni depuis long-temps au *restio*, type de la famille des restiacées, dont il ne diffère que par deux des divisions de son calice, qui sont plus grandes. (J.)

THAMNOMYCES. (*Bot.*) Genre de la famille des hypoxylées, établi par Ehrenberg, et intermédiaire entre le *Sphæria* et l'*Hysterium*. Il comprend des plantes à tiges, ou stroma, roides, d'un noir brun, rameuses, creuses à l'intérieur, et qui portent enfoncés dans leur substance des pseudopérithéciums ou sphérules, arrondis, percés à leur sommet et remplis de sporidies rassemblées en masse. Ce genre ne diffère réellement du *Sphæria* que par la forme rameuse du stroma, qui a l'apparence de celui des *Rhizomorpha* et de certains lichens ; mais il en diffère surtout parce qu'il est creux. Ehrenberg l'a fondé sur une plante rapportée du Brésil par Chamisso, et l'a augmenté ensuite de quelques espèces, telles que l'*hypoxylon loculiferum*, Bull., et le *chænocarpus setiformis*, Rebent., qui ne nous paroissent pas s'y rapporter, et deux espèces nouvelles.

1. Le Thamnomyces de Chamisso : *Thamnomyces Chamissonis*, Ehrenb., *Hor. phys. Berol.*, p. 80, pl. 17, fig. 1. Il est droit, rameux, surtout dans la partie supérieure des tiges ; il porte sa fructification à l'extrémité des rameaux. Cette espèce est d'un noir brunâtre ; elle s'élève jusqu'à six pouces de hauteur, comme un petit arbuste ; ses tiges partent, au nombre d'une centaine, de la même base ; elles s'élèvent en se ramifiant ; elles ont deux lignes d'épaisseur et sont cylindriques : les dernières ramifications, très-courtes, forment une espèce de tête d'arbre qui couronne la plante. M. Chamisso a trouvé cette espèce sur les rochers au Brésil.

2. Le Thamnomyces annulé : *Thamnomyces annulatus*, Ehr.,

loc. cit. Il est rameux, à rameaux simples, longs de quatre pouces, d'une ligne de diamètre, cylindriques, lesquels, vus à la loupe, semblent annulés, et sont couverts de toutes parts de pseudopérithéciums ou sphérules, épars, globuleux. Cette espèce croît dans les Indes occidentales.

Link a fait connoître une autre espèce, qui croit en Portugal : c'est celle qu'il a nommée *thamnomyces capitatus.*

Curt Sprengel (*Syst. veg.*) ne conserve dans ce genre que le *thamnomyces Chamissonis*, et n'y rapporte le *thamnomyces annulatus* qu'avec doute. Fries fait observer qu'Ehrenberg est indécis si ce genre doit être mis dans les champignons, les lichens ou les algues, et il le place près du *Rhizomorpha* : ces deux genres ont en effet des rapports marqués. Fries ne le confond pas avec le *Chœnocarpus;* il l'a retiré, avec le *Rhizomorpha*, de la famille des lichens, où il les avoit placés antécédemment. (*Lem.*)

THAMNOPHILE, THAMNOPHILIDES. (*Entom.*) M. Schœnherr, dans sa distribution méthodique des charansons, désigne sous ce nom un genre et une division des orthocères. Voyez, à la fin de l'article Rhinocères, le genre n.° 10. (C. **D.**)

THAMNOPHILUS. (*Ornith.*) Voyez Batara. (Ch. **D.**)

THAMNOPHORA. (*Bot.*) Genre de la famille des algues, établi par Agardh sur le *fucus corallorhiza* de Turner; il le caractérise ainsi : Réceptacles filiformes, agrégés; séminules plongées dans les réceptacles : les unes sphériques ou peu anguleuses, avec un point obscur dans le centre; les autres planes, circulaires, empilées les unes au-dessus des autres, de manière à former un cylindre imitant la pile de Volta.

Le *Thamnophora corallorhiza*, Agardh, *Spec. alg.*, pag. 225; *Fucus corallorhiza*, Turn., *Hist.*, pl. 96: *Fucus cirrhosus*, Turn., *Hist.*, pl. 63. Sa fronde, longue d'un pied ou moins, est plane, rameuse, à rameaux distiques, pinnatifides, et à découpures alternes, avec leurs lobes dentés inférieurement; les réceptacles sont cylindriques, longs d'une ligne, dichotomes et agglomérés près des aisselles des frondules, et imitent de petits boutons tuberculeux. Cette plante est d'un rouge orangé, d'une consistance mince et délicate; elle adhère aux rochers par des racines fibreuses, fasciculées, rameuses, un peu cylindriques, rampantes et entrelacées. Elle a été découverte sur les côtes de la Nouvelle-Hollande et au cap de Bonne-Espérance.

Agardh rapporte avec doute à ce genre le *fucus triangularis*, Turn., *Hist.*, pl. 33, et le *fucus Seaforthii*, Turn., *Hist. fuc.*, pl. 120. Le premier est des Indes occidentales et se trouve à la Nouvelle-Zélande, ainsi qu'à la Nouvelle-Hollande ; le second croit dans l'océan Atlantique, aux Antilles et sur les côtes du Brésil. Agardh en fait deux espèces distinctes, décrites dans son *Species algarum*, et conservées dans son *Systema;* mais Curt Sprengel les réunit en une seule. (Lem.)

THANASIME. (*Entom.*) M. Latreille appelle ainsi un genre d'insectes coléoptères pentamérés, voisin des clairons et des tilles, auquel il rapporte en particulier le *tillus mutillarius* de la famille des térédyles, que nous avons fait figurer dans l'atlas, pl. 8, n." 5 *bis.* Voyez Tille. (C. D.)

THANATOPHILE. (*Entom.*) M. Leach a proposé ce nom pour indiquer les boucliers dont les extrémités des élytres sont échancrées. Ce sont des coléoptères pentamérés hélocères. Voyez Bouclier. (C. D.)

THANATOPHYTUM. (*Bot.*) Ce nom est donné par Nées à un genre de champignons adopté sous la dénomination de Rhizoctonia. Voyez ce mot. (Lem.)

THAPEL-LAME. (*Mamm.*) Ce nom, qui signifie *lame à crinière*, est usité par les Chiliens pour désigner l'otarie lion marin des auteurs. Or, le mot *lame*, dans la langue de ces peuples, correspond au nom de phoque. Le thapel-lame est assez longuement décrit par Molina, pag. 262 et suiv. de son Histoire naturelle du Chili. (Lesson.)

THAPSA. (*Mamm.*) Nom chaldéen qui, selon Gesner, se rapporte à l'espèce du lapin. (Desm.)

THAPSIE; *Thapsia*, Linn. (*Bot.*) Genre de plantes dicotylédones, de la famille des *ombellifères*, Juss., et de la *pentandrie digynie*, Linn., dont les principaux caractères sont les suivans : Calice presque entier; cinq pétales lancéolés, recourbés; cinq étamines; un ovaire supérieur, surmonté de deux styles; un fruit oblong, comprimé, échancré à ses deux extrémités, et muni de quatre ailes membraneuses. Les ombelles sont presque toujours dépourvues d'involucre et d'involucelle. On connoit sept à huit espèces de thapsies naturelles à l'Europe et à l'Afrique septentrionale. Une seule est indigène de l'Amérique, et croit dans la Virginie.

THAPSIE VELUE, vulgairement MALHERBE, FAUX TURBITH; *Thapsia villosa*, Linn., *Sp.*, 375. Regnault, Bot., tab. 383. Sa tige est cylindrique, droite, glabre, assez épaisse, haute d'un pied et demi à deux pieds, peu rameuse, garnie de feuilles dans sa partie inférieure, et munie, seulement dans la supérieure, de quelques gaînes larges et embrassantes, formées par la base du pétiole. Les feuilles sont grandes, plus ou moins velues. deux ou trois fois ailées, composées de folioles oblongues, pinnatifides. Les fleurs sont jaunâtres, disposées en ombelles amples, terminales, composées de huit à douze rayons. Cette espèce croît dans les départemens méridionaux de la France, en Espagne, en Italie, et sur les côtes de l'Afrique septentrionale. Selon M. Poiret, sa racine, lorsqu'elle est fraîche, est âcre et corrosive. Le même auteur rapporte que, pendant son séjour en Barbarie, il vit un Arabe qui s'étoit frotté le visage avec cette racine, pour faire passer quelques dartres, parce que, dans le pays, elle passe pour être propre à guérir cette maladie de la peau ; quelques heures après, sa joue étoit devenue enflée et très-enflammée.

THAPSIE ASCLÉPION : *Thapsia asclepium*, Linn., *Spec.* 375, *Panax asclepium apulum*, Column., *Ecphr.* 1, pag. 87, tab. 86. Sa tige est droite, cylindrique, glabre, haute de deux à trois pieds, dépourvue le plus souvent de véritables feuilles, munie seulement de quelques gaînes membraneuses, et garnie à sa base de feuilles pétiolées, plusieurs fois ailées, dont les folioles sont courtes, très-menues, découpées et un peu velues. Les fleurs sont jaunes, disposées en ombelles amples, terminales, composées de douze à quinze rayons, et dépourvues de collerettes générales et partielles. Cette espèce croît en Italie et dans le Levant; Gouan l'indique aux environs de Montpellier.

THAPSIE GARGANIQUE; *Thapsia garganica*, Linn., *Mant.*, 57; Gouan, *Ill.*, 18, tab. 10. Sa tige est droite, légèrement striée, haute d'un pied et plus, garnie de feuilles deux ou trois fois pinnatifides, à découpures linéaires-lancéolées. Les fleurs sont jaunes et disposées en ombelles terminales de huit à douze rayons Cette plante croît dans la Pouille, la Sicile, la Crète et sur les côtes de Barbarie.

THAPSIE SYLPHION; *Thapsia sylphium*, Viviani, *Floræ Libicæ specimen*, pag. 17. Ses feuilles sont ailées; ses folioles sont laciniées, à découpures simples, trifides, linéaires, alongées, hérissées des deux côtés, roulées en leurs bords. Cette plante a été découverte dans la Cyrénaïque par M. della Cella, qui la regarde comme étant le *Sylphion* des anciens. Voyez SYLPHION. (L. D.)

THAPSUS. (*Bot.*) Gérard, ancien auteur, donnoit à la molène ou bouillon blanc ordinaire ce nom, que Linnæus a adopté comme spécifique de cette espèce. (J.)

THARAFISKUR. (*Ichthyol.*) Voyez SMAA-FISKUR. (H. C.)

THARANDITE. (*Min.*) Ce n'est qu'une simple variété de couleur et de localité de la dolomie spathique ou carbonate de chaux et de magnésie, que M. le docteur Lang a remarquée dans les carrières de Schwansdorff, dans la vallée de Tharand, en Saxe. Voyez CHAUX CARBONATÉE MAGNÉSIFÈRE. (B.)

THARASALIS. (*Bot.*) Rauwolf cite sous ce nom une plante trouvée aux environs d'Alep, dont Rai fait un *sisyrinchium*, omis par les auteurs plus modernes. (J.)

THARASPIC. (*Bot.*) On donne vulgairement ce nom à plusieurs espèces d'ibérides cultivées dans les jardins. (L. D.)

THARSE. (*Bot.*) Rauwolf cite sous ce nom arabe le tamaris, *tamarix gallica*, qui est l'athol de la Judée. (J.)

THARTAF. (*Ornith.*) Nom hébreu de l'hirondelle commune. (CH. D.)

THARU. (*Ornith.*) Cet oiseau, du Chili, est le *falco tharus* de Molina et la harpie tharu de M. Vieillot. (CH. D.)

THASPIUM. (*Bot.*) Genre de plantes dicotylédones, de la famille des *ombellifères*, de la *pentandrie monogynie* de Linnæus, ainsi nommé à cause de ses rapports avec le *thapsia*, caractérisé par un calice à cinq dents; cinq pétales roulés, acuminés; cinq étamines; deux styles; le fruit presque elliptique, composé de deux semences convexes, à cinq ailes roides, presque égales, avec des cannelures profondes. Point d'involucre universel: l'involucelle composé d'environ trois folioles unilatérales.

Ce genre, établi par Nuttal (*Gen. of North Amer.*, pl. 1 , p. 196), est composé de plantes herbacées, à tige simple ou dichotome ; les feuilles une ou deux fois ternées, quelquefois les radicales entières; les fleurs jaunes, disposées en ombelles opposées aux feuilles ou terminales, ce qui forme deux sous-divisions : à la première se rapportent les *smyrnium aureum* et *atropurpureum* de Pursh, et probablement de l'Encyclopédie; à la seconde, le *ligusticum barbinode*, Mich., *Amer.* Dans cette dernière les tiges sont hautes de trois pieds, anguleuses, dichotomes, lisses, cannelées, un peu pubescentes sur leurs nœuds; les feuilles glabres, deux et trois fois ternées; les folioles ovales, cunéiformes, aiguës, inégalement dentées, entières à leur base; les ombelles dichotomes, terminales; les pédoncules courts; une grande partie des fleurs avortent. Il faut y ajouter comme une autre espèce le *ligusticum actæifolium*, Mich., *Amer.*, et *thaspium acuminatum*, Nutt., *loc. cit.* (Poir.)

THATTA. (*Ichthyol.*) Voyez Tritta. (H. C.)

THAUMANTIAS. (*Ornith.*) Cet oiseau, dont il est question dans Séba , est le *colibri topaze*. (Ch. D.)

THAUMASIA. (*Bot.*) Genre de la famille des algues, établi par Agardh près de son *Rhodomela*, et qu'il caractérise ainsi: Fronde composée de fils cornés, roides, articulés de toutes parts, et dont les aréoles sont remplies par une membrane.

Agardh fait observer que dans ce genre. très-curieux la partie fibreuse, celle qui représente le squelette de la fronde, est d'une nature lichénoïde, comme dans les *cornicularia*, ou de la nature de l'éponge; tandis que la partie membraneuse est de même substance et de même couleur que dans le *Rhodomela*.

Le *Thaumasia ovalis*, Agardh, *Syst. alg.*, pag. 195, se distingue par sa fronde ovale et simple; il paroît se trouver dans l'Amérique méridionale, et probablement près Santa-Fé de Bogota.

Le Thaumasia jaune, Agardh, *loc. cit.*, est le *fucus flavus*, Linn., *Suppl.* Il a la fronde rameuse, les rameaux droits, presque quinquangulaire, laciniés ou dentés. Linnæus dit de cette plante qu'elle a été découverte dans le fond du détroit de Magellan par Kœnig, et qu'elle croît à la manière des coraux, quoiqu'elle ne soit pas dure, mais épaisse et poreuse. C'est avec doute que cette espèce est rapportée par Agardh à son *Thaumasia*. (Lem.)

THAUMASTOS, THELPIS. (*Bot.*) Noms grecs anciens de l'*iris*, cités par Ruellius. (J.)

THAUN. (*Bot.*) Nom syrien, cité par Rauwolf, du *baccharis Dioscoridis* de Linnæus, qui étoit une conyse de Tournefort et de ses prédécesseurs. (J.)

THAXTHAX, CHASCAS. (*Bot.*) Noms arabes du pavot, cités par Daléchamps et Mentzel. (J.)

THAZARD. (*Ichthyol.*) Nom spécifique d'un poisson, regardé comme un scombre par la plupart des ichthyologistes, mais qui ne paroît pas différer du *scombéromore Plumier*. Voyez Scombéromore. (H. C.)

THÉ, *Thea*. (*Bot.*) Genre de plantes dicotylédones, à fleurs complètes, polypétalées, de la famille des *théacées*, de la *polyadelphie icosandrie* de Linnæus, offrant pour caractère essentiel : Un calice persistant, à cinq ou six divisions profondes; six pétales, quelquefois jusqu'à neuf; des étamines nombreuses insérées sur le réceptacle; les anthères arrondies; un ovaire supérieur; trois styles connivens; trois stigmates; une capsule à trois coques, à trois loges, renfermant trois ou six semences globuleuses.

Thé vert : *Thea viridis*, Linn., *Spec.*; Lamk., *Ill. gen.*, tab. 274, fig. 1 et 2; Gærtn., *De fruct.*, tab. 95; variété, Thé bou, *Thea bohea*, Linn.; Kæmpf., *Amœn. exot.*, 606, 1; Lettsom, *Diss.*, tab. 1, fig. 1 et 2. Le thé est un arbrisseau rameux, toujours vert, qui croît à la hauteur de cinq à six pieds. Quelques voyageurs prétendent qu'il peut s'élever jusqu'à trente. Ses feuilles sont fermes, alternes, ovales-oblongues, d'un vert un peu luisant, dentées en scie, portées sur un pétiole court. Les fleurs naissent solitaires ou deux à deux dans les aisselles des feuilles sur des pédoncules un peu épais; le calice est petit, persistant, à cinq divisions obtuses; la corolle blanche, à six pétales arrondis, ouverts; les deux extérieurs un peu plus petits; les étamines très-nombreuses, plus courtes que la corolle; l'ovaire un peu triangulaire; la capsule à trois loges, s'ouvrant longitudinalement d'un seul côté; chaque loge renfermant une ou deux semences sphériques. Ces se-

53.

mences sont d'une saveur amère, désagréable, qui excite la salivation et occasionne même des nausées. Cette plante croît en Chine et au Japon : on la cultive dans plusieurs jardins de l'Europe, où elle fleurit souvent ; mais il est rare qu'elle y fructifie.

Plusieurs botanistes ont cru devoir distinguer avec Linné deux espèces de thé, le *thé vert* et le *thé bou* ; l'un ayant six pétales ; l'autre neuf. Linné ajoute que les feuilles du premier sont moins alongées que celles du second : tels sont les seuls caractères qui en établissent la différence ; mais, d'après les observations de Lettsom, publiées à Londres, en 1799, le nombre des pétales du thé vert et du thé bou est sujet à varier depuis trois jusqu'à neuf, de sorte que le principal caractère indiqué par Linné n'est pas admissible, et Lettsom, n'ayant pu en découvrir aucun autre, regarde avec raison le thé vert et le thé bou comme deux variétés, dues à l'influence du sol ou du climat. Thunberg, dans sa *Flore du Japon*, n'en admet également qu'une espèce, et il pense que le thé vert est une variété du thé bou. Kæmpfer n'en reconnoît pareillement qu'une seule, qui, comme toutes les plantes cultivées, a produit plusieurs variétés. « Les observa-
« tions que j'ai faites, dit M. Desfontaines, sur quelques in-
« dividus cultivés au Muséum, et dont deux ont fleuri abon-
« damment, ont servi à me convaincre de l'exactitude de
« celles de Kæmpfer, de Thunberg et de Lettsom.

« L'usage du thé en Chine, ajoute M. Desfontaines, re-
« monte à la plus haute antiquité, et il y est tellement ré-
« pandu parmi toutes les classes des habitans de ce vaste
« empire, que le lord Macartney assure que, quand même
« les Européens en abandonneroient le commerce, cela n'en
« feroit pas de beaucoup diminuer la valeur dans le pays.
« Les Japonois attribuent au thé une origine miraculeuse.
« Ils disent que *Darma*, prince très-religieux, et troisième
« fils d'un roi des Indes, nommé *Kosjuswo*, aborda en Chine
« l'an 510 de l'ère chrétienne, qu'il employa tous ses soins
« à répandre dans ce pays la connoissance du vrai Dieu et
« de la vraie religion, et que, voulant exciter les hommes
« par son exemple, il s'imposoit des privations et des mor-
« tifications de tout genre, vivant en plein air et consacrant

« les jours et les nuits à la prière et à la contemplation. Il
« arriva cependant, qu'après plusieurs années, excédé de
« fatigues, il s'endormit malgré lui ; mais, croyant avoir
« violé son serment, et pour le remplir fidèlement à l'ave-
« nir, il se coupa les paupières et les jeta sur la terre. Le
« lendemain, étant retourné au même lieu, il les trouva
« changées en un arbrisseau que la terre n'avoit pas encore
« produit : il en mangea des feuilles ; elles lui donnèrent de
« la gaieté et lui rendirent sa première vigueur. Ayant re-
« commandé le même aliment à ses disciples et à ses secta-
« teurs, la réputation du thé se répandit, et depuis ce temps
« on a continué à en faire usage. Kæmpfer, dans ses *Amé-*
« *nités exotiques*, a donné l'histoire et le portrait de ce saint,
« fort renommé à la Chine et au Japon. On voit sous les
« pieds de Darma un roseau, qui indique qu'il avoit traversé
« les mers et les fleuves. »

Le thé a été long-temps inconnu en Europe. Le voyageur
Linschot est le premier qui en ait parlé comme d'une herbe
avec laquelle les Japonois préparoient une boisson très-agréable, qu'ils offroient à leurs hôtes en signe de grande considération. C. Bauhin l'a mentionné dans son *Pinax*, sous le
nom de *chao*. Les botanistes qui lui ont succédé, n'en ont
rien dit. On ne le trouve pas même cité par Tournefort. Ce
n'est guère que vers le milieu du 17.ᵉ siècle que le thé a été
connu en Europe. On assure que vers ce temps des avantu-
riers hollandois, sachant que les Chinois faisoient leur boisson ordinaire avec les feuilles d'un arbuste de leur pays,
voulurent essayer s'ils feroient quelque cas d'une plante européenne, à laquelle on supposoit de très-grandes vertus,
et s'ils voudroient la recevoir comme un objet de commerce ;
ils leur portèrent de la sauge, plante que l'école de Salerne
vantoit autrefois comme un puissant préservatif contre toutes
sortes de maladies. Les Chinois payèrent la sauge avec du thé,
que les Hollandois portèrent en Europe ; mais l'usage de
l'herbe européenne ne dura pas long-temps à la Chine, et la
consommation du thé augmenta chaque jour dans nos climats.
On ignore l'époque et les motifs qui engagèrent les Chinois
à se servir du thé infusé. Il est vraisemblable que leur première intention fut de corriger l'eau, qu'on dit être saumâtre

et de mauvais goût dans plusieurs parties de la Chine. En 1641, Tulpius, médecin hollandois, fit le premier connoître cette plante, dans une Dissertation qu'il en donna. En 1657, Joncquet, médecin françois, l'appela *herbe divine*, et la compara à l'ambroisie. En 1679, Cornelius Bentekoé, médecin hollandois, publia un traité sur le thé, le café et le chocolat : il s'y déclara le partisan du thé, et il assura que cette boisson ne pouvoit faire aucun mal à l'estomac, quand même on en prendroit deux cents tasses par jour ; mais il faut observer qu'il étoit premier médecin de l'électeur de Brandebourg, et que son opinion n'étoit pas indépendante de la politique hollandoise. Plusieurs de ses compatriotes furent encore au-delà de ces éloges ; ils en firent une panacée universelle. Comme les feuilles du thé furent d'abord rares et peu connues, plusieurs personnes crurent avoir trouvé en France et en Europe ce qu'on alloit chercher si loin. Ainsi, Simon Pauli nous donna le piment royal (*myrica gale*, Linn.) pour le véritable thé de la Chine. D'autres retrouvoient les vertus merveilleuses du thé dans les plantes de nos contrées, telles que l'origan, la véronique, le myrte, la sauge, l'aigremoine, etc. ; mais on a fini par accorder la préférence au véritable thé de la Chine et du Japon.

Il est assez curieux de connoître les efforts qui furent tentés pour établir le thé en Europe. Linné en sema vingt fois des graines sans aucun succès. Osbeck en avoit apporté un pied de la Chine ; mais étant en deçà du cap de Bonne-Espérance, un tourbillon de vent s'éleva tout à coup, emporta ce pied de thé de dessus le gaillard d'arrière et le jeta dans la mer. Lagerstrœm apporta au Jardin d'Upsal deux arbrisseaux pour le vrai thé, qui se soutinrent pendant deux ans. Lorsqu'ils fleurirent, on reconnut que c'étoient des *camellia*. Quelque temps après on étoit parvenu, avec de grandes difficultés, à en apporter un à Gothenbourg. Les matelots, empressés de descendre à terre, mirent le soir le thé sur une table de la chambre du capitaine : pendant la nuit les rats du bâtiment le maltraitèrent, et le mirent tellement en pièces, qu'il périt. Enfin Linné engagea le capitaine Ekeberg à en mettre des semences fraiches dans un pot rempli de terre, au moment où il feroit voile de la Chine, afin que pendant le voyage, lorsque le vaisseau auroit passé la ligne, elles pussent germer : ce qui réussit fort bien, et le navire étant mouillé à Gothenbourg, toutes les plantes levèrent. La moitié fut de suite envoyée à Upsal, et périt dans le transport. Le capitaine y porta l'autre moitié le 5 Octobre 1763. Les cotylédons ou feuilles séminales étoient encore adhérens à chacun de ces pieds, et la Suède se glorifie d'avoir fait connoître à l'Europe le véritable thé de la Chine. Il y a à peine un siècle que la compagnie des Indes angloise, d'après la relation du lord Macartney, ne vendoit pas annuellement plus de cinquante mille livres pesant de thé, et il n'en étoit en outre importé clandestinement qu'une très-petite quantité. Aujourd'hui les ventes de la compagnie s'élèvent à vingt millions pesant de livres : ce qui, en moins d'un siècle, fait une augmentation de quatre cents fois la même quantité.

On est partagé sur les avantages et les dangers d'un usage habituel et journalier du thé en infusion. Quelques personnes, prévenues contre cette boisson, la condamnent comme étant universellement pernicieuse. D'autres, au contraire, voudroient que leur expérience particulière eût l'extension d'une loi générale : il est difficile, au reste, sans louer ni décrier universellement cet usage, de déterminer jusqu'à quel point il peut être utile ou nuisible. Beaucoup de personnes différentes d'âge, de sexe, de tempérament, en font usage avec confiance pendant le cours d'une longue vie ; d'autres, au contraire, en éprouvent beaucoup d'inconvéniens.

Les expériences chimiques que l'on peut faire sur cette plante ne peuvent nous fournir de notions exactes. Les principes qui semblent produire des effets opposés, nous échappent, et l'analyse ne nous en décèle que les parties les plus grossières. Le docteur Coackley mit, dans une infusion d'excellent thé bou et thé vert deux drachmes de viande de bœuf tué depuis deux jours ; il en mit autant dans de l'eau simple. La chair plongée dans le vase qui contenoit l'eau simple, entra en putréfaction en quarante-huit heures ; celle qui étoit dans l'infusion de thé n'annonça de la putréfaction qu'environ soixante-douze heures après. Il est donc évident que le thé a une vertu antiseptique et astringente sur la fibre d'un animal mort. Il injecta dans la cavité de l'abdomen et dans le tissu cellulaire d'une grenouille vivante, environ deux drachmes de l'eau odorante distillée du thé vert. En vingt minutes une des pattes de derrière de la grenouille parut fort affectée; survint bientôt après une perte totale de mouvement et de sensibilité; l'affection du membre continua pendant quatorze heures, et l'engourdissement universel dura environ neuf heures, après quoi l'animal recouvra par degré sa première vigueur. Il injecta quelques gouttes de l'eau distillée odorante sur les nerfs sciatiques mis à nu, ainsi que la cavité de l'abdomen, d'une autre grenouille : dans l'espace d'une demi-heure les extrémités devinrent paralytiques et insensibles, et environ une heure après elle mourut. Dans ces deux cas le résidu de la distillation n'a jamais produit aucun effet sensible ; ce qui semble prouver que les parties relâchantes ou sédatives du thé dépendent beaucoup de ses principes volatils, odorans, qui abondent surtout dans le thé vert, dont le parfum est plus exalté.

Le plus grand nombre des personnes qui jouissent d'une bonne santé ne se trouvent point sensiblement affectées de l'usage du thé ; elles le regardent comme un restaurant agréable, qui les rend propres au travail et rétablit leurs forces épuisées. Il y a des exemples de gens qui en ont bu depuis l'enfance jusqu'à la vieillesse, qui ont toujours mené une vie active, sans supporter de grands travaux, et qui ne se sont jamais aperçu que son constant usage leur fût nuisible. D'autres, au contraire, d'une complexion moins robuste, se sentent agités ; leur main est moins ferme pour écrire ou pour tout autre exercice qui exige de la précision dans les mouvemens, lorsqu'ils ont pris du thé à déjeûner. Il s'en trouve qui n'en sont point incommodés le matin ; mais s'ils en boivent après leur dîner, ils éprouvent des agitations et une sorte de tremblement involontaire. En général, les tempéramens délicats souffrent du fréquent usage du thé : ils sont très-souvent attaqués de douleurs d'estomac, d'entrailles, d'affections spasmodiques, accompagnées d'une grande effusion d'urine pâle et limpide, et d'une disposition à être inquiétés et déconcertés par le moindre bruit. Plus le thé est de bonne qualité, plus ses effets sont sensibles. On observe que les gens riches en sont plus souvent incommodés que la

classe du peuple, obligée de se contenter du thé le plus commun. On doit, dans tous les cas, interdire l'usage du thé
aux enfans et aux jeunes personnes : il affecte leur estomac,
altère la faculté digestive, et engendre plusieurs indisposi-
tions.

En médecine, on donne rarement le thé comme remède.
Dans les cas, néanmoins, où il est nécessaire de délayer, de faciliter les sécrétions, il pourroit avoir au moins autant d'utilité que la plupart des infusions; car, indépendamment de
ses autres vertus, il semble contenir dans ses principes quelque qualité sédative, approchant assez d'un opiat. Lorsqu'il
est nécessaire de produire une transpiration abondante, on
peut administrer très-efficacement une décoction de thé.
Il provoque, en général, la transpiration, sans stimuler ni
irriter le système nerveux. On dit qu'au Japon et à la Chine,
la pierre est une maladie très-rare, et que ces peuples sup-
posent que le thé a la vertu de la prévenir, en rendant l'eau
plus douce et de meilleure qualité. On observe que des personnes, après un violent exercice, ou épuisées par les fatigues
d'un long voyage et affectées d'une sensation douloureuse,
d'un mal-aise général, accompagné de soif et d'une chaleur
ardente, en buvant quelques tasses de thé, avoient éprouvé
un soulagement subit. On administre le thé avec avantage
dans les indigestions, pour aider l'appareil digestif à se débarrasser des matières alimentaires qui le fatiguent, et contre
les flatuosités. Son infusion remédie souvent aux effets de
l'ivresse : on lui attribue même la faculté d'émousser l'action
irritante des liqueurs alcooliques. Son usage n'est pas moins
utile dans les temps froids et humides; mais il ne convient
pas dans les lieux secs et élevés, ni sous l'influence d'une température sèche et chaude; il diminue l'embonpoint excessif,
il produit une exaltation passagère, utile aux individus lourds,
épais, aux tempéramens lymphatiques, aux vieillards pi-
tuiteux, aux personnes sédentaires, à celles qui mangent
beaucoup et qui vivent surtout de substances grasses. Les
Chinois préparent un extrait de thé, qu'on dissout dans une
grande quantité d'eau : ils lui attribuent plusieurs effets
merveilleux dans les fièvres et autres maladies où il est nécessaire de se procurer une transpiration abondante : ils fa-

briquent quelquefois cet extrait en petits gâteaux, qui ne sont pas plus grands qu'une pièce de six sous, ou en rouleaux d'une grandeur considérable. Kæmpfer croit que le thé, fraîchement cueilli, nuiroit à ceux qui le prendroient; il ajoute que la torréfaction n'ôte pas entièrement aux feuilles leur qualité narcotique, et qu'elle ne se perd qu'avec le temps. Les Japonois n'en font usage qu'au bout de dix mois, et encore le mêlent-ils avec du vieux thé.

Cet arbrisseau, devenu assez commun dans les jardins botaniques de l'Europe, a été cultivé par les Chinois et les Japonois de temps immémorial. Kæmpfer nous apprend que ces peuples ne lui réservent aucun terrain particulier, qu'il est cultivé sur les lisières des campagnes, sans aucun égard au sol. On le cultive depuis Canton jusqu'à Pekin, où l'hiver, d'après les observations des missionnaires, est plus rigoureux qu'à Paris.

« Il seroit sans doute possible, dit M. Desfontaines, d'élever
« et de propager en France cette plante précieuse, si l'on
« pouvoit se procurer un assez grand nombre d'individus
« pour en faire des essais de culture dans différens sols et
« sous des climats différens. Cet objet mérite l'attention du
« gouvernement, parce que la consommation du thé est im-
« mense, et que le commerce de cette denrée s'élève tous
« les ans à des sommes très-considérables, dont l'Europe s'est
« rendue tributaire envers la Chine. Les graines de thé qui
« nous viennent de ce pays se rancissent et se gâtent à la
« mer, de sorte que, sur des milliers, il en lève à peine
« quelques-unes. Il faudroit que les voyageurs qui vont à
« la Chine, s'en procurassent de bien fraîches, et qu'avant
« de les embarquer ils eussent la précaution de les semer
« dans des caisses remplies d'une terre légère : elles lève-
« roient pendant la traversée ; il suffiroit de les arroser de
« temps en temps et de les préserver de l'eau de la mer :
« alors les jeunes plantes pourroient arriver à bon port. »

Dans la Chine on cultive le thé en plein champ. Il se plaît particulièrement sur la pente des côteaux exposés au midi, et dans le voisinage des rivières et des ruisseaux. Au Japon on le sème dans le courant de Février d'espace en espace sur la lisière des champs cultivés, afin que son ombre ne soit pas nuisible aux moissons et qu'on en puisse ramasser les feuilles avec plus de commodité, et comme les graines sont sujettes à se détériorer très-promptement, on en sème plusieurs ensemble, jusqu'à six à douze dans le même trou, parce qu'il n'en lève guère qu'un cinquième. Lorsque les jeunes plantes ont atteint l'âge de trois ans, on peut en cueillir les feuilles. Dans l'espace d'environ sept ans le thé parvient à la hauteur d'un homme; mais, comme dans cet état il ne porte que peu de feuilles et qu'il croît lentement, on le rabat. Cette opération donne naissance à un si grand nombre de nouvelles feuilles, que les propriétaires sont abondamment dédommagés de ce sacrifice : quelques-uns attendent la dixième année pour les rabattre.

Lors de la saison propre à la cueillette des feuilles du thé, on loue des ouvriers qui, accoutumés à ce travail, sont très-habiles et très-prompts à remplir cette tâche : ils ne les arrachent pas par poignées, mais une à une, en observant de grandes précautions. Quelque minutieux que ce travail puisse paroître, ils en ramassent depuis quatre jusqu'à dix ou quinze livres par jour. La première saison où l'on cueille ces feuilles arrive à la fin de notre hiver : on leur donne alors le nom de *sicki-tsjau*, ou thé en poudre, parce qu'on les pulvérise, et qu'on les met tremper dans l'eau chaude. Ces feuilles, jeunes et tendres, n'ont que quelques jours de pousse quand on les cueille, et, eu égard à leur rareté et à leur prix, elles sont réservées pour les princes et les gens riches : cette espèce est appelée *thé impérial*. On donne aussi ce nom à une variété du thé qui croît auprès d'Utsi, petite ville du Japon. Dans le district de cette petite ville se voit une montagne agréable qui porte le même nom : elle passe pour avoir le terrain et le climat les plus favorables à la culture du thé; aussi est-elle enfermée de haies, et environnée d'un fossé fort large, pour plus grande sûreté. Ces arbrisseaux forment, sur cette montagne, un plan régulier, espacé par des allées. Il y a des personnes préposées pour veiller sur ce lieu et garantir les feuilles de la poussière et de toute injure de l'air. Les ouvriers qui doivent en cueillir les feuilles, quelques semaines avant que de commencer cette besogne, s'abstiennent de toute espèce de nourriture grossière et de tout ce qui pourroit porter aux feuilles quelque dommage : ils les cueillent avec l'attention la plus scrupuleuse. On prépare ensuite cette variété de thé impérial, et il est escorté par le surintendant des travaux de cette montagne, avec une forte garde et un nombreux cortége, jusqu'à la cour de l'empereur, pour l'usage de la famille impériale.

La seconde cueillette se fait dans le commencement du printemps. Quelques-unes des feuilles, à cette époque, ont atteint leur perfection ; d'autres ne sont pas encore arrivées à leur dernière croissance ; mais cependant on les cueille toutes indifféremment, et après on les trie et assortit dans différentes classes, selon leur âge, leur proportion et leur bonté : on sépare avec un soin particulier les plus jeunes, et on les vend souvent pour la première cueillette ou pour le thé impérial. Le thé cueilli dans ce temps s'appelle *toatsjaa* ou *thé chinois*, parce qu'on en fait une infusion et qu'on le prend à la manière chinoise. Il est partagé par les marchands et négocians en quatre sortes, qu'ils distinguent par autant de dénominations.

La troisième et dernière cueillette se fait vers le milieu de l'été, lorsque les feuilles sont touffues et qu'elles sont parvenues à leur dernière croissance. Cette sorte de thé, appelée *ban-tsjaa*, est la plus grossière : elle est réservée pour le peuple. Les Chinois cueillent le thé vraisemblablement comme les Japonois, en ce que ces peuples ont entre eux une fréquente correspondance et qu'ils ont un commerce considérable ouvert les uns avec les autres. Les Chinois, en quelques endroits, emploient un moyen singulier pour cueillir les feuilles des thés situés sur le revers des montagnes, dans les lieux escarpés, et où il est communément dangereux et souvent impossible d'approcher : ils agacent, ils irritent une espèce de grands singes qui les habitent ; ces animaux cassent les branches, dit-on, pour se venger ; alors on les ramasse facilement et on en cueille les feuilles. Quelques peintures grossières de cette contrée semblent confirmer cette anecdote, d'ailleurs rapportée par des gens dignes de foi. Je ne la livre au lecteur que pour ce qu'elle vaut. Lorsque la récolte du thé est achevée, on la célèbre par des fêtes publiques et par des divertissemens.

Au Japon il y a des bâtimens publics, des cabarets à thé pour le préparer. Toute personne qui n'a pas les commodités convenables ou qui manque de l'intelligence nécessaire pour cette opération, peut y porter les feuilles à mesure qu'elles sèchent : ces bâtimens contiennent depuis cinq jusqu'à dix ou vingt petits fourneaux, hauts d'environ trois pieds; chacun d'eux porte une platine de fer large et plate, ronde ou carrée, attachée sur le côté qui est au-dessus de la bouche du fourneau, ce qui garantit tout à la fois l'ouvrier de la chaleur du fourneau et empêche les feuilles de tomber. Des ouvriers assis autour d'une table longue et basse, couverte de nattes sur lesquelles on met les feuilles, sont occupés à les rouler. La platine de fer étant échauffée jusqu'à un certain degré par un petit feu allumé dans le fourneau, qui est dessous, on met sur cette platine quelques livres de feuilles nouvellement cueillies. Ces feuilles, fraîches et pleines de séve, pétillent quand elles touchent la platine, et c'est l'affaire de l'ouvrier de les remuer avec toute la vivacité possible et avec les mains nues, jusqu'à ce qu'elles deviennent si chaudes qu'il ne puisse pas aisément en supporter la chaleur : alors il enlève les feuilles avec une sorte de pelle assez ressemblante à un éventail, et les verse sur des nattes; ceux destinés à les mêler, en prenant une petite quantité à la fois, les roulent dans leurs mains et dans une même direction, tandis que d'autres les éventent continuellement, afin qu'elles puissent se refroidir le plus tôt possible, et conserver leur frisure plus long-temps.

Ce procédé est répété deux ou trois fois et plus souvent, avant qu'on mette le thé dans les magasins, afin de faire disparoître toute l'humidité des feuilles et qu'elles puissent conserver plus parfaitement leur frisure : à chaque répétition on chauffe moins la platine, et cette opération s'exécute plus lentement et avec précaution : alors le thé est trié et déposé dans le magasin, pour l'usage domestique ou l'exportation. Comme les feuilles du thé sicki ou impérial doivent être ordinairement réduites en poudre avant qu'on en fasse usage, elles doivent être rôties à un plus grand degré de sécheresse : quelques-unes de ces feuilles étant cueillies fort jeunes, tendres et petites, on les plonge d'abord dans l'eau chaude; on les ôte sur-le-champ et on les fait sécher sans les rouler. Les gens de la campagne ne prennent pas tant de précautions : ils préparent leurs feuilles dans des vases de terre. Cette opération très-simple répond à toutes les autres indications, leur occasionne moins d'embarras, moins de dépenses, et leur facilite les moyens de vendre le thé à meilleur marché. Pour compléter la préparation de celui qu'on destine à être exporté, on le tire des vases où on l'avoit renfermé et on le sèche une seconde fois sous un feu doux, afin qu'il soit dépouillé de toute l'humidité qui pourroit s'y trouver encore ou qu'il auroit pu contracter depuis la première opération.

Au Japon le thé commun est conservé dans des pots de terre dont l'ouverture est étroite; mais la meilleure sorte de thé, celui dont font usage l'empereur et les grands de l'empire, est renfermé dans des vases de porcelaine. Le *ban-tsjaa* ou le thé le plus grossier, est mis, par les gens de la campagne, dans des corbeilles de paille, faites en forme de barils, qu'ils placent sous le toit de leur maison, près de l'ouverture par où la fumée s'échappe, et s'imaginent que le thé n'en souffre aucun dommage. Dans la Chine on met les sortes de thé les plus précieuses dans des vaisseaux coniques, semblables à des pains de sucre, faits d'étain et de plomb, revêtus de fines nattes de bambou, ou dans des boîtes de bois carrées, recouvertes de plomb laminé, de feuilles sèches et de papier; c'est de cette manière qu'il est transporté en pays étranger.

Le thé commun est mis dans des pots d'où on le retire pour l'empaqueter dans des boîtes ou dans des caisses, aussitôt qu'il est vendu aux Européens. Lorsque la moisson du thé est finie, chaque famille ne manque pas d'en témoigner sa reconnoissance à l'Être suprême de qui ils tiennent cette précieuse récolte. Il est inutile, dit M. Fougeroux, de s'élever contre un propos répété sans fondement en France. On y dit communément que les Chinois ne nous envoient que le thé qui, pour leur usage, a déjà souffert une infusion. Il faudroit que cet arbre fût bien rare dans ces provinces, pour que ceux qui en font un commerce immense le ménageassent à ce point. Ce qui peut avoir donné lieu à cette fable, c'est peut-être l'opération de la vapeur de l'eau bouillante qu'on lui fait subir et qu'on a, mal à propos, pris pour une infusion.

Quant à la manière de l'employer, les uns prennent le thé
en infusion, d'autres le pulvérisent avec des petites meules
de pierre qu'on tourne à la main : ils le broient la veille ou
le jour même qu'ils veulent en prendre. C'est l'usage chez les
gens riches. On verse de l'eau bouillante dans les tasses et
l'on y jette une certaine quantité de thé pulvérisé, que
l'on mêle à l'eau en l'agitant circulairement avec un mous-
soir de bois. Les habitans des campagnes le prennent en décoction : ils font bouillir de l'eau dans la marmite, puis ils
y jettent quelques poignées de feuilles de thé de troisième
qualité, plus ou moins, selon le nombre des personnes qui
veulent en prendre. Quelquefois ils font bouillir les feuilles de
thé enfermées dans un sac, afin qu'elles ne se mêlent pas
avec l'eau. Celui qui a perdu sa qualité, est employé à tein-
dre les soies, auxquelles il communique une belle couleur
brune.

On distingue, dans le commerce, huit sortes de thé principales, dont trois de *the vert* et cinq de *thé bou*, en observant
que le thé bou du commerce n'est pas le même que celui
auquel les Chinois ont donné ce nom. Les trois sortes de thé
vert sont : 1.° le *thé impérial* ou *fleur de thé*. Ses feuilles ne
sont pas roulées : elles sont d'un vert clair et ont un parfum agréable; 2.° le *thé haisven* ou *hysson* : il tire son nom
d'un marchand indien qui l'apporta en Europe; ses feuilles
sont petites et roulées fortement; elles ont une couleur verte
tirant sur le bleu; 3.° le *thé singlo* ou *songlo*, qui, comme
plusieurs autres, a tiré son nom du lieu où on le cultive. Les
cinq sortes de *thé bou* du commerce le plus généralement
connues sont : 1.° le *souchong*, dont les feuilles sont larges,
non roulées, et d'une couleur tirant sur le jaune. Il est partagé en paquets d'une demi-livre et apporté par les caravanes
de Russie; 2.° le *thé sumlo*, qui a le parfum de la violette,
et dont l'infusion est pâle; 3.° le *thé congon*, dont les feuilles
sont larges et l'infusion colorée; 4.° le *thé peko*, que l'on reconnoit à de petites feuilles blanches qui y sont mêlées; 5.°
le *thé bou*. Ses feuilles sont d'un vert brun et d'une couleur
uniforme. Il nous vient en outre de Chine une autre sorte
de thé roulé en boules de diverses grosseurs, dont les feuilles
sont réunies par une substance glutineuse qui n'en altère pas

la qualité. Il existe aussi des boules d'un thé médicinal, composées de feuilles imbibées d'une décoction de rhubarbe, et beaucoup d'autres variétés. (Poir.)

THÉ DES ANTILLES, DES ISLES, DE LA MARTINIQUE. (*Bot.*) C'est sous ces noms qu'est désigné le *capraria biflora*. Lemery cite un autre thé des îles sous le nom brésilien de *cuambu*, mentionné par Pison, qui croit que c'est une espèce de benoite ; cependant la figure qu'il en donne ressemble plutôt à une plante composée voisine du *spilanthus* ou du *bidens*. (J.)

THÉ DES APALACHES. (*Bot.*) Ce nom désigne le *cassine peragua* et une espèce de houx des États-Unis. (Lem.)

THÉ DE BOERHAAVE.(*Bot.*) Adanson désigne sous ce nom le *sideroxylum spinosum*. (J.)

THÉ DE BOGOTA. (*Bot.*) On appelle ainsi l'alstone, dont les feuilles sont employées en guise de thé dans l'Amérique méridionale. (Lem.)

THÉ DE LA CAROLINE. (*Bot.*) La plante citée sous ce nom dans le Dictionnaire économique, avoit été prise par Plukenet pour un *cassine*, mais il paroît que c'est le *viburnum cassinoides*. (J.)

THÉ CHINOIS. (*Bot.*) Ce sont les feuilles d'une espèce de nerprun, *rhamnus theezans*, qui croît en Chine, et dont les pauvres font usage en guise du véritable thé. (Lem.)

THÉ D'EUROPE. (*Bot.*) On donne ce nom au *veronica officinalis*. (J.)

THÉ DES FORÊTS. (*Bot.*) C'est l'espèce de lichen connue sous le nom de *pulmonaire*. Voyez Lobaria. (Lem.)

THÉ DE FRANCE. (*Bot.*) La sauge officinale à petites feuilles, la mélisse officinale et une espèce de véronique, portent vulgairement ce nom. (L. D.)

THÉ DES JÉSUITES. (*Bot.*) Nom du psoralier d'Amérique. (Lem.)

THÉ DU LABRADOR. (*Bot.*) On donne vulgairement ce nom au lédon à feuilles larges. (L. D.)

THÉ DU LABRADOR FAUX. (*Bot.*) C'est l'*azalea indica*, Linn. (Lem.)

THÉ DE LA MARTINIQUE. (*Bot.*) C'est le *capraria biflora*. (Lem.)

THÉ DE LA MER DU SUD. (*Bot.*) L'arbre mentionné sous ce nom dans le Dictionnaire économique, comme étant la même plante que l'apalachine, est le *cassine vera Floridanorum* de Plukenet, le *cassine peragua* de Miller, maintenant *ilex vomitoria* d'Aiton et de Willdenow. (J.)

THÉ DU MEXIQUE. (*Bot.*) Nom donné au *chenopodium ambrosioides.* (J.)

THÉ DU NORD. (*Bot.*) La véronique officinale est quelquefois désignée sous ce nom. (L. D.)

THÉ DE LA NOUVELLE-JERSEY. (*Bot.*) Le Dictionnaire économique cite sous ce nom une espèce de *ceanothus*, qui croit dans l'Amérique septentrionale. (J.)

THÉ DU PARAGUAY. (*Bot.*) On donne ce nom à l'herbe du Paraguay, dont on envoyoit en Europe les feuilles brisées pour empêcher qu'on ne connût son origine. On avoit cru que c'étoit une espèce de *psoralea*; mais M. de Saint-Hilaire, qui a observé sur les lieux le végétal sur lequel on les récolte et qui en a rapporté des échantillons en herbier, la reporte au genre *Ilex* et la nomme *ilex matœ.* (J.)

THÉ DU PÉROU. (*Bot.*) Dans la Flore du Pérou on trouve cité sous ce nom le *xuarezia* de cette Flore, parce que, suivant Feuillée, vers 1709, on a reconnu qu'il avoit les mêmes propriétés que le thé, et que, depuis ce temps, on s'y est tellement habitué dans ce pays, qu'on n'y use presque plus du thé de la Chine. Le *xuarezia*, par ses caractères, paroit être la même plante que le *capraria peruviana* de Feuillée, différant très-peu du *capraria biflora*, connu en Amérique sous le nom de thé des Antilles, et employé dans ces îles comme tel : ce qui confirme l'affinité du *xuarezia*. (J.)

THÉ SUISSE. (*Bot.*) Voyez Falltrank. (L. D.)

THÉ DES VOSGES. (*Bot.*) Voyez *lobaria pulmonaire* à l'article Lobaria. (Lem.)

THÉA. (*Bot.*) Nom latin du genre Thé. Voyez ce mot. (Lem.)

THÉACÉES. (*Bot.*) On a vu à l'article des ternstromiées que la troisième section des aurantiacées devoit en être séparée, comme nous l'avions annoncé, et que de plus elle pouvoit être subdivisée en deux petites familles, suivant l'observation de M. Mirbel. L'une des deux est celle des théacées, qui tire son nom du thé, *Thea*, son premier genre. Restée voisine des aurantiacées, elle appartient de même à la classe des hypopétalées ou dicotylédones polypétales, à étamines insérées sous le pistil. Son caractère général est formé de la réunion des suivans :

Calice divisé profondément en plusieurs lobes imbriqués dans la préfloraison, et entouré de plusieurs écailles à sa base. Pétales distincts ou réunis par le bas, insérés sous l'ovaire, alternes avec les lobes du calice et en nombre égal. Étamines nombreuses, insérées au même point, à filets tantôt distincts, tantôt réunis par le bas en plusieurs paquets ou même en un anneau entier, qui alors contracte adhérence avec les pétales réunis ; anthères arrondies et didymes. Ovaire simple, non adhérent; style unique, surmonté d'un stigmate simple ou trilobé. Capsule composée de trois coques qui contiennent une ou deux graines attachées à l'angle intérieur de leur loge, et dont le tégument extérieur est osseux. Embryon sans périsperme, à lobes épais et charnus, à radicule droite et courte, dirigée vers l'ombilic de la graine. Tiges ligneuses, s'élevant en arbrisseaux; feuilles simples et alternes; bourgeons axillaires écailleux; fleurs axillaires ou terminales.

Cette famille, qui diffère des aurantiacées par son calice accompagné d'écailles ou bractées, son fruit capsulaire, ses graines à tégument osseux, et ses feuilles non pointillées, ne renferme que les genres *Thea* et *Camellia*. (J.)

THÉAMEDE, PIERRE DE THÉAMEDE. (*Min.*) Pline parle de cette pierre au chapitre de l'Aimant, livre XXXVI. Elle se trouve en Éthiopie, sur une montagne peu éloignée de la contrée sableuse qu'on nomme Zimiris, qui renferme l'aimant le plus estimé ; mais la pierre de théamède a la propriété de repousser le fer.

S'il est vrai qu'une pierre ait jamais montré cette propriété d'une manière claire aux anciens, il est présumable que c'étoit un échantillon de fer oxidulé magnétique, doué d'un fort magnétisme polaire, et qui, mis en présence de quelques pièces de fer possédant la même propriété, par des circonstances qui ne sont pas rares, y avoit été placé par hasard dans une position telle que les deux pôles du même nom s'étoient trouvés en regard.

La plupart des phénomènes qui ont été rapportés par les anciens, et qui nous paroissent faux ou extraordinaires, sont ou des exceptions généralisées ou des vérités altérées soit par des observations embellies par l'imagination, soit par des descriptions exagérées. (B.)

THEBAD. (*Bot.*) Nom arabe, cité par Forskal, d'une patience, *rumex acutus.* (J.)

THEBEOTIS. (*Bot.*) Voyez Thymiatitis. (J.)

THEBESIA. (*Bot.*) Ce genre de Necker est le même que l'*anamenia* de Ventenat, ou *knoultonia* de M. Salisbury, voisin de l'*adonis* dans les renonculacées. (J.)

THECACORIS. (*Bot.*) Genre établi par M. Adrien de Jussieu (*Euph.,* pag. 12) pour une plante peu connue, mentionnée dans les manuscrits de Vahl sous le nom d'*acalypha glabrata*, qui appartient à la famille des *euphorbiacées* et à la *dioécie pentagynie* de Linnæus, offrant pour caractère essentiel : Des fleurs dioïques ? dans les fleurs mâles, un calice à cinq ou six divisions profondes; point de corolle; cinq étamines dressées, opposées aux divisions du calice, insérées sous le rudiment d'un pistil conique; les filamens flexueux, dilatés au sommet; les anthères ovales, à deux loges distinctes; cinq glandes alternes avec les étamines; dans les fleurs femelles un calice à cinq divisions; point de corolle; trois styles épais, bifides au sommet; un ovaire glabre, placé sur un disque glanduleux, à trois loges; deux ovules dans chaque loge.

Cette plante a une tige ligneuse, garnie de feuilles alternes, et de deux stipules fort petites, caduques; ses feuilles sont glabres, pétiolées, entières. Les fleurs sont disposées en grappes axillaires ou terminales, lâches, médiocrement pédonculées, munies de petites bractées à leur base. Cette plante croît à l'île de Madagascar. (Poir.)

THECADACTYLES. (*Erpétol.*) Nom donné par M. Cuvier à une famille de geckos, dont nous avons fait connoître les espèces dans ce Dictionnaire. tome XVIII, page 271. (H. C.)

THÉCAPHORE (*Bot.*): *Thecaphorum,* Erh.; *Basigynium,* Rich. Espèce de support d'un ovaire simple, formé par le réceptacle aminci; exemples: *phaca, colutea,* etc. Voyez Gynophore. (Mass.)

53.   28

THECARIA. (*Bot.*) Dans ce genre de la famille des lichens, voisin du *Verrucaria*, le thallus est étendu sans limite, membraneux, adhérent, uniforme ; les apothéciums sont presque pédicellés, irréguliers, arrondis ou ovales, un peu en forme de scutelle, à bords épais et de même couleur ; leur disque est voilé par une membrane qui fait corps avec leur substance, et s'en détache dans le pourtour en vieillissant : la substance intérieure est noire et homogène.

Ce genre, établi par M. Fée, ne comprend qu'une espèce.

Le *Thecaria quassiæcola*, Fée, Ess. sur les crypt., p. 97 et 150, pl. 1, fig. 16. Le thallus de ce lichen est presque nul et sans limite, jaunâtre ; les apothéciums sont épars, glauques, et ressemblent en quelque sorte à de petites boîtes munies de leur couverture, ce que M. Fée a voulu exprimer en donnant à ce genre le nom de *Thecaria*, qui signifie boîte ou coffret, en grec. Ce lichen se trouve sur les écorces du *quassia excelsa*, d'après Roxburg, et sur celles d'autres arbres inconnus, ainsi que le fait observer M. Fée. (Lem.)

THÉCIDÉE, *Thecidea*. (*Malacoz.*) Genre de palliobranches réguliers, établi par M. Defrance, et que l'on peut caractériser ainsi : Coquille adhérente, symétrique, équilatérale ; régulière, très-inéquivalve. Une valve creuse à crochet recourbé et entière ; l'autre plate et operculiforme. Charnière orale formée par une grosse dent médiane de celle-ci, saisie entre deux dents écartées ou condyloïdienne de celle-là. Deux impressions semi-lunaires, ciliées à l'intérieur.

La T. de la Méditerranée : *T. Mediterranea*, Defr. ; Risso, Nice, t. 4, fig. 183. Coquille de six millimètres, presque arrondie, pustulée et d'un jaune sale en dessus, d'un beau blanc en dedans.

Assez commune dans les masses coralligènes de la Méditerranée. (De B.)

THÉCIDÉE. (*Foss.*) Les espèces de ce genre, que nous avons signalé, ne se sont rencontrées que dans les couches crayeuses.

Thécidée rayonnée : *Thecidea radiata*, Def. ; Térébratule, Faujas, Hist. nat. de la mont. de Saint-Pierre de Maëstricht, tab. 27, fig. 8 ; pl. de foss. de ce Dictionnaire. Coquille suborbiculaire, inéquivalve ; la plus grande valve est bombée, et porte au sommet un rostre recourbé, sur lequel on voit une légère trace d'adhérence ; l'autre est aplatie et porte un petit sommet élevé au-dessous de la charnière. Cette coquille est couverte de petites aspérités disposées en rayons divergens qui partent du sommet. Longueur, trois lignes. Fossile de la montagne de Saint-Pierre de Maëstricht, de Rauville et de Néhou, département de la Manche : les coquilles de cette espèce qu'on trouve à Rauville diffèrent un peu des autres par leurs rayons moins couverts d'aspérités.

THÉCIDÉE BEC RECOURBÉ; *Thecidea recurvirostra*, de Gerv., mss. Cette espèce diffère de la précédente en ce qu'elle est d'une forme plus alongée; elle n'est pas couverte de rayons divergens ; son rostre est plus long et plus recourbé, et la plus petite valve est operculaire et plus concave. Fossile de Néhou.

THÉCIDÉE HIÉROGLYPHIQUE : *Thecidea hieroglyphica*, Def.; TÉRÉBRATULE, Faujas, *loc. cit.*, même pl., fig. 15 et 16. Cette espèce lisse porte presque toujours au sommet de la plus grande valve une large trace par laquelle elle adhère sur un autre corps, et au milieu de la charnière de cette valve une échancrure carrée dans laquelle se place une dent de pareille forme, qui se trouve sur l'autre valve; l'intérieur de cette dernière est bombé : sur chacun des deux côtés il se trouve quatre et quelquefois cinq enfoncemens, dont les bouts arrondis partent du sommet et viennent se terminer à quelque distance du bord. Longueur, quatre lignes. Fossile de la montagne de Saint-Pierre de Maëstricht. (D. F.)

THÉCOSOMES, *Thecosomata*. (Malac.) Nom de la première famille de l'ordre des aporobranches, dans le Système de malacologie de M. de Blainville, comprenant les quatre ou cinq genres dont le corps est contenu dans une sorte d'étui, comme l'indique le mot composé Thécosome. Ce sont les genres Hyale, Cléodore, Vaginelle, Cymbulie, Pyrgo et quelques autres nouveaux. Voyez MOLLUSQUES. (DE B.)

THÉCOSPONDYLE, *Thecospondylus.* (Chétopod.) Nom générique proposé par Hermann, dans ses Observations zoologiques, pour le singulier animal que Dicquemare a décrit et figuré d'une manière malheureusement trop incomplète, dans le tome 12 du Journal de physique, sous le nom de *boudin de mer*. Cet animal me paroît avoir été retrouvé dans la mer

Adriatique; car il me semble fort probable que c'est celui qui a servi à l'établissement du genre Tricœlie de M. Renieri. Depuis il a été retrouvé sur les côtes de l'Océan, à ce que je crois, par un marchand d'objets d'histoire naturelle; et j'en possède un individu. (De B.)

THEEMACH. (*Bot.*) Nom hébreu du figuier, suivant Mentzel. Il est aussi nommé *theena-bacha* dans la même langue. (J.)

THEERBOTT. (*Ichthyol.*) A Dantzick on nomme ainsi le *pleuronectes passer* de Linnæus. Voyez Turbot. (H. C.)

THEGEL. (*Ornith.*) Voyez la description de ce jacana, *parra kilensis*, au tome XXIV de ce Dictionnaire, page 80. (Ch. D.)

THEGLE-THEGLE. (*Ornith.*) L'oiseau connu sous ce nom dans l'Inde, est le pluvier à collier, *charadrius hiaticula*, Linn. (Ch. D.)

THEGUA. (*Mamm.*) Molina (Hist. nat. du Chili) dit que les Chiliens nomment ainsi le chien commun, et *kiltho*, le petit barbet. (Lesson.)

THEIRAB. (*Erpét.*) Nom qu'on donne en Amérique, dit Thevet, à des serpens non venimeux. (H. C.)

THEKA. (*Bot.*) Le bois de tec, appartenant à la famille des verbénacées, est connu au Malabar sous ce nom, que Linnæus fils a changé en celui de *tectona*, mais que nous avons cru devoir rétablir. (J.)

THEKA-MARAVARA. (*Bot.*) Rhéede figure sous ce nom malabare un angrec, *epidendrum*, point encore rapporté aux espèces connues. (J.)

THÉLA. (*Bot.*) Genre de plantes dicotylédones, à fleurs complètes, monopétalées, régulières, de la famille des *plombaginées*, de la *pentandrie monogynie* de Linnæus, offrant pour caractère essentiel : Un involucre à trois folioles; un calice tubulé, persistant, souvent coloré, à cinq lobes, chargé de glandes pédicellées; une corolle hypocratériforme; le tube une fois plus long que le calice; le limbe à cinq lobes; un ovaire supérieur; un style; un stigmate à cinq divisions; une baie à cinq côtes, uniloculaire, monosperme.

Théla a fleurs écarlates : *Thela coccinea*, Lour., *Flor. Coch.*, 1, p. 147. Cette plante a des tiges presque ligneuses, fort longues, grimpantes, striées, médiocrement rameuses, garnies de feuilles alternes, à demi courantes, ovales-lancéolées, glabres à leurs deux faces, entières, un peu aiguës. Les fleurs sont disposées, vers l'extrémité des tiges, en longs épis très-simples. Leur calice est rouge, environné à sa base d'un involucre à trois folioles ovales-lancéolées ; la corolle d'un beau rouge écarlate, en soucoupe ; le limbe à cinq lobes un peu arrondis, acuminés ; les étamines sont insérées sur le réceptacle, de la longueur du tube ; les anthères oblongues, non vacillantes. L'ovaire est ovale, oblong ; le style filiforme, plus long que les étamines ; le stigmate à cinq divisions oblongues, réfléchies. Le fruit est une petite baie oblongue, à cinq côtes, à une seule loge, ne renfermant qu'une semence. Cette plante se rapproche beaucoup du *plumbago zeylanica* ; peut-être même lui est-elle congénère, ainsi que la suivante. Elle croît à la Chine et à la Cochinchine parmi les haies de roseaux, autour desquels elle s'entortille.

Thela a fleurs blanches ; *Thela alba*, Lour., *loc. cit.* Cette espèce a des tiges presque ligneuses, grêles et grimpantes, glabres, alongées, presque simples. Les feuilles sont médiocrement pétiolées, alternes, ovales-oblongues ou lancéolées, d'un vert obscur, glabres à leurs deux faces, entières, ondulées à leurs bords. Les fleurs sont disposées, vers l'extrémité des tiges, en épis courts et simples. Le calice est long, tubulé, glanduleux, point coloré ; la corolle blanche, hypocratériforme. Cette plante croît aux mêmes lieux que la précédente. (Poir.)

THELACTIS. (*Bot.*) Genre de la famille des champignons, très-voisin du *Thamnidium*, établi par Martius. Ces champignons, qui appartiennent au même ordre que les *mucor* ou moisissures, leur ressemblent et sont un composé de filamens droits, articulés, offrant à leur partie inférieure et à leur base des rameaux articulés, disposés en rayons : ces filamens portent la fructification à leur extrémité supérieure. Cette fructification consiste, comme dans le *Thamnidium*, en une petite vésicule, ou sporange, ou péridiole, de différentes formes, qui finit par se déchirer et par laisser échapper les sporidies. Les rameaux sont terminés chacun par un globule ou sporange non développé.

Ce genre , adopté par Link , est réuni au *Thamnidium* par Fries, et tous les deux le sont au *Mucor* par Curt Sprengel. Il diffère seulement du *Thamnidium* par ses filamens à ramifications verticillées, qui représentent des radicules et en font l'office. Ce genre comprend quatre espèces, découvertes au Brésil, sur les feuilles pourries, par Martius. Elles y forment des taches ou gazons de quelques lignes de diamètre, blanchâtres, avec les sporanges jaunes, verts, violets ou d'un rouge de feu, selon les espèces. Les filamens forment des flocons qui tiennent par les rameaux immédiatement sur les feuilles, et par conséquent ces moisissures sont privées d'une base propre.

1. Le *Thelactis flava*, Mart., *Act. acad. Leopold. Carol.*, 10. p. 5o8, pl. 46 , fig. 4; Link, *in* Willd., *Sp. pl.*, 6, part. 1 , pag. 97. Ses filamens sont blancs, denses, agrégés, droits , roides, cylindriques , supérieurement renflés çà et là, terminés chacun par une vésicule ou un sporange globuleux , jaune ; ils sont garnis vers le bas de deux verticilles de rameaux. Cette espèce forme des touffes de la largeur de l'ongle sur les feuilles du *Schousbœa coccinea*, Willd. Martius fait observer que les rameaux sont verticillés quatre à quatre. et que chacun est terminé par un globule très-petit.

2. Le *Thelactis virens* , Mart., *l. c.*, fig. 5. Ses filamens sont blancs, denses, agrégés, mais très-dilatés inférieurement, rameux tout-à-fait à leur base, et terminés par un sporange conique et vert. Cette espèce forme de très-petits amas épars sur les feuilles de quelques *arum*, lorsqu'elles sont presque entièrement pourries.

3. Le *Th. violacea*, Mart. , *loc. cit.*, fig. 6. Ses filamens sont lâchement agrégés ; cylindriques, avec plusieurs verticilles de huit à dix rameaux : les sporanges sont elliptiques et violets, remplis de sporidies globuleuses ; les rameaux sont terminés chacun par un globule. Cette espèce se plaît sur les feuilles pourries.

4. Le *Th. coccinea*, Mart., *loc. cit.*, fig. 7. Ses filamens sont lâchement agrégés. munis à la base de cinq à huit rameaux flexueux, entrelacés, blancs ; le sporange est d'un beau rouge de feu qui se fait remarquer de loin : il contient un amas de sporidies globuleuses. Cette espèce, également du Brésil,

comme toutes les précédentes, se trouve en larges plaques sur les tiges herbacées de plantes flottantes.

Tout auprés de ce genre *Thelactis*, Martius en place deux autres de sa création, le *Didymocrater* et le *Diamphora*, adoptés par Link et Nées, et conservés dans le même ordre.

Le DIDYMOCRATER a ses filamens cloisonnés, presque simples, flexueux; ses sporanges sont cylindriques, terminaux, géminés, et s'ouvrent au sommet par une ouverture ronde. Ce genre comprend deux espéces.

Le *Didymocrater elegans*, Mart., *loc. cit.*, p. 510, pl. 46, fig. 8. Ses sporanges sont d'un gris cendré ou verdàtres, formés par une membrane très-mince, fragile, diaphane, un peu cellulaire, contenant un nombre infini de sporidies; les filamens offrent à leur nœud des grains qui ressemblent à des rudimens de rameaux. Cette espèce se trouve aux environs d'Erlang, sur le chaume des graminées mal desséchées et conservées en herbier.

Le *Didym. obscurus*, Mart., *loc. cit.*, fig. 9. Ses filamens sont presque solitaires, très-simples, un peu flexueux, nus; les sporanges cylindriques, mais atténués à la base et de couleur brune; les sporidies sont ovales, globuleuses. Cette plante a une ligne et demie de hauteur: elle a été observée par Martius sur le bois pourri, dans les forêts éternellement humides que traverse le fleuve des Bois (*Madeira*), province du fleuve Noir, au Brésil.

Le DIAMPHORA a ses filamens cloisonnés, droits, à base divisée en rameaux radiculaires, et le sommet fourchu; les vésicules séminulifères, ou les sporanges ou péridioles, sont situés à l'extrémité de l'une et l'autre branches de la bifurcation et fixés latéralement; ils s'ouvrent par une ouverture supérieure, recouverte par un opercule conique, brun et fugace, qui contient des spores ou sporidies, les unes elliptiques et cloisonnées, les autres globuleuses, infiniment petites. Ce genre ne contient qu'une espèce.

Le *Diamphora bicolor*, Mart., *loc. cit.*, p. 511, pl. 46, fig. 9. Ses sporanges sont bruns, avec l'opercule d'un rouge de brique. Martius l'a observé dans la province de Para, au Brésil, sur les fruits pourris du *joncquetia*.

Les genres *Diamphora* et *Didymocrater* ont été réunis en un

seul par Curt Sprengel et placés par lui à la suite du *Mucor.*
Il nous semble que la présence d'un opercule et de deux
sortes de sporidies distingue suffisamment le *Diamphora.*
(LEM.)

THÉLAZIE, *Thelazia.* (*Entoz.*) Genre de vers intestinaux
établi par M. Bosc sur un animal trouvé sur la cornée de
l'œil d'un bœuf par M. Rhodes, vétérinaire, dans le département du Gers. Les caractères qu'il lui assigne sont les suivans : Corps alongé, cylindrique, atténué aux deux bouts,
terminé antérieurement par une bouche circulaire à trois
valvules, entourée de quatre stigmates ovales, et postérieurement, en dessous de l'extrémité, par une longue fente
bilabiée.

La seule espèce connue de ce genre, la THÉL. DE RHODES,
Thel. Rhodesii (Journ. de physique, 1819, et Planches de ce
Dictionnaire, Entomoz., Apodes, Intest., n'avoit qu'un cen-
timètre de long sur moins d'un millimètre de diamètre. Sa
substance étoit molle, blanchâtre et légèrement diaphane;
elle étoit fortifiée en avant par des fibres circulaires : on
voyoit à travers dans l'intérieur un gros intestin sinueux dans
le milieu de sa longueur et étendu de la bouche à l'anus : et
ce qui est tout-à-fait remarquable (s'il n'y a pas d'erreur de
la part de l'observateur, qui paroit être M. Rhodes : car je
suppose que M. Bosc n'a pas vu le ver, mais seulement le
dessin), c'est qu'on voyoit aussi quatre canaux aériens, partant des stigmates, et se réunissant, au quart de la longueur
du corps, en un seul canal, muni de chaque côté d'une
soixantaine d'appendices coniques et aboutissant aussi à l'anus.

C'est véritablement un animal qui a besoin d'être examiné
de nouveau. (DE B.)

THELEBOLUS. (*Bot.*) Tode a donné ce nom, qu'il écrit
Theleobolus, à un genre de la famille des champignons,
adopté par les naturalistes et voisin du *Pilobolus* et du *Sphæ-
robolus* du même auteur. Ce champignon est constitué par un
péridium ou péricarpe en forme d'outre, sessile, presque
rond, ventru, urcéolé, lançant au dehors, lors de la maturité, une vésicule (sporange) globuleuse, dont l'ouverture
laisse échapper de nombreuses sporidies alongées, libres,
qui contiennent les spores ou séminules.

Le *Thelebolus stercoreus*, Tode, *Fung. Meckl.*, pl. 7 , fig. 56 ;
Pers., *Synops.*; Nées. *Syst.*, p. 321, fig. 363 : Fries, *Syst. myc.*, 2 .
p. 307. Il a le volume d'une graine de moutarde et forme
des réunions ou des tas d'individus; il est presque globuleux,
d'abord pâle , puis d'un jaune de safran , et fixé par quelques poils solitaires qui rayonnent. On le trouve, en automne, sur les bouses de vaches, sur les excrémens humains,
etc. Il forme des plaques de deux à trois pouces d'étendue ;
il habite l'Europe et l'Amérique.

Le *Thelebolus terrestris*, Alb. Schw. , *Fung.*, p. 71 , pl. 2 ,
fig. 4 ; Nées, *Syst.*, fig. 364. Il est hémisphérique, d'un jaune
de safran et posé sur une base tomenteuse, formée de fibres
jaunâtres, entrelacées d'une manière très-serrée. Il forme des
plaques sans limite de quatre à six pouces de longueur ; il
habite les forêts épaisses, sur la terre nue, sur les mousses
pourries, qu'il incruste à la fin de l'automne jusqu'au premier
printemps. Curt Sprengel réunit cette espèce à la précédente sous le nom de *thelebolus todeanus*, *Syst.*

Le *Thelebolus hirsutus*, Dec. , Fl. fr., n.° 729 , est le *peziza
conspersa*, Pers. , *Mycol. europ.*, 1 , p. 271.

Il reste le *Thelebolus rugosus*, Hedw., cité par M. De
Candolle, mais dont la description n'a jamais été publiée.
(Lem.)

THELEOBOLUS. (*Bot.*) Voyez Thelebolus. (Lem.)

THÉLÈPHE ; *Telephium*, Linn. (*Bot.*) Genre de plantes
dicotylédones, de la famille des *portulacées*, Juss., et de la
pentandrie trigynie, Linn., qui a pour caractères : Un calice
de cinq folioles concaves, relevées en carène, persistantes;
une corolle de cinq pétales oblongs, de la longueur du calice , insérés au réceptacle ; cinq étamines à filamens subulés, plus courts que la corolle; un ovaire supère, triangulaire, surmonté de trois stigmates sessiles ; une capsule triangulaire, à trois valves, à une seule loge renfermant plusieurs graines arrondies, portées sur un placenta central et
libre.

Les télèphes sont des plantes herbacées, à feuilles entières
et à fleurs disposées en corymbe terminal. On n'en connoit
que deux espèces.

Thélèphe d'Impérati; *Telephium Imperati*, Linn., *Sp.*, 388.

Sa racine est vivace; elle produit plusieurs tiges simples, étalées et couchées sur la terre, garnies de feuilles ovales, alternes, brièvement pétiolées, glabres et d'un vert glauque. Ses fleurs sont blanches, assez petites, disposées en corymbe à l'extrémité des tiges. Cette plante croît dans les lieux secs et montagneux du midi de la France et de l'Europe; on la trouve aussi dans le nord de l'Afrique.

Télèphe a feuilles opposées; *Telephium oppositifolium*, Linn., *Sp.*, 388. Cette espèce ne diffère de la précédente que parce que ses feuilles sont plus grandes et opposées. Elle croît en Barbarie. (L. **D.**)

THÉLÉPHORA, *Telephora*. (*Bot.*) Genre de plantes cryptogames de la famille des champignons, et de l'ordre des champignons désigné par Persoon sous le nom de *Sarcomyci*; il fait, dans cet ordre, le type d'une division, celle des *thelephorii*, qui comprend en outre les genres *Merisma* et *Coniophora*.

Le *Thelephora* est caractérisé par son chapeau de forme variable, ayant sa surface inférieure recouverte d'une membrane fructifère ou *hymenium*, garnie de papilles, ou de soies éparses et distinctes, ou tout-à-fait lisse. Les séminules ou sporidies presque plongées dans la membrane, sont quaternées (*Stereum*, Link) ou solitaires.

Ce genre, assez nombreux en espèces, a été fondé sous son nom de *Thelephora* par Ehrhard, adopté et caractérisé par Persoon. C'est aussi l'*Auricularia* de Bulliard. Persoon l'avoit d'abord partagé en trois genres, *Cratarella*, *Stereum* et *Corticium*, mais qu'il a abandonnés depuis. Link a proposé de diviser le genre en trois, *Thelephora*, Auricularia et Stereum (voyez ces deux derniers mots). Fries, après s'être refusé à ces distinctions dans son *Systema mycologicum*, les adopte dans son *Systema orbis vegetabilis*, où l'on voit les trois genres *Thelephora*, *Stereum* et *Auricularia* qu'il nomme *Phlebia*, paroître avec leurs caractères. Il a également un autre genre *Auricularia*, qu'il donne pour celui de Bulliard, et il y rapporte les espèces de *thelephora* à sporidies simples. Enfin les genres *Exidia*, *Hypochnus*, *Cilicia*, *Gausapia*, etc., sont aussi démembrés du *Thelephora*.

Nous ne suivrons pas plus loin l'examen des diverses mu-

tations dont ce genre a été l'objet et qu'il éprouve encore ·
elles sont fort nombreuses, et prouvent les grands rapports
qui existent entre ses espèces et les genres voisins. On peut
voir dans le *Nomenclator botanicus* de Steudel combien la synonymie est nombreuse et combien les auteurs varient.

Les botanistes qui, dans ces derniers temps, ont donné
chacun une monographie des espèces, sont Persoon, Fries
et Curt Sprengel : ils diffèrent dans les divisions des groupes
qui doivent séparer le genre.

Nous suivrons les divisions établies par Persoon dans l'indication de quelques espèces saillantes. Cet auteur en décrit
cent dix espèces dans sa Mycologie européenne. Fries les
porte à soixante-seize, en y comprenant le *Stereum* de Link
et le *Merisma* de Persoon. Curt Sprengel en signale soixante-
douze seulement.

Ces champignons offrent une si grande variété dans leur
forme, leur aspect, leur grandeur, leur couleur, leur consistance, etc., qu'il est difficile d'en présenter l'ensemble en
peu de mots. Ils sont terrestres ou croissent sur les troncs
d'arbres, les branches mortes, les poutres, les planches qui
servent de clôtures ou de bornes. Leur chapeau est sessile,
quelquefois stipité, irrégulier, droit ou couché, attaché par
le côté ou par toute la surface, souvent renversé, c'est-à-dire
qu'il est couché sur le dos et que la partie inférieure et fructifère se trouve ainsi à l'extérieur. Dans cet état, il est souvent appliqué et adhérent par toute sa surface, et représente
une plaque ou une membrane de forme irrégulière; mais
dans la vieillesse il se détache souvent par le bord, qui se
replie plus ou moins en dessus. La substance de ces champignons est spongieuse ; elle devient coriace et d'un tissu fibro-
celluleux ; le bord est quelquefois byssoïde, à filamens appliqués contre le corps sur lequel végète la plante. Les espèces ainsi appliquées (*Corticium*, Pers.) sont en général difficiles à déterminer : très-peu sont figurées, et plusieurs d'entre
elles sont considérées comme étrangères au genre. Néanmoins
on observe tous les passages entre elles et les grandes espèces,
dont les chapeaux, redressés, fixés par le côté, forment des
touffes qui rappellent les *agaricus*, les *polyporus*, etc.

I. *Espèces stipitées et naissant en touffes ou rassemblées.* (Polypilus, Pers.)

Ces champignons sont presque coriaces et un peu charnus, horizontaux ou un peu en entonnoir, lisses en dessous, de couleur pâle. Ils croissent à terre.

1. Le Théléphora a fronde; *Thel. frondosa*, Pers., *Mycol.*, 1, p. 110. Il est grand, un peu stipité, variable dans sa forme; stipe tubéreux, difforme; chapeaux imbriqués, onduleux, crispés, glabres et pâles. Ce champignon a sept pouces et plus de longueur. Le stipe est simple ou rameux, comprimé, irrégulier, épais d'un pouce, enfoncé en terre de deux, tubéreux à sa base et un peu fibrillifère. Les chapeaux ont la forme de lobes nombreux, dimidiés, minces; ils sont un peu striés, incisés et comme crêtés sur les bords, quelquefois entiers et presque en entonnoir. Ce champignon est blanchâtre; il a l'hyménium lisse ou un peu plissé et d'une couleur plus foncée. On le trouve au pied du pin maritime, dans la partie occidentale de la France. Il répand une odeur agréable de champignon ou de morille. Fries (*Syst. orb. veg.*) affirme que ce *thelephora* doit être une espèce de son genre *Sparassis*, et à peine différente de son *sparassis crispa*, excellent champignon, que l'on mange en Silésie.

II. *Chapeaux coriaces, membraneux, un peu souples, étalés, imbriqués quelquefois en entonnoir; hyménium presque lisse ou granuleux, et représenté dans la plante récente par des soies? très-courtes, séminulifères? agrégées quatre par quatre.* (Phyllacteria.)

Les espèces sont d'un noir pourpre, ou noirâtres, ou d'un gris cendré. Elles croissent à terre et enveloppent les corps qui les environnent, tels que les feuilles des plantes, etc.

2. Le Théléphora œillet: *Thel. cariophyllea*, Pers., *Mycol.*, 1, pag. 112; Fries, *Systema mycol.*, 1, pag. 430; Schæff., *Fung. bav.*, pl. 325; *Auricularia cariophyllea*, Bull., *Champ.*, pl. 483, fig. 6 et 7, et p. 278; Sow., *Engl. fung.*, pl. 213. Chapeau un peu infundibuliforme, de forme simple, ou divisé en plusieurs lobes réunis en touffe et imbriqués; d'un rouge

brun ou gris, ou brun, selon les variétés et l'âge ; zoné,
strié et peluché supérieurement, lisse et ondulé en dessous ;
portant des globules disposés quatre à quatre ; bord du chapeau droit, blanchâtre. le plus souvent déchiré ou incisé.
Cette espèce se rencontre dans les bois, et principalement
dans les taillis, au pied des souches pourries, et sur la terre,
parmi les feuilles et les plantes. Elle offre plusieurs variétés,
dont une est caractérisée par le bord de son chapeau finement déchiré et frisé, et une autre par sa taille plus petite:
en général le chapeau est d'une substance charnue.

3. Le Théléphora brun-gris : *Thel. fusco-nigra*, Pers.; *Auricularia phyllacteris*, Bull., Champ., pl. 456, fig. 2. Chapeau
très-grand, étalé, rampant, membraneux, glabre, entièrement d'un brun obscur et plissé à sa base ; bord du chapeau
tomenteux et finissant par se replier un peu. Cette espèce
offre une variété qui prend beaucoup plus de développement,
de couleur gris de souris, plus clair sur le bord du chapeau,
lequel est presque imbriqué et réfléchi. Ce champignon est le
plus grand de ce genre; on le trouve, à la fin de l'été, dans
les bois, à terre et au pied des arbres, sur leur tronc, etc.
Il y forme des touffes de sept à huit pouces d'étendue ; il
noircit dans la vieillesse. Sa surface inférieure offre des globules quaternés, comme dans l'espèce précédente.

III. *Chapeaux membraneux, simples ; hyménium lisse, sans
papilles.* (Epibryus.)

Les espèces de cette division sont petites et croissent sur
les grandes mousses. Elles sont blanchâtres ou pâles.

4. Le Théléphora des mousses : *Thel. muscigena*, Pers., *Syn.*;
Dec., Fl. fr.; *Thel. vulgaris*, Pers., *Mycol. europ.*, 1, p. 115.
Chapeau mince, membraneux, blanc ou grisâtre et comme
soyeux, aplani, adhérent, par sa face stérile ou par son bord,
à la tige ou à la souche des grandes mousses. Ce champignon
n'a guère plus de trois à quatre lignes de diamètre : on le
trouve, en automne et en hiver, sur les *hypnum ;* il y croit
en groupes souvent très-denses. Persoon en distingue deux
variétés, l'une blanche, plus petite, dimidiée, agrégée, et une
autre d'un blanc grisâtre en dessus, et roussâtre en dessous,

IV. *Chapeaux coriaces, subéreux; hyménium offrant des tubercules et des papilles distinctes, ainsi que des petites soies (capsules avortées) placées çà et là quatre à quatre.* (Stereum.)

Cette section comprend les véritables espèces de *thelephora*. Elles croissent la plupart sur les troncs et sur les rameaux desséchés des arbres et des arbustes.

§. 1.er Chapeaux imbriqués, horizontaux, ou étalés, réfléchis, à bord libre; hyménium moins chargé de papilles, etc.

5. Le Théléphora velu : *Thel. hirsuta*, Pers., *Myc. europ.*, 1, p. 116; Fries, *Systema mycol.*, 1, pag. 439; *Auricularia reflexa*, Bull., Champ., pl. 274 et 483, fig. 1—5; Sow., *Engl. fung.*, pl. 27; Mich., *Gen. pl.*, 66, fig. 2; *Thel. papyracea*, *Fl. Dan.*, pl. 1199; *Boletus auriformis*, Bolt., *Fung.*, pl. 82, fig. a. Chapeau étalé, réfléchi, imbriqué, coriace, mince, à surface supérieure très-poilue et très-rude, zonée de couleurs jaunâtres. blanchâtres ou brunes; parfaitement lisse et glabre en dessous, et de couleur jaunâtre, ou brune, ou grise. Cette espèce, fort commune dans les bois sur les troncs d'arbres morts, les pieux et les pièces de bois, est attachée par un côté, et ses chapeaux, en se développant, se bombent et se réfléchissant par leur bord, en se recouvrant : ils imitent alors un *agaricus* ou un *polyporus*. Cette espèce offre un très-grand nombre de variétés pour les couleurs. Il y en a de jaunes, de fuligineuses, de brunes, de cendrées, de panachées. Bulliard en a donné des figures. Persoon cite une variété dont le chapeau a la forme d'une coupe (*cellularia cyathiformis*, *Flor. Dan.*, pl. 1450, et Sow., *Engl. fung.*, pl. 91). Ce même botaniste donne aussi comme variété de cette espèce le *thelephora decipiens* de Fries, dont le chapeau est renversé, glabre, lisse et orangé.

6. Le Théléphora pourpre : *Thelephora purpurea*, Fries, *Syst. mycol.*, 1, pag. 440; Pers., *Syn. mycol. europ.*, 1, 121; *Auricularia reflexa*, Bull., *Fung.*, pl. 483. fig. 1—5; *Auricularia persistens*, Sow., *Fung.*, pl. 383, fig. 1; Michéli, *Gen.*, pl. 6. fig. 44; *Flor. Dan.*, pl. 534, fig. 4. Cette espèce ressem-

ble beaucoup à la précédente, avec laquelle même elle a été confondue par Bulliard, Persoon et d'autres auteurs. Elle s'en distingue, selon Fries, par sa surface inférieure lisse et de couleur pourpre ; sa substance est aussi moins coriace, un peu molle, et quelquefois même très-souple. Les chapeaux, également imbriqués et zonés, sont tomenteux, moins étalés, déprimés, panachés et zonés, de couleur pâle, blanchâtre ou jaunâtre. On trouve cette espèce fort communément sur les troncs d'arbres et dans les mêmes circonstances, particulièrement en automne, sur le tremble, le bouleau et l'aune. Une variété de couleur lilas en dessous et sur le bord du chapeau (*Elvella lilacina*, Batsch, *Elench.*, fig. 131 ; *Fl. Dan.*, pl. 1619, fig. 1), se trouve sur le pin et sur le chêne. Une autre est d'un pourpre brun en dessous, blanche et point zonée en dessus; elle se plait sur le bouleau. Une troisième, d'un lilas très-pâle en dessous, brune en dessus, zonée et très-petite, affecte de croitre sur le hêtre. Enfin, une autre variété a son chapeau simple, orbiculaire, couleur de chair, zoné et fixé par le dos. On la trouve à terre sur des parcelles de bois.

7. Le THÉLÉPHORA COULEUR DE ROUILLE : *Thel. rubiginosa*, Pers., *Mycol. europ.*, 1, p. 120 ; Dec., Fl. fr., n.° 273 ; Fries, *Systema mycol.*, 1, p. 436 ; *Auricularia ferruginea*, Bull., pl. 378 ; Sow., *Engl. fung.*, pl. 26. Chapeaux imbriqués, roides, coriaces, minces, zonés, d'une couleur ferrugineuse, brune; presque glabre ; garnis en dessous de papilles agglutinées, entremêlées de petites soies séminulifères? La surface inférieure de ce champignon semble poreuse au premier coup d'œil; mais, vue à la loupe, elle est composée d'une multitude de papilles très-serrées. On le trouve sur les troncs des vieux chênes couverts de mousses, et aussi sur les châtaigniers.

§. 2. Chapeau renversé, largement étalé, à bord libre, finissant par se réfléchir un peu dans quelques espèces.

8. Le THÉLÉPHORA CORTICAL : *Thelephora corticalis*, Dec. Fl. fr., n.° 277 ; *Auricularia corticalis*, Bull., Champ., pl. 436, fig. 1 ; *Thelephora quercina*, Pers., Nées, *Syst. fung.*, pl. 54, fig. 253 ; Fries, *Syst. mycol.*, 1. page 442. Chapeaux ren-

versés, coriaces, membraneux, à bord un peu enroulé, libre et noirâtre en dessous, couleur de chair en dessus, côté par lequel ils sont fixés. Cette espèce croît communément en automne sur les rameaux tombés du chêne, de l'érable, du bouleau, du tilleul, du hêtre. Elle s'étend en longueur et atteint six à sept pouces ; dans sa jeunesse, elle est d'un beau rouge de chair, et lorsqu'elle est vieille, elle devient presque noire.

V. *Espèces dont le chapeau est renversé, fixé par toute sa surface supérieure, et adhérant même par ses bords. Papilles visibles le plus souvent.* (Corticium.)

§. 1.er Espèces incarnates ou roussâtres.

9. Le Théléphora alutacé ; *Thelephora alutacea*, Pers., *Mycol. eur.*, 1, page 128. Champignon largement étendu, presque orbiculaire, à disque rugueux, de couleur de chair, avec le bord élargi, lisse et blanchâtre. Cette espèce croît sur les écorces tombées, qu'elle enveloppe, sur les planches, etc. Son bord est mou, mais point byssoïde ; il n'offre pas de papilles ; celles-ci sont placées sur le disque de la plante, de forme variée et d'une couleur pâle. M. Persoon en indique une variété (*Theleph. alzeolitica*), qui s'étale en hiver sur les cloisons de bois. Sa longueur est de six à sept pouces, et sa largeur de deux pouces. Son bord est mince, presque transparent, et sa substance coriace, trémelloïde. La plante est glabre, d'une couleur de chair nuancée de brun. Une seconde variété est d'une couleur de chair livide, et garnie de quelques papilles presque marginales, de formes diverses. Elle naît sur les troncs d'arbres pourris à la fin de l'automne et en hiver lorsqu'il est doux.

§. 2. Espèces de couleur pâle, ochracée, jaunâtre ou orangée.

10. Le Théléphora rompu : *Theleph. frustulata*, Pers., *Syn.*, et *Syst. mycol.* ; Dec., Fl. fr., 6, page 31, n.° 275 *bis* ; Fries, *Syst. mycol.*, 1, page 445. Étalé, fort dur, épais, glabre, aplani, adhérant par le centre, en forme de disque, arrondi, de quatre à douze lignes de diamètre, à surface inférieure

noirâtre, zonée, glabre, et la supérieure plane, d'un roux pâle ou grisâtre. Ce champignon se rompt de lui-même en un grand nombre de fragmens polygones ou arrondis, qui donnent à sa surface générale un aspect ridé et réticulaire. Fries et Persoon en indiquent une variété très-épaisse, couleur de cannelle, ainsi que la poussière dont elle est saupoudrée. Cette espèce se trouve sur le bois sec, les poutres, etc., exposés à l'humidité. Elle a été recueillie par M. L. Dufour sur les poutres de la machine de Marly, et par Fries sur le bois de chêne le plus dur en Suède. Fries l'indique aussi en Amérique.

11. Le THÉLÉPHORA HYDNOÏDE : *Thelephora hydnoidea*, Pers., *Syn.*, et *Mycol. europ.*, 1, pag. 137; Dec., Fl. fr., 6, pag. 34; Fries, *Syst. mycol.*, 1, pag. 445. Naissant sous l'épiderme des arbres, qu'il déchire; très-glabre, d'un jaune orangé, avec des papilles éparses, alongées, inégales. Ce champignon se rencontre sur le chêne, le hêtre, le charme; il est remarquable par sa manière de croître sous l'épiderme, d'adhérer fortement aux couches corticales et par ses papilles, qui ont quelque ressemblance avec les dents des hydnums, dont elles diffèrent par leur écartement et leurs formes diverses.

§. 3. Espèces de couleur de tuile, de safran ou de sang.

12. Le THÉLÉPHORA SANGUIN : *Thelephora cruenta*, Pers., *Syn.*, et *Mycol. europ.*, 1, page 140; Fries?, *Syst. mycol.*, 1, page 444. Étalé, presque orbiculaire, un peu épais, coriace, glabre à surface rugueuse, tuberculée, d'un rouge de sang. Cette espèce forme sur les écorces du pin à pignon des plaques d'un pouce de diamètre. Persoon en indique une variété qui paroît être le *Theleph. cruenta* de Fries, et dont les plaques ont deux et trois pouces d'étendue, et la couleur est d'un rouge rose. Cette espèce se plaît dans les régions subalpines.

§. 4. Espèces de couleur ferrugineuse, ou grise-ferrugineuse, jaune-brune et brune purpurescente ou baie.

Cette division représente en grande partie le genre HYPOCHNUS, Fries. (Voyez ce mot.)

53.

13. Le Théléphora des puits : *Thelephora puteana*, Schum., Saell., 2, page 397 ; Pers., *Mycol. eur.*, 1, page 144 ; Fries, *Syst. mycol.*, 1, page 448. Champignon presque orbiculaire, d'une consistance charnue, gélatineuse, à surface lisse, d'un vert olivâtre, avec des papilles ovales, plus foncées, et des taches couleur de terre d'ombre, formées de petits points proéminens; bord du champignon très-mince, byssoïde. Cette espèce forme des plaques de cinq pouces d'étendue, sur une ou deux lignes d'épaisseur. Elle a la chair d'un jaune-brun d'ocre; elle a été trouvée par Schumacher dans un puits, sur des solives. M. Persoon lui trouve des rapports avec le *coniophora fœtida*, Decand. Fries présume que le *thelephora fœtida*, Ehrenb., en est une variété.

Les *thelephora ferruginea*, *aurea* et *olivacea*, Pers., qui appartiennent à cette division, sont décrits à l'article Hypochnus.

§. 5. Espèce de couleur noirâtre.

14. Le Théléphora enfumé; *Thelephora fuliginosa*, Pers., *Myc. europ.*, 1, page 146. Grand, coriace; couleur de suie ou d'un noir châtain, couvert de petites soies très-denses. On le trouve sur le bois carié et ramolli; il s'étale en bandes de trois à quatre pouces de long sur un et demi de largeur. Cette espèce a de la ressemblance avec le *dematium herbarum*; mais elle en diffère en ce qu'elle est constituée par une membrane continue, coriace; par ses nombreuses soies, semblables à celles de beaucoup d'autres espèces de *thelephora;* et par l'absence entière de papilles.

§. 6. Espèces de couleur azurée, bleue, cendrée ou grise.

15. Le Théléphora bleu : *Thelephora cærulea*, Schrad., Decand., Fl. fr., 2, p. 107 ; Pers., *Myc. europ.*, 1, p. 147 ; *Theleph. fimbriata*, Roth, *Catal.* ; *Auricularia phosphorea*, Sow., *Fung.*, pl. 385. En plaques d'un beau bleu de lapis, se développant en longueur ; un peu tomenteux et couvert de rides ou papilles petites et un peu pointues. Cette belle espèce forme des plaques d'un à six pouces, aux pieds des arbres, des poteaux et des grillages en bois des jardins;

elle adhère fortement par sa surface stérile, qui est appliquée dans toute son étendue, si ce n'est dans l'âge avancé, qu'elle se détache par les bords : dans la vieillesse elle devient entièrement brune. Cette plante a été considérée comme une espèce de byssus par Lamarck (*byssus cærulea*, Lamk., Fl. fr., édit. 1, page 103); mais elle s'éloigne beaucoup de ce genre par son tissu membraneux et par ses autres caractères. Fries la rapporte à son genre *Hypochnus*. Persoon y ramène comme variété l'*hypochnus fumosus*, Fries, *Obs. mycol.*, 2, page 279.

16. Le Théléphora du tilleul; *Thelephora tiliæ*, Pers., *Mycol. europ.*, 1, page 147. Étalé, gris, avec le bord adhérent, un peu tomenteux; papilles inégales. On le trouve dans les Vosges sur les branches pourries du tilleul. Il est lisse, régulier, de deux pouces de largeur, d'un gris cendré, brunâtre, excepté dans la jeunesse; alors il est beaucoup plus gris.

§. 7. Espèces blanches.

17. Le Théléphora du sureau : *Thelephora sambuci*, Pers., *Disp. meth.* et *Mycol. europ.*, 1, page 152; *Theleph. cretacea*, Fries, *Obs. mycol.*, 2, page 37. Espèce blanche, rugueuse et comme givreuse, ayant le bord glabre et des papilles peu distinctes. Elle est fréquente en été et en automne, après les pluies, sur les écorces du sureau; elle est dans son principe pulvérulente, rugueuse et tuberculeuse, mais sans papilles.

18. Le Théléphora apre; *Thelephora aspera*, Pers., *Myc. europ.*, 1, page 115, pl. 6, fig. 5. Cette espèce est un peu globuleuse, blanche et hérissée de petites soies divergentes et un peu roides; elle forme sur les branches mortes des plaques d'un à deux pouces de longueur et d'un blanc rose; son bord est comme déchiqueté ou denté dans quelque partie. Cette espèce est rapportée avec doute au *thelephora* par Persoon, et demande à être examinée de nouveau, comme la plupart des espèces placées par les auteurs dans les dernières divisions de ce genre.

Nous terminerons cet article par les observations suivantes :

1.° Le genre *Athelia*, Pers., comprend plusieurs espèces

de champignons, comprises dans le *thelephora* par les auteurs;

2.° Le *Cilicia*, Fries, *Syst. orb. veget.*, 1, page 3o1, a pour type le *thelephora textilis*, Spreng., ainsi que plusieurs espèces des tropiques. Ces espèces ont le *facies* de l'*auricularia reflexa*, Bull., ou théléphora velu, décrit ci-dessus, n.° 5; mais elles se distinguent particulièrement par leur thallus filamenteux, formé de fibres extrêmement lâches, byssoïdes, qui leur donnent l'apparence d'une toile sur ses deux faces. Ce genre est caractérisé par son hyménium nu, en forme de taches, et épars çà et là sur le thallus, lequel est étalé, horizontalement réfléchi et d'un vert grisâtre. Ces plantes croissent à terre ou sur les écorces des arbres sous les tropiques.

3.° Le *Thelephora pedicellata*, Schwein., est le type du *Gausapia*, Fries; il ressemble au *Racodium* par le port et au *Thelephora* par la présence de papilles. Ces papilles sont tuberculiformes, orbiculaires, sessiles, émarginées, enfoncées dans un thallus byssoïde, étalé, dont les fibres sont enlacées, continues, colorées et radicantes, et composent un tissu semblable à du drap. Les espèces habitent les troncs d'arbres dans les régions tempérées.

Ces deux genres de Fries sont ôtés par lui de la classe des champignons et placés dans la cohorte qu'il désigne par byssacées et qui comprend les champignons byssoïdes des auteurs. (LEM.)

THÉLIGONE; *Theligonum*, Linn. (*Bot.*) Genre de plantes dicotylédones apétales. que M. de Jussieu avoit placé dans les *urticées*, et qui, d'après Ventenat, paroît avoir plus de rapports avec les *atriplicées*; il appartient à la *Monoécie polyandrie* du Système sexuel, et il présente les caractères suivans: Les fleurs mâles ont un calice monophylle, turbiné, a deux découpures roulées en dehors, et elles contiennent douze à vingt étamines à filamens droits, égaux au calice, terminés par des anthères simples. Les fleurs femelles, dépourvues de corolle comme les mâles. sont composées d'un calice plus petit, monophylle, partagé en deux découpures droites, et d'un ovaire supère, presque globuleux, surmonté d'un style filiforme, à stigmate simple. Le fruit est une petite capsule globuleuse et monosperme. Ce genre ne comprend qu'une seule espèce.

Théligone charnu; *Theligonum cynocrambe*, Linn., *Spec.* 1411. Sa tige est cylindrique, succulente. divisée en rameaux étalés, longs d'un pied ou environ, glabres comme toute la plante, garnis de feuilles ovales, pétiolées, charnues. les inférieures opposées. les supérieures alternes: leur pétiole se dilate à sa base et de chaque côté en un appendice court et dentelé. Les fleurs sont petites, verdâtres: les mâles géminées, pédicellées, opposées aux feuilles et situées dans la partie supérieure des rameaux; les femelles sessiles, axillaires et placées dans la partie inférieure des rameaux. Cette plante, qui est annuelle, croît naturellement dans le midi de la France et de l'Europe, et en Barbarie. (L. D.)

THÉLIPHONE. (*Entom.*) M. Latreille désigne par ce nom un genre d'insectes aptères de la famille des aranéides, voisin des phrynes et des scorpions, dont les palpes sont en pince et chez lesquels l'extrémité de l'abdomen se prolonge en une soie articulée qui forme une sorte de queue. Tel est le *phalangium caudatum*, figuré par Pallas dans ses *Spicilegia zoologica*, cah. 9, pl. 3, n.ºs 1 et 2. Cet insecte provient des Indes et de Java. (C. D.)

THELIPHONOS. (*Bot.*) Un des noms grecs de l'aconit, cité par Ruellius et Mentzel. Suivant le premier il est encore nommé *therophonos*. (J.)

THELITERIS. (*Bot.*) Nom grec du *thapsia*, suivant Mentzel. (J.)

THELOTREMA. (*Bot.*) Genre de plantes cryptogames, de la famille des lichens, ainsi nommé par Acharius, mais établi avant lui par M. De Candolle, sous le nom de *Volvaria*.

Le *Thelotrema* est voisin du *Porina*, Ach., ou *Pertusaria*, Decand., et aussi de l'*Urceolaria* et du *Verrucaria*; il appartient, comme eux. à la division des lichens crustacés.

Dans ce genre l'expansion est une croûte crustacéo-cartilagineuse, plane, étendue, uniforme, adhérente par toute sa surface inférieure. Il se développe sur cette croûte des verrues formées par la croûte elle-même; ces verrues s'ouvrent à leur sommet par un trou qui est entouré d'un rebord : elles contiennent chacune un conceptacle ou thalamium solitaire, muni d'un double périthécium ou enveloppe: l'un dimidié, supérieur, épais, noir, et qui manque rarement; le second très-mince, membraneux, quelquefois seul, ou se déchirant dans sa partie supérieure et recouvrant complétement un noyau compacte, celluleux, un peu strié, logé au fond de la verrue. Ces caractères génériques ont été un peu modifiés par Eschweiller, qui n'admet qu'un périthécium annulaire, plan, entourant un noyau qui finit par être déprimé, concave, et qu'une membrane orbiculaire, blanchâtre, pulvérulente, voile dans sa jeunesse. Ce genre ne paroit pas dans la classification nouvelle de la famille des lichens, par Meyer; mais les principales espèces sont rapportées par Meyer à ses genres *Ocellularia* et *Parmelia*; on peut cependant dire que l'*Ocellularia* est le même genre, ses caractères en étant à peine différens.

Acharius a décrit onze espèces de ce genre dans son *Synopsis;* il les avoit placées la plupart dans son genre *Urceolaria* : il y avoit compris autrefois une partie de ses *porina* et quelques *pyrenula* et *verrucaria.* Ces plantes se trouvent sur les écorces des arbres en Europe et en Amérique. On en rencontre assez sur les écorces officinales, comme les écorces du quinquina. On doit à M. Fée d'en avoir fait connoître six espèces nouvelles.

1. Le THELOTREMA COQUILLE : *Thelotr. conchylioides,* n.° 6; *Volvaria conchylioides,* Decand., Flor. franç., n.° 375. Point de croûte sensible; verrues arrondies, aplaties, blanches, légèrement enfoncées, s'ouvrant au sommet, et mettant à nu un conceptacle noir, orbiculaire, en forme de lentille, qui finit par tomber; alors les verrues ressemblent à de petites coupes ou coquilles blanches et crustacées. Ce lichen a été découvert sur les rochers d'Étampes, par le docteur Villermet.

2. Le THELOTREMA ENFERMÉ : *Thel. lepadinum,* Ach., *Syn. lich.,* p. 115; Fée, Ess., p. 92; *Lichen lepadinus,* Ach., *Prodr.; Lichen inclusus,* Sow., *Engl. bot.,* 10, pl. 678; *Volvaria truncigena,* Dec., Fl. fr., 2, n.° 1013. Croûte blanchâtre, inégale, lisse, étalée. Verrues lisses, conoïdes, mamelonnées; bord de l'ouverture simple, un peu replié et infléchi en dedans. Ces verrues, après leur épanouissement, montrent les con-

ceptacles ; ceux-ci sont arrondis, d'un blanc un peu jaunâtre
ou couleur de chair. Cette espèce croît en Europe sur les
écorces des arbres : M. Fée l'a observée sur l'écorce du *croton
cascarilla*, L., et sur le *cinchona condaminea*, Humb. et Bonpl.,
deux plantes de l'Amérique méridionale. Achard en indique
une variété dont les verrues deviennent assez grandes, scu-
telliformes, et qui ont le bord plus renflé, un peu rugueux.
Meyer fait de ce lichen un genre qu'il nomme *Antrocarpon*
(voyez à la fin de cet article). C'est auprès de cette espèce
que doivent se placer : 1.° le *Thel. botrianum*, Ach., qui même
lui avoit été réuni comme variété, et 2.° le *Thel. terebratum*,
Ach., qui se trouvent l'un et l'autre sur les écorces de diverses
espèces de *quinquina*.

3. Le THELOTREMA ÉPANOUI : *Thel. exanthematica*, Ach., *Syn.*,
p. 116; *Volvaria exanthematica*, Decand., Fl. fr., n.° 373; *Lichen volvatus*, Vill., Fl. du Dauph., 3, p. 998, pl. 55; *Lichen
exanthematicus*, Smith, *Trans. linn. Lond.*, 1, pl. 4, fig. 1, et
Engl. bot., 17, pl. 1184. Croûte grise, très-mince, à peine
sensible, irrégulièrement étendue; verrues convexes, très-
petites, incrustées à moitié, blanchâtres, à ouvertures d'abord
presque fermées et marquées de fentes radiées, puis développant et laissant voir son fond voilé et d'une couleur de chair
jaunâtre. Ses verrues finissent par représenter des coupes
dont le bord est épais, proéminent, arrondi ; le centre ou
réceptacle est couleur de chair, plan, distinct de la bordure
et caduque. Après la chute du réceptacle le conceptacle ressemble à une scutelle concave. Cette plante croît en Europe
sur les pierres calcaires compactes et autres. Villars l'a découverte dans les Alpes du Dauphiné; on l'a retrouvée depuis
dans les Pyrénées.

Ce lichen s'éloigne des autres espèces du genre par plusieurs caractères, comme par sa manière de croître. Acharius
fait observer qu'il ne peut être placé convenablement dans
aucun genre. Il en avoit d'abord fait une espèce d'*urceolaria*.
Meyer le considère comme une espèce de *parmelia*.

4. Le THELOTREMA VARIOLAIRE ; *Thel. variolarioides*, Achar.
Croûte grisâtre, glabre, raboteuse, étalée; verrues nombreuses, entassées, irrégulières, blanchâtres, un peu coton-
neuses et pulvérulentes, à ouverture ample, noire, avec le

bord épais, un peu anguleux, lacéré, crénelé. Cette espéce croît en Europe sur les écorces du charme, du peuplier, du frêne. Elle offre une variété (*T. v. agelæum*, Ach.), dont la croûte est blanche et comme saupoudrée de petits grains ou d'amas pulvérulens. Meyer rapporte cette espèce au *Parmelia*. Acharius lui-même a beaucoup varié sur sa véritable place; car il en avoit fait aussi une espéce de ses genres *Urceolaria*, *Lecanora* et *Lecidea*.

5. Le Thelotrema myriocarpe; *Thelotrema myriocarpon*, Fée, Ess., pag. 94, pl. 34, fig. 1. Croûte jaunàtre, membraneuse et presque granuleuse, à peu près entièrement formée de verrues distinctes, très-serrées, ayant leur ouverture petite, avec le rebord obtus, et contenant un noyau blanchâtre. Nous citons cette espèce, parce qu'elle croît, non sur les pierres. ni sur l'écorce même des arbres, mais parce qu'elle est parasite et qu'elle croît sur le thallus d'un autre lichen, l'*opegrapha Bonplandiæ*, qu'on trouve sûr les écorces du quinquina rouge du commerce. On ne doit pas la confondre avec le *thelotrema urceolare*, Ach., qu'on trouve aussi sur le quinquina rouge, dont la croûte est d'un blanc de lait à l'extérieur des verrues, le périthécium brun. Cette espéce d'Achard, et son *thelotrema obturatum*, qu'on trouve en Guinée, sur l'écorce du *trichilia procera*, sont les types du genre *Ocellularia*, Meyer, qui est une réunion d'espèces des genres *Thelotrema* et *Pyrenula* d'Acharius, tels que les *Pyrenula mastoides, papula, parinoides* et *discolor*. Cette dernière espèce est le type de l'*Ophthalmidium* d'Eschweiller. Meyer caractérise ainsi l'*ocellularia* : Sporocarpe hémisphérique-conique; sporangium proprement dit charbonneux ou corné, contenu dans une verrue formée par le thallus, qui s'ouvre à son sommet, munie d'une papille ou d'une petite bouche proéminente; sporange réuni en un noyau gélatineux hyalin. Ces caractéres ne nous semblent différer de ceux donnés par Acharius, Eschweiller, Fries, que très-foiblement et dans le changement des termes pour les exprimer. C'est encore sous ce nom que le *thelotrema* est présenté dans Curt Sprengel, *Syst. veg.* Ce naturaliste adopte aussi l'*antrocarpon* de Meyer, fondé sur le *thelotrema lepadinum*, Ach., décrit plus haut n.° 2, et qui seroit distingué génériquement par ses verrues concaves,

ouvertes, marginées, contenant un sporange s'ouvrant irrégulièrement et dont les spores forment un noyau gélatino-céracé et coloré. (LEM.)

THELPIS. (*Bot.*) Voyez THAUMASTOS. (J.)

THELPHISSE, *Thelphissa.* (*Actinoz.*) Nom d'un genre de polypiers, renfermant les tubulaires d'eau douce, qui a été créé par feu Lamouroux. (DESM.)

THELPHUSE, *Thelphusa.* (*Crust.*) Genre de crustacés décapodes brachyures, fondé par M. Latreille et renfermant particulièrement les crabes d'eau douce d'Italie, d'Espagne et de plusieurs autres contrées des bords de la Méditerranée. Nous avons fait connoître ses caractères dans l'article MALACOSTRACÉS. Voyez tome XXVIII, page 246. (DESM.)

THELYMITRA. (*Bot.*) Genre de plantes monocotylédones, à fleurs incomplètes, de la famille des *orchidées*, de la *gynandrie digynie* de Linnæus, offrant pour caractère essentiel : Une corolle presque régulière, à cinq pétales étalés, ovales, concaves ; la lèvre sessile, semblable aux pétales ; point de calice ; la colonne des organes sexuels en capuchon ; les lobes latéraux nus ou en pinceau.

* *Fleurs jaunes.*

THELYMITRA TIGRÉE ; *Thelymitra tgrina*, Rob. Brown, *Nov. Holl.*, 1, pag. 314. Cette plante a des tiges garnies de feuilles linéaires, canaliculées. Les fleurs sont jaunes ; les pétales étalés et parsemés de taches ; la colonne des organes sexuels en capuchon, à trois lobes, les deux latéraux distincts, garnis de poils en étoupe ; le lobe intermédiaire plus court, en forme de crête. Cette plante croît sur les côtes de la Nouvelle-Hollande, ainsi que les espèces suivantes. Dans le *thelymitra fusco-lutea*, les feuilles sont lancéolées, la corolle d'un brun jaunâtre, les pétales étalés, les lobes latéraux de la colonne connivens et frangés, l'intermédiaire dressé et nu.

** *Fleurs bleues, blanches ou couleur de chair.*

THELYMITRA CANALICULÉE ; *Thelymitra canaliculata*, R. Brown, *loc. cit.* Cette plante porte à l'extrémité de sa tige des fleurs assez nombreuses, disposées en épi. Les pétales sont étalés ; les lobes latéraux de la colonne en pinceau ; le lobe intermédiaire nu sur le dos, à plusieurs découpures ridées; le lobe extérieur plus long et distant. Cette plante et la suivante croissent à la Nouvelle - Hollande. Le *thelymitra pauciflora,* Rob. Brown, *loc. cit.*, a son épi de fleurs très-peu garni; la colonne des organes sexuels en capuchon, de moitié plus courte que les pétales étalés; ses lobes extérieurs en pinceau; celui du milieu échancré, nu sur le dos; d'autres petits lobes arrondis et aigus. (Poir.)

THELYPHTORION, THELYTHAMON. (*Bot.*) Noms grecs anciens de l'aurone, *abrutenum,* cités par Ruellius et Mentzel. (J.)

THELYPTERIS. (*Bot.*) Ce genre de la famille des fougères, établi par Adanson, est donné par lui - même pour le *Pteris*, Linn. Ce nom de *thelypteris* se trouve être, dans Théophraste et dans les écrits des anciens, le nom d'une fougère qui paroît avoir été notre *pteris aquilina* (voyez l'article Pteris). Quelques auteurs ont ainsi écrit ce nom : *telypteris*. (Lem.)

THELYRA. (*Bot.*) Genre de plantes dicotylédones, à fleurs complètes, polypétalées, régulières, de la famille des *rosacées*, de l'*hexandrie monogynie* de Linnæus, offrant pour caractère essentiel : Un calice campanulé, formé par l'épanouissement d'un pédoncule fistuleux; une corolle composée de cinq pétales sur une ligne non interrompue; six étamines déjetées du même côté, inclinées; quatre dents remplaçant des étamines avortées. Les filamens sont très-grêles; les anthères attachées par le dos, s'ouvrant latéralement; l'ovaire a deux ovules, inséré à la base des étamines; le style est latéral et courbé; la baie, ridée, velue intérieurement, a une semence épaisse, sans périsperme, à dicotylédons épais, plissés, inégaux, s'enveloppant l'un l'autre, et à radicule inférieure.

Ce genre a été établi par M. du Petit-Thouars, *Nov. gen. Madag.*, pag. 21, pour un arbre de l'ile de Madagascar, à feuilles alternes, muni de bractées glanduleuses. (Poir.)

THEMA. (*Ornith.*) Voyez l'article Merle, tome XXX, page 160. (Desm.)

THEMA. (*Erpét.*) Voyez Tamacuilla huilia. (H. C.)

THEMA MUSICUM. (*Conchyl.*) Nom sous lequel Klein (Ostracolog., p. 75) a établi un genre, contre son habitude,

assez bien défini avec les volutes, plus ou moins voisines de
la *V. musicalis*, Linn. et Lamk. (De B.)

THEMEDA, *Themeda*. (*Bot.*) Genre de plantes monocotylédones, à fleurs glumacées, de la famille des *graminées*, de
la *polygamie monoécie* de Linné, offrant pour caractère essentiel : Des fleurs polygames; les mâles pédicellées et mutiques;
une seule valve calicinale, uniflore; deux valves corollaires;
trois étamines; point de pistil; une fleur hermaphrodite sessile, intérieure; une seule valve calicinale; deux valves pour
la corolle; une arête très-longue, partant du réceptacle; trois
étamines; un ovaire fertile. Ce genre pourroit bien être le
même que l'*anthistiria*.

Themeda polygame; *Themeda polygama*, Forsk., *Fl. ægypt.
arab.*, 178. Les fleurs sont disposées en un épi terminal, presque en tête, composé d'épillets contenant des fleurs mâles et
hermaphrodites : les mâles pédicellées, au nombre de deux,
pourvues de trois étamines ; point de style; point d'arête;
une seule fleur hermaphrodite, sessile, à trois étamines; un
ovaire fertile. Du fond des valves s'élève une arête fine, très-
longue ; dans les unes et les autres le calice n'a qu'une seule
valve; la corolle est à deux valves. Les chaumes sont ramifiés à leur partie supérieure, enveloppés de larges gaines
comprimées, ensiformes; la dernière renferme les rameaux
et les épis avant leur épanouissement; elle leur tient lieu
de spathe. Cette plante croit dans l'Arabie. (Poir.)

THÉMÉONE, *Themeon.* (*Conchyl.*) Genre de coquilles cloisonnées ou polythalames, établi par Denys de Montfort (Conchyl. syst., tom. 1, pag. 203) pour le *nautilus crispus*, Linn.,
Gmel., p. 3370, n.º 3, qui ne paroit différer des vorticiales
de M. de Lamarck que parce que les centres sont mame-
lonnés et que l'ouverture, fort étroite, est percée d'un grand
nombre de pores. Denys de Montfort le nomme le T. frisé,
T. rigatus, et il cite comme la meilleure figure, celle de Von
Fichtel, tab. 4, fig. *e, f*, et tab. 5, fig. *a, b*. Voyez Vorti-
ciale. (De B.)

THENARDIA. (*Bot.*) Genre de plantes dicotylédones, à
fleurs complètes, monopétalées, de la famille des *apocinées*,
de la *pentandrie digynie* de Linnæus, offrant : Un calice persistant, à cinq divisions, une corolle en roue; le tube très-

court, presque nul; le limbe à cinq divisions inégales; l'orifice nu; cinq étamines saillantes, attachées à la base de la corolle; cinq anthères sagittées, adhérentes au milieu du stigmate; deux ovaires supérieurs, accompagnés de cinq écailles hypogynes; un style; un stigmate pentagone; deux follicules.....

THENARDIA A FLEURS NOMBREUSES; *Thenardia floribunda*, Kunth, *in* Humb. et Bonpl., *Nov. gen.*, 5, p. 210, tab. 240. Ses tiges sont grimpantes, divisées en rameaux glabres, striés; les feuilles opposées, pétiolées, ovales ou ovales-oblongues, arrondies à leur base, entières, acuminées, glabres, membraneuses, longues de deux ou trois pouces, larges d'un pouce et demi. Les pédoncules sont solitaires, axillaires, opposés, longs de quatre pouces; les rameaux presque trichotomes; les ramifications courtes, chargées de fleurs ramassées presque en ombelle, munies de bractées linéaires, beaucoup plus courtes que les pédicelles. Le calice est glabre, à cinq découpures lancéolées, aiguës; une petite écaille à leur base intérieure. La corolle est en roue, glabre, d'un blanc verdâtre; le tube presque nul; le limbe à cinq lobes étalés, plans, entiers, aigus; l'orifice nu; les étamines insérées à la base de la corolle; les filamens un peu pileux, de la longueur des anthères; celles-ci linéaires, sagittées, à deux loges; deux ovaires ovales, oblongs, glabres, à une seule loge, renfermant plusieurs ovules; cinq écailles hypogynes placées autour de l'ovaire, ovales, oblongues, un peu charnues; le style un peu épaissi au sommet; le stigmate pentagone, terminé par un tubercule presque en massue. Le fruit n'a point été observé. Cette plante croît aux environs de la ville de Mexico. (POIR.)

THÉNARDITE. (*Min.*) On connoît depuis long-temps deux substances minérales dans lesquelles la soude est unie à l'acide sulfurique : l'une est le sulfate de soude hydraté ou le reussin, qui existe en solution dans les eaux ou en efflorescence à la surface de la terre; l'autre est la glaubérite, composée de sulfate anhydre de chaux et de sulfate anhydre de soude, et qui se trouve disséminée en cristaux au milieu du selmarin, a Villa Rubia, dans la Nouvelle-Castille. L'un des élémens secondaires de la glaubérite, le sulfate anhydre de chaux, a déjà son existence à part dans la nature, et il constitue l'espèce *karsténite*; l'autre élément, le sulfate anhydre de soude ; s'est aussi montré isolément dans une autre partie de l'Espagne, et M. J. L. Casaseca, professeur de chimie à Madrid, à qui l'on est redevable de la description et de l'analyse de cette nouvelle substance. a proposé de lui donner le nom de *thénardite*, en l'honneur du savant François dont les travaux ont enrichi la science de tant de belles découvertes. [1]

La thénardite est une substance saline, cristallisée, très-soluble, tendre, transparente lorsqu'elle est nouvellement retirée du lieu où elle s'est déposée ; mais perdant bientôt sa transparence au contact d'un air humide et se recouvrant à sa surface d'une couche pulvérulente, provenant de l'absorption d'une certaine quantité d'eau.

Elle a une structure laminaire, dont les joints conduisent à un prisme droit rhomboïdal, d'environ 125° et 55° (CORDIER). Le clivage peut avoir lieu dans les trois sens, mais plus distinctement dans celui des bases, où il donne des lames parfaitement planes et miroitantes. La hauteur du prisme fondamental est au côté des bases comme 7 est à 3.

Elle est facile à casser : sa dureté est supérieure à celle du gypse et inférieure à celle du calcaire spathique. Sa pesanteur spécifique est de 2,6 ; son éclat est vitreux dans les cassures fraîches.

Soumise à l'action de la chaleur, elle ne diminue pas sensiblement de poids ; elle se dissout dans l'eau distillée, sans laisser de résidu. La solution que l'on obtient, ne précipite sa base par aucun réactif. Si l'on évapore, le sel s'en sépare de nouveau sous forme cristalline, sans retenir la moindre quantité d'eau.

Composition. $= \ddot{N}a\ddot{S}^2$. BERZ.

Sulfate anhydre de soude.	Sous-carbonate de soude.	
99,78	0,22	Casaseca.

[1] Voyez les Annales de chim. et de phys., Juillet 1826, pag. 308.

C'est du sulfate de soude anhydre, mélangé d'une très-petite portion de sous-carbonate de soude. Sur 100 parties le sulfate anhydre pur contient : acide sulfurique, 56,18, et soude, 43,82.

Variétés de formes.

1. *Thénardite octaèdre.* $\overset{\frac{1}{2}}{B}$. (CORDIER.) En octaèdre rhomboïdal, dont les faces proviennent d'un décroissement de deux rangées de molécules en hauteur sur les côtés des bases.

2. *Thénardite basée.* $\overset{\frac{1}{2}}{B}P$. (CORD.) La variété précédente, portant à chacun de ses sommets une facette rhomboïdale, parallèle aux bases du prisme primitif.

Gisement. La thénardite a été découverte, il y a une dixaine d'années, par M. Rodas, en Espagne, à cinq lieues de Madrid, et à deux lieues et demie d'Aranjuez, dans un endroit connu sous le nom de *Salines d'Espartines*. Pendant l'hiver, des eaux chargées de sulfate de soude transsudent du fond d'un bassin, et dans l'été, par suite de l'évaporation, elles se concentrent et déposent bientôt, sous forme de cristaux plus ou moins nets et irrégulièrement groupés, une partie du sel qu'elles retenoient en solution. Suivant M. Casaseca, l'état anhydre de ce sulfate de soude pourroit peut-être dépendre, non-seulement de la nature des eaux-mères et de celle du sol sur lequel se fait le dépôt, mais aussi du haut degré de température qu'acquièrent ces eaux salines. Cette opinion semble confirmée par des observations faites, il y a quelques années, par M. Haidinger, et qui nous ont appris qu'on pouvoit obtenir artificiellement des cristaux de sulfate anhydre de soude, en faisant évaporer une solution du sulfate ordinaire à une température au-dessus de 33 degrés centigrades. Ces cristaux offrent la combinaison des faces d'un octaèdre rhomboïdal, avec les pans d'un prisme également rhomboidal. Leur forme paroit donc s'accorder avec celle du sulfate naturel. Ils ont, en outre, le degré de densité et la plupart des propriétés physiques que M. Casaseca a reconnus dans la thénardite.

La découverte de cette substance a été mise à profit pour

les arts. La quantité de sulfate de soude que l'on retire du bassin d'Espartines est si considérable, que depuis neuf à dix ans elle suffit à alimenter une fabrique de savon et permet encore de livrer au commerce une grande quantité de soude artificielle. (DELAFOSSE.)

THENCA. (*Ornith.*) Cet oiseau, dont le nom, d'après Molina lui-même, doit s'écrire *thenca* et non *thema*, est le moqueur, *turdus polyglottus* et *orphœus*. (CH. D.)

THENE, *Thenas.* (*Crust.*) Genre de crustacés décapodes macroures, que M. Latreille a réuni à celui des Scyllares. Voyez à l'article MALACOSTRACÉS de ce Dictionnaire, t. XXVIII, page 290. (DESM.)

THEOBROMA. (*Bot.*) Voyez CACOYER. (POIR.)

THEODONION. (*Bot.*) Nom grec de la pivoine, cité par Mentzel et Adanson. (J.)

THEODORA. (*Bot.*) Nom donné par Medikus au *Schottia* de Jacquin, genre de légumineuses, qui étoit le *guaiacum afrum* de Linnæus. Necker a nommé *Theodoria* l'*Ivira* d'Aublet, genre réuni au *Sterculia* de Linnæus. (J.)

THÉODORÉE, *Theodorea.* (*Bot.*) Ce genre de plantes, que nous avons proposé dans le Bulletin des sciences de Novembre 1818 (pag. 168), appartient à l'ordre des Synanthérées, à notre tribu naturelle des Carlinées, et à la section des Carlinées-Stéhélinées, à la fin de laquelle nous l'avons placé, en le mettant à la suite du genre *Saussurea*. (Voyez notre tableau des Carlinées, tom. XLVII, pag. 500 et 513.)

Voici les caractères du genre *Theodorea*, tels que nous les avons observés sur les deux espèces que nous connoissons.

Calathide incouronnée, équaliflore, multiflore, subrégulariflore, androgyniflore. Péricline subcampanulé ou subturbiné, inférieur aux fleurs ; formé de squames nombreuses, plurisériées, régulièrement imbriquées, étagées, appliquées, coriaces ; les squames extérieures ovales-oblongues ou lancéolées, tantôt appendiculées, tantôt inappendiculées ; les squames intermédiaires analogues aux extérieures, mais toujours surmontées d'un appendice très-distinct, inappliqué, plus ou moins étalé, plus ou moins grand, arrondi, scarieux, coloré, plus ou moins découpé sur les bords ; les squames intérieures oblongues ou linéaires, appendiculées comme les squames intermédiaires. Clinanthe plan, garni de fimbrilles nombreuses, longues, inégales, étroites, laminées, membraneuses. Ovaire glabre. muni d'un bourrelet apicilaire coroniforme, membraneux; aigrette double : l'extérieure courte, composée de squamellules nombreuses, inégales, libres, filiformes, barbellulées; l'intérieure longue, composée de squamellules égales, unisériées, un peu entregreffées à la base, filiformes-laminées, barbées. Corolle presque régulière ou un peu obringente, glabre, à cinq lanières très-longues, linéaires. Étamines à filets glabres, à anthères pourvues de longs appendices apicilaires aigus, et de très-longs appendices basilaires subulés, barbus. Style à deux stigmatophores libres, longs, divergens, arqués en dehors.

Nous connoissons deux espèces de ce genre.

THÉODORÉE AMÈRE : *Theodorea amara*, H. Cass.; *Saussurea amara*, Decand., Rec. de Mém. sur la Bot., pag. 44; *Serratula amara*, Linn., *Sp. pl.*, pag. 1148. C'est une belle plante de Sibérie, herbacée, amère, à racine vivace, dont la tige, haute de sept à quinze pouces, est dressée, anguleuse ou sillonnée, corymbée au sommet; les feuilles sont à peine décurrentes, oblongues, ovales ou lancéolées, acuminées, glabriuscules, un peu scabres principalement sur les bords; les inférieures pétiolées, tantôt presque entières, tantôt sinuées-incisées ou comme runcinées sur les bords; les supérieures sessiles et toujours très-entières; les rameaux sont dressés et terminés chacun par deux ou trois pédoncules portant des calathides grandes à peu près comme celles du *Cyanus vulgaris*; les corolles sont rouges; les aigrettes blanches; les squames extérieures du péricline sont courtes, lancéolées, privées d'appendices; toutes les autres sont graduellement alongées, et terminées chacune par un appendice étalé, arrondi, denté, membraneux-scarieux, purpurin. On distingue deux variétés de cette espèce : l'une à tige basse, à feuilles inférieures presque entières, et à calathides nombreuses; l'autre à *tige* élevée, à feuilles inférieures sinuées-incisées, et à calathides peu nombreuses.

La description spécifique qu'on vient de lire est empruntée à Linné et à M. De Candolle : mais les caractères génériques de cette plante ont été observés par nous-même sur un échantillon sec de l'herbier de M. de Jussieu, qui étoit étiqueté *Saussurea parviflora*, Decand., mais qui nous a paru évidemment appartenir au *Saussurea amara*, Decand.

THÉODORÉE JOLIE : *Theodorea pulchella*, H. Cass. La tige est dressée, haute de près de deux pieds, simple, verte, légèrement pubescente et parsemée de petites glandes jaunâtres, anguleuse, striée, à côtes saillantes et rougeâtres ; les feuilles sont alternes, scabres en dessus, un peu pubescentes endessous, parsemées de petites glandes sur les deux faces ; les feuilles inférieures sont à peine décurrentes, pétioliformes inférieurement, profondément pinnatifides, à lanières distancées, étroites, linéaires-aiguës, entières ; les feuilles supérieures sont presque sessiles, non décurrentes, linéaires-subulées, entières ; les calathides sont disposées en corymbe terminal ; leur péricline est entouré à sa base de quelques bractées analogues aux feuilles ; toutes ses squames (même les extérieures) sont surmontées d'un grand appendice étalé, orbiculaire, comme chiffonné, irrégulièrement denticulé sur ses bords, scarieux, et d'une belle couleur purpurine ; l'aigrette extérieure est plus longue que dans l'autre espèce.

Nous avons fait cette description spécifique sur un échantillon sec, recueilli en Sibérie, et envoyé à M. Gay par M. Fischer, en Juillet 1825, sous le nom de *Saussurea pulchella*. Quoique les calathides de cet échantillon ne fussent qu'en état de préfleuraison, nous avons pu y reconnoître tous les caractères génériques exposés plus haut.

Notre genre *Theodorea* diffère du *Saussurea* par le péricline, dont les squames sont toutes, ou la plupart, surmontées d'un appendice très-distinct, plus ou moins grand, étalé, large, arrondi, scarieux, coloré, plus ou moins découpé sur ses bords. Les deux espèces de ce genre sont bien distinctes : la première (*T. amara*) ayant les feuilles oblongues, entières ou découpées seulement sur les bords, et les appendices du péricline subflabelliformes, nuls sur les squames des rangs les plus extérieurs ; la seconde (*T. pulchella*) ayant les feuilles profondément pinnatifides, à lanières étroites, distancées, et les squames du péricline toutes surmontées d'un grand appendice orbiculaire, comme chiffonné, irrégulièrement denticulé sur ses bords, et d'une belle couleur purpurine.

Linné comparoit le péricline du *Theod. amara* à ceux de quelques Centauriées, et M. De Candolle le comparoit à celui du *Leuzea.* Sa structure nous a paru assez notable pour constituer un genre ou sous-genre suffisamment distinct des vrais *Saussurea*, dont les squames du péricline sont toutes absolument privées d'appendice. Ce genre *Theodorea* termine très-convenablement la série des Carlinées, parce qu'il a des rapports manifestes par son péricline avec les Jacéinées, qui commencent la tribu des Centauriées.

Nous proposons encore aux botanistes l'établissement d'un nouveau genre ou sous-genre, immédiatement voisin du *Saussurea*, et que nous décrivons comme il suit :

LAGUROSTEMON. Calathide grande, incouronnée, équaliflore, multiflore, régulariflore, androgyniflore. Péricline subcampanulé, très-inférieur aux fleurs; formé de squames paucisériées, imbriquées, ayant toutes une partie inférieure appliquée, large, subcoriace, velue en dehors, glabre en dedans, et une partie supérieure suffisamment distincte de l'inférieure, appendiciforme, inappliquée, étroite, aiguë, foliacée, velue sur les deux faces, graduellement plus longue sur les squames extérieures. Clinanthe large, garni de fimbrilles plus longues que les ovaires, très-inégales, laminées, subulées, membraneuses, scarieuses, plus ou moins entregreffées inférieurement et formant ainsi des faisceaux ou des lames fendues. Ovaire oblong, glabre; aigrette double : l'extérieure beaucoup plus courte, composée de squamellules peu nombreuses, unisériées, inégales, libres, contiguës ou distancées, caduques, grêles, filiformes, barbellulées; l'intérieure longue, persistante, composée de squamellules égales, unisériées, entregreffées à la base, fortes, filiformes, un peu laminées vers la base, hérissées de barbes longues et très-fines. Corolle glabre, à tube long, à limbe très-distinct, beaucoup plus large, profondément divisé en cinq lanières longues, étroites, linéaires. Étamines à filets très-glabres, à anthères exsertes, longues, pourvues de longs appendices apicilaires entregreffés et uninervés inférieurement, libres et calleux supérieurement, obtus au sommet, et d'appendices

basilaires très-longs , libres, simples , linéaires et membraneux
à leur origine, laciniés du reste en une multitude de filamens très-longs et très-fins , flexueux, formant ensemble une
grande houppe laineuse, très - remarquable. Style glabre,
portant deux stigmatophores non articulés sur lui, libres,
divergens, demi-cylindriques, obtus au sommet, glabres sur
la face interne plane, tout hérissés de très- petits collecteurs
sur la face externe convexe.

Lagurostemon pygmæus, H. Cass. (*Saussurea pygmæa*, Spr.,
Syst. veg., vol. 3, pag. 381 ; *Serratula pygmæa*, Jacq., *Fl.
Austr.*, v. 5, t. 440 ; *Cnicus pygmæus*, Linn.. *Sp. pl.*, p. 1156.)
Plante herbacée ; souche radiciforme, vivace, couverte d'une
touffe épaisse de membranes sèches et brunes, qui sont les
bases persistantes des anciennes feuilles. tige proprement dite
très-simple, dressée, haute d'environ un pouce et demi,
couverte de longs poils laineux; feuilles de la souche très-
nombreuses, immédiatement rapprochées, comme imbriquées, ayant une partie inférieure (pétiole?) beaucoup plus
courte, très-large, membraneuse, multinervée. glabre. et
une partie supérieure (limbe ?) beaucoup plus longue. très-
étroite, linéaire, très-entière, foliacée, uninervée, glabre
en dessus, parsemée en dessous de quelques poils laineux,
longs et fins; feuilles de la tige moins rapprochées, un peu
distantes, alternes, sessiles, c'est-à-dire n'ayant point une
partie inférieure distincte, large et membraneuse, mais semblables du reste aux feuilles de la souche, si ce n'est que
leur face inférieure est plus abondamment garnie de poils
laineux; calathide unique, solitaire au sommet de la tige,
large, très-grande, ayant près d'un pouce en tous sens , et
composée de fleurs très-nombreuses ; péricline hérissé de poils
laineux; corolles purpurines.

Nous avons fait cette description spécifique, et celle des
caractères génériques, sur un échantillon sec provenant des
monts Carpathes, et qui se trouvoit dans l'herbier de M.
Gay, sous le faux nom de *Serratula humilis*.

Cette plante a été rapportée au genre *Cnicus* par Linné,
au *Serratula* par Jacquin, au *Cirsium* par M. De Candolle
(Rec. de Mém., p. 27), au *Saussurea* par M. Sprengel. Nous
l'avons nous-même attribuée à ce dernier genre, en la dési-

gnant (tom. L, pag. 444) sous le nom de *Saussurea monoce-
phala*, lorsque nous ignorions sa synonymie, et que nous
n'avions pas encore suffisamment étudié sa structure. Mais,
dès cette époque, nous annoncions qu'elle mériteroit peut-
être de constituer un genre ou sous-genre distinct. Le nouvel
examen que nous en avons fait récemment, avec la permis-
sion de M. Gay, a confirmé notre conjecture.

La plante en question diffère génériquement des vrais
Saussurea par son péricline, dont les squames sont véritablement appendiculées, quoique leur appendice soit très-peu
distinct, et se confonde avec la squame proprement dite,
aux yeux des observateurs superficiels. Elle diffère génériquement des *Theodorea* par la forme, la substance, la couleur, la grandeur, etc., des appendices du péricline. D'ailleurs, son port, si différent de celui des *Saussurea* et *Theodorea*, semble indiquer la convenance de la distinction générique ou sous-générique proposée ici par nous. Ajoutons
que ce nouveau genre, ayant une affinité manifeste, par le
port et par la structure du péricline, avec l'*Arction* [1], a
l'avantage de rattacher très-naturellement ce singulier genre
au groupe des Carlinées-Stéhélinées.

Le nom de *Lagurostemon* (ou *Laguranthera*), composé de
trois mots grecs, qui signifient *étamines* (ou *anthères*) *à queues
de lièvre*, fait allusion aux appendices basilaires des étamines,
formant de grandes houppes laineuses, plus remarquables
que dans les vrais *Saussurea*, où l'on trouve aussi ce caractère.

Nous sommes bien persuadé que notre genre *Lagurostemon*
sera rejeté par les botanistes, ainsi que le *Theodorea* et presque tous les autres genres ou sous-genres formés par nous
en si grand nombre dans l'ordre des Synanthérées. Cet échec
ne nous décourage point, et ne nous détourne pas de suivre
constamment la route dans laquelle nous avons été entraîné,
non par une vaine et sotte ambition, mais par de mûres et
solides réflexions. Notre but est de mettre en évidence, 1.°

---

1 Voyez nos observations sur l'*Arction*, tom. L, pag. 443, en cor-
rigeant une faute d'impression dans la première ligne de la page 444:
où il faut lire *squamellules* au lieu de *squamelles*.

toutes les modifications diverses que la structure de la fleur et celle de la calathide nous présentent dans chaque tribu, 2.° tous les différens degrés d'affinité qui rapprochent plus ou moins et suivant un certain ordre ces diverses modifications de la structure. Pour atteindre parfaitement ce double but, il est indispensable de multiplier beaucoup les genres ; et c'est sous ce rapport que nous persistons à soutenir que la multiplicité des genres est, malgré tous ses inconvéniens, éminemment favorable aux progrès et au perfectionnement de la science. Ainsi, par exemple, notre genre *Theodorea* forme une très-heureuse transition, qui nous conduit sans effort de la tribu des Carlinées à celle des Centauriées ; notre genre *Lagurostemon* établit un lien naturel et inattendu entre le genre *Arction* et le groupe des Carlinées-Stéhélinées. Si la crainte de multiplier les genres vous décide à confondre le *Theodorea* et le *Lagurostemon* dans le genre *Saussurea*, aussitôt les deux rapports intéressans, qui étoient si bien signalés par les deux genres proscrits, s'effacent ou deviennent obscurs.

Notre section des Carlinées-Stéhélinées se trouve aujourd'hui composée de neuf genres, disposés ainsi : *Stifflia*, *Gochnatia*, *Hirtellina*, *Barbellina*, *Stæhelina*, *Arction*, *Lagurostemon*, *Saussurea*, *Theodorea*. Nous ajoutons aussi à la section des Carlinées-Xéranthémées le nouveau genre *Siebera* de M. Gay, en l'intercalant entre le *Chardinia* et le *Nitelium*. Ainsi, notre tribu des Carlinées, qui naguères (tom. XLVII, pag. 497) présentoit vingt-neuf genres, en comprend maintenant trente-deux. (H. CASS.)

THÉODOXE, *Theodoxus.* (*Conchyl.*) Nom sous lequel Denys de Montfort avoit établi (Conchyl. systém.. tom. 2, p. 351) le genre de coquilles que M. de Lamarck a appelé depuis Néritine, dénomination qui a été adoptée sans doute comme plus convenable, mais peut-être avec peu de justice, par tous les naturalistes existans. Le type de ce genre est la *nerita fluviatilis*, Linn., que Denys de Montfort nomme le Théodoxe parisien, *T. lutetianus.* Voyez NÉRITINE. (DE B.)

THEOMBROTUM. (*Bot.*) La plante qui porte ce nom dans Pline, est indiquée par quelques anciens, suivant C. Bauhin, comme la même que l'*amaranthus tricolor.* Daléchamps, au contraire , croit que cette amaranthe est le *symphonia* de Pline. (J.)

THEOMESTRON. (*Bot.*) Voyez Thymiatiris. (J.)

THEONA. (*Erpét.*) Couleuvre d'Amérique, dont parle Séba. (H. C.)

THÉONÉE. (*Foss.*) Quoique ce polypier fossile se rapproche des millepores, Lamouroux a cru devoir l'en séparer pour en former un genre, auquel il assigne les caractères suivans : *Polypier en masse conique, grossièrement cylindrique et ondulée, simple ou lobée; surface couverte de trous ou enfoncemens profonds , nombreux, très-irréguliers dans leur forme, épars; pores à ouverture presque anguleuse, très-petits, épars, toujours placés sur la partie unie du polypier. jamais dans les renfoncemens, remplis seulement de légères rugosités.* (Lamx , Exp. mét. de l'ord. des polyp., p. 82.)

Théonée chlatuée : *Theonea chlatrata*, Lamx., *loc. cit.*, tab. 80, fig. 17 et 18; atlas de ce Dictionnaire, pl. de fossiles. Polypier à lobes peu nombreux, courts, très-obtus ou arrondis. Grandeur, environ deux pouces, On trouve cette espèce dans la couche à polypiers des environs de Caen, parc de Lebisey, etc. (D. F.)

THEOPHRASTA. (*Bot.*) Nom latin du coquemollier. (J.)

THÉORIE FONDAMENTALE DE LA BOTANIQUE. (*Bot.*) En exposant la théorie qui sert de fondement à la science du botaniste, j'ai deux objets en vue : d'une part je veux établir des règles par lesquelles on puisse se diriger dans l'étude des plantes et de leur classification ; d'une autre part, je veux mettre le lecteur en état de juger par lui-même du mérite relatif des différens auteurs, et de l'influence qu'ils ont eue sur les progrès de la botanique. Cette courte dissertation , si elle est telle que je le désire, sera une pierre de touche au moyen de laquelle on reconnoîtra ce qu'il y a de bon ou de défectueux, de rationnel ou d'empirique, dans les opinions généralement admises de nos jours.

Je pourrois donner de grands développemens à cette partie théorique, mais l'expérience m'a appris que, dans un sujet de cette nature, on doit s'en tenir aux idées les plus générales, et surtout éloigner autant qu'il est possible tout appareil d'érudition et de métaphysique. Le mérite consiste ici à suivre pas à pas les notions du simple bon sens. Rien n'est moins compliqué en soi que la philosophie des sciences naturelles; et si elle paroit quelquefois obscure et embarrassée, c'est que ceux qui en ont traité ne se sont pas toujours abstenus de l'esprit de système.

Caractères.

Les connoissances en botanique résultent de l'examen et de la comparaison des plantes. *Toute particularité organique, qui établit entre les individus une ressemblance ou une différence quelconque, est un caractère, c'est-à-dire, un signe pour les reconnoître et les distinguer.*

La présence d'un organe, ses diverses modifications, ses fonctions, ou même, dans bien des cas, l'absence de cet organe, sont autant de caractères dont le botaniste fait usage.

La présence d'un organe fournit des *caractères positifs*, son absence des *caractères négatifs*.

Les caractères positifs, offrant des moyens de comparaison, montrent les ressemblances et les différences que les êtres ont entre eux. Les êtres dans lesquels ces caractères ne présentent que des différences très-légères, doivent être rapprochés en groupes; ceux dans lesquels ces caractères diffèrent plus sensiblement, doivent être éloignés les uns des autres; c'est une suite naturelle de la marche de nos idées. Mais les caractères négatifs, ne donnant lieu à aucune comparaison, ne peuvent être employés que pour séparer les êtres, et jamais pour les réunir; car ceux dans lesquels un organe quelconque manquera, n'auront pas pour cela plus d'analogie entre eux; et il se pourroit même à la rigueur qu'ils n'eussent aucun trait de ressemblance.

Quand nous disons qu'il y a des plantes dont l'embryon a un ou deux cotylédons, dont la fleur est monopétale ou polypétale, et qui sont pourvues d'étamines et de pistils, nous indiquons des êtres entre lesquels il y a des ressemblances visibles et palpables, et les caractères que nous en pouvons abstraire sont positifs, puisqu'ils sont fondés sur quelque chose de très-réel.

Mais, quand nous disons qu'il y a des plantes sans cotylédons, sans corolle, sans organes sexuels, que résulte-t-il de

cet énoncé pour la connoissance de ces plantes, et sur quelle
base établirons-nous une comparaison, un rapport?

Si je veux séparer des plantes dont les fleurs sont monopétales, de celles dont les fleurs sont polypétales, la seule
expression des caractères établit à la fois la différence qui existe
entre les deux groupes et la ressemblance que les êtres qui
se placent dans chaque groupe ont entre eux; et tel est l'a-
vantage des caractères positifs sur les caractères négatifs. On
ne doit donc employer ceux-ci pour distinguer une collection d'êtres, qu'à défaut des autres; et toutes les fois qu'on
parviendra à substituer des caractères positifs à des caractères négatifs, on aura travaillé d'une manière efficace au perfectionnement de la botanique.

On conçoit bien que des caractères positifs ne peuvent
être fondés que sur des faits évidens par eux-mêmes, et
jamais, quoiqu'en puissent penser quelques esprits systématiques, sur des faits présumés dont on conclut l'existence par
analogie. La présence d'un tegmen ou d'un périsperme est
un caractère très-positif dans une multitude de graines; mais
conclure de là que le tegmen ou le périsperme, dans des
graines où il est impossible de l'apercevoir, existe néanmoins
parce que ces graines ont beaucoup d'analogie avec les premières, c'est vouloir, contre toute logique, que des raison-
nemens hypothétiques prévalent sur l'observation directe des
faits.

Nous distinguerons dans les caractères positifs les *caractères
constans* et les *caractères inconstans*. Toutes les graines prove-
nues d'une même plante ont la même structure; toutes les
plantes qui naîtront de ces graines produiront d'autres graines
semblables à celles dont elles sont sorties; par conséquent
les caractères tirés de la structure des graines sont constans.
Mais il se pourra que parmi ces plantes il y en ait de petites
et de grandes; qu'il y en ait qui portent des corolles blanches,
d'autres des corolles rouges, d'autres des corolles bleues; que
leurs fleurs soient odorantes ou sans odeur; par conséquent
la grandeur, la couleur, l'odeur offriront des caractères inconstans.

*Il n'y a de connoissances solides en botanique que celles qui
reposent sur des caractères constans*, et c'est par cette raison

que l'on regarde ces caractères comme beaucoup plus importans que les autres.

On doit encore parmi les caractères constans établir une différence entre ceux qui sont *isolés* et ceux qui sont *coexis-tans*, c'est-à-dire qui s'enchaînent de telle sorte, que la présence de l'un d'eux nécessite toujours la présence des autres. Les pétales d'un *silene* sont garnis d'appendices en forme de lames. Ce caractère est constant dans tous les individus ; mais il est isolé et ne suppose pas l'existence nécessaire d'un ou de plusieurs autres traits caractéristiques. Le calice d'une *campanule* adhère à l'ovaire ; de toute nécessité l'ovaire est simple, et la corolle et les étamines sont attachées à la surface interne du calice. Le caractère de l'adhérence du calice à l'ovaire entraîne donc après lui une suite d'autres traits caractéristiques. Ainsi, *l'importance des caractères se déduit, non-seulement de leur constance, mais encore de la nécessité de leur coexistence.*

Comme on sépare les organes en deux grands systèmes, celui de la *végétation* et celui de la *reproduction*, on peut aussi considérer deux ordres de caractères, selon qu'ils se rapportent à l'un ou à l'autre système.

Les *caractères de la végétation* sont peu multipliés, et presque toujours isolés ; les *caractères de la reproduction* sont très-nombreux, et souvent un seul devient l'indice certain de l'existence de plusieurs autres.

Il est rare que des plantes qui se rapprochent par les caractères de la reproduction, s'éloignent beaucoup par les caractères de la végétation. Par exemple toutes les plantes qui ont quatre étamines didynames, attachées sur une corolle monopétale bilabiée, et quatre érèmes au fond d'un calice monosépale, ont une tige carrée et des feuilles opposées.

Il arrive communément, au contraire, que des plantes qui se rapprochent par les caractères de la végétation, s'éloignent par ceux de la fructification. Les *labiées*, les *myrthacées*, les *caryophyllées*, ont toutes également des feuilles opposées, et cependant il n'y a aucune ressemblance entre leurs fleurs. Cette considération suffit, en général, pour établir conventionnellement la suprématie des caractères de la reproduction sur ceux de la végétation, et l'expérience journalière confirme ce jugement.

La graine a cette prérogative qu'elle réunit en elle des caractères propres aux deux séries, et c'est la raison pourquoi l'on en peut tirer d'excellentes notes caractéristiques. L'embryon est le commencement d'une nouvelle plante, et il nous offre les premiers caractères de la végétation; mais sa situation dans le fruit et dans la graine, le nombre, la forme, la consistance de ses enveloppes, sont évidemment des caractères que l'on doit reporter à ceux de la reproduction.

On doit, autant qu'on le peut, éloigner ou rapprocher les plantes par des caractères saillans, que l'œil saisisse d'abord, sans même faire usage des verres; mais si l'expérience venoit à nous apprendre que des caractères plus constans et plus propres à donner l'explication des phénomènes physiologiques ne se découvrent qu'au moyen du microscope, il faudroit bien avoir recours à cet instrument pour établir les rapports naturels des plantes; car le but que se propose le botaniste est moins de rendre la science facile, que solide, profonde et vaste.

Individu.

Tout être organisé, complet dans ses parties, distinct et séparé des autres êtres, est un individu. Une giroflée, un abricotier, un chêne, une mousse, qui sont provenus de graine ou de bouture, ou de marcotte, et dont l'existence est indépendante de celle des végétaux qui les ont engendrés, sont autant d'individus du règne végétal.

Que des plantes provenant de la séparation d'autres plantes soient, comme on dit communément, la *continuation* de ces dernières, cette manière de s'exprimer est une métaphore par laquelle on indique un mode particulier de génération; mais ce mode n'exclut point l'individualité, quand une fois les parties séparées ont développé les organes nécessaires à la conservation de l'individu.

Le nombre des individus est, pour ainsi dire, infini. Aucun ne ressemble parfaitement à un autre; tous éprouvent de perpétuelles modifications; tous meurent après un laps de temps plus ou moins considérable. Comme il est évident qu'il n'est pas en notre pouvoir d'examiner et de comparer tant d'êtres divers et périssables, la connoissance des individus ne doit pas être l'objet de nos études : c'est la connoissance des espèces, des genres et des familles, qui constitue la science du botaniste.

Espèce et variété.

L'espèce se compose de la succession des individus qui naissent les uns des autres, par génération directe et constante, soit qu'elle s'opère par œufs ou par graines, soit qu'elle s'opère par simple séparation de parties. Ainsi l'idée de l'espèce résulte de la connoissance d'un fait physiologique, très-positif, et ce seroit une grande erreur de soutenir, comme l'a fait d'abord Buffon, avant d'y avoir mûrement réfléchi, qu'il n'y a pas d'espèce dans la nature, puisqu'au contraire le monde organisé ne subsiste qu'en vertu de la propriété qu'ont les êtres vivans de reproduire des êtres de la même espèce qu'eux.

Chaque individu appartient nécessairement à une espèce quelconque, et le point essentiel pour le botaniste est de reconnoître l'espèce dans l'individu ; car ce n'est que par celui-ci qu'il peut acquérir une notion de l'autre. Or, on a fait cette remarque, que nous devons considérer comme la base principale de nos classifications botaniques, qu'en faisant abstraction des différences individuelles, résultats sensibles de mille circonstances inappréciables et diversement combinées, on retrouve communément dans l'individu l'ensemble des caractères, qui distinguent l'espèce à laquelle il appartient, de toutes les autres espèces du règne végétal. Par exemple, quelles que soient les différences individuelles des lis blancs, nous retrouvons dans tous des traits de ressemblance si frappans, qu'un seul pied suffit pour nous donner une idée juste de tous les autres, de même qu'un seul cheval nous offre le type de tous les individus qui font partie de cette espèce, et nous ne sommes pas plus disposés à confondre le lis blanc avec le lis martagon ou avec le lis de calcédoine, que le cheval avec l'âne ou le zèbre, quoiqu'il y ait réellement entre les trois espèces de lis, aussi bien qu'entre le cheval, l'âne et le zèbre, une analogie très-prononcée ; de là nous concluons que le lis blanc est une espèce particulière, et nous pouvons en effet, d'après un seul individu, décrire les caractères qui distinguent cette espèce des autres.

On a des preuves que deux espèces peu différentes sont aptes à engendrer une nouvelle race d'êtres par le concours des parties mâles de l'une avec les parties femelles de l'autre. Ces races constituent les *hybrides*, espèces nouvelles qui ont certaines ressemblances avec les espèces auxquelles elles doivent la vie. Ainsi, *la propagation par la puissance des organes sexuels ne prouve pas toujours que le père et la mère appartiennent à la même espèce.*

Parmi les modifications que subissent les individus, quelques-unes se reproduisent durant un temps plus ou moins long par la génération, en sorte qu'une même espèce se divise naturellement en petits groupes aussi distincts que les espèces le sont entre elles. C'est ce que le naturaliste nomme des *variétés*. Le muguet rose est une variété du blanc; la rose ponceau et la rose jaune sont des variétés de l'églantier commun ; le sureau à feuilles laciniées est une variété du sureau noir.

En général, les variétés sont sujettes à disparoître; les modifications qui les isolent, étant accidentelles, s'effacent tôt ou tard ; mais les traits caractéristiques qui forment le type de l'espèce ne s'effacent point. Si certaines modifications deviennent constantes dans une variété (ce que je n'oserois nier absolument), il faut avouer qu'il s'élève des doutes sur la légitimité d'une multitude d'espèces.

Au reste, ces doutes sont inévitables en botanique, puisque dans l'usage journalier nous ne constatons l'identité de l'espèce que par la comparaison des individus et par les ressemblances que nous remarquons entre elles; moyens suffisans dans beaucoup de cas, mais qui peuvent quelquefois laisser place à l'erreur; car nous n'avons jusqu'ici aucune règle certaine pour distinguer les modifications individuelles des différences spécifiques, et c'est pourquoi un botaniste voit une espèce, où un autre botaniste ne voit qu'une variété.

En zoologie, il y a moins de dissentiment, et en voici la raison : les fonctions des plantes sont peu multipliées; l'absorption, la transpiration et la nutrition, s'exécutent très-bien chez elles, quels que soient d'ailleurs l'aspect et la proportion des parties; aussi. dans les individus d'une même espèce, voyons-nous souvent les feuilles, les pétales, les racines, varier par la forme et la grandeur: mais le nombre, la complication. la nature des fonctions animales, telles que la mastication. la digestion, la circulation, les divers modes de la sensation, la locomotion, etc., nécessitoient un dessin plus fixe dans la structure des parties, et. par conséquent, des formes extérieures moins variables.

Genre.

La plupart des espèces du règne végétal peuvent être rapportées à un moindre nombre de formes générales, qui sont comme des types, d'après lesquels ces espèces auroient été dessinées avec de légères modifications. Il suit de là que, sans connoître toutes les espèces. il est facile de prendre une idée juste des principaux traits de leur organisation, par l'examen approfondi d'une ou de plusieurs espèces modelées sur chacun des types. On voit donc que *les espèces se groupent ou s'enchaînent naturellement par des analogies de structure et de forme.* Ces associations sont ce qu'on appelle des **Genres.**

Les espèces qui appartiennent à un même genre ressemblent les unes aux autres, toujours par les caractères essentiels de la reproduction, et presque toujours par les caractères essentiels de la végétation.

Puisque les genres résultent d'analogies organiques trèsréelles, la classification générique adoptée par les botanistes a sa base dans la nature; mais il faut convenir que nous pouvons, dans nombre de cas, multiplier les coupures et rendre les genres plus ou moins nombreux, selon qu'il nous plaît d'attacher plus ou moins d'importance à tel ou tel caractère. Tournefort divisoit les chèvre-feuilles en trois genres; Linné a réuni ces trois genres en un seul. Linné ne faisoit qu'un genre des *Geranium*; l'Héritier en a fait trois. Il ne s'ensuit pas que le groupe des *Geranium* et celui des Chèvre-feuilles soient artificiels; loin de là, car toutes les espèces s'y placent d'elles-mêmes en vertu de leur affinité; aucun botaniste n'en doute. et les changemens opérés par Linné et l'Héritier ne roulent que sur des considérations particulières. et n'affectent que la nomenclature, laquelle, quoi qu'on fasse, admettra toujours quelque chose d'arbitraire.

Le botaniste se propose deux buts dans la classification générique: le premier. c'est de montrer les rapports les plus naturels; le second. c'est de faciliter l'acquisition des connoissances. Il manque à la fois ces deux buts, quand il admet comme genres des associations contraires aux analogies.

Linné, usant du droit de législateur, a déclaré que l'on ne devoit chercher des genres que dans le calice, la corolle. les étamines, les pistils, les péricarpes, les graines et le réceptacle. et il a mis, par cette décision, des bornes au désordre que Tournefort n'avoit qu'imparfaitement réprimé. Mais la loi rendue par Linné est trop absolue. Quand les sept parties dont il veut que l'on fasse usage se ressemblent, tandis que les organes accessoires de la fleur diffèrent, soit par la forme, soit par la disposition, il est souvent permis de tirer les caractères des genres de ces dernières parties; sans cela combien de genres très-naturels et très-distincts, qui pourtant ne sont établis que sur les caractères de l'inflorescence, ne faudroit-il pas supprimer dans les Synanthérées, les Conifères, etc.? Encore faut-il considérer que je ne parle ici que des plantes phénogames; car si l'on passe aux champignons, aux lichens, aux algues, etc., dans lesquels la fleur n'existe pas, la loi de Linné n'a plus du tout d'application, puisque les associations génériques résultent, pour les espèces de ces familles, d'une certaine ressemblance dans la forme générale, la nature de la substance, la position des parties régénératrices, et quelquefois même la couleur du tissu.

Il y a trois sortes de genres : 1.° les *genres systématiques*; 2.° les *genres par enchaînement* ou *polytypes*; 3.° les *genres en groupe* ou *monotypes*.

Les premiers sont composés d'espèces qui ne se distinguent de celles qui composent les genres voisins que par un seul trait de l'organisation reproduit dans toutes. Les sauges rentrent dans cette classe : en cherchant ce qui les isole des autres Labiées, on voit que c'est uniquement l'organisation de leurs anthères, dont le connectif grêle et alongé est porté transversalement par le filet comme sur un pivot. Les genres systématiques se gravent facilement dans la mémoire, mais ils fournissent peu de matière à l'observation, parce qu'ils reposent sur un caractère isolé.

Les genres par enchaînement existent lorsque les espèces qui les constituent se rattachent les unes aux autres comme les anneaux d'une chaîne, et se suivent sans interruption marquée, de manière qu'on peut passer de la première espèce à la dernière par des nuances insensibles. Ces genres n'ont point de caractères distinctifs; leurs limites sont incertaines; ils ne sont la plupart susceptibles d'aucun perfectionnement, et souvent les efforts des naturalistes pour les rendre exactes, n'ont d'autres résultats que de multiplier les noms sans aucun profit pour la connoissance des choses. Les genres *Melissa*, *Thymus*, etc., rentrent dans cette catégorie. Pour avoir une idée juste de ces associations, il est nécessaire de connoître les espèces qui les composent.

Les genres par groupes sont les plus satisfaisans pour l'esprit; ils offrent une réunion d'êtres étroitement liés par une multitude de rapports, que le naturaliste le moins exercé aperçoit du premier coup d'œil. Chaque organe essentiel, comparé dans les diverses espèces, se présente avec des modifications si légères, que l'étude d'un seul individu suffit pour donner des notions exactes sur toutes les espèces.

Ce sont les seuls genres sur lesquels les observateurs soient parfaitement d'accord. Le lien qui les unit est durable, et il est impossible que les esprits judicieux n'en reconnoissent pas la solidité. Quel botaniste sensé pourroit avoir la fantaisie de bouleverser les genres *Rosa*, *Dianthus*, *Scutellaria*, *Narcissus?* Ces groupes sont indépendans de nos systèmes; ils ont une réalité métaphysique aussi évidente pour nous que l'existence matérielle des individus.

On ne peut faire entrer dans les trois divisions que je viens de tracer la totalité des genres. Il en est un grand nombre qui n'ont point de caractères bien tranchés, et qui prennent une place différente, selon la manière dont on les envisage; mais en développant la théorie de la formation de ces petites familles, mon unique dessein a été de mettre le lecteur en garde contre les préjugés et l'esprit de système.

Famille.

De même que l'on a rattaché les espèces les unes aux autres pour constituer les genres, on a réuni les genres entre eux pour composer les *Familles.* Ces associations sont fondées, comme les premières, sur la ressemblance des traits caractéristiques, et particulièrement sur la ressemblance des organes de la reproduction. Si l'on conçoit que certaines modifications des organes puissent se retrouver les mêmes dans plusieurs genres, il est facile d'imaginer comment les familles se sont établies. Les unes offrent des réunions qu'on prendroit volontiers pour de grands genres, tant les espèces qui viennent y prendre place ont de ressemblance dans toutes leurs parties ; ce sont les *familles en groupe,* telles que les Crucifères, les Labiées et les Ombellifères ; les autres sont composées de genres qui ne présentent, à la vérité, qu'un petit nombre de caractères communs, mais qui, étant rangés suivant les règles de l'analogie, offrent une série d'espèces dont la liaison est évidente : ce sont les *familles par enchainement,* telles que les Borraginées et les Renonculacées.

Il y a aussi des familles systématiques, si toutefois on peut donner le nom de *familles* à des démembremens de grandes familles très-naturelles, que l'on subdivise, pour la simple commodité de l'étude, d'après la considération d'un caractère isolé. Les Semi-flosculeuses, les Flosculeuses et les Radiées, ou bien les Chicoracées, les Cynarocéphales et les Corymbifères, dans la famille en groupe des Synanthérées, sont des exemples frappans de ces coupures artificielles.

Les familles sont, dans le règne végétal, le terme de ces réunions successives d'individus, fondées sur les analogies organiques. A la vérité, on aperçoit encore de loin en loin des points de contact entre quelques familles; mais ils sont, généralement parlant, trop rares et trop foibles pour donner jamais lieu à de grandes associations avouées de tous les botanistes.

J'excepte pourtant la division des végétaux en quatre classes, distinguées par la structure du tissu interne, par l'absence, la présence, le nombre des cotylédons, par l'absence ou la présence des organes sexuels, et par l'évolution des germes. Malgré quelques exceptions évidentes, cette division doit plaire aux botanistes qui ne sont pas étrangers aux grandes vues de la physiologie végétale; mais elle présente des considérations d'un ordre trop relevé pour être jamais d'une application facile dans de simples recherches de botanique.

Emploi des caractères.

Il est évident, par la constitution des espèces, des genres et des familles, que toute espèce doit offrir les caractères essentiels de la famille et du genre auxquels elle appartient, et que, par conséquent, les caractères spécifiques, c'est-à-dire les traits qui la distinguent des autres espèces de son genre, ne seront ni ceux de ce genre, ni ceux de la famille.

Il n'est pas moins évident que d'ordinaire la plupart des caractères de famille seront nuls pour distinguer un genre, car ils devront se retrouver dans tous les genres de la famille, surtout s'il s'agit d'une famille en groupe; d'où il suit que chaque individu d'une famille quelconque offrira trois sortes de caractères : les *caractères de famille*, les *caractères génériques* et les *caractères spécifiques*.

Lorsqu'on forme une famille, on cherche dans les caractères des genres qui doivent y trouver place, les traits généraux qui les groupent ou qui les enchaînent, et qui, par cette raison, distinguent cette famille des autres. Ces traits généraux sont les caractères de famille : ils sont les plus importans de tous.

Pour distinguer les genres, on adopte, relativement aux espèces, une marche semblable, et l'on obtient de cette manière les caractères génériques qui ont encore une grande valeur, quoiqu'ils soient inférieurs aux premiers.

Enfin, pour établir une espèce, on cherche dans les individus les traits qui séparent cette espèce de celles du même genre, et ces traits sont les caractères spécifiques, lesquels sont presque toujours des caractères de la végétation, qui sont isolés et n'ont que peu de valeur.

Une conséquence de la constitution des familles, des

53.

genres et des espèces, c'est que *dans un groupe ou dans une série donnés, la valeur d'un caractère quelconque croît en raison directe du nombre de genres, d'espèces ou d'individus dans lesquels le caractère se manifeste.* Mais comme chaque famille a une physionomie qui lui est propre, que par cette raison les traits dominans n'y sont pas les mêmes que dans les autres familles, que telle modification y affecte plus ou moins de constance, selon que les genres se groupent ou s'enchainent, et que les genres et les espèces donnent lieu à des observations tout-à-fait semblables, il est certain *que si l'on veut suivre avec rigueur les lois de l'analogie dans la classification des plantes, il faut renoncer à l'idée séduisante, mais fausse, d'une gradation fixe de valeur dans les caractères.*

L'insertion des étamines, si importante dans les renonculacées, les rosacées, les crucifères, n'a plus la même valeur dans les saxifragées, les éricinées, les liliacées.

Terminologie.

On emploie un substantif pour désigner chaque partie des plantes dans laquelle on reconnoît ou l'on soupçonne des fonctions particulières, et un adjectif pour indiquer chaque modification ou caractère de cette partie. La collection des mots consacrés à cet usage est la *technologie botanique.*

Deux opinions se sont élevées naguères touchant la terminologie. Quelques botanistes ont prétendu qu'il fallait perfectionner cette langue technique à ce point, que chaque caractère, quel qu'il fût, eût un nom particulier invariable, de sorte que plusieurs auteurs, décrivant séparément la même plante ou des plantes analogues, fussent dans l'impossibilité d'employer des termes différens à la vue des mêmes caractères. D'autres botanistes ont pensé qu'il falloit éviter tout néologisme, et s'en tenir religieusement à la langue linnéenne pour les organes et les caractères que Linné a définis, et se servir pour le reste des mots tirés de la langue vulgaire.

L'idée des premiers est inexécutable. Il ne suffit pas de créer de nouveaux mots, il faut les définir; et si la définition manque de rigueur, l'application des mots est nécessairement vague. Or, les définitions applicables aux êtres organisés n'ont en général rien d'absolu. La forme, l'attache, les dimensions, les proportions, et même, jusqu'à un certain point, les fonctions d'un organe, varient quelquefois d'une espèce à l'autre. Les botanistes n'ont point encore proposé, et ne proposeront peut-être jamais une définition de la fleur, du péricarpe, de la graine, de la feuille, de l'épi, du chaton, etc., qui, contenant tout ce que les fleurs, les péricarpes, les graines, les feuilles, les épis, les chatons ont de commun, et ne contenant que cela, donne une idée nette de ces parties et les fasse reconnoître dans tous les cas. Aussi, sous le nom de définition, offrons-nous très-souvent l'énumération des caractères les plus habituels de l'organe que nous voulons faire connoître. La proposition d'une terminologie rigoureuse résulte donc d'un faux jugement porté sur la nature même des choses.

Quant à l'avis des seconds, qui est que l'on doit se borner à l'usage de la terminologie linnéenne, il est, selon moi, trop timide; si on le suivoit à la lettre, bientôt la plus grande confusion s'introduiroit dans la science. Les nouvelles découvertes, les aperçus neufs, les analogies mieux déterminées, les définitions plus exactes, les classifications plus savantes, amènent inévitablement l'emploi de nouveaux mots. Il ne faut point les multiplier sans nécessité; il ne faut point les rejeter s'ils sont nécessaires.

La science, le goût et le discernement, doivent présider au perfectionnement de la terminologie. Dans la création des mots, il convient de se conformer, autant que possible, au génie de la langue dans laquelle on écrit. Si l'on a recours au grec ou au latin pour y chercher des étymologies, les meilleures seront celles qui sont déjà en usage en botanique, parce que l'esprit en saisira plus rapidement le sens, et que l'oreille en sera moins étonnée. Toute expression rude et mal sonnante sera proscrite. L'on fera bien d'emprunter les mots de la langue vulgaire, quand on le pourra sans en changer l'acception. Enfin, une périphrase devra presque toujours être préférée à un terme nouveau, s'il s'agit d'indiquer un caractère organique qui se rencontre très-rarement.

De tous les idiômes de l'Europe, le nôtre est peut-être celui qui offre le moins de ressources pour la composition d'un vocabulaire technique. Le génie de la langue françoise ne permet guère ces élisions de syllabes, au moyen desquelles on unit deux mots pour en créer un troisième, et je crains bien que nous n'en soyons toujours réduits à franciser des mots latins. Au reste, l'inconvénient n'est pas aussi grave qu'on le croit communément. Je conviens que d'abord l'oreille repousse ces mots étrangers, mais elle ne tarde pas à s'y habituer quand ils sont nécessaires et n'ont rien de choquant que leur nouveauté. On ne peut nier d'ailleurs qu'ils ne soient très-commodes pour l'étude ; car, comme ils ne diffèrent du latin que par la désinence, il s'ensuit que la terminologie est à peu près la même dans les deux langues. Par-là l'étude se simplifie, et la mémoire, moins chargée de mots, a plus d'aptitude à retenir les faits. Une version, quelque rigoureuse qu'elle soit, laisse toujours beaucoup à désirer. Il ne faut donc point condamner nos botanistes par la seule raison qu'ils introduisent dans la science des expressions que la langue vulgaire désavoue ; mais on ne doit point les approuver, et moins encore les imiter, quand ils emploient des mots ridicules, barbares, ou superflus. En ceci, comme en tout, il faut tenir un juste milieu ; c'est le point difficile.

Exposition des caractères et description.

Le botaniste habile expose les traits caractéristiques des familles, des genres et des espèces, avec clarté et précision. Il néglige, en parlant d'une famille, ce qui a rapport aux genres ; en parlant d'un genre, ce qui a rapport aux espèces ; en parlant d'une espèce, ce qui a rapport aux individus : il n'insiste que sur les modifications qui distinguent l'association dont il veut donner le signalement. Les détails trouvent place dans la description des espèces. Le célèbre Adanson, et depuis M. Antoine-Laurent de Jussieu, chacun selon la trempe de son génie et sa façon de voir, nous fournissent de beaux exemples de la manière dont il convient d'exposer les caractères des familles. Linné a porté dans ses descriptions génériques et spécifiques, une méthode et une précision inconnues jusqu'à lui. C'est en cherchant à imiter les modèles que nous a laissés ce grand maître, que nous apprendrons les secrets d'un art plus difficile que ne le pense la foule des botanistes.

Après le genre viennent les *phrases* et les *descriptions spécifiques*.

Une description spécifique passe en revue les diverses parties de la plante, et note successivement les caractères, en prenant d'abord les racines, puis les tiges, les branches, les boutons, les feuilles, les stipules, les bractées, le périanthe, les étamines, le pistil, le péricarpe et la graine. Comme il ne s'agit pas de décrire un individu, mais une collection d'individus dont on veut fixer les traits généraux, il est bon de ne déterminer les caractères que lorsqu'on les a comparés dans un grand nombre d'individus : sans cette précaution, on risque de donner comme caractères spécifiques, des modifications individuelles.

Les descriptions doivent être complètes, mais non pas minutieuses : trop abrégées, elles ne donneroient qu'une idée imparfaite de la plante ; trop détaillées, elles fatigueroient l'attention et ne laisseroient point de trace dans la mémoire. Un bon peintre ne copie pas servilement les rides et les taches de la peau ; il sait que ce travail pénible rebute l'œil du connoisseur, et nuit à l'effet général. Un naturaliste est un peintre. Voyez avec quelle économie de mots et quelle sagacité Clusius, Linné, Haller, Smith, Vahl, Desfontaines, décrivent les plantes qu'ils veulent faire connoitre : rien de ce qui doit frapper l'observateur n'est omis ; chaque trait caractéristique est distinct, et pourtant se rattache à tous les autres ; la rigueur de l'analyse ne détruit point l'unité du portrait ; le *style* emprunte une élégance particulière de la rapidité des tours et de la justesse des expressions ; mais on n'arriveroit jamais à ce haut degré de perfection, si l'on avoit négligé de faire une étude approfondie de l'ensemble des traits caractéristiques. C'est uniquement lorsqu'on a tout vu, tout comparé, que l'on sait bien ce qu'il faut dire ou taire, et pour ce qui est de la manière de s'exprimer, elle suppose dans le naturaliste, outre une connoissance des faits, du goût et de la littérature ; car il ne faut pas croire que le talent de faire de bonnes descriptions en histoire naturelle, soit indépendant de l'art d'écrire. Nous devons imputer à ce préjugé trop répandu les descriptions diffuses, obscures, surchargées de termes barbares, dont on trouve tant d'exemples dans les livres d'un grand nombre de botanistes anciens et modernes. Après avoir décrit l'espèce, on indique, s'il y a lieu, les phénomènes particuliers qui tiennent à la physiologie, les faits historiques de nature à intéresser le lecteur, et tout ce qui est relatif à la médecine, à l'agriculture, au jardinage, aux arts, à l'économie domestique. Ces notes font goûter davantage l'étude du règne végétal.

Une bonne description est indispensable; mais elle ne suffit pas : le botaniste doit nous apprendre en quoi l'espèce qu'il décrit diffère de toutes ses congénères. Que de temps péniblement employé, s'il nous falloit comparer les unes aux autres les descriptions des espèces de chaque genre, pour y découvrir les caractères distinctifs ! au moyen des phrases spécifiques, ce travail n'est qu'un jeu.

La description offre l'ensemble des caractères; la phrase ne présente que des notes différentielles; la première fait mieux connaître l'espèce en elle-même; la seconde la fait mieux distinguer de ses congénères : supprimez celle-ci, il n'y a plus de point fixe de comparaison; supprimez l'autre, il n'y a plus de certitude dans le résultat des recherches; enfin, s'il m'est permis de parler par images, à la manière de Linné, je dirai que la phrase sans description est un fanal sans port, et la description sans phrase un port sans fanal.

Le botaniste ne compose la phrase qu'après la description; car c'est dans celle-ci qu'il trouve les élémens de l'autre; mais quand il vient à publier son travail, il place la phrase immédiatement après le genre, parce qu'elle offre des caractères sur lesquels l'attention doit se porter d'abord. Puisque la destination de la phrase est d'indiquer en quoi une espèce diffère de toutes ses congénères, il est clair que pour la bien rédiger, le botaniste doit avoir présens à l'esprit les caractères des autres espèces du genre. Le choix des notes ne s'étend pas au-delà des caractères constans; les caractères variables, tels que la grandeur, la durée, la couleur, la saveur, le lieu natal, etc., doivent être rejetés. Sans cette précaution, on proposeroit à chaque instant des variétés pour des espèces : il faut que les phrases soient très-significatives et très-brèves. Avant Linné, elles étoient souvent très-longues et toujours insignifiantes ; celles de beaucoup de botanistes modernes sont trop détaillées ; leurs descriptions n'ont point de fin ; leurs phrases sont de petites descriptions : qu'ils resserrent les unes et les autres, s'ils veulent atteindre leur but.

Noms de familles et de genres.

Chaque famille a reçu un *Nom* qui rappelle communément quelques traits généraux de la famille, ou bien le genre le plus remarquable ou le plus connu qu'elle renferme. Les noms de Labiées, de Crucifères, etc., sont tirés de la forme de la corolle; ceux d'Ombellifères, de Corymbifères, etc., de l'inflorescence; celui de Légumineuses, de la nature du fruit; ceux d'Iridées, d'Orchidées, de Verbénacées, des genres Iris, Orchis, Verveine.

Pour éviter la confusion, il ne faut pas que le nom de la famille soit absolument le même que celui de l'un des genres qu'elle renferme. M. Antoine-Laurent de Jussieu a donc très-bien fait de changer la terminaison des noms génériques, quand il les a appliqués aux familles.

Un substantif collectif désigne toutes les espèces d'un genre; c'est le *Nom générique.* Il doit avoir une origine quelconque; car il seroit choquant de rassembler des sons au hasard pour forger de nouveaux noms. Mais comme les genres sont sujets à des modifications et à des réformes, suites inévitables des découvertes successives, l'expérience journalière montre que *les meilleurs noms génériques sont ceux qui n'indiquent aucun caractère, à moins que ce ne soit le propre caractère de la fructification ou de l'inflorescence, qui sert de lien commun aux espèces, et sans lequel le genre qu'on veut désigner n'existerait pas.*

Lorsque le père Plumier nomma le genre *Chrysophyllum*, des mots grecs *chrysos,* or, et *phyllon,* feuille, il ne connoissoit qu'une espèce de ce genre, le Caïnito à feuilles dorées : mais depuis, Jacquin vit une autre espèce de *Chrysophyllum* à feuilles argentées, et il l'appelle *Chrysophyllum argenteum,* deux mots dont l'alliance est condamnable, puisque le second contredit formellement la signification du premier. Le père Plumier eût prévenu cette inconvenance, s'il eût adopté un nom générique insignifiant.

Beaucoup d'autres noms génériques sont également défectueux. Ils indiquent des caractères qui n'appartiennent pas à toutes les espèces de chaque genre; mais dès que l'autorité d'un botaniste accrédité, ou que l'usage a consacré un nom, on doit se garder de le changer, parce que rien n'est si nuisible à la connoissance des êtres que les changemens dans la nomenclature. D'ailleurs c'est une opinion reçue qu'il ne faut pas juger les caractères des genres par les noms qu'ils portent; mais on exige à bon droit que les botanistes respectent le goût et les règles de la grammaire, lorsqu'ils créent de nouvelles dénominations.

La plupart imposent des noms d'hommes à des genres. Ces noms patronimiques sont très-bons quand ils rappellent des personnages recommandables par d'importans ouvrages ou par les encouragemens qu'ils donnent aux sciences; mais trop souvent la flatterie ou la légèreté immortalise des noms qu'il eût fallu laisser tomber dans l'oubli.

Les noms de pays, que Linné appelle *barbares*, et dont il condamne l'usage, méritent plus d'indulgence; peut-être même doit-on les préférer, quand la prononciation en est facile, et qu'ils peuvent recevoir une terminaison latine.

Noms spécifiques.

Une espèce quelconque porte toujours le nom du genre auquel elle appartient; mais pour la distinguer nominativement de ses congénères, on place à la suite du nom générique un adjectif qui est le *Nom spécifique*. Cet adjectif est d'autant mieux choisi, qu'il indique avec plus de netteté quelques particularités de l'espèce, telles que la disposition, la forme, le nombre des feuilles (*Veronica decussata;* — *multifida;* — *hederæfolia; Orchis bifolia*); la disposition ou le nombre des fleurs (*Saxifraga pyramidalis; Viola biflora*); la réunion ou la séparation des sexes (*Carex hermaphrodita; Lychnis dioica*); le nombre des styles ou des étamines (*Celosia trigyna; Spergula pentandra*); la nature de la racine (*Solanum tuberosum; Ranunculus bulbosus*); le pays, le sol où la plante croît naturellement (*Camellia japonica; Salvia nemorosa*); son emploi dans la médecine ou dans l'économie domestique (*Chenopodium anthelminticum; Rubia tinctorum*): etc. Quelquefois aussi on désigne l'espèce par le nom que les anciens botanistes lui donnoient (*Leontodon taraxacum*), ou même par le nom de l'auteur qui l'a fait connoître (*Origanum Tournefortii*).

On conçoit que, pour que le nom spécifique ne laissât rien à désirer, il seroit nécessaire qu'il indiquât toujours un caractère organique propre à l'espèce, de sorte qu'il ne convînt qu'à elle seule dans un genre donné. Alors il auroit ce grand avantage, qu'il tiendroit lieu de phrase spécifique. Lorsque l'Héritier nomma *obliqua* une espèce de *Begonia*, parce que la lame de la feuille a des bords obliques relativement au pétiole, il indiqua un caractère qui se retrouve dans toutes les espèces du genre, et qui, par cette raison, n'en désigne aucune en particulier. Le nom spécifique donné par l'Héritier n'est donc point caractéristique; mais en y réfléchissant, nous verrons que souvent il n'est pas en notre pouvoir d'éviter de telles imperfections de nomenclature. L'intérêt de la science veut qu'on enregistre toutes les espèces nouvelles, aussitôt qu'on en a reconnu les caractères, et qu'on leur impose des noms spécifiques; or, on ne peut comparer ces espèces qu'à celles que l'on possède déjà, et les noms spécifiques que l'on adopte, et qui souvent sont très-heureusement choisis, vû l'état de la science, deviennent presque toujours vagues ou insignifians par suite des nouvelles découvertes. Ajoutons que lorsqu'un genre est composé de beaucoup d'espèces, il est impossible d'exprimer par une seule épithète, ce qui distingue chaque espèce de toutes les autres, et cependant le nom spécifique n'admet qu'un mot. Ces réflexions nous conduisent à conclure avec Linné que le nom spécifique ou *trivial*, comme il l'appelle, échappe à toutes les règles, et ne sauroit remplacer les phrases spécifiques.

Des botanistes modernes, prétendant rectifier ce qu'il leur a plu d'appeler des vices de nomenclature, ont changé beaucoup de noms anciens; mais cette pratique a l'inconvénient

de surcharger et d'obscurcir la synonymie, autre partie de
la science dont je vais parler.

Synonymie.

Tout botaniste qui travaille dans le but d'avancer ou
d'éclaircir la science, est tenu, lorsqu'il décrit une espèce
connue, ou qu'il donne ses principaux caractères, de citer
à la suite du nom ou de la phrase spécifique qu'il adopte,
les ouvrages originaux, où déjà il a été fait mention de cette
plante, et les noms différens, aussi bien que les caractères
essentiels qui ont été employés pour la distinguer de ses
congénères, afin que le lecteur puisse consulter sur-le-champ,
et sans recherches ultérieures, les auteurs auxquels on doit
les premières notions de l'espèce qu'il étudie. Cette série de
citations est ce qu'on appelle la *Synonymie*. Une synonymie
est bonne quand elle est exacte, complète, disposée dans un
ordre méthodique, et qu'elle n'admet rien de superflu. A
quoi serviroit-il de renvoyer aux ouvrages d'une foule de
compilateurs, si ce n'est à étaler une érudition aussi nuisible
que vaine? Les grands botanistes portent dans ce travail une
attention scrupuleuse ; ils savent que les erreurs de synonymie, qui consistent surtout à attribuer à une espèce le
nom et les caractères d'une autre, sont les plus puissans
obstacles aux progrès de l'histoire naturelle. Cette partie de
la science, qui n'est, à parler rigoureusement, qu'un moyen
de conserver intactes les connoissances acquises, devient de
jour en jour plus difficile; car non-seulement elle s'accroît
par les découvertes des nouveaux botanistes, mais encore
par les fautes qu'ils commettent. Beaucoup, traitant la synonymie avec une négligence impardonnable, accumulent,
comme à plaisir, les fausses citations; beaucoup d'autres,
trouvant plus commode et plus facile d'imaginer des noms
que de découvrir ou de vérifier des faits, changent inces-
samment la nomenclature, et usurpent une réputation qui
n'appartient de droit qu'aux observations assidues et aux
critiques judicieux. Quand on considère ces abus, on doit
souhaiter que quelque homme de vaste savoir et de grande
autorité fixe de nouveau la synonymie, comme autrefois

les illustres frères Jean et Gaspard Bauhin, et de nos jours, l'immortel Linné.

Méthodes.

Tous les botanistes tombent d'accord que la connoissance des espèces et des rapports qui les unissent, doit être le but de leurs études ; aussi tous admettent le rapprochement des espèces en genres, et la plupart celui des genres en familles. Mais beaucoup croient qu'on ne peut atteindre promptement et sûrement le but, que par le moyen des *Méthodes.*

On appelle méthode, en Botanique, une *classification symétrique des genres, qui les rapproche ou les éloigne en vertu de caractères semblables ou différens, de telle manière que l'on puisse descendre, par l'analyse, la comparaison et l'exclusion des caractères, de l'ensemble des genres compris dans la méthode à des groupes particuliers, qui renferment un moindre nombre de genres.*

Les derniers de ces groupes sont désignés sous le nom d'*Ordres* ; les avant-derniers, sous celui de *Classes.* Chaque ordre est formé par une collection de genres ; chaque classe par une collection d'ordres. Depuis Tournefort, les Botanistes, d'un consentement unanime, tirent les *caractères classiques* et *ordinaux* des organes de la reproduction.

On a essayé de distinguer les méthodes en *artificielles* et en *naturelles*, et l'on a subdivisé les artificielles en *Systèmes* et en *Méthodes artificielles* proprement dites. Voici la définition que l'on donne de ces trois sortes de méthodes :

Le Système trouve les caractères de ses divisions correspondantes dans un seul organe, envisagé sous un même point de vue.

La méthode artificielle emploie, pour ses divisions correspondantes, des caractères divers, choisis souvent dans différens organes, selon le besoin ou la commodité.

La méthode naturelle fait usage uniquement des caractères généraux des groupes que la nature a formés, et elle fonde toutes ses divisions sur ces caractères, de sorte que l'exposition de cette méthode doit être l'expression des principaux rapports que les êtres ont entre eux.

Mais cette manière de considérer les méthodes n'a rien de réel ; nous ne connoissons point de véritables systèmes en botanique : il ne peut même y en avoir, parce qu'il n'existe dans les plantes aucun organe extérieur commun à toutes les espèces. Et quant à la méthode naturelle, il est permis de douter qu'on la trouve jamais, puisque les efforts multipliés qu'on a faits jusqu'ici pour la découvrir, n'ont abouti qu'à prouver que *la valeur des caractères est variable.* Aussi peut-on dire, en appliquant aux familles ce que Linné dit si judicieusement des genres, *que c'est la famille qui fait le caractère, et non le caractère la famille.*

Il ne reste donc que les méthodes artificielles, et, en effet, toutes les méthodes qu'on a imaginées sont de cette sorte; aucune n'a la simplicité d'un système; aucune ne conserve tous les rapports naturels.

S'il est impossible d'atteindre l'un ou l'autre de ces deux buts, on peut en approcher plus ou moins. La méthode de Tournefort se prête souvent à la marche de la nature. Celle de Linné s'en éloigne davantage ; mais elle est plus simple, et elle a quelque chose de l'esprit de perfection que l'on cherche dans un système.

Je ne cite point ici comme modèle la méthode de Bernard de Jussieu, que son illustre neveu, Antoine-Laurent, a développée avec tant de sagacité, attendu que, si nous considérons cette méthode dans son application, nous voyons qu'elle a été constamment sacrifiée à l'intégrité des familles naturelles, et que les genres ne s'y classent qu'à la faveur d'une foule d'exceptions.

Les méthodes artificielles disposent les faits dans un ordre qui soulage la mémoire; elles attirent fortement l'attention sur les traits caractéristiques qu'elles mettent en évidence. On leur doit le perfectionnement des familles; car si tous les caractères n'eussent été soumis successivement à l'épreuve des méthodes, il est certain que la plupart des ressemblances et des différences, d'où résultent les rapports, seroient encore à découvrir.

Une bonne méthode artificielle doit être sûre et commode ; il faut même qu'elle ne soit pas dénuée d'un certain agrément, c'est-à-dire, qu'il est nécessaire que les caractères qu'elle emploie soient du nombre de ceux qui éveillent la curiosité. Elle est d'autant plus utile qu'elle est plus générale ; ainsi toute exception dans une méthode artificielle est un

défaut. C'est un avantage, sans doute, d'y trouver un grand
nombre de familles dans leur intégrité; mais comme l'objet
que les auteurs de méthodes ont en vue est surtout de faciliter l'étude des genres, tous les moyens qui conduisent
promptement à ce but sont bons, et la plus commode des
méthodes artificielles sera toujours la meilleure.

Ceux qui proscrivent l'usage des méthodes artificielles n'en
ont point saisi le véritable esprit; ceux qui ne s'attachent
qu'à ces classifications arbitraires et qui négligent l'étude
des rapports naturels, ignorent la beauté et la dignité de la
science.

Connoissance des rapports naturels, considérés comme objet de la science.

Tous les botanistes, sans exception, tombent d'accord que
la condition essentielle, pour qu'un genre soit bon, est que
les espèces qu'il rapproche aient beaucoup d'analogie entre
elles, et diffèrent, par quelques traits saillans, des espèces
comprises dans les autres genres. Il suit de là que tous les
genres établis sur ce principe, sont de petites associations,
avouées par la nature elle-même.

Mais les botanistes diffèrent sur les principes qu'il convient
d'adopter pour rapprocher les genres en groupes moins nombreux. Les uns pensent qu'il faut encore avoir égard aux
affinités naturelles; les autres croient qu'il vaut mieux s'en
tenir à des classifications artificielles, assez simples et en
même temps assez rigoureuses pour conduire, par une analyse facile et sûre, à tous les genres connus.

De ces deux opinions, quelle est la plus favorable aux progrès de la science? Cette question n'est pas sans intérêt : je
vais essayer de la résoudre.

Tout le monde sait qu'on doit entendre par *espèce végétale*,
l'ensemble des plantes qui, ayant entre elles une extrême
ressemblance dans toutes leurs parties et reproduisant des
plantes semblables à elles, se présentent à la pensée comme
tirant leur origine d'un premier germe, multiplié par la génération. Que tous ces individus soient en effet les descen-
dans d'un être unique, dont ils conservent exactement les
caractères d'organisation, ce n'est pas ce que le botaniste

prétend garantir : il lui suffit que l'air de parenté autorise l'hypothèse. Cette idée si simple n'est pas née subitement dans l'esprit des hommes qui se sont les premiers livrés à l'étude des plantes. Une longue suite de siècles s'est écoulée avant que les botanistes aiént donné une définition précise de l'espèce végétale ; mais aujourd'hui ils sont d'accord sur le principe, bien qu'ils diffèrent quelquefois dans l'application.

Il n'y a guère d'espèces qui n'aient avec d'autres des traits de ressemblance plus ou moins multipliés, plus ou moins frappans. Si ces traits se manifestent dans des organes qui servent à la régénération, et, par conséquent, à la durée des espèces, organes qui, selon notre manière de sentir et de philosopher, sont beaucoup plus nobles et plus importans que ceux qui ne servent qu'à la conservation passagère des individus, nous rapprochons ces espèces, et nous en formons des groupes sous le nom de genres.

Les genres se composent donc d'espèces distinctes les unes des autres par des traits organiques de peu d'importance, mais semblables les unes aux autres par les principaux traits de la fleur, du péricarpe et de la graine, instrumens naturels de la propagation et de la conservation des races.

Ce fut Gesner qui découvrit la loi de la formation des genres. On ne sauroit dire qu'avant lui la science existât ; car si la connoissance des faits est la base de nos théories scientifiques, ces théories, ou, ce qui est la même chose, les sciences, n'existent réellement que lorsque le génie de l'homme, éclairé par la comparaison des faits, est parvenu à les grouper en vertu des rapports naturels qu'ils ont entre eux, et à se former une idée générale aussi nette, aussi simple, de chaque groupe en particulier, que celle qu'on peut concevoir d'un fait isolé.

Il pourroit sembler, au premier coup d'œil, qu'après la grande découverte de Gesner rien n'étoit plus aisé que de rapprocher les espèces pour en former des genres, et les genres pour en former ces groupes plus volumineux que les botanistes modernes ont désignés sous le nom de familles. De même que les genres sont des réunions d'espèces qui se conviennent par les traits semblables de la fleur et du fruit, de même aussi les familles sont une réunion de genres qui ont une analogie marquée dans les parties de la fécondation et de la fructification. Ainsi les familles ne sont, à bien considérer les choses, que de grands genres, soumis, comme les autres, à la loi proclamée par Gesner. Mais, de la connoissance du principe à son application, la distance est grande; Gesner n'a pas même tenté d'atteindre le but : il a montré la route; il voyoit les difficultés, et savoit que, pour les surmonter, il ne faudroit rien moins que le travail opiniâtre de plusieurs générations. Les groupes qui méritent le nom de genres ou de familles ne sont pas des créations arbitraires du botaniste; il ne les imagine pas ; il les découvre par l'observation : en les exposant, il n'est que l'historien de la nature.

Quelques botanistes célèbres, entre autres Morison, Ray, Magnol, essayèrent de marquer les affinités, et même de former des familles. Ils échouèrent dans leur entreprise, parce que la plupart des matériaux nécessaires à l'exécution leur étoient inconnus.

Pour former les familles, il falloit avoir sous la main les genres qui devoient y prendre place, et ils n'étoient pas encore constitués ; car on ne peut donner le nom de genres à des groupes, souvent artificiels, et toujours mal caractérisés. L'établissement définitif des genres ou des familles devoit suivre, et non devancer l'examen, la comparaison et la rigoureuse définition de tous les caractères.

Cependant, comme il étoit impossible de se livrer à l'étude des végétaux sans éprouver le besoin de les ranger dans un ordre quelconque, on fit des méthodes artificielles, c'est-à-dire, qu'à l'aide d'un petit nombre de caractères observés et comparés avec soin, on composa de vastes tableaux synoptiques, où vinrent se placer, tant bien que mal, les espèces connues et celles qu'on découvroit tous les jours. Ce travail s'étendit successivement à tous les organes, parce que tout botaniste qui avoit l'ambition de reculer les bornes de la science, reconnoissant l'insuffisance des méthodes existantes, tâchoit d'en imaginer une meilleure, et de la faire prévaloir. Chaque méthode offre une suite d'observations souvent intéressantes, sur les organes auxquels son inventeur a donné la préférence, et la réunion de toutes ces méthodes contient une grande partie des faits dont la connoissance a servi à perfectionner les genres et à les grouper en familles.

On a raison de dire que ces méthodes rompent ordinairement les affinités naturelles, et que ce n'est que par hasard, et peut-être à l'insçu des inventeurs, qu'elles s'accordent de loin à loin avec elles. Deux, ou trois, ou quatre caractères isolés, tirés de certains organes, qui quelquefois ont très-peu d'importance, ne suffisent pas pour rapprocher les végétaux selon les lois de la nature. Les différences et les ressemblances sont beaucoup plus multipliées; et quand il s'agit de constater les rapports naturels, il faut que tous les organes de quelque valeur soient soumis à un sérieux examen. Le trait de lumière qui éclaire les affinités, et fait voir nettement une analogie qui sembloit équivoque, part souvent du point le plus caché de l'organisation.

Entre beaucoup d'exemples je n'en citerai que deux qui me sont personnels.

Premier exemple. MM. du Petit-Thouars, Corréa et Richard père, soupçonnoient que la petite famille des *Cycadées*, composée des genres *Cycas* et *Zamia*, avoit quelque affinité avec la famille des *Conifères*, quoique, par la structure interne de la tige et le mode de son développement, les *Cycadées* se rapprochassent des *Palmiers* et des *Fougères* : or, cette affinité devient évidente par la dissection de la fleur femelle du *Cycas*, du *Zamia*, de l'*Ephedra*, du *Taxus*, du *Juniperus*, du *Cupressus*, du *Pinus*, etc., qui, comme je l'ai démontré, est renfermée dans une cupule adhérente (calice, Richard), qu'on avoit prise pour le pistil lui-même.

Second exemple. M. de Jussieu, n'ayant pas eu occasion d'observer la structure de la graine du *Saururus*, hésitoit à placer ce genre dans la famille monocotylédone des *Aroïdes*, ou dans la famille dicotylédone des *Pipéracées;* et, en attendant de nouvelles observations, il le laissoit en dépôt dans la famille informe des *Naïades*, etc.

J'analyse comparativement la graine du *Piper nigrum* et celle du *Saururus*, et il se trouve que l'embryon de l'un et de l'autre, situé au sommet d'un grand périsperme, a deux cotylédons et est renfermé dans une espèce de poche, appendice de la radicule, tout-à-fait semblable à celui qui contient l'embryon du *Nymphœa*. Ainsi le *Saururus* rentre dans les *Pipéracées*, et le *Nymphœa* tend à s'en rapprocher par un caractère d'autant plus remarquable qu'il est moins commun.

De tels caractères ne disent rien à l'esprit du botaniste qui ne cherche dans les classifications qu'un procédé expéditif pour arriver aux noms et aux phrases distinctives des diverses espèces; mais ils réclament l'attention du botaniste qui veut connoître les rapports naturels. Toutefois il y auroit de notre part une grande injustice à reprocher aux inventeurs des méthodes artificielles, d'avoir négligé l'établissement de familles : ils firent tout ce que les temps leur permettoient de faire, en réunissant laborieusement les faits qui devoient un jour constater les analogies. Ceux qui en devinoient l'existence, ne purent la démontrer. Si les Morison, les Ray, les Magnol, eussent écrit trente ans plus tard, ils eussent partagé avec Bernard de Jussieu, l'honneur de rapprocher les plantes en vertu des affinités. Leurs essais, quelque défectueux qu'ils doivent nous paroître, en sont la preuve, et leur impuissance pour atteindre le but accuse moins leur génie que l'imperfection de la science au temps où ils composèrent leurs ouvrages.

Je suppose qu'un homme, doué d'une force d'esprit et d'une sagacité prodigieuses, eût entrepris seul de tirer la botanique de l'abaissement où elle étoit au commencement du seizième siècle, et eût vécu assez long-temps pour l'élever à la hauteur où elle est parvenue de nos jours. et je me demande si, pour exécuter de si vastes travaux, cet homme n'eût pas dû suivre la route qui a été parcourue par les botanistes depuis Gesner jusqu'à l'époque actuelle : il me paroit hors de doute qu'il eût été poussé dans cette voie par le développement et le progrès de ses idées. Il eût reconnu d'abord. avec Gesner, qu'il existe dans le règne végétal des groupes naturels, composés d'espèces réunies par les caractères semblables de la fleur et du fruit; mais il n'eût pas tardé à juger que, pour prendre une idée juste de ces groupes, et distinguer les limites qui les circonscrivent, il falloit étudier tous les végétaux connus, déterminer les formes et les fonctions de leurs organes.

comparer ces organes entre eux, et noter soigneusement les
caractères par lesquels ils se rapprochent ou s'éloignent.
Afin de procéder avec ordre, il eût imaginé de composer,
comme Adanson l'a essayé de nos jours, une suite de tableaux, dans chacun desquels toutes les espèces, classées méthodiquement, se seroient présentées sous un point de vue
particulier. Ces tableaux eussent fait ressortir vivement les
ressemblances et les différences dans les organes analogues;
aucun des caractères employés pour les classifications depuis
Césalpin jusqu'à Gærtner n'eût été négligé, et notre botaniste auroit eu sous les yeux autant de méthodes artificielles
que de tableaux. Alors, frappé des imperfections de toutes
ces méthodes, et plus que jamais convaincu de l'excellence
de la doctrine de Gesner, il eût rapproché et groupé les
espèces en prenant les affinités pour règle, et il eût obtenu,
par ce moyen, des genres aussi nettement définis que ceux
du *Genera plantarum*. Ici, ce me semble, il eût porté ses re-
gards en avant, et se fût consulté sur ce qu'il lui resteroit
à faire pour terminer dignement son entreprise. Distribuer
les genres dans les cadres mesquins d'une méthode artificielle,
lui eût paru un jeu d'esprit mal assorti avec la solidité de
son jugement; fonder une méthode naturelle qui devoit
offrir tous les genres disposés en séries, et enchaînés les uns
aux autres par des affinités continues, eût été une idée brillante qui l'eût séduit d'abord; mais bientôt, désabusé par des
observations décisives, il eût abandonné cette chimère, véritable pierre philosophale de la science. Considérer les genres,
non plus comme des collections d'espèces, mais comme autant d'êtres distincts, et, par une nouvelle application de la
doctrine de Gesner, les réunir en familles, et noter les affinités croisées qui enlacent ces familles et ne permettent
pas qu'on les enferme dans une méthode quelconque, eût
été sans doute sa dernière pensée, et celle qu'il eût mise à
exécution.

Ce que ce génie extraordinaire eût fait, une succession
de grands botanistes l'ont exécuté, et c'est M. Laurent de
Jussieu qui, mettant à profit les faits innombrables recueillis
par ses devanciers, et y joignant les observations de Bernard de Jussieu, celles d'Adanson, les siennes propres, est

parvenu à former des familles naturelles, qui embrassent presque tous les genres connus.

M. Laurent de Jussieu n'a point borné son travail à l'établissement des familles : il les a classées dans un ordre méthodique qui, selon lui, est naturel; mais, s'il m'est permis de dire mon sentiment sur la méthode de ce savant homme, j'avouerai qu'elle ne me paraît pas répondre à l'idée qu'il s'en est faite. Je vais donner quelques explications, qui, je l'espère, écarteront de moi le reproche de m'être avancé inconsidérément.

M. de Jussieu divise les familles en trois groupes principaux; savoir : 1.º les *Acotylédones*, ou plantes qui n'ont point de cotylédons; 2.º les *Monocotylédones*, ou plantes qui n'ont qu'un cotylédon; 3.º les *Dicotylédones*, ou plantes qui ont deux cotylédons. Ainsi l'absence, la présence et le nombre des cotylédons lui paraissent des caractères invariables, auxquels tous les autres caractères sont subordonnés; de sorte que ce seul trait de l'organisation produit les plus fortes affinités.

Je conçois très-bien que, dans une multitude d'êtres, qui ont tous une grande analogie entre eux, l'absence d'un organe quelconque dans un certain nombre de ces êtres, puisse les distinguer de ceux qui en sont pourvus. Mais cela ne fait pas que des êtres auxquels un organe auroit été refusé, aient nécessairement, par cette seule raison, quelque ressemblance les uns avec les autres. Il se pourroit qu'ils n'eussent aucune analogie. L'analogie s'établit sur des caractères positifs, et non sur des caractères négatifs. J'admets par hypothèse que les *Champignons* et les *Lichens*, les *Fougères* et les *Mousses*, que M. de Jussieu range parmi les familles acotylédones, familles dont on connoît à peine, ou dont on ne connoît point du tout les germes reproducteurs, sont véritablement privées de Cotylédons : s'ensuit-il que les *Champignons* et les *Fougères*, les *Lichens* et les *Mousses*, aient entre eux des traits frappans de ressemblance? Nullement. Selon notre manière de sentir, la distance qui sépare une *Fougère* ou une *Mousse* d'un *Chêne*, ou d'un *Sapin*, est incomparablement moins grande que celle qui les sépare les uns et les autres d'un *Champignon* ou d'un *Lichen*. Cette grande division des *Acotylédones* n'est donc pas naturelle, puisqu'il y a incompatibilité d'organisation entre plusieurs des familles qu'elle comprend.

On observera peut-être que de nouvelles recherches tendent à prouver que les *Mousses* et les *Fougères* ont un cotylédon : cela est probable. Moi-même j'ai annoncé que plusieurs *Fougères* produisent en germant une espèce de feuille séminale. Il faudra donc détacher de la division des *Acotylédones* les *Mousses* et les *Fougères*, et sans doute aussi les *Lycopodiacées* et les *Hépatiques*, et les transporter dans la division des *Monocotylédones*. Ce changement opéré, la première division paroitra plus naturelle, sans toutefois que le caractère négatif qui la signale acquière une plus grande valeur. Mais ce ne sera pas impunément qu'on aura introduit dans la division des *Monocotylédones* trois ou quatre familles, dont les organes générateurs, encore imparfaitement connus, le sont assez, néanmoins, pour qu'il ne soit pas permis de confondre les espèces qui en sont pourvues avec les anciennes *Monocotylédones*. Pour corriger la première division, on aura altéré la seconde.

Les familles que comprend la seconde division, ont, en général, une grande analogie entre elles. Mais que fera-t-on de la famille des *Cycadées*, que M. de Jussieu avoit réunie aux *Fougères*, et placée dans les *Acotylédones?* Le tronc des espèces qui appartiennent à cette petite famille est organisé et se développe comme celui des *Palmiers*, des *Pandanées*, des *Dracœna*, etc. Ses feuilles sont d'abord roulées en volutes, comme celles des *Fougères;* sa fleur et son fruit semblent avoir pour types la fleur et le fruit des *Conifères;* son embryon a deux *cotylédons*, et il germe, si j'en juge par la description de M. Aubert du Petit-Thouars, à peu près comme l'*Æsculus hippocastanum.* Renverrons-nous les *Cycadées* dans les *Dicotylédones?* mais l'organisation et le développement du tronc s'y opposent; les introduirons-nous dans les *Monocotylédones?* mais cette bizarre alliance n'est justifiée par aucune analogie, et de plus, le titre distinctif de la division seroit encore en défaut. D'ailleurs, M. de Jussieu n'a rangé les *Cycadées* dans les *Acotylédones*, que parce qu'il a cru que les anthères du *Cycas* et du *Zamia* étoient analogues aux petites bourses, garnies d'un anneau élastique, qui couvrent les feuilles d'un grand nombre de *Fougères*, et il est reconnu maintenant que ces petites bourses contiennent les germes reproducteurs : ce qui écarte toute analogie. Cette famille des *Cycadées* semble donc avoir été créée tout exprès, pour contrarier les trois grandes divisions de la méthode de M. de Jussieu.

Portons notre attention sur la troisième division. Parmi les espèces nombreuses qui la composent, plusieurs n'ont pas de cotylédons : tel est le *Cuscuta;* plusieurs n'en ont qu'un ; tels sont plusieurs *Ranunculus*, le *Corydalis bulbosa*, le *Cyclamen;* plusieurs en ont plus de deux. J'en ai trouvé trois dans le *Cupressus pendula;* quatre dans le *Ceratophyllum demersum* et le *Pinus inops;* cinq dans le *Pinus mitis* et le *Pinus laricio;* six dans le *Schubertia disticha;* sept dans le *Pinus pinaster*, l'*Abies alba*, l'*Abies nigra;* huit dans le *Pinus strobus;* enfin j'en ai compté jusqu'à douze dans le *Pinus pinea.* A la vérité, M. de Jussieu n'admet dans les Conifères que deux cotylédons découpés en plusieurs lobes, et il croit qu'une fissure plus profonde que les lobes distingue nettement ces deux cotylédons; mais je déclare qu'ayant observé et dessiné avec un soin particulier un très-grand nombre d'embryons de conifères, je n'ai jamais pu apercevoir le plus léger indice de la fissure qui pourroit faire soupçonner que ces embryons n'ont réellement que deux *cotylédons* palmés. Je n'ai pas besoin de dire qu'il seroit contraire à toutes les analogies de renvoyer dans la division des *Acotylédones* le *Cuscuta;* dans la division des *Monocotylédones* le *Cyclamen* et le *Fumaria bulbosa*, et dans une nouvelle division les polycotylédones, telles que le *Ceratophyllum demersum*, le *Pinus*, l'*Abies*, le *Schubertia*, etc.

Je suis fort éloigné de conclure que les trois grandes divisions tracées par M. de Jussieu, et confirmées en partie par les belles observations anatomiques de M. Desfontaines, offrent des associations qui blessent toutes les affinités naturelles. Je pense, au contraire, que dans leur ensemble elles sont la représentation fidèle du plan de la Nature, et que les erreurs qu'on y aperçoit çà et là ne portent en définitive que sur un petit nombre de genres, que de nouvelles observations ramèneront à leur véritable place. Mais si ces divisions sont bonnes, c'est parce que M. de Jussieu, dans la formation des groupes, a obéi, autant qu'il lui étoi possible, aux lois de l'analogie, et s'est soustrait à l'empire de sa propre méthode. Il en a agi de même pour ses classes et ses ordres ou familles, et c'est pourquoi son ouvrage restera comme un des plus beaux monumens de la science.

Ce n'est pas ici le lieu d'examiner en détail les quinze *Classes* dont se composent les trois grands groupes desquels je viens de parler ; il me suffira de montrer par quelques exemples que les familles, qui sont presque toutes très-naturelles, offriroient au contraire des rapprochemens forcés, ou seroient incomplètes, si l'illustre auteur eût adopté sans restriction toutes les conséquences de sa méthode. Remarquons d'abord qu'il reconnoit lui-même qu'une famille embrasse souvent dans ses limites naturelles des plantes qui ont un *périanthe simple*, et d'autres qui ont un *périanthe double*, lequel se compose d'un calice et d'une corolle ; qu'il reconnoît aussi que les affinités rapprochent impérieusement des plantes à corolles monopétales de plantes à corolles polypétales, et cependant l'absence ou la présence de la corolle, la polypétalie ou la monopétalie, caractères très-secondaires dans la formation des familles, sont employées par lui pour distinguer les *Classes*, qui ne sont que des collections de familles. C'est ainsi que la septième classe, désignée sous ce titre : *Plantes* dicotylédones *apétales*, à étamines hypogynes, offre cinq familles, où l'on remarque presque autant de genres pourvus d'une corolle, que de genres qui en sont privés. Il est vrai de dire que cette corolle, qui trouble la méthode sans déranger les familles, est indiquée tantôt sous le nom d'écailles, tantôt sous le nom de tube pétaloïde, tantôt sous le nom de calice intérieur ; mais le nom ne change pas la chose. Je suis en droit de faire la même observation sur la famille *apétale* des *Thymélées*, dans laquelle on trouve souvent une corolle polypétale attachée à l'orifice du tube du calice.

Il y auroit de l'injustice à laisser croire que M. de Jussieu a présenté la distribution des familles apétales, monopétales et polypétales comme étant rigoureusement naturelle. Loin de là, il ne voit dans cette distribution qu'un moyen de faciliter l'étude, et une espèce d'hommage rendu à Tournefort, qui avoit fait usage de ces caractères. Mais Tournefort ne cherchoit pas une méthode naturelle; il faisoit tout simplement une méthode artificielle, et il ne se soucioit guère que cette méthode s'accordât ou ne s'accordât pas avec les affinités.

Selon M. de Jussieu, le caractère vraiment fondamental des *classes*, dans les plantes *Monocotylédones* et *Dicotylédones hermaphrodites*, doit être tiré de *l'insertion des étamines, relativement au pistil*. Toutefois dans la pratique il subordonne, ainsi qu'on vient de le voir, ce caractère à ceux qu'il a empruntés de la méthode artificielle de Tournefort.

Les étamines sont : 1.° *épigynes*, c'est-à-dire, attachées sur le pistil ; 2.° *hypogynes*, c'est-à-dire, attachées sous le pistil ; 3.° *périgynes*, c'est-à-dire, autour du pistil sur la paroi interne du calice. Ces trois insertions sont appelées *immédiates*, quand les étamines n'ont aucune adhérence avec la corolle, et sont appelées *médiates*, quand les étamines sont soudées à la corolle. Dans ce dernier cas, l'insertion de la corolle, qui est épigyne **ou** hypogyne, ou périgyne, indique l'insertion des étamines.

M. de Jussieu estime que l'insertion est la même dans tous les genres d'une même famille et dans toutes les familles d'une même *classe*. Examinons si en effet elle offre un caractère aussi constant qu'il le pense.

L'insertion est censée épigyne dans les *Sambucinées*, les *Rubiacées*, les *Valérianées*, les *Dipsacées*, les *Synanthérées*, les *Ombellifères*, les *Araliacées*, etc., familles dans lesquelles le calice fait corps avec l'ovaire et le recouvre complétement jusqu'au sommet. Je cherche dans ces familles l'attache des étamines ou de la corolle qui porte les étamines, et j'aperçois qu'elle correspond à la ligne circulaire qui marque le terme de l'union du calice avec l'ovaire.

Je porte ensuite mon attention sur les *Campanulacées*, les *Lobéliacées*, les *Stylidiées*, les *Onagraires*, etc., dont l'ovaire adhère en totalité au calice, et dont les étamines ou la corolle sont indiquées comme étant périgynes, et je trouve encore à ma grande surprise que les étamines et la corolle sont attachées sur la ligne de jonction du calice avec l'ovaire. Je pousse plus loin mes recherches; je veux voir comment la périgynie se manifeste dans les *Térébintacées*, les *Ébéna-*

cées, les *Rhodoracées*, familles où l'ovaire n'a ordinairement aucune adhérence avec le calice, et je ne tarde pas à reconnoître que, dans beaucoup de genres, tels que l'*Anacardium*, le *Diospyros*, le *Styrax*, le *Rhododendrum*, le *Ledum*, le *Kalmia*, etc., les étamines et la corolle sont fixées au fond du calice, aussi près qu'on puisse l'imaginer de la base de l'ovaire, et que même, dans le *Cneorum*, qui appartient aux Térébintacées, les étamines sont attachées un peu au-dessous de l'ovaire, au pourtour d'un disque épais qui lui sert de soubassement.

Ces dernières observations me conduisent à étudier l'insertion hypogyne. Je suis curieux de m'assurer si dans tous les cas elle se distingue clairement de l'insertion périgyne. L'analyse de la fleur me montre que tantôt les étamines sont attachées au-dessous de l'ovaire sur un réceptacle proéminent qui le soulève, comme on peut le voir dans les *Capparidées*, les *Magnoliacées*, les *Anonacées*, beaucoup de *Caryophyllées*, l'*Helicteres*, etc., et tantôt attachées, soit immédiatement, soit par l'intermédiaire de la corolle, au fond du calice, autour du point d'union de l'ovaire avec le réceptacle, comme on peut le voir dans les *Cistées*, les *Géraniées*, les *Malvacées*, les *Convolvulacées*, etc.

Après cet examen je ne saurois avoir une grande confiance dans le caractère de l'insertion. Si elle est dite hypogyne dans les genres *Convolvulus*, *Malva*, *Cistus*, *Anona*, *Dianthus*, *Helicteres*, etc., je ne comprends pas non plus pourquoi on lui donneroit un autre nom dans les genres *Diospyros*, *Rhododendrum*, *Azalea*, *Ledum*, *Anacardium*, *Cneorum*, etc., et cependant M. de Jussieu classe ces derniers genres dans la périgynie. Si elle est dite périgyne dans les *Campanula*, *Phyteuma*, *Œnothera*, *Epilobium*, je ne comprends pas non plus pourquoi on la nommeroit autrement dans les *Viburnum*, *Sambucus*, *Lonicera*, *Cinchona*, *Coffea*, *Sherardia*, *Aralia*, *Caucalis*, etc., genres que M. de Jussieu fait entrer dans l'épigynie.

Qu'est-ce que la périgynie, selon la définition de M. de Jussieu ? C'est l'insertion médiate ou immédiate des étamines sur la paroi interne du calice, à une distance notable de la base de l'ovaire. Quand le calice ne fait pas corps avec l'ovaire, les étamines périgynes n'ont naturellement aucune connexion

avec cet organe, qui reste libre; quand, au contraire, le
calice fait corps par sa paroi interne avec la surface de l'ovaire,
les étamines périgynes partent presque toujours de la ligne circulaire où cesse l'union des deux organes, et tiennent, par leur
base, à l'un et à l'autre à la fois. Mais comme les étamines
semblent alors n'avoir cette double adhérence que parce que
le calice est soudé à l'ovaire, on admet qu'elles proviennent
uniquement du calice, et que c'est par une sorte d'accident
qu'elles tiennent à l'ovaire, hypothèse que l'analogie autorise et qui exclut toute idée d'épigynie. Que l'union du calice
à l'ovaire cesse au milieu de cet organe, ainsi qu'on le voit
dans le *Samolus*, ou qu'elle continue jusqu'à son sommet,
ainsi qu'on le voit dans l'*Œnothera*, le *Phyteuma*, etc., les
étamines sont toujours dans le même rapport avec le calice
et l'ovaire, et leur insertion ne doit pas changer de nom.

N'existeroit-il donc aucun exemple d'insertion épigyne ?
Je ne dis pas cela : les modifications organiques sont innombrables ; la mine est trop riche pour que je prétende l'épui-
ser. Les observations que je viens de présenter suffisent à
mon dessein. Elles démontrent que les insertions ne sont encore qu'imparfaitement définies, et que, bien loin d'offrir
des caractères constans dans les classes de M. de Jussieu,
elles se rapprochent par degrés insensibles et se confondent
dans l'intérieur des familles naturelles dont se composent les
classes.

La quinzième et dernière classe comprend les *dicotylédones
diclines*, non par avortement, mais par organisation, c'est-à-
dire les plantes dicotylédones où les sexes sont essentiellement séparés dans des fleurs différentes. Ici on ne doit pas
espérer de trouver, comme dans les fleurs mâles et femelles
par avortement, le rudiment de l'organe sexuel avorté; par
conséquent il n'y a pas moyen d'avoir recours à la position
des étamines relativement au pistil. Cette classe n'a donc
d'autre fondement que la privation des pistils dans les fleurs
mâles, et la privation des étamines dans les fleurs femelles,
caractère négatif qui, de même que tous les caractères de
cette sorte, n'établit aucune ressemblance nécessaire entre
les végétaux dans lesquels ils se manifestent. Mais ce n'est
pas tout : la séparation des sexes, que l'on dit être dans cette

classe un trait essentiel de l'organisation, n'existe pas dans plusieurs genres associés à d'autres où elle paroît exister. Les *Urticées* comprennent le *Parietaria*, les *Amentacées* le *Castanea*, qui ne sont diclines que par avortement. L'*Ulmus campestris*, genre hermaphrodite, est également rangé dans les *Amentacées*, famille prétendue dicline par organisation. Concluons que la quinzième classe n'est ni plus naturelle, ni mieux définie que les autres.

De quelle admirable bonne foi, de quelle exquise sagacité a donc été doué le naturaliste qui, concevant une méthode aussi contraire aux lois de la nature, et s'efforçant d'en faire une application constante, n'a jamais désavoué les affinités naturelles. Et remarquons que l'esprit de système que je combats ne s'arrête pas aux principales divisions de la méthode : il pénètre jusque dans les familles ; mais il s'y montre sans les corrompre, parce que le sentiment des analogies l'emporte toujours chez l'auteur sur des préventions très-excusables en faveur de sa propre méthode.

Dans l'exposé des caractères distinctifs des familles, M. de Jussieu me semble accorder une importance beaucoup trop grande à l'absence ou à la présence du périsperme. Cette partie de la graine est formée, suivant lui, d'une masse de tissu cellulaire dénuée de vaisseaux ; elle n'a aucune adhérence avec l'embryon et avec ses tégumens ; elle est d'une substance ou farineuse, ou cornée, ou charnue, ou mucilagineuse ; elle entoure souvent l'embryon, ou plus rarement elle est entourée par lui, ou placée à son côté, ou, enfin, elle remplit à elle seule presque toute la cavité de la graine et recèle l'embryon dans une petite loge située près du hile. Sa présence ou son absence est d'un grand poids pour le rapprochement des genres en familles. Je tombe d'accord qu'il faut faire attention au périsperme ; aucune partie ne doit être négligée. Mais l'absence ou la présence du périsperme n'a pas l'importance que M. de Jussieu lui attribue. Ce corps, si j'en juge par mes propres observations, n'a été refusé qu'à un très-petit nombre de graines. Quand il existe, il enveloppe toujours l'embryon ; il se moule, pour ainsi dire, sur lui et occupe toute la place qu'il laisse vide : c'est un fourreau tantôt membraneux et mince, tantôt ferme et épais,

tantôt mince dans une partie et épais dans une autre. Par la
diversité de sa nature, il a souvent mis en défaut les observateurs les plus attentifs. On le trouve aujourd'hui dans un
grand nombre de familles où on ne le soupçonnoit pas autrefois. J'ai cru long-temps qu'il n'avoit aucune liaison organique
avec les autres enveloppes de l'embryon; mais il est certain
que dans l'*Heisteria coccinea* le prostype, qui est le prolongement du funicule dans l'intérieur des tuniques séminales,
adhère à la fois au tegmen et au périsperme, et pénètre même
fort avant dans ce dernier par l'une de ses extrémités. Le
Fissilia disparilis offre un phénomène à peu près semblable.

Magnol avoit jugé, il y a environ un siècle, qu'un seul
caractère ne suffit pas pour rapprocher les espèces; que toutes
les parties doivent entrer en considération dans la formation
des groupes; que les caractères prédominans varient dans les
différentes familles, qu'ils varient aussi quelquefois par nuances
in.   nsibles dans l'intérieur d'une même famille, de sorte que
les espèces qui la composent, s'enchaînent plutôt qu'elles ne
se groupent, et que l'on sent les affinités sans pouvoir les exprimer dans des termes nets et précis. L'expérience est venue
sanctionner cet arrêt : elle nous enseigne que les modifications infinies des caractères et la variété de leurs combinai-
sons sont un obstacle insurmontable à l'établissement d'une
méthode naturelle. Assurément il conviendroit fort au botaniste que les végétaux offrissent dans leurs caractères une
subordination et un enchaînement tels qu'un petit nombre
de traits importans et fixes pussent fournir les élémens d'une
méthode synthétique, qui éloignàt les végétaux que la nature
a séparés et rapprochât ceux qu'elle a réunis; mais la nature
a travaillé sur un autre plan, et nous, qui voulons la connoître,
nous devons la voir comme elle est, et non comme il nous
seroit commode qu'elle fût. Ray, Adanson et M. de Jussieu,
à des époques différentes, ont en vain poursuivi la recherche
des lois d'une méthode naturelle : leurs tentatives n'ont abouti
qu'à prouver que cette méthode étoit impossible. Quant aux
lois qui rapprochent les plantes en familles, lois dont Magnol
avoit deviné la théorie, sans pouvoir en donner une bonne
démonstration pratique, et dont le grand Linné n'a eu qu'un
sentiment confus, mais qu'Adanson, malgré de nombreuses

erreurs, paroit souvent avoir mieux appréciées, elles ont été savamment développées par M. de Jussieu; et les heureuses applications qu'il en a faites, et qu'en ont faites depuis MM. Desfontaines, Labillardière, Richard, Robert Brown, Aubert du Petit-Thouars, De Candolle, Kunth, Auguste Saint-Hilaire, etc., ne permettent pas de révoquer en doute leur solidité.

L'étude et l'application de ces lois, ou, en d'autres termes, la recherche des affinités naturelles et la réunion des genres en familles à l'aide de ces affinités; voilà l'objet principal que doit désormais se proposer le botaniste. La science s'élèvera et s'étendra d'autant plus, que les analogies bien comprises rapprocheront un plus grand nombre de faits sous une même définition. L'adoption des genres fut un grand pas vers ce perfectionnement; l'adoption des familles marquera un progrès non moins important. Ne vouloir admettre aujourd'hui, pour rapprocher les genres, que les lois arbitraires d'une méthode artificielle, c'est abandonner les traces de la nature quand elle offre encore une vaste et brillante carrière à parcourir. L'esprit de système a long-temps dominé dans les écoles sans presque rencontrer de contradicteurs; maintenant son influence décline, et l'autorité de quelques noms illustres ne la sauroit relever. Les méthodes artificielles ont passé les unes après les autres : une seule, celle de Linné, a triomphé du temps et jouit encore d'une grande faveur. J'avoue que c'est le plus ingénieux *tableau synoptique* qu'on ait jamais imaginé pour classer les genres et les retrouver au besoin. A ce titre et pour cet usage, elle est digne de sa célébrité. Qu'on la conserve donc, mais qu'on la considère comme moyen d'étude et non comme but de la science. Le but est plus élevé. (B. M.)

FIN DU CINQUANTE-TROISIÈME VOLUME.

STRASBOURG, de l'imprimerie de F. G. Levrault, impr. du Roi.

www.ingramcontent.com/pod-product-compliance
Lightning Source LLC
LaVergne TN
LVHW011213170726
843501LV00002B/220